Mes écoles et mes maîtres d'école

ou l'histoire de mon éducation

Hugh Miller

Writat

Cette édition parue en 2024

ISBN : **9789361469176**

Publié par
Writat
email : info@writat.com

Contenu

AU LECTEUR.

Il y a maintenant près de cent ans que Goldsmith remarquait, dans son petit traité pédagogique, que « peu de sujets ont été plus fréquemment abordés que l'éducation de la jeunesse ». Et au cours du siècle qui s'est presque écoulé depuis qu'il a dit cela, tant d'ouvrages supplémentaires ont été donnés au monde sur ce sujet fertile, que leur nombre a été au moins doublé. Presque tous les hommes qui ont enseigné à quelques élèves, et un grand nombre d'autres qui n'en ont jamais enseigné, se croient qualifiés pour dire quelque chose d'original sur l'éducation ; et peut-être peu de livres de ce genre ont-ils encore paru, si médiocre que soit leur ton général, dans lesquels quelque chose qui mérite qu'on s'y intéresse n'ait pas été dit réellement. Et pourtant, bien que j'aie lu de nombreux volumes sur le sujet et en ai plongé dans un grand nombre d'autres, je n'y ai jamais encore trouvé le genre de direction ou d'encouragement dont j'avais le plus besoin pour élaborer ma propre éducation. Ils insistaient beaucoup sur les différentes manières d'enseigner aux autres, mais ne disaient rien — ou, ce qui revenait au même, rien de pertinent — sur la meilleure manière de s'instruire soi-même. Et comme ma situation et ma position, au moment où j'ai eu le plus l'occasion de les consulter, étaient celles de la classe de loin la plus nombreuse de la population de ce pays et de tout autre pays civilisé, car j'étais l'un des millions de personnes qui ont besoin d'apprendre. , et pourtant je n'ai personne pour leur enseigner – je ne pouvais m'empêcher de considérer cette omission comme grave. Mais depuis, j'en suis venu à penser qu'un traité formel sur l'auto-culture pourrait ne pas répondre à ce besoin. La curiosité doit être éveillée avant de pouvoir être satisfaite ; bien plus, une fois éveillé, il ne manque jamais de se satisfaire pleinement ; et il m'est venu à l'esprit qu'en présentant simplement aux ouvriers du pays « l'histoire de mon éducation », je pourrais réussir d'abord à exciter leur curiosité, et ensuite, au moins occasionnellement, à la satisfaire aussi. Ils découvriront que les meilleures écoles que j'ai jamais fréquentées sont des écoles ouvertes à tous – que les meilleurs professeurs que j'ai jamais eu sont (bien que sévères dans leur discipline) toujours faciles d'accès – et que la *classe spéciale* dans laquelle j'étais, si Je peux le dire, la plus réussie en tant qu'élève était une forme vers laquelle j'étais attiré par une forte inclination, mais pour laquelle j'avais moins d'aide de mes frères, ou même de livres, que dans aucune autre. Il y a peu de sciences naturelles qui ne soient pas aussi ouvertes aux travailleurs de Grande-Bretagne et d'Amérique que la géologie l'était pour moi.

Mon ouvrage, si je n'y ai pas complètement échoué, peut donc être considéré comme une sorte de traité pédagogique, jeté dans la forme narrative, et adressé plus spécialement aux ouvriers. Ils constateront qu'une partie considérable des scènes et des incidents qu'il enregistre reflètent leur leçon, qu'il s'agisse d'encouragement ou d'avertissement, ou jettent leurs lumières occasionnelles sur des particularités de caractère ou des phénomènes naturels curieux, sur lesquels leur attention ne pourrait pas être inutilement dirigée. S'il s'avère qu'il présente un intérêt pour une autre classe, cet intérêt découlera principalement des aperçus qu'il fournit de la vie intérieure du peuple écossais et de son influence sur ce qu'on a appelé quelque peu maladroitement « l'état de la société ». -la question du pays." Mes croquis seront, j'espère, reconnus comme étant fidèles aux faits et à la nature. Et comme je n'ai jamais parcouru l'autobiographie d'un ouvrier du type le plus observateur, sans lui devoir des faits et des idées nouveaux concernant les circonstances et le caractère de quelque partie du peuple que j'avais moins parfaitement connu auparavant, je Je peux espérer que, considérée simplement comme le mémoire d'un long voyage à travers *des quartiers* de la société pas encore très assidûment explorés, et des scènes que peu de lecteurs ont eu l'occasion d'observer par eux-mêmes, mon histoire se révélera posséder une partie de l'intérêt qui s'attache à aux récits de voyageurs qui voient ce qu'on ne voit pas souvent, et savent, par conséquent, ce qu'on ne sait pas généralement. Dans une œuvre à la forme autobiographique, l'écrivain a toujours de quoi s'excuser. Ayant lui-même pour sujet, il en dit généralement non seulement plus qu'il ne le devrait, mais aussi, dans de nombreux cas, plus qu'il n'en a l'intention. Car, comme on l'a bien remarqué, quel que soit le caractère qu'un auteur de ses propres Mémoires désire prendre, il manque rarement de trahir le véritable. Il a presque toujours des révélations involontaires, qui présentent des particularités dont il n'a pas conscience et des faiblesses qu'il n'a pas réussi à reconnaître comme telles ; et l'on verra sans doute que ce qui se fait si généralement dans des ouvrages semblables au mien, je n'ai pas échappé à le faire. Mais je m'en remets pleinement à la bonhomie du lecteur. J'espère que mes objectifs ont été honnêtes ; et si je parvenais, d'une manière ou d'une autre, à éveiller les classes les plus humbles à l'œuvre importante de l'auto-culture et de l'autonomie gouvernementale, et à convaincre les classes supérieures qu'il existe des cas dans lesquels les travailleurs ont au moins aussi légitimement droit à leur respect qu'à leur respect. leur pitié, je ne considérerai pas les sanctions ordinaires de l'autobiographe comme un prix trop élevé pour l'accomplissement de fins si importantes.

CHAPITRE I.

" Vous messieurs d'Angleterre,

    Qui vivent à l'aise chez eux,

Oh, tu ne penses pas beaucoup

    Les dangers des mers. » – OLD SONG.

Il y a plus de quatre-vingts ans, un gros petit garçon, âgé de six ou sept ans, fut envoyé d'une ferme à l'ancienne dans la partie supérieure de la paroisse de Cromarty, pour noyer une portée de chiots dans un étang adjacent. La commission ne semblait pas du tout agréable. Il s'assit au bord de la piscine et se mit à pleurer à cause de sa charge ; et finalement, après avoir perdu beaucoup de temps dans un paroxysme d'indécision et de chagrin, au lieu de confier les chiots à l'eau, il les borda dans son petit kilt et partit par un chemin aveugle qui serpentait à travers la bruyère rabougrie de la morne. Maolbuoy Common, dans une direction opposée à celle de la ferme, sa maison depuis les deux douze mois précédents. Après quelques errances douteuses sur les étendues désertes, il réussit à atteindre, avant la nuit, la ville portuaire voisine, et se présenta, chargé de sa charge, à la porte de sa mère. La pauvre femme, veuve d'un marin très humble, leva les mains avec étonnement : « Oh, mon malheureux garçon, s'écria-t-elle, qu'est-ce que c'est ? Qu'est-ce qui t'amène ici ? « Les petits toutous, maman, » dit le garçon ; "Je ne pouvais pas noyer les petits toutous ; et je vous les ai emmenés." Qu'est-il arrivé ensuite aux « petits toutous », je ne le sais pas ; mais aussi insignifiant que puisse paraître l'incident, il exerça une influence marquée sur les circonstances et le destin d'au moins deux générations de créatures plus élevées qu'elles. Le garçon, comme il refusait obstinément de retourner à la ferme, dut être envoyé à bord du navire, selon son souhait, comme garçon de cabine ; et l'auteur de ces chapitres est né, en conséquence, fils d'un marin, et a été rendu, dès sa cinquième année, principalement dépendant pour son entretien des travaux assidûment accomplis mais indifféremment rémunérés de son seul parent survivant, à l'époque un veuve d'un marin.

Le petit garçon de la ferme était issu d'une longue lignée d'hommes de mer, des marins habiles et aventureux, dont certains avaient côtoyé le long des côtes écossaises dès l'époque de Sir Andrew Wood et des « audacieux Bartons », " et a peut-être aidé à équiper cette "verrie monstrueuse schippe du Grand Michael", qui "a encombré toute l'Écosse pour la faire prendre la mer". Ils s'étaient habitués à l'eau aussi naturellement que le chien de Terre-Neuve ou le caneton. Ce gâchis de vies humaines qui est toujours si grand dans la profession navale l'était plus que d'habitude dans la génération qui vient de disparaître. Des deux oncles du garçon, l'un avait fait le tour du monde avec

Anson et avait aidé à brûler Paita et à monter à bord du galion Manilla ; mais en atteignant la côte anglaise, il disparut mystérieusement et on n'en entendit plus jamais parler. L'autre oncle, un homme remarquablement beau et puissant, ou, pour emprunter le langage simple mais non inexpressif dans lequel je l'ai entendu décrire, « l' homme le *plus joli qui ait jamais mis des chaussures en cuir », périt en mer dans une* tempête; et plusieurs années après, le père du garçon, alors qu'il entrait dans le Firth de Cromarty, fut frappé par-dessus bord, lors d'une rafale soudaine, par la bôme de son navire, et, apparemment assommé par le coup, ne se releva plus jamais. Peu de temps après, dans l'espoir de soustraire son fils à ce qui semblait être un sort héréditaire, sa mère avait confié le garçon à la garde d'une sœur, mariée à un fermier de la paroisse, et maintenant maîtresse de la ferme de Ardavell ; mais la mort de la famille ne pouvait pas être ainsi évitée ; et l'arrangement se termina, comme on l'a vu, par la transaction au bord de l'étang.

Au fil du temps, le garçon marin, malgré les difficultés et les rudes conditions d'utilisation, grandit pour devenir un homme singulièrement robuste et actif, ne dépassant pas la taille moyenne, car sa taille ne dépassait jamais cinq pieds huit pouces, mais avec des épaules larges et profondes. poitrine, membres forts, et si compacts d'os et de muscles, que sur un navire de ligne, sur lequel il a navigué plus tard, il n'y avait pas, parmi cinq cents marins valides, un homme capable de soulever un si grand poids, ou lutter avec lui sur un pied d'égalité. Son éducation n'avait été que médiocrement soignée à la maison : il avait cependant appris à lire par une cousine, nièce de sa mère, qui, comme elle aussi, était à la fois fille et veuve d'un marin ; et pour l'unique enfant de son cousin, une fille un peu plus jeune que lui, il avait contracté une affection enfantine qui, sous une forme plus forte, continua à le posséder après avoir grandi. Dans les loisirs que lui donnaient les longs voyages en Inde et en Chine, il apprit à écrire ; et profita tellement des instructions d'un camarade, un Irlandais intelligent et chaleureux quoique téméraire, qu'il devint assez habile pour tenir un journal de bord et faire des comptes avec l'exactitude nécessaire, réalisations loin d'être courantes à l'époque. temps parmi les marins ordinaires. Il prit aussi goût à la lecture. Le souvenir de la fille de son cousin l'a peut-être influencé, mais il a commencé sa vie avec la détermination de s'y développer, a gagné son premier argent en accumulant au lieu de boire son grog et, comme c'était courant à cette époque, a conduit un peu commerce avec les indigènes des régions étrangères d'articles de curiosité et de vertu, pour lesquels, je suppose, les droits de douane n'étaient pas toujours payés. Cependant, malgré toute sa prudence écossaise, et avec beaucoup de bonté de cœur et de placidité d'humeur, il y avait dans ses veines du sang sauvage, provenant peut-être d'un ou deux ancêtres boucaniers, qui, lorsqu'il était excité au-delà du point d'endurance, devenait suffisamment redoutable. ; et qui, à au moins une occasion, a interféré très considérablement avec ses plans et ses perspectives.

Au cours d'un voyage long et fastidieux à bord d'un grand navire des Indes orientales, il avait été, avec le reste de l'équipage, soumis à de rudes traitements de la part d'un capitaine sévère et capricieux ; mais, assuré du soulagement en arrivant au port, il avait supporté tout cela sans se plaindre. Son camarade et ancien professeur, l'Irlandais, se montra cependant moins patient ; et pour avoir fait des remontrances au tyran, comme membre d'une députation de marins, dans ce qui fut considéré comme un esprit de mutinerie, il fut arrêté et était en train d'être repassé sur le pont sous un soleil tropical, lorsque son plus calme Le camarade, le sang désormais chaud à ébullition, s'avança et, avec un calme apparent, réitéra son grief. Le capitaine sortit de sa ceinture un pistolet chargé ; le marin leva la main ; et, tandis que la balle sifflait à travers les gréements au-dessus, il s'agrippa à lui et le désarma en un clin d'œil. L'équipage se leva et, en quelques minutes, le navire lui appartenait entièrement. Mais n'ayant pas calculé un tel résultat, ils ne savaient que faire de leur charge ; et, agissant sous les conseils de leur nouveau chef, qui sentait pleinement le caractère embarrassant de la situation, ils se contentèrent d'exiger simplement le redressement de leurs griefs comme conditions de capitulation ; quand, malheureusement pour leurs prétentions, un navire de guerre apparut en vue, manquant beaucoup d'hommes, et, se dirigeant vers l'Indiaman, la mutinerie fut aussitôt réprimée, et les principaux mutins furent envoyés à bord du navire armé, accompagnés d'un tombeau. charge, et le pire des personnages possible. Heureusement pour eux, cependant, et surtout pour l'Irlandais et son ami, le navire de guerre était si affaibli par le scorbut, à cette époque le fléau indompté de la marine, qu'à peine deux douzaines de membres de son équipage pouvaient faire leur devoir dans les airs. la tempête aussi, qui éclata peu de temps après, plaida puissamment en leur faveur ; et l'affaire se termina par la promotion finale de l'Irlandais au poste de maître d'école de navire, et de son camarade écossais au poste de capitaine de la proue.

Mon récit s'en tient à ce dernier. Il resta plusieurs années à bord d'un navire de guerre et, bien que peu amoureux du service, fit son devoir à la fois dans la tempête et dans la bataille. Il servit dans l'action au large du Dogger-Bank, l'un des derniers combats navals avant que la manœuvre de rupture de la ligne ne donne à la valeur britannique la supériorité qui lui revient, en rendant toutes nos grandes batailles navales décisives ; et un camarade qui naviguait sur le même navire, et de qui, quand j'étais enfant, j'avais reçu des faveurs pour l'amour de mon père, m'a dit que, leur navire n'étant alors qu'avec un équipage médiocre, et la force personnelle et l'activité extraordinaires de son ami bien connu, il s'était fait assigner un poste à son canon contre deux membres de l'équipage, et que pendant l'action il les avait surpassés tous les deux. Finalement, cependant, l'ennemi dériva sous le vent pour se réarmer ; et lorsqu'il se mit à réparer le gréement entaillé et sectionné, son état d'épuisement était tel, en conséquence de la tension excessive exercée précédemment sur chaque nerf et chaque muscle, qu'il lui restait à peine assez de vigueur pour élever le marlingspike employé dans le travail au niveau de son corps. affronter. Soudain, alors qu'elle se trouvait dans cet état, un signal passa le long de la ligne, indiquant que la flotte hollandaise, déjà réaménagée, se dirigeait pour renouveler l'engagement. Un frisson semblable à celui d'une décharge électrique parcourut le corps du marin épuisé ; sa fatigue le quitta aussitôt ; et, vigoureux et fort comme au début de l'action, il se trouva capable, comme auparavant, de lancer contre ses deux camarades l'un des côtés d'un vingt-quatre livres. Il s'agit là d'un curieux exemple de l'influence de cet « esprit » qui, selon le Roi Sage, permet à un homme de « soutenir son infirmité ».

Il serait peut-être bon de ne pas s'interroger trop curieusement sur la manière dont cet efficace marin a quitté la marine. Le pays avait emprunté ses services sans consulter son testament ; et je suppose qu'il les a récupérés pour son propre compte sans demander au préalable la permission. Ma mère m'a dit qu'il trouvait la marine très intolérable ; la mutinerie de la Nore n'avait pas encore amélioré le service rendu au marin ordinaire. Entre autres difficultés, il avait été plus d'une fois sous la direction d'officiers non seulement très durs, mais aussi très incompétents ; et un jour, après avoir travaillé dur sur l'avant-cour dans une violente bourrasque nocturne, avec quelques-uns des meilleurs marins à bord, dans des tentatives infructueuses pour enrouler la voile, il dut descendre, casquette à la main, au risque d'être fouetté. et implore humblement le jeune lieutenant qui commande d'ordonner que la tête du navire soit orientée dans une certaine direction. Heureusement pour lui, le conseil fut suivi par le jeune monsieur, et en quelques minutes la voile fut ferlée. Il quitta son navire un beau matin, vêtu de ses plus beaux atours, et ayant sur la tête un tricorne avec des touffes de dentelle aux coins, dont je me souviens bien, parce qu'il dut longtemps après jouer un rôle important. dans certaines mascarades enfantines à Noël et au Nouvel An ; et comme il avait pris toutes ses précautions pour être porté disparu dans la soirée, il s'enfuit.

De certains des événements ultérieurs de sa vie, je conserve des souvenirs si fragmentaires, dissociés de la date et du lieu, que l'imagination d'un enfant pourrait le plus facilement saisir. Autrefois, alors qu'il effectuait un de ses voyages dans les Indes, il était stationné pendant la nuit, accompagné d'un seul camarade, dans un petit bateau non ponté, près d'une des petites embouchures du Gange ; et il venait de s'endormir sur les poutres, lorsqu'il fut réveillé tout à coup par un mouvement violent, comme si sa barque chavirait. En démarrant, il aperçut dans la lumière imparfaite un énorme tigre, qui avait nagé, apparemment, de la jungle voisine, en train de monter à bord du bateau. Il fut tellement surpris que, bien qu'un mousquet chargé gisât à côté de lui, c'était une des poutres lâches, ou *longerons de pied* , utilisés comme points d'appui pour les pieds en aviron, qu'il saisit comme arme ; mais tel fut le coup qu'il frappa aux pattes de la créature, alors qu'elles reposaient sur le plat-bord, qu'elle tomba avec un grognement terrible, et il ne la vit plus. Une autre fois, il fut l'un des trois hommes envoyés avec des dépêches vers quelque port indien dans un bateau qui, chaviré en pleine mer dans une rafale, ne leur laissa pendant la plus grande partie de trois jours que son fond retourné pour leur lieu de repos. . Et pendant ce temps, les requins se rassemblèrent si nombreux autour d'eux que, bien qu'un fût de rhum, faisant partie des provisions du bateau, flottait pendant les deux premiers jours à quelques mètres d'eux, et qu'ils n'avaient ni viande ni boisson, aucun d'eux , bien qu'ils aient tous bien nagé, ont osé tenter de le regagner. Ils furent enfin relevés par un navire espagnol, et traités avec une telle bonté, que le sujet de mon récit parla toujours en bien des Espagnols, comme d'un peuple généreux, destiné finalement à se relever. Il fut autrefois si affaibli par le scorbut, sur un navire dont la moitié de l'équipage avait été emporté par la maladie, que, quoique encore capable d'assurer le service sur les toits, la pression de son doigt laissa pendant plusieurs secondes une entaille dans son corps. cuisse, comme si la chair musclée était devenue de la consistance d'une pâte. Une autre fois, lorsqu'il fut rattrapé sur un petit navire par une tempête prolongée, dans laquelle « pendant plusieurs jours ni le soleil ni la lune n'apparurent », il continua à tenir le gouvernail pendant douze heures après que tous les autres hommes à bord furent complètement prosternés et à terre. , et réussit, en conséquence, à résister à la tempête pour tous. Et après sa mort, un neveu de ma mère, un jeune homme qui avait fait son apprentissage auprès de lui, fut traité avec une grande bonté sur la Main espagnole, pour lui, par un capitaine antillais dont il avait sauvé le navire et l'équipage. comme le capitaine l'a dit au garçon, en les abordant dans une tempête, au risque imminent pour lui-même, et en faisant entrer leur navire au port, alors que, dans des circonstances d'épuisement similaire, ils dérivaient complètement sur un rivage ferré. Beaucoup de mes autres souvenirs de ce marin viril sont tout aussi fragmentaires dans leur caractère ; mais il y a dans chacun d'eux un élément distinctif d'image qui a fortement impressionné l'imagination des enfants.

A peine âgé de trente ans, le marin retournait dans sa ville natale, avec assez d'argent, à peine gagné et soigneusement gardé, pour acheter un beau et grand sloop, avec lequel il se livrait au cabotage ; et peu de temps après, il épousa la fille de son cousin. Il trouva sa cousine, qui avait subvenu à ses besoins pendant son veuvage en enseignant dans une école, résidant dans une maison crasseuse et démodée, longue de trois pièces, mais avec les fenêtres du deuxième étage à moitié enfouies dans les avant-toits, qui avait été l'ont laissée par leur grand-père commun, le vieux John Feddes, l'un des derniers flibustiers. Elle avait été construite, j'ai toutes les raisons de le croire, avec de l'or espagnol ; mais pas en grande quantité, car, malgré ses six pièces, c'était une construction plutôt modeste, et elle était maintenant tombée en grand délabrement. Elle fut aménagée avec une partie de l'argent du marin et, après son mariage, devint sa maison, maison rendue d'autant plus heureuse par la présence de sa cousine, maintenant en âge et qui, pendant son long veuvage, avait cherché et trouva la consolation, au milieu de ses ennuis et de ses privations, là où elle était la plus sûre. C'était une femme douce et sincèrement pieuse ; et le marin, lors de ses voyages plus lointains, — car il commerçait parfois avec les ports de la Baltique d'une part, et avec ceux de l'Irlande et du sud de l'Angleterre de l'autre — avait la consolation de savoir que sa femme, qui était tombé dans un état de santé chroniquement délicat, était soigneusement soigné et soigné par une mère dévouée. Le bonheur dont il aurait autrement joui fut cependant gâché dans une certaine mesure par la grande délicatesse de constitution de sa femme, et finalement gâché par deux malheureux accidents.

Il n'avait pas perdu la nature qui s'était manifestée dès son plus jeune âge au bord de l'étang : pour un homme qui avait souvent regardé la mort en face, il était resté gentiment tendre envers la vie humaine, et avait souvent risqué la sienne pour préserver celle des autres. ; et lorsqu'il était accompagné, une fois, par sa femme et sa mère à son navire, juste avant le départ, il dut malheureusement s'efforcer en sa présence, en faveur d'un de ses marins, d'une manière qui choqua sa constitution. dont il ne s'est jamais remis. Une soirée claire et glaciale au clair de lune s'était installée ; le sommet de la jetée brillait de glace nouvellement formée ; et l'un des matelots, alors qu'il était en train de larguer un hauban qu'il venait de détacher, manqua le pied sur la marge perfide et tomba à la mer. Le maître savait que son homme ne savait pas nager ; une puissante marée du large passe devant l'endroit dès les premières heures de reflux ; il n'y avait pas un instant à perdre ; et, se débarrassant précipitamment de son lourd pardessus, il se précipita derrière lui, et en un instant le fort courant les emporta tous deux hors de vue. Il réussit cependant à s'emparer de l'homme à moitié noyé, et, sortant avec lui du périlleux canal de marée dans un tourbillon, avec un effort herculéen, il regagne le quai. En y arrivant, sa femme gisait insensible dans les bras de sa mère ; et comme elle se trouvait alors dans l'état délicat propre aux femmes mariées, la conséquence naturelle s'ensuivit, et elle ne se remit jamais du choc, mais resta pendant plus de douze bouches, la simple ombre d'elle-même ; lorsqu'un second événement, aussi fâcheux que le premier, ébranla trop violemment les sables en déclin rapide et précipita sa dissolution.

Une tempête prolongée venant du nord-est orageux avait balayé le Moray Firth de sa navigation et rassemblé les navires en pleine tempête par dizaines dans le noble port de Cromarty, lorsque le vent s'est soudainement retourné et qu'ils ont tous pris la mer. Le sloop du maître parmi les autres. Les autres navires gardaient le Firth ouvert ; mais le capitaine, parfaitement au courant de sa navigation, et croyant que le changement de vent n'était que temporaire, continua à longer la terre du côté du temps, jusqu'à ce que, comme il l'avait prévu, la brise s'installa pleinement dans le vieux quartier, et devenu un coup de vent. Et puis, alors que tout le reste de la flotte n'avait plus d'autre choix que de repartir, il se lança dans le Firth d'un long bord et, doublant Kinnaird's Head et le redoutable Buchan Ness, réussit à rattraper son retard. voyage vers le sud. Le lendemain matin, les navires poussés par le vent envahissaient le port de refuge comme auparavant, et seul son sloop manquait. La première guerre de la Révolution française avait alors éclaté ; on savait que plusieurs corsaires français planaient sur la côte ; et le bruit courut à l'étranger que le sloop disparu avait été capturé par les Français. Il y avait dans le quartier un tailleur ingénieux qui faisait des choses très bizarres, surtout, disait-on, lorsque la lune était pleine, et dont l'écrivain se souvient parce qu'il lui confectionna sa première veste. et que, bien qu'il ait réussi à coudre une manche au trou de l'épaule, là où elle devrait être, il a commis la légère erreur de coudre l'autre manche à l'un des trous de la poche. Le pauvre Andrew Fern avait entendu dire que le sloop de son citadin avait été capturé par un corsaire, et, agité d'impatience jusqu'à ce qu'il ait communiqué l'information là où il pensait qu'elle serait la plus efficace, il rendit visite à la femme du maître pour lui demander si elle n'avait pas entendu parler. que tous les navires au vent étaient revenus, sauf celui du capitaine, et, étonnamment, personne ne lui avait encore dit que, si *le sien* n'était pas revenu, c'était simplement parce qu'il avait été pris par les Français. La communication du tailleur était plus puissante qu'il n'aurait pu l'imaginer : moins d'une semaine après, la femme du maître était morte ; et bien avant le retour de son mari, elle gisait dans le tranquille cimetière familial, dans lequel — tant les courants d'air provoqués par l'accident et la mort violente sur la famille étaient lourds — les restes d'aucun des membres masculins n'avaient été déposés depuis plus d'un an. Cent ans.

La mère, abandonnée par la mort de sa fille à une morne solitude, cherchait à en soulager l'ennui, pendant l'absence de son gendre lors de ses fréquents voyages, en gardant, comme elle l'avait fait avant son retour, venu de l'étranger, une humble école. Y assistaient deux petites filles, enfants d'une parente éloignée, mais amie très chère, femme d'un commerçant du lieu, femme, comme elle, d'une piété sincère mais sans prétention. Leur similitude de caractère à cet égard pouvait difficilement être attribuée à leur ancêtre commun. Il fut le dernier vicaire de la paroisse voisine de Nigg ; et, bien qu'il ne fût pas un de ces ministres épiscopaliens intolérants qui réussirent à rendre leur Église complètement odieuse au peuple écossais, car c'était un homme simple, facile, de très bonne nature, il était, si la tradition dit vrai, aussi peu religieux que lui. comme n'importe lequel d'entre eux. Dans l'une des réponses précédentes à ce curieux ouvrage, « Scotch Presbyterian Eloquence Displayed », je trouve un passage absurde de l'un des sermons du vicaire, donné pour contrebalancer les absurdités presbytériennes avancées par l'autre côté. "M. James M'Kenzie, curé de Nigg à Ross", dit l'écrivain, "décrivant l'éternité à ses paroissiens, leur dit que dans cet état ils seraient immortalisés, afin que rien ne puisse leur faire de mal : un coup d'épée large pourrait ne vous fera pas de mal, dit-il ; non, un boulet de canon ne jouerait que *sur* vous. La plupart des descendants du vicaire étaient de fervents presbytériens et animés d'un esprit beaucoup plus fort que le sien ; et il n'y en avait aucune d'entre elles plus ferme dans leur presbytérianisme que les deux femmes âgées qui comptaient sur lui au quatrième degré et qui, sur la base d'une foi commune, étaient devenues des amies attachées. Les petites filles étaient les préférées de la maîtresse d'école ; et quand, à mesure qu'elle grandissait, sa santé commença à décliner, l'aînée des deux quitta la maison de sa mère pour vivre avec elle et prendre soin d'elle ; et la plus jeune, qui devenait maintenant une jolie jeune femme, passait, comme autrefois, une grande partie de son temps avec sa sœur et sa vieille maîtresse.

Pendant ce temps, le capitaine du navire prospérait. Il acheta un terrain pour une maison à côté de celle de son grand-père boucanier, et construisit pour lui et son vieux parent une demeure respectable, qui lui coûta environ quatre cents livres, et autorisa son fils, l'écrivain, à exercer la franchise, au moment de son décès. , bien plus de trente ans après, du projet de réforme. La nouvelle maison ne devait cependant jamais être habitée par son constructeur ; car, avant que la construction ne fût complètement terminée, il fut frappé par une triste calamité qui, pour un homme moins énergique et moins déterminé, eût été la ruine, et en conséquence de quoi il dut se contenter de la vieille maison comme auparavant, et presque pour recommencer le monde. J'ai maintenant atteint un point dans mon récit où, grâce à mes relations avec les deux petites filles, qui toutes deux vivent encore dans le caractère quelque peu altéré de femmes très avancées dans la vie, je peux être aussi minutieux dans les détails que je le fais. s'il te plaît; et les détails de la mésaventure qui priva le capitaine du navire des gains de longues années de soin et de labeur, mêlés comme ils le sont à ce qu'un vieux critique pourrait appeler une curieuse *machinerie* surnaturelle, ne semblent pas indignes d'être donnés dans leur intégralité.

Au début de novembre 1797, deux navires - l'un étant un bon connaisseur du commerce de Londres et d'Inverness, l'autre le sloop à gréement carré du maître - restèrent au vent pendant quelques jours lors de leur passage vers le nord, dans le port de Peterhead. Le temps, orageux et instable, s'est modéré vers le soir du cinquième jour de leur détention ; et le vent souffla brusquement vers l'est, les deux navires se détachèrent de leurs amarres, et, comme un jour plutôt sombre passait dans une nuit encore plus sombre, ils prirent la mer. La brise se transforma bientôt en coup de vent ; le vent se transforma en ouragan, accompagné d'une épaisse tempête de neige : et quand, tôt le lendemain matin, le smack ouvrit le Firth, il chancelait sous son tourmentin, et une grand-voile ris jusqu'à la croix. Quel que soit le vent qui souffle, il y a toujours un abri dans les Sutors ; et elle fut bientôt à l'ancre dans la rade ; mais elle était entrée seule dans la baie ; et lorsque le jour se leva, et que pendant un bref intervalle la neige s'éclaircit vers l'est, aucune seconde voile ne parut au large. "Pauvre Miller !" s'écria le maître de la claque ; " S'il n'entre pas dans le Firth avant une heure, il n'y entrera jamais du tout. Bon navire sain, et meilleur marin ne s'est jamais mis entre l'avant et l'arrière ; mais la nuit dernière a, je le crains, été trop pour lui. Il devrait je suis ici depuis longtemps maintenant. L'heure passa ; la journée elle-même s'écoulait lourdement dans l'obscurité et la tempête ; et comme non seulement le capitaine, mais aussi tout l'équipage du sloop, étaient originaires de l'endroit, on pouvait voir, tant que durait le jour, des groupes de gens de la ville, regardant la tempête depuis les points saillants de la rivière. ancienne ligne de côte qui, s'élevant immédiatement derrière les maisons, domine le Firth. Mais le sloop n'arrivait pas, et avant qu'ils ne se retirèrent chez eux, une seconde nuit était tombée, sombre et tumultueuse comme la première.

Avant le matin, le temps se modéra : une forte gelée enchaîna le vent dans ses chaînes glaciales ; et le lendemain, bien qu'une forte houle continuât à rouler vers le rivage entre les Sutors et à projeter son écume blanche haut contre les falaises, la surface de la mer était devenue vitreuse et lisse. Mais la journée avançait et le soir tombait de nouveau ; et même les plus optimistes ont abandonné tout espoir de revoir un jour le sloop ou son équipage. Il y avait du chagrin dans la demeure du maître, chagrin d'autant plus poignant qu'il s'agissait du chagrin sans larmes et sans plainte d'une vieillesse rigide. Ses deux jeunes amis et leur mère regardaient avec la veuve, qui semblait désormais seule au monde. L'horloge de la ville avait sonné minuit, et elle restait toujours comme fixée à son siège, absorbée dans une douleur silencieuse et stupéfiante, lorsqu'un pied lourd se fit entendre marcher dans la rue désormais silencieuse. Cela passa et revint aussitôt ; s'arrêta un instant presque en face de la fenêtre ; puis il s'approcha de la porte, où il y eut une seconde pause ; et puis succéda un coup hésitant, qui frappa le cœur même des détenus. Une des filles se leva d'un bond et, en déverrouillant le verrou, cria alors que la porte s'ouvrait : « Ô maîtresse, voici Jack Grant, le compagnon ! Jack, un matelot grand et puissant, mais apparemment dans un état d'épuisement total, chancela plutôt que d'entrer et se jeta sur une chaise. « Jack, s'écria la vieille femme en le saisissant convulsivement par les deux mains, où est mon cousin ? où est Hugh ? "Le maître est sain et sauf", a déclaré Jack; "mais la pauvre *Amitié* repose en *tas* sur le bar de Findhorn." "Dieu soit loué !" s'écria la veuve. "Lâchez le matériel!"

J'ai souvent entendu l'histoire de Jack racontée dans les propres mots de Jack, à une période de la vie où la répétition ne se lasse jamais ; mais je ne suis pas sûr de pouvoir lui rendre justice maintenant. « Nous avons quitté Peterhead, dit-il, avec environ la moitié d'une cargaison de charbon, car nous avions allégé le navire un jour ou deux auparavant, et le vent s'est rafraîchi à mesure que la nuit tombait. la neige était si aveuglante au milieu de la pluie que je pouvais à peine voir ma main devant moi, et même si elle commença bientôt à faire exploser de gros canons, nous avions donné une bonne vue à la terre, et l'ouragan soufflait dans la bonne direction. Au moment où nous quittions le quai, une pauvre jeune femme, très engrossée, avec un enfant dans les bras, s'était approchée du navire et avait supplié le maître de la prendre à bord. Elle était une femme de soldat et elle l'était. elle voyageait pour rejoindre son mari à Fort-George ; mais elle était déjà épuisée et sans le sou, disait-elle, et maintenant, comme une tempête de neige menaçait de bloquer les routes, elle ne pouvait ni rester là où elle était, ni poursuivre son voyage. Son bébé aussi, elle était sûre que si elle tentait de se frayer un chemin à travers les collines, il périrait dans la neige. Le capitaine, bien que peu disposé à nous encombrer d'un passager par un tel temps, fut incité par pitié. la pauvre créature indigente, pour la prendre à bord. Et elle était maintenant avec son enfant, toute seule, en bas dans la cabane. J'étais posté en avant sur le belvédère à côté du *cheval de misaine* : la nuit était devenue noire ; et la lampe de l'habitacle jetait juste assez de lumière à travers le gris de la douche pour me montrer le capitaine à la barre. Il avait l'air plus anxieux, pensai-je, que je ne l'avais presque jamais vu auparavant, bien que j'aie été avec lui, maîtresse, par mauvais temps ; et tout à coup je vis qu'il avait de la compagnie, et une compagnie étrange aussi, pour une telle nuit : il y avait une femme qui circulait autour de lui, avec un enfant dans ses bras. Je pouvais la voir aussi distinctement que jamais, tantôt d'un côté, tantôt de l'autre, tantôt pleine dans la lumière, tantôt à moitié perdue dans l'obscurité. Cela, me disais-je, ce doit être la femme du soldat et son enfant ; mais comment, au nom de l'émerveillement, le capitaine peut-il permettre à une femme de monter sur le pont par une nuit comme celle-ci, alors que nous avons nous-mêmes juste assez de peine pour garder pied ? Il ne lui fait pas non plus attention, mais continue de surveiller, comme à son habitude, l'habitacle. «Maître, dis-je en m'approchant de lui, la femme ferait sûrement mieux de descendre.» « Quelle femme, Jack ? a-t-il dit; « Notre passager, soyez-en sûr, n'est nulle part ailleurs. J'ai regardé autour de moi, maîtresse, et j'ai constaté qu'il était tout à fait seul et que la tête du compagnon était tombée. Une sueur froide m'envahit. «Jack, dit le maître, la nuit empire et le roulis des vagues s'accentue à chaque instant. Je suis également convaincu que notre cargaison bouge : lorsque la dernière mer nous a frappé, j'entendais les charbons crépiter en contrebas ; et voyez avec quelle raideur nous gîteons vers bâbord. Ne dites rien cependant aux hommes, mais ayez toute votre intelligence sur vous ; et regardez, en attendant, les agrès et les rames. J'ai vu un bateau vivre une nuit aussi mauvaise que celle-ci. Pendant qu'il parlait, une lumière bleue venant d'en haut brillait sur le pont. Nous avons levé les yeux et avons vu un feu mort collé aux arbres croisés. "C'est fini pour nous maintenant, maître", dis-je. "Non, mec", répondit le maître avec sa manière facile et humoristique que j'aime toujours assez, sauf par mauvais temps, et puis je vois que son humour est servi. comme son grog supplémentaire, pour entretenir les cœurs qui ont suffisamment de raisons de se déprimer. « Non, mec, dit-il, nous ne pouvons pas nous permettre de laisser votre grand-mère nous monter à bord ce soir. Si vous m'assurez *contre* le déplacement du charbon, je serai votre garantie contre la lumière morte. Eh bien, c'est autant une apparence naturelle, mec, qu'un éclair. Allez à votre couchette et gardez bon cœur : nous ne pouvons pas être loin de Covesea maintenant, où, une fois passés les Skerries, la houle décollera ; et alors, dans deux petites heures, nous pourrons être confortablement installés chez les Sutors. A peine avais-je atteint mon poste d'amarrage en avant, maîtresse, qu'une grosse mer nous frappa sur la hanche tribord, nous jetant presque sur nos extrémités de travers. J'entendais le bruissement des charbons en bas, alors qu'ils se posaient sur le côté bâbord ; et bien que le capitaine nous ait mis face au vent et ait donné l'ordre instantané d'alléger chaque point de la voile, - et ce n'était que peu de voile que nous avions à ce moment-là à alléger, - le navire ne s'est pas levé, mais est resté ingérable comme un bateau. bûche, avec son plat-bord dans l'eau. Nous dérivâmes cependant le long de la côte sud, avec peu d'espoir sinon que chaque mer nous enverrait au fond ; jusqu'à ce que, aux premières heures grises du matin, nous nous retrouvions parmi les casseurs du terrible bar de Findhorn. Et peu de temps après, la pauvre *Amitié* prit terre au bord des sables mouvants, car elle ne voulait ni rester ni porter ; et tandis qu'elle frappait violemment le fond, les vagues tombèrent en berne.

« Juste au moment où nous frappions, » continua Jack, « le capitaine fit un effort désespéré pour entrer dans la cabine. Le navire ne pouvait pas manquer, nous l'avons vu, de se briser et de se remplir ; En mettant le pied à terre, il voulait donner une chance à la pauvre femme en bas avec les autres, tous sauf lui, maîtresse, s'étaient levés dans les haubans, et ainsi nous pouvions voir un peu autour de nous et il venait de poser la main ; sur le moraillon pour ouvrir la porte, quand j'ai vu une mer énorme venir rouler vers nous, comme un mur en mouvement, et je lui ai crié de tenir bon. Il a sauté sur le pataras et l'a saisi. tombant dessus, et, se brisant à vingt pieds au-dessus de sa tête, nous l'enfonçâmes pendant une minute dans l'écume. Nous pensions que nous ne le reverrions plus jamais, mais quand il s'éloigna, il était toujours là, avec sa poigne de fer sur le support ; , bien que la vague effrayante ait gorgé d'eau le *Friendship* de la proue à l'étrave et emporté sa tête de compagnon aussi proprement sur le pont que si elle avait été coupée avec une scie. Aucune aide humaine ne pouvait venir en aide à la pauvre femme et à son bébé. Le Maître pouvait entendre le terrible bruit d'étouffement de son agonie mourante juste sous ses pieds, avec seulement une planche de deux pouces entre les deux ; et les sons le hantent depuis lors. Mais même s'il avait réussi à la faire monter sur le pont, elle n'aurait pas pu survivre, maîtresse. Pendant cinq longues heures, nous nous sommes accrochés aux agrès, tandis que la mer nous chevauchait sans cesse comme des chevaux sauvages ; et bien que nous puissions voir, à travers les congères et les embruns, des foules sur le rivage et des bateaux étendus près de la jetée, personne n'osa s'aventurer à nous aider, jusqu'à la fin de la journée, lorsque le vent tomba avec le vent. la marée tombait et nous avons été ramenés à terre, plus morts que vivants, par un équipage volontaire du port. La malheureuse *Amitié* commença à se briser sous nous avant midi, et nous vîmes le cadavre de la noyée, avec l'enfant mort toujours dans ses bras, sortir en flottant par un trou sur le côté. Mais les vagues ont rapidement déchiré la mère et l'enfant, et nous les avons perdus de vue alors qu'ils dérivaient vers l'ouest. Maître aurait traversé lui-même le Firth ce matin pour vous soulager l'esprit, mais étant moins épuisé qu'aucun d'entre nous, il a pensé qu'il valait mieux rester en charge de l'épave.

Tel était en effet le récit de Jack Grant, le second. Le maître, comme je l'ai dit, était sur le point de recommencer le monde, et était à la veille de vendre sa nouvelle maison avec désavantage, afin de constituer la somme nécessaire pour se procurer un nouveau navire, lorsqu'un un ami s'interposa et lui avança la balance demandée. Il était également aidé par une sœur de Leith, qui se trouvait dans une situation assez confortable ; et ainsi il obtint un nouveau sloop qui, bien que de taille pas tout à fait égale à celui qu'il avait perdu, était construit entièrement en chêne, dont il avait supervisé chaque planche et poutre lors de la construction, et un excellent voilier pour démarrer ; et ainsi, bien qu'il ait dû se contenter du logement de l'ancien domicile, avec ses petites pièces et ses petites fenêtres, et louer l'autre maison à un locataire, il a recommencé à prospérer comme avant. Pendant ce temps, son vieux cousin sombrait peu à peu. Le capitaine était absent lors d'un de ses plus longs voyages, et elle aussi sentait vraiment qu'elle ne pourrait pas survivre jusqu'à son retour. Elle appela à son chevet ses deux jeunes amies, les sœurs, qui ne se lassaient pas de ses soins, et leur déversa sa bénédiction ; d'abord sur l'aîné, puis sur le plus jeune. "Mais quant à toi, Harriet," ajouta-t-elle en s'adressant à cette dernière, "vous attend aussi l'une des meilleures bénédictions de ce monde : les bénédictions d'un bon mari : vous finirez par y gagner, même dans cette situation. vie, par votre bonté envers la pauvre veuve sans enfants. La prophétie était vraie : la vieille femme avait astucieusement repéré où les yeux de son cousin se posaient ces derniers temps ; et environ un an après sa mort, sa jeune amie et élève était devenue la femme du maître. Il y avait entre leurs âges une différence très considérable, le maître avait quarante-quatre ans, et sa femme dix-huit, mais jamais mariage ne fut plus heureux. La jeune épouse était simple, confiante et affectueuse ; et le maître d'une nature douce et géniale, avec beaucoup d'humour enjoué et un caractère si égal que, pendant six années de vie conjugale, sa femme ne l'a vu en colère qu'une seule fois. Je l'ai entendue parler de ce cas exceptionnel, cependant, comme étant trop terrible pour être facilement oublié.

Elle l'avait accompagné à bord, pendant leur première année de vie conjugale, dans les parties supérieures du Cromarty Firth, où son sloop transportait une cargaison de céréales, et gisait tranquillement dans une baie à moins de deux cents mètres de la rive sud. Son compagnon était parti pour la nuit de l'autre côté de la baie, pour rendre visite à ses parents, qui demeuraient dans ce quartier ; et le reste de l'équipage ne se composait que de deux matelots, tous deux jeunes et quelque peu téméraires, et du mousse. Emmenant le garçon avec eux pour maintenir le canot du navire à flot et attendre leur retour, les deux marins descendirent à terre et, partant pour un pub éloigné, restèrent là à boire jusqu'à une heure tardive. Il y avait une lune brillante au-dessus de nous, mais la soirée était fraîche et glaciale ; et le garçon, froid, fatigué et à moitié accablé par le sommeil, après avoir attendu jusqu'à minuit passé, quitta le bateau et, se dirigeant vers le navire, monta aussitôt dans son hamac et s'endormit. Peu de temps après, les deux hommes arrivèrent au rivage, bien plus alcoolisés ; et, ne parvenant pas à se faire entendre du garçon, ils se déshabillèrent et, malgré la fraîcheur de la nuit, ils montèrent à bord. Le maître et sa femme étaient depuis des heures blottis dans leur lit, lorsqu'ils furent réveillés par les cris du garçon : les hommes ivres le bastonnaient sans pitié avec un bout de corde chacun. Le maître, se levant précipitamment, dut intervenir en sa faveur, et, de l'air d'un homme qui savait que les remontrances dans les circonstances ne serviraient à rien, il les renvoya tous deux dans leurs hamacs. Mais à peine s'était-il remis au lit, qu'il fut une seconde fois réveillé par les cris de l'enfant, poussés cette fois sur le ton aigu de l'agonie et de la terreur ; et, se levant aussitôt, suivi de sa femme, il trouva les deux matelots en train de harceler de nouveau le garçon, et l'un d'eux, dans sa fureur aveugle, s'était emparé d'un bout de corde, armé, comme il est courant à bord des navires. avec un dé à coudre ou un anneau de fer, et que chaque coup produisait une blessure. Le pauvre garçon ruisselait de sang. Le maître, au plus fort de son indignation, perdit le contrôle de lui-même. Se précipitant à l'intérieur, les deux hommes furent en un instant précipités contre le pont ; ils semblaient impuissants entre ses mains lorsqu'ils étaient enfants ; et si sa femme, bien que très inapte à l'époque à se mêler à la mêlée, n'était pas entrée en courant et ne l'avait pas saisi, mouvement qui le calma aussitôt, elle avait l'impression sérieuse que, désarmé comme il l'était, il je les ai tués tous les deux sur le coup. Il y a, je crois, peu de choses plus redoutables que la colère inhabituelle d'un homme de bonne humeur.

CHAPITRE II.

"Trois nuits et jours d'orage

Nous nous lançâmes sur la main déchaînée ;

Et longtemps nous avons lutté pour sauver notre barque,

Mais tous nos efforts ont été vains. » — LOWE.

Je suis né, premier enfant de ce mariage, le 10 octobre 1802, dans la maison basse et longue construite par mon arrière-grand-père le boucanier. Ma mémoire s'est réveillée tôt. J'ai des souvenirs qui datent de plusieurs mois avant la fin de ma troisième année ; mais, comme ceux de l'âge d'or du monde, ils ont surtout un caractère mythologique. Je me souviens, par exemple, que je suis sorti un jour inaperçu dans le petit jardin de mon père et que j'y ai vu un petit canard couvert de doux poils jaunes, sortant du sol par ses pieds, et à côté de lui une plante qui portait comme fleurs une récolte. de petites coquilles de moules d'une couleur rouge foncé. Je ne sais quel prodige du règne végétal a produit le petit caneton ; mais la plante avec les coquilles devait, je pense, être un coureur écarlate, et les coquilles elles-mêmes étaient des fleurs papilionacées. J'ai aussi un souvenir distinct, mais il appartient à une période plus récente, d'avoir vu mon ancêtre, le vieux John Feddes, le boucanier, bien qu'il devait être mort à l'époque depuis bien plus d'un demi-siècle. J'avais appris à m'intéresser à son histoire, telle qu'elle était conservée et racontée dans la demeure antique qu'il avait construite plus de cent ans auparavant. Pour oublier une déception amoureuse, il était parti de bonne heure pour la Grande Route d'Espagne, où, après avoir donné et reçu quelques coups durs, il avait réussi à remplir un petit sac de dollars et de doublons ; puis en rentrant à la maison, il trouva sa vieille amie veuve, et si encline à entendre raison, qu'elle devint finalement sa femme. Il y a eu dans son histoire quelques petites circonstances qui ont dû saisir mon imagination ; car j'avais l'habitude d'exiger à plusieurs reprises sa répétition ; et l'une de mes premières tentatives de création d'une œuvre d'art fut de tracer ses initiales avec mes doigts, à la peinture rouge, sur la porte de la maison. Un jour, alors que je jouais tout seul au pied de l'escalier, car les habitants de la maison étaient sortis, quelque chose d'extraordinaire avait attiré mon attention sur le palier du dessus ; et levant les yeux, je vis John Feddes – car j'avais instinctivement deviné que ce n'était autre que lui – sous la forme d'un grand, grand, très vieil homme, vêtu d'un pardessus bleu clair. Il semblait me regarder fixement avec un regard inébranlable. complaisance apparente; mais j'avais très peur ; et pendant des années après, en traversant la pièce sombre et mal éclairée d'où je déduisais qu'il était sorti, je n'étais pas du tout sûr de ne pas pouvoir m'opposer au vieux John dans l'obscurité.

Je garde un vif souvenir de la joie qui illuminait la maison à l'arrivée de mon père ; et je me souviens que j'ai appris à distinguer moi-même son sloop au large, aux deux fines bandes blanches qui couraient le long de ses flancs et à ses deux huniers carrés. J'ai aussi mes souvenirs dorés des jouets splendides qu'il rapportait chez lui, — entre autres, d'un magnifique chariot à quatre roues en tôle peinte, tiré par quatre chevaux de bois et une ficelle ; et de le mettre dans un coin tranquille, immédiatement après qu'il m'a été livré, et là de briser chaque roue et chaque cheval, ainsi que le véhicule lui-même, en leurs morceaux d'origine, jusqu'à ce qu'il ne reste plus deux des morceaux collés ensemble. De plus, je me souviens encore de ma déception de ne pas trouver quelque chose de curieux au moins dans les chevaux et les roues ; et comme, sans aucun doute, la principale jouissance que l'on peut tirer de ces choses est de les briser, je m'étonne parfois que nos ingénieux fabricants de jouets ne choisissent pas le moyen d'étendre immédiatement leur commerce et d'ajouter à sa philosophie, en y mettant quelques-uns des leurs choses les plus brillantes où la nature met le noyau de noix à l'intérieur. Je ne mentionnerai qu'un autre souvenir de cette période. J'ai un souvenir onirique d'une époque occupée, où des hommes avec des dentelles d'or sur la poitrine, et au moins un gentleman avec des épaulettes d'or sur les épaules, venaient chez mon père et remplissaient de pièces de monnaie mes poches nouvellement acquises ; et comment ils voulaient, disait-on, amener mon père avec eux, pour les aider à faire naviguer leur grand navire ; mais il préférait rester, ajoutait-on, avec son propre petit. Un navire de guerre, sous la direction d'un pilote malhabile, s'était échoué sur un plat peu profond de l'autre côté du Firth, connu sous le nom d' *Inces* ; et comme la marée d'un ruisseau était à son plus haut à ce moment-là et commençait aussitôt à baisser, on s'aperçut, après l'avoir allégé de ses canons et de la plus grande partie de ses provisions, qu'il tenait toujours bon. Mon père, dont le sloop avait été mis en service et chargé jusqu'au plat-bord de munitions, avait trahi une connaissance inattendue des pointes d'un grand navire de guerre ; et le commandant, entamant une conversation avec lui, fut si impressionné par son habileté, qu'il remit son navire sous sa garde, et fut récompensé de sa confiance en le voyant haler en eaux profondes en une seule marée. Connaissant la nature du fond, une boue arénacée molle, qui, si on la battait pendant quelque temps avec le pied ou la main, se résolvait en une sorte de sable mouvant, moitié boue, moitié eau, qui, lorsqu'elle était recouverte par une profondeur suffisante de la mer, ne pouvait offrir aucune résistance efficace à la quille d'un navire, - le capitaine avait fait courir la moitié de l'équipage en corps d'un côté à l'autre, jusqu'à ce que, par le mouvement généré de cette manière, la partie de la berge immédiatement en dessous soit devenue molle. ; puis l'autre moitié des hommes, tirant avec force sur le gréement et le haleur, fit reculer le navire quelques pieds à la fois, jusqu'à ce qu'enfin, après plusieurs répétitions du processus, il flotte librement. Bien entendu, sur un fond plus dur, cet expédient n'aurait pas fonctionné ; mais le commandant fut tellement frappé par son efficacité et son originalité, ainsi que par l'étendue des ressources professionnelles du capitaine, qu'il lui recommanda fortement de se séparer de son sloop et d'entrer dans la marine, où il pensait avoir suffisamment d'influence, dit-il, pour placez-le dans une position appropriée. Mais comme l'expérience antérieure du capitaine en matière de service avait été très désagréable et que sa position, à la fois maître et propriétaire du navire sur lequel il conduisait, était au moins indépendante, il refusa de suivre les conseils.

Tels sont certains de mes souvenirs antérieurs. Mais il fut un temps où les souvenirs étaient plus sombres. Le commerce du varech n'avait pas encore atteint l'importance qu'il acquit par la suite, lorsqu'il tomba devant les premières approches du libre-échange ; et mon père, en rassemblant des provisions pour les Leith Glass Works, pour lesquelles il agissait occasionnellement à la fois comme agent et comme capitaine de navire, avait l'habitude de passer parfois des mois entiers au milieu des Hébrides, naviguant de station en station, et achetant ici quelques tonnes et là un quelques quintaux, jusqu'à ce qu'il ait terminé sa cargaison. Lors de son dernier voyage sur varech, il avait été retenu de cette manière depuis la fin août jusqu'à la fin octobre ; et enfin, profondément chargé, il avait contourné le cap Wrath, traversé le Pentland et traversé les Moray Firths, lorsqu'un violent vent l'obligea à chercher refuge dans le port de Peterhead. De ce port, le 9 novembre 1807, il écrivit à ma mère la dernière lettre qu'elle reçut de lui ; car le lendemain de son départ, il y eut une terrible tempête, dans laquelle de nombreux marins périrent, et on n'entendit plus jamais parler de lui et de son équipage. Son sloop fut vu pour la dernière fois par un frère citadin et capitaine de navire qui, avant que la tempête n'éclatât, avait eu la chance de trouver un asile pour sa barque dans un port anglais sur une partie exposée de la côte. Les navires les uns après les autres avaient débarqué pendant la journée ; et la plage était jonchée d'épaves et de cadavres ; mais il avait repéré le sloop de son citadin au large depuis midi jusqu'au soir, épuisant tous les moyens nautiques et tous les expédients pour se tenir à l'écart du rivage ; et enfin, alors que la nuit tombait, l'habileté et la persévérance exercées parurent réussies ; car, franchissant un formidable promontoire qui gisait sous le vent depuis des heures et qui était marbré de navires brisés et d'hommes noyés, on vit le sloop s'étendre en long bord dans la mer ouverte. "Le matelotage de Miller l'a sauvé une fois de plus !" » dit Matheson, le capitaine de Cromarty, en quittant son poste d'observation pour retourner à sa cabine ; mais la nuit tomba orageuse et sauvage, et aucun vestige du malheureux sloop ne fut jamais vu par la suite. On supposait que, lourdement chargée et travaillant dans une mer montagneuse, elle avait dû démarrer une planche et sombrer. Et ainsi périt, — pour emprunter le simple éloge de ses amis marins, que j'entendis longtemps après avoir présenté mes condoléances à ma mère — « l'un des meilleurs marins qui aient jamais navigué sur le Moray Firth ».

La tempête fatale, telle qu'elle avait prévalu principalement sur les côtes orientales de l'Angleterre et dans le sud de l'Écosse, n'était représentée dans le nord que par quelques jours sombres et maussades, au cours desquels, avec peu de vent, une forte lame de fond arrivait. vers la côte depuis le casting, et a envoyé ses vagues haut contre les précipices du Sutor du Nord. Il n'y avait aucun pressentiment dans la demeure du maître ; car sa lettre de Peterhead — une missive brève mais pleine d'espoir — venait d'être reçue ; et le soir suivant, ma mère était assise près du feu de la maison, jouant avec l'aiguille joyeuse, lorsque la porte de la maison, qui était restée ouverte, s'ouvrit, et qu'on m'envoya de son côté pour la fermer. Ce qui suit doit être considéré comme simplement le souvenir, bien que très vivant, d'un garçon qui avait terminé sa cinquième année seulement une bouche auparavant. Le jour n'avait pas complètement disparu, mais la nuit avançait rapidement, et une brume grise répandait une teinte neutre d'obscurité sur tous les objets les plus éloignés, mais laissait les plus proches relativement distincts, lorsque je vis par la porte ouverte, à moins d'un kilomètre. un mètre de ma poitrine, aussi clairement que jamais j'ai vu quoi que ce soit, une main et un bras coupés tendus vers moi. La main et le bras étaient apparemment ceux d'une femme : ils avaient un aspect livide et détrempé ; et directement devant moi, là où le corps aurait dû se trouver, il n'y avait qu'un espace vide et transparent, à travers lequel je pouvais voir les formes sombres des objets au-delà. J'ai été terriblement surpris et j'ai couru vers ma mère en criant pour lui raconter ce que j'avais vu ; et la fille de la maison qu'elle envoya ensuite fermer la porte, apparemment affectée par ma terreur, revint également effrayée et dit qu'elle aussi avait vu la main de la femme ; ce qui ne semble pourtant pas être le cas. Et finalement, ma mère se dirigeant vers la porte, ne vit rien, bien qu'elle paraisse très impressionnée par l'extrême de ma terreur et la minutie de ma description. Je communique l'histoire telle qu'elle est gravée dans ma mémoire, sans tenter de l'expliquer. L'apparition supposée n'était peut-être qu'une affection momentanée de l'œil, de la nature décrite par Sir Walter Scott dans sa « Démonologie » et par Sir David Brewster dans sa « Magie naturelle ». Mais si c'était le cas, c'était une affection dont je n'éprouvais aucun retour ; et sa coïncidence, dans cette affaire, avec l'heure probable de la mort de mon père semble pour le moins curieuse.

S'ensuivit une saison morne, dont je me souviens encore, comme d'une perspective qui, un temps ensoleillée et étincelante, s'est soudainement enveloppée de nuages et de tempêtes. Je me souviens des longs pleurs de ma mère et de la tristesse générale de la maison veuve ; et comment, après avoir mis mes deux petites sœurs au lit, car tel avait été l'augmentation de la famille, et qu'elle eut les mains libres pour la soirée, elle veillait tard le soir, engagée comme couturière, dans confectionner des vêtements pour les voisins qui choisissaient de l'employer. La nouvelle maison de mon père était alors inoccupée ; et bien que son sloop eût été partiellement assuré, le courtier avec lequel il traitait était, semble-t-il, au bord de l'insolvabilité, et ayant soulevé des objections au paiement de l'argent, il fallut longtemps avant qu'une partie de l'argent pût être réalisée. Ainsi, malgré tout le travail de ma mère, la maison aurait mal réussi, sans l'aide que lui prêtaient ses deux frères, des hommes travailleurs et travailleurs, qui vivaient avec leurs parents âgés, et une sœur célibataire, à une portée d'arc de là, et maintenant non seulement elle avançait son argent selon ses besoins, mais elle emmenait aussi vivre avec elle son deuxième enfant, l'aînée de mes deux sœurs, une petite fille docile de trois ans. Je me souviens que j'allais errer inconsolablement dans le port en cette saison, pour examiner les navires qui entraient pendant la nuit ; et que j'ai plus d'une fois fait pleurer ma mère en lui demandant pourquoi les capitaines de navire qui, du vivant de mon père, me caressaient la tête et glissaient un demi-soupent dans mes poches, ne me prêtaient plus aucune attention ni ne me donnaient plus d'attention. rien? Elle savait bien que les capitaines de navire – une classe d'hommes non peu généreuse – n'avaient tout simplement pas reconnu l'enfant de leur vieux camarade ; mais la question n'était pourtant que trop évocatrice de sa propre perte et de la mienne. J'avais aussi l'habitude d'escalader, jour après jour, une protubérance herbeuse de l'ancienne côte immédiatement derrière la maison de ma mère, qui domine une large étendue du Moray Firth, et de regarder avec mélancolie, longtemps après que tout le monde ait cessé. espérer, pour le sloop aux deux bandes blanches et aux deux huniers carrés. Mais les mois et les années ont passé, et je n'ai jamais vu les rayures blanches et les huniers carrés.

Les antécédents de la vie de mon père m'ont impressionné plus puissamment pendant mon enfance que tout ce que j'ai acquis à l'école ; et je les ai soumis au lecteur en long et en large, non seulement comme étant curieux en eux-mêmes, mais comme formant un premier chapitre dans l'histoire de mon éducation. Et les strophes suivantes, écrites à une époque où, en devenant viril, je semais ma folle avoine en vers, peuvent servir à montrer qu'elles ont continué à ressortir avec un vif relief dans ma mémoire, même après que j'aie grandi :

" Autour des rives ouest d'Albyn, un skiff solitaire

La marche en roue libre est-elle lente : — les vents contraires retiennent
:

Et maintenant elle contourne la redoutable falaise, [1]

Dont l'horrible crête repousse la rivière principale nord ;

Et maintenant le Pentland tourbillonnant rugit sous la pluie

Sa poupe en dessous, car les brises favorables se lèvent ;

Les îles vertes s'estompent, blanchit la plaine aquatique.

Au-dessus des vagues agitées, elle vole à la vitesse d'un météore.

Jusqu'à ce que les collines lointaines de Moray surgissent des vagues bleues.

Qui guide les pérégrinations de ce navire sur la vague ;

Un homme patient, robuste, au front réfléchi ;

Serein et chaleureux de cœur, et sagement courageux,

Et sagement habile, quand soufflent des brises tourbillonnantes,

Pour enfoncer à travers les vagues en colère la proue aventureuse.

L'âge n'a pas apaisé sa force, ni éteint son désir

D'un acte généreux, ni l'éclat de sa poitrine glacial ;

Pourtant, ses espoirs aspirent à un monde meilleur.

Ah ! ça doit sûrement être toi ! Salut à tous, mon honoré Sire !

Hélas! ton dernier voyage touche à sa fin,

Car la Mort couve sans voix dans le ciel qui s'assombrit ;

Calme la brise ; les vagues tranquilles se reposent ;

La scène est paisible. La mort peut-elle être proche,

Quand ainsi, muets et désarmés, ses vassaux mentent ?

Remarquez ce nuage ! Là travaille le vent emprisonné ;

E'en maintenant, cela vient, avec une voix élevée ;

Résonnent les rivages, cris durs la voile déchirante,

Et rugit la vague étonnée, et éclate le tonnerre !

La tempête fit rage pendant trois jours ; sur les rives de l'Écosse

Épaves empilées sur épaves, et cadavres sur cadavres furent jetés ;

Ses falaises escarpées étaient rouges de sang coagulé ;

Ses grottes sombres faisaient écho au gémissement expirant ;

Et les jeunes filles malchanceuses pleuraient la disparition de leurs amants,

Et les orphelins sans amis réclamaient en vain du pain ;

Et les mères veuves erraient seules ;

Restaurez, ô vague, criaient-ils, restaurez nos morts !

Et puis ils ont découvert la poitrine et ont frappé la tête sans abri.

De vous, mon Sire, que peut dire une langue mortelle !

Ta barque brisée n'a reçu aucune baie amicale ;

Même quand ta poussière reposait dans la cellule océanique,

D'étranges histoires d'espoir sans fondement que tes amis ont trompées

Ce dont ils doutaient souvent, tristes, ou que les gais croyaient.

Enfin, quand les ténèbres devinrent plus profondes, plus sombres,

Désespérés, ils étaient en deuil ; mais ce fut en vain qu'ils s'affligeèrent :

Si Dieu est la vérité, il n'y a certainement pas de voix de malheur,

Cela demande à l'âme acceptée de revêtir ses robes de joie.

J'avais été envoyé, avant la mort de mon père, dans une école pour dames, où on m'avait appris à prononcer mes lettres avec un tel effet dans le vieux mode écossais, que encore, quand j'essaie d'épeler un mot à haute voix, ce qui n'est pas souvent le cas,... car je trouve le processus périlleux, les *aa* et *ee* , et *uh* et *vaus* reviennent sur moi et je dois les traduire sans peu d'hésitation au fur et à mesure, en sons plus modernes. J'avais déjà acquis une connaissance des lettres elles-mêmes en étudiant les panneaux indicateurs du lieu, œuvres d'art rares qui excitaient ma plus grande admiration, avec des cruches, des verres, des bouteilles, des navires et des miches de pain dessus ; tout cela pouvait, comme les artistes l'avaient prévu, être réellement reconnu. Au cours de ma sixième année, j'ai épelé, sous la direction de la dame, le Catéchisme plus court, les Proverbes et le Nouveau Testament, puis j'ai atteint sa forme la plus élevée, en tant que membre de la classe biblique ; mais pendant tout ce temps, le processus d'acquisition du savoir avait été un processus sombre, que je maîtrisais lentement, dans une humble confiance dans la terrible sagesse de la maîtresse d'école, ne sachant pas où il me menait, quand aussitôt mon esprit s'est réveillé au sens de ce plus délicieux de tous les récits, l'histoire de Joseph. Y a-t-il déjà eu une telle découverte auparavant ! En fait, j'ai découvert par moi-même que l'art de lire est l'art de trouver des histoires dans les livres, et à partir de ce moment, la lecture est devenue l'un de mes amusements les plus délicieux. J'ai commencé par me mettre dans un coin à la sortie de l'école, et là, je me suis raconté la nouvelle histoire de Joseph ; et une seule lecture n'a servi à rien ; les autres histoires de l'Écriture suivirent, en particulier l'histoire de Samson et des Philistins, de David et Goliath, des prophètes Élie et Élisée ; et ensuite vinrent les histoires et les paraboles du Nouveau Testament. Aidé de mes oncles, je commençai à rassembler une bibliothèque dans une boîte d'écorce de bouleau d'environ neuf pouces carrés, que je trouvai assez grande pour contenir un grand nombre d'ouvrages immortels, Jack le tueur de géants et Jack et le haricot. Stalk, et le Nain Jaune, et Barbe Bleue, et Sinbad le Marin, et la Belle et la Bête, et Aladdin et la Lampe Merveilleuse, avec plusieurs autres de caractère ressemblant. Ces nuisances intolérables que constituent les livres de connaissances utiles n'étaient pas encore apparues, comme des étoiles ténébreuses, à l'horizon de l'éducation, pour obscurcir le monde et répandre leur influence dévastatrice sur l'intellect naissant de la « jeunesse » ; et ainsi, de mes livres rudimentaires — livres qui se sont vraiment rendus tels par leur profonde assimilation à l'esprit rudimentaire — je suis passé, sans avoir conscience de rupture ni de ligne de division, à des livres sur lesquels les savants se contentent d'écrire des commentaires et des dissertations. , mais que j'ai trouvé être des livres pour enfants tout aussi sympas que les autres. Le vieil Homère écrivait admirablement pour les petits gens, surtout dans l'Odyssée ; dont un exemplaire, dans la seule traduction authentique qui existe, car, à en juger par son intérêt exceptionnel et par la colère des critiques, je tiens pour tel celui de Pope, j'en ai trouvé dans la maison d'un voisin. Vint ensuite l'Iliade ; non pas cependant en exemplaire complet, mais représenté par quatre des six volumes de Bernard Lintot. Avec quelle puissance et à quel âge le vrai génie impressionne ! J'ai vu, même à cette époque immature, qu'aucun autre écrivain ne pouvait lancer un javelot avec la moitié de la force d'Homère. Les missiles filaient à travers ses pages ; et je pouvais voir l'éclat momentané de l'acier, avant qu'il ne s'enfonce profondément dans l'airain et la peau de taureau. Je réussis ensuite à découvrir par moi-même un livre pour enfants, non moins intéressant que même l'Iliade, qui pouvait, m'a-t-on dit, être lu les jours de sabbat, dans une magnifique édition ancienne du "Progrès du Pèlerin", imprimée sur papier grossier brun blanchâtre. papier, et chargé de nombreuses gravures sur bois, dont chacune occupait une page entière, qui, par principe d'économie, portait sur l'autre face une typographie. Et des imprimés si délicieux que ceux-ci ! Ce devait être un volume de ce type qui servait de portrait à Wordsworth, et qu'il décrit si délicieusement comme

"Abondant en garniture de coupes de bois,

Étrange et grossier ; visages désastreux, chiffres désastreux,

Genoux pointus, coudes pointus et chevilles maigres aussi,

Avec des jambes longues et horribles, des formes qui, une fois vues,

On ne pourra jamais l'oublier."

Au fil du temps, j'avais dévoré, outre ces œuvres géniales, Robinson Crusoé, les Voyages de Gulliver, Ambroise sur les Anges, le "chapitre du jugement" des Scotch Worthies de Howie, le Récit de Byron et les Aventures de Philip Quarll, ainsi que bien d'autres aventures et voyages. , réels et fictifs, faisant partie d'une collection très diverse de livres réalisée par mon père. C'était une petite bibliothèque mélancolique dont j'étais devenu l'héritier. La plupart des volumes manquants se trouvaient avec le capitaine à bord de son navire lorsqu'il a péri. D'une première édition des Voyages de Cook, tous les volumes manquaient désormais, à l'exception du premier ; et une romance très alléchante, en quatre volumes,—Mrs. Les « Mystères d'Udolpho » de Ratcliff n'étaient représentés que par les deux précédents. Si petite que fût la collection, elle contenait quelques livres rares, — entre autres, un curieux petit volume, intitulé « Les miracles de la nature et de l'art », auquel nous trouvons le Dr Johnson faisant référence, dans l'un des dialogues relatés par Boswell : aussi rare même à son époque, et qui avait été publié, dit-il, au XVIIe siècle par un libraire dont la boutique était perchée sur le vieux pont de Londres, entre ciel et eau. Il contenait aussi le seul exemplaire que j'aie jamais vu des « Mémoires d'un protestant condamné aux galères de France pour sa religion », ouvrage intéressant par le fait que, bien qu'il portait un autre nom sur sa page de titre, il avait été traduit du français pour quelques guinées par le pauvre Goldsmith, à l'époque de ses obscures corvées littéraires, et montrait les excellences particulières de son style. La collection possédait en outre un curieux livre ancien, illustré de planches très grossières, qui détaillait les périls et les souffrances d'un marin anglais qui avait passé les meilleures années de sa vie comme esclave au Maroc. Il y avait aussi ses volumes de théologie solide et de vives controverses : les Œuvres de Flavel, le Commentaire d'Henry, et Hutchinson sur les Petits Prophètes, et un très vieux traité sur l'Apocalypse, avec la page de titre éloignée, et le volume aveugle de Jameson. sur la Hiérarchie, avec les premières éditions de Naphthali, de la Nuée de Témoins et de Hind let Loose. Mais je n'ai osé m'attaquer à ces solides auteurs que longtemps après cette époque. Parmi les ouvrages sur les faits et les incidents qu'il contenait, ceux des voyageurs étaient mes favoris particuliers. J'ai parcouru avec avidité les voyages d'Anson, de Drake, de Raleigh, de Dampier et du capitaine Woods Rogers ; et mon esprit devint si rempli de conceptions sur ce qu'il fallait voir et faire dans des régions étrangères, que je souhaitais être assez grand pour être marin, pour pouvoir aller voir des îles de corail et des montagnes brûlantes, chasser des bêtes sauvages et mener des batailles. . J'ai déjà parlé de mes deux oncles maternels ; et je faisais référence, au moins incidemment, à leur mère, comme à l'amie et à la parente du vieux cousin de mon père et, comme elle, à l'arrière-petit-enfant du dernier vicaire de Nigg. La plus jeune fille du vicaire avait été courtisée et mariée par un jeune fermier un peu sauvage, du clan

Ross, mais qui était connu, comme le célèbre hors-la-loi des Highlands, par la couleur de ses cheveux, sous le nom de Roy ou le Rouge. Donald Roy était le meilleur joueur de club du district ; et comme le « Livre des Sports » du roi James n'était pas considéré comme très mauvais dans la paroisse semi-celtique de Nigg, les jeux auxquels Donald participait étaient généralement joués le jour du sabbat. Cependant, vers l'époque de la Révolution, il était saisi par de fortes convictions religieuses, annoncées, disent les traditions du pays, par des événements dont le caractère se rapprochait du surnaturel ; et Donald devint le sujet d'un profond changement. Il y a une phase du caractère religieux qui, dans le sud de l'Écosse, appartient aux deux premiers âges du presbytère, mais qui disparut avant son troisième établissement sous Guillaume de Nassau, que nous trouvons illustrée de manière frappante dans les Welches, Pedens et Cargills de l'époque de la persécution, et dans laquelle une sorte de machinerie sauvage du surnaturel s'est ajoutée aux aspects les plus communs d'un christianisme vivant. Les hommes chez lesquels il était exposé étaient des voyants et des rêveurs ; et, se tenant aux confins du monde naturel, ils regardaient au loin dans le monde des esprits, et avaient parfois d'étranges aperçus du lointain et du futur. Au nord des Grampians, comme nés hors saison, ces voyants appartiennent à un âge plus tardif. Ils ont prospéré principalement au début du siècle dernier ; car il est un fait non négligeable que, dans l'histoire religieuse de l'Écosse, le XVIIIe siècle des districts des Highlands et semi-Highland du nord correspondait, dans plusieurs de ses traits, au dix-septième siècle des districts peuplés de Saxons du sud ; et Donald Roy était l'un des plus remarquables de la classe. Les anecdotes le concernant qui flottent encore parmi les vieux souvenirs du Ross-shire, si elles étaient transférées à Peden ou à Welch, se trouveraient entièrement en accord avec les histoires étranges qui incrustent les biographies de ces hommes dévoués, et vivraient si durablement dans la mémoire de le peuple écossais. Vivant également à une époque où, comme les Covenanters d'un siècle précédent, les Highlanders conservaient encore leurs armes et savaient comment les utiliser, Donald avait, comme les Paton, les Hackston et les Balfour du sud, son élan de l'esprit guerrier; et après avoir assisté son ministre, avant la rébellion de 1745, dans ce qu'on appelait le grand renouveau religieux de Nigg, il dut l'assister, peu de temps après, dans la poursuite d'une bande de Caterans armés, qui, descendant des collines, balayaient la paroisse de son bétail. Et lorsqu'il rencontra les hors-la-loi dans les gorges d'un vallon sauvage des Highlands, aucun homme de son groupe ne fut plus actif dans la mêlée qui suivit que le vieux Donald, ni ne s'efforça plus efficacement de reprendre le bétail. J'ai à peine besoin d'ajouter qu'il était un membre attaché à l'Église d'Écosse : mais il n'était pas destiné à mourir dans sa communion.

Le ministre de Donald, John Balfour de Nigg, un homme dont la mémoire est encore honorée dans le Nord, est mort au milieu de sa vie, et un candidat impopulaire a été imposé au peuple. La politique de Robertson prévalait à l'époque ; Gillespie avait été destitué seulement quatre ans auparavant, pour avoir refusé de contribuer au règlement contesté d'Inverkeithing ; et quatre membres du presbytère de Nigg, intimidés par la rigueur du précédent, se rendirent à l'église paroissiale pour procéder à l'installation de l'odieux licencié et le présenter aux paroissiens. Ils ne trouvèrent cependant qu'un bâtiment vide ; et, malgré l'absence inquiétante du peuple, ils continuaient leur travail avec honte et tristesse, lorsqu'un homme vénérable, très avancé dans la vie, apparut soudain devant eux et, protestant solennellement contre la moquerie totale d'une telle démarche, d'une manière impressionnante. a déclaré, "que s'ils installaient un homme dans les *murs* de cette église, le sang de la paroisse de Nigg leur serait exigé." Le Dr Hetherington et le Dr Merle d'Aubigné enregistrent l'événement ; mais aucun de ces historiens accomplis ne semble avoir été conscient de l'accent particulier qu'une scène qui aurait été frappante en toutes circonstances tirait du caractère du manifestant, le vieux Donald Roy. Le Presbytère, consterné, s'arrêta net au milieu de ses travaux ; elle ne reprit que peu de temps après, lorsque, sur ordre de la majorité modérée de l'Église – ordre non sans une référence significative au sort de Gillespie – le règlement forcé fut consommé. Donald, qui entraînait toute la paroisse avec lui, continua à s'accrocher à l'Église nationale pendant près de dix ans après, très lié d'amitié avec l'un des religieux les plus éminents et influents du Nord, Fraser of Alness, auteur d'un volume sur la sanctification, toujours considéré comme un ouvrage standard par les théologiens écossais. Mais comme ni le peuple ni son chef ne sont jamais entrés en aucune occasion dans l'église paroissiale, ni entendu l'odieux présentateur, le presbytère a finalement refusé de tolérer l'irrégularité en leur accordant comme avant les privilèges ordinaires de l'Église ; et ainsi ils furent perdus pour l'establishment et devinrent des sécessionnistes. Et dans la communion de cette partie de la Sécession connue sous le nom de Bourgeois, Donald mourut plusieurs années après, dans une vieillesse patriarcale.

Parmi ses autres descendants, il avait trois petites-filles, rendues orphelines de bonne heure par la mort de leurs deux parents, et que le vieil homme, au moment de leur deuil, avait amenées chez lui pour vivre avec lui. Ils avaient chacun de petites portions, provenant de son gendre, leur père, qui ne diminuaient pas sous les soins de Donald ; et comme chacun des trois s'était marié successivement hors de sa famille, il ajouta à toutes ses autres bontés le don d'un anneau d'or. Ils avaient été élevés sous ses yeux sains dans la foi ; et l'anneau de Donald avait, dans chaque cas, une signification mystique ; ils devaient la considérer, leur dit-il, comme l'alliance de leur *autre mari* , le chef de l'Église, et lui être des épouses fidèles dans leurs différentes maisons. . L'injonction, ni le symbole significatif qui l'accompagnait, ne se sont finalement pas révélés vains. Ils apportèrent tous la saveur d'une piété sincère dans leur famille. La petite-fille avec laquelle l'écrivain était plus directement lié avait été courtisée et mariée par un jeune commerçant honnête et travailleur, mais quelque peu gai, mais elle se révéla, sous Dieu, le moyen de sa conversion ; et leurs enfants, dont huit devinrent des hommes et des femmes, furent élevés dans une frugalité décente et l'exercice de principes honnêtes fut soigneusement inculqué. La famille de son mari était, comme celle de mes ancêtres paternels, une famille de marins. Son père, après avoir servi de nombreuses années à bord des navires, passa la dernière partie de sa vie comme l'un des bateliers armés qui, au cours du siècle dernier, gardaient les côtes au nom du revenu ; et son frère unique, le fils du batelier, un jeune marin aventureux, s'était engagé dans la malheureuse expédition de l'amiral Vernon, et avait laissé ses ossements sous les murs de Carthagène ; mais il exerçait lui-même la paisible occupation de cordonnier et, pour exercer son métier, employait habituellement quelques compagnons et entretenait quelques apprentis. Au fil du temps, les filles aînées de la famille se marièrent et fondèrent leur propre foyer ; mais les deux fils, mes oncles, restèrent sous le toit de leurs parents, et au moment où mon père périt, ils étaient tous deux dans la moyenne vie. Et, se croyant appelés à prendre sa place dans l'œuvre d'instruction et de discipline, je leur devais bien plus de mon éducation réelle qu'à aucun des professeurs dont j'ai ensuite fréquenté les écoles. Ils portaient tous deux une individualité de caractère marquée et étaient bien à l'opposé des hommes ordinaires ou vulgaires.

Mon oncle aîné, James, ajoutait à une tête claire et à une grande sagacité native, une mémoire singulièrement rémanente et une grande soif d'informations. Il était harnais et travaillait pour les agriculteurs d'une vaste région du pays ; et comme il n'engageait jamais ni compagnon ni apprenti, mais exécutait tout son travail de ses propres mains, ses heures de travail, à l'exception du fait qu'il s'accordait une brève pause lorsque le crépuscule arrivait et faisait environ un mile de marche, étaient généralement prolongées. de six heures du matin à dix heures du soir. Une telle occupation incessante lui laissait peu de temps pour lire ; mais il trouvait souvent quelqu'un pour lire à côté de lui pendant la journée ; et les soirs d'hiver, son banc portable était amené de sa boutique à l'autre bout de la maison, dans le salon familial, et placé à côté du cercle autour du foyer, où son frère Alexandre, mon plus jeune oncle, dont l'occupation laissait ses soirées libres, lisait à haute voix quelque volume intéressant pour le bénéfice général, se plaçant toujours de l'autre côté du banc, de manière à partager la lumière de l'ouvrier. Parfois, le cercle familial s'élargissait par l'arrivée de deux ou trois voisins intelligents, venus écouter ; puis le livre, après un espace, était mis de côté, afin que son contenu puisse être discuté dans une conversation. Pendant les mois d'été, l'oncle James passait toujours quelque temps à la campagne, à entretenir et à réparer les harnais des fermiers pour lesquels il travaillait ; et pendant ses voyages et ses promenades crépusculaires à ces occasions, il n'y avait pas un vieux château, ou une colline forte, ou un ancien campement, ou un antique édifice ecclésiastique, à moins de vingt milles de la ville, qu'il n'eût visité et examiné maintes et maintes fois. C'était un antiquaire local passionné ; en savait beaucoup sur les styles architecturaux des différentes époques, à une époque où ces sujets étaient peu étudiés ou peu connus ; et possédait plus de connaissances traditionnelles, acquises principalement lors de ses voyages à la campagne, que n'importe quel homme que j'ai jamais connu. Ce qu'il a entendu une fois, il ne l'a jamais oublié ; et les connaissances qu'il avait acquises, il pouvait les communiquer de manière agréable et succincte, dans un style qui, s'il avait été un écrivain de livres, au lieu de simplement en être un simple lecteur, aurait eu le mérite d'être clair et concis, et plus chargé de du sens que des mots. De par sa réputation de sagacité, ses conseils étaient très recherchés par les voisins dans toutes les petites difficultés qui se présentaient à eux ; et les conseils donnés étaient toujours astucieux et honnêtes. Je n'ai jamais connu d'homme plus juste dans ses relations qu'oncle James, ou qui regardait toute espèce de méchanceté avec un mépris plus profond. J'appris bientôt à apporter mes livres d'histoires à son atelier, et je devins, dans une certaine mesure, l'un de ses *lecteurs*, bien plus cependant, comme on peut le supposer, pour mon propre compte que pour le sien. Mes livres n'étaient pas encore du genre qu'il aurait choisi pour lui-même ; mais il s'intéressa à *mon* intérêt ; et ses explications de tous les mots difficiles m'ont épargné la peine de feuilleter un dictionnaire. Et quand j'étais fatigué de lire, je ne manquais jamais de trouver un plaisir rare dans ses anecdotes et ses histoires du vieux monde, dont beaucoup ne se trouvaient pas dans les livres, et qu'il pouvait toutes, sans effort apparent de sa part, rendre singulièrement. amusant. De ces récits, la plus grande partie mourut avec lui ; mais j'ai réussi à en conserver une partie dans un petit ouvrage traditionnel publié quelques années après sa mort. J'étais très apprécié de l'oncle James, — encore plus, je suis disposé à le penser, à cause de mon père qu'à cause de sa sœur, ma mère. Mon père et lui étaient des amis proches depuis des années ; et dans le marin vigoureux et énergique, il avait trouvé son *beau-idéal* d'homme.

Mon oncle Alexandre était d'une race différente de son frère, tant par l'intelligence que par le tempérament ; mais il se caractérisait par la même stricte intégrité ; et ses sentiments religieux, bien que calmes et discrets, étaient peut-être plus profonds. James était en quelque sorte un humoriste et aimait les bonnes blagues. Alexandre était grave et sérieux ; et jamais, sauf en une seule occasion, je ne l'ai vu tenter une plaisanterie. En entendant un voisin intelligent mais quelque peu excentrique observer que « toute chair est herbe », au sens strictement physique, puisque toute la chair des animaux herbivores est élaborée à partir de la végétation, et toute la chair des animaux carnivores de celle des animaux. herbivores, l'oncle Sandy a fait remarquer que, connaissant comme lui les habitudes piscivores des gens de Cromarty, il devrait sûrement faire une exception dans sa généralisation, en admettant que dans au moins un village « toute chair est du poisson ». Mon oncle avait acquis le métier de charron et était employé dans un atelier à Glasgow au moment où éclata la première guerre de la Révolution française ; Quand, mû par un esprit semblable à celui de son oncle, victime de la malheureuse expédition de l'amiral Vernon, ou du vieux Donald Roy, lorsqu'il attacha son épée large des Highlands et partit à la poursuite des Caterans, il entra dans la marine. . Et pendant la période mouvementée qui s'est écoulée entre le début de la guerre et la paix de 1802, ses compatriotes n'ont pas grand-chose souffert ou accompli sans qu'il n'ait eu part. Il a navigué avec Nelson ; j'ai été témoin de la mutinerie du Nore; combattu sous les ordres de l'amiral Duncan à Camperdown et sous Sir John Borlase Warren au Loch Swilly ; aidé à capturer le Généroux et le Guillaume Tell, deux navires de ligne français ; était l'un des marins qui, dans l'expédition égyptienne, furent enrôlés dans la flotte de Lord Keith pour suppléer au manque d'artilleurs dans l'armée de Sir Ralph Abercromby ; il eut part au danger et à la gloire du débarquement en Egypte ; et combattit dans la bataille du 13 mars et dans celle qui priva notre pays de l'un de ses généraux les plus populaires. Il servit également au siège d'Alexandrie. Et puis, après avoir réussi à obtenir sa libération pendant la courte paix de 1802, il rentra chez lui avec une petite somme d'argent à peine gagnée, profondément las de la guerre et du sang versé. L'un de ses rares camarades survivants m'a demandé il n'y a pas longtemps si mon oncle m'avait jamais dit que *leur* canon était le premier à avoir atterri en Egypte, et le premier à être traîné sur le banc de sable juste au-dessus de la plage, et à quel point il faisait chaud. sous leurs mains, tandis que, avec une rapidité inégalée le long de la ligne, ils déversaient en succession épaisse ses décharges de fer sur l'ennemi. J'ai dû répondre par la négative. Tous les récits de mon oncle étaient des récits de ce qu'il avait vu, non de ce qu'il avait fait ; et quand, parcourant, tard dans la vie, l'une de ses œuvres préférées - Dr. "Signs of the Times" de Keith - il arriva au chapitre dans lequel cet excellent écrivain décrit la période de guerre navale brûlante qui suivit immédiatement le déclenchement de la guerre, comme la période au cours de laquelle la deuxième coupe fut déversée sur la mer, et dans lequel les eaux « devinrent comme le sang d'un homme mort, de sorte que toute âme vivante mourut dans la mer », je le vis pencher la tête en signe de révérence en remarquant : « La prophétie, je trouve, ne donne à toutes nos gloires qu'un un seul verset, et c'est un verset de jugement. » L'oncle Sandy, cependant, n'a pas poussé les principes de paix qu'il avait acquis au milieu de scènes de mort et de carnage à des conséquences extravagantes ; et lorsque éclata, en 1803, la seconde guerre de la Révolution, lorsque Napoléon menaça d'invasion depuis Brest et Boulogne, il prit aussitôt son mousquet comme volontaire. Il n'avait pas la maîtrise de la parole de son frère ; mais ses récits de ce qu'il avait vu étaient singulièrement véridiques et graphiques ; et ses descriptions des plantes et des animaux étrangers, ainsi que de l'aspect des régions lointaines qu'il avait visitées, avaient toute la minutie soignée de celles d'un Dampier. Il s'oriente résolument vers l'histoire naturelle. Ma collection contient un murex, assez fréquent en Méditerranée, qu'il trouva le temps de transférer, dans la chaleur du débarquement en Egypte, de la plage à sa poche ; et la première ammonite que j'ai jamais vue était un spécimen, que je conserve encore, qu'il a rapporté chez lui d'un des gisements liasiques d'Angleterre.

Tôt le soir du sabbat, j'avais l'habitude d'aller régulièrement chez mon oncle avec deux de mes cousins maternels, des garçons à peu près de mon âge, et dernièrement avec mes deux sœurs, pour être catéchisés, d'abord sur le catéchisme plus court, puis sur le catéchisme de la mère. de Willison. Sur Willison, mes oncles nous contre-interrogeaient toujours pour s'assurer que nous comprenions les questions courtes et simples ; mais, considérant apparemment les questions du Petit Catéchisme comme une graine semée pour un jour futur, ils se contentaient de les avoir bien fixées dans nos mémoires. À l'époque, il y avait un cours de sabbat donné dans l'église paroissiale par l'un des anciens ; mais mes oncles considéraient les écoles du sabbat comme de simples institutions compensatoires, hautement honorables pour les enseignants, mais très déshonorantes pour les parents et les proches des instruits ; et bien sûr, ils n'ont jamais pensé à nous y envoyer. Plus tard dans la soirée, après une courte promenade au crépuscule, pour laquelle l'occupation sédentaire de mon oncle James constituait une excuse, mais à laquelle mon oncle Alexander participait toujours, et qui les conduisait habituellement dans des bois solitaires ou le long d'un bord de mer peu fréquenté, quelques-uns des anciens théologiens furent lus ; et j'avais l'habitude de prendre ma place dans le cercle, même si, j'en ai peur, ce n'était pas très avantageux. Parfois, je remarquais un fait, ou mon attention était arrêtée un instant par une comparaison ou une métaphore ; mais les suites d'argumentations serrées et les passages de morne « application » étaient toujours perdus.

NOTE DE BAS DE PAGE:

[1] Cap Colère.

CHAPITRE III.

"Chez Wallace, nommez quel sang écossais

Mais ça bout dans une crue de printemps !

Nos pères intrépides ont souvent marché

    Aux côtés de Wallace,

Toujours en avant, chaussures rouges chaussées,

    Ou une mort glorieuse." — BURNS.

Je suis devenu complètement Écossais au cours de ma dixième année ; et depuis lors, la conscience du pays est restée assez forte en moi. Mon oncle James m'avait fait prêter par un voisin une édition commune de « Wallace » de Blind Harry, telle que modernisée par Hamilton ; mais après avoir lu le premier chapitre, un morceau de généalogie ennuyeuse, découpé en rimes très grossières, j'ai jeté le volume de côté comme étant sans intérêt ; et je ne le repris qu'à la demande de mon oncle, qui insistait pour que, simplement pour *son* amusement et sa satisfaction, je lise encore trois ou quatre chapitres. En conséquence, les trois ou quatre chapitres supplémentaires que j'ai lus : — j'ai lu « comment Wallace a tué le fils du jeune Selbie le connétable » ; "comment Wallace a pêché dans Irvine Water;" et « comment Wallace a tué le Churl avec son propre bâton à Ayr » ; et puis oncle James m'a dit, de la manière tranquille dont il avait l'habitude de raconter une plaisanterie, que le livre semblait être une sorte de production plutôt grossière, remplie de récits de querelles et d'effusions de sang, et que je ne pourrais plus en lire d'autres. à moins que je me sente enclin. Mais je me sentais maintenant très fortement enclin et je poursuivais ma lecture avec un étonnement et un plaisir croissants. J'étais enivré par les récits enflammés du ménestrel aveugle, par ses respirations féroces de patriotisme brûlant et intolérant et par ses histoires de prouesses étonnantes ; et, me glorifiant d'être Écossais et compatriote de Wallace et des Graham, j'aspirais à une guerre avec les Southron, afin que les torts et les souffrances de ces nobles héros puissent encore être vengés. Tout ce que j'avais entendu et lu auparavant sur les merveilles des régions étrangères, sur les gloires des batailles modernes, me paraissait insignifiant et banal, comparé aux incidents de la vie de Wallace ; et je n'ai jamais contrarié ma mère en me souhaitant assez grand pour être marin. Mon oncle Sandy, qui avait un certain goût pour les raffinements de la poésie, aurait voulu me conduire des exploits de Wallace à la « Vie de Bruce », qui, sous la forme d'une imitation peu vigoureuse du « Virgile » de Dryden, " par un certain Harvey, était relié dans le même volume, et que mon oncle considérait comme la vie la mieux écrite des deux. Et en ce qui concerne les simples agréments de style, il avait, j'ose le dire, raison. Mais je ne pouvais pas être d'accord avec lui. Harvey était beaucoup trop beau et trop instruit pour moi ; et ce n'est que quelques années plus tard, lorsque j'ai eu la chance de me procurer l'une des dernières éditions de « Bruce » de Barbour, que le héros-roi d'Écosse a pris dans mon esprit la place qui lui revient aux côtés de son héros-gardien. Il existe des stades de développement dans la jeunesse immature des individus, qui semblent correspondre aux stades de développement dans la jeunesse immature des nations ; et les souvenirs de cette époque ancienne me permettent, dans une certaine mesure, de comprendre comment il se fait que, pendant des centaines d'années, le « Wallace » de Blind Harry, avec son récit grossier et nu et son incident exagéré, aurait dû être, selon Lord Hailes, la Bible du peuple écossais.

J'ai quitté l'école des dames à la fin de la première année, après avoir maîtrisé cette grande acquisition de ma vie, l'art de converser avec les livres ; et fut immédiatement transféré au lycée de la paroisse, où fréquentaient à cette époque environ cent vingt garçons, avec une classe d'environ trente individus de plus, très méprisés par les autres, et jugés ne valant pas vraiment la peine d'être comptés. , vu qu'il n'y avait que *des filles* . Et ici aussi, le développement individuel précoce semble correspondre parfaitement à un développement national précoce. Dans son appréciation dépréciative de la femme contemporaine, le garçon est toujours un véritable sauvage. L'ancienne école paroissiale du lieu était noblement située dans un coin douillet, entre le cimetière paroissial et un bois épais ; et du centre intéressant qu'il formait, les garçons, fatigués de faire des chevaux-dragons avec les pierres tombales dressées, ou de sauter le long des monuments commémoratifs posés à plat, d'un bout à l'autre du cimetière, « sans toucher l'herbe ». ", pourrait se rendre aux arbres les plus hauts et s'élever dans le monde en grimpant parmi eux. Cependant, comme ils avaient l'habitude d'empiéter, dans ces dernières occasions, sur les terrains de plaisir du laird, l'école avait été déplacée avant mon arrivée au bord de la mer ; où, même s'il n'y avait ni pierres tombales ni arbres, il y avait quelques avantages d'équilibrage, d'un genre que seuls peut-être les garçons de la vieille école auraient pu apprécier de manière adéquate. Comme les fenêtres de l'école donnaient sur l'ouverture du Firth, pas un navire ne pouvait entrer dans le port que nous ne voyions ; et, s'améliorant grâce à nos possibilités, il n'y avait peut-être aucun établissement d'enseignement dans le royaume dans lequel toutes sortes de barques et de carvels, depuis le yawl de pêche jusqu'à la frégate, pourraient être plus correctement dessinées sur l'ardoise, ou où tout défaut de carcasse ou de gréement , dans une délimitation erronée, était plus sûr d'être critiqué plus justement et sans ménagement. De plus, la ville, qui faisait alors un grand commerce de porc salé, possédait un abattoir à trente mètres de la porte de l'école, où de quatre-vingts à cent porcs mouraient parfois pour le bien général en un seul jour. ; et c'était une grande affaire d'entendre, à intervalles occasionnels, le rugissement de la mort au dehors s'élever au-dessus du murmure général à l'intérieur, ou de se faire dire par quelque camarade, revenu de son congé de cinq minutes, qu'un héros de cochon avait reçu trois coups de hache avant de tomber, et que même après avoir été soumis au processus de collage, il avait saisi la main de Jock Keddie dans sa bouche et lui avait presque fracassé le pouce. Nous avons également appris, grâce à nos occasions d'observation, non seulement beaucoup de choses sur l'anatomie du porc, mais surtout sur les parties comestibles détachées de l'animal, telles que la rate et le pancréas, et au moins une autre très De plus, c'était un viscus savoureux, mais il devint également connaisseur de la *prise* et de l'affinage des harengs. Pendant la saison de pêche, tous les bateaux à harengs passaient devant nos fenêtres sur le chemin du retour vers le port ; et, de leur profondeur dans l'eau, nous sommes devenus assez habiles pour estimer le nombre de crans à bord de chacun avec un jugement et une exactitude merveilleux. Même aux jours de bonne pêche générale, lorsque les chantiers de salaison se révélaient trop petits pour accueillir les quantités débarquées, le poisson était déposé en tas scintillants devant la porte de l'école ; et une scène passionnante, mêlant l'agitation de l'atelier à la confusion de la foire bondée, surgissait aussitôt à moins de vingt mètres des salles devant lesquelles nous étions assis, pour notre plus grand plaisir et, bien sûr, non peu pour notre plaisir. instruction. On voyait, simplement en regardant par-dessus un livre ou une ardoise, les guérisseurs s'affairer à réveiller leurs poissons avec du sel, pour contrecarrer les effets du soleil caniculaire ; des bandes de jeunes femmes employées comme gouttières, et horriblement incarnées de sang et de viscères, accroupies autour des tas, le couteau à la main, et accomplissant de leurs doigts occupés leurs travaux bien payés, au tarif de six pence l'heure ; des relais de poissonnières lourdement chargées apportant de temps en temps de nouveaux tas de harengs dans leurs nasses ; et au-delà de tout, les tonneliers martelaient comme pour la vie ou la mort, tantôt resserrant les cerceaux, tantôt les desserrant, et tantôt calfeutrant avec du jonc les joints qui fuyaient. Ce n'est pas dans tous les lycées que l'on enseigne des leçons semblables à celles dans lesquelles tous ont été initiés et dans lesquels tout s'est accompli à un certain degré, au lycée de Cromarty !

Le bâtiment dans lequel nous nous rencontrâmes était une chaumière basse et longue, au toit de chaume, ouverte d'un pignon à l'autre, avec un sol en terre battue au-dessous et un toit sans lattes au-dessus ; et s'étendant le long des chevrons nus, qui, lorsque le maître s'absentait pour quelques minutes, donnait un noble exercice d'escalade, là se trouvait fréquemment un gouvernail, ou une rame, ou une gaffe, ou même une voile d'avant, — le butin d'un malheureux tourbière venu de l'autre côté du Firth. Les bateliers des Highlands de Ross faisaient depuis longtemps le commerce de la tourbe avec les Saxons de la ville ; et comme chaque bateau devait au lycée un cadeau de vingt tourbes, et que le paiement était parfois bêtement refusé, le groupe de garçons chargés par le capitaine pour l'exiger réussissait presque toujours, soit par la force, soit par stratagème, à obtenir et apportant avec eux, au nom de l'institution, quelque espar, ou voile, ou morceau de gréement, qui, jusqu'à ce qu'il soit racheté par un traité spécial et le paiement des tourbes, était arrimé sur les chevrons. Ces expéditions de tourbe, très populaires dans l'école, donnaient un noble exercice aux facultés. C'était toujours une grande chose de voir, juste au moment où l'école se réunissait, un garçon observateur apparaître, casquette à la main, devant le maître, et annoncer le fait de son arrivée au rivage, par les simples mots : « Tourbière, monsieur. ". Le maître procéderait alors à nommer un groupe plus ou moins nombreux, selon les besoins ; mais il semblait être un calcul assez correct que, dans les cas où la réclamation sur la tourbe était contestée, il fallait environ vingt garçons pour rapporter à la maison les vingt tourbes, ou, à défaut, la voile ou l'espar compensatoire. Il y avait certains bateliers mal en point qui résistaient presque toujours, et qui se plaisaient à nous dire, invariablement aussi, dans un très mauvais anglais, que notre cadeau était proprement le cadeau du bourreau [2] , remis parce que nous *lui ressemblions* ; ne voyant pas — aussi stupides soient-ils ! — que cet aveu même établissait pleinement la rectitude de nos prétentions et nous donnait, au milieu de nos terribles périls et de nos fidèles disputes, la conscience fortifiante d'une juste querelle. Face à ces réfractaires, nous avions l'habitude de diviser nos forces en deux corps, la plus grande partie du groupe remplissant ses poches de pierres et se rangeant sur un point d'observation, tel que le sommet de la jetée ; et les plus petits se faufilaient le plus près possible du bateau et se mêlaient aux acheteurs de tourbes. Nous avons ensuite, après avoir été dûment avertis, ouvert le feu sur les bateliers ; et, lorsque les cailloux sautillaient autour d'eux comme des grêlons, les garçons en bas réussissaient généralement à obtenir, à l'abri du feu, la gaffe ou la rame désirée. Et tels étaient les circonstances et les détails ordinaires de cette éducation spartiate ; C'est ce qu'un citadin m'a dit lui avoir fortement rappelé en abordant un jour, sous le couvert d'une décharge de mousqueterie bien soutenue, le navire d'un ennemi échoué sur les côtes de Berbice.

Le maître d'école de la paroisse était un érudit et un honnête homme, et si un garçon voulait vraiment apprendre, *il* pouvait certainement lui enseigner. Il avait suivi les cours d'Aberdeen pendant les mêmes séances que feu le docteur Mearns, et en mathématiques et en langues, il avait disputé le prix avec le docteur ; mais il n'avait pas réussi à s'entendre aussi bien dans le monde ; et maintenant, au milieu de la vie, bien que licencié de l'Église, il s'était installé pour devenir ce qu'il restait par la suite : le professeur d'une école paroissiale. Il avait habituellement pour élève quelques garçons adultes — des marins prudents, qui étaient restés à terre pendant le trimestre d'hiver pour étudier la navigation en tant que science, — ou de grands gaillards, heureux du patronage des grands, qui, dans l'espoir de étant devenus exciseurs, étaient venus à l'école pour s'initier aux mystères du jaugeage, ou de jeunes hommes adultes qui, après y avoir réfléchi et un peu tard, avaient reconnu l'Église comme leur propre vocation ; et ceux-ci parlaient des connaissances et de la capacité d'enseignement du maître dans les termes les plus élevés. Lui aussi pouvait invoquer le fait qu'aucun professeur dans le Nord n'avait jamais envoyé autant d'étudiants à l'université et que ses meilleurs élèves s'entendaient presque toujours bien dans la vie. Mais d'un autre côté, les élèves qui ne souhaitaient rien faire – une description d'individus qui représentaient au moins les deux tiers de tous les plus jeunes – n'étaient pas tenus de faire beaucoup plus que ce qu'ils souhaitaient ; et les parents et les tuteurs se plaignaient haut et fort qu'il n'était pas un maître d'école qui leur convenait ; même si les garçons eux-mêmes le trouvaient généralement tout à fait convenable.

Il avait l'habitude de conseiller aux parents ou aux parents de ceux qu'il considérait comme ses intelligents garçons de leur donner une éducation classique ; et rencontrant un jour l'oncle James, il insista pour que je sois mis au latin. J'étais un grand lecteur, dit-il ; et il a découvert que lorsque je manquais un mot dans mes tâches d'anglais, je le remplaçais presque toujours par un synonyme. Et ainsi, comme oncle James était arrivé, sur la base de données personnelles, à une conclusion similaire, j'ai été transféré de la forme anglaise à la forme latine et, avec quatre autres garçons, j'ai été équitablement inscrit dans les « Rudiments ». J'ai travaillé avec une diligence raisonnable pendant un jour ou deux ; mais il n'y avait personne pour me dire ce que signifiaient les règles, ni si elles signifiaient vraiment quelque chose ; et quand j'arrivai jusqu'à *penna* , une plume, et que je vis comment les changements étaient portés sur un pauvre mot, qui ne semblait pas avoir plus d'importance dans l'ancienne langue que dans la moderne, je commençai misérablement à faiblir : et avoir envie de mes lectures en anglais, avec ses belles histoires amusantes et ses descriptions picturales. Les Rudiments étaient de loin le livre le plus ennuyeux que j'aie jamais vu. Il n'incarnait aucune pensée que je pouvais percevoir, il ne contenait certainement aucun récit, il contrastait parfaitement non seulement avec la « Vie et les aventures de Sir William Wallace », mais même avec les voyages de Cook et Anson. Aucun de mes camarades de classe n'était vraiment brillant ; ils s'étaient tous mis au latin sans l'avis du maître ; et pourtant, lorsqu'il apprit, ce qu'il fit bientôt, à nous distinguer et à nous appeler à nos tâches sous le nom de « classe lourde », je me trouvai, dans la plupart des cas, à son extrémité inférieure. Mais peu de temps après, lorsque nous avançâmes un peu plus loin, nous nous rendîmes compte que j'étais décidément tourné vers la traduction. Le maître, en bon homme simple, nous lisait toujours en anglais, lors des réunions d'école, le morceau de latin qui nous était confié comme tâche du jour ; et comme ma mémoire était assez forte pour emporter toute la traduction dans son ordre, je lui rendais le soir, mot pour mot, sa propre interprétation, ce qui le satisfaisait assez bien dans la plupart des cas. Aucun d'entre nous n'était vraiment soigné ; et j'appris bientôt à apporter avec moi des livres de divertissement à l'école, que, dans la confusion babylonienne du lieu, je parvins à lire sans être détecté. Certains d'entre eux, sauf dans la langue dans laquelle ils étaient rédigés, étaient identiques aux livres propres au lieu. Je me souviens avoir parcouru ainsi furtivement le « Virgile » de Dryden et « l'Ovide » de Dryden et de ses amis ; tandis que l'« Ovide » d'Ovide et le « Virgile » de Virgile gisaient à côté de moi, scellés dans la belle et vieille langue, que je gâchais ainsi ma seule chance d'acquérir.

Un matin, ayant bien gravé dans ma mémoire l'interprétation anglaise de la tâche de la journée donnée par le maître et n'ayant pas de livre d'amusement à lire, je me mis à bavarder avec mon camarade de classe le plus proche, un garçon très grand, qui devint finalement un garçon de six ans. quatre pieds, et qui, la plupart du temps, s'asseyait à côté de moi, au plus bas de sa forme, sauf un. Je lui ai parlé du grand Wallace et de ses exploits ; et je réussis si bien à éveiller sa curiosité, que je dus lui communiquer, du début à la fin, toutes les aventures racontées par le ménestrel aveugle. Ma vocation de conteur une fois bien établie, je trouvai qu'il n'y avait pas d'arrêt dans mon parcours. J'ai dû raconter toutes les histoires que j'ai jamais entendues ou lues ; toutes les aventures de mon père, autant que je les connaissais, et toutes celles de mon oncle Sandy, – avec l'histoire de Gulliver, de Philip Quarll, et de Robinson Crusoé, – de Sinbad, et d'Ulysse, et de l'héroïne de Mme Radcliffe, Emily, avec, de bien sûr, les passages d'amour laissés de côté ; et finalement, après des semaines et des mois de récit, j'ai trouvé mon stock disponible de faits et de fictions acquis assez épuisé. La demande de mes camarades de classe était cependant toujours aussi grande et urgente ; et, me mettant, en fin de compte, à tester ma capacité de production originale, je commençai à leur distribuer à l'heure et à la diète de longues biographies improvisées, qui se révélèrent merveilleusement populaires et réussies. Mes héros étaient généralement des guerriers comme Wallace, des voyageurs comme Gulliver et des habitants d'îles désolées comme Robinson Crusoé ; et il leur arrivait souvent de chercher refuge dans d'immenses châteaux déserts, regorgeant de trappes et de passages secrets, comme celui d'Udolphe. Et finalement, après de nombreuses destructions de géants et de bêtes sauvages, et des rencontres effroyables avec des magiciens et des sauvages, ils réussissaient presque invariablement à déterrer des trésors cachés en quantité énorme, ou à ouvrir des mines d'or, et passaient alors une vieillesse luxueuse, ainsi de Sinbad le Marin, en paix avec toute l'humanité, au milieu des confiseries et des fruits. Le maître avait une idée assez juste de ce qui se passait dans la « classe lourde » : les cous tendus et les têtes serrées les unes contre les autres racontaient toujours leur histoire particulière lorsque j'étais occupé à raconter la mienne ; mais, sans haïr l'enfant, il épargna la verge et fit simplement ce qu'il se permettait parfois : me donner un surnom. J'étais le *Sennachie* , dit-il ; et comme Sennachie j'aurais pu être connu aussi longtemps que je restais sous sa garde, si, fier de son gaélique, il avait l'habitude de donner au mot la prononciation celtique complète, qui, ne s'accordant que mal avec le teutonique. bouches de mes camarades d'école, militant contre son utilisation ; et donc le nom n'a pas réussi à prendre. Malgré toute mon insouciance, je restais une sorte de favori du maître ; et, à la leçon générale d'anglais, il m'adressait de petits discours tranquilles, accordés à aucun autre élève, révélateurs d'un certain terrain littéraire commun à nous, dans lequel les autres n'étaient pas entrés. « Cela, Monsieur », a-t-il dit après que la classe eut parcouru, dans la collection scolaire, un *Tatler* ou *Spectator*, « Cela, Monsieur, est un bon journal ; c'est un *Addison* ; » ou : "C'est l'un des Steele, monsieur ;" et ayant trouvé un jour dans mon cahier une page remplie de rimes que j'avais intitulée « Poème sur le souci », il l'apporta à son bureau et, après l'avoir relu attentivement, m'appela et avec son canif fermé, qui servait d'aiguille, dans une main, et le cahier descendu à la hauteur de mes yeux, dans l'autre, commençaient sa critique. « C'est une mauvaise grammaire, monsieur, » dit-il en posant le manche du couteau sur l'une des lignes ; " et voici un mot mal orthographié ; et il y en a un autre ; et vous n'avez pas du tout fait attention à la ponctuation ; mais le sens général du morceau est bon, très bon en effet, Monsieur. " Et puis il ajouta avec un sourire sinistre : « *Le souci*, Monsieur, est, j'ose le dire, comme vous le remarquez, une très mauvaise chose ; mais vous pouvez en toute sécurité en accorder un peu plus à votre orthographe et à votre grammaire.

L'école, comme presque toutes les autres lycées de l'époque en Écosse, avait son combat de coqs annuel, précédé de deux vacances et demie, pendant lesquelles les garçons s'occupaient à ramasser et à élever leurs coqs. Et le nombre d'oiseaux de combat rassemblés à cette occasion était toujours tel que le jour de la fête, du matin au soir, était consacré à la bataille. Pendant des semaines après son passage, le sol de l'école continuerait à conserver ses taches de sang profondément tachées, et les garçons seraient pleins de récits passionnants sur les gloires de vaillants oiseaux, qui avaient continué à se battre jusqu'à ce que leurs deux yeux soient éteints. choisi, ou qui, au moment de la victoire, était tombé mort au milieu du cockpit. Le combat annuel était la relique d'une époque barbare ; et, dans au moins une de ses dispositions, il semblait que c'était aussi celui d'un âge intolérant : tout élève de l'école, sans exemption, était inscrit sur la liste d'abonnement, comme combattant de coqs, et était obligé payer le maître au tarif de deux pence par tête, apparemment pour l'autorisation d'amener ses oiseaux à la fosse ; mais, au milieu des humanités croissantes d'une époque meilleure, même si les deux pence continuaient à être exigés, il n'était plus impératif d'amener les oiseaux ; et profitant de la liberté, je n'en ai jamais apporté. Et, à l'exception de quelques minutes, à deux reprises, je n'ai jamais assisté au combat. Si le combat avait eu lieu entre les garçons eux-mêmes, j'aurais facilement fait ma part, en rencontrant n'importe quel adversaire de mon âge et de mon rang ;

mais je ne pouvais pas supporter de regarder les oiseaux ensanglantés. C'est ainsi que j'ai continué à payer mes six pence annuels, en tant que détenteur de trois coqs, la somme la plus basse considérée à quelque degré que ce soit comme distinguée, mais je suis resté simplement un combattant de coqs fictif ou de papier, et n'ai contribué en aucune manière au succès du *chef. -stock* ou chef, au parti duquel, dans la division générale de l'école, c'était mon sort de tomber. Je dois ajouter que je n'ai pas non plus appris à m'intéresser aux orgies sacrificielles de l'abattoir voisin. Quelques-uns des écoliers choisis furent autorisés par les tueurs à exercer parfois le privilège d'abattre un cochon, et même, en de rares occasions, d'essayer le bâton ; mais je me détournai avec horreur des deux procédés ; et si je m'en approchais, ce n'était que lorsqu'un animal gratté, nettoyé et suspendu à la poutre était en train d'être ouvert par le couteau de boucher, que je pus marquer la forme des viscères et de la forme des viscères. postes qu'ils occupaient. Mes oncles ont dû contribuer à mon aversion pour le combat de coqs annuel. Ils dénoncèrent haut et fort l'énormité ; et une fois, lorsqu'un voisin eut le malheur de remarquer, pour l'atténuer, que cette pratique nous avait été transmise par des hommes pieux et excellents, qui semblaient n'y voir rien de mal, je vis le respect habituel pour les vieux religieux. céder, au moins un instant. L'oncle Sandy hésita sous l'apparence d'une excitation ; mais, vif et fougueux comme l'éclair, l'oncle James vint à son secours. "Oui, d'excellents hommes !" dit mon oncle, mais d'excellents hommes d'un âge grossier et barbare, et, dans certaines parties de leur caractère, teintés de sa barbarie. Pour le combat de coqs que ces excellents hommes nous ont légué, ils auraient dû être envoyés à Bridewell pendant une semaine, et nourri de pain et d'eau. L'oncle James était sans aucun doute trop pressé, et il le ressentit une minute après ; mais la pratique consistant à fixer les fondements de l'éthique sur un " *Ils l'ont fait eux-mêmes*" , à peu près de la manière dont les scolastiques ont fixé les fondements de leur philosophie absurde sur un " *Il l'a dit lui-même* ", est une pratique qui, bien qu'elle n'ait pas encore explosé dans le monde. même les Églises très pures, sont toujours provocantes et ne sont pas tout à fait exemptes de périls pour les dignes, morts ou vivants, sur les précédents desquels le droit moral repose. Dans la classe d'esprits représentée parmi le peuple par celui de l'oncle James, par exemple, il serait beaucoup plus facile de faire tomber même les vieux théologiens que d'évoquer les combats de coqs.

Ma ville natale possédait, depuis au moins un âge ou deux avant celle de mon enfance, une poignée de mécaniciens et de commerçants intelligents et consultants en livres ; et à mesure que ma connaissance s'étendait progressivement parmi leurs représentants et descendants, il me fut permis de fouiller, à la recherche de connaissances, de délicieux vieux coffres et armoires, remplis de volumes en lambeaux et poussiéreux. La moitié de la bibliothèque de mon père qui me restait se composait d'une soixantaine d'ouvrages différents ; mon oncle en possédait environ cent cinquante de plus ; et il y avait dans le quartier un ébéniste littéraire qui avait autrefois composé un poème de trente vers sur la colline de Cromarty, et dont la collection de livres, principalement poétiques, s'élevait entre quatre-vingts et cent. J'étais souvent la nuit dans l'atelier de l'ébéniste, et j'avais parfois le privilège de l'entendre répéter son poème. Il n'y avait pas beaucoup d'admiration pour les poètes ou la poésie dans cet endroit ; et mon éloge, quoique celui d'un très jeune critique, eut toujours le double mérite d'être à la fois ample et sincère. Je connaissais les rochers et les arbres mêmes qu'embrassait sa description, j'avais entendu les oiseaux auxquels il faisait référence et j'avais vu les fleurs ; et comme la colline avait été autrefois un théâtre fréquent d'exécutions et qu'elle avait porté sur son sommet la potence du shérif, rien ne pouvait être plus précis que la grave référence, dans sa première ligne, à

"La montée verdoyante de la colline *de la potence* ."

Et ainsi j'ai beaucoup pensé à son poème et à ce que je pensais avoir dit ; et lui, en revanche, me considérait évidemment comme un garçon d'un goût et d'un discernement extraordinaires pour mon âge. Il y avait un autre mécanicien dans le voisinage, un charpentier qui, bien que n'étant pas poète, était profondément lu dans les livres de toutes sortes, depuis les pièces de théâtre de Farquhar jusqu'aux sermons de Flavel ; et comme son père et son grand-père — ce dernier, soit dit en passant, un homme de la mafia des Porteous, et le premier un ami personnel du pauvre poète Fergusson — avaient également été des lecteurs et des collectionneurs de livres, il possédait toute une collection de livres en lambeaux, des volumes laborieux, certains très curieux ; et il m'a généreusement étendu, ce que les hommes de lettres apprécient toujours, « la pleine liberté de la presse ». Mais de tous mes bienfaiteurs occasionnels dans ce domaine, le plus grand était de loin la pauvre vieille Francie, l'employé à la retraite et le supercargo.

Francie était naturellement un homme doué de talent et d'une curiosité active. Il n'était en aucun cas déficient en connaissances. Il écrivait et calculait bien, et connaissait beaucoup au moins la théorie des affaires ; et lors de son stage au début de sa vie chez un marchand et commerçant de Cromarty, c'était avec des perspectives assez bonnes de réussir dans le monde. Il souffrait cependant d'une certaine infirmité cérébrale, qui rendait peu d'utilité le talent et les connaissances, et qui commença à se manifester très tôt. Alors qu'il était encore apprenti, après s'être assuré que la voie était libre, il avait l'habitude, bien qu'il soit devenu un grand garçon, de s'élancer de derrière le comptoir au milieu d'un green juste en face, et là, se joignant aux jeux d'un groupe de jeunes. , ce dont l'endroit avait rarement besoin, il jouait une demi-partie aux billes, aux pots de miel ou à l'espion, et, lorsqu'il voyait son maître ou un client approcher, il reculait. La chose n'était pas jugée convenable ; mais Francie, lorsqu'on lui parlait à ce sujet, pouvait parler avec autant de bon sens que n'importe quel jeune homme de son âge. Il avait besoin de détente, disait-il, même s'il ne laissait jamais cela gêner ses affaires ; et où pouvait-on trouver une détente plus sûre que parmi des enfants innocents ? Bien entendu, cela était éminemment rationnel, et même vertueux. Ainsi, lorsque son terme d'apprentissage fut expiré, Francie fut envoyé, non sans espoir de succès, à Terre-Neuve, où il avait des relations très engagées dans le commerce de la pêche, pour servir comme l'un de leurs commis. Il s'est avéré être un commis compétent; mais malheureusement on savait peu de choses de l'intérieur de l'île à cette époque ; et certains des endroits les plus éloignés de St. John's, comme la Baie et la Rivière des Exploits, portaient des noms alléchants ; et ainsi, après que Francie eut fait de nombreuses recherches auprès des habitants les plus âgés sur ce qu'on pouvait voir parmi les broussailles hirsutes et les rochers brisés de l'intérieur de la campagne, un matin arriva où il fut porté disparu au bureau ; et on ne pouvait rien apprendre d'autre sur lui, si ce n'est qu'à l'aube, on l'avait vu partir pour les bois, muni d'un bâton et d'un sac à dos. Il revint au bout d'une semaine environ, épuisé et à moitié affamé. Il n'avait pas réussi autant qu'il l'avait prévu, dit-il, à se procurer de la nourriture en chemin, et il dut donc rebrousser chemin avant de pouvoir atteindre le point qu'il s'était fixé auparavant ; mais il était sûr qu'il serait plus heureux lors de son prochain voyage. Il était manifestement dangereux de le laisser rester exposé à la tentation d'un pays inexploré ; et comme ses amis et supérieurs à St. John's venaient de charger un navire de poisson pour le marché italien pendant le carême, Francie fut envoyée avec elle comme supercargo, pour s'occuper des ventes, dans un pays dont chaque pied était familier aux hommes. pendant des milliers d'années, et dans lequel on supposait qu'il n'aurait aucune incitation à errer. Francie, cependant, avait beaucoup lu sur l'Italie ; et voyant, en débarquant à Livourne, qu'il se trouvait à peu de distance de Pise, il laissa le navire et la cargaison se débrouiller seuls, et partit à pied pour voir la célèbre tour suspendue et la grande cathédrale de marbre. Et il a vu la tour et la cathédrale : mais on a entre-temps constaté qu'il n'était pas tout à fait adapté pour un supercargo ; et il dut retourner peu de temps après en Écosse, où ses amis réussirent à l'établir en qualité de commis et de surveillant sur une petite propriété du Forfarshire, qui était cultivée par le propriétaire selon ce qui était alors le système moderne nouvellement introduit. Il connaissait cependant la description classique du château de Glammis, dans les lettres du poète Gray ; et après avoir visité le château, il partit examiner l'ancien campement d'Ardoch, le *Lindum* des Romains. Finalement, tous les espoirs de s'établir à distance étant abandonnés par ses amis, il dut se rabattre sur Cromarty, où il fut de nouveau nommé commis. L'établissement auquel il était désormais lié était une grande manufacture de chanvre ; et c'était son principal emploi d'enregistrer les quantités de chanvre distribuées aux fileurs, et le nombre d'écheveaux de fil en lesquels ils l'avaient transformé, une fois cédé. Il commença cependant bientôt à faire de longues promenades ; et les vieilles femmes, avec leurs fils, se retrouvaient souvent accumulées, avant son retour, par dizaines et par dizaines à la porte de son bureau. Enfin, après avoir fait une très longue promenade, car elle s'étendait depuis l'ouverture jusqu'à la tête du Cromarty Firth, sur une distance d'environ vingt milles, et comprenait dans son étude l'antique tour de Kinkell et le vieux château de Craighouse, il fut relevé de ses fonctions de commis et laissé poursuivre ses recherches tranquillement, grâce à une petite rente, cadeau de ses amis. Il était considérablement avancé dans la vie avant que je le connaisse, profondément grave et très taciturne, et, bien qu'il ne parlât jamais de politique, il était un grand lecteur de journaux. "Oh ! c'est terrible", je l'ai entendu s'exclamer, lorsqu'une tempête de neige avait bloqué pendant une semaine à la fois la côte et les routes des Highlands, et arrêté le cours des courriers vers le nord, "C'est terrible." se retrouver dans une ignorance totale des affaires publiques du pays ! »

Francie, que tout le monde appelait M.... en face, et toujours Francie quand il lui tournait le dos, principalement parce qu'on savait qu'il était pointilleux sur ce point et qu'il n'aimait pas le terme plus familier, utilisé les soirs d'hiver pour être un membre régulier du cercle qui se réunissait à côté de la table de travail de mon oncle James. Et, principalement grâce à l'influence, en premier lieu, de mes oncles, je fus autorisé à lui rendre visite dans sa propre chambre – privilège dont presque personne d'autre ne jouissait – et même invité à emprunter ses livres. Sa chambre, chambre sombre et mélancolique, grise de poussière, renfermait toujours une foule de choses curieuses, mais pas très rares, qu'il avait ramassées au cours de ses promenades, des champignons joliment colorés, des monstruosités végétales du genre commun, telles que des « fausses pattes ». « nids », et des brindilles de pin aplaties, et avec eux, comme représentants d'un autre département des sciences naturelles, des fragments de quartz semi-transparent ou de feldspath scintillant, et des feuilles de mica un peu plus grandes que la taille ordinaire. Mais le charme de l'appartement résidait dans ses livres. Francie était une libraire, et il ne lui manquait que la richesse nécessaire pour posséder une très jolie collection. En fait, il possédait de curieux volumes ; entre autres, un exemplaire inédit des « Voyages de dix-neuf ans de William Lithgow », avec une gravure sur bois ancienne, représentant ledit Guillaume en arrière-plan, la tête effleurant les cieux, et, loin devant, deux des tombes qui couvrait les héros d'Ilion, à peine assez grands pour atteindre la moitié du genou, et de la longueur, proportionnellement à la taille du voyageur, des volumes in-8° ordinaires. Il possédait aussi des livres de lettres noires sur l'astrologie et sur les propriétés planétaires des végétaux ; et un ancien livre de médecine, qui recommandait, comme remède contre le mal de dents, un morceau de mâchoire d'un suicidé, bien trituré ; et, comme remède infaillible contre le mal de chute, une once ou deux de cervelle d'un jeune homme, soigneusement séchée sur le feu. Mieux cependant que ceux-là, du moins pour mon propos, il possédait une collection assez complète des essayistes britanniques, depuis Addison jusqu'à Mackenzie, avec les « Essais » et le « Citoyen du monde » de Goldsmith ; plusieurs ouvrages intéressants de voyages et de voyages, traduits du français ; et des traductions de l'allemand de Lavater, Zimmerman et Klopstock. Il avait aussi un bon nombre de poètes mineurs ; et j'ai pu cultiver, principalement grâce à sa collection, une connaissance assez adéquate des esprits du règne de la reine Anne. La pauvre Francie était au fond un homme bon et honnête ; mais plus on le connaissait intimement, plus la faiblesse et le bris de son intellect apparaissaient. Son esprit était un labyrinthe sans la moindre idée, dans les recoins duquel se trouvait emmagasinée une grande quantité de connaissances livresques, qui ne pouvaient jamais être trouvées quand on en avait besoin, et qui n'étaient d'aucune sorte d'utilité pour lui-même ou pour quiconque. Je suis suffisamment entré dans sa confiance pour savoir, sous le sceau d'un strict secret, qu'il envisageait de produire une grande œuvre littéraire, dont il n'avait pas encore bien déterminé le caractère particulier, mais qui devait être commencée dans quelques années. Et quand la mort le trouva, à un âge qui n'était pas loin d'atteindre les soixante-dix ans prévus, la grande œuvre inconnue n'était encore qu'une idée indéfinie et n'avait pas encore été commencée.

Il y avait plusieurs autres branches de mon éducation qui se déroulaient à cette époque en dehors du cadre de l'école, dans lesquelles, même si je parvenais à m'amuser, je n'étais pas négligent. Les rives de Cromarty sont parsemées de fragments roulés par l'eau des roches primaires, provenant principalement de l'ouest au cours des âges de l'argile à blocs ; et j'ai vite appris à prendre un profond intérêt à flâner sur les différents lits de galets secoués par les récentes tempêtes, et à apprendre à distinguer leurs nombreux composants. Mais j'avais malheureusement besoin d'un vocabulaire ; et comme, selon Cowper, « la croissance de ce qui est excellent est lente », ce n'est que longtemps après que je me suis souvenu de l'avantage assez évident de représenter les diverses espèces de roches simples, par certains chiffres, et les composés. par les chiffres représentatifs de chaque composant séparé, rangés, comme dans les fractions vulgaires, le long d'une ligne médiane, avec les chiffres représentatifs des matériaux dominants de la masse au-dessus, et ceux représentatifs des matériaux en moindre proportion au-dessous. Cependant, quoique totalement dépourvu des signes propres à représenter ce que je connaissais, j'acquis bientôt une vivacité d'œil considérable pour distinguer les diverses espèces de roches, et des conceptions assez précises sur le caractère générique des porphyres, granites, gneiss, quartz. des roches, des ardoises argileuses et des micaschistes qui jonchaient partout la plage. Les roches d'origine mécanique m'intéressaient à cette époque beaucoup moins ;

mais dans l'histoire individuelle comme dans l'histoire générale, la minéralogie précède presque toujours la géologie. J'ai eu la chance de découvrir, un matin heureux, parmi les bois et les débris de la chambre sombre du vieux John Feddes, un marteau de fabrication antique, qui avait appartenu, m'a dit ma mère, au vieux John lui-même plus de cent ans auparavant. C'était un instrument d'une espèce grossière, avec un manche en chêne noir et fort, et une tête courte et compacte, carrée d'un côté et oblongue de l'autre. Et bien que ce fut un coup plutôt obtus, l'humeur était excellente et le manche fermement serré ; et je l'ai suivi, brisant toutes sortes de pierres, avec beaucoup de persévérance et de succès. J'ai trouvé, dans un granite à gros grain, quelques feuilles de beau mica noir qui, une fois fendues extrêmement finement et collées entre des lamelles de mica de l'espèce ordinaire, donnaient des lunettes admirablement colorées, qui transformaient les paysages alentour en des dessins aux tons riches en sépia ; et de nombreux cristaux de grenat incrustés dans du micaschiste, qui étaient, j'en étais sûr, identiques aux pierres serties dans une petite broche en or, propriété de ma mère. Cependant, certains des voisins à qui j'ai montré mon prix se sont opposés à cette dernière hypothèse. Les pierres de la broche de ma mère étaient des pierres précieuses, disaient-ils ; alors que ce que *j'avais* trouvé n'était qu'une « pierre sur le rivage ». Mon ami l'ébéniste est allé jusqu'à dire que le spécimen n'était qu'un amas de pierre à pudding et que ses enceintes de couleur sombre étaient simplement des groseilles ; mais ensuite, d'un autre côté, l'oncle Sandy a adopté mon point de vue sur la question : la pierre n'était pas de la pierre à pouding aux prunes, a-t-il dit : il avait souvent vu de la pierre à pouding aux prunes en Angleterre et savait que c'était une sorte de conglomérat brut. de divers composants ; tandis que ma pierre était composée d'une substance argentée à grain fin, et les cristaux qu'elle contenait étaient, il en était sûr, des pierres précieuses comme celles de la broche, et, autant qu'il pouvait en juger, de véritables grenats. C'était une excellente décision ; et, très encouragé en conséquence, je m'aperçus bientôt que les grenats ne sont pas rares parmi les galets du rivage de Cromarty. Bien plus, ils sont tellement mélangés avec ses sables même, conséquence de l'abondance du minéral parmi les roches primaires de Ross, qu'après qu'une forte vague ait battu la plage exposée de la colline voisine, on peut y trouver des parcelles de grenat broyé, d'une étendue d'un à trois mètres carrés, qui ressemblent, à une petite distance, à des morceaux de tapis cramoisi, et plus près, à des feuilles de perles cramoisies, et dont presque chaque point et chaque particule est une pierre précieuse. . Par quelque circonstance inexpliquée, liée apparemment à la gravité spécifique de la substance, elle se sépare ainsi de la masse générale, sur les côtes très battues par les vagues ; mais les grenats de ces curieux pavements, quoique extrêmement abondants, sont dans tous les cas extrêmement minuscules. Je n'y ai jamais détecté un fragment beaucoup plus gros qu'une tête d'épingle ; mais c'était toujours avec beaucoup de plaisir que je me jetais sur le rivage, à côté d'un coin nouvellement découvert, et que je pensais, tandis que je passais mes doigts le long des grains plus gros, aux tas de pierres précieuses de la caverne d'Aladdin, ou à la grotte de Sinbad. vallée des diamants.

La colline de Cromarty formait à cette époque à la fois ma véritable école et mon terrain de jeu préféré ; et si mon maître clignait parfois plus fort qu'il ne le devrait, lorsque je faisais l'école buissonnière dans ses bois ou sur ses rives, c'était, je crois, qu'il le pense ou non, pour le mieux. Mon oncle Sandy avait, comme je l'ai déjà dit, été élevé comme charron ; mais constatant, à son retour, après ses sept années de service à bord d'un navire de guerre, que l'endroit avait assez de charrons pour tout l'emploi, il s'appliqua à la profession humble mais non sans rémunération de scieur, et employa souvent planter sa scierie, dans les saisons les plus agréables de l'année, parmi les bois de la colline. Je me souviens qu'il ne manquait jamais de le déposer dans un joli endroit, à l'abri des vents dominants, sous le vent d'une colline couverte de fougères ou d'un bosquet de broussailles, et toujours à proximité d'une source ; et c'était autrefois un de mes exercices les plus délicieux que de découvrir par moi-même, au milieu des bois épais, au cours de quelque voyage d'exploration de vacances, l'emplacement d'une fosse nouvellement formée. Ayant la scierie comme base de mes opérations, et étant toujours assuré d'une part au dîner de l'oncle Sandy, j'avais l'habitude de faire des excursions de découverte de tous côtés, - maintenant parmi les étendues de bois plus épaisses, qui abritaient parmi les garçons de la ville, de l'obscurité crépusculaire qui reposait toujours dans leurs recoins, le nom des « donjons » ; et ensuite au bord de la mer escarpé, avec ses falaises sauvages et ses cavernes. La colline de Cromarty fait partie d'une chaîne appartenant à la grande ligne d'élévation du Ben Nevis ; et, bien qu'il se trouve dans une région de grès, c'est lui-même une énorme masse primaire, soulevée autrefois de l'abîme, et composée principalement de gneiss granitique et d'un éclat de pierre rouge. Il contient aussi de nombreuses veines et couches de roche à hornblende et de chlorite-schiste, et d'un granite d'aspect particulier, dont le quartz est blanc comme le lait et le feldspath rouge comme le sang. Lorsqu'elles sont encore mouillées par la marée descendante, ces veines et ces lits semblent très polis et présentent un bel aspect ; et c'était toujours avec un grand plaisir que je me faufilais parmi eux, le marteau à la main, et que je remplissais mes poches d'échantillons.

Il y avait une localité que j'aimais particulièrement. Aucun chemin ne passe devant. D'un côté, un promontoire abrupt teinté de fer, si remarquable par son profil humain, qu'il semble faire partie d'un sphinx à moitié enterré, fait saillie dans l'eau d'un vert profond. De l'autre côté, moins visible, car même à marée haute, le voyageur peut serpenter entre sa base et la mer, s'élève un précipice brisé et en ruine, serti de pierre de fer rouge sang, qui conserve à sa surface l'éclat métallique brillant, et au milieu dont les amas de roches meubles et fracturées permettent encore de détecter des fragments de stalactites. La stalactite est tout ce qui reste d'une caverne spacieuse, qui creusait autrefois le précipice, mais qui, plus de cent ans auparavant, s'était effondrée lors d'un orage, lorsqu'elle était remplie d'un troupeau de moutons, et avait enfermé les pauvres créatures. pour toujours. L'espace entre ces promontoires forme un croissant irrégulier de grande hauteur, couvert de bois au sommet, et au milieu duquel les rochers lichens et sur les pentes abruptes duquel prennent racine l'aubépine, la ronce, la râpe sauvage et le fraisier de roche, avec en outre, de nombreux arbustes maigres et de douces fleurs sauvages ; tandis que le long de sa base se trouvent d'énormes blocs de hornblende verte, sur un pavé grossier de gneiss granitique, traversé en un point, sur plusieurs mètres, par une large veine de quartz blanc laiteux. Le filon de quartz constituait mon point d'attraction central dans ce paradis sauvage. La pierre blanche, abondamment traversée de fils violets et rouges, est un rocher beau, quoique inexploitable ; et je m'aperçus bientôt qu'elle est flanquée d'une veine de feldspath plus large qu'elle, d'une teinte rouge brique, et que la pierre rouge est flanquée, à son tour, d'une veine de couleur terne du même minéral, dans laquelle se trouvent en grande quantité. masses abondantes d'un mica homogène, mica n'existant pas en lame, mais, si je puis employer ce terme, comme une sorte de feutre micacé. Il semblerait presque qu'un gigantesque expérimentateur de l'ancien monde s'était mis en tête de séparer en leurs simples composants minéraux les roches granitiques de la colline, et que les trois veines parallèles étaient le résultat de son travail. Ce n'était pourtant pas le genre d'idée qu'ils me suggérèrent à cette époque. J'avais lu dans le voyage de Sir Walter Raleigh en Guyane la description poétique de ce pays supérieur dans lequel se terminait l'exploration du chevalier de la rivière Corale, et où, au milieu de belles perspectives de riches vallées, de collines boisées et d'eaux sinueuses, presque tous les rochers portait à sa surface l'éclat jaune de l'or. Certes, selon le voyageur, le métal précieux lui-même était absent. Mais Sir Walter, après avoir montré « quelques-unes des pierres à un Espagnol des Caracas, lui dit qu'elles étaient *la madre de oro*, c'est-à-dire la mère de l'or, et que la mine elle-même était plus profonde dans le sol ». Et bien que la veine de quartz de Cromarty Hill ne contienne aucun métal plus précieux que le fer, et même peu de métal, elle était, j'en étais sûr, la « mère » de quelque chose de très beau. Quant à l'argent, j'étais à peu près certain d'en avoir trouvé la « mère », sinon le métal précieux lui-même, dans un rocher de silex, renfermant de nombreux cubes de riche galène ; et des masses occasionnelles de pyrites de fer donnaient, à ce que je pensais, de grandes promesses d'or. Mais si parfois, avec une humble ironie, les domestiques de la ferme qui venaient charger leurs charrettes d'algues le long de la plage de Cromarty me demandaient si je « me faisais de l'argent dans les stanes », j'ai eu la malchance de ne jamais pouvoir répondre. leur question par l'affirmative.

NOTE DE BAS DE PAGE:

[2] Il se peut qu'il y ait du vrai dans l'allégation ; au moins le bourreau d'Inverness jouissait, depuis des temps immémoriaux, d'un avantage similaire : une tourbe sur chaque nasse apportée au marché de la ville.

CHAPITRE IV.

"D'étranges pierres de marbre, ici plus grosses et là moins,

Et de formes très diverses, qui s'accroissent encore

En hauteur et en volume par une baisse continue.

Qui à chaque distillation par le haut,

Et tombant toujours exactement sur la couronne.

Là, ils se brisent en brumes qui s'écoulent.

Croûte en pierre, et (mais avec loisir) gonfle

Les côtés, et avance toujours le miracle. "- CHARLES COTTON.

L'eau est basse dans le Firth de Cromarty pendant les marées, entre six et sept heures du soir ; et mon oncle Sandy, en revenant de son travail à la fin de la journée, avait l'habitude souvent, lorsque, selon l'expression du lieu, « il y avait une marée dans l'eau », de dévaler le flanc de la colline et de passer une journée. heure tranquille dans le reflux. Je suis ravi de l'accompagner à ces occasions. Il y a des professeurs d'histoire naturelle qui en savent moins sur la nature vivante que n'en savait l'oncle Sandy ; et je ne trouvai pas peu important de me faire montrer au cours de ces promenades toutes les diverses productions de la mer qu'il connaissait, et d'être en possession de ses nombreuses anecdotes curieuses à leur sujet.

C'était un habile pêcheur de crabes et de homards, et il connaissait tous les trous et recoins, le long de plusieurs milles de côte rocheuse, dans lesquels les créatures avaient l'habitude de s'abriter, avec pas mal de leurs propres particularités de caractère. Contrairement à l'opinion de certains de nos naturalistes, comme Agassiz, qui soutiennent que le crabe, genre relativement récent dans son apparition dans la création, est moins embryonnaire dans son caractère et plus élevé dans sa position que le homard plus ancien, mon oncle considérait le homard comme un animal plus développé et plus intelligent que le crabe. Le trou dans lequel se loge le homard a presque toujours deux ouvertures, a-t-il dit, par l'une desquelles il parvient quelquefois à s'échapper lorsque l'autre est prise d'assaut par le pêcheur ; tandis que le crabe se contente ordinairement, comme le « rat sans âme », d'un trou d'une seule ouverture ; et, en outre, dans la plupart des cas, il se met tellement en colère contre son agresseur qu'il est plus déterminé à l'attaquer qu'à s'enfuir, et se perd ainsi par pure perte de colère. Et pourtant, le crabe a aussi, ajoutait-il, quelques points d'intelligence sur lui. Quand, comme cela arrivait parfois, il s'emparait, dans son étroit creux sombre du rocher, de quelque doigt malchanceux, mon oncle me montrait comment, après la première pression formidable, il commençait toujours à expérimenter ce qu'il avait obtenu, en alternant il relâchait et resserrait sa prise, comme pour vérifier s'il contenait de la vie ou s'il s'agissait simplement d'un morceau de matière morte ; et que le seul moyen de lui échapper, dans ces occasions difficiles, était de laisser le doigt reposer passivement entre ses pinces, comme s'il s'agissait d'un morceau de bâton ou d'un enchevêtrement ; quand, le considérant apparemment comme tel, il serait sûr de le laisser partir ; tandis que, à la moindre tentative pour le retirer, il resserrait immédiatement sa prise et ne la relâchait pas avant peut-être une demi-heure. En revanche, lorsqu'il s'agit du homard, le pêcheur devait veiller à ne pas trop dépendre de la prise qu'il avait sur l'animal, si c'était simplement la prise d'une des grandes pinces. Pendant un moment, il resterait passif entre ses mains ; il sentait alors un léger tremblement dans le membre capturé, et entendait peut-être un léger crépitement ; et, *hop* , le captif s'en allait aussitôt comme une flèche à travers le trou d'eau profonde, et seul le membre restait dans la main du pêcheur. Mon oncle m'a cependant dit que les homards ne perdent pas toujours leurs membres avec le jugement nécessaire. Ils les rejettent lorsqu'ils sont tout à coup effrayés, sans attendre d'abord de se demander si le sacrifice d'une paire de jambes est le meilleur moyen d'éviter le danger. En tirant immédiatement un mousquet sur un homard qui vient d'être capturé, il a vu celui-ci rejeter ses deux grandes pinces dans l'extrème soudaine de sa terreur, de même qu'un soldat affolé jette quelquefois ses armes. Telles étaient en quelque sorte les anecdotes de l'oncle Sandy. Il m'apprit aussi comment trouver, au milieu des fourrés de laminaires et de fuci, le nid de la grosse lompe, et m'apprit à bien chercher dans son voisinage immédiat les poissons mâles et femelles, surtout le mâle ; et m'a montré en outre que le frai à coquille dure de cette créature peut, une fois bien lavé, être mangé cru, et forme dans cet état un aliment au moins aussi savoureux que le caviar importé de Russie et de la Caspienne. Il y a eu des cas où le corbeau commun a agi comme une sorte de chacal pour nous lors de nos explorations de la lompe. Nous le voyions occupé au bord d'une piscine couverte de fuci, criant et croassant comme s'il combattait un ennemi ; et, en remontant sur place, nous trouvions la grosse grosse qu'il avait tuée fraîche et entière, mais dépourvue d'yeux, que nous constations, bien entendu, que l'assaillant, pour s'assurer de victoire, avait pris la précaution de procéder à une sélection dès le début de la compétition.

Ce n'était pas non plus uniquement de la nourriture que nous nous occupions au cours de ces voyages. Le brillant *plumage métallique* de la souris de mer (*Aphrodita*), imprégné comme des teintures de l'arc-en-ciel, excitait à maintes reprises notre admiration ; et un émerveillement plus grand encore était éveillé par une annélide beaucoup plus rare, brune et mince comme un morceau de fil de corde, et longue de trente à quarante pieds, que personne, à l'exception de mon oncle, n'avait jamais trouvée le long des rives de

Cromarty, et qui, lorsqu'il était brisé en deux, comme cela arrivait parfois lors du mesurage, divisait sa vitalité si également entre les morceaux, que chacun était apte, nous ne pouvions pas douter, bien que nous ne puissions répéter dans le cas l'expérience de Spallanzani, d'établir comme un une existence indépendante et exercer ses activités pour son propre compte. Les annélides, qui forment elles-mêmes des habitations tubulaires constituées de gros grains de sable (*amphitrites*), ont également toujours suscité notre intérêt. Deux touffes de soies dorées en forme de main, dotées cependant d'un nombre bien plus grand que le nombre habituel de doigts, s'élèvent des épaules de ces créatures et doivent, je suppose, être utilisées comme mains dans le processus de construction ; du moins, les mains du constructeur le plus expérimenté ne pourraient pas poser les pierres avec une habileté plus belle que celle que montrent ces vers dans l'entourage des grains qui composent leurs habitations cylindriques — habitations qui, par leur forme et leur structure, semblent propres à rappeler à l'antiquaire les tours rondes de l'Irlande et, par le style de leur maçonnerie, les vieilles murailles cyclopéennes. Même les guêpes maçonnes et les abeilles sont des ouvriers bien inférieurs à ces *amphitrites maçonnes* . On m'a également présenté, dans nos excursions au reflux, la seiche et le lièvre de mer, et on m'a montré comment l'une, poursuivie par un ennemi, jette un nuage d'encre pour cacher sa retraite, et que l'autre obscurcit l'eau. autour, il y avait un joli pigment pourpre, dont mon oncle était presque sûr qu'il ferait une riche teinture, comme celle que les Tyriens extrayaient autrefois d'un buccin qu'il avait souvent vu sur la plage près d'Alexandrie. J'ai appris aussi à faire connaissance avec deux ou trois espèces de doris, qui portent sur leur dos leurs poumons arboracés et semblables à des arbres, comme les soldats de Macduff portaient les branches du bois de Birnam jusqu'à la colline de Dunsinane ; et je pris bientôt une sorte d'affection pour certains coquillages, qui présentaient, à ce que je pensais, un aspect plus exotique que leurs voisins. Parmi ceux-ci se trouvaient *Trochus Zizyphinus* , avec ses marques cramoisies en forme de flamme sur un fond brun pâle ; *Patella pellucida* , avec ses rayons brillants d'un bleu vif sur son épiderme sombre, qui ressemblent aux étincelles d'un feu d'artifice se brisant sur un nuage ; et surtout *Cypræa Europea* , une coquille pas rare plus au nord, mais si peu abondante dans le Firth de Cromarty, qu'elle rendait l'animal vivant, quand une ou deux fois par saison je le trouvais rampant sur les laminaires. à l'extrême bord extérieur de la ligne de marée, avec son large manteau orange qui coule généreusement autour de lui, une sorte de récompense. En bref, l'étendue du fond marin asséché par le reflux formait une école admirable, et l'oncle Sandy un excellent professeur, sous lequel je n'étais pas du tout disposé à plaisanter ; et quand, longtemps après, j'ai appris à détecter d'anciens fonds marins loin de la vue de la mer - maintenant au milieu des anciens Siluriens couverts de forêts du centre de l'Angleterre, et bientôt s'ouvrant à la lumière sur quelque colline parmi les calcaires des montagnes de notre propre pays. pays, j'ai senti combien je devais à ses instructions.

Ses faits réclamaient un vocabulaire adéquatement adapté pour les représenter ; mais bien qu'ils « manquaient d'une marchandise de bons noms », ils étaient tous fondés sur une observation attentive et possédaient ce premier élément de respectabilité : une originalité parfaite : ils étaient tous acquis par lui. Je devais cependant plus à l'habitude d'observation qu'il m'aidait à prendre, qu'à ses faits ; et pourtant certains d'entre eux étaient de grande valeur. Il m'a montré, par exemple, qu'un immense rocher granitique dans le voisinage de la ville, connu depuis des siècles sous le nom de Clach Malloch ou Pierre Maudite, se dresse si exactement dans la ligne des basses eaux, que les plus grandes marées de mars et septembre assèche sa face intérieure, mais jamais sa face extérieure ; — autour de la face extérieure, il y a toujours de deux à quatre pouces d'eau ; et tel avait été le cas depuis au moins cent ans auparavant, à l'époque de son père et de son grand-père — preuve en soi, je l'ai entendu dire, que les niveaux relatifs de la mer et de la terre ne changeaient pas ; cependant, au cours du siècle écoulé, les vagues avaient si largement empiété sur les rivages plats et bas, que des hommes âgés de sa connaissance, décédés depuis longtemps, avaient en fait tenu la charrue lorsqu'ils étaient jeunes là où ils tenaient le gouvernail lorsqu'ils étaient vieux. Il me faisait aussi remarquer l'effet de certains vents sur les marées. Un fort coup de vent précipité venant de l'est, s'il coïncidait avec une marée de printemps, envoyait les vagues haut sur la plage et enlevait des pans entiers du sol ; mais les coups de vent qui empêchaient généralement les marées plus importantes de tomber pendant le reflux étaient des coups de vent prolongés venant de l'ouest. Une série de ces eaux, même lorsqu'elles n'étaient pas très hautes, laissaient souvent un à deux pieds d'eau autour du Clach Malloch, pendant les marées, qui autrement auraient mis son fond à nu - une preuve, disait-il, que les Allemands L'océan, à cause de son manque de largeur, ne pourrait pas être entassé contre nos côtes dans la même mesure, par la violence d'un vent d'est très puissant, que l'Atlantique par la force d'un vent d'ouest relativement modéré. Il n'est pas improbable que la philosophie du Drift Current et du Gulf Stream, apparemment réactionnaire, puisse s'incarner dans cette simple remarque.

Les bois sur les pentes inférieures de la colline, lorsqu'il n'y avait d'accès aux zones parcourues qu'au moindre reflux de la mer, me fournissaient un emploi d'un autre genre. J'ai appris à observer avec intérêt le fonctionnement de certains insectes et à comprendre au moins certains de leurs instincts les plus simples. La grande araignée diadème, qui tisse une toile si solide que, en me frayant un chemin à travers les fourrés d'ajoncs, j'entendais craquer ses cordes de soie blanche lorsqu'elles cédaient devant moi, et que je trouvais habile, comme un ancien magicien, dans le l'étrange art de se rendre invisible sous la lumière la plus claire était un favori particulier ; bien que sa grande taille et les histoires folles que j'avais lues sur la morsure de sa cogénératrice, la tarentule, m'avaient fait cultiver sa connaissance à distance. Souvent, cependant, je me suis tenu près de sa grande toile, lorsque l'animal occupait sa place au centre, et, le touchant avec une tige d'herbe desséchée, je l'ai vu se balancer d'un air maussade sur les lignes « avec ses mains », puis secouer avec un mouvement si rapide que, comme Carathis, la mère du calife Vathek, qui, lorsque son heure de malheur fut venue, « jeta un coup d'œil au loin dans un tourbillon rapide, ce qui la rendit invisible », l'œil ne parvint à voir ni l'une ni l'autre des toiles d'araignées. ou un insecte pendant quelques minutes ensemble. Rien ne séduit plus puissamment l'imagination des jeunes que ces manteaux, bagues et amulettes de la tradition orientale, qui conféraient à leurs possesseurs le don de l'invisibilité. J'ai aussi appris à m'intéresser particulièrement à ce qui, bien qu'appartenant à une famille différente, est connu sous le nom d' *araignées d'eau* ; et je les ai vus courir par à-coups, comme des patineurs sur la glace, à travers la surface d'une source boisée ou d'un ruisseau, marcheurs intrépides sur les eaux, qui, avec une foi sincère dans l'intégrité de l'instinct implanté, n'ont jamais fait naufrage dans l'eau. tourbillon ou coulé dans la piscine. C'est à ces petites créatures que Wordsworth fait référence dans un de ses sonnets sur le sommeil :

"O dors, tu es pour moi

Une mouche qui se pousse de haut en bas

Sur un ruisseau agité ; maintenant *ci-dessus* ,

Maintenant *sur* l'eau, vexé par les moqueries.

Cependant, comme cela a été démontré au poète lui-même à une occasion, quelque peu à son inconfort, par une autorité certainement non négligeable : M. James Wilson, la « mouche » « vexée », bien qu'elle soit l'un des insectes hémiptères, n'utilise jamais ses ailes et ne dépasse jamais « *au-dessus* » de l'eau. Parmi mes autres favoris figuraient les splendides libellules, les papillons de nuit tachetés de pourpre et les petits papillons azur qui, lorsqu'ils voletaient parmi de délicates campanules et des marguerites à pointe pourpre, me suggéraient, bien avant que je fasse connaissance avec le jolie figure de Moore, [3] ou même avant que la figure ait été réalisée, l'idée de fleurs qui s'étaient mises à voler. Les abeilles sauvages, elles aussi, dans leurs diverses espèces, avaient pour moi un charme particulier. Il y avait les cardeurs couleur chamois qui dressaient sur leurs pots de miel des dômes de mousse ; les abeilles lapidaires à pointe rouge, qui construisaient au milieu des recoins d'anciens cairns et dans de vieux murs de pierres sèches, et étaient si invinciblement courageuses pour défendre leurs propriétés, qu'elles n'abandonnèrent jamais la querelle jusqu'à leur mort ; et, surtout, les bourdons à zone jaune, qui logeaient profondément dans le sol le long des rives sèches des berges herbeuses, et étaient généralement plus riches en miel que n'importe lequel de leurs cogéners, et existaient en communautés plus importantes. Mais les bergers de la paroisse et les renards de ses bois et de ses prairies partageaient mon intérêt pour les abeilles sauvages et, à la recherche d'autre chose que la connaissance, étaient des voleurs impitoyables de leurs nids. J'ai souvent observé que le renard, malgré toute sa ruse réputée, n'est pas particulièrement connaisseur au sujet des abeilles. Il fait une mise aussi morte sur un nid de guêpe que sur celui d'un cardeur ou d'un bourdon, et se fait, je n'en doute pas, profondément piqué pour ses douleurs ; car bien que, comme le montrent les marques de ses dents, laissées sur des fragments de peignes en papier éparpillés partout, il tente de manger les jeunes guêpes à l'état de chrysalide, les restes non dévorés semblent prouver qu'il n'est que peu satisfait de leur nourriture. Il y avait cependant des occasions où même les bergers ne rencontraient que des déceptions dans leurs excursions de chasse aux abeilles ; et dans un cas notable, le résultat de l'aventure était parlé à l'école et ailleurs, à voix basse et en secret, comme quelque chose de très horrible. Un groupe de garçons avait pris d'assaut un nid d'abeilles sur le côté de la vieille chapelle-brae, et, creusant vers l'intérieur le long de l'étroit passage de terre sinueux, ils arrivèrent enfin à un crâne humain souriant et virent les abeilles sortir en masse. un trou rond à sa base : le *foramen magnum* . Les petits ouvriers avisés avaient en réalité formé leur nid dans le creux de la tête, autrefois occupé par le cerveau occupé ; et leurs gâteurs, plus scrupuleux que Samson autrefois, qui semble avoir apprécié la viande sortie du mangeur et la douceur extraite du fort, laissèrent dans une très grande consternation leur miel pour eux seuls.

Une de mes découvertes sur cette première période aurait été considérée comme non négligeable par le géologue. Parmi les bois de la colline, à un demi-mille de la ville, il y a un marécage d'une étendue relativement petite, mais d'une profondeur considérable, qui avait été ouvert par l'éclatement d'une trombe marine sur les hautes terres, et dans lequel les eaux sombres et tourbeuses Le gouffre est resté ouvert, bien que l'événement se soit produit avant ma naissance, jusqu'à ce que je sois devenu assez vieux et curieux pour l'explorer à fond. C'était un ravin de boue noire, profond d'environ dix ou douze pieds. Les tourbières alentour ondulaient épaisses de saules argentés de petite taille ; mais dépassant des parois noires du ravin lui-même, et dans certains cas s'étendant d'un côté à l'autre, gisaient les restes pourris d'énormes géants du monde végétal, qui avaient prospéré et étaient morts il y a longtemps, au moins dans notre nord. partie de l'île, le cours de l'histoire avait commencé. Il y avait des chênes d'une circonférence énorme, dans lesquels on pouvait creuser la substance noire comme du charbon aussi facilement avec une pioche qu'on creuse dans un talus d'argile ; et au moins un noble orme, qui traversait le petit ruisseau qui coulait plutôt que de couler au fond du creux, et qui était dans un tel état de conservation, que j'ai arraché de son tronc, avec la main seule. , un chemin pour l'eau. J'ai trouvé dans le ravin, que j'ai beaucoup appris à aimer comme scène d'exploration, mais dont je n'ai jamais manqué d'en sortir tristement embourbé, des poignées de noisettes, de grosseur ordinaire, mais noires comme du jais, avec des coupes de noisettes. des glands et des brindilles de bouleau qui conservaient encore presque intactes leur croûte extérieure argentée d'écorce, mais dont l'intérieur ligneux n'existait que comme une simple pulpe. J'ai même exposé, en couches d'une sorte d'argile onctueuse, semblable à de la terre à foulon, des feuilles de chêne, de bouleau et de noisetier, qui flottaient au vent des milliers d'années auparavant ; et il y a eu un jour heureux où j'ai réussi à extraire du fond même de la fouille un énorme fragment d'une corne de cerf d'apparence extraordinaire. C'était un morceau d'os large, massif, d'apparence étrange, visiblement démodé dans son type ; et je l'ai donc rapporté en triomphe à l'oncle James, car l'antiquaire de la famille m'a assuré qu'il pourrait tout me raconter. L'oncle James s'arrêta au milieu de son travail ; et, prenant la corne dans sa main, il l'examina tranquillement de tous côtés. « C'est la corne, mon garçon, » dit-il enfin, « d'aucun cerf qui vit maintenant dans ce pays. Nous avons le cerf élaphe, le daim et le chevreuil ; et aucun d'eux n'a de cornes comme celles-là. . Je n'ai jamais vu d'élan ; mais je suis presque sûr que cette large corne en forme de planche ne peut être autre que la corne d'un élan. Mon oncle a mis de côté son travail ; et, prenant le cor à la main, il se rendit chez un ébéniste du quartier, où travaillaient autrefois cinq à six compagnons. Ils se rassemblèrent tous autour de lui pour l'examiner, et convinrent qu'il s'agissait d'une sorte de corne entièrement différente de toutes celles portées par les cerfs d'Écosse, et que cette supposition à son sujet était probablement juste. Et, apparemment pour ajouter à l'émerveillement, un voisin, qui se prélassait dans la boutique à ce moment-là, remarqua, d'un ton de sobre gravité, qu'il reposait dans la mousse des saules « depuis peut-être un demi-siècle ». Il y avait une colère positive dans le ton de la réponse de mon oncle. "Un demi-siècle, Monsieur !!" il s'est excalmé; "L'élan était-il originaire d'Écosse il y a un demi-siècle ? Il n'y a aucune mention de l'élan, Monsieur, dans l'histoire britannique. Cette corne doit être restée dans la mousse des saules pendant des milliers d'années !" « Ah, ha, James, ah, ha », s'écria le voisin avec un hochement de tête sceptique ; mais comme ni lui ni personne d'autre n'osait rencontrer mon oncle sur le terrain historique, la controverse prit fin avec l'éjaculation. J'ajoutai bientôt à la corne de l'élan celle d'un chevreuil, et une partie de celle d'un cerf élaphe, trouvées dans le même ravin ; et les voisins, impressionnés par le point de vue de l'oncle James, avaient l'habitude d'amener des étrangers pour les voir. Enfin, malheureusement, un parent établi dans le midi, qui m'avait témoigné de la bonté, prit goût à eux ; et, séduit par le charme d'une magnifique boîte de peinture qu'il venait de m'envoyer, je les lui fis entières. Ils trouvèrent leur chemin vers Londres et furent finalement hébergés dans la collection de quelque virtuose obscur, dont je n'ai pu retracer la localité ni le nom.

Les Cromarty Sutors ont leurs deux rangées de grottes : une ancienne ligne creusée par les vagues il y a plusieurs siècles, lorsque la mer était, par rapport à la terre, de quinze à trente pieds plus haute le long de nos côtes qu'elle ne l'est aujourd'hui ; et une ligne moderne, que le surf est toujours en train de creuser. Beaucoup des grottes les plus anciennes sont bordées de stalactites, déposées par des sources qui, s'infiltrant à travers les fissures et les fissures du gneiss, trouvent suffisamment de chaux dans leur passage pour acquérir ce qu'on appelle une *qualité pétrifiante*, bien qu'en réalité seulement une qualité incrustante. Et ces stalactites, sous le nom de « pierres blanches faites par l'eau », formaient autrefois, comme dans cette Grotte des Tués spécialement mentionnée par Buchanan et les Chroniqueurs, et dans ces cavernes du Pic si bizarrement décrites par Cotton, l'une des les grandes merveilles du lieu. Presque tous les anciens répertoires géographiques, suffisamment riches en détails pour mentionner Cromarty, se réfèrent à sa « Grotte de Chute » comme à une merveilleuse caverne productrice de marbre ; et cette « grotte tombante » n'est qu'une des nombreuses grottes qui regardent la mer depuis les précipices du Sutor méridional, dans les recoins sombres desquels les gouttes tintent toujours et les plafonds de pierre grandissent toujours. La merveille n'aurait pas pu être considérée comme grande ou très rare par un homme comme feu Sir George Mackenzie de Coul, bien connu par ses voyages en Islande et ses expériences sur l'inflammabilité du diamant ; mais il arriva que Sir George, curieux de voir à quelle sorte de pierres se référaient les anciens répertoires géographiques, demanda au ministre de la paroisse une série de spécimens ; et le ministre confia aussitôt la commission, qu'il croyait ne pas être difficile, à l'un de ses paroissiens les plus pauvres, un vieux cloueur, afin de mettre quelques shillings sur son chemin.

Il se trouvait cependant que le cloueur avait perdu sa femme par un triste accident, quelques semaines seulement auparavant ; et l'histoire se répandit selon laquelle la pauvre femme, comme l'exprimaient les citadins, « revenait ». Elle avait été brusquement chassée du monde. En descendant le quai, un soir, à la tombée de la nuit, avec un paquet de linge propre pour un matelot, son parent, elle avait perdu pied sur le bord du quai, et, mi-cervelle, mi-noyée, avait été retrouvée le matin, pierre mort, au fond du port. Et maintenant, comme pressée par quelque affaire incertaine, on la voyait, disait-on, rôder après la tombée de la nuit autour de son ancienne demeure, ou flâner dans la rue voisine ; bien plus, il y avait eu des occasions, selon le rapport général, où elle avait même échangé des paroles avec certains voisins, peu à leur satisfaction. Ces paroles, cependant, semblaient dans tous les cas avoir merveilleusement peu à voir avec les affaires d'un autre monde. Je me souviens avoir vu un soir à peu près à cette époque la femme d'un voisin se précipiter chez ma mère, muette de terreur, et déclarer, après une pause affreuse, pendant laquelle elle était restée à moitié évanouie sur une chaise, qu'elle venait de voir Christy. Elle était occupée, à la tombée de la nuit, mais avant que la nuit ne soit complètement tombée, à entasser devant la porte un chargement de broussailles pour le combustible, lorsque le spectre surgit de l'autre côté du tas, vêtu du travail ordinaire. Il s'agissait de l'habit de jour du défunt et, d'un ton léger et précipité, il demanda, comme Christy aurait pu le faire avant l'accident mortel, une part des broussailles. "Donnez-moi un peu de cette *sorcière* ", dit le fantôme ; "vous en avez beaucoup, je n'en ai pas." On ne savait pas si le cloueur avait vu ou non l'apparition ; mais il était à peu près certain qu'il y croyait ; et comme la "Dropping Cave" est à la fois sombre et solitaire, et avait en plus une mauvaise réputation il y a quarante ans - car la sirène avait été observée en train de se divertir devant elle même à midi, et des lumières et des cris en étaient entendus la nuit. — ce devait être un endroit plutôt redoutable pour un homme vivant dans l'attente momentanée de la visite d'une épouse décédée. Pour autant qu'on puisse le savoir – car le cloueur lui-même était assez proche en la matière – il n'était pas du tout entré dans la grotte. Il semblait, à en juger par les marques de grattage laissées sur les côtés à environ deux ou trois pieds de l'ouverture étroite, qu'il s'était posté à l'extérieur, là où la lumière était bonne et la voie de retraite dégagée, et qu'il avait ratissé vers l'extérieur pour atteindre lui, aussi loin qu'il pouvait atteindre, tout ce qui collait aux murs, y compris la bave filante et l'humidité moisie, mais pas une seule particule de stalactite. Il était bien entendu évident que ses spécimens ne conviendraient pas à Sir George ; et le ministre, dans l'extrême extrémité du cas, s'adressa à mes oncles, quoique avec un peu de réticence, car on savait qu'aucune rémunération pour leur peine ne pouvait leur être offerte. Mes oncles étaient cependant ravis de cette mission : tout cela était pour le bénéfice de la science ; et, se munissant de torches et d'un marteau, ils se dirigèrent vers les grottes. Et moi, bien sûr, je les accompagnais – un garçon très heureux – armé, comme eux, d'un marteau et d'une torche, et me préparant avec dévouement à travailler pour la science et pour Sir George.

Je n'avais jamais vu les grottes auparavant à la lueur d'une torche ; et bien que ce dont j'étais témoin maintenant ne corresponde pas tout à fait à ce que j'avais lu concernant la grotte d'Antiparos, ou même les merveilles du Pic, c'était incontestablement à la fois étrange et beau. La célèbre grotte de Dropping s'est révélée inférieure, comme c'est souvent le cas avec la célèbre grotte, à une grotte presque entièrement inconnue, qui s'ouvrait parmi les rochers un peu plus à l'est ; et pourtant, même *cela* avait son intérêt. Elle s'élargissait, à mesure qu'on entrait, dans une chambre crépusculaire, verte de mousses veloutées, qui aiment l'humidité et l'ombre ; et se terminait par une série de puits cristallins, alimentés par des chutes perpétuelles, et creusés dans ce qui semblait un retable du marbre déposé. Et au-dessus et sur les côtés, pendaient de nombreux plis drapés et pendaient de nombreux glaçons translucides. L'autre grotte, cependant, nous a semblé être d'une étendue beaucoup plus grande et d'un caractère plus varié. C'est l'une des trois grottes de l'ancienne côte, connues sous le nom de Doocot ou Pigeon Caves, qui s'ouvrent sur un morceau de plage rocheuse, surplombée par une chaîne grossièrement semi-circulaire de précipices sombres. Les pointes du demi-cercle s'avancent de chaque côté dans des eaux profondes, du moins dans des eaux tellement plus profondes que la chute des mortes-eaux ordinaires, que ce n'est qu'au reflux des marées que l'endroit est accessible par terre ; et dans chacun de ces promontoires audacieux — les cornes terminales du croissant — il y a une grotte de la côte actuelle, profondément creusée, dans laquelle la mer s'élève de dix à douze pieds de profondeur lorsque la marée est pleine, et dans que les vagues grondent, quand les vents violents soufflent du nord-est orageux, avec le rugissement de parcs entiers d'artillerie. La grotte du promontoire occidental, qui porte parmi les citadins le nom de « Kist à Repas de la Femme de Puir », a son toit percé de deux petites perforations, dont la plus grande n'est pas beaucoup plus large que l'évent d'un marsouin : qui s'ouvrent à l'extérieur parmi les falaises au-dessus ; et quand, pendant les tempêtes venant de la mer, les vagues énormes viennent rouler sur le rivage comme des murs verts et mobiles, il y a des moments de la marée où elles ferment l'entrée de la grotte et compriment ainsi l'air à l'intérieur, qu'il se précipite vers le haut à travers la grotte. les ouvertures, rugissant en s'échappant comme si dix baleines soufflaient à la fois, et s'élève du milieu des rochers au-dessus de lui en deux jets blancs de vapeur, distinctement visibles, à une hauteur de soixante à quatre-vingts pieds. S'il y a des critiques qui ont considéré comme une des extravagances de Goethe le fait qu'il ait donné vie et mouvement, comme dans sa célèbre scène de sorcière de "Faust", aux rochers du Hartz, ils feraient bien de visiter ce promontoire audacieux pendant une tempête hivernale venant de l'est, et je trouve sa description parfaitement sobre et vraie :

"Voir les rochers géants, oh ho !

Comme ils reniflent et comme ils soufflent !"

A l'intérieur, au bas du croissant, et là où la marée n'atteint jamais lorsqu'elle est au plus haut, nous trouvâmes la grande grotte aux pigeons que nous étions venus explorer, creusée sur environ cent cinquante pieds dans la ligne d'une faille. Traversent l'ouverture les restes brisés d'un mur élevé par quelque propriétaire monopolisateur des terres voisines, dans l'intention de s'approprier les pigeons de la caverne ; mais son époque, même à cette époque, était révolue depuis longtemps, et le mur était tombé en ruine. À mesure que nous avancions, la grotte captait l'écho de nos pas, et une volée de pigeons, surpris de leurs nids, sortait en sifflant, nous effleurant presque de leurs ailes. Le sol humide sonnait creux sous le pas ; nous vîmes les flancs verts moussus, qui se referment dans la lumière incertaine, à plus de vingt pieds au-dessus, sillonnés par des crêtes de stalactites, qui devenaient plus blanches et plus pures à mesure qu'elles se retiraient des influences végétatives ; et j'ai remarqué que la dernière plante qui est apparue alors que nous nous dirigions vers l'intérieur était une minuscule mousse verte, d'environ un demi-pouce de longueur, qui s'inclinait vers l'extérieur sur la proéminence des côtés, et recouvrait des myriades de brins de mousse similaires, transformés bien avant en pierre, mais qui, fidèles dans la mort à la loi dominante de leur vie, indiquait encore, comme les autres, l'air libre et la lumière. Et puis, dans les profondeurs de la grotte, où le sol se couvre de feuilles inégales de stalagmite, et où de longs glaçons en forme de lance et des plis en draperie, purs comme le marbre du sculpteur, descendent d'en haut ou pendent. sur les côtés, nous avons trouvé en abondance de magnifiques spécimens pour Sir George. L'expédition entière était d'un intérêt merveilleux ; et je retournai le lendemain à l'école, riche de descriptions et de récits, pour exciter, par des vérités plus merveilleuses que la fiction, la curiosité de mes camarades de classe.

Je leur avais auparavant fait découvrir les merveilles de la colline ; et pendant nos demi-congés du samedi, quelques-uns d'entre eux m'avaient accompagné dans mes excursions. Mais d'une manière ou d'une autre, cela n'avait pas réussi à captiver leur imagination. C'était trop solitaire et trop loin de chez eux et, comme scène de divertissement, pas du tout comparable aux town-links, où ils pouvaient jouer au « shinty » et au « français et anglais », presque sous *la grêle* de leurs parents. ' fermes. L'étendue même le long de son sommet plat et marécageux, sur laquelle, selon la tradition, Wallace avait jadis poussé devant lui dans une déroute précipitée un fort groupe d'Anglais, et qui était en fait marbrée de tumuli sépulcraux, encore visibles au milieu de la bruyère, n'a échoué en rien. degré marqué pour les engager ; et bien qu'ils aimaient assez entendre parler des grottes, ils ne semblaient pas avoir un très grand désir de les voir. Il y avait cependant un petit garçon assis sous la forme latine, membre d'une classe inférieure et plus brillante que la classe lourde, bien qu'il ne fût pas particulièrement intelligent non plus, qui différait à cet égard de tous les autres. Bien qu'il fût mon cadet d'environ un an et plus petit d'environ une demi-tête, il était un garçon appliqué même au lycée, où les garçons étaient si rarement appliqués, et, pour son âge, un garçon tout à fait sensé, sans aucun doute. grain du rêveur dans sa composition. Je réussis cependant, malgré sa sobriété, à le transmettre complètement de mes goûts particuliers, et j'appris à l'aimer beaucoup, en partie parce qu'il doublait mes amusements en les partageant, et en partie, j'ose dire, sur le principe selon lequel Mahomet préférait sa vieille femme à sa jeune — parce qu'« il croyait en moi ». Lui est consacré comme Caliban dans la *tempête* à son ami Trinculo—

"Je lui ai montré les plus belles sources, je lui ai cueilli des baies.

Et moi, avec mes longs ongles, je lui ai creusé des noix. »

Sa curiosité, à cette occasion, fut largement excitée par ma description de la grotte Doocot ; et, partant un matin pour explorer ses merveilles, armés du marteau de John Feddes, aux bénéfices duquel mon ami était autorisé à partager généreusement, nous ne parvînmes pas, pour ce jour du moins, à retrouver notre chemin.

C'est par un agréable matin de printemps que, avec mon petit ami curieux à mes côtés, je me trouvais sur la plage en face du promontoire oriental qui, avec sa paroi arrière de granit, interdit l'accès dix jours sur quatorze aux merveilles du Doocot. ; et je l'ai vu s'étendre de manière provocante dans l'eau verte. C'était difficile d'être déçu, et les grottes si proches. La marée était basse, et si nous voulions un passage à pieds secs, il nous fallait attendre au moins une semaine ; mais aucun de nous ne comprenait la philosophie des marées mortes à cette époque. J'étais tout à fait sûr que j'avais fait le tour à marée basse avec mes oncles peu de jours auparavant, et nous en avons tous deux déduit que si nous parvenions à contourner maintenant, ce serait un plaisir d'attendre parmi les grottes à l'intérieur jusqu'à ce que de tels événements se produisent. le moment où la baisse de la marée devrait ouvrir un passage pour notre retour. Une plate-forme étroite et brisée court le long du promontoire, sur laquelle, à l'aide de l'orteil nu et de l'ongle, il est tout juste possible de se glisser. Nous avons réussi à nous y hisser ; puis, rampant vers l'extérieur à quatre pattes – le précipice, à mesure que nous avancions, devenait de plus en plus redoutable d'en haut, et l'eau devenant plus verte et plus profonde en bas – nous atteignîmes la pointe extérieure du promontoire ; puis, en doublant le cap sur une marge toujours plus étroite – l'eau, par un processus inverse, devenant moins profonde et moins verte à mesure que nous avancions vers l'intérieur – nous trouvâmes la corniche se terminant exactement là où, après avoir dégagé la mer, elle surplombait la plage de gravier à une altitude élevée. de près de dix pieds. Nous sommes tous deux tombés, fiers de notre succès ; le gravier claquait tandis que nous tombions ; et pendant au moins toute la semaine à venir – même si nous ignorions alors l'étendue de notre chance – les merveilles de la grotte Doocot pourraient être considérées comme étant uniquement et exclusivement les nôtres. Pendant sept jours seulement — pour reprendre la phraséologie de Carlyle — « ils étaient les nôtres et n'appartenaient à aucun autre homme ».

Les premières heures furent des heures de pur plaisir. La grotte plus grande s'avéra une mine de merveilles ; et nous trouvâmes encore bien d'autres choses à admirer sur les pentes au-dessous des précipices et le long du morceau de plage rocheuse en face. Nous avons réussi à découvrir par nous-mêmes, dans des buissons nains et rampants, des témoignages des influences dévastatrices des embruns marins ; le chèvrefeuille jaune pâle, que nous n'avions jamais vu auparavant, sauf dans les jardins et les buissons ; et sur une pente profondément ombragée, adossée à un des précipices les plus abrupts, nous aperçûmes la toiture en bois odorante du parterre de fleurs et du parterre, avec ses jolies feuilles verticillées, qui deviennent d'autant plus odorantes qu'on les écrase, et ses fleurs blanches délicates. Là aussi, immédiatement à l'ouverture de la grotte plus profonde, là où un petit ruisseau coulait en gouttes détachées du précipice débordant au-dessus, comme les premières gouttes d'une forte averse d'orage, nous trouvâmes l'herbe chaude et amère du scorbut, avec ses minuscules fleurs cruciformes, dont le grand capitaine Cook avait utilisé dans ses voyages ; *il y avait* surtout les grottes avec leurs pigeons blancs, bigarrés et bleus, et leurs profondeurs mystérieuses et sombres, où les plantes durcissaient en pierre et l'eau devenait marbre. En peu de temps, nous avions détaché avec nos marteaux des poches entières de stalactites et de mousse pétrifiée. Il y avait de petites mares sur le côté de la grotte, où nous pouvions voir le travail de congélation se produire, comme au début d'un gel d'octobre, lorsque le vent froid du nord ébouriffe, et ébouriffe à peine, la surface de quelque lochan de montagne ou de quelque lac. cours d'eau lent des landes, et montre les aiguilles de glace nouvellement formées qui se projettent comme des taupes depuis les rives dans l'eau. Le cours du dépôt était si rapide, qu'il y avait des cas dans lesquels les parois des creux semblaient croître presque proportionnellement à la montée de l'eau ; les sources, en se renversant, déposaient leurs minuscules cristaux sur les bords ; et les réservoirs s'approfondissaient et devenaient plus grands à mesure que leurs monticules étaient construits par cette curieuse maçonnerie. La longue perspective télescopique de la mer scintillante, vue depuis l'extrémité intérieure de la caverne, alors que tout autour était sombre comme minuit - la lueur soudaine de la mouette, aperçue un instant depuis le renfoncement, tandis qu'elle passait dans le ciel. le soleil - la masse noire et haletante du grampus, qui lançait ses minces jets d'écume, puis, se tournant vers le bas, montrait son dos brillant et sa vaste nageoire anguleuse - même les pigeons, alors qu'ils filaient en sifflant, un instant à peine visibles dans l'obscurité, puis le rayonnement de la lumière, tous prirent un intérêt nouveau, à cause de la particularité du *décor* dans lequel nous les voyions. Ils formaient une série de vignettes dorées par le soleil, encadrées en jais ; et il fallut longtemps avant que nous nous lassions de voir et d'admirer en eux beaucoup d'étranges et de beaux. Il parut cependant assez inquiétant, et peut-être quelque peu surnaturel de surcroît, que vers midi environ, la marée, alors qu'il y avait encore une pleine brasse d'eau sous le front du promontoire, cessa de descendre, et puis, après un en un quart d'heure, commença effectivement à ramper vers le haut sur la plage. Mais espérant qu'il y aurait là quelque erreur que la marée du soir ne manquerait pas de rectifier, nous continuâmes à nous amuser et à espérer. Les heures passèrent, s'allongeant à mesure que les ombres s'allongeaient, et pourtant la marée montait toujours. Le soleil s'était couché derrière les précipices, et tout était sombre à leurs bases, et double obscurité dans leurs grottes ; mais leurs sourcils rugueux captaient encore l'éclat rouge du soir. La rougeur montait de plus en plus haut, poursuivie par les ombres ; puis, après s'être attardés un instant sur leurs crêtes de chèvrefeuille et de genévrier, ils s'éteignirent, et le tout devint sombre et gris. La mouette sauta vers le haut de l'endroit où il avait flotté sur l'onde et l'emmena lentement jusqu'à sa loge dans sa pile en haute mer ; le cormoran sombre passa, avec des coups plus lourds et plus fréquents, jusqu'à son étagère blanchie au sommet du précipice ; les pigeons descendaient en sifflant des hautes terres et de la terre opposée et disparaissaient dans l'obscurité de leurs grottes ; toute créature qui avait des ailes s'en servait pour rentrer chez elle en courant ; mais ni mon compagnon ni moi n'en avions ; et il n'y avait aucune possibilité de rentrer à la maison sans eux. Nous fîmes des efforts désespérés pour escalader les précipices, et à deux reprises nous parvînmes à atteindre les plateaux médians parmi les rochers, là où se bâtissent l'épervier et le corbeau ; mais bien que nous ayons assez bien grimpé pour que notre retour soit une simple possibilité, il n'y avait aucune possibilité de monter plus haut : les falaises n'avaient jamais été escaladées auparavant, et elles n'étaient pas destinées à l'être maintenant. Et ainsi, à mesure que le crépuscule s'approfondissait et que la position précaire devenait à chaque instant plus douteuse et plus précaire encore, nous avons dû abandonner, désespérés. "Je m'en ficherais", dit le pauvre petit homme, mon compagnon, en fondant en larmes, "s'il n'y avait pas ma mère; mais que dira ma mère?" « Je m'en fiche non plus, » dis-je avec le cœur lourd ; "mais ce n'est qu'un retour d'eau, et nous sortirons par le mur." Nous nous retirâmes ensemble dans l'une des grottes les moins profondes et les plus sèches, et, débarrassant un petit coin de ses pierres brutes, puis tâtonnant le long des rochers à la recherche de l'herbe sèche qui, au printemps, y pend en touffes desséchées, nous formâmes pour nous-mêmes un lit le plus inconfortable et nous nous sommes allongés dans les bras l'un de l'autre. Depuis quelques heures, des amas montagneux de nuages s'élevaient, sombres et orageux, à l'embouchure de la mer : ils avaient flambé de façon sinistre au soleil couchant et avaient usé, avec le déclin du soir, presque toutes les teintes fulgurantes de la colère, du rouge ardent. à un brun sombre et tonitruant, et du brun sombre au noir lugubre. Et nous pouvions maintenant au moins entendre ce qu'ils présageaient, même si nous ne pouvions plus le voir. Le vent levant commença à hurler tristement au milieu des falaises, et la mer, jusqu'alors si silencieuse, à frapper lourdement contre le rivage et à gronder, comme des fusils de détresse, depuis les recoins des deux grottes profondes. Nous entendions aussi la pluie battante, tantôt plus forte, tantôt plus légère, au fur et à mesure que les rafales gonflaient ou descendaient ; et le crépitement intermittent du ruisseau au-dessus de la grotte plus profonde, tantôt se heurtant aux précipices, tantôt descendant lourdement sur les pierres.

Mon compagnon n'avait à s'occuper que des véritables maux de l'affaire, et ainsi, compte tenu de la dureté de notre lit et de la froideur de la nuit, il dormit assez bien ; mais j'ai eu le malheur d'avoir des maux bien pires que les vrais pour m'ennuyer. Le cadavre d'un marin noyé avait été retrouvé sur la plage environ un mois auparavant, à une quarantaine de mètres de l'endroit où nous gisions. Les mains et les pieds, misérablement contractés et ondulés en plis profonds à chaque jointure, et pourtant enflés jusqu'à deux fois leur taille normale, avaient été blanchis aussi blancs que des morceaux de peau de mouton alumée ; et là où aurait dû être la tête, il n'existait qu'un triste amas de détritus. J'avais examiné le corps, comme les jeunes gens ont tendance à le faire, beaucoup trop curieusement pour ma tranquillité ; et, bien que je n'aie jamais fait de mal au pauvre marin anonyme, je n'aurais pas pu souffrir davantage de lui pendant cette nuit mélancolique, si j'avais été son meurtrier. Dormant ou éveillé, il était continuellement devant moi. Chaque fois que je m'endormais, il revenait sur la plage depuis l'endroit où il s'était couché, avec ses doigts blancs et raides, qui dépassaient comme des orteils d'aigle, et sa pulpe pâle et cassée, et tentait de me frapper. ; et puis je me réveillais en sursaut, m'accrochais à mon compagnon et me rappelais que le marin noyé gisait purulent parmi les mêmes bouquets d'algues qui pourrissaient encore sur la plage, à quelques pas de là. Le voisinage immédiat d'une vingtaine de bandits vivants aurait inspiré moins d'horreur que le souvenir de ce marin mort.

Vers minuit, le ciel s'éclaircit et le vent tomba, et la lune, dans son dernier quartier, se leva rouge comme une masse de fer chauffé sortant de la mer. Nous nous glissâmes, dans la lumière incertaine, sur les rochers rugueux et glissants, pour vérifier si la marée n'était pas suffisamment descendue pour nous céder un passage ; mais nous trouvâmes les vagues frottant les rochers juste là où la ligne de marée s'était arrêtée douze heures auparavant, et une pleine brasse de mer enserrant la base du promontoire. Une vague idée de la nature réelle de notre situation me traversa enfin l'esprit. Ce n'était pas un emprisonnement pour une marée à laquelle nous nous étions voués, c'était un emprisonnement pour une semaine. Il y avait peu de réconfort dans cette pensée, surgissant, comme elle le faisait, au milieu des frissons et des terreurs d'une morne minuit ; et j'ai regardé avec mélancolie la mer comme notre seule voie d'évasion. Il y avait alors un navire qui traversait le sillage de la lune, à peine à un demi-mille du rivage ; et, aidé de mon compagnon, je me mis à crier à pleins poumons, dans l'espoir d'être entendu des matelots. Nous avons vu sa faible masse tomber lentement à travers la ceinture de lumière rouge scintillante qui l'avait rendue visible, puis disparaître dans l'obscurité trouble, et juste au moment où nous la perdions de vue pour toujours, nous pouvions entendre un son indistinct se mêlant à l'élan de la lumière. les vagues, le cri, en réponse, du timonier surpris. Le navire, comme nous l'avons appris par la suite, était un grand briquet à pierre, profondément chargé et dépourvu de bateau ; et son équipage n'était pas du tout sûr qu'il aurait été prudent d'écouter la voix de minuit au milieu des rochers, même s'ils avaient eu les moyens de communication avec le rivage. Cependant, nous attendions encore et encore, tantôt en criant tour à tour, tantôt en criant ensemble ; mais il n'y eut pas de seconde réponse ; et enfin, perdant espoir, nous retournâmes à tâtons vers notre lit inconfortable, juste au moment où la marée s'était de nouveau retournée sur la plage, et les vagues commençaient à monter de plus en plus haut à chaque élan.

À mesure que la lune se levait et s'éclairait, le marin mort devenait moins gênant ; et j'avais réussi à m'endormir aussi profondément que mon compagnon, lorsque nous fûmes tous deux réveillés par un grand cri. Nous avons commencé à monter et à redescendre en rampant parmi les rochers jusqu'au rivage ; et comme nous atteignions la mer, le cri se répéta. C'était celui d'au moins une douzaine de voix dures réunies. Il y eut une brève pause, suivie d'un autre cri ; puis deux bateaux, fortement armés, contournèrent le promontoire occidental, et les hommes, appuyés sur leurs rames, se tournèrent vers le rocher et crièrent encore. La ville entière avait été alarmée par la nouvelle que deux petits garçons s'étaient éloignés le matin vers les rochers du sud de Sutor et n'avaient pas retrouvé le chemin du retour. Les précipices avaient été le théâtre d'accidents effroyables depuis des temps immémoriaux, et on en déduisit aussitôt qu'un autre triste accident s'était ajouté à ce nombre. Il est vrai qu'on se souvient de cas de personnes ayant été bloquées par la marée dans les grottes de Doocot, et ce n'est pas bien pire en conséquence ; mais comme les grottes étaient inaccessibles pendant les siestes, nous ne pouvions, disait-on, y être ; et le seul espoir qui restait était que, comme cela s'était produit une fois auparavant, un seul des deux avait été tué, et que le survivant s'attardait parmi les rochers, craignant de rentrer chez lui. Et dans cette croyance, lorsque la lune se levait et que les vagues tombaient, les deux bateaux avaient été armés. Il était tard dans la matinée lorsque nous atteignîmes Cromarty, mais une foule sur la plage attendait notre arrivée ; et il y avait des lumières anxieuses qui jetaient des regards aux fenêtres, épaisses et multiples ; bien plus, l'intérêt suscité fut tel que certains vers extrêmement mauvais, dans lesquels l'écrivain décrivait l'incident quelques jours après, devinrent suffisamment populaires pour être distribués sous forme manuscrite et lus lors des goûters par l' *élite* de la ville. La pauvre vieille Miss Bond, qui tenait le pensionnat de la ville, a joliment habillé la pièce, un peu sur le principe selon lequel Macpherson a traduit Ossian ; et lors de notre premier examen scolaire – jour fier et heureux pour l'auteur ! – il fut récité avec de grands applaudissements par l'une de ses plus jolies jeunes filles, devant l'assemblée des goûts et de la mode de Cromarty.

NOTE DE BAS DE PAGE:

[3]

"La belle demoiselle bleue vole,

Qui flottait autour des chopes de jasmin,

Comme des fleurs ailées ou des pierres précieuses volantes. »

LE PARADIS ET LE PEEL.

CHAPITRE V.

"Le sage

Ils ont secoué leurs vieilles têtes blanches au-dessus de moi et ont dit.

De tels matériaux ont été faits pour faire des hommes misérables." —
BYRON.

Le bruit s'est répandu à cette époque, non sans quelque fondement, que Miss Bond avait l'intention de me prendre avec condescendance. La copie de mes vers qui était tombée entre ses mains, un véritable holographe, présentait au sommet une vue magnifique du Doocot, dans lequel d'horribles rochers d'ombre brûlée étaient perforés par des cavernes béantes d'encre de Chine et surmontés d'un dense pin. forêt de vert de sève ; tandis que de vastes vagues bleues d'un côté et vertes de l'autre, et portant des taches de blanc de plomb sur le dessus, roulaient effroyablement en dessous. Et Miss Bond avait conclu, disait-on, qu'un génie tel que celui manifesté par l'esquisse et le « poème » pour ces arts frères de la peinture et de la poésie dans lesquels elle excellait elle-même, ne devait pas être laissé se perdre sans soin dans le désert sauvage. Elle avait publié peu de temps auparavant un ouvrage en deux minces volumes, intitulé « Lettres d'une gouvernante de village » — une sorte de pot-pourri curieux, peu soumis aux règles ordinaires, mais néanmoins un livre génial, avec plus de cœur que de tête. il; et bon nombre des incidents qu'il relatait avaient le mérite d'être vrais. C'était un mérite malheureux pour la pauvre Miss Bond. Elle datait son livre de Fortrose, où elle enseignait ce qui était désigné dans l'Almanach comme le pensionnat de l'endroit, mais qui, selon la propre description de Miss Bond, était l'école de la « gouvernante du village ». Et comme ses récits se révélaient être une sorte de mosaïque composée de faits cocasses ramassés dans le quartier, Fortrose devint bientôt considérablement trop chaud pour elle. Elle avait dessiné, sous l'apparence trop transparente de l'avare Mme Flint, la femme maigre d'un « ministre de papier », qui avait ruiné d'un seul coup sa plus belle robe de soie, et une douzaine de bons œufs par-dessus le marché, en y mettant les œufs dans sa poche en sortant à une fête, puis en trébuchant sur une pierre. Et, bien sûr, Mme Skinflint et le révérend M. Skinflint, avec tous leurs liens de sang, ne pouvaient être que très heureux de trouver l'histoire relookée sous forme imprimée et se déroulant de manière amusante. Il y avait d'autres histoires aussi imprudentes et aussi amusantes : de jeunes dames surprises en train d'écouter aux fenêtres de leurs voisins ; et de messieurs mal à l'aise dans leur famille, assis au milieu de vulgaires compagnons dans le cabaret ; et ainsi l'auteur, peu de temps après la parution de son ouvrage, cessa d'être la gouvernante du village de Fortrose et devint la gouvernante du village de Cromarty.

C'est à cette occasion que j'ai vu, pour la première fois, avec un mélange d'admiration et de crainte, une créature humaine – non pas morte et disparue, mais simplement un nom imprimé – qui avait effectivement publié un livre. La pauvre Miss Bond était une personne aimable , aimant les enfants et grandement aimée d'eux à leur tour ; et, bien que profondément sensible au ridicule, sans le moindre grain de méchanceté en elle. Je me souviens comment, vers cette époque, alors que, aidé de trois ou quatre autres garçons, j'avais réussi à construire une immense maison, longue de quatre pieds et haute de trois pieds, qui nous contenait tous, un feu et beaucoup de choses. de fumée en plus, Miss Bond, l'auteure, est venue et nous a regardés, d'abord par la petite porte, puis par la cheminée, et nous a adressé des paroles aimables et a semblé beaucoup apprécier notre plaisir ; et comment nous avons tous considéré sa visite comme l'un des plus grands événements qui auraient pu avoir lieu. Elle avait été intime avec les parents de Sir Walter Scott ; et, dès la parution de la première publication de Sir Walter, le « Minstrelsy of the Scottish Border », elle avait pris un accès d'enthousiasme et lui avait écrit ; et, alors qu'elle était dans un paroxysme froid et encline à penser qu'elle avait fait quelque chose de stupide, elle avait reçu de Sir Walter, puis de M. Scott, une réponse typiquement chaleureuse. Elle éprouva depuis lors beaucoup de bonté de sa part ; et lorsqu'elle devint elle-même auteur, elle lui dédia son livre. Il lui procurait de temps en temps des pensionnaires ; et quand, après avoir quitté Cromarty pour Édimbourg, elle ouvrit une école dans ce dernier endroit et ne réussit qu'avec un succès indifférent, Sir Walter, bien qu'aux prises avec ses propres difficultés à l'époque, lui envoya un enclos de dix livres, pour effrayer. comme il le dit dans sa note, « le loup sort de la porte ». Mais Miss Bond, comme l'original de sa propre Jeanie Deans, était un « corps fier » ; et les dix livres furent restituées, avec l'indication que le loup n'était pas encore venu à la porte. Pauvre dame ! Je soupçonne qu'il est enfin venu à la porte. Comme beaucoup d'autres écrivains de livres, son voyage à travers la vie longea, sur la plus grande partie du chemin, le rivage sombre et sous le vent de la nécessité ; et il lui fallait parfois beaucoup d'habileté pour donner au rivage une position respectable. Et dans sa vieillesse solitaire, elle semblait avoir échoué. Certains de ses anciens élèves ont tenté de réunir suffisamment d'argent pour lui acheter une petite rente ; mais alors que les travaux étaient en cours, j'appris sa mort. Elle illustre dans sa vie la remarque qu'elle a consignée dans ses « Lettres », comme l'a fait une humble amie : « Ce n'est pas une chose facile, Mem, pour une femme de parcourir le monde *sans tête* » , *c'est-à -dire* célibataire et sans tête. non protégé.

Pour une raison inexpliquée, le patronage de Miss Bond ne m'est jamais parvenu. Je suis sûr que la bonne dame avait l'intention de me donner des leçons de dessin et de composition ; car elle l'avait dit, et son cœur était bon ; mais alors son temps était trop occupé pour admettre qu'elle consacre de temps en temps une heure à moi seul ; et quant à m'avoir présenté à ses

classes de demoiselles, dans mes vêtements grossiers, toujours grandement
améliorés dans le mauvais sens par mes explorations dans le flux et le reflux
de la tourbe, et effilochés, parfois, au-delà même de la capacité de réparation
de ma mère, par se déformer jusqu'à la cime des grands arbres et faire des
exploits en tant que grimpeur - cela aurait été un morceau de Jack-Cadéisme,
sur lequel, à l'époque ou aujourd'hui, aucune gouvernante de village n'aurait
pu s'aventurer. Et c'est ainsi que j'ai dû me consacrer à la création de vers et
d'images de manière assez sauvage, sans souci ni culture.

Mes camarades d'école aimaient assez mes histoires, mieux du moins, dans
la plupart des cas, que les leçons du maître ; mais, au-delà du terrain commun
de plaisir que ces compositions improvisées fournissaient au « sennachie » et
à ses auditeurs, nos domaines de divertissement étaient très différents. Je
n'aimais pas, comme je l'ai dit, les combats de coqs annuels – je ne trouvais
aucun plaisir à tuer des chats, ni à taquiner, la nuit ou dans la rue, les
excentriques colériques et idiots du village – généralement tenus à l'écart. les
terrains de jeux ordinaires, et se mêlaient très rarement aux vieux jeux
héréditaires. D'un autre côté, à l'exception de mon petit ami de la grotte, qui,
même après cet incident désastreux, montrait une tendance à me faire
confiance et à me suivre aussi implicitement qu'auparavant, mes camarades
de classe se souciaient aussi peu de mes divertissements que moi des leurs. ;
et, ayant la majorité de leur côté, ils ont bien sûr voté pour que je sois le plus
stupide. Et certainement une série de malheurs m'a suivi dans mes sports à
cette époque, ce qui a donné une certaine raison à leur décision.

Au cours de ma chasse aux livres, j'étais tombé sur deux traités militaires à
l'ancienne, appartenant à la petite bibliothèque d'un officier à la retraite
récemment décédé, dont celui intitulé "Militaire Medley", traitait de tout l'art
du rassemblement. troupes, et contenait de nombreux plans, soigneusement
colorés, de bataillons dressés sous toutes les formes possibles, pour répondre
à toutes les exigences possibles ; tandis que l'autre, également riche en
gravures, traitait de la noble science de la fortification selon le système de
Vauban. Je me suis penché sur les deux ouvrages avec beaucoup de
persévérance ; et, les considérant comme d'admirables livres-jouets, je me
mis à construire, sur une très petite échelle, certains des jouets dont ils
traitaient spécialement. Le bord de mer, dans le voisinage immédiat de la ville,
paraissait à mon œil inexpérimenté un excellent terrain pour poursuivre une
campagne. Le sable de la mer me parut assez cohérent, lorsqu'il était encore
humidifié par les eaux de la marée descendante, pour se dresser sous la forme
de tours, de bastions et de longues lignes de remparts ; et il y avait un des
Littorinidés les plus communs, *le Littorina litoralis* , qui dans l'une de ses
variétés est d'une riche couleur jaune, et dans une autre d'une teinte vert
bleuâtre, ce qui me fournissait assez de soldats pour exécuter toutes les
évolutions figurées et décrit dans le "Medley". Les coquilles jaunes aux teintes

chaudes représentaient les Britanniques dans leur écarlate ; les plus sombres, les Français dans leurs uniformes bleu sale ; des spécimens bien choisis de *Purpura lapillus* , juste recouverts sur le dos d'une tache de peinture bleue ou rouge, provenant de ma boîte, faisaient de grands dragons ; tandis que quelques dizaines de coquilles pyramidales élancées de *Turritella communis* formaient des parcs complets d'artillerie. Avec des stocks illimités de *matériel* de guerre à ma disposition, j'ai pu, plus chanceux que l'oncle Toby autrefois, mener des batailles et mener des retraites, attaquer et défendre, construire des fortifications, puis les abattre à nouveau, sans frais. du tout; et le seul inconvénient que je pus d'abord percevoir sur une telle quantité d'avantages consistait dans le fait que le rivage était extrêmement ouvert à l'observation, et que mes nouveaux divertissements, observés à une petite distance, ressemblaient beaucoup à ceux du de très jeunes enfants du pays, qui se rendaient sur les mêmes berges arénacées et sur les mêmes lits de galets, faisaient cuire des pâtés de terre dans le sable, ou rangeaient des rangées de coquillages sur de petites étagères de pierre, à l'imitation des armoires à vaisselle des maisons. Non seulement mes camarades d'école, mais aussi quelques-uns de leurs parents, parvinrent évidemment à la conclusion que les deux sortes de divertissements, le mien et ceux des petits enfants, étaient identiques ; car les aînés disaient que « de leur temps, la pauvre Francie avait été un autre garçon, et tout le monde voyait où il en était arrivé » ; tandis que les plus jeunes, plus énergiques dans leurs manifestations et plus intolérants à la folie, se sont même arrêtés dans leurs jeux de billes, ou ont cessé de faire tourner leur toupie, pour me huer à bonne distance. Mais la campagne a continué ; et je me consolai en réfléchissant que ni les grands ni les petits ne pouvaient faire passer un bataillon de troupes sur un pont de bateaux face à un ennemi, ni qu'ils savaient qu'une fortification régulière ne pouvait être construite que sur un polygone régulier.

Cependant, je finis par découvrir que, comme le bord de la mer est toujours un plan en pente, et la plage de Cromarty, en particulier, un plan à pente assez raide, il n'offrait aucun emplacement approprié pour une forteresse propre à supporter un siège prolongé, vu que, si je pouvais fortifier la place, elle pourrait être facilement commandée par des batteries élevées sur le côté le plus élevé. Et ainsi, me fixant sur une butte herbeuse au milieu des bois, à proximité immédiate d'une cicatrice d'argile à blocs, coiffée d'une épaisse couche de sable, comme un bien meilleur théâtre d'opérations, je pris possession de la butte de façon quelque peu irrégulière ; et en y transportant de grandes quantités de sable du scaur, il en fit le site d'une magnifique forteresse. J'ai d'abord érigé un ancien château, composé de quatre tours bâties sur une base rectangulaire et reliées par des courtines droites embrasées au sommet. J'entourai alors le château d'ouvrages extérieurs de style moderne, constitués de courtines beaucoup plus basses que les anciennes, flanquées de nombreux bastions, et hérissées de canons d'un énorme calibre, faits de tiges articulées de pruche ; tandis que, devant eux, je disposais des ravelins, des cornets et des tenailles. J'étais extrêmement enchanté de mon travail : il ne serait pas, j'en étais sûr, une tâche facile de réduire une telle forteresse ; mais observant dans le voisinage immédiat une éminence qui pourrait, me semblait-il, être occupée par une batterie assez gênante, je réfléchissais au meilleur moyen d'en prendre possession par une redoute, lorsque surgit, de derrière un arbre, le facteur du propriété sur laquelle j'étais entré sans autorisation, et m'a évalué à bon escient pour avoir gâté l'herbe d'une manière si malveillante et gratuite. Les cornes et les demi-lunes, les tours et les bastions ne purent repousser une attaque si peu anticipée. Je pensais que le facteur, qui était non seulement un homme intelligent, mais qui avait également beaucoup servi en son temps sur les liaisons de la ville, en tant que titulaire d'une commission parmi les volontaires de Cromarty, aurait pu percevoir que je travaillais sur des principes scientifiques. , et me juge donc digne d'une certaine tolérance à ce sujet ; mais je suppose que non ; mais, bien sûr, sa réprimande s'est éteinte à la fin, assez bon enfant, et je l'ai vu rire en se détournant. Mais il en fut ainsi que, dans l'extrême mortification, j'abandonnai pour le moment le commandement et la construction de bastions ; mais, hélas ! mon prochain amusement a dû paraître aux yeux de mes jeunes camarades un aspect aussi suspect que l'un ou l'autre.

Mon ami de la grotte m'avait prêté ce que je n'avais jamais vu auparavant : une belle édition in-quarto des Voyages d'Anson, contenant les gravures originales (l'exemplaire de mon père ne contenait que les cartes) ; entre autres, la délimitation élaborée par M. Brett du plus étrange des navires, un proa des îles Ladrone. J'ai été très frappé par la singularité de la construction d'une barque qui, si sa tête et sa poupe étaient exactement pareilles, avait des flancs totalement différents les uns des autres, et qui, le vent au travers, dépassait, disait-on, tout le monde. d'autres navires dans le monde ; et ayant le commandement du petit magasin dans lequel mon oncle Sandy fabriquait occasionnellement des charrettes et des brouettes lorsqu'il était au chômage à l'étranger, je me mis à construire un proa miniature, sur le modèle donné dans l'estampe, et réussis à fabriquer un proa vraiment extraordinaire. Tandis que son côté sous le vent était perpendiculaire comme un mur, celui au vent, auquel était attaché un balancier, ressemblait à celui d'un bateau à fond plat ; la tête et la poupe étaient exactement semblables, de manière à pouvoir chacune jouer tour à tour le rôle de l'un ou l'autre ; une vergue mobile, qui soutenait la voile, devait être déplacée vers l'extrémité transformée pour le moment en poupe, à chaque virement de bord ; tandis que la voile elle-même, chose des plus grossières, formait un triangle scalène. Tel était le navire, long d'environ dix-huit pouces, avec lequel j'ai fait sursauter les navigateurs simulés d'un étang à chevaux du voisinage, tous des critiques très magistraux dans toutes sortes de barques et de barges connues sur la côte écossaise. Selon Campbell,

    "'C'était une chose au-delà

Description misérable : un tel wherry,

Peut-être que je ne me suis jamais aventuré sur un étang,

    Ou traversé un ferry.

Et mes camarades ont bien apprécié son extrême ridicule. Il était certainement imprudent de « s'aventurer » sur cet « étang » particulier ; car, au grand dommage du gréement, il fut assez éjecté, et je fus envoyé pour tester ailleurs ses qualités de navigation, qui n'étaient, comme je l'ai constaté, pas très remarquables après tout. Et ainsi, d'une manière si indigne, mes essais sur la stratégie et la construction de barques furent reçus par une époque censurée, qui jugeait avant de savoir. Si j'étais sentimental, ce qui n'est lucidement pas le cas, pourrais-je m'écrier, dans la veine même de Rousseau : Hélas ! ce fut toujours le malheur de ma vie que, sauf par quelques amis, je n'ai jamais été compris !

J'étais évidemment en train de surpasser Francie ; et les parents de mon jeune ami, qui voyaient que j'avais acquis une influence considérable sur lui, et craignaient que je ne fasse de *lui une autre Francie* , étaient devenus assez naturellement désireux de rompre notre intimité, lorsqu'il se produisit un malheureux accident, qui servi matériellement à les aider dans la conception. Le père de mon ami était le maître d'un grand navire de commerce qui, en temps de guerre, transportait quelques pièces de douze livres et était muni d'un petit magasin de poudre et de plomb ; et mon ami s'étant procuré dans le stock général, grâce à la connivence du garçon de navire, une cartouche de canon entière, contenant environ deux ou trois livres de poudre à canon, j'ai bien sûr été mis au courant du secret et invité à partager dans le sport et le butin Nous avons passé une journée glorieuse ensemble dans le jardin de sa mère : jamais auparavant des volcans aussi magnifiques n'avaient surgi des taupinières, ni des parcelles de pâquerettes et de violettes n'avaient été aussi impitoyablement brûlées et déchirées par l'explosion de mines profondément enfouies. ; et bien que quelques incidents soient arrivés aux doigts trop avancés et aux sourcils qui gênaient, nos amusements se passèrent dans l'ensemble inoffensivement, et le soir vit presque la moitié de notre précieuse réserve inépuisée. Mon ami l'avait ramassé dans un coin insoupçonné du grenier où il dormait, et il aurait été en sécurité s'il n'avait pas été saisi, en se couchant, d'un désir ardent d'examiner son trésor à la lueur d'une bougie ; quand une malheureuse étincelle de la flamme fit exploser le tout. Il fut si gravement brûlé au visage et aux yeux qu'il resta aveugle pendant plusieurs jours ; mais, au milieu de la fumée et de la confusion, il ferma vaillamment la porte de sa mansarde et, tandis que les habitants de la maison, effrayés par le choc et le bruit, montaient les escaliers en courant, il refusa vigoureusement de laisser entrer aucun d'entre eux. sortait de toutes les fissures et de tous les recoins, et sa mère et ses sœurs étaient prodigieusement alarmées. Finalement, cependant, il capitula – termes inconnus ; et moi, le lendemain matin, j'appris avec horreur et consternation l'accident. Il avait été convenu entre nous la veille, principalement afin de dépister le brave garçon d'un mousse, que je serais considéré comme le propriétaire de la poudre ; mais c'était là une conséquence sur laquelle je n'avais pas calculé ; et le vif désir de voir mon pauvre ami était anéanti par la crainte d'être tenu pour responsable par ses parents et ses sœurs de l'accident. Et ainsi, plus d'une semaine s'est écoulée avant que je puisse rassembler assez de courage pour lui rendre visite. Je fus reçu froidement par sa mère, et, ce qui me contrariait au cœur, froidement reçu par lui ; et soupçonnant qu'il avait fait un usage peu généreux de notre dernier traité, je pris congé en colère et m'éloignai. Cependant mes soupçons lui faisaient tort : il avait catégoriquement nié, comme je l'appris plus tard, que j'eusse part à la poudre ; mais ses amis, jugeant l'occasion bonne pour rompre avec moi, l'avaient contraint, à contrecœur et après beaucoup de résistance, à m'abandonner. Et depuis cette période plus de deux ans se sont écoulés, bien que nos cœurs battent vite et fort chaque fois que nous nous rencontrons par hasard, avant que nous échangions un seul mot. Cependant, à une occasion, peu après l'accident, nous avons échangé des lettres. Je lui ai écrit depuis l'école, alors que, bien entendu, j'aurais dû m'occuper de mes tâches, une épître majestueuse, dans le style des billets du "Quichotte féminin", qui commençait, je m'en souviens, comme suit : :—"Je pensais autrefois avoir un ami sur qui je pouvais compter; mais l'expérience me dit qu'il n'était que nominal. Car, s'il avait été un véritable ami, aucun accident n'aurait pu interférer avec son affection, ni aucun ordre arbitraire n'aurait pu l'anéantir," etc., etc. Comme j'étais alors un scribe assez indifférent, un des garçons, connu sous le nom de « cuivreux » de la classe, me fit une copie au net de ma lucubration, pleine de toutes sortes de traits élégants, et dans laquelle l'orthographe de chaque mot a été scrupuleusement testé par le dictionnaire. Et, en temps voulu, je reçus en réponse une note soigneusement rédigée, dont la partie manuelle avait été exécutée par mon ancien compagnon, mais la composition, comme il me l'a dit plus tard, élaborée par quelqu'un d'autre. Il m'a assuré qu'il était toujours mon ami, mais qu'il y avait « certaines circonstances » qui nous empêcheraient de nous rencontrer à l'avenir selon nos anciennes conditions. Nous étions néanmoins destinés à nous rencontrer assez souvent à l'avenir ; et il manqua de peu d'aller au fond ensemble bien des années après, dans le Manse flottant, devenu infirme dans ses parties inférieures à l'époque, alors qu'il était ministre des Petites Îles et moi rédacteur en chef du journal *Witness* .

J'avais une tante maternelle installée depuis longtemps dans les Highlands de Sutherland, qui était tellement plus âgée que sa sœur, ma mère, que, lorsqu'elle allaitait son fils aîné, elle avait également, lors d'une visite dans les basses terres, aidé à le soigner. . Le garçon était devenu un garçon très intelligent qui, parti chercher fortune dans le sud, s'est élevé, après plusieurs stages dans une entreprise commerciale, jusqu'à devenir chef d'une maison de commerce qui, bien que finalement infructueux, il a semblé pendant quatre ou cinq ans être en bonne voie de prospérer. Pour trois d'entre eux environ, la part des bénéfices qui revenait à la part de mon cousin n'était pas inférieure à quinze cents livres sterling par an ; et en rendant visite à ses parents dans leur maison des Highlands à l'apogée de sa prospérité, après des années d'absence, on découvrit qu'il avait dans son district natal un grand nombre d'amis sur lesquels il n'avait pas compté et d'une classe qui n'avait pas encore compté. avait l'habitude de visiter la chaumière de sa mère, mais qui venait maintenant déjeuner, dîner et emporter son vin avec lui, et qui semblait l'apprécier et l'admirer beaucoup. Ma tante, peu habituée à recevoir de la haute compagnie et se trouvant, comme Marthe autrefois, « encombrée de beaucoup de service », supplia instamment ma mère, alors jeune et active, de lui rendre visite et de l'aider ; et, à ma grande joie, j'ai été inclus dans l'invitation. L'endroit n'était pas à plus de trente milles de Cromarty ; mais c'était alors dans les *véritables* Highlands, que je n'avais jamais vues auparavant, sauf à l'horizon lointain ; et, pour un garçon qui devait parcourir tout le chemin à pied, même trente milles, à une époque où les chemins de fer n'existaient pas, et avant même que les wagons de courrier aient pénétré aussi loin, cela représentait un voyage d'une distance non négligeable. Ma mère, quoique d'apparence plutôt délicate, marchait remarquablement bien ; et de bonne heure le soir du deuxième jour, nous atteignîmes ensemble la chaumière de ma tante, dans l'ancienne baronnie des Gruids. C'était un édifice de gazon, bas, long et sombre, long de quatre ou cinq pièces, mais haut d'une seule, qui, allongé le long d'une pente douce, ressemblait un peu de loin à un énorme escargot noir rampant sur la colline. Comme l'appartement inférieur était occupé par la demi-douzaine de vaches laitières de mon oncle, la déclinaison du sol, conséquence de la nature du site, se révéla d'une importance remarquable, à cause du libre drainage qu'elle assurait ; le deuxième appartement, en hauteur, qui était d'une dimension considérable, formait le salon de la famille, et avait, dans le vieux style des Highlands, son feu plein au milieu du plancher, sans dos ni côtés ; de sorte que, comme un feu de joie allumé en plein air, tous les détenus pouvaient s'asseoir autour de lui en un large cercle, les femmes invariablement rangées d'un côté et les hommes de l'autre ; l'appartement au-delà était divisé en petites chambres à coucher très sombres ; tandis que, plus loin encore, il y avait un cabinet avec une petite fenêtre, qui était réservé à ma mère et à moi ; et au-delà de tout se trouvait ce qui était catégoriquement « la chambre », car elle était construite en pierre et avait à la fois une fenêtre et une cheminée, avec des chaises, une table et une commode, un grand lit box et un petit mais bien rempli. bibliothèque. Et « la chambre » était, bien entendu, pour l'époque, l'appartement de mon cousin le marchand, son dortoir la nuit et le réfectoire hospitalier où il recevait ses amis le jour.

La famille de ma tante était une famille de grande valeur. Son mari – un Highlander âgé, de constitution compacte, aux membres robustes, de taille plutôt inférieure à la moyenne, d'aspect grave et quelque peu mélancolique, mais en réalité d'un tempérament plutôt joyeux qu'autrement – avait été quelque peu sauvage dans sa jeunesse. Il avait été un bon tireur et un habile pêcheur à la ligne, et il avait dansé lors de mariages et, comme c'était courant dans les Highlands à l'époque, lors de lykewakes ; bien plus, une fois, il avait réussi à inciter une nouvelle veuve à prendre la parole dans un strathspey, à côté du cadavre de son mari, alors que personne d'autre n'avait réussi à l'élever, en faisant remarquer malicieusement, devant elle, que quiconque d'autre pourrait avoir refusé de danser à la veillée funèbre du pauvre Donald, il ne pensait pas que ce serait elle. Mais un grand changement s'était produit en lui ; et il était maintenant un homme sérieux, réfléchi, craignant Dieu, très respecté dans la baronnie pour sa valeur honnête et sa cohérence de caractère discrète et discrète. Sa femme avait été amenée très jeune sous l'influence de l'anneau de Donald Roy et avait, comme sa mère, été le moyen d'introduire les vitalités de la religion dans sa maison. Ils eurent deux autres fils, outre le marchand, tous deux des hommes bien bâtis, robustes, un peu plus grands que leur père, et d'un tel caractère, qu'un de mes cousins de Cromarty, en se frayant un chemin, à force d'enquêtes fréquentes et assidues, vers leur demeure, trouva le verdict général du district consigné dans le très mauvais anglais d'une pauvre vieille femme, qui, après avoir fait de son mieux pour le diriger, certifiait sa connaissance de la maison en disant : « C'est une bonne maîtresse ; bon maister ; c'est un bon, bon deux gars. L'aîné des deux frères dirigeait et exploitait en partie la petite ferme de son père ; car le père lui-même trouvait assez d'emploi en agissant comme une sorte d'humble facteur pour le propriétaire de la baronnie, qui vivait loin et n'avait pas d'habitation sur la terre. Le plus jeune était maçon et couvreur, et était habituellement employé, pendant les saisons de travail, à distance ; mais l'hiver, et, à cette occasion, pendant quelques semaines lors de la visite de son frère le marchand, il résidait avec son père. Tous deux étaient des hommes d'une personnalité marquée. L'aîné, Hugh, était un mécanicien ingénieux et autodidacte, qui, pendant les longues soirées d'hiver, confectionnait au coin du feu une foule de petits objets curieux, entre autres des tabacs à priser des Highlands, dont il fournissait tous ses amis ; et il était à cette époque occupé à construire pour son père une grange des Highlands et, pour varier les travaux, à lui fabriquer une charrue des Highlands. Le plus jeune, George, qui avait travaillé pendant quelques années dans le sud de l'Écosse, était un grand lecteur, écrivait une prose très acceptable et des vers qui, sinon de la poésie, à laquelle il ne prétendait pas, du moins étaient étrangement pittoresques. - devenu rime. Il avait, en outre, une connaissance approfondie de la géométrie et était habile en dessin architectural ; et, chose étrange pour un Celte, il était un adepte de la noble science de l'autodéfense. Mais George n'a jamais recherché les querelles ; et telle était sa quantité d'os et de muscles, et une telle expression de résolution virile imprimée sur son visage, qu'ils ne se présentaient jamais sans qu'ils soient recherchés.

À la fin de la journée, alors que les membres de la maison s'étaient rassemblés en un large cercle autour du feu, mon oncle « prit le livre » et j'assistai, pour la première fois, à un culte familial en gaélique. Il y avait, j'ai trouvé, une particularité intéressante dans une partie des services qu'il dirigeait. Il était, comme je l'ai dit, un homme âgé et avait adoré dans sa famille avant que la traduction gaélique des Écritures par le Dr Stewart n'ait été introduite dans le comté ; et comme il ne possédait à cette époque que la Bible anglaise, alors que ses domestiques ne comprenaient que le gaélique, il dut acquérir l'art, assez courant à Sutherland à l'époque, de traduire pour eux le chapitre anglais, pendant qu'il lisait, dans leur langue maternelle. ; et il avait appris à le faire avec une telle aisance que personne n'aurait pu deviner qu'il s'agissait d'un ouvrage gaélique qu'il lisait. L'introduction de la traduction du Dr Stewart n'a pas non plus rendu cette pratique obsolète dans sa maison. Son gaélique était le gaélique *du Sutherlandshire* , tandis que celui du Dr Stewart était le gaélique de l'Argyleshire. Sa famille comprit donc mieux son rendu que celui du docteur ; et ainsi il continua à traduire sa Bible anglaise *ad aperturam libri* , plusieurs années après que l'édition gaélique se soit répandue dans tout le pays. La prière finale du soir fut d'une grande solennité et d'une grande onction. Je ne connaissais pas la langue dans laquelle il était rédigé ; mais il était néanmoins impossible de ne pas être frappé par son sérieux et sa ferveur de lutte. L'homme qui l'a répandu croyait évidemment qu'il y avait une oreille invisible ouverte à cet endroit et une présence qui voit tout dans le lieu, devant laquelle chaque pensée secrète était exposée. La scène entière était profondément impressionnante ; et quand j'ai vu, en assistant à la célébration de la grand-messe dans une cathédrale papiste plusieurs années après, l'autel s'est soudainement enveloppé dans une obscurité sombre et pittoresque, au milieu de laquelle montait la fumée ondulante de l'encens, et j'ai entendu la prière musicalement modulée résonner dans À la distance qui m'éloignait de l'écran, mes pensées se tournèrent vers le cottage rustique des Highlands, où, au milieu de solennités non théâtrales, la lumière rouge et ombragée du feu tombait avec une lueur incertaine sur les murs sombres, les chevrons noirs et nus, les formes agenouillées et un visage pâle. une étendue de fumée dense qui, remplissant la partie supérieure du toit, surplombait le sol comme un plafond, et là s'élevaient au milieu de l'obscurité les sons de la prière véritablement dirigée par Dieu et déversée des profondeurs du cœur ; et je sentais que le curé volé de la cathédrale n'était qu'un artiste, bien qu'habile, mais que dans le « curé et père » de la chaumière il y avait la vérité et la réalité dont l'artiste puisait. Aucun verrou n'a été tiré sur la porte extérieure lorsque nous nous sommes retirés pour la nuit. Le philosophe Biot, lorsqu'il était employé à ses expériences sur le deuxième pendule, résida plusieurs mois dans l'une des plus petites îles Shetland ; et, tout frais sorti des troubles de la France, — son imagination portant avec elle, si je puis dire, les taches de la guillotine — l'état de sécurité confiante dans lequel il trouvait les simples habitants l'étonnait. « Ici, depuis vingt-cinq ans que l'Europe se dévore, s'écrie-t-il, la porte de la maison que j'habite est restée ouverte jour et nuit. L'intérieur de Sutherland était, au moment de ma visite, dans un état semblable. La porte de la chaumière de mon oncle, sans serrure ni barreau, s'ouvrait, comme celle de l'ermite de la ballade, avec un loquet ; mais, contrairement à celui de l'ermite, ce n'était pas parce qu'il n'y avait pas de magasins à l'intérieur pour exiger les soins du maître, mais parce qu'à cette époque relativement récente, le crime de vol était inconnu dans le district.

Je me levai tôt le lendemain matin, alors que la rosée était encore lourde d'herbes et de lichens, curieux d'explorer une localité si nouvelle pour moi. Cette étendue, bien que primaire, forme l'un des districts de gneiss les plus dociles d'Écosse ; et je trouvai les collines les plus proches relativement basses et confluentes, et la large vallée dans laquelle se trouvait la maison de mon oncle, plate, ouverte et peu prometteuse. Il y avait néanmoins quelques points qui m'intéressaient ; et plus je m'attachais à eux, plus leur intérêt grandissait. Les pentes occidentales de la vallée sont tachetées de tomhans herbeux, moraines de quelque ancien glacier, autour et sur lesquelles s'élevait, à cette époque, un bois bas et largement étendu de bouleaux, de noisetiers et de sorbiers, de noisetiers, avec ses des noix qui se remplissent rapidement à l'époque, et du sorbier, avec ses baies brillantes d'orange et d'écarlate. En regardant vers le bas du creux, on pouvait voir un groupe de tomhans verts relevés contre les collines bleues de Ross ; en regardant vers le haut, une colline solitaire couverte de bouleaux, d'origine similaire, mais de proportions plus grandes, se détachait fortement sur les eaux calmes du Loch Shin et les pics violets du lointain Ben-Hope. Au fond de la vallée, tout près de la chaumière de mon oncle, j'ai remarqué plusieurs renflements bas du rocher en dessous, s'élevant au-dessus du niveau général ; et, le long de ceux-ci, il y avait des groupes de ce qui semblait être d'énormes rochers, sauf qu'ils étaient moins arrondis et moins usés par l'eau que les rochers ordinaires, et étaient, ce que les groupes de rochers sont rarement, tous d'une même qualité. Et après examen, je m'aperçus que certains d'entre eux, qui se dressaient comme des obélisques brisés, hauts et relativement étroits de base, et tous blancs de mousse et de lichen, étaient en réalité encore liés à la masse rocheuse en dessous. C'étaient les parties supérieures désolées de vastes dykes et veines d'une syénite grise à gros grain, qui traversent le gneiss fondamental de la vallée, et que j'ai trouvé veiné, à son tour, par des fils et des veines d'un quartz blanc, riche en drusy. cavités, épaissement tapissées le long de leurs côtés de cristaux de brindilles. Jamais je n'avais vu d'aussi beaux cristaux sur les rives de Cromarty, ni ailleurs. Ils étaient clairs et transparents comme l'eau de source la plus pure, dotés chacun de six côtés et aiguisés en six facettes. En empruntant un des marteaux de mon cousin Georges, je remplis bientôt une petite boîte de ces pierres précieuses, que même ma mère et ma tante se contentaient d'admirer, comme autrefois, disaient-elles, on les appelait diamants Bristol, et serties dans des broches et des manches en argent. boutons. De plus, à moins de cent mètres de la chaumière, je trouvai un petit ruisseau animé, brun, mais clair comme un cairngorm de l'eau la plus pure, et regorgeant, comme je m'en aperçus bientôt, de truites, vives et peu semblables à lui, et gaiement. tacheté d'écarlate. Il serpentait à travers une prairie plate et humide, jamais perturbée par la charrue ; car c'était autrefois un cimetière, et des pierres plates et nues gisaient épaisses au milieu de l'herbe épaisse. Et dans le coin inférieur, là où le vieux mur de gazon s'était effondré en un monticule discret, se dressait un arbre puissant, tout solitaire, car ses semblables avaient disparu depuis longtemps, et au cœur si creux dans sa vieillesse corrompue, que bien qu'il jetait toujours à chaque saison une immense étendue de feuillage, je pouvais me glisser dans une petite chambre dans son tronc, d'où je pouvais regarder à travers des ouvertures circulaires où se trouvaient autrefois des branches, et écouter, quand une averse soudaine tombait sur le sol. Glen, au crépitement des gouttes de pluie au milieu des feuilles. La vallée des Gruids n'était peut-être pas l'une des plus belles ni des plus belles des vallées des Highlands, mais c'était après tout un endroit très admirable ; et au milieu de ses bois, et de ses rochers, et de ses tomhans, et au bord de son petit ruisseau à truites, les semaines s'écoulaient délicieusement.

Mon cousin William, le marchand, avait, comme je l'ai dit, de nombreux invités ; mais ils étaient tous trop grands pour me prêter attention. Il y avait cependant un homme charmant, dont on disait qu'il en savait beaucoup sur les roches et les pierres, qui, ayant entendu parler de mes beaux et gros cristaux, désirait les voir ainsi que le garçon qui les avait trouvés ; et j'ai été admis à l'entendre parler des granites, des marbres, des veines métalliques et des pierres précieuses qui se cachent parmi les montagnes, dans les coins et recoins. Je crains de ne pas le considérer maintenant comme un minéralogiste très accompli : je me souviens suffisamment de sa conversation pour conclure qu'il en savait peu, et ce peu de choses pas très correctement : mais devant Werner ou Hutton je n'aurais pas pu m'incliner avec une plus profonde révérence. . Il parlait des marbres d'Assynt, des pétrifications de Helmsdale et de Brora, de coquillages et de plantes enchâssés dans des roches solides, et d'arbres forestiers transformés en pierre ; et mes oreilles buvaient avidement de connaissance, comme celles de l'ancienne reine de Saba lorsqu'elle écoutait Salomon. Mais trop vite, la conversation a changé. Mon cousin était puissant en étymologie gaélique, tout comme le minéralogiste ; et tandis que mon cousin soutenait que le nom de la baronnie de Gruids dérivait du grand arbre creux, le minéralogiste était tout aussi certain qu'il dérivait de sa syénite, ou, comme il l'appelait, de son *granit*, qui ressemblait, remarqua-t-il. , de par la blancheur de son feldspath, un morceau de caillé. *Gruids*, dit l'un, signifie le lieu du grand arbre ; *Gruids*, dit l'autre, signifie le lieu de la pierre caillée. Je ne me souviens pas comment ils ont réglé la controverse ; mais cela se termina, par une transition facile, par une discussion concernant l'authenticité d'Ossian, sujet sur lequel ils étaient tous deux parfaitement d'accord. Il ne pouvait exister aucun doute sur le fait que les poèmes donnés au monde par Macpherson avaient été chantés dans les Highlands par Ossian, le fils de Fingal, plus de mille quatre cents ans auparavant. Mon cousin était un membre dévoué de la Highland Society ; et la Highland Society, à cette époque, était très occupée à déterminer la bonne coupe du philabeg et à déterminer la chronologie et la véritable séquence des événements de l'époque ossianique.

Le bonheur parfait et entier ne peut, dit-on, être apprécié dans cet état sublunaire ; et même dans les Gruids, où il y avait tant de choses à voir, à entendre et à découvrir, et où j'étais séparé de plus de trente milles de mon latin - car je n'en avais rien emporté de chez moi - ce même Ossianic la controverse s'élevait comme un brouillard des Highlands à mon horizon, pour refroidir et assombrir mes heures de plaisir. Mon cousin possédait tout ce qui avait été écrit sur le sujet, y compris une quantité considérable de manuscrits de sa propre composition ; et comme oncle James lui avait inspiré la conviction que je pouvais maîtriser tout ce que je souhaitais sérieusement, il avait décidé que ce ne serait pas sa faute si je ne devenais pas puissant dans la controverse concernant l'authenticité d'Ossian. . C'était horrible. J'ai assez bien aimé la thèse de Blair, et je n'ai pas non plus beaucoup contesté celle de Kames ; et quant à la critique de Sir Walter dans l' *Edinburgh*, du côté opposé, je la trouvai non seulement tout à fait sensée, mais, dans la mesure où elle me fournissait des arguments contre les autres, profondément intéressante en plus. Mais ensuite succéda un vaste océan de dissertations, émises par les messieurs des Highlands et leurs amis, comme le dragon de l'Apocalypse émettait le grand déluge que la terre engloutit ; et une fois bien embarqué, je ne pus voir ni rivage ni trouver de fond. Et ainsi, à la fin, même si c'était à contrecœur (car mon cousin était très gentil), je me révoltai et me mis au travail, juste au moment où il commençait à proposer qu'après avoir maîtrisé la controverse sur l'authenticité, je me mette à acquérir le gaélique, afin de pouvoir pourrait peut-être lire Ossian dans l'original. Mon cousin n'était pas très content ; mais je n'ai pas choisi d'aggraver le cas en exprimant le soupçon qui, au lieu de s'atténuer, s'est plutôt développé en moi depuis, que, comme je possédais une copie anglaise des poèmes, j'avais déjà lu le véritable Ossian dans l'original. Cependant, avec mon cousin Georges, qui, bien que fort en authenticité, aimait plutôt mieux les plaisanteries qu'Ossian, j'étais plus libre ; et j'ai osé désigner la belle copie gaélique des poèmes de son frère, avec une superbe tête de l'ancien barde apposée, comme « Les Poèmes d'Ossian en gaélique, traduits de l'anglais original par leur auteur ». George avait l'air sombre et m'a traité d'infidèle, puis il a ri et a dit qu'il le dirait à son frère. Mais il ne l'a pas fait ; et comme j'aimais vraiment les poèmes, en particulier « *Temora* » et quelques-uns des plus petits morceaux, et que je pouvais les lire avec plus de plaisir réel que la plupart des Highlanders qui y croyaient, je ne perdis pas tout crédit auprès de mon cousin le marchand. . Il promit même de me présenter une édition finement reliée des « Extraits élégants », en trois volumineux volumes in-8°, chaque fois que j'aurais obtenu mon premier prix au Collège ; mais malheureusement, je n'ai pas réussi à me qualifier pour le cadeau ; et mon exemplaire des "Extraits" que j'ai dû acheter pour moi-même dix ans plus tard, dans un étal de livres, alors que je travaillais dans les environs d'Edimbourg comme compagnon maçon.

Ce n'est pas tous les jours qu'on rencontre un montagnard aussi authentique que mon cousin le marchand ; et bien qu'il n'ait pas réussi à m'inspirer toute sa foi et son zèle ossianiques, il y avait certaines des vieilles petites pratiques celtiques qu'il a ressuscitées *pro tempore* dans la maison de son père, et que j'ai appris à aimer beaucoup. Il a restauré les véritables petits-déjeuners des Highlands ; et, après des heures passées à explorer dehors, je découvris que je pouvais admirer aussi profondément la table gémissante, avec ses fromages, ses truites et ses viandes froides, que même l'immortel Lexicographe lui-même. Certains des plats qu'il a ravivés étaient également pour le moins curieux. Il y avait une provision de *farine* préparée, *c'est-à-dire* de grains séchés dans une marmite sur le feu, puis grossièrement moulus dans un moulin à main, qui permettait de faire des gâteaux qui, lorsqu'ils avaient faim de leur sauce, pouvaient être mangés ; et à plus d'une occasion j'ai partagé une sorte de boudin pas désagréable, enrichi de beurre et bien assaisonné de poivre et de sel, dont l'ingrédient principal provenait, grâce à un usage judicieux de la lancette, du bétail *de rendement* . de la ferme. La pratique était ancienne et en aucun cas antiphilosophique. En été et au début de l'automne, l'herbe est abondante dans les Highlands ; mais, autrefois du moins, il y avait très peu de grains dedans avant le début d'octobre ; et comme le bétail pouvait, en conséquence, se procurer une quantité suffisante de sang provenant de l'herbe, alors que leurs maîtres, qui ne pouvaient pas manger d'herbe et n'avaient pas grand-chose d'autre à manger, ne pouvaient en acquérir que très peu, il était opportun J'ai découvert qu'en partageant ainsi le fluide essentiel accumulé comme un stock commun, la situation du bétail et de ses propriétaires pouvait être dans une certaine mesure égalisée. A ces plats typiquement montagnards s'en mêlaient d'autres non moins authentiques, de temps en temps un saumon de rivière et un cuissard de chevreuil du flanc de la colline, que je savourais encore mieux ; et si tous les

Highlanders vivent aussi bien aujourd'hui que moi pendant mon séjour chez ma tante et mes cousins, ils seraient plutôt déraisonnables s'ils se plaignaient grandement.

Certaines des autres restaurations des Highlands effectuées par mon cousin m'ont beaucoup plu. Il rassemblait occasionnellement la nuit autour du feu central Ha' un cercle d'hommes âgés du quartier, pour répéter de vieux récits sur les vieilles querelles de clans du district et de folles légendes fingaliennes ; et bien que, bien entendu, ignorant la langue dans laquelle les histoires étaient racontées, en m'asseyant à côté de mon cousin George et en lui faisant traduire à voix basse, à mesure que les récits avançaient, je parvins à emporter avec moi au moins autant d'histoires et de légendes de clan que j'en ai toujours trouvé utiles. Les histoires de clan étaient à l'époque plutôt obscures et incertaines à Sutherland. Le comté, grâce à l'influence de ses bons comtes et de ses pieux seigneurs Reay, avait été très tôt converti au protestantisme ; et ses habitants avaient en conséquence cessé de prendre des libertés avec la gorge et le bétail de leurs voisins, environ cent ans plus tôt que dans toute autre partie des Highlands écossais. Et quant aux légendes fingaliennes, c'étaient, à mon avis, des légendes vraiment très sauvages. Certains d'entre eux immortalisaient de merveilleux chasseurs, qui avaient excité l'amour de la dame de Fingal, et que son mari colérique et jaloux avait envoyé chasser des sangliers monstrueux avec des poils venimeux sur le dos, sûrs de cette façon de s'en débarrasser. Et certains d'entre eux embaumèrent les méfaits de Fions minuscules et sans esprit, ne dépassant pas beaucoup quinze pieds de hauteur, qui, contrairement à leurs compagnons plus actifs, ne pouvaient pas sauter à travers les Firths de Cromarty ou de Dornoch avec leurs lances, et qui, comme c'était naturel, étaient très méprisé par les femmes de la tribu. Les pièces de beaux sentiments et de brillantes descriptions découvertes par Macpherson semblaient n'avoir jamais trouvé leur chemin dans ce district du nord. Mais, racontées dans un gaélique courant, dans le grand « Ha' », les légendes sauvages servaient également à tous les objectifs nécessaires. Le « Ha' » des nuits d'automne, à mesure que les jours raccourcissaient et que les gelées s'installaient, était un endroit agréable ; et mon cousin était si attaché à son principe distinctif – le feu au milieu – tel qu'il se transmettait des « jours d'autres années », que dans le plan d'une nouvelle maison à deux étages pour son père, qu'il avait achetée auprès d'un Architecte londonien, l'une des pièces inférieures a en fait été conçue sous forme circulaire ; et un foyer en forme de meule, placé au centre, représentait le lieu du feu. Mais il n'y avait, comme je l'ai fait remarquer au cousin George, aucun trou central correspondant dans la pièce du dessus, par lequel laisser s'échapper la fumée ; et je me demandais si un appartement joliment plâtré, rond comme une boîte à musique, avec le feu au milieu, comme le soleil au centre d'un planétaire, aurait ressemblé à tout ce qu'on avait jamais vu dans les Highlands auparavant. Le plan, cependant, n'était pas destiné à susciter des critiques ni à causer des difficultés dans son exécution.

Le jour du sabbat, mon cousin et ses deux frères allaient à l'église paroissiale, vêtus du grand costume des Highlands ; et c'étaient trois hommes beaux et bien formés ; mais ma tante, même si elle n'était peut-être pas tout à fait dépourvue de la fierté de sa mère, n'appréciait pas beaucoup cette exposition ; et plus d'une fois je l'entendis le dire à sa sœur, ma mère ; mais elle, frappée par l'allure galante de ses neveux, semblait plutôt encline à prendre le parti opposé. Mon oncle, en revanche, n'a rien dit ni pour ni contre l'exposition. Il avait été un fervent Highlander dans sa jeunesse ; et lorsque l'interdiction de porter le tartan et le philabeg eut été pratiquement levée, en considération des réalisations des « hommes robustes et intrépides » qui, selon Chatham, ont conquis pour l'Angleterre « dans tous les coins du globe », il avait célébré le événement dans une réjouissance, au cours de laquelle la danse se poursuivait du soir au matin ; mais bien qu'il ait conservé, je suppose, ses anciennes partialités, il était maintenant un homme sobre ; et quand j'ai osé lui demander, un jour, pourquoi lui aussi n'avait pas reçu un kilt du dimanche, qu'il aurait d'ailleurs « *mis* », malgré son âge, ainsi que n'importe lequel de ses fils, il a simplement répondu avec un calme "Non, non; il n'y a pas d'idiot comme un vieil idiot."

CHAPITRE VI.

"Quand ils virent la nuit sombre,

Ils les ont fait asseoir et ont pleuré. "- BABES IN THE WOOD.

J'ai passé les vacances de deux autres automnes dans cette charmante vallée des Highlands. La seconde fois, comme la première fois, j'avais accompagné ma mère, spécialement invitée ; mais le troisième voyage était une entreprise non autorisée de ma part et d'un cousin de Cromarty, mon contemporain, à qui, comme il n'avait jamais parcouru le chemin, je devais agir en tant que protecteur et guide. J'arrivai à la chaumière de ma tante sans incident ni aventure d'aucune sorte ; mais il constata que pendant les douze mois qui venaient de s'écouler, de grands changements s'étaient produits dans les circonstances de la maison. Mon cousin George, qui s'était marié entre-temps, était parti résider dans son propre cottage ; et je m'aperçus bientôt que mon cousin William, qui résidait depuis plusieurs mois avec son père, n'avait pas autant de visiteurs qu'auparavant ; les cadeaux de saumon et de cuissards de chevreuil n'arrivaient pas non plus si souvent. Immédiatement après la déconfiture finale de Napoléon, une vaste spéculation dans laquelle il avait osé s'engager avait tourné si mal, qu'au lieu de lui faire fortune, comme cela paraissait probable d'abord, elle l'avait amené dans la *Gazette* ; et il surmontait maintenant les difficultés d'une époque de colonisation, à six cents milles du lieu du désastre, dans l'espoir d'être bientôt en mesure de recommencer le monde. Il supporta ses pertes avec une tranquille magnanimité ; et j'ai appris à le connaître et à l'aimer mieux pendant sa période d'éclipse que lors de la période précédente, lorsque des amis d'été voltigeaient autour de lui par dizaines. C'était un homme généreux et chaleureux, qui sentait, avec la force d'un instinct implanté qui n'est pas garanti à tous, qu'il est plus heureux de donner que de recevoir ; et c'était sans doute une sage disposition de la nature, et digne, à ce point de vue, de l'attention particulière des moralistes et des philosophes, que ses anciens associés, les grands messieurs, ne viennent plus souvent vers lui ; sachant que son incapacité de donner plus longtemps lui coûterait, dans ces circonstances, une grande douleur.

J'étais beaucoup avec mon cousin George dans sa nouvelle demeure. C'était l'un des plus charmants cottages des Highlands, et George y était heureux, bien au-dessus de la moyenne de l'humanité, avec sa jeune épouse. Il avait osé, contre la voix générale du pays, la construire à mi-hauteur de la pente d'un beau tomhan, qui, ondulant de bouleaux de la base au sommet, s'élevait régulièrement comme une pyramide du fond de la vallée, et commandait une large vue sur le Loch Shin d'une part, avec les landes et les montagnes qui s'étendent au-delà ; et dominait, de l'autre, avec toutes les parties les plus riches de la baronnie de Gruids, l'église et le hameau pittoresque de Lairg. À moitié cachée par les gracieux bouleaux qui poussaient tout autour, avec leurs fûts argentés et leur feuillage clair, c'était plutôt un nid qu'une maison ; et George, émancipé, par ses lectures et sa résidence pendant un certain temps dans le sud, du moins des croyances les plus sauvages de la localité, ne souffrit pas, comme on l'avait prédit, de sa témérité ; comme les « bonnes gens » qui, tout à leur honneur, avaient choisi eux-mêmes le lieu depuis longtemps, ne lui rendirent jamais visite, à sa connaissance. Il avait emporté avec lui sa part de la bibliothèque familiale ; et c'était une part importante. Il possédait aussi des instruments mathématiques, une boîte à couleurs et les outils de son métier ; en particulier de gros marteaux destinés à briser de grosses pierres ; et j'ai été généreusement libéré de tout cela : livres, instruments, boîte à couleurs et marteaux. Sa chaumière offrait également, de par sa situation, une délicieuse variété d'objets des plus intéressants. Elle avait tous les avantages du domicile de mon oncle et bien d'autres encore.

Les rives les plus proches du Loch Shin n'étaient qu'à un demi-mile de distance ; et il y avait un long promontoire bas qui s'élançait dans le lac, qui était alors couvert par un ancien bois d'arbres cuscutes et usés par le temps, et portait au milieu de ses solitudes extérieures, où les eaux tournaient autour de son sommet terminal, un de ces derniers. des tours de champ blanc, peut-être des monuments commémoratifs de la période primitive de la pierre dans notre île, à laquelle appartiennent les constructions circulaires de Glenelg et de Dornadilla. Il était formé de pierres nues, de vastes dimensions, non cimentées par du mortier ; et à travers les murs épais s'étendaient des passages sinueux - les seules parties couvertes du bâtiment, car l'espace intérieur n'avait jamais été pourvu d'un toit - dans lesquels, lorsqu'une averse soudaine tombait, le flâneur au milieu des ruines pouvait trouver un abri. C'était un endroit fascinant pour un garçon curieux. Quelques-uns des vieux arbres n'étaient plus que des squelettes blanchis, qui étendaient leurs bras foudroyés vers le ciel, et avaient une si légère emprise sur le sol, que je les ai renversés avec un fracas délicieux, en courant simplement contre eux ; la bruyère s'élevait en dessous, et c'était une source de joie effrayante de savoir qu'elle abritait des serpents longs de trois pieds ; et bien que le lac lui-même ne soit en aucun cas l'un de nos plus beaux lacs des Highlands, il offrait, du moins à mes yeux à cette époque, une perspective délicieuse dans les matins tranquilles d'octobre, lorsque le léger arachnéen naviguait dans des fils blancs et des bouleaux. et le noisetier, glorifié par la décadence, servait à broder d'or les flancs bruns des collines qui, se dressant de chaque côté dans leur longue perspective de plus de vingt milles, forment les barrières du lac ; et quand le soleil, encore aux prises avec une brume bleue diluée, tombait délicatement sur la surface lisse, ou scintillait un instant sur les robes argentées des petites truites, qui s'élançaient de quelques centimètres dans les airs, et brisaient alors l'eau en une série d'anneaux concentriques dans leur descente. La dernière fois que je suis passé devant, le vieux bois et la vieille tour avaient disparu ; et pour cette dernière, qui, quoique en ruine, aurait pu survivre pendant des siècles, je n'ai trouvé qu'une longue étendue de digue en pierre sèche et le large anneau formé par les vieilles pierres de fondation, qui s'étaient révélées trop massives pour être enlevées. . Une construction beaucoup plus complète, du même âge et du même style, connue autrefois sous le nom de Dunaliscag, qui se dressait du côté du Ross-shire du Dornoch Firth, et à l'intérieur de laquelle les murs, formant, comme elle le faisait, une sorte de scène à mi-chemin, J'avais l'habitude, lors de ces voyages dans le Sutherlandshire, de manger mon morceau de gâteau avec une double saveur ·: je l'ai trouvé, au dernier passage, représenté de la même manière. Ses murs gris et vénérables et ses passages sombres et sinueux comportant de nombreuses marches – même l'énorme linteau en forme de poire qui s'étendait au-dessus de sa petite porte et que, selon la tradition, une grande dame de Fingalian avait jadis jeté à travers le Dornoch Firth du haut de la rivière. la pointe de son fuseau - avait tout disparu, et je n'ai vu à la place qu'un mur de pierres sèches. Les hommes de la génération actuelle vivent certainement à une époque des plus éclairées, une époque dans laquelle toute trace de barbarie de nos premiers ancêtres est en train de disparaître rapidement ; et si nous étions plus zélés à immortaliser les bienfaiteurs publics qui effacent des monuments aussi sombres du passé que la tour de Dunaliscag et le promontoire du Loch Shin, ce serait, sans aucun doute, un encouragement pour d'autres à nous accélérer encore plus loin dans la marche. d'amélioration. Il ne semble pas juste que les destructeurs éclairés d'Arthur's Oven ou du bas-relief connu sous le nom de Robin de Redesdale, ou du Town-cross d'Edimbourg, jouissent de toute la célébrité qui accompagne de tels actes, tandis que les iconoclastes tout aussi méritants de Dunaliscag et la tour du Loch Shin devrait mourir sans leur renommée.

Je me souviens d'avoir passé une matinée singulièrement délicieuse avec le cousin George à côté de l'ancienne tour. Il me montra, au milieu de la bruyère, plusieurs plantes auxquelles les anciens Highlanders attachaient des vertus occultes, plantes qui désenchantaient le bétail ensorcelé, non par leur administration comme médicament aux animaux malades, mais en les mettant en contact, comme des charmes. , avec le lait blessé ; et des plantes qui servaient de philtres, soit pour procurer l'amour, soit pour exciter la haine. C'était, me montra-t-il, la racine d'une espèce d'orchidée qui servait à fabriquer les philtres. Tandis que la plupart des fibres radicalaires de la plante conservent la forme cylindrique ordinaire, deux d'entre elles se trouvent généralement développées en tubercules amylacés ; mais, appartenant apparemment à des saisons différentes, l'une des deux est d'une couleur sombre et d'une telle gravité qu'elle s'enfonce dans l'eau ; tandis que l'autre est de couleur claire et flotte. Et une poudre faite du tubercule clair constituait l'ingrédient principal, dit mon cousin, du philtre d'amour ; tandis qu'une poudre faite de couleur foncée n'excitait, selon elle, que de l'antipathie et de l'aversion. Et puis George spéculait sur l'origine d'une croyance qui ne pouvait, comme il le disait, être ni suggérée par la raison, ni testée par l'expérience. Vivant cependant au sein d'un peuple chez lequel les croyances de ce genre étaient encore vitales et influentes, il n'échappa pas complètement à leur influence ; et je l'ai vu, dans un cas, administrer à une vache malade une petite truite vivante, simplement parce que les traditions du pays lui assuraient qu'une truite avalée vivante par la créature était le seul spécifique dans le cas. Certaines de ses histoires des Highlands étaient très curieuses. Il m'a communiqué, par exemple, à côté de la tour brisée, une tradition illustrant la théorie celtique du rêve, à laquelle j'ai souvent pensé depuis. Deux jeunes hommes avaient passé le début d'une chaude journée d'été exactement dans une scène semblable à celle dans laquelle il avait raconté l'anecdote. Il y avait à côté d'eux une ancienne ruine, séparée cependant de la berge moussue sur laquelle ils étaient assis par un mince ruisseau, à travers lequel gisaient, juste au-dessus d'une cascade miniature, quelques tiges d'herbes desséchées. Accablé par la chaleur du jour, un des jeunes hommes s'endormit ; son compagnon regardait somnolent à côté de lui ; quand tout à coup l'observateur fut attiré par l'attention en voyant une petite forme indistincte, à peine plus grande qu'une abeille, sortir de la bouche de l'homme endormi et, sautant sur la mousse, descendre jusqu'au ruisseau qu'elle traversa. le long des tiges d'herbes desséchées, puis disparut dans les interstices de la ruine. Alarmé par ce qu'il voyait, le guetteur secoua précipitamment son compagnon par l'épaule et le réveilla ; cependant, malgré toute sa hâte, la petite créature semblable à un nuage, encore plus rapide dans ses mouvements, sortit de l'interstice dans lequel elle était entrée et, volant à travers le ruisseau, au lieu de ramper le long des tiges d'herbe et sur la pelouse, comme auparavant, il rentrait dans la bouche du dormeur, au moment même où il était en train de s'éveiller. "C'est quoi ton problème?" » dit le guetteur très alarmé. "Qu'as-tu?" "Rien ne me fait mal", répondit l'autre; "Mais vous m'avez privé d'un rêve des plus délicieux. J'ai rêvé que je marchais à travers un beau et riche pays, et j'arrivais enfin aux rives d'une noble rivière ; et, juste là où l'eau claire coulait en grondant dans un précipice, il y avait un pont tout d'argent que j'ai traversé ; puis, entrant dans un palais noble du côté opposé, j'ai vu de grands tas d'or et de bijoux, et j'allais me charger de trésors, quand tu m'as réveillé brusquement, et je tout perdu." Je ne sais pas ce que les adeptes de la faculté clairvoyante peuvent penser de cette histoire ; mais je crois plutôt les avoir vu occasionnellement utiliser des anecdotes qui ne reposaient pas sur des preuves beaucoup plus solides que la légende des Highlands, et qui n'illustraient pas beaucoup plus clairement la philosophie des phénomènes dont ils prétendent s'occuper.

De tous mes cousins, le cousin George était celui dont les activités ressemblaient le plus aux miennes et dont j'étais le plus heureux de partager la société. Il empruntait parfois une journée à son travail, même après son mariage ; mais alors, selon le poète, c'était

"L'amour qu'il portait à la science était en faute."

La journée empruntée était toujours consacrée à transférer sur papier une conception architecturale, ou à résoudre un problème mathématique, ou à traduire un morceau de vers gaélique en anglais, ou un morceau de prose anglaise en gaélique ; et comme c'était un homme sérieux et prudent, le jour approprié n'était jamais sérieusement manqué. L'hiver aussi était le sien, car, dans ces districts du nord, les maçons ne sont jamais employés peu après Halloween jusqu'au deuxième ou même au troisième mois du printemps, circonstance que j'ai soigneusement notée à cette époque dans sa portée. sur les amusements de mon cousin, et qui ensuite ne pesa pas peu pour moi lorsque je fus amené à choisir moi-même une profession. Et les hivers de George étaient toujours ingénieusement passés. Il maîtrisait très bien le gaélique et avait une très bonne maîtrise de l'anglais ; et ainsi une traduction des « Visions du Ciel et de l'Enfer » de Bunyan, qu'il publia plusieurs années après cette période, fut non seulement bien accueillie par les gens de sa campagne de Sutherland et de Ross, mais fut considérée par des juges compétents comme étant vraiment une traduction pas inadéquate. rendu du sens et de l'esprit du noble vieux bricoleur d'Elstow. Bien entendu, je ne pouvais pas être une autorité quant aux mérites d'une traduction dont je ne comprenais pas la langue ; mais vivant au milieu de la littérature d'une époque où presque tous les volumes, qu'il s'agisse du Virgile d'un Dryden ou des Méditations d'un Hervey, étaient annoncés par ses séries de vers complémentaires, et ayant un profond intérêt pour tout ce que le cousin George entreprenait et accomplissait, Je lui ai adressé, à l'ancienne, quelques strophes d'introduction, qu'il a bienveillant mises à la machine, pour m'offrir le luxe inexprimable de me voir imprimé pour la première fois. Ils survivent pour me rappeler que la croyance de mon cousin en Ossian exerçait une certaine influence sur ma phraséologie lorsque je m'adressais à lui, et que, avec l'imprudence naturelle à la jeunesse immature, j'eus à cette époque la témérité de me qualifier de « poète ». "

Oui, je l'ai souvent dit, aussi souvent que je l'ai vu

 Les hommes qui habitent parmi ses collines,

La terre de Morven a toujours été

 Une terre de valeur, de valeur et de chant.

Mais l'ignorance, des ténèbres terribles,

Un manteau s'est-il étendu sur cette terre ?

Et toute la lyre désaccordée et grossière

Cela sonne sous son ombre sombre.

Avec la muse d'une aile calme et infatigable,

Oh, que ce soit à toi, mon ami, pour montrer

Le swain celtique comment chantent les Saxons

De la terrible obscurité de l'enfer et de la lueur du paradis

Ainsi sera à toi la récompense de la renommée,

La couronne de laurier scintillante, verte et gaie ;

Ton poète aussi, bien que faible dans son vers,

Encadrera pour toi le laïc approbateur.

Aspirant à une profession dans laquelle son propre travail donnerait exercice aux facultés qu'il aimait le plus cultiver, mon cousin résolut de devenir candidat à une école de la société gaélique - une sorte de fonction assez médiocre alors, comme aujourd'hui ; mais qui, en investissant un peu d'argent dans le bétail, en cultivant une petite ferme et en publiant de temps en temps dans la presse une traduction en gaélique, pourrait, pensait-il, être rendu suffisamment rémunérateur pour subvenir à ses besoins très modérés et à ceux de son petit famille. Il partit donc pour Édimbourg, amplement fourni de témoignages qui signifiaient plus dans son cas que ce que signifient habituellement les témoignages, pour passer un examen devant un comité de la Société scolaire gaélique. Malheureusement pour son succès, cependant, au lieu d'apporter avec lui son costume ordinaire du jour du sabbat, marron foncé et bleu (le kilt n'avait été porté que depuis quelques semaines, pour plaire à son frère William), il s'était muni d'un costume de tartan, à la fois bon marché et respectable, et s'est présenté devant le Comité - sinon dans les costumes, du moins dans les teintes multicolores de son clan - un Highlander viril et robuste, apparemment aussi bien adapté pour jouer le rôle de couleur-sergent du quarante-deuxième, comme pour apprendre les lettres aux enfants. Un membre important de la Société, alors très réputé pour la sainteté de son caractère, mais qui par la suite, devenu trop juste, fut détaché de sa charge, et aussitôt, méprisant le sol, s'éleva en un ange irvingite, vint aussitôt au conclusion qu'aucun de ces types d'hommes, enfermés dans le tartan du clan, ne pourrait avoir en lui la racine du problème ; et il décida donc que le cousin George serait admis à l'examen. Mais alors, comme on ne pouvait prétendre avec aucune décence que mon cousin était interdit de territoire au motif qu'il avait trop de tartan, il fut convenu qu'il serait déclaré inadmissible au motif qu'il avait trop peu de gaélique. Et bien sûr, les examinateurs sont arrivés à ce résultat ; et George, finalement à son avantage, fut choisi en conséquence. Je me souviens encore de l'étonnement manifesté par un digne catéchiste du Nord, lui-même professeur de gaélique, lorsqu'on lui raconta comment s'était comporté mon cousin. " George Munro n'a pas été autorisé à passer ", dit-il, " faute de bon gaélique ! Eh bien, il a plus de vrai gaélique en lui-même que tous les professeurs de la Société dans ce coin de l'Écosse réunis. Ce sont les gens *les plus curieux* , certains de ces bons messieurs des comités d'Édimbourg, dont j'ai jamais entendu parler : ils sont comme nos avocats de campagne. Il serait cependant loin d'être juste de considérer cette transaction, qui a eu lieu, je dois le mentionner, même en 1829, comme un spécimen des actes des sociétés civiques ou des avocats de campagne. L'examinateur en chef de George à cette occasion était le ministre de la chapelle gaélique du lieu, qui faisait alors partie du comité de la Société pour l'année ; et, n'étant pas un homme remarquablement scrupuleux, il semble avoir étendu un point ou deux, conformément aux vœux pieux et au jugement occulte du secrétaire de la Société. Mais l'anecdote n'est pas sans leçon. Lorsque le dévot Walter Taits s'est mis ingénieusement à manœuvrer avec les intentions les plus pures et pour ce qu'il considère comme le meilleur des objectifs - lorsque, fondant leurs véritables motifs d'objection sur un ensemble d'apparences, ils ont trouvé leurs prétendus motifs d'objection sur un plateau différent et entièrement différent – ils sont toujours exposés au danger signalé – de se faire aider par des Duncan M'Caigs dévoués. Deux ans seulement après l'interrogatoire de mon cousin devant la Société, son révérend examinateur reçu à la barre de la Haute Cour de Justice, en qualité de voleur reconnu coupable de onze faits de vol, fut condamné à une peine de déportation de quatorze ans.

J'ai fait plusieurs excursions intéressantes avec mon cousin William. Nous nous trouvâmes un soir, en revenant d'une source minérale qu'il avait découverte parmi les collines, dans une petite vallée solitaire, qui s'ouvrait transversalement dans celle des Gruids, et qui, bien que ses flancs fussent marbrés de sillons verts marqués de sillons verts. parcelles, n'avait à l'époque aucune habitation humaine. À l'extrémité supérieure, cependant, se trouvaient les ruines d'une étroite maison à deux étages, avec l'un de ses pignons encore entier depuis la première pierre jusqu'au sommet de la cheminée brisée, mais avec l'autre pignon et la plus grande partie de la façade. mur, posé prosterné le long de la pelouse. Mon cousin, après m'avoir fait remarquer l'intégralité de la solitude et que l'œil ne pouvait distinguer depuis le site de la ruine un seul endroit où l'homme ait jamais habité, m'a dit que c'était le théâtre d'une stricte réclusion, s'élevant à presque à l'emprisonnement, environ quatre-vingts ans auparavant, d'une dame de haute naissance, sur laquelle, dans sa prime jeunesse, s'était installé un triste nuage d'infamie. Elle avait donné un enfant à l'un des serviteurs de la maison de son père, qu'elle avait assassiné avec l'aide de son amant ; et étant trop élevée pour que la loi puisse atteindre dans ces régions du nord, à une époque où la juridiction héréditaire existait encore entière, et où son père était le seul magistrat, possédant le pouvoir de vie et de mort dans le district, elle fut envoyée par son famille à épuiser la vie dans cette retraite solitaire, dans laquelle elle est restée isolée du monde pendant plus d'un demi-siècle. Et puis, longtemps après l'abolition des juridictions locales, et lorsque son père et son frère, ainsi que toute la génération qui connaissait son crime, furent décédés, elle fut autorisée à s'installer dans l'une des villes portuaires du nord. , où l'on se souvient encore d'elle à cette époque comme d'une vieille dame folle, toujours silencieuse et maussade, qu'on voyait au crépuscule se promener dans les ruelles les plus reculées et les plus fermées, comme un fantôme malheureux. L'histoire, telle que je l'ai racontée dans cette vallée solitaire, au moment où le soleil se couchait sur la colline au-delà, a puissamment impressionné mon imagination. Crabbe aurait été ravi de le raconter ; et je le raconte maintenant, tel qu'il reste profondément ancré dans ma mémoire, principalement à cause de la lumière particulière qu'il jette sur le temps des juridictions héréditaires. C'est un exemple d'un des bannissements judiciaires d'une époque qui, dans les cas ordinaires, se évitait toutes sortes d'ennuis de ce genre, en pendant ses victimes. Je puis ajouter que j'ai visité une grande partie du quartier à cette époque en compagnie de mon cousin et que j'ai glané, lors de mes visites à Shieling et à Cottage, la plupart de mes conceptions de l'état des Highlands du Nord, avant que le système de dégagement ne soit mis en place. avait dépeuplé l'intérieur du pays et précipité sa population misérable sur les côtes.

Il y a eu cependant une de mes excursions avec le cousin William, qui s'est avérée plutôt malheureuse. La rivière Shin a son audacieux saut à saumon qui, même après avoir dépensé plusieurs centaines de livres de poudre à canon pour incliner son angle de montée afin de faciliter le passage du poisson, est un bel objet pittoresque, mais qui à ce stade le temps, lorsqu'il présentait toute sa brusquerie originelle, était un objet encore plus beau. Bien que distants d'environ trois milles de la maison de mon oncle, nous pouvions entendre distinctement ses rugissements derrière sa porte, lorsque les nuits d'octobre étaient glaciales et calmes ; et comme on nous avait raconté bien des histoires étranges à ce sujet, des histoires de pêcheurs audacieux qui s'étaient frayés un chemin dangereux entre le rocher en surplomb et l'eau, et qui, frappant vers l'extérieur, avaient transpercé le saumon à travers l'écume de la cataracte en sautant, des histoires. Il y avait aussi des chasseurs habiles qui, postés dans la forêt épaisse au-delà, avaient tiré sur les animaux qui s'élevaient, comme on tire sur un oiseau en plein vol. Mon cousin de Cromarty et moi-même étions extrêmement désireux de visiter le théâtre de tels exploits et de telles merveilles. ; et le cousin William a obligeamment accepté de nous servir de guide et d'instructeur. Il regardait un peu de travers nos pieds nus ; et nous l'entendîmes faire remarquer à voix basse à sa mère que lorsque lui et ses frères étaient des garçons, elle ne *leur permettait jamais* de rendre visite à ses parents de Cromarty sans chaussures ; mais ni le cousin Walter ni moi n'avions la magnanimité de dire que *nos* mères avaient aussi soin de nous voir chausser ; mais que, trouvant plus léger et plus frais de marcher pieds nus, les bonnes femmes n'eurent pas plutôt tourné le dos que nous convinmes toutes deux de jeter nos souliers dans un coin et de partir sans elles. La promenade jusqu'au saut à saumon était tout à fait délicieuse. Nous avons traversé les bois d'Achanie, célèbres pour leurs noix ; surprit, en chemin, un troupeau de chevreuils ; et j'ai découvert que le saut lui-même dépassait de loin toute attente. Le Shin devient sauvagement sauvage dans ses cours inférieurs. Des précipices escarpés de gneiss, avec des buissons épars et solidement ancrés dans les crevasses, surplombent le ruisseau, qui bout dans de nombreux étangs sombres et écume sur de nombreux rapides escarpés ; et immédiatement en dessous, là où il se jeta tête baissée, à ce moment-là, par-dessus le saut (car il ne fait plus que se précipiter dans la neige sur une pente raide), il y avait un chaudron si terriblement sombre et si profond que, selon les récits du district. , il n'y avait pas de fond ; et elle était si tourmentée par un affreux tourbillon, que personne jamais vraiment pris dans ses remous n'avait réussi, disait-on, à regagner le rivage. Nous vîmes, alors que nous nous trouvions au milieu des arbres rabougris d'un bois en surplomb, les saumons bondir par dizaines, mais la plupart d'entre eux retombaient dans la mare, à l'exception seulement de très rares poissons égarés qui tentaient la cataracte par ses bords. semblait réussir à forcer leur chemin vers le haut ; nous vîmes aussi, sur un replat de la berge escarpée mais boisée, la cabane grossière, formée de rondins de bois bruts, où un guetteur solitaire avait l'habitude de se tenir debout pour les protéger de la lance et de la chasse du braconnier, et qui dans la tempête les nuits, où le cri du kelpie se mêlait au rugissement du déluge, devaient être une hutte sublime dans le désert, dans laquelle un poète aurait pu apprécier de demeurer. J'étais excité par la scène; et, alors que je sautais inconsidérément d'une haute pierre lichenée dans la longue bruyère en contrebas, mon pied droit entra si violemment en contact avec un fragment de roche acéré caché dans la mousse, que j'ai presque crié de douleur. Cependant, j'ai réprimé le cri et, m'asseyant et serrant mes dents, j'ai supporté la douleur, jusqu'à ce qu'elle se modère progressivement, et que mon pied, jusqu'à la cheville, semble presque dépourvu de sensation. A notre retour, je m'arrêtai en marchant et restai considérablement en retard sur mes compagnons ; et pendant toute la soirée, le pied blessé parut comme mort, sauf qu'il brillait d'une chaleur intense.

J'étais pourtant assez à l'aise pour écrire un sublime morceau de vers blancs sur la cataracte ; et, fier de ma production, j'ai tenté de le lire au cousin William. Mais William avait pris des leçons de récitation auprès du grand M. Thelwall, homme politique et élocuteur ; et jugeant à propos de me corriger dans tous les mots que j'avais mal prononcés, au moins trois sur quatre, et assez souvent le quatrième mot aussi, la lecture de la pièce se révéla un travail beaucoup plus dur et plus lent que son écriture ; et, quelque peu à ma mortification, mon cousin a refusé de me donner un jugement définitif sur ses mérites, même lorsque je l'avais fait. Il insiste cependant sur les avantages indéniables d'une bonne lecture. Il avait une connaissance, dit-il, un poète, qui avait pris des leçons auprès de M. Thelwall, et qui, bien que ses vers, lorsqu'il les publia, n'eût pas rencontré un grand succès, était si redevable à son admirable élocution qu'il réussissait invariablement. quand il les lisait à ses amis.

Le lendemain matin, mon pied blessé était raide et douloureux ; et, après quelques jours de souffrance, il suppura et déversa de grandes quantités de sang et de matière. Cependant, je me rétablissais rapidement lorsque, fatigué de l'inaction et excité par mon cousin Walter, tristement fatigué des Highlands, je partis avec lui, contre tous les conseils, pour mon voyage de retour, et, pour les six ou huit premiers milles se sont assez bien passés. Mon cousin, un garçon robuste et actif, portait le sac de produits de luxe des Highlands – du fromage, du beurre et un plein paquet de noix – dont nous avions été chargés par ma tante ; et, en guise d'indemnité pour avoir pris à la fois ma part du fardeau et la sienne, il me demanda une de mes longues histoires improvisées, que, peu de temps après avoir quitté la chaumière de ma tante, je commençai en conséquence. Mes récits, quand j'avais pour compagnon le cousin Walter, étaient généralement de même longueur que le voyage à accomplir : ils devenaient longs de dix, quinze ou vingt milles, selon la mesure de la route et la détermination du kilomètre. des pierres; et ce qu'il fallait à présent, c'était une histoire d'environ trente milles de long, dont une extrémité toucherait la baronnie de Gruids, et l'autre le ferry de Cromarty. Cependant, à la fin des six ou huit premiers milles, mon histoire s'est brisée brusquement, et mon pied, après être devenu très douloureux, s'est mis à saigner. La journée aussi était devenue rude et désagréable, et après midi arriva une épaisse bruine mouillée. J'avançais silencieusement à l'arrière, laissant à chaque pas une tache de sang sur la route, jusqu'à ce que, dans la paroisse d'Edderton, nous nous souvenions tous les deux qu'il y avait un raccourci à travers les collines, que deux de nos cousins plus âgés avaient pris. au cours de l'année précédente, lors d'un voyage similaire ; et comme Walter se considérait égal à tout ce que ses cousins aînés pouvaient accomplir, et comme j'étais extrêmement désireux de rentrer chez moi le plus tôt possible et par le chemin le plus court, nous avons tous deux gravi le flanc de la colline et nous nous sommes bientôt retrouvés dans un morne désert, sans trace d'habitation humaine.

Mais Walter continua courageusement et dans la bonne direction ; et, bien que ma tête devienne maintenant légère et ma vue trouble, je réussis à lutter après lui, jusqu'à ce que, juste au moment où la nuit tombait, nous atteignions une crête de bruyère, qui domine la côte nord du Cromarty Firth, et J'ai vu la campagne cultivée et les sables de Nigg situés à seulement quelques kilomètres en contrebas. Les sables sont dangereux à certaines heures de marée, et les accidents arrivent fréquemment dans les gués ; mais alors, pensions-nous, nous ne pourrions avoir aucune crainte de nous ; car même si Walter ne savait pas nager, je le pouvais ; et comme je devais ouvrir la voie, il serait bien sûr en sécurité, en évitant simplement les endroits où je perdais pied. La nuit tombait plutôt épaisse que sombre, car il y avait une lune au-dessus de nous, bien qu'on ne pût la voir à travers les nuages ; mais, bien que Walter ait bien dirigé, le chemin qui descendait était extrêmement accidenté et accidenté, et nous nous étions éloignés du sentier. Je conserve le souvenir faible mais douloureux d'une lande délabrée et de parcelles sombres de plantations, à travers lesquelles j'ai dû avancer à tâtons, trébuchant en marchant ; et puis, que j'ai commencé à avoir l'impression que je rêvais simplement, et que le rêve était très horrible, dont je ne pouvais pas me réveiller. Et finalement, en arrivant dans un petit endroit dégagé à la lisière de la campagne cultivée, je tombai aussi brusquement que si j'avais été touché par une balle et, après une tentative infructueuse pour me relever, je m'endormis profondément. Walter était très effrayé ; mais il réussit à me porter jusqu'à un petit brin d'herbe séchée qui se dressait au milieu de la clairière ; et après m'avoir bien couvert d'herbe, il se coucha à côté de moi. L'anxiété, cependant, le tenait éveillé ; et il eut peur, alors qu'il était couché, d'entendre les sons de chants de psaumes, dans le vieux style gaélique, venant apparemment d'un bosquet voisin. Walter croyait aux fées ; et, bien que la psalmodie ne soit pas l'une des réalisations réputées des « bonnes gens » des bas pays, il ne savait pas que dans les Highlands, le cas pourrait être différent. Quelque temps après que le chant eut cessé, on entendit un pas lent et lourd s'approchant de la meule ; une exclamation en gaélique suivit ; puis une main dure et rude saisit Walter par le talon nu. Il se leva et se trouva en face d'un vieil homme aux cheveux gris, habitant d'une chaumière qui, cachée dans le bosquet voisin, lui avait échappé.

Le vieillard, croyant que nous étions des bohémiens, fut d'abord disposé à s'irriter de la liberté que nous avions prise avec sa meule de foin ; mais l'histoire simple de Walter l'apaisa immédiatement, et il exprima un profond regret que « de pauvres garçons, qui avaient eu un accident », les aient couchés par une telle nuit, à ciel ouvert et dans une maison si proche. "Cela mettrait la honte", a-t-il déclaré, "sur une terre chrétienne". On m'a aidé à entrer dans sa chaumière, dont la seule autre détenue, une vieille femme, la femme du vieux Highlander, nous a reçus avec beaucoup de gentillesse et de sympathie ; et lorsque Walter déclara nos noms et notre lignée, les regrets et les salutations hospitalières de l'hôte et de l'hôtesse devinrent encore plus forts et plus forts. Ils connaissaient notre grand-père et notre grand-mère maternels et se souvenaient du vieux Donald Roy ; et lorsque mon cousin nomma mon père, il y eut un vif accès de tristesse et de commisération, à l'idée que le fils d'un homme qu'ils avaient vu si « bien faire dans le monde » se trouvait dans des circonstances si déplorablement dénuées. J'étais trop malade pour prendre vraiment note de ce qui s'était passé. Je me souviens seulement que de la nourriture qu'on me plaçait, je ne pouvais prendre que quelques cuillerées de lait ; et que la vieille femme, en me lavant les pieds, tomba en pleurant sur moi. Cependant j'étais tellement recruté par une nuit de repos dans leur meilleur lit, que j'étais prêt le matin à être transporté, dans le chariot à échelons du vieil homme , vers la maison d'un parent dans la paroisse de Nigg, d'où , après un deuxième jour de repos, je fus transporté dans une autre charrette jusqu'au ferry de Cromarty. Ainsi se termina la dernière de mes visites d'enfant dans les Highlands.

Mon grand-père et ma grand-mère étaient tous deux issus de races anciennes, et la mort ne frappait pas souvent à la porte de la famille. Mais le moment où celle-ci « devait traverser la rivière », bien qu'elle fût de six ou huit ans plus jeune que son mari, arrivait en premier ; et ainsi, selon Bunyan, elle « a appelé ses enfants et leur a dit que son heure était venue ». C'était une femme calme et retirée et, bien qu'elle connaisse intimement sa Bible, elle n'était pas du tout apte à devenir professeur de théologie : elle savait mieux *vivre* sa religion que la *parler* ; mais elle recommanda maintenant avec ferveur à sa famille les grands intérêts une fois de plus ; et, tandis que ses différents membres se rassemblaient autour de son lit, elle pria une de ses filles de lui lire, devant elles, ce huitième chapitre des Romains qui déclare qu'« il n'y a maintenant aucune condamnation pour ceux qui sont en Jésus-Christ, qui ne marchez pas selon la chair, mais selon l'Esprit. » Elle répéta d'une voix grave les derniers vers : « Car j'ai l'assurance que ni la mort ni la vie, ni les anges ni les principautés ni les puissances, ni les choses présentes ni les choses à venir, ni la hauteur ni la profondeur, ni aucune autre créature, pourra nous séparer de l'amour de Dieu qui est en Jésus-Christ notre Seigneur. Et, s'appuyant avec confiance sur l'espoir qu'exprime si puissamment le passage, elle dormit son dernier sommeil, avec la simple confiance que tout irait bien pour elle au matin du réveil général. Je conserve son alliance, cadeau de Donald Roy. C'est un fragment très détérioré, usé sur un des côtés, car elle avait travaillé longtemps et durement dans son ménage, et la brèche du cercle, avec sa maigreur générale, en témoigne ; mais son or est toujours brillant et pur ; et, quoique peu marchand de reliques, j'hésiterais à l'échanger contre le saint manteau de Trèves, ou contre des wagons remplis de bois de la « vraie croix ».

La durée de vie de ma grand-mère avait dépassé de plusieurs douze mois la durée de vie de soixante-dix ; mais lorsque, quelques années seulement après, la Mort revint dans le cercle, ce fut sur les plus jeunes membres que sa main fut posée. Une fièvre mortelle s'empara de cet endroit, et mes deux sœurs, l'une dans sa dixième année, l'autre dans sa douzième année, tombèrent sous elle à quelques jours d'intervalle. Jean, l'aîné, qui demeurait chez mes oncles, était une jolie petite fille, d'une belle intelligence, et une grande lectrice ; Catherine, la plus jeune, était vive et affectueuse, et l'une des préférées de tous ; et leur perte plongea la famille dans une profonde tristesse. Mes oncles ne manifestaient guère de chagrin, mais ils étaient très émus : ma mère, pendant des semaines et des mois, a pleuré ses enfants, comme Rachel autrefois, et a refusé d'être réconfortée, parce qu'ils ne l'étaient pas ; mais mon grand-père, maintenant dans sa quatre-vingt-cinquième année, semblait complètement ruiné de cœur par leur perte. Comme ce n'est peut-être pas rare dans de tels cas, ses affections les plus chaleureuses se sont répandues à travers la génération d'hommes et de femmes adultes – ses fils et ses filles – et se prélassaient parmi les enfants de leurs descendants. Les garçons, ses petits-fils, étaient trop sauvages pour lui ; mais les deux petites filles, douces et affectueuses, s'étaient emparées de tout son cœur ; et maintenant qu'ils étaient partis, il semblait qu'il n'avait plus rien au monde à s'occuper. Il avait été jusqu'alors, malgré son grand âge, un homme sain et actif. En 1803, lorsque la France menaça d'invasion, il fut, bien qu'à l'âge de soixante-dix ans, l'un des premiers hommes de la région à demander les armes comme volontaire ; mais maintenant il s'affaissait et s'enfonçait peu à peu, et il désirait ardemment retrouver le reste de la tombe. "C'est la volonté de Dieu", je l'ai entendu dire à cette époque à un voisin qui le félicitait pour sa longue durée de vie et sa santé intacte : "C'est la volonté de Dieu, mais pas mon désir." Et un peu plus d'un an après la mort de mes sœurs, il fut frappé par presque sa seule maladie – car, depuis près de soixante-dix ans, il n'avait pas été alité un seul jour – et fut emporté en moins d'une semaine. . Depuis quelques jours, la fièvre sous laquelle il tombait lui montait au cerveau ; et il parlait sans interruption des événements de sa vie passée. Il commença par ses premiers souvenirs ; a décrit la bataille de Culloden telle qu'il en avait été témoin depuis la colline de Cromarty, et l'apparition du duc William et de l'armée royale telle qu'elle a été vue lors d'une visite ultérieure à Inverness ; revint sur les événements ultérieurs de sa carrière : son mariage, ses entrevues avec Donald Roy, ses transactions commerciales avec les propriétaires voisins, alors morts depuis longtemps ; et enfin, après avoir atteint, dans son histoire orale, son terme de vie moyenne, il s'engagea dans une autre voie et commença à exposer, avec une cohérence singulière, les énoncés de doctrine dans un ouvrage théologique de la vieille école, qu'il avait été récemment parcouru.

Et finalement, son esprit s'éclaircissant à mesure que sa fin approchait, il mourut avec bon espoir. Il n'est pas inintéressant de revenir sur deux générations d'Écossais comme celles auxquelles appartenaient mes oncles et mon grand-père. Ils différaient considérablement à certains égards. Mon grand-père, comme la plupart de ses contemporains de la même classe, avait une bonne part du Tory dans sa composition. Il se tenait aux côtés de George III. dans la première politique de son règne, et par son conseiller Lord Bute ; Wilkes et Junius réprouvés ; et se demandait sérieusement si Washington et ses coadjuteurs, les républicains américains, étaient autres que des rebelles audacieux. Mes oncles, au contraire, étaient de fervents Whigs, qui considéraient Washington comme peut-être le meilleur et le plus grand homme des temps modernes – s'en tenaient fermement à la politique de Fox, par opposition à celle de Pitt – et estimaient que la guerre avec la France, qui La Première Révolution a immédiatement succédé, mais elle a été, même si elle a profondément changé de caractère par la suite, une agression injustifiable. Mais même si mes oncles et mon grand-père différaient considérablement sur ces points, ils étaient également des hommes honnêtes.

La génération montante ne peut peut-être pas se faire une idée très adéquate du nombre et de l'intérêt singulier des liens qui servent à relier les souvenirs d'un homme qui a vu son cinquantième anniversaire avec ce qui doit lui paraître un passé lointain. J'ai vu au moins deux hommes combattre à Culloden, l'un du côté du roi, l'autre du côté du prince, et, avec eux, un grand nombre qui assistèrent de loin à la bataille. J'ai conversé avec une vieille femme qui avait conversé à son tour avec un vieil homme qui avait atteint l'âge adulte lorsque les persécutions de Charles et de James étaient à leur paroxysme, et je me suis souvenu du regret général suscité par la mort de Renwick. Ma tante maternelle aînée, la mère de mon cousin George, se souvenait du vieux John Feddes, alors âgé de quatre-vingt-dix ans ; et l'expédition de boucanier de Jean ne pouvait pas être postérieure à l'année 1687. J'en ai connu beaucoup qui se souvenaient de l'abolition des juridictions héréditaires ; et j'ai entendu des récits d'exécutions qui ont eu lieu sur les collines de potence des bourgs et des shérifs, et d'incendies de sorcières perpétrés sur les liens urbains et les lois baronniales. Et j'ai ressenti un étrange intérêt pour ces aperçus d'un passé si différent du présent, lorsqu'ils se présentent ainsi à l'esprit comme des réminiscences personnelles, ou comme des traditions bien attestées, éloignées des témoins originaux par une seule étape. Par exemple, tout ce que j'ai lu jusqu'à présent sur les incendies de sorcières ne m'a pas autant impressionné que les souvenirs d'une vieille dame qui, en 1722, fut portée dans les bras de sa nourrice - car elle était alors presque un bébé - pour être témoin. une exécution de sorcière dans les environs de Dornoch, la dernière qui eut lieu en Écosse. La dame se souvenait bien de la foule à la fois effrayée et excitée, de l'allumage du feu et de l'apparence misérable de la pauvre créature stupide qu'on allumait pour consumer, et qui semblait si peu consciente de sa situation, qu'elle tint bon. ses mains maigres et ratatinées pour les réchauffer au feu. Mais ce qui a le plus impressionné le narrateur – car il devait s'agir d'un incident effrayant dans un triste spectacle – fut le fait que, alors que les restes calcinés de la victime crépitaient et bouillaient au milieu de la chaleur intense des flammes, un coup de vent croisé s'est soudainement produit. elle soufflait la fumée à travers les spectateurs, et elle se sentait dans les bras de sa servante comme si elle risquait d'être étouffée par l'horrible puanteur. J'ai entendu raconter aussi, par un homme dont le père avait été témoin de la scène, une exécution qui eut lieu, après un procès bref et inadéquat, sur la potence du bourg de Tain. Le coupable présumé, un Strathcarron Highlander, avait été trouvé rôdant autour de l'endroit, notant, comme on le supposait, où les bourgeois gardaient leur bétail, et avait été pendu comme espion ; mais tous, après l'exécution, en vinrent à le juger innocent, parce que, alors que son cadavre pendait au vent, un pigeon blanc était venu en volant et, en passant, avait à moitié encerclé le gibet. .

L'un des deux soldats de Culloden dont je me souviens était un vieux forestier qui vivait dans une maison pittoresque au milieu des bois de Cromarty Hill ; et dans sa dernière maladie, mes oncles, que je devais toujours laisser accompagner, lui rendaient souvent visite. Il avait vécu à l'époque son siècle entier, et quelques mois de plus : et je me souviens encore très bien du grand visage décharné qui le regardait depuis le lit lorsqu'ils entraient, et de la main énorme et cornée. Il avait été établi, avant 1745, comme jardinier en chef d'un propriétaire du Nord, et ne rêvait guère de s'engager dans la guerre ; mais la rébellion éclata ; et comme son maître, un fervent whig, s'était porté volontaire pour servir ses principes dans l'armée royale, son jardinier, un « puissant homme de ses mains », l'accompagna. Comme sa mémoire des événements ultérieurs de sa vie avait disparu à cette époque, les quarante années précédentes semblaient un vide dont aucun souvenir ne pouvait être tiré ; mais il se souvenait bien de la bataille et, plus vivement encore, des atrocités ultérieures commises par les troupes de Cumberland. Il avait accompagné l'armée, après sa victoire de Culloden, au camp de Fort-Augustus, et y avait été témoin de scènes de cruauté et de spoliation dont le souvenir, après soixante-dix ans et dans son extrême vieillesse, avait encore force. de quoi faire bouillir son sang écossais. Tandis que des dizaines de chaumières flambaient au loin et que le sang sifflait souvent sur les braises, les hommes et les femmes de l'armée se livraient à des courses en sacs ou sur des poneys des Highlands ; et lorsque les poneys étaient demandés, les femmes, qui devaient s'asseoir pour leurs portraits dans la « Marche vers Finchley » de Hogarth, prenaient place à califourchon comme les hommes. L'or circulait et la liqueur coulait à flots ; et en quelques semaines, environ vingt mille têtes de bétail furent amenées par des groupes de soldats en maraude des Highlanders écrasés et appauvris ; et des groupes de bouviers du Yorkshire et du sud de l'Écosse, hommes grossiers et vulgaires, venaient chaque jour partager le butin, en faisant des achats à bien moins de la moitié du prix.

Les souvenirs de Culloden de mon grand-père étaient simplement ceux d'un garçon observateur de quatorze ans, qui avait été témoin de la bataille de loin. La journée, m'a-t-il dit, était pluvieuse et épaisse ; et en atteignant le sommet de la colline de Cromarty, où il trouva plusieurs de ses citadins déjà rassemblés, il pouvait à peine voir la terre opposée. Mais le brouillard s'est progressivement dissipé ; d'abord un sommet de colline apparut, puis un autre ; jusqu'à ce qu'enfin, la longue chaîne de côtes, depuis l'ouverture de la grande vallée calédonienne jusqu'au promontoire de Burgh-head, soit vaguement visible à travers la brume. Un peu après midi, un nuage blanc rond s'éleva soudain de la lande de Culloden, suivi d'un deuxième nuage blanc rond à côté. Et puis les deux nuages se mêlèrent et roulèrent obliquement sous le vent vers l'ouest ; et il entendait le crépitement des petites armes à feu se mêler au rugissement de l'artillerie. Et puis, dans ce qui semblait un laps de temps extrêmement bref, le nuage se dissipa et disparut, le grondement des plus gros canons cessa et un crépitement intermittent et aigu de mousqueterie se dirigea vers Inverness. Mais la bataille était présentée à l'imagination, dans ces vieux récits personnels, sous des formes très diverses. Une ancienne femme qui, le jour du combat, était occupée à élever des moutons dans une commune solitaire près de Munlochy, séparée de la lande de Culloden par le Firth et protégée par une haute colline, m'a dit qu'elle j'étais assis, écoutant avec terreur le bruit du canon ; mais qu'elle était encore plus effrayée par les hurlements continus de son chien, qui restait debout sur ses hanches pendant tout le temps que durait la fusillade, le cou tendu vers la bataille, et « ayant l'air de voir un esprit ». Tels sont quelques-uns des souvenirs qui lient les souvenirs d'un homme qui a vécu son demi-siècle à ceux du siècle précédent, et qui lui rappellent comment une génération après l'autre se brise et disparaît sur les rivages de l'éternel. monde, alors que vague après vague se brise en écume sur la plage, lorsque les tempêtes se lèvent et que la houle de fond s'installe lourdement en provenance de la mer.

CHAPITRE VII.

"Dont les prouesses elfiques ont escaladé le mur du verger." — ROGERS.

Certains des commerçants les plus riches de la ville, mécontents des petits progrès que faisaient leurs garçons sous la direction du maître d'école de la paroisse, se regroupèrent et trouvèrent leur propre maître d'école ; mais, bien que jeune homme plutôt intelligent, il se montrait instable et, régulier dans ses irrégularités, s'enivrait quotidiennement, en recevant les acomptes de son salaire aux jours d'école, aussi longtemps que durait son argent. Se débarrassant de lui, ils s'en procurèrent un autre, un licencié de l'Église, qui, pour quelque temps, promettait bien. Il semblait stable et réfléchi, et en même temps un professeur minutieux ; mais entrant en contact avec quelques baptistes zélés, ils réussirent à susciter autour de lui un tel nuage de doute quant à l'opportunité du baptême des enfants, que sa santé physique et mentale fut affectée par ses perplexités, et il dut démissionner de son poste. Et puis, après une pause, pendant laquelle les garçons jouirent de délicieuses vacances, ils trouvèrent encore un troisième maître d'école, également licencié, et un homme d'une profession religieuse élevée, sinon très constante, qui se retrouvait toujours dans des difficultés pécuniaires. et courtisant toujours, quoique avec peu de succès, des dames riches, qui, selon le poète, avaient « des acres de charmes ». À l'école d'abonnement, je fus transféré, à la demande de l'oncle James, qui restait persuadé, malgré l'expérience du passé, que j'étais destiné à devenir un érudit. Et, invariablement heureux dans mes occasions de m'amuser, le transfert eut lieu quelques semaines seulement avant que le meilleur maître d'école, perdant santé et cœur dans un labyrinthe de perplexité, ne démissionna de sa charge. J'avais à peine plus que le temps de regarder autour de moi les nouvelles formes, et de renouer, sur des bases plus solides que jamais, mon amitié avec mon ancien associé de la grotte, qui avait été pendant les deux années précédentes pensionnaire de la souscription. elle était désormais moins sous le contrôle maternel qu'auparavant – quand arrivaient les longues vacances ; et pendant quatre mois heureux, je n'ai rien eu à faire.

Mes amusements n'avaient guère changé : j'étais encore plus amoureux que jamais des rivages et des bois, et je connaissais mieux les rochers et les grottes. Un changement très considérable s'était cependant produit dans les divertissements de mes camarades d'école, mes contemporains, qui avaient maintenant de deux à trois ans de plus que lorsque je les avais fréquentés à l'école paroissiale. Hy-spy avait perdu son charme ; il n'y avait pas non plus beaucoup de son ancien intérêt pour eux en français et en anglais ; alors que mes excursions rocheuses étaient vraiment considérées comme très intéressantes. A l'exception de mon ami de la grotte, ils ne se souciaient guère des rochers ou des pierres ; mais ils aimaient tous assez bien les ronces, les prunelles et *les crabes* , et prenaient un grand plaisir à m'aider à allumer des feux dans les cavernes de l'ancienne côte, où nous avions l'habitude de griller des coquillages et des crabes, pris parmi les rochers et les rochers du reflux en contrebas, et des pommes de terre rôties, transférées des champs de la colline au-dessus. Il y avait une grotte, que nous préférions particulièrement, dans laquelle nos feux brûlaient jour après jour pendant des semaines entières. Il est profondément creusé dans la base d'un précipice escarpé de gneiss granitique couvert de lierre, d'une centaine de pieds de hauteur ; et porte sur ses côtés et son toit polis, ainsi que sur son fond inégal, creusé dans des cavités en forme de pot, contenant de gros cailloux arrondis, une preuve sans équivoque que l'agent d'excavation auquel il devait son existence avait été les vagues sauvages de ce rive exposée. Mais depuis plus de deux mille ans, les vagues ne l'avaient jamais atteint : la dernière élévation générale du terrain l'avait élevé hors de portée des plus hautes marées ; et lorsque ma bande et moi avons pris possession de ses recoins crépusculaires, ses parois pierreuses étaient couvertes de mousses et d'hépatiques ; et une récolte de mauvaises herbes pâles, atténuées et d'apparence maladive, sur lesquelles le soleil n'avait jamais regardé dans sa force, poussait en masse sur son sol. Dans un passé lointain, il avait été utilisé comme une sorte de grenier et de lieu de battage par un fermier de la paroisse, nommé Marcus, qui avait réussi à cultiver du béré et de l'avoine sur deux parcelles en pente au pied des falaises à proximité immédiate. quartier; et c'est pour cette raison que mes oncles et les habitants les plus âgés de la ville la connaissaient sous le nom de Grotte de Marcus. Mais mes compagnons y avaient été surtout attirés par une association beaucoup plus récente. Un pauvre retraité des Highlands – un vestige gravement délabré de la guerre franco-américaine, qui avait combattu sous les ordres du général Wolfe à son époque – s'était beaucoup pris d'affection pour la grotte et aurait volontiers élu domicile. Il était mal à l'aise dans sa famille ; sa femme était une clocharde et sa fille de mauvaise réputation ; et, désireux de quitter complètement leur société et de vivre en ermite parmi les rochers, il avait demandé au monsieur qui tenait la ferme au-dessus, l'autorisation d'aménager la grotte pour lui-même comme habitation. Cependant, son anglais était si mauvais que le monsieur ne parvint pas à le comprendre ; et sa demande fut, comme il le croyait, rejetée, alors qu'en réalité elle n'était tout simplement pas comprise. Parmi les plus jeunes, la grotte fut connue, suite à l'incident, sous le nom de « Grotte de Rory Shingles » ; et mes compagnons étaient ravis de croire qu'ils y vivaient comme Rory l'aurait vécu si sa requête avait été accordée. Dans la vie sauvage à moitié sauvage que nous menions, nous parvenions à subvenir remarquablement bien à nos besoins. Les rivages rocheux nous fournissaient des patelles, des bigorneaux et des crabes, et de temps en temps une grosse lompe ; les pentes escarpées sous les précipices, avec des hanches, des prunelles et des ronces ;

les fragments brisés de l'épave le long de la plage et le bois au-dessus fournissaient une abondance de combustible ; et comme il y avait des champs à moins d'un demi-mile de là, je crains que la partie la plus solide de notre alimentation ne se composât souvent de pommes de terre que nous n'avions pas semées, et de pois et de haricots que nous n'avions pas semés. L'un des nôtres a réussi à emporter un pot sans se faire remarquer de chez lui ; un autre a réussi à nous fournir une cruche ; il y avait une bonne source à moins de deux cents mètres de l'entrée de la grotte, qui nous approvisionnait en eau ; et, possédant ainsi non seulement tout ce dont la nature a besoin, mais bien plus encore, nous parvenons à nous nourrir somptueusement chaque jour. On a souvent remarqué que l'homme civilisé, lorsqu'il est placé dans des circonstances un peu favorables, apprend bientôt à se comporter comme un sauvage. Je ne dirai pas que mes compagnons ou moi-même avions été particulièrement civilisés dans notre état antérieur ; mais rien ne pouvait être plus sûr que pendant nos longues vacances, nous sommes devenus des sauvages très heureux et assez parfaits. La classe à laquelle nous assistions était d'un genre qui n'était ouvert dans aucune de nos écoles accréditées, et il pourrait être difficile d'obtenir des témoignages en sa faveur, aussi faciles à obtenir que ceux-ci le sont habituellement ; et pourtant certaines de ses leçons pourraient être trompées avec un petit avantage, par quelqu'un désireux de cultiver le noble sentiment de confiance en soi, ou l'habitude très importante de s'aider soi-même. À l'époque, cependant, ils semblaient assez inutiles ; et la morale, comme dans le cas de l'apologue continental de Reynard le Renard, semblait toujours omise.

Nos groupes dans ces excursions s'enflaient parfois jusqu'à dix ou douze, parfois se réduisaient à deux ou trois ; mais ce qu'ils gagnaient en quantité, ils le perdaient toujours en qualité, et devenaient nuisibles à chaque ajout de nouveau membre, bien au-delà du rapport arithmétique. Lorsqu'ils étaient les plus innocents, ils n'étaient constitués que de quelques membres : un garçon chaleureux et intelligent du sud de l'Écosse, qui logeait en pension chez deux vieilles dames de l'endroit et fréquentait l'école d'abonnement ; et le chef reconnu de la fanfare, qui, faisant partie du personnel permanent et irréductible de l'établissement, ne prenait jamais congé. Nous étions très heureux, et pas tout à fait irrationnels, dans ces petites fêtes squelettes. Mon nouvel ami était un garçon doux et de bon goût, passionné de poésie et auteur de vers doux et simples dans la veine pastorale à l'ancienne mode, qu'il ne montrait jamais à personne sauf à moi-même ; et nous apprîmes à nous aimer d'autant plus que j'étais d'un tempérament un peu hardi et sûr de moi, et lui d'un tempérament collant et timide. Deux des strophes d'une petite pastorale qu'il m'adressa environ un an après cette époque, alors qu'il quittait définitivement le pays du nord pour Édimbourg, restent encore gravées dans ma mémoire ; et je dois les soumettre au lecteur, à la fois comme suffisamment représentatifs des nombreux autres, leurs semblables, qui ont été perdus, et de cette poésie juvénile en général qui « est écrite », selon Sir Walter Scott, « plutôt à partir du souvenir de ce qui a plu à l'auteur chez les autres, que de ce qui a été suggéré par sa propre imagination.

"C'est à toi, ma pauvre brebis, que je me résigne,

    Mon colley, ma houlette et ma corne :

De te quitter, en effet, je regrette,

    Mais je dois m'en débarrasser le matin.

De nouvelles scènes évolueront à mes yeux,

    Le monde et ses folies soient nouveaux ;

Mais ah ! de telles scènes de délice peuvent-elles être

    Lève-toi, comme j'en ai été témoin avec toi ! »

Timide comme il l'était naturellement, il apprit bientôt à supporter en ma compagnie des terreurs que la plupart de mes compagnons les plus audacieux hésitaient à affronter. J'aimais m'attarder dans les grottes longtemps après la tombée de la nuit, surtout dans les saisons où la lune pleine, ou quelques jours seulement en déclin, sortait de la mer à mesure que la soirée avançait, pour éclairer les précipices sauvages de la mer. ce rivage solitaire, et pour rendre praticable notre chemin ascendant vers la colline au-dessus. Et Finlay était presque le seul de ma bande à oser affronter avec moi les terreurs des ténèbres. Notre feu a souvent effrayé le batelier aveuglé alors qu'il ramenait autour d'un promontoire rocheux et voyait l'éclat rouge jaillir vers la mer depuis l'embouchure de la caverne et éclairer partiellement le déferlement furieux des vagues au-delà ; et les agents de l'accise ont plus d'une fois changé de cap dans le milieu du Firth et se sont dirigés vers la côte, pour déterminer si les rochers sauvages de Marcus n'étaient pas en train de devenir un repaire de contrebandiers.

Immédiatement au-delà du gneiss granitique de la colline se trouve un dépôt subaquatique de la formation du Lias, jamais encore exploré par les géologues, car jamais encore mis à nu par le reflux ; bien que chaque tempête plus violente venant de la mer raconte son existence, en jetant à terre des fragments de ses schistes bitumineux sombres. Je m'aperçus bientôt que les schistes sont si largement chargés de matières inflammables qu'ils brûlent avec une forte flamme, comme s'ils étaient trempés dans du goudron ou de l'huile, et que je pourrais répéter avec eux l'expérience courante de produire du gaz au moyen d'une pipe à tabac lue. avec de l'argile. Et, ayant lu dans Shakspere un combustible appelé « charbon marin », et ignorant à l'époque que le poète parlait simplement de charbon amené à Londres par mer, j'en ai déduit que les schistes inflammables rejetés des profondeurs du Firth par les vagues ne pouvait être autre que le véritable « charbon marin » qui figurait dans les réminiscences de Dame Quickly ; et ainsi, assisté de Finlay, qui partageait l'intérêt que je ressentais pour cette substance, comme à la fois classique et découverte originale, je la collectais en grande quantité et la transformais en feux enfumés et troubles, qui remplissaient toujours notre caverne. avec une puanteur horrible, et parfumait tout le rivage. Sans le savoir à l'époque, il devait son inflammabilité, non à une substance végétale, mais à une substance animale ; le goudron qui y bouillait à la chaleur, comme la résine dans un fagot de mousse de sapin, était un mélange aussi étrange que jamais bouillonné dans le chaudron des sorcières – sang de ptérodactyle et graisse d'ichtyosaure – œil de bélemnite et capuchon de nautile; et nous avons appris à nous délecter de son odeur même, aussi oppressante qu'elle soit, comme quelque chose de sauvage, d'étrange et d'inexplicable. Une ou deux fois, j'ai semblé à la veille d'une découverte : en divisant les masses, j'apercevais parfois ce qui semblait être des fragments de coquilles enfoncés dans sa substance ; et au moins une fois j'ai ouvert un rouleau ou une volute d'aspect mystérieux, existant sur la surface sombre comme un film de couleur crème ; mais bien que ces organismes aient suscité un émerveillement temporaire, ce n'est que plus tard que j'ai appris à comprendre leur véritable signification, en tant que caractères à moitié effacés mais toujours déchiffrables d'un merveilleux enregistrement d'un passé gris et entouré de rêves.

Avec le docile Finlay comme compagnon et laissé libre cours à ma propre volonté sans contestation, j'étais rarement ou jamais espiègle. Cependant, dans les occasions où ma bande s'élevait à dix ou douze, j'éprouvais souvent les maux ordinaires du leadership, comme on les connaît dans toutes les bandes et tous les partis, civils et ecclésiastiques ; et fut parfois amené, en conséquence, à s'engager dans des entreprises que mon meilleur jugement condamnait. Je souhaite ardemment que parmi les autres « Confessions » dont notre littérature est chargée, nous ayons les *véritables* « Confessions d'un leader », avec des exemples de cas dans lesquels, bien qu'il semble autoritaire, il est en réalité dominé, et suit en fait, bien qu'il semble diriger. L'honnête Sir William Wallace, bien que haut de sept pieds et héros, était à la fois assez franc et humble pour avouer aux chanoines d'Hexham que, ses « soldats étant des hommes mal intentionnés », qu'il ne pouvait ni « justifier ni punir », " il n'était capable de protéger les femmes et les hommes d'Église que tant qu'ils " restaient à ses yeux ". Et, bien sûr, d'autres dirigeants, moins grands et moins héroïques, se retrouveraient souvent, s'ils avaient eu la magnanimité de Wallace pour avouer le fait, dans des circonstances très voisines de celles de Wallace. Lorsque les maîtres d'abeilles s'emparent des reines, ils sont capables, en contrôlant les mouvements de ces dirigeantes naturelles des ruches, de contrôler eux-mêmes les mouvements des ruches ; et il n'est pas rare qu'il existe dans les Églises et les États des maîtres d'abeilles discrets qui, en influençant ou en contrôlant les abeilles dirigeantes, influencent et contrôlent en réalité les mouvements de l'ensemble du corps, politique ou ecclésiastique, que ces monarques naturels semblent présider. . Mais trêve avec excuses. En partie en qualité de chef, en partie en étant moi-même dirigé, j'ai réussi à cette époque à mettre l'un de mes plus grands partis dans une situation assez grave. Nous passions chaque jour, en nous rendant à la grotte, un beau et grand verger, attenant au manoir du domaine de Cromarty ; et en gravissant une colline adjacente sur laquelle se trouvait notre chemin et qui offre une vue plongeante sur les allées bien entretenues et les arbres bien chargés, il n'était pas rare que surgissent parmi nous des spéculations folles sur la possibilité et l'opportunité d'obtenir un fourniture des fruits, pour servir de desserts à nos repas de crustacés et de pommes de terre. Cependant les semaines s'écoulèrent et l'automne touchait à sa fin, avant que nous puissions vraiment nous décider sur l'aventure, quand enfin j'acceptai de la diriger ; et, après avoir établi le plan de l'expédition, nous pénétrâmes dans le verger sous les nuages de la nuit et emportâmes avec nous des poches entières de pommes. Elles étaient toutes intolérablement mauvaises : des pommes aigres, dures et cuites au four ; car nous avions retardé l'entreprise jusqu'à ce que les meilleurs fruits aient été arrachés : mais bien qu'ils nous aient irrité les dents et que nous ayons jeté la plupart d'entre eux à la mer, nous avions « arraché » dans l' incursion ce que Gray appelle bien « une joie effrayante ». ", et j'ai eu l'idée de le répéter, simplement à cause de l'excitation induite et du risque encouru, quand est apparu le fait stupéfiant, que l'un d'entre nous avait "pêché" et, à la manière du témoignage du roi, a trahi ses compagnons.

Le propriétaire de la propriété Cromarty avait un neveu orphelin, qui faisait parfois partie de notre bande, et qui avait pris part volontairement à l'incursion dans le verger. Mais il s'était également engagé dans une seconde entreprise du même genre, entièrement pour son propre compte, dont nous ignorions tout. Une dépendance appartenant à l'habitation où il logeait, quoique située elle-même en dehors du verger, était accolée à une autre maison intérieure aux murs, qui servait au jardinier comme entrepôt pour ses pommes ; et trouvant dans la cloison qui séparait les deux bâtiments une crevasse insoupçonnée, qui ressemblait un peu à celle par laquelle Pyrame et Thisbé faisaient autrefois l'amour dans la ville de Babylone, notre camarade, profitant aussitôt d'une si belle ouverture, tomba en cour vers le jardinier. pommes. Aiguisant le bout d'un long bâton, il commença à harponner, à travers le trou, le tas de pommes en dessous ; et bien que le trou fût beaucoup trop petit pour permettre le passage des spécimens les plus fins et les plus gros, et que ceux-ci tombèrent en arrière, se détachant du harpon, dans sa tentative de les faire atterrir, il réussit à attraper un bon nombre des plus petits. Le vieux John Clark, le jardinier, très avancé dans la vie à cette époque et voyant trop imparfaitement pour découvrir la crevasse qui s'ouvrait en hauteur dans l'obscurité du grenier, était dans un parfait labyrinthe quant à l'influence maléfique qui détruisait ses pommes. Les individus harponnés gisaient par dizaines sur le sol ; mais l'agent qui les avait dispersés et perforés resta pendant des semaines un mystère insondable pour John. Finalement, cependant, il arriva un matin malheureux, au cours duquel notre ancien compagnon perdit la main, alors qu'il était occupé à son travail, du bâton pointu ; et lorsque John entra ensuite dans son entrepôt, le harpon coupable était étendu sur les pommes harponnées. La découverte a été suivie ; le coupable détecté ; et, après avoir été enfermé avec son oncle le facteur, il lui communiqua non seulement les détails de sa propre aventure particulière, mais aussi les détails de la nôtre. Et le lendemain, de bonne heure, un messager sûr et secret nous envoya un message selon lequel nous serions tous mis en prison dans le courant de la semaine.

Nous avions terriblement peur ; à tel point que le point fort de notre position – la double culpabilité du neveu du facteur – n'est venu à l'esprit d'aucun d'entre nous ; et nous cherchions seulement une incarcération instantanée. Je me souviens encore du sentiment intense de honte que j'éprouvais chaque fois que je franchissais la porte de ma mère pour sortir dans la rue – la conviction angoissante et envoûtante que tout le monde me regardait et me montrait du doigt – et la terreur, quand chez mes oncles — semblable à celle du coupable qui entend de sa loge les pas des jurés qui reviennent — que, ayant appris mon délit, ils s'apprêtaient à me dénoncer comme une honte pour une honnête famille, sur laquelle, dans la mémoire de l'homme, aucune tache n'avait reposé auparavant. La discipline était éminemment saine et je ne l'ai jamais oubliée. Il semblait cependant quelque peu étrange que personne ne semble rien savoir de notre méfait : le facteur gardait remarquablement bien notre secret ; mais nous avons déduit qu'il le faisait pour se jeter sur nous avec d'autant plus d'efficacité ; et, tenant un conseil hâtif dans la grotte, nous décidâmes que, quittant nos maisons pour quelques semaines, nous vivrions parmi les rochers jusqu'à ce que la tempête qui semblait se lever serait passée.

Marcus's Cave était trop accessible et trop connu ; mais ma connaissance de la localité me permit de recommander à mes gars deux autres grottes dans lesquelles je pensais que nous pourrions être en sécurité. L'un s'ouvrait dans un fourré d'ajoncs, à environ quarante pieds au-dessus du rivage ; et, bien qu'assez grand à l'intérieur pour contenir de quinze à vingt hommes, il présentait à l'extérieur l'apparence d'une terre de renard, et n'était pas connu d'une demi-douzaine de personnes dans le pays. Il faisait pourtant humide et sombre ; et nous trouvâmes que nous ne pouvions oser y allumer un feu sans danger d'étouffement. Il a été jugé excellent, cependant, comme lieu de dissimulation temporaire, au cas où la recherche deviendrait très intense.

L'autre caverne était large et ouverte ; mais c'était un endroit sauvage, d'aspect fantomatique, à peine visité d'une fin d'année à l'autre : son sol était vert de moisissure, et ses murs et son toit ridés étaient hérissés de minces stalactites pâles, qui ressemblaient aux étiquettes pointues qui rugissent un mur. robe morte. Il était certain aussi qu'elle était hantée. On pouvait voir sur son sol les marques d'un pied fourchu fraîchement imprimé, qui avaient été produites soit par une chèvre errante, soit par quelque chose de pire ; et les quelques garçons qui connaissaient son existence et son caractère en parlaient à voix basse sous le nom de « la Caverne du Diable ». Mes gars regardèrent d'abord autour d'eux lorsque nous entrâmes, avec une expression stupéfaite et inconsolable ; mais nous nous occupant activement de travailler parmi les falaises, nous rassemblâmes de grandes quantités d'herbes fanées et de fougères pour en faire notre litière, et, choisissant les parties les plus sèches et les moins exposées du sol, nous accumulâmes bientôt une rangée de petits repaires, formés en une sorte de style à mi-chemin entre celui de la bête sauvage et celui du bohémien, sur lequel il aurait suffi de dormir. Nous avons également choisi un endroit pour notre feu, rassemblé un petit tas de combustible et caché dans un renfoncement, pour pouvoir les utiliser, notre pot et notre pichet de Marcus' Cave, ainsi que les armes mortelles de la bande, qui consistaient en une vieille baïonnette. tellement corrodé par la rouille qu'il ressemblait un peu à une scie à trois tranchants et à un vieux pistolet de cavalier attaché solidement à la crosse par des extrémités de cordonnier, et dépourvu de serrure et de baguette. Le soir nous surprit au milieu de nos préparatifs ; et à mesure que les ombres devenaient sombres et épaisses, mes gars commencèrent à regarder autour d'eux de manière très inconfortable. Finalement, ils se mirent au travail : cela ne servait à rien, disaient-ils, d'être dans la Caverne du Diable si tard — cela ne servait à rien, en fait, d'y être du tout, jusqu'à ce que nous soyons assurés que l'agent avait réellement l'intention de nous emprisonner ; et, après s'être livrés à cet effet, ils s'enfuirent, nous laissant Finlay et moi fermer la marche à notre guise. En bref, mon plan bien élaboré s'est avéré irréalisable, à cause de la qualité inférieure de mes matériaux. Je rentrai chez moi le cœur lourd, quelque peu affligé de n'avoir pas confié mon projet au seul Finlay, qui, je m'en suis assuré, pouvait faire des choses plus courageuses, malgré toute sa timidité, que les garçons plus audacieux, nos associés occasionnels. Et pourtant, quand, en rentrant chez moi à travers les bois sombres et solitaires de la Colline, je me suis souvenu de la solitude et de l'obscurité encore plus profondes de la grotte hantée bien en contrebas, et j'ai pensé en outre qu'à ce moment précis l'être mystérieux au pied fendu Bien que je traversais son sol silencieux, j'ai senti mon sang se glacer et j'ai immédiatement conclu que, à part la honte, une grotte abritant un mauvais esprit ne pouvait pas être beaucoup mieux qu'une prison. De la prison, cependant, nous n'avons plus entendu parler ; même si je n'ai jamais oublié la sombre mais précieuse leçon que m'a lue la menace du facteur ; et depuis ce temps-là jusqu'à aujourd'hui, sauf de temps en temps, en admettant par inadvertance dans mon journal un paragraphe écrit dans un style trop concis par quelque bon homme de province, contre un très mauvais homme de son voisin, je n'ai pas été tout à fait à la portée du vent. de la loi. Je conseillerais cependant sérieusement à mes jeunes amis qui jetteraient un oeil curieux sur ces pages d'éviter de suivre de première main une leçon comme la mienne. Une demi-heure de l'angoisse mentale que j'éprouvais à cette époque, quand je pensais à ma mère et à mes oncles, et à l'infamie d'une prison, aurait largement plus que contrebalancé tout ce que j'aurais pu savourer en mangeant des pommes, même si c'étaient ceux des Hespérides ou de l'Éden, au lieu d'être, ce qu'ils étaient dans ce cas, des masses vertes d'acide âpre, également redoutables pour les dents et l'estomac. Je dois ajouter, pour rendre justice à mon ami de la grotte Doocot, que, bien qu'il soit un visiteur occasionnel à Marcus, il avait prudemment évité de se retrouver dans cette situation.

Nos longues vacances se terminèrent enfin par la nomination d'un professeur à l'école des abonnements ; mais l'arrangement n'était pas le plus profitable possible aux élèves. Ce fut une circonstance inquiétante que nous apprenions en quelques jours à désigner le nouveau maître par un surnom, et que ce nom restât — malheur qui n'arrive presque jamais à l'homme vraiment supérieur. Il avait cependant une certaine dose d'intelligence ; et constatant que j'avais une puissante influence parmi mes camarades d'école, il se mit à déterminer les motifs sur lesquels reposait mon autorité. Les livres de copie et d'arithmétique, dans les écoles où régnait la liberté, étaient utilisés dans ces temps anciens pour être chargés de curieuses révélations. Dans l'école paroissiale, par exemple, qui surpassait, comme je l'ai dit, toutes les autres écoles du monde dans sa connaissance des barques et des sculptures, il n'était pas rare de trouver un livre qui, ouvert à l'extrémité droite, ne présentait qu'un exemplaire. -des lignes ou des questions arithmétiques qui, ouvertes au mauvais endroit, ne présentaient que des navires et des bateaux. Et il y a eu des cas où, le jour du grand examen annuel qui annonçait les vacances, le digne ministre de la paroisse, en commençant à feuilleter au verso les feuilles d'un livre exposé, se trouvait occupé, alors qu'il n'attendait que le les questions de Cocker, ou les lignes de glissement de Butterworth, au milieu de flottes entières de chaloupes, de frégates et de brigantins. Mon nouveau maître, connaissant professionnellement cette propriété secrète de l'arithmétique et des cahiers, s'empara des miens et, les apportant à son bureau, les trouva chargés de révélations vraiment extraordinaires. Les espaces vides étaient occupés par des distiques et des strophes déplorables, mêlés de remarques occasionnelles en prose grossière, qui traitaient principalement de phénomènes naturels. Une note, par exemple, que le maître a pris la peine de déchiffrer, faisait référence au *fait supposé* , familier du point de vue des sensations aux garçons situés au bord de la mer, que pendant la saison balnéaire, l'eau est plus chaude les jours de vent, lorsque les vagues se brisent plus haut que pendant les calmes plats ; et l'expliqua (je ne le crains pas très philosophiquement) sur l'hypothèse que « les vagues, en se frappant les unes contre les autres, engendrent de la chaleur, comme la chaleur peut être engendrée en frappant dans les mains ». Le maître continua sa lecture, évidemment avec beaucoup de difficulté, et apparemment avec un scepticisme considérable : il en déduisit que j'avais emprunté, et non inventé : bien que là où telle prose et tel vers auraient pu être empruntés, et, en particulier, telle grammaire et telle orthographe, des hommes encore plus intelligents qu'il aurait pu désespérer de découvrir un jour. Et pour tester mes capacités, il me proposa de me fournir un thème sur lequel écrire. « Voyons, dit-il, voyons : le bal de l'école de danse aura lieu ici la semaine prochaine ; apportez-moi un poème sur le bal de l'école de danse. Le sujet ne promettait pas grand-chose ; mais, me mettant au travail le soir, je produisis sur le bal une demi-douzaine de strophes, qui furent accueillies comme bonnes, prouvant que je savais effectivement rimer ; et pendant quelques semaines après, je fus plutôt l'un des favoris du nouveau maître.

Cependant, j'étais bientôt devenu un garçon sauvage et insoumis, et la seule école dans laquelle je pouvais vraiment être instruit était cette école mondiale qui m'attendait, dans laquelle le labeur et les difficultés sont les professeurs sévères mais nobles. J'ai eu de tristes ennuis. En nous disputant un jour avec un garçon de mon rang, nous échangâmes des coups à travers la forme ; et lorsqu'on fut appelé pour le procès et le châtiment, la faute s'avérait si également des deux côtés, que le même nombre de *palmies*, bien posées, était attribué à chacun. Cependant, je portais le mien comme un Indien d'Amérique du Nord, tandis que mon adversaire se mettait à hurler et à pleurer ; et je ne pus résister à la tentation de lui dire dans un murmure qui parvint malheureusement à l'oreille du maître : « Espèce de gros imbécile bavard, prenez cela pour une raclée de ma part. Je devais bien sûr recevoir quelques palmes supplémentaires pour le discours ; mais alors, "qui s'en souciait ?" Le maître, cependant, « se souciait » beaucoup plus de l'offense que moi de la punition. Et lors d'une querelle ultérieure avec un autre garçon – un mulâtre robuste et quelque peu désespéré – je me suis retrouvé dans une situation encore pire, à laquelle il pensait encore pire. Le mulâtre, dans ses combats, qui étaient nombreux, avait l'art, lorsqu'il risquait d'être surpassé, de dégainer son couteau ; et dans notre affaire — les nécessités du combat semblant l'exiger — il a pointé son couteau sur moi. Cependant, à sa grande horreur et à son grand étonnement, au lieu de m'enfuir, j'ai immédiatement sorti le mien et, rapide comme l'éclair, je l'ai poignardé à la cuisse. Il poussa un rugissement de peur et de douleur et, bien que plus alarmé que blessé, il ne tira jamais de couteau sur un combattant. Mais la valeur de la leçon que je donnai fut, comme la plupart des autres choses de grande valeur, insuffisamment appréciée ; et cela m'a simplement procuré le caractère d'un garçon dangereux. J'étais certainement arrivé à un stade dangereux ; mais c'était surtout moi qui étais en danger. Il y a une période de transition dans laquelle la force et l'indépendance de l'homme latent commencent à se mêler à l'obstination et à l'indiscrétion du simple garçon, qui est plus périlleuse que toute autre, dans laquelle commencent bien d'autres carrières descendantes d'insouciance et de folie, qui se terminent par un naufrage et une ruine, que toutes les autres années de la vie qui s'échelonnent entre l'enfance et la vieillesse. Le garçon en pleine croissance doit être traité avec sagesse et tendresse à ce stade critique. La sévérité qui voudrait contraindre la soumission implicite cédée à une époque antérieure réussirait probablement, si son caractère était fort, à assurer sa ruine. C'est à ce stade de transition que les garçons s'enfuient de leurs parents et de leurs maîtres vers la mer ou, lorsqu'ils sont suffisamment grands, s'enrôlent dans l'armée des soldats. Le parent strictement orthodoxe, s'il est plus sévère que sage, réussit occasionnellement, pendant cette crise, à pousser son fils vers le papisme ou l'infidélité ; et la morale sévère, en se retrouvant *dans* une totale débauche. Mais, traitée avec indulgence et judicieusement, la période dangereuse passe : en quelques années tout au plus, parfois même en quelques mois, la sobriété nécessaire au développement ultérieur du caractère s'installe, et le garçon sauvage s'installe dans un jeune âge rationnel. homme.

Il se trouva cependant que, dans ce qui fut la scène finale de ma scolarité, j'étais plutôt malheureux que coupable. La classe à laquelle j'appartenais maintenant donnait une leçon d'anglais chaque après-midi et faisait ses séances d'orthographe ; et dans ces derniers je ne m'en acquittai que mal ; en partie à cause du fait que je n'épelais qu'avec indifférence, mais plus encore à cause de la circonstance supplémentaire que, gardant fortement gravée dans ma mémoire la large prononciation écossaise acquise à l'école des dames, je devais poursuivre dans mon esprit le double processus de une fois épelé le mot recherché, et de traduire les anciens sons des lettres dont il était composé en sons modernes. On ne m'avait pas non plus appris à diviser les mots en syllabes ; et ainsi, lorsqu'on m'a demandé un soir d'épeler le mot « *affreux* », avec beaucoup de délibération – car il me fallait traduire, au fur et à mesure, les lettres *aw* et *u* – je l'ai épelé mot à mot, sans interruption ni pause, comme affreux. . "Non", dit le maître, "aw, *aw* , ful, *horrible* ; épelez encore." Cette orthographe semblait absurde. C'était coincé dans un *a* , comme je le pensais, au milieu du mot, là où, j'en étais sûr, aucun *a* n'avait le droit d'être ; et donc je l'ai épelé comme au début. Le maître récompensa ma prétendue contumace par une coupure aiguë en travers des oreilles avec son tawse ; et exigeant à nouveau l'orthographe du mot, je l'épelai à nouveau comme au début. Mais après avoir reçu une seconde coupure, j'ai refusé de l'épeler davantage ; et, déterminé à vaincre mon obstination, il me saisit et tenta de me renverser . Cependant, comme la lutte avait été l'un de nos exercices favoris de Marcus' Cave, et comme peu de gars de ma taille luttaient mieux que moi, le maître, bien que grand et assez robuste, trouva l'exploit considérablement plus difficile qu'il n'aurait pu le supposer. . Nous nous balançâmes d'un côté à l'autre de la salle de classe, tantôt en arrière, tantôt en avant, et pendant une minute entière, il nous sembla que la question de savoir de quel côté penchait la victoire était plutôt discutable. Mais à la fin, je trébuchai sur un formulaire ; et comme le maître devait traiter avec moi, non pas comme un maître traite habituellement avec un élève, mais comme un combattant traite avec un autre, qu'il doit battre pour le soumettre, j'ai été mutilé d'une manière qui m'a rempli de douleurs et de contusions pendant toute une durée. mois par la suite. Je crains grandement que, si j'avais rencontré cet individu sur une route solitaire cinq ans après notre rencontre, alors que j'étais devenu assez fort pour soulever à hauteur de poitrine la « grande pierre de levage de la Grotte Tombante », il aurait entendu comme un son. se débattant comme il a toujours donné à un petit garçon ou à une petite fille dans sa vie ; mais tout ce que je pouvais faire à ce moment-là, c'était d'enlever ma casquette de l'épingle, une fois l'affaire terminée, et de sortir directement de l'école. Et c'est ainsi que j'ai mis fin à mes études scolaires. Avant la nuit, je m'étais vengé dans un exemplaire de vers satiriques intitulé "Le Pédagogue", qui, comme ils contenaient un peu d'intelligence, était considéré comme l'ouvrage d'un enfant, et comme les excentricités connues de leur sujet me donnaient beaucoup d'importance. portée — a occasionné beaucoup de gaieté dans l'endroit ; et une copie nette des vers, écrite par Finlay, fut transmise par la poste au pédagogue lui-même. Mais la seule attention qu'il en fit jamais fut incidemment, dans un bref discours prononcé devant le copiste quelques jours après. « Je *vois*, monsieur, » dit-il, « je *vois que* vous fréquentez toujours ce camarade Miller ; peut-être qu'il fera de vous un poète ! « J'avais pensé, Monsieur, » répondit Finlay très doucement, « que les poètes étaient nés, et non faits. »

Comme échantillon de la rime de cette époque, et comme en quelque sorte compensation à ma raclée, qui reste jusqu'à ce jour un compte non réglé, je soumets au lecteur ma pasquinade :

LE PÉDAGOGUE.

Avec une mine solennelle et un air pieux,

    S—k—r répond à chaque appel de grâce ;

Une forte éloquence orne sa prière,

    Et la sainteté formelle de son visage.

Tout bon; mais tourne de l'autre côté,

Et voyez le beau sourire narquois affiché ;

La démarche pompeuse, l'air exalté,

Et tout ce qui marque le beau, est là.

Dans le personnage, nous voyons rarement

Des traits si divers se rencontrent et s'accordent :

Le hachage concerné peut-il trébucher,

Front exalté et lèvre fièrement pressée,

Dans une étrange union incongrue,

Avec tout ça qui marque l'hypocrite ?

Nous voyons qu'ils le font : mais analysons

Ces ressorts secrets qui font mouvoir l'homme.

Même si maintenant il brandit le bouleau noueux,

Sa meilleure espérance réside dans l'Église :

Pour cela, la robe de sable qu'il porte,

Car cela apparaît sous une forme pieuse.

Mais alors, la faible volonté ne peut pas se cacher

La vanité et la fierté inhérentes ;

Et ainsi il joue le·rôle du fat,

Comme plus cher à son pauvre cœur vain :

Un idiot né dans la nature ! un saint par art !!

Mais attendez ! il ne porte pas de robe de Fopling

Chaque couture, chaque fil, l'oeil peut tracer

Son costume est entièrement recouvert ; la teinture, bien que vraie,

Blanchi par le temps, affiche une teinte plus pâle :

La robe constitue la meilleure partie du fopling ;

Réconciliez cela et prouvez votre art.

"La pénurie froide réprime l'orgueil;"—

Une maxime des sages niée ;

Car c'est seulement les âmes apprivoisées et laborieuses,

Dont les esprits se plient quand il contrôle,—

Dont les vies se déroulent d'une manière ennuyeuse,

La simple honnêteté est leur objectif le plus élevé.

Avec lui, cela peut simplement réprimer...

Tailleur sur-vache — la pompe de la tenue vestimentaire ;

Son esprit, non réprimé, peut s'envoler

Aussi haut que jamais la folie s'est élevée auparavant;

Peut voler en étudiant pâle, en apprenant le débat,

Et singe fièrement l'état inactif de la mode :

Pourtant, il échoue dans cette grâce engageante

Cela éclaire le visage du courtisan expérimenté.

Nous marquons son air faible et affecté,

Et, en souriant, observez l'étincelle potentielle ;

Complet dans chaque acte et fonctionnalité,—

Une créature mal élevée, idiote et maladroite.

Mes années d'école à peu près terminées, une vie de labeur se présentait devant moi ; mais jamais encore un garçon à moitié adulte n'était moins disposé à prendre l'homme et à laisser tomber le garçon. Mon groupe de compagnons se divisait rapidement ; mon ami de la grotte Doocot était sur le point de se rendre dans une académie dans une ville voisine ; Finlay avait reçu un appel du sud pour terminer ses études dans un séminaire sur les rives de la Tweed ; un garçon de Marcus' Cave se préparait à prendre la mer ; un autre pour apprendre un métier ; un troisième pour entrer dans un magasin ; le moment de la dispersion était trop évidemment proche ; et, prenant conseil un jour ensemble, nous décidâmes de construire quelque chose — nous ne savions d'abord pas quoi — qui pourrait servir de monument pour nous rappeler dans les années à venir le souvenir de nos premiers passe-temps et plaisirs. L'histoire courante des livres scolaires du berger persan, qui, une fois élevé par son souverain à un haut rang dans l'empire, tirait son principal plaisir de contempler, dans un appartement secret, la pipe, la houlette et les vêtements grossiers de ses jours les plus heureux, m'a suggéré que nous ayons aussi notre appartement secret, dans lequel stocker, pour une contemplation future, notre baïonnette et notre pistolet, notre pot et notre cruche ; et je recommandai que nous nous chargeions de creuser à cet effet, dans les bois de la colline, une chambre souterraine accessible, comme les voûtes mystérieuses de nos livres de contes, par une trappe. La proposition a été accueillie favorablement ; et, choisissant un endroit solitaire parmi les arbres comme emplacement approprié, et nous procurant une bêche et une pioche, nous commençâmes à creuser.

Bientôt, en traversant la fine croûte de terre végétale, nous trouvâmes l'argile rouge en dessous extrêmement raide et dure ; mais jour après jour nous voyions travailler avec persévérance ; et nous parvînmes à creuser une immense fosse carrée, d'environ six pieds de longueur et de largeur, et de sept pieds de profondeur. Fixant quatre poteaux verticaux dans les angles, nous bordâmes notre appartement de longerons élancés cloués étroitement les uns aux autres ; et nous avions préparé pour lui donner un toit massif de poutres formées d'arbres tombés, et assez solide pour supporter une couche de terre et de gazon d'un pied à un pied et demi de profondeur, avec une petite ouverture pour la trappe ; lorsque nous nous rendîmes compte, un matin, alors que nous nous dirigeions vers le lieu de notre travail, que nous étions traqués avec acharnement par une horde de garçons considérablement plus nombreuse que notre propre groupe. Leur curiosité avait été excitée, comme celle de la princesse Nekayah à Rasselas, par les outils que nous portions et par « le fait que nous avions dirigé notre promenade chaque jour vers le même point » ; et en vain, en courant et en doublant, en grondant et en remontrant, nous essayions maintenant de les secouer. Je vis que, si nous provoquions une *mêlée générale* , nous ne pouvions guère espérer en sortir vainqueurs ; mais me considérant pleinement à la hauteur de leur garçon le plus robuste, je suis sorti et l'ai mis au défi de s'avancer et de me combattre. Il hésita, parut idiot et refusa ; mais il a dit qu'il se battrait volontiers avec n'importe quel membre de mon parti, sauf moi-même. J'ai immédiatement nommé mon ami de la grotte Doocot, qui a bondi à sa rencontre ; mais le garçon, comme je l'avais prévu, refusa également de le combattre ; et, observant l'effet produit, j'ordonnai à mes gars d'avancer ; et du haut d'une pente de la colline, nous avons eu la satisfaction de voir que nos poursuivants, après s'être attardés un moment à l'endroit où nous les avions laissés, revenaient chez eux, assez intimidés, et ne nous poursuivaient plus. Mais hélas! En arrivant dans notre chambre secrète, nous nous sommes assurés, par des marques trop claires, qu'elle ne devait plus être secrète. Une main grossière avait arraché le revêtement en bois et coupé deux des poteaux à moitié avec une hachette ; et en revenant inconsolables à la ville, nous nous sommes assurés que Johnstone, le forestier, venait d'être là avant nous, déclarant que des personnes atrocement méchantes, pour l'appréhension desquelles une proclamation devait être publiée sur-le-champ, avaient fabriqué un piège diabolique, qu'il venait de découvrir. , pour avoir mutilé le bétail de monsieur, son employeur, qui cultivait la Colline. Johnstone était un vieux quarante-deuxième homme qui avait suivi Wellington sur la plus grande partie de la péninsule ; mais bien qu'il ait été témoin de la prise et du sac de Saint-Sébastien, et de bien d'autres choses mauvaises, il n'avait jamais rien vu dans la péninsule, ni ailleurs, dit-il, à moitié aussi malfaisant que le piège à bétail. Bien sûr, nous avons gardé notre propre secret ; et comme nous sommes tous rentrés sous les nuages de la nuit et que le cœur lourd a rempli notre excavation avec le sol, la proclamation menacée n'a jamais été publiée. Johnstone, cependant, qui surveillait mes mouvements depuis longtemps auparavant et que, comme c'était un homme formidable, très différent des autres forestiers, j'avais assidûment observé à mon tour, n'hésitait pas à déclarer que je, et moi seul, pourrais être le concepteur du piège à bétail. Je m'étais familiarisé dans des livres, dit-il, avec la manière de piéger les bêtes sauvages dans les forêts du monde ; et mon piège pour le bétail du colonel était, il en était certain, le résultat de mes connaissances acquises dans les livres.

J'étais un jour flâné devant la maison de ma mère, lorsque Johnstone vint s'adresser à moi. Comme les preuves concernant les fouilles étaient totalement détruites, je n'avais connaissance à l'époque d'aucune offense particulière qui aurait pu m'attirer une telle attention, et j'en ai déduit que le vieux soldat travaillait sur quelque erreur ; mais le discours de Johnstone prouva bientôt qu'il ne s'était pas trompé le moins du monde. "Il souhaitait me connaître", a-t-il déclaré. "C'était absurde de nous déranger les uns les autres, alors que nous n'avions aucune raison de nous disputer." Il avait l'habitude de renflouer sa pension et sa maigre allocation de forestier en attrapant un panier de poissons sur les rochers de la colline ; et il venait de découvrir un rocher saillant au pied d'un haut précipice, qui se révélerait, il en était sûr, l'une des meilleures plates-formes de pêche du Firth. Mais alors, dans l'état actuel, il était totalement inaccessible. Il était cependant d'avis qu'il était possible de l'ouvrir en creusant un chemin le long de la paroi abrupte du précipice. Il avait vu Wellington s'occuper de questions tout aussi désespérées dans la péninsule ; et si je voulais l'aider, il était sûr, disait-il, que nous pourrions tracer entre nous le chemin nécessaire. L'entreprise était entièrement selon mon propre cœur ; et le lendemain matin, Johnstone et moi travaillions dur sur le bord vertigineux du précipice. Il était surmonté d'un épais lit d'argile à blocs, lui-même (telle était la raideur de la pente) presque un précipice ; mais une série de marches profondément taillées nous menèrent facilement au bas du lit d'argile ; puis une plate-forme en pente, que nous avons creusée et aplatie avec beaucoup de travail, nous a conduit non sans danger à environ vingt-cinq ou trente pieds le long de la face du précipice proprement dit. Une seconde série de marches, péniblement creusées dans le roc vivant, et qui passaient à quelques mètres d'une rangée de nids de hérons perchés sur une plate-forme jusqu'alors inaccessible, nous faisait descendre encore vingt-cinq ou trente pieds de plus ; mais ensuite nous arrivâmes à une descente abrupte d'environ vingt pieds, devant laquelle Johnstone parut plutôt vide, bien que, lorsque je lui suggérai une échelle, il reprit courage, et, coupant deux minces arbres effilés dans le bois au-dessus, nous les lançâmes par-dessus le sol. précipice dans la mer ; puis nous les avons repêchés avec beaucoup de travail et de peine, nous les avons équarris et percés vers le haut, et, leur taillant des tenons dans le gneiss dur, nous les avons placés contre la façade rocheuse et avons cloué dessus une ligne de marches. Le précipice en dessous descendait facilement jusqu'au rocher de pêche, et ainsi quelques pas supplémentaires complétaient notre chemin. Je n'ai jamais vu un homme plus ravi que Johnstone. Comme étant plus léger et plus actif que lui — car bien que peu avancé dans la vie, il était considérablement affaibli par de graves blessures — j'ai dû assumer sur moi-même certaines des parties les plus périlleuses du travail. J'avais coupé les tenons de l'échelle avec une corde autour de la taille, et j'avais récupéré les arbres jetés à la mer par quelque nage adroite ; et le vieux soldat fut profondément impressionné par la conviction que mon propre domaine était l'armée. Je mesurais déjà cinq pieds trois, dit-il ; dans un peu plus d'un an, je mesurerais cinq pieds sept ; et si seulement je m'enrôlais et m'abstenais de boire un verre — ce qu'il n'aurait jamais pu faire —, j'en étais sûr, je deviendrais sergent. En bref, les conditions dans lesquelles Johnstone et moi avons appris à vivre pour toujours étaient telles que, si j'avais construit une *vingtaine* de pièges pour le bétail du colonel, je crois qu'il leur aurait tous fait un clin d'œil. Pauvre gars! il connut des difficultés bien des années après et, lors de l'accession des Whigs au pouvoir, hypothéqua sa pension et émigra au Canada. Cependant, jugeant les termes durs, comme il le pouvait fort bien, il écrivit d'abord une lettre à son ancien commandant, le duc de Wellington - je tenais la plume pour lui - dans laquelle, dans l'espoir que leurs rigueurs pourraient être relâchées en sa faveur : il a exposé à la fois ses services et son cas. Et le duc répondit promptement, dans une épître olographe essentiellement aimable, dans laquelle, après avoir déclaré qu'il n'avait alors aucune influence auprès des ministres de la Couronne, et aucun moyen d'obtenir un assouplissement de leurs conditions en faveur de qui que ce soit : il « recommanda sincèrement à William Johnstone, *premièrement*, de ne pas chercher à subvenir à ses besoins au Canada, à moins qu'il ne soit physiquement valide et apte à subvenir à ses propres besoins dans des circonstances extrêmement difficiles ; et, *deuxièmement*, de ne sous aucun prétexte vendre ou hypothéquer son Pension." Mais le conseil n'a pas été suivi : Johnstone a émigré au Canada et a hypothéqué sa pension ; et je crains — même si je n'ai pas réussi à retracer son histoire — qu'il en ait souffert en conséquence.

CHAPITRE VIII.

"Maintenant, sûrement, pensais-je, il y en a assez

Pour remplir le chemin poussiéreux de la vie ;

Et à qui manqueraient les pieds d'un poète,

Ou demandez-vous où il s'égare !

Alors j'irai dans les bois et les déserts,

Et je construirai une tonnelle d'ozier ;

Et doucement là coulera vers moi

L'heure méditative. "- HENRY KIRKE WHITE.

Finlay était absent ; mon ami de la grotte Doocot était absent ; mes autres compagnons étaient tous dispersés ; ma mère, après un long veuvage de plus de onze ans, avait contracté un second mariage ; et je me suis retrouvé face à face avec une vie de travail et de contrainte. La perspective paraissait extrêmement morne. La nécessité de travailler sans cesse du matin au soir et d'une semaine à l'autre, et tout cela pour obtenir un peu de nourriture grossière et des vêtements simples, semblait être une nécessité pénible ; et j'aurais bien voulu l'éviter. Mais il n'y avait pas d'échappatoire ; et j'ai donc décidé d'être maçon. Je me souvenais des longues vacances d'hiver de mon cousin George et de la façon dont il les employait délicieusement ; et, en choisissant la profession du cousin Georges, j'espérais trouver, comme lui, une large compensation, dans les amusements de la moitié de l'année, pour les travaux de l'autre moitié. Le travail ne brandira pas sur moi, dis-je, un bâton entièrement noir, mais un bâton semblable à l'un des bâtons pelés de Jacob, alternativement quadrillé de blanc et de noir.

Cependant, même à cette époque, malgré les antécédents d'une enfance malheureusement mal dépensée, je recherchais quelque chose de plus élevé que le simple amusement ; et, osant croire que la littérature et peut-être les sciences naturelles étaient, après tout, mes vocations propres, je résolus qu'une grande partie de mon temps libre serait consacrée à l'observation attentive et à l'étude de nos meilleurs auteurs anglais. Mes deux oncles, surtout James, étaient profondément contrariés par ma détermination à devenir maçon ; ils s'attendaient à me voir progresser dans quelque profession savante ; et pourtant, j'allais être un simple mécanicien opérationnel, comme l'un des leurs ! Je passai avec eux une heure sérieuse, au cours de laquelle ils me conseillèrent qu'au lieu d'entrer comme apprenti maçon, je me consacre de nouveau à mon éducation. Même si le travail de leurs mains constituait leur seule richesse, ils m'aideraient, disaient-ils, à poursuivre mes études universitaires ; bien plus, si je le préférais, je pourrais en attendant venir vivre avec eux : tout ce qu'ils me demandaient en échange, c'était que je m'adonne à mes leçons avec autant d'assiduité que, dans le cas de devenir maçon, je devrais donner moi-même à mon métier. J'ai hésité. Les garçons de ma connaissance, qui se préparaient au collège, avaient des yeux, dis-je, pour une profession quelconque ; ils se qualifiaient pour devenir avocats ou médecins, ou, dans une bien plus grande mesure, étudiaient pour l'Église ; alors que je n'avais aucun désir ni aucune aptitude particulière à être avocat ou médecin ; et quant à l'Église, c'était une direction trop sérieuse pour chercher son pain, à moins que l'on puisse honnêtement se considérer comme *appelé* au travail propre de l'Église ; et je ne pouvais pas. Là, dirent mes oncles, vous avez parfaitement raison : mieux vaut être un pauvre maçon, — mieux vaut être quelque chose d'honnête, si humble soit-il, — qu'un ministre *inappelé* . Comme l'emprise exercée sur l'esprit dans certains cas par des convictions héréditaires dont la conduite ordinaire ne montre que peu de traces apparentes est forte ! J'avais été ces dernières années un garçon sauvage – non sans ma part de respect pour la religion de Donald Roy, mais sans le sérieux de Donald ; et pourtant sa croyance en cette question spéciale était si fortement ancrée dans les recoins de mon esprit, qu'aucune considération, quelle qu'elle soit, n'aurait pu m'inciter à l'outrager en faisant valoir mon indignité envers l'Église. Même si, peut-être, elle était trop tendue dans bon nombre de ses formes anciennes, j'aimerais sincèrement que la conviction, au moins dans certaines de ses meilleures modifications, soit maintenant plus générale. Il serait peut-être bon que toutes les Églises protestantes soutiennent pratiquement, avec les oncles James et Sandy, que les vrais ministres ne peuvent pas être fabriqués à partir d'hommes ordinaires - des hommes ordinaires en talent et en caractère - en un nombre d'années donné, puis soumis à l'imposition. des mains dans l'office sacré; mais qu'au contraire, les ministres, lorsqu'ils sont réels, sont tous des créations spéciales de la grâce de Dieu. Je puis ajouter que c'est dans une croyance de ce genre, profondément ancrée dans l'esprit populaire écossais, que réside principalement la force de notre récente controverse ecclésiale.

Lentement et à contrecœur, mes oncles consentirent enfin à ce que je fasse l'essai d'une vie de travail manuel. Le mari d'une de mes tantes maternelles était un maçon qui, sous contrat pour des travaux à petite échelle, avait généralement un ou deux apprentis et employait quelques compagnons. Avec lui, j'ai accepté de servir pour un mandat de trois ans ; et, me procurant un costume de solides vêtements en moleskine et une paire de lourdes chaussures cloutées, j'attendis seulement la fin des gelées hivernales pour commencer à travailler dans les carrières de Cromarty - maîtres d'œuvre du nord de l'Écosse combinant habituellement les métier de carrière avec celui de maçon. Dans le magnifique fragment poétique à partir duquel j'ai choisi ma devise, le pauvre Kirke White se livre avec tendresse au rêve d'une vie d'ermite – calme, méditative, solitaire, passée au loin dans des bois profonds ou au milieu de vastes étendues désertes, où les sons mêmes ce qui s'élèverait ne serait que les faibles échos d'une solitude dans laquelle l'homme n'était pas – une « voix du désert, jamais muette ». Le rêve est celui d'une certaine brève période de la vie entre l'enfance et une jeunesse relativement mûre ; et nous en trouvons plus de traces dans la poésie de Kirke White que dans celle de presque n'importe quel autre poète ; simplement parce qu'il a écrit à l'âge où il est naturel de s'y adonner, et parce que, moins imitateur et plus original que la plupart des poètes juvéniles, il l'a donné comme une partie de l'expérience intérieure d'où il puisait. Mais c'est un rêve qui n'est pas réservé aux jeunes poètes : le garçon ignorant, à moitié adulte, qui apprend, pour la première fois, « l'histoire du grand et riche gentleman qui fait de la publicité pour un ermite », et souhaite n'avoir que les qualifications nécessaires pour devenir un ermite. barbe pour se présenter comme candidat, s'y livre aussi ; et moi aussi, dans cette étape de transition, je l'ai chéri avec toute la force d'une passion. Cela semble naître d'une timidité latente dans l'esprit encore peu développé, qui hésite à affronter les dures réalités de la vie, au milieu de la foule et de la presse d'un monde occupé, et éclipsé par la formidable compétition des hommes déjà pratiquée dans le monde. lutte. J'ai encore devant moi l'image de la « loge dans un vaste désert » où j'aurais voulu me retirer, pour mener tout seul une vie plus tranquille, mais tout aussi sauvage, que celle de ma Marcus' Cave ; et le confort et le confort de l'humble intérieur de mon ermitage, pendant une nuit d'hiver bruyante, quand le vent en rafales hurlait autour du toit et la pluie battait sur les fenêtres, mais quand, dans le calme intérieur, la flamme joyeuse rugirait dans la cheminée et jetterait un regard brillant sur les chevrons et les murs, m'impressionnait toujours comme si le souvenir était en réalité celui d'une scène dont j'ai été témoin, et non d'une simple vision évoquée par l'imagination. Mais ce n'était qu'un rêve vain d'un garçon absent, qui aurait volontiers évité, maintenant comme autrefois, d'aller à l'école – la meilleure et la plus noble de toutes les écoles, à l'exception de l'école chrétienne, dans laquelle l'honnête travail est le professeur – dans laquelle l'honnête travail est le maître. auquel la capacité d'être utile est transmise, et l'esprit d'indépendance communiqué, et l'habitude d'effort persévérant acquise ; et qui est plus moral que les écoles dans lesquelles on enseigne uniquement la philosophie, et bien plus heureux que les écoles qui prétendent n'enseigner que l'art du plaisir. Travail noble, droit et indépendant ! Quiconque connaît votre solide valeur aurait honte de vos mains dures, de vos vêtements souillés et de vos tâches obscures – de votre humble chaumière, de votre canapé dur et de votre nourriture simple ! Sans toi et tes leçons, l'homme en société sombrerait partout dans un triste composé de démon et de bête sauvage ; et ce monde déchu serait aussi certainement moral qu'un désert naturel. Mais je ne pensais pas à l'excellence de ton caractère et de tes enseignements, lorsque, le cœur lourd, je partis à cette époque, un matin du début du printemps, pour prendre auprès de toi ma première leçon dans une carrière de grès.

J'ai consigné ailleurs l'histoire de mes premiers jours de labeur ; mais il est possible que deux histoires, de même période et individuelles, soient à la fois fidèles aux faits et différentes l'une de l'autre dans les scènes qu'elles décrivent et les événements qu'elles relatent. La carrière dans laquelle j'ai commencé ma vie de travail était, comme je l'ai dit, une carrière de grès et présentait dans la section du talus couvert de ajoncs qu'elle présentait une barre de pierre rouge foncé en dessous et une barre de pierre rouge pâle. argile dessus. Les deux gisements appartenaient à des formations également inconnues, à l'époque, du géologue. La pierre rouge foncé faisait partie d'un membre supérieur du vieux grès rouge inférieur ; l'argile rouge pâle, très rugueuse par des cailloux arrondis, et très craquelée et fissurée par les gelées récentes, était un lit d'argile à blocs. Sans la saine retenue qui me confinait jour après jour dans cet endroit, j'aurais peut-être dû prêter peu d'attention à l'un ou l'autre. La minéralogie, dans ses premiers rudiments, avait éveillé de bonne heure ma curiosité, comme elle ne manque jamais d'éveiller, avec ses pierres précieuses et ses métaux, et ses roches dures et scintillantes, dont on peut fabriquer des outils, la curiosité des tribus et des nations naissantes. Mais aux masses disgracieuses d'origine mécanique, qu'elles soient de grès ou d'argile, je ne pouvais m'intéresser ; tout comme les sociétés naissantes ne s'intéressent pas à de telles masses et ne connaissent donc rien à la géologie ; et ce n'est que lorsque j'eus appris à détecter parmi les anciennes couches de grès de cette carrière exactement les mêmes phénomènes que ceux dont j'étais témoin lors de mes promenades avec oncle Sandy au reflux, que j'étais assez excité d'examiner et de m'enquérir. C'est la nécessité qui a fait de moi un carrière qui m'a appris à être géologue. De plus, j'ai vite découvert qu'il y avait beaucoup à apprécier dans une vie de travail. Le goût des beautés de la nature est à lui seul une source de délices intarissable ; et il n'y a guère eu un jour pendant lequel j'ai travaillé en plein air, pendant cette période, sans que je n'aie éprouvé son influence apaisante et exaltante. Le poète Keats a bien dit qu'« une chose belle est une joie éternelle ». Je devais beaucoup au cours supérieur du Cromarty Firth, comme on le voyait, lorsque nous nous asseyions pour notre repas de midi, depuis la gorge de la carrière, avec leurs nombreux courants ondulants, qui, dans le calme, ressemblaient à des ruisseaux serpentant à travers un prairie et leurs lointains promontoires gris surmontés de villages qui s'éclairent au soleil ; tandis que, pâles à l'arrière-plan, les puissantes collines, encore striées de neige, s'élevaient au-dessus de la baie et du promontoire, et donnaient dignité et puissance au tableau.

Cependant, malgré toutes mes jouissances, j'ai dû subir certains des maux d'un labeur excessif. Même si j'avais maintenant dix-sept ans, j'étais encore à sept pouces de ma stature ultime ; et ma silhouette, moulée alors plus dans le moule de ma mère que dans celui du robuste marin, dont le « dos », selon la description d'un de ses camarades, « personne n'avait jamais mis à terre », était tricot fin et lâche; et je souffrais beaucoup de douleurs errantes dans les articulations et d'une sensation d'oppression dans la poitrine, comme écrasée par un grand poids. Je devins aussi sujet à de fréquents accès de dépression extrême, qui prenaient presque la forme d'un sommeil réparateur – résultats, je crois, d'une fatigue excessive – et pendant lesquels mon absence d'esprit était si extrême que je n'étais pas capable de le faire. de me protéger contre les accidents, dans les cas les plus simples et les plus ordinaires. Outre d'autres blessures, j'ai perdu à différentes époques, au cours des premiers mois de mon apprentissage, lors de ces accès de somnambulisme partiel, pas moins de sept de mes ongles. Mais à mesure que je prenais des forces, mon moral devenait plus stable ; et ce n'est que bien des années après, lorsque ma santé s'est détériorée pendant un certain temps à cause d'un surmenage d'une autre sorte, que j'ai ressenti à nouveau les accès du sommeil ambulant.

Mon maître, un homme âgé à l'époque, car, comme il le disait souvent à ses apprentis, il était né le même jour et la même année que Georges IV, et nous pouvions donc célébrer, si nous le voulions, les deux anniversaires ensemble. - était une personne laborieuse et persévérante, qui travaillait des heures un peu plus longues que ce qui n'était tout à fait agréable à celui qui souhaitait avoir du temps pour lui-même ; mais c'était, dans l'ensemble, un bon maître. En tant que bâtisseur, il prenait conscience de chaque pierre qu'il posait. On remarqua sur place que les murs construits par l'oncle David ne se renflaient ni ne tombaient ; et aucun de ses apprentis ou compagnons n'était autorisé, sous quelque prétexte que ce soit, à faire « une légère guerre ». Bien qu'il ne fût en aucun cas un homme audacieux ou audacieux, il était, par pure abstraction, lorsqu'il était absorbé par son emploi, plus complètement insensible au danger personnel que presque tout autre individu que j'ai jamais connu. Un jour, alors qu'un bateau surchargé, dans lequel il transportait des pierres de la carrière à la ville voisine, fut rattrapé par une série de vagues agitées et coula brusquement, le laissant debout sur l'un des bancs immergés jusqu'à la gorge, il dit simplement à son partenaire, en voyant passer sa tabatière préférée passer, "Od, Andro mec, sors juste ta main et prends ma tabatière." Une autre fois, lorsqu'une énorme masse d'argile à blocs s'est effondrée sur nous dans la carrière avec un tel élan qu'elle a plié un énorme levier de fer comme un arc et a écrasé en minuscules fragments une solide brouette, l'oncle David, qui, plus âgé et moins actif que tous les autres, avait été empêtré dans les formidables débris, a soulagé tous nos esprits en remarquant, alors que nous nous précipitions en arrière, nous attendant à le trouver écrasé aussi plat qu'une préparation botanique, "Od, je m'en doutais, Andro mec, nous avons perdu notre bonne brouette. Il crut d'abord que je ne lui ferais pas grand honneur comme ouvrier : dans mes absences, j'étais à peu près aussi insensible à l'instruction que lui-même était insensible au danger ; et je travaillais avec le désavantage supplémentaire de connaître un peu, en tant qu'amateur, à la fois la taille et la construction, du fait que lorsque les entreprises de mes années d'écolier impliquaient, comme c'était parfois le cas, la construction d'une maison, j'utilisais toujours être choisi comme maçon du parti. Et tout ce que j'avais appris à ces occasions, je devais maintenant le désapprendre. Mais au bout de quelques mois, j'ai tout désappris ; puis, acquérant en moins de quinze jours une maîtrise très considérable du maillet (car le mien était un des cas assez fréquents dans lesquels le coup mécanique semble, après maintes tentatives avortées, être rattrapé d'un coup) j'ai étonné l'oncle David. un matin, en me mettant en compétition avec lui, et en taillant près de deux pieds de pavé pour le sien. Et à cette occasion, ma tante, sa femme, qui n'était pas étrangère à ses plaintes précédentes, fut informée que son « stupide neveu » allait devenir « après tout un grand ouvrier ».

Une vie de labeur a cependant ses tentations particulières. Lorsque j'étais surmené et dans mon humeur dépressive, j'ai appris à considérer les esprits ardents du magasin de thé comme un grand luxe : ils donnaient légèreté et énergie au corps et à l'esprit, et remplaçaient un état d'ennui et de morosité par un état d'exaltation et de tristesse. jouissance. Usquebaugh était simplement du bonheur distribué au verre et vendu aux branchies. Les usages de la boisson dans le métier dans lequel j'exerçais étaient nombreux à cette époque : lorsqu'une fondation était posée, les ouvriers étaient invités à boire ; ils étaient traités à boire lorsque les murs étaient nivelés pour la pose des solives ; ils ont eu droit à un verre une fois le bâtiment terminé ; ils avaient droit à un verre lorsqu'un apprenti rejoignait l'équipe ; traité à boire lorsque son « tablier était lavé » ; traité pour boire quand « son temps était écoulé » ; et de temps en temps, ils apprenaient à se faire plaisir en buvant. En posant la première pierre d'une des plus grandes maisons construites cette année par l'oncle David et son associé, les ouvriers eurent une « pinte de fondation » royale, et deux verres entiers de whisky vinrent à ma part. Un homme adulte n'aurait pas considéré une branchie d'usquebaugh comme une overdose, mais c'était considérablement trop pour moi ; et quand la fête se termina et que je rentrai chez moi pour lire mes livres, je découvris, en ouvrant les pages d'un auteur préféré, que les lettres dansaient devant mes yeux, et que je n'en parvenais plus à maîtriser le sens. J'ai actuellement le volume devant moi : une petite édition des Essais de Bacon, très usée aux coins par le frottement de la poche ; car du bacon je ne me suis jamais lassé. L'état dans lequel je m'étais mis était, je le sentais, un état de dégradation. J'étais tombé, de mon propre fait, pour l'époque, à un niveau d'intelligence inférieur à celui auquel j'avais le privilège d'être placé ; et bien que l'état n'aurait pu être très favorable à la prise d'une résolution, j'ai décidé à cette heure-là que je ne sacrifierais plus jamais ma capacité de jouissance intellectuelle à un usage de boisson ; et, avec l'aide de Dieu, j'ai pu tenir grâce à ma détermination. Bien que je n'aie jamais été strictement abstinent, j'ai travaillé comme maçon pendant douze mois entiers, au cours desquels je n'ai pas consommé une demi-douzaine de verres d'alcool ardent, ni pris une demi-douzaine de verres d'alcool fermenté. Mais je vois, en repensant à ma première année de travail, un point dangereux où, dans la tentative d'échapper au sentiment de dépression et de fatigue, l'appétit vorace de l'ivrogne confirmé aurait pu se former.

Les carrières ordinaires et exploitées depuis longtemps de ma ville natale ont été ouvertes sur l'ancienne côte le long des rives sud du Cromarty Firth, et elles ne contiennent aucun organisme. Les lits montrent parfois leurs surfaces ondulées par l'eau, et parfois leurs zones de dessiccation ancienne, dans lesquelles les séparations polygonales subsistent encore comme lorsqu'elles s'étaient fissurées lors du séchage, des siècles auparavant. Mais le rocher ne contient ni poisson ni coquillage ; et les simples processus mécaniques dont il témoignait, bien qu'ils servaient à soulever d'étranges questions dans mon esprit, ne m'intéressaient pas aussi profondément que l'auraient fait les merveilleux organismes d'autres créations. Cependant, nous quittions bientôt ces carrières, car elles se révélaient plus difficiles à exploiter que d'habitude à cette époque, car une carrière située sur la rive nord du Moray Firth, qui avait été récemment ouverte dans un membre inférieur du Lower Old Red Sandstone. , et qui, comme je l'ai constaté par la suite, contient dans certains de ses lits des fossiles. Ce n'est cependant pas à la carrière elle-même qu'appartenaient mes premiers organismes découverts. Il y a, au-delà du Firth, un point éloigné du Lias qui, comme celui de Marcus' Cave mentionné dans un chapitre précédent, jonche la plage de ses fragments après chaque tempête venue de la mer ; et dans une masse nodulaire de calcaire gris bleuâtre provenant de ce lit subaquatique, j'ai ouvert ma première ammonite trouvée. C'était un bel exemplaire, gracieux dans ses courbes comme celles de la volute ionique, et bien plus délicat dans sa sculpture ; et sa teinte crème brillante, faiblement brunie par les teintes prismatiques de la perle originale, contrastait délicieusement avec le gris foncé de la matrice qui l'entourait. J'ai brisé bien des nodules semblables pendant notre séjour dans cette charmante carrière, et il y en avait peu dans lesquels je n'aie détecté quelque organisme du monde antique : écailles de poissons, groupes de coquillages, morceaux de bois pourris et fragments de bois. fougère. A l'heure du dîner, j'avais l'habitude de montrer aux ouvriers mes nouveaux spécimens ; mais bien qu'ils prenaient toujours la peine de les regarder et se demandaient parfois comment les coquilles et les plantes étaient « entrées dans les pierres », ils semblaient les considérer comme une sorte de jouets naturels, qu'un simple garçon pourrait s'amuser à regarder. après, mais qui étaient plutôt inaperçus des adultes comme eux. Un ouvrier, cependant, m'informa que des choses d'un genre que je n'avais pas encore trouvées, de véritables éclairs, qui, à l'époque de son père, étaient très recherchées pour guérir le bétail ensorcelé, se trouvaient en assez grande abondance sur un bout de plage. environ deux milles plus à l'ouest ; et comme, en quittant la carrière pour le prochain ouvrage auquel nous devions nous occuper, l'oncle David nous donna à tous une demi-congé, j'en profitai pour visiter la partie du rivage indiquée par l'ouvrier. Et là, appuyé contre les gneiss granitiques et les ardoises à hornblende de la colline d'Eathie, j'ai trouvé un gisement liasique, étonnamment riche en organismes, non enfoui sous les vagues, comme sur le rivage de Marcus, ou comme en face de notre nouvelle carrière, mais à une partie sous-jacente à une petite plaine couverte d'herbe, et une autre exposée sur plusieurs centaines de mètres le long du rivage. Jamais encore un géologue embryonnaire n'a innové dans un domaine plus prometteur ; et mémorable dans mon existence fut cette première des nombreuses soirées heureuses que j'ai passées à l'explorer.

La colline d'Eathie, comme les Sutors de Cromarty, appartient, comme j'ai déjà eu l'occasion de le mentionner, à ce que De Beaumont appellerait le système de collines du Ben Nevis, ce dernier de nos systèmes montagneux écossais qui, s'étendant du sud-ouest au nord, -à l'est, dans la ligne de la grande vallée calédonienne, et dans celle des vallées du Nairn, du Findhorn et du Spey, relevées dans son cours, lorsqu'elle s'est élevée, les Oolites de Sutherland, et les Lias de Cromarty et de Ross. Le gisement que la colline d'Eathie a perturbé est exclusivement un gisement liasique. La base retournée de la formation s'appuie immédiatement contre la Colline ; et nous pouvons suivre les bords des divers lits sus-jacents sur plusieurs centaines de pieds vers l'extérieur, jusqu'à ce que, apparemment près du sommet du gisement, nous les perdions dans la mer. Les divers lits, tous sauf le plus bas, qui consiste en une argile adhésive bleue, sont composés d'un schiste sombre, constitué de lames facilement séparables, minces comme des feuilles de carton ; et ils sont curieusement séparés les uns des autres par des bandes de calcaire fossilifère n'ayant qu'un à deux pieds d'épaisseur. Ces couches liasiques, avec leurs bandes séparatrices, sont des sortes de livres cartonnés ; car comme une série de volumes posés contre un piédestal de granit dans la bibliothèque géologique de la nature, j'avais l'habitude de prendre plaisir à les considérer. Les bandes calcaires, minutieusement marbrées de lignite, d'ichtyolite et de coquillages, forment le bardage rigide ; les lamelles en forme de carton entre elles, au nombre de dizaines et de centaines de milliers, même dans les volumes les plus minces, composent les feuilles écrites de manière serrée. Je dis bien écrit ; car jamais encore les signes ou les caractères ne se sont trouvés plus près sur la page ou sur le rouleau que les organismes des Lias à la surface de ces limbes semblables à des feuilles. J'ai peine à espérer communiquer au lecteur, après tant d'années, une idée adéquate du sentiment d'émerveillement que les merveilles de ce gisement excitèrent dans mon esprit, tout nouveau qu'elles étaient alors pour moi. Même le conte féerique de ma première bibliothèque, celle de la boîte de bouleau, m'avait moins impressionné. Le ton général de la coloration de ces feuillets écrits, bien qu'atténué par l'action de siècles incalculables, est encore très frappant. Le sol est invariablement d'un gris neutre profond, tirant sur le noir ; tandis que les organismes aplatis, qui présentent à peu près le même degré de relief qu'on voit dans les figures d'une carte en relief, contrastent avec lui dans des teintes qui varient du blanc opaque au blanc argenté, et du jaune pâle au brun sombre ou marron. Des groupes d'ammonites apparaissent comme dessinés à la craie blanche ; des grappes d'un minuscule bivalve non décrit sont encore recouvertes de fines pellicules de nacre argentée ; les mytilacées portent généralement une teinte chaude de brun jaunâtre et devaient avoir des coquilles brillantes à leur époque ; les gryphites et les huîtres sont toujours d'un gris foncé, et les plagiostomæ sont ordinairement d'une teinte bleuâtre ou neutre. Sur certaines feuilles, de curieux morceaux d'incidents semblent enregistrés. Nous voyons des flottes de minuscules térébratules, qui semblent avoir été recouvertes par quelque dépôt soudain d'en haut, alors qu'elles naviguaient à leurs ancres ; et des argosies entières d'ammonites, qui semblaient avoir été immédiatement détruites par quelque fâcheux accident, et envoyées écrasées et mortes au fond. Des assemblages de plaques noires brillantes, qui brillent comme des pièces d'art japonais, avec de nombreuses écailles parallélogrammes hérissées de pointes en forme de clous, indiquent où se sont couchés et sont morts quelques poissons armés de l'ancien ordre des ganoïdes ; et des groupes de bélemnites, qui gisent comme des tas de piques d'abordage jetées négligemment sur le pont d'un navire à la reddition de l'équipage, racontent où *des crânes* de seiches de l'ancien type avaient cessé de troubler les eaux. J'ai à peine besoin d'ajouter que ces bélemnites en forme de lance constituaient les prétendus éclairs du gisement. En travers de certaines pages ainsi étrangement inscrites, nous trouvons parfois, comme la feuille d'aubépine sombre de la vignette bien connue de Bewick, des feuilles de forme mince colorées d'une couleur d'ombre foncée ; et des branches de pins éteints et des fragments de fougères d'une forme étrange forment leur garniture la plus ordinaire. Page après page, sur des dizaines et des centaines de mètres ensemble, répétez la même histoire merveilleuse. La grande bibliothèque d'Alexandrie, avec ses volumes de littérature ancienne, accumulation de siècles anciens, n'était qu'une maigre collection, non moins modeste en volume que récente en date, comparée à cette merveilleuse bibliothèque des Lias écossais.

Qui, après avoir passé ne serait-ce que quelques heures dans une telle école, pourrait éviter d'être géologue ? J'avais autrefois trouvé beaucoup de plaisir parmi les rochers et dans les grottes ; mais ce furent les merveilles de l'Eathie Lias qui d'abord orientèrent et visèrent ma curiosité. D'un simple enfant qui cherchait à s'amuser en regardant les *images* du volume pierreux de la nature, je suis désormais devenu un étudiant sobre, désireux de lire et de connaître le livre. Cependant, l'extrême beauté des fossiles du Lias m'a fait passer à cette époque, comme sans grand intérêt, une découverte qui, si elle était dûment suivie, m'aurait probablement fait atterrir en plein milieu des ichtyolites du Vieux Grès Rouge il y a dix ans. avant j'ai appris à les connaître. En formant un port temporaire, où nous transportions les pierres que nous avions extraites, j'ai planté ma pioche dans un lit de grès ardoisier, abondamment marbré dans les couches par des marques carbonées. Il s'agissait, je l'ai vu, de fines tiges ou feuilles rectilignes, très brisées et en mauvais état de conservation, qui me faisaient immédiatement penser à des couches de *Zostera marina broyées* , comme j'en avais souvent vu sur la plage de Cromarty rejetées du sous-marin. prairies du Firth au-delà. Mais alors, avec de magnifiques ammonites et bélemnites, et de gros lignites bien marqués, disponibles en abondance à Eathie rien que pour l'ouverture et le ramassage, comment aurais-je pu penser à me donner à déterrer ce qui semblait n'être que de simples fragments brisés de roches. *Zostera* ? Cependant, à quelques pieds de ces marques carbonées se trouvait une de ces plates-formes de mort violente pour lesquelles le vieux grès rouge est si remarquable - une plate-forme parsemée de restes fossiles des ganoïdes premiers-nés de la création, dont beaucoup portaient encore dans leurs contours déformés témoignent d'une dissolution soudaine et de l'agonie mourante.

Au cours de l'hiver de cette année - car l'hiver est enfin arrivé et, mes travaux terminés, trois mois heureux m'appartenaient tous - j'ai eu l'occasion de voir, au fond d'un vallon sauvage des Highlands, les restes d'une de nos vieilles forêts écossaises. du pin indigène. Mon cousin George, trouvant sa jolie maison des Highlands sur le tomhan couvert de bouleaux situé trop loin de ses lieux de travail habituels, s'était retiré à Cromarty ; et lorsque son travail fut terminé cette année pour la saison, il profita de ses premiers loisirs pour rendre visite à son beau-père, un vieux berger qui résidait dans les recoins supérieurs de Strathcarron. Il m'avait invité à l'accompagner ; et j'ai profité de l'invitation avec plaisir. Nous traversâmes la bande de collines sauvages qui s'étend entre les Firths de Cromarty et de Dornoch, à quelques milles à l'ouest du village d'Invergordon ; et après avoir passé plusieurs heures à travailler dur à travers des landes mornes, non ouvertes à l'époque par aucun chemin public, nous avons pris notre rafraîchissement de midi dans une vallée inhabitée, parmi des murs de chaumières brisés, avec quelques parcelles de sillons s'étendant autour de nous, vertes au milieu de la campagne. déchets. L'un des meilleurs épéistes de Ross y avait autrefois vécu ; mais lui et sa race avaient été perdus au profit de l'Écosse à la suite de l'émigration forcée si courante dans les Highlands au cours des deux dernières époques ; et le cousin George s'est fortement élevé contre les lairds. La froide nuit d'hiver était tombée sur les collines sombres et la rivière bordée d'aulnes du Strathcarron, alors que, quittant la route qui serpente le long du Kyle de Dornoch, nous entrions dans sa gorge sombre ; et comme la demeure du berger se trouvait en haut de la vallée, là où les flancs élevés se rapprochent si près et s'élèvent si brusquement que pendant tout le trimestre d'hiver le soleil ne tombe jamais sur le ruisseau en contrebas, nous avions encore dix ou douze milles de route brisée. avant nous. La lune, dans son premier quartier, pendait au bord des collines, révélant vaguement leurs contours approximatifs ; tandis que dans un creux du ruisseau, loin en contrebas, nous apercevions la torche de quelque pêcheur aventureux, tantôt rougeoyante sur les rochers et l'eau, tantôt disparaissant subitement, éclipsée par les broussailles en surplomb. Il était tard lorsque nous atteignîmes la maison du berger, une construction de gazon et de pierre aux chevrons sombres et faiblement éclairée. Le temps, depuis plusieurs semaines, avait été pluvieux et humide, et les troupeaux du détenu avaient été éclaircis par le fléau commun des éleveurs de moutons à de telles saisons dans les fermes humides et marécageuses. Les poutres étaient chargées de peaux maculées de sang, qui pendaient au-dessus de leur tête pour capter les influences conservatrices de la fumée ; et sur une table en planches grossières, en dessous, s'élevaient deux hautes pyramides de mouton braxy, entassées chacune sur une énigme de maïs. Le berger – un Highlander de grande taille, mais dur et maigre, et usé par les soucis et les labeurs d'au moins soixante hivers – était assis d'un air maussade près du feu. L'état de ses troupeaux n'était pas réjouissant ; et, en outre, il avait eu récemment une vision, disait-il, qui lui remplissait l'esprit d'étranges pressentiments. La veille, à la tombée de la nuit, il était sorti dans un creux humide, dans lequel beaucoup de ses troupeaux étaient morts. La pluie avait cessé depuis quelques heures, et une vive gelée s'était installée et remplissait toute la vallée d'une couronne de vapeur argentée, faiblement éclairée par le mince fragment de lune qui semblait se reposer sur le sommet de la colline. La couronne étendait sous lui ses plis gris – car il avait grimpé à mi-hauteur de la pente – quand soudain la silhouette d'un homme, formée comme du métal chauffé – la silhouette de ce qui semblait être un homme effronté portée à une chaleur rouge. dans une fournaise – surgit des ténèbres ; et, après avoir parcouru la surface du brouillard pendant quelques brèves secondes, pendant lesquelles cependant il avait parcouru la plus grande partie de la vallée, il disparut tout à coup, laissant derrière lui une traînée de flammes évanescente. Il ne faisait aucun doute que le vieux berger avait simplement aperçu une de ces lumières filantes qui, dans les régions montagneuses, surprennent si souvent le voyageur nocturne ; mais l'apparition remplissait maintenant tout son esprit, comme si elle venait du monde spirituel, et d'un présage étrange et effrayant :

"Un météore de la nuit des années lointaines,

Cela est passé inaperçu, sauf à travers un champ ridé,

Réfléchir à minuit sur les prophéties.

Je passai la plus grande partie de la journée suivante avec mon cousin dans la forêt de Corrybhalgan, et aperçus deux grands troupeaux de cerfs élaphes sur les collines. La forêt n'était plus qu'un lambeau d'elle-même ; mais les arbres vénérables s'élevaient encore épais et hauts dans certains des creux les plus inaccessibles ; et il était intéressant de remarquer, là où ils empiétaient le plus sur les terrains vagues, à quel point ils perdaient le caractère ordinaire du sapin écossais, et comment, sortant de leurs fûts courts et noueux d'immenses branches, à environ deux ou trois pieds au-dessus du sol, ils ressemblaient un peu, par leurs proportions trapues, denses et leurs contours arrondis, à de gigantesques ruches d'abeilles. Cela valait à lui seul la peine d'entreprendre un voyage dans les Highlands, pour être témoin de ces derniers vestiges de cet état arboré de notre pays dont la plus jeune de nos formations géologiques, les tourbières, portent un témoignage si significatif ; et qui, encore largement présente comme condition des pays du nord de l'Europe continentale, « reste à attester », comme le remarque bien Humboldt, « plus que même les archives de l'histoire, la jeunesse de notre civilisation ». Je revisitai à cette époque, avant de rentrer chez moi, la baronnie des Gruids ; mais l'hiver ne l'avait pas amélioré : ses humbles traits, dépouillés de leur teint d'été, avaient pris une expression de misère vide ; et des centaines de ses habitants, consternés à ce moment-là par un appel à l'éjection, semblaient tout aussi déprimés et misérables que son paysage.

Finlay et mon ami de la grotte Doocot n'étaient plus à portée de main ; mais pendant cet hiver j'étais souvent en compagnie d'un jeune homme d'environ cinq ans mon aîné, qui était de l'étoffe véritable dont on se fait des amis, et auquel je me suis beaucoup attaché. J'avais fait sa connaissance avec lui environ cinq ans auparavant, lorsqu'il était venu ici de la paroisse voisine de Nigg, pour être apprenti chez un peintre en bâtiment qui habitait à quelques portes de chez ma mère. Mais il y eut d'abord entre nous une trop grande disparité pour l'amitié ; c'était un grand garçon et moi un garçon sauvage ; et, bien qu'occasionnellement admis dans son sanctuaire - une petite pièce humide dans une dépendance dans laquelle il dormait et où, pendant ses heures de loisirs, il faisait des dessins à l'aquarelle et des vers - ce n'était qu'en tant que visiteur occasionnel, qui, ayant un goût grossier pour la littérature et les beaux-arts, méritaient justement d'être ainsi encouragés. Mon année de labeur avait cependant fait pour moi des merveilles : elle m'avait transformé en un jeune homme sobre ; et William Ross ne semblait pas trouver moins de plaisir en ma compagnie que moi en sa compagnie. Pauvre Guillaume ! son nom doit être totalement inconnu du lecteur ; et pourtant il avait en lui ce qui aurait dû le faire connaître. C'était un garçon de génie : il dessinait honnêtement, avait un bon sens du beau et possédait une véritable faculté poétique ; mais il manquait de santé et de moral, et était naturellement d'un tempérament mélancolique et méfiant envers lui-même. C'était alors un garçon maigre, pâle, blond, au teint clair et cireux, à la poitrine plate et à la taille voûtée ; et bien qu'il ait duré beaucoup plus longtemps que ce que l'on aurait pu prévoir d'après son apparence, sept ans après avoir été dans sa tombe. Il était malheureux avec ses parents ; sa mère, quoique issue d'une famille pieuse du vieux type écossais, était un spécimen aberrant ; — elle était tombée dans sa première jeunesse, et avait ensuite épousé un ouvrier ignorant et à moitié imbécile, avec qui elle avait passé une vie de pauvreté et de malheur ; et de ce mariage peu prometteur, William était l'aîné des enfants. Ce n'est certainement pas de l'un ou l'autre de ses parents qu'il tire son génie. Sa grand-mère et sa tante maternelles étaient cependant d'excellentes chrétiennes d'une intelligence supérieure, qui subvenaient à leurs besoins en tenant une école de filles dans la paroisse ; et William, qui avait été amené très jeune à vivre avec eux, et qui était naturellement un garçon docile et docile, avait en conséquence l'avantage de recevoir la leçon la plus importante de toute éducation : la leçon du bon exemple. à la maison, placé bien devant lui. Son enfance avait été celle du poète : il avait aimé se livrer à ses rêveries dans la solitude d'un bois profond à côté de la chaumière de sa grand-mère ; et avait appris à écrire des vers et à dessiner des paysages dans une localité rurale dans laquelle personne n'avait jamais écrit de vers ni dessiné de paysages auparavant. Et enfin, comme dans le nord de l'Ecosse, en ces temps primitifs, la meilleure façon d'approcher un artiste était un peintre en bâtiment, William fut envoyé à Cromarty, lorsqu'il fut assez grand pour l'ouvrage, pour cultiver son goût naturel pour l'art. les beaux-arts, dans les ateliers de papeterie et les halls d'entrée, et dans la peinture des balustrades et des brouettes. Il existe, je crois, quelques exemples de peintres en bâtiment qui sont devenus artistes : l'histoire de feu M. William Bonnar, de la Royal Academy of Edinburgh, en fournit un ; mais le fait que les cas ne soient pas plus nombreux ne sert, je le crains, à montrer combien souvent le goût du dessin est une simple imitation, plutôt qu'une faculté originale et dérivée d'elle-même. Presque tous les apprentis de notre voisin peintre en bâtiment avaient à leur tour le dessin assez décidés pour influencer leur choix de métier ; et ce qui a été le cas si souvent à Cromarty a dû, je pense, avoir été le cas dans de nombreux endroits similaires ; mais combien peu de ces limeurs d'embryons ont-ils des œuvres parues même dans une salle d'exposition provinciale !

Au moment où mon intimité avec William est devenue la plus étroite, sa grand-mère et sa tante étaient mortes, et il luttait avec beaucoup de difficulté pendant la dernière année de son apprentissage. Comme son maître ne lui fournissait que nourriture et logement, son linge devenait rare et son costume de sabbat en mauvais état ; et il attendait avec impatience le moment où il serait libre de travailler pour lui-même, avec toute l'inquiétude du voyageur qui craint que son maigre stock de provisions et d'eau ne lui manque complètement avant d'atteindre le port. Bien sûr, je ne pouvais pas l'aider. J'étais un apprenti comme lui et je ne possédais pas six pence ; et, s'il en avait été autrement, il n'aurait probablement pas consenti à accepter mon aide ; mais il manquait de courage autant que d'argent, et en cela ma société lui faisait du bien. Nous abordions ensemble toutes sortes de sujets, surtout la poésie et les beaux-arts ; et même si nous étions souvent en désaccord, nos différences ne servaient qu'à nous unir davantage. Il considérait, par exemple, le « Minstrel » de Beattie comme le plus parfait des poèmes anglais ; mais bien qu'il aimait assez bien le « Virgile » de Dryden, il ne trouvait aucune poésie dans « Absalom et Achitophel » de Dry den ; tandis que j'aimais à la fois le "Minstrel" et l'"Achitophel", et, en fait, je pouvais difficilement dire, contrairement à leur teint et à leur caractère, lequel des deux je lis le plus souvent ou que j'admire le plus. Encore une fois, parmi les prosateurs, Addison était son favori particulier, et Swift il détestait ; tandis que j'aimais presque également Addison et Swift, et passais sans sentiment d'incongruité de la Vision de Mirza, ou du journal sur l'abbaye de Westminster, au récit véritable de la mort de Partridge, ou au Conte d'une baignoire. S'il pouvait cependant s'étonner du laxisme latitudinaire de mon goût, il y avait au moins un département spécial dans lequel je pouvais tout autant m'émerveiller de l'ampleur incompréhensible du sien. La nature m'avait donné, malgré les phrénologues, qui trouvent la musique indiquée par deux grosses protubérances aux coins de mon front, une oreille déplorablement défectueuse. Mon oncle Sandy, qui était profondément doué en psalmodie, avait fait de son mieux pour faire de moi un chanteur ; mais il se contenta finalement de s'arrêter net, après beaucoup d'efforts, quand, comme il le pensait, il m'avait amené à distinguer Saint-Georges de tout autre air de psaume. Cependant, lors de l'introduction d'un deuxième air dans l'église paroissiale qui répétait le vers de la fin de la strophe, même ce pauvre fragment de capacité m'a abandonné ; et encore aujourd'hui – bien que j'aime plutôt les sons de la cornemuse en général et que je n'aie aucune objection aux tambours en particulier – des doutes me viennent parfois à l'esprit quant à l'existence réelle d'une mélodie. Mon ami William Ross était au contraire un musicien né. Petit garçon, il s'était construit un fifre et une clarinette avec de jeunes pousses de sureau, sur lesquels il parvenait à discourir de douces musiques ; et s'adressant plus tard aux principes et à la pratique de la science, il devint l'un des meilleurs joueurs de flûte du district. Malgré ma lourdeur d'oreille, je garde un agréable souvenir des doux sons qui sortaient de sa petite chambre dans les latrines, chaque soir plus doux à mesure que j'approchais, et de l'état apaisé et tranquille dans lequel je le trouvais toujours pendant ces heures. occasions en entrant. Je ne comprenais pas sa musique, mais je vis que, mentalement du moins, mais pas physiquement, car les organes respiratoires étaient faibles, je le crains, cela lui faisait un grand bien.

Il y avait cependant une province particulière dans laquelle nos goûts s'harmonisaient parfaitement. Nous étions tous les deux, sinon également favorisés, du moins également dévoués, amoureux de la nature sauvage et belle ; et nous avons fait maintes promenades au clair de lune cet hiver parmi les bois et les rochers de la colline. Quelqu'un qui n'était lui-même pas du tout morbidement poétique dans ses sentiments a dit un jour de Thomson qu'« il n'aurait pas pu voir deux bougies allumées sans un œil poétique ». On pourrait au moins dire de mon ami qu'il n'a jamais vu un paysage beau ou saisissant sans en être profondément ému. Quant aux simples bougies, si elles étaient placées sur une commode ou un comptoir de magasin, elles n'auraient peut-être pas réussi à le toucher ; mais s'il brûlait dans quelque *lyke* -wake à côté des morts, ou dans quelque crypte voûtée ou grotte solitaire dans la roche, il n'aurait pas non plus pu les regarder autrement que poétiquement. Je l'ai vu impressionné dans une profonde solennité, au cours de nos promenades, par la lune montante, alors qu'elle nous regardait par-dessus la colline, rouge et large, et entourée de nuages, à travers les interstices de quelque bosquet de sapins sombres ; et nous l'avons observé devenir soudainement silencieux, alors que, émergeant des bois au clair de lune, nous regardions dans un vallon accidenté et voyions loin en dessous, le mince ruisseau ondulant brillant dans la lumière, comme une étroite bande d'aurore boréale projetée à travers un ciel sombre. , lorsque les parois abruptes et rugueuses du ravin, de part et d'autre, étaient enveloppées d'obscurité. Les possibilités de lecture générale de mon ami n'avaient pas été égales aux miennes, mais il connaissait au moins une classe de livres dont je ne connaissais presque rien : il avait étudié attentivement « L'Analyse de la beauté » de Hogarth, « L'Art de la peinture » de Fresnoy, " Les "Lettres" de Gessner, les "Leçons de Sir Joshua Reynolds" et plusieurs autres ouvrages du même genre ; et dans toutes les questions de critique liées à la forme extérieure, aux effets de lumière et d'ombre et aux influences des médias météoriques, je lui ai trouvé une haute autorité. Il avait l'œil fin pour déceler les traits particuliers qui donnaient à un paysage son individualité et son caractère — ces traits, comme il disait, que l'artiste ou le poète devait saisir et mettre en évidence, tout en évitant qu'ils ne soient trop visibles. perdu comme dans une foule, il adoucissait les autres ; et, le reconnaissant comme un maître dans ce domaine de sélection caractéristique, j'étais ravi d'apprendre dans son école, de loin la meilleure du genre que j'aie jamais fréquentée. Je pus cependant le récompenser en partie, en lui faisant découvrir de nombreux endroits intéressants parmi les rochers, ou des vallons et des creux retirés dans les bois, que, à cause de ses habitudes sédentaires, il n'aurait presque jamais découvert par lui-même. Je lui ai appris aussi à allumer des feux après la tombée de la nuit dans les grottes, afin que nous puissions observer les effets des lumières fortes et des ombres profondes dans des scènes si sauvages ; et je me souviens encore très bien de la joie qu'il éprouva lorsque, après avoir allumé pendant la journée un fort incendie à l'entrée de la grotte de Doocot, qui remplissait de fumée l'évidement intérieur, nous nous frayâmes un chemin à l'intérieur à travers le nuage, pour marquer l'apparence de la mer et de la terre opposée vue à travers un milieu si dense, et voyait, en se retournant, le paysage étrangement enveloppé « dans les teintes sombres du tremblement de terre et de l'éclipse ». Nous avons visité ensemble, après la tombée de la nuit, les clairières des bois environnants, pour écouter la brise nocturne qui balayait maussadement le long des cimes des pins ; et, après avoir allumé une lumière dans le vieux caveau d'un cimetière solitaire, nous avons vu le rayon tomber sur les murs fissurés et rongés par l'humidité et la moisissure ; ou bien, en incendiant quelques feuilles fanées, j'ai vu la fumée s'enrouler lentement vers le haut, par une ouverture carrée du toit, dans le ciel obscur. L'esprit de William n'était pas du genre scientifique. Il avait cependant acquis quelques connaissances en mathématiques et quelques compétences en architecture et en anatomie du squelette et des muscles humains ; tandis que, du point de vue de la perspective, il en savait peut-être à peu près autant qu'on en savait à l'époque. Je me souviens qu'il préférait à tout autre le Traité sur cet art de Ferguson, astronome et mécanicien ; et il disait que les vingt années passées par le philosophe comme peintre étaient pleinement rachetées, même si elles n'avaient pas produit de bons tableaux, par son seul petit travail sur la Perspective. Mon ami avait autrefois beaucoup renoncé à écrire des vers, parce qu'il avait appris à savoir ce que devraient être les vers, et qu'il ne parvenait pas à se satisfaire des siens ; et avant sa mort, je l'ai vu abandonner successivement sa flûte et son crayon, et abandonner tous les espoirs qu'il avait autrefois caressés d'être connu. Mais sa mauvaise santé affectait son moral et prosternait les énergies d'un esprit initialement plutôt délicat que fort.

CHAPITRE IX.

"D'autres, à part, étaient assis sur une colline, retirés,

Dans les pensées, plus élevé ; et raisonné haut

De la Providence, de la prescience, de la volonté et du destin —

Destin fixe, libre arbitre, prescience absolue ;

Et n'a trouvé aucune fin, dans des labyrinthes errants perdus. "- MILTON.

Le printemps arriva et apporta avec lui sa série de travaux : extraction, construction et taille de pierre ; mais le travail ne me faisait plus peur : je travaillais dur pendant les heures allouées au labeur, et j'étais content ; et je lisais, j'écrivais ou je marchais pendant les heures qui m'appartenaient proprement, et j'étais heureux. Cependant, au début de mai, nous avions terminé tous les travaux pour lesquels mon maître avait précédemment engagé ; et comme le commerce était inhabituellement ennuyeux à l'époque, il ne put obtenir d'autres contrats et l'escouade fut mise au chômage. Je me précipitai vers les bois et les rochers, et continuai mes leçons de géologie et de sciences naturelles ; mais mon maître, qui n'avait pas de leçons à apprendre, était tristement las de ne rien faire ; et enfin, à contrecœur (car il avait joué le rôle d'employeur, quoique sur une petite échelle, pendant un bon quart de siècle), il se mit à se procurer du travail comme compagnon. Il avait un autre apprenti à l'époque ; et lui, profitant de l'occasion que lui offrait l'incapacité du vieil homme de l'employer, quitta son service et commença à travailler pour son propre compte - une étape à laquelle, bien que la position d'apprenti compagnon paraisse plutôt anormale, je pouvais je ne vois pas mon chemin. Et ainsi, comme du travail se présentait pour le maître et l'apprenti dans un endroit éloigné d'environ vingt milles de Cromarty, je partis avec lui pour faire l'essai, pour la première fois, du genre de vie qu'on passe dans les deux camps et dans les casernes. Notre travail devait consister, m'a-t-on dit, à construire et à tailler une vaste ferme sur les rives de la rivière Conon, qu'un des plus riches propriétaires du district faisait construire pour lui-même, non par contrat, mais par le ancien mode d'emploi des ouvriers au salaire journalier ; et mon maître devait être autorisé à être considéré comme un compagnon à part entière, bien qu'il soit maintenant considérablement en déclin en tant qu'ouvrier, à condition que les services de son apprenti soient évalués tellement en dessous de leur valeur réelle qu'ils rendraient le maître et l'homme considérés comme un lot — une bonne affaire pour l'employeur, et un peu plus. L'arrangement n'était pas tout à fait flatteur pour moi ; mais j'y ai acquiescé sans remarque, et je suis parti avec mon maître pour le côté de Conon.

Le soleil du soir brillait délicieusement alors que nous approchions du lieu de nos travaux, sur les larges étendues du Conon, et éclairions les beaux bois et les nobles collines au-delà. Ce serait, je le savais, un bonheur de travailler une dizaine d'heures par jour dans un si doux quartier, et ensuite de trouver la soirée à moi seul ; mais en arrivant à l'ouvrage, on nous dit que nous devions partir le matin pour un endroit environ quatre milles plus à l'ouest, où se trouvaient quelques ouvriers occupés à construire une maison commune pour la dame d'un Ross. propriétaire du comté récemment mort, et qui s'éloigna de la rivière dans une direction peu prometteuse. Aussi, peu après le lever du soleil, nous avons dû prendre la route avec nos outils en bandoulière sur le dos, et avant six heures, nous avons atteint la maison de charpente qui se levait et nous nous sommes mis au travail. Le pays autour était quelque peu nu et morne – un paysage de tourbières et de landes, dominé par une chaîne de collines dociles et bruyères ; mais il y avait dans notre voisinage immédiat une petite scène pittoresque, plutôt une vignette qu'un tableau, qui rachetait en quelque sorte la difformité générale. Deux moulins à farine, l'un petit et ancien, l'autre plus grand et plus moderne, étaient placés l'un à côté de l'autre, sur un terrain si inégal, que, vu de face, le plus petit semblait perché au sommet du plus grand ; un groupe de grands mélèzes gracieux s'élevait immédiatement à côté du bâtiment inférieur et suspendait ses fines branches au-dessus de l'immense roue ; tandis que quelques vieux frênes qui entouraient l'étang du moulin, qui, en envoyant ses eaux vers le bas de la colline, alimentaient successivement les deux roues, surgirent immédiatement à côté de la construction supérieure et projetèrent leurs branches sur son toit. Après avoir terminé nos travaux pour la soirée, nous nous rendîmes au vieux manoir, à environ un demi-mile de là, dans lequel la dame douairière pour laquelle nous travaillions continuait de résider, et où nous comptions être logés, comme les autres ouvriers. avec des lits pour la nuit. Mais nous n'étions pas attendus et aucun lit n'était prévu pour nous ; mais comme le charpentier des Highlands qui s'était engagé à exécuter les boiseries du nouveau bâtiment avait un lit entier pour lui seul, on nous dit que nous pourrions, si nous le voulions, coucher à trois avec lui. Mais bien que le charpentier fût, j'ose le dire, un homme très respectable et un Celte convaincu, j'avais observé pendant la journée qu'il était lamentablement atteint d'une certaine maladie de peau qui, comme elle était plus répandue dans le passé de l'histoire des Highlands que dans l'histoire des Highlands. même à cette époque, il a dû rendre ses ancêtres très redoutables, même sans leurs épées larges ; aussi je résolus de ne coucher sous aucun prétexte avec lui. J'ai prévenu mon maître en lui racontant ce que j'avais vu ; mais l'oncle David, toujours insensible au danger, se conduisait alors comme dans le bateau qui coule ou sous la berge qui s'effondre, et se couche ainsi avec le charpentier ; tandis que moi, en m'enfuyant, j'entrais à l'étage supérieur d'une dépendance ; et, me jetant avec mes vêtements à terre, sur un tas de paille, je m'endormis bientôt profondément. Je n'étais cependant pas alors très habitué à un lit aussi rude : chaque fois que je me retournais dans mon antre, la paille forte et raide bruissait contre mon visage ; et vers minuit je me suis réveillé.

Je me levai jusqu'à une petite fenêtre qui donnait sur une lande morne et offrait une vue au loin sur une chapelle en ruine et un cimetière solitaire, célèbre dans les traditions du district sous le nom de chapelle et de cimetière de Gillie-Christ. Le Dr Johnson raconte, dans son "Journey", qu'en dînant un jour à Skye au son de la cornemuse, il fut informé par un gentleman, "que dans une époque lointaine, les Macdonald de Glengarry avaient été blessés ou offensés par les habitants de Culloden, et résolus à obtenir justice ou vengeance, ils arrivèrent à Culloden un dimanche, lorsque, trouvant leurs ennemis au culte, ils les enfermèrent dans l'église, qu'ils incendièrent ; , dit-il, c'est l'air que jouait le joueur de cornemuse pendant qu'ils brûlaient. Culloden, cependant, n'a pas été le théâtre de l'atrocité : ce sont les Mackenzie d'Ord que leurs confrères chrétiens et frères ecclésiastiques, les Macdonald de Glengarry, ont réussi à transformer en charbon animal, lorsque les pauvres gens s'occupaient, en bons catholiques. , en assistant à la messe; et c'est dans cette ancienne chapelle de Gillie-Christ que l'expérience fut réalisée. Les Macdonald, après avoir mis le feu au bâtiment, tinrent fermement les portes jusqu'à ce que le dernier des Mackenzie d'Ord ait péri dans les flammes ; puis, poursuivis par les Mackenzies de Brahan, ils s'enfuirent dans leur propre pays, pour se glorifier toujours de la grandeur de leur exploit. La soirée était calme et tranquille, mais sombre pour la saison, car c'était maintenant près du milieu de l'été ; et tout objet avait disparu dans l'obscurité, à l'exception des contours d'une crête de collines basses qui s'élevaient au-delà de la lande ; mais je pouvais déterminer où se trouvaient la chapelle et le cimetière ; et grand fut mon étonnement de voir une lumière vaciller au milieu des tombes et des ruines. Tantôt aperçu, tantôt caché, comme la lanterne tournante d'un phare, il semblait tourner autour de l'édifice ; et, pendant que j'écoutais, je pouvais entendre distinctement ce qui semblait être un cri continu d'un son des plus surnaturels, provenant évidemment du même endroit que le scintillement de la lumière. Quel pourrait être le sens d'une telle apparition, avec de tels accompagnements – l'heure de son apparition à minuit – dans un lieu de sépulture solitaire ? J'étais dans les Highlands : y avait-il du vrai, après tout, dans les nombreuses histoires flottantes des Highlands de lumières mortes spectrales et de sons surnaturels sauvages, vus et entendus la nuit dans des lieux de sépulture solitaires, quand une mort subite était proche ? Je sentais mon sang se glacer un peu, car je n'avais pas encore dépassé l'âge crédule de la vie, et j'avais envie de me cacher au chevet de mon maître, pour être à la portée de la voix humaine, lorsque je vis la lumière quitter le cimetière. , et descendant à travers la lande en ligne droite, bien que secoué dans le calme plat, dans de nombreuses vagues et fioritures ; et de plus, je pus m'assurer que ce que j'avais considéré comme un cri persistant était en réalité un chant continu, porté au diapason d'une voix puissante quoique quelque peu cassée. Un instant après, une des servantes du manoir se précipita, à moitié habillée, vers la porte d'un bâtiment extérieur où étaient couchés les ouvriers et le domestique de la ferme, et les somma immédiatement de se lever. Mad Bell avait encore éclaté, disait-elle, et allait y mettre le feu une seconde fois.

Les hommes se levèrent et, comme ils parurent à la porte, je les rejoignis ; mais en nous avançant à quelques mètres dans la lande, nous trouvâmes le maniaque déjà sous la garde de deux hommes, qui l'avaient saisie et la traînaient vers sa chaumière, une misérable masure, située à environ un demi-mile de là. Elle ne nous a jamais adressé la parole , mais a continué à chanter, quoique sur un ton plus bas et plus discret qu'auparavant, une chanson gaélique. Nous atteignîmes sa cabane et, profitant de sa propre lumière, nous entrâmes. Une chaîne d'une longueur considérable, attachée par un arrêt dans l'un des *couples montagnards* de l'érection, montrait que ses voisins avaient été contraints en d'autres occasions de restreindre sa liberté ; et l'un des hommes, en s'en servant maintenant, l'enroula autour de sa personne de manière à la lier, au lieu de lui donner l'étendue de l'appartement, au sol humide et inégal. C'était un sol très humide et inégal. Il y avait des crevasses dans le toit au-dessus, qui donnaient libre accès aux éléments ; et les murs de gazon, dangereusement bombés par les fuites en plusieurs endroits, étaient verts de moisissure. Un des maçons et moi sommes intervenus simultanément. Il ne serait jamais possible, disions-nous, de clouer ainsi une créature humaine sur la terre humide. Pourquoi ne pas lui donner ce que la longueur de la chaîne permettait : toute la portée de la pièce ? Si nous faisions cela, répondit l'homme, elle serait sûre de se libérer avant le matin, et nous n'aurions qu'à nous relever et à la lier à nouveau. Mais nous avons résolu, nous avons répondu, quoi qu'il arrive, qu'elle ne serait *pas* ainsi attachée au sol crasseux ; et finalement nous avons réussi à faire valoir notre point de vue. La chanson s'arrêta un instant : le maniaque se retourna, présentant en plein jour les traits énergiques et fortement marqués d'une femme d'environ cinquante-cinq ans ; et, nous examinant d'un regard aigu et scrutateur, tout à fait différent de celui de l'idiot, elle répéta avec insistance le texte sacré : « Bienheureux les miséricordieux, car ils obtiendront miséricorde. Elle se mit alors à chanter, d'une voix basse et triste, une vieille ballade écossaise ; et, à mesure que nous quittions la chaumière, nous pouvions entendre sa voix s'élever progressivement à mesure que nous nous retirions, jusqu'à ce qu'elle ait enfin atteint son ancienne hauteur et son ton sauvage.

Avant le jour, la folle parvint à se libérer ; mais le paroxysme de la crise était passé entre-temps ; et lorsqu'elle me rendit visite le lendemain matin à l'endroit où je taillais, un peu à l'écart des autres ouvriers, qui étaient tous occupés à construire sur les murs, sans ses traits fortement marqués, je l'aurais à peine reconnue. Elle était bien habillée, même si sa robe n'était ni belle ni neuve ; sa casquette blanche et propre était joliment agencée ; et son air semblait être plutôt celui de la femme ou de la fille d'un commerçant respectable que celui de la femme ordinaire de la campagne. Pendant un moment, elle resta à côté de moi sans parler, puis me demanda un peu brusquement : « Qu'est-ce qui *vous pousse* à travailler comme maçon ? J'ai fait une réponse banale ; mais cela ne parvint pas à la satisfaire. « Tous vos camarades sont de vrais maçons », dit-elle ; mais vous n'êtes que déguisé en maçon, et je suis venu vous consulter sur les affaires profondes de l'âme. Les questions sur lesquelles elle était venue s'enquérir étaient vraiment très profondes ; elle avait, ai-je découvert, lu attentivement le « Traité sur l'âme de l'homme » de Flavel — un volume que, heureusement pour mon honneur, j'avais aussi parcouru ; et nous fûmes bientôt plongés ensemble dans l'assez mauvaise métaphysique promulguée à ce sujet par les scolastiques et rééditée par le divin. Il semblait clair, disait-elle, que toute âme humaine avait été créée, non transmise, peut-être créée au moment où elle commençait à exister ; mais si oui, comment, ou selon quel principe, a-t-elle subi l'influence de la Chute ? Je remarquai simplement, en réponse, qu'elle connaissait bien sûr les vues des vieux théologiens, *comme Flavel* , des hommes qui en savaient réellement autant sur les choses qu'on pouvait en savoir, et peut-être un peu plus : n'était-elle pas satisfaite de eux? Pas mécontente, dit-elle ; mais elle voulait plus de lumière. Une âme qui ne serait pas issue de nos premiers parents pourrait-elle être rendue vile simplement en étant placée dans un corps dérivé d'eux ? Un des passages de Flavel, sur ce point particulier, m'avait heureusement frappé, par son étrange obscurité d'expression, et j'ai pu le citer à peu près dans les mots originaux. Vous savez, ai-je fait remarquer, qu'une grande autorité en la matière « a refusé avec assurance d'affirmer que l'infection morale provenait d'une action physique, comme un fourreau rouillé infecte et souille une épée brillante lorsqu'elle y est rangée : cela pourrait être le cas », pensa-t-il. , "par voie de concomitance naturelle, comme le dit Estius ; ou, pour parler comme le fait le Dr Reynolds, par voie de résultat et d'émanation ineffables." Comme c'était parfaitement inintelligible, cela parut satisfaire mon nouvel ami. J'ajoutai cependant que, comme elle, j'attendais plus de lumière sur la difficulté et que je pourrais m'y mettre sérieusement, quand je trouverais pleinement démontré que le Créateur ne pouvait pas, ou n'a pas fait, faire de l'homme également le descendant d'âme comme de corps des ancêtres originels de la race. Je croyais, avec le grand M. Locke, qu'il pouvait le faire ; je ne savais pas non plus qu'il avait dit quelque part que ce qu'il pouvait faire en la matière, il ne l'avait pas fait. Telle fut la première de nombreuses conversations étranges avec la maniaque qui, malgré son triste esprit brisé, était l'une des femmes les plus intellectuelles que j'aie jamais connues. Si humbles soient les circonstances dans lesquelles je l'ai trouvée, son frère, qui était alors mort depuis environ deux ans, était l'un des ministres les plus connus de l'Église écossaise dans les Highlands du Nord. Pour citer un extrait affectueux de l'éditeur d'un petit volume de ses sermons, publié il y a quelques années — le révérend M. Mackenzie de North Leith — « il était un divin profond, un prédicateur éloquent, un chrétien profondément expérimenté, et, en outre, un érudit classique, un poète populaire, un homme au génie original et éminemment un homme de prière. Et sa pauvre sœur Isabel, bien que gravement tourmentée parfois par une terrible folie, semblait avoir reçu de la nature des pouvoirs peut-être pas inférieurs aux siens.

Nous n'étions pas toujours en contact avec les anciens religieux ; La mémoire tenace d'Isabel était inscrite dans les traditions du quartier ; et bien des anecdotes pouvaient-elles raconter sur de vieux chefs, oubliés sur les terres qui leur appartenaient autrefois, et sur des poètes des Highlands, dont les chansons avaient été chantées pour la dernière fois. L'histoire du « Raid de Gillie-Christ » a été imprimée à plusieurs reprises depuis que je l'ai entendue pour la première fois d'elle : elle constitue la base du puissant récit de feu Sir Thomas Dick Lander, « Allan à la veste rouge » ; et je l'ai vu dans son costume traditionnel plus ordinaire, dans les colonnes de l' *Inverness Courier* . Mais à cette époque, c'était nouveau pour moi ; et en aucune occasion il n'aurait pu perdre moins pour le narrateur. Elle était elle-même une Mackenzie ; et ses yeux brillaient d'un feu sauvage lorsqu'elle parlait des barbares et brutaux Macdonald, et de la marche mesurée et des notes infaillibles de leur cornemuse à l'extérieur de la chapelle en feu, alors que ses ancêtres périssants hurlaient de leur agonie à l'intérieur. Elle connaissait aussi l'histoire ressemblante de cette grotte d'Eigg, dans laquelle un corps des Macdonald eux-mêmes, composé d'hommes, de femmes et d'enfants – la population entière de l'île – avait été étouffé en bloc par les Macleod de Skye ; et j'ai entendu plus de bon sens de sa part au sujet du caractère des Highlands « avant que l'Évangile ne l'ait changé », comme l'illustrent ces passages de leur histoire, que de la part de certains Highlanders assez sensés sur d'autres sujets, mais emportés par une vision trop indiscriminée. respect pour le courage sauvage et la fidélité à moitié instinctive de la vieille race. Les anciens Highlanders étaient des chiens courageux et fidèles, a-t-elle dit, prêts à mourir pour leurs maîtres et prêts à accomplir, à leur demande, comme les autres chiens, les actions les plus cruelles et les plus méchantes ; et comme des chiens, ils étaient souvent traités ; bien plus, même encore, après que la religion en eut fait des hommes (comme s'ils étaient condamnés à souffrir pour les péchés de leurs parents), ils furent fréquemment traités comme des chiens. Les pieux martyrs du sud avaient combattu pour la cause de Dieu ; alors que les pauvres Highlanders du nord n'avaient fait que lutter pour le compte de leurs chefs ; et ainsi, tandis que Dieu avait été bon envers les descendants de *ses* serviteurs, les chefs avaient été très méchants envers les descendants des leurs. Cependant, par bon sens, dans ces conversations, mon nouveau compagnon errait souvent dans une folie déplorable. Ses visites de minuit à l'ancienne chapelle de Gillie-Christ avaient pour but, disait-elle, de consulter son père dans ses difficultés ; et le bon homme, bien que souvent silencieux pendant les nuits ensemble, manquait rarement de la calmer et de la conseiller du fond de sa tombe tranquille, chaque fois que son malheur devenait extrême. C'est pourtant sur son conseil qu'elle avait mis le feu à une porte qui l'avait momentanément exclue du cimetière et l'avait incendiée. Elle avait été mariée très jeune ; et j'ai rarement entendu quelque chose de plus sauvage et de plus ingénieux que le récit qu'elle fit d'une querelle avec son mari, qui se termina par leur séparation.

Après avoir vécu heureuse avec lui pendant plusieurs années, elle devint tout d'un coup très malheureuse, et tout dans leur maison alla mal. Mais même si son mari semblait n'avoir aucune véritable idée de la cause de la misère de leur nouveau-né, elle l'avait fait. Il avait l'habitude, par économie, d'élever un cochon qui, transformé en lard, était toujours utile à la famille ; et de temps à autre, un jambon de cet animal arrivait au presbytère de son frère, comme une sorte de reconnaissance amicale des nombreuses bonnes choses reçues de lui. Cependant, un misérable cochon – une petite chose noire, âgée de quelques semaines seulement – que son mari avait acheté à une foire, était, elle le découvrit bientôt, possédé par un mauvais esprit, qui avait un étrange pouvoir de quitter l'animal pour faire du mal. dans sa demeure, et une capacité non seulement de la rendre terriblement malheureuse, mais même de s'introduire parfois dans son mari. Le mari lui-même, pauvre aveugle ! je ne pouvais rien voir de tout cela ; il ne *la* croirait pas non plus , qui pouvait le voir et l'a vu ; elle ne parvenait pas non plus à le convaincre qu'il était décidément de son devoir de se débarrasser du cochon. Elle n'était pas convaincue d'avoir elle-même un droit évident de tuer la créature : c'était sans aucun doute la propriété de son mari, pas la sienne ; mais pouvait-elle seulement réussir à le placer dans des circonstances dans lesquelles il serait libre de se suicider ou non, et s'il se détruisait, dans ces circonstances, elle était sûre que tous les meilleurs religieux l'acquitteraient de tout ce qui s'approcherait de la morale. culpabilité dans la transaction; et la maisonnée soulagée serait libérée à la fois du mauvais esprit et du petit cochon. L'étang du moulin était situé immédiatement à côté de son habitation : ses parois abruptes, murées de pierre, étaient infranchissables au moins pour les petits cochons ; et parmi les vieilles cendres qui poussaient immédiatement à son bord, il y en avait une qui jetait une branche énorme, comme un bras plié, directement au-dessus d'elle, bien au-delà de la maçonnerie, de sorte que les garçons du quartier avaient l'habitude de s'asseoir sur et pêcher des petites truites qui se retrouvaient parfois dans l'étang. Un jour, sur la branche en saillie, alors que son mari lui tournait le dos et qu'il n'y avait personne pour le voir ou interférer, elle plaça le cochon. Cela dura un certain temps : il n'y avait donc aucun doute qu'il *pourrait* tenir ; mais, ne voulant plus rester debout, il s'étala, glissa, tomba, tomba dans l'eau, en un mot, et finalement, ne parvenant pas à remonter la berge, se noya. Et ainsi finit le cochon. Il semblerait cependant que c'est plutôt le mauvais esprit qui s'est emparé de son mari, tant son indignation face à la transaction était extrême. Il n'accepterait ni excuses ni explications ; et, bien entendu, ne pouvant plus vivre sous le même toit avec un homme aussi déraisonnable, elle profita de l'occasion, alors qu'il quittait cette partie du pays pour travailler au loin, pour rester dans son ancienne chaumière, la même en Angleterre. où elle résidait à cette époque. Tel était le récit de la folle sur sa querelle avec son mari ; et, en écoutant les hommes abandonner une logique peu familière sur l'un des mystères les plus profonds de la Révélation – un mystère qui, une fois reçu comme un article de foi, sert à résoudre bien des difficultés, mais qui est lui-même totalement irréductible à l'intellect humain – je ont parfois été amenées involontairement à penser à son argumentation ingénieuse mais peu solide sur la chute du cochon. Il est dangereux de tenter d'expliquer, sur le plan théologique, ce qui en réalité ne peut être expliqué. Quelque faible avortement de la raison humaine se substitue toujours, dans cette tentative, à quelque profond mystère du gouvernement moral de Dieu ; et les hommes mal fondés dans la foi sont amenés à confondre l'avortement palpable avec le mystère insondable, et en sont blessés.

Je parvins à obtenir un lit dans le manoir, sans, comme Marsyas autrefois, mettre ma peau en péril ; et bien qu'il n'y ait que peu d'intérêt dans le voisinage immédiat, et pas grand-chose à apprécier à l'intérieur des portes - car je ne pouvais me procurer ni livres ni compagnie agréable - avec l'aide de mon crayon et de mon carnet de croquis, je surmontais assez bien mes heures de loisirs. . Ma nouvelle amie Isabel m'aurait raconté autant de sa conversation que je le souhaitais ; car il y avait bien des points sur lesquels elle avait à me consulter, et bien des mystères à énoncer, et bien des secrets à communiquer ; mais, quoique toujours intéressé par sa compagnie, j'étais aussi toujours peiné, et je la quittais invariablement, après chaque *tête-à-tête prolongé*, dans un état de tristesse dont j'avais peine à me débarrasser. Il semble y avoir quelque chose de particulièrement malsain dans la société d'un maniaque à l'esprit fort ; et c'est pourquoi je m'efforçai autant que possible, pas un peu parfois, à sa mortification, de l'éviter. Cependant, pendant des heures ensemble, je l'ai vue parfaitement saine d'esprit ; et, dans ces occasions, elle parlait beaucoup de son frère, pour lequel elle avait une grande révérence, et me racontait sur lui bien des anecdotes, non inintéressantes en elles-mêmes, qu'elle racontait remarquablement bien. Ma mémoire en retient encore certains. « Il y avait deux classes d'hommes », a-t-elle dit, « pour lesquels il avait une estime particulière : les hommes chrétiens au caractère cohérent ; et les hommes qui, bien qu'ils ne faisaient aucune profession de religion, étaient honnêtes dans leurs relations et de bonnes dispositions. Et avec des gens de cette dernière espèce, il avait l'habitude d'avoir de nombreuses relations amicales, parfois assez gaies - car il pouvait à la fois faire une plaisanterie et en prendre une - mais qui faisaient généralement du bien à ses amis, pour autant que mon. père et ma mère vivaient, il parcourait le pays une fois par an pour leur rendre visite ; et il était accompagné, dans l'un de ces voyages, par un de ses paroissiens les moins religieux, qui avait cependant un il avait beaucoup d'estime pour lui, et qu'il appréciait, en retour, pour son honnêteté franche et son caractère obligeant. Ils l'avaient harcelé pendant quelque temps dans une maison située à l'extérieur de la paroisse de mon frère, où il y avait un enfant à baptiser et où. , je le crains, Donald a dû recevoir un verre supplémentaire ; car il a été très argumentatif toute la soirée suivante ; et voyant qu'il ne pouvait être d'accord avec mon frère sur aucun sujet, il le laissa tirer en avant sur quelques centaines de mètres, et ne le rejoignit plus, jusqu'à ce qu'en traversant un épais bouquet de bois naturel, il Je le trouvai debout, perdu dans ses pensées, devant un arbre à la forme singulière. Donald n'avait jamais vu un arbre aussi étrange de toute sa vie. La partie inférieure était tordue d'avant en arrière, d'avant en arrière, comme un tire-bouchon mal fait ; tandis que le plus haut tirait droit vers le haut, direct comme une ligne ; et son sommet effilé ressemblait à un doigt pointé vers le ciel. « Viens, dis-moi, Donald, dit mon frère, à quoi ressemble cet arbre, à ton avis ? « En effet, je le sais, M. Lachlan, » répondit Donald ; mais si vous me laissez retirer ce morceau directement du robinet, ce sera gris et comme le *ver* d'un whisky encore. «Mais je ne peux pas vouloir le droit», dit mon frère; « Le cœur même de ma comparaison réside dans la partie directe. Un des vieux pères aurait peut-être dit, Donald, que cet arbre ressemblait au parcours du chrétien. Ses premiers progrès comportent des virages et des détours, tout comme la partie inférieure de cet arbre ; une tentation le tire vers la gauche, une autre vers la droite : sa course ascendante est tortueuse ; mais c'est quand même une voie ascendante ; car il a, comme l'arbre, le principe de croissance dirigée vers le ciel : les influences perturbatrices s'affaiblissent à mesure que la grâce se renforce, et que l'appétit et la passion diminuent ; et ainsi la première partie de sa carrière ne ressemble pas plus au tronc déformé et tordu de cet arbre, que ses dernières années ne ressemblent à sa cime effilée. *Il* s'envole vers le ciel en ligne droite . » avait un sens à la fois dans ses pensées et dans les miennes ; et quelques années plus tard, alors que j'étais engagé comme compagnon maçon dans le sud de l'Écosse, elle parcourut vingt milles pour rendre visite à ma mère et resta avec elle pendant plusieurs jours jusqu'à sa mort. était mélancolique. Alors qu'elle traversait à gué la rivière Conon dans l'une de ses humeurs les plus sauvages, elle fut emportée par le ruisseau et se noya, et son corps fut jeté sur la rive un jour ou deux après.

Notre travail terminé à cet endroit, mon maître et moi retournâmes un samedi soir à Conon-side, où nous trouvâmes vingt-quatre ouvriers entassés dans un four à blé rouillé, ouvert d'un pignon à l'autre, et n'ayant pas plus de trente pieds de longueur. Une rangée de lits grossiers, formés de dalles nues, courait le long des côtés ; et contre l'un des pignons brillait une rangée de feux, avec ce qu'on appelle des fers de maçon, enfoncés dans la pierre derrière, pour suspendre au-dessus d'eux les marmites utilisées pour cuire la nourriture de l'escouade. La scène, à notre arrivée, était celle d'une confusion sauvage. Quelques-uns des ouvriers les plus sobres étaient occupés à « cuire et cuire » des gâteaux à l'avoine, et quelques autres étaient occupés, avec la même sobriété, à préparer leur porridge du soir ; mais devant le bâtiment se trouvait un groupe d'apprentis sauvages, qui s'efforçaient avec frénésie d'empêcher un berger des Highlands de conduire son troupeau devant eux, en agitant leurs tabliers en direction des animaux effrayés ; et à l'intérieur, un groupe également tourné vers l'amusement se joignait avec une véhémence burlesque à une chanson que l'un des hommes, à juste titre fier de ses talents musicaux, venait d'entonner. Soudain, la chanson cessa et, dans un tumulte sauvage, une troupe de huit ou dix ouvriers se précipita dans la verdure à la poursuite d'un petit bonhomme trapu qui, disait-on, avait insulté le chanteur. Le cri s'éleva sauvagement et haut : « Un éperonnage ! un éperonnage ! Le petit bonhomme fut saisi et jeté à terre ; et cinq hommes, l'un lui tenant la tête et l'autre posté à chaque bras et à chaque jambe, se mirent à exécuter sur son corps les ordres sévères de la loi des casernes. Il était en équilibre comme un ancien bélier et poussé tout le long contre le mur du four, cette partie importante de sa personne entrant en contact violent avec la maçonnerie, « où », selon Butler, « un coup de pied blesse l'honneur » très. beaucoup. Mais après le troisième coup, il fut relâché et la chanson interrompue reprit comme auparavant. J'ai été étonné et quelque peu consterné par cet exemple de vie de caserne ; mais, pénétrant tranquillement à l'intérieur du bâtiment, j'ai réussi à préparer du porridge pour mon oncle et moi-même sur l'un des feux inoccupés, puis je me suis enfui, le plus tôt possible, vers mon antre dans un grenier à foin solitaire - car il y avait pas de place pour nous dans la caserne, où, par un usage judicieux d'un peu de soufre et de mercure, je parvins à délivrer mon maître des effets de l'étrange compagnie de lit qu'avait créée notre récente misère, et à me préserver de l'infection. Le sabbat suivant était un jour de repos tranquille ; et je commençai les travaux de la semaine, disposé à penser que mon sort, quoique plutôt dur, n'était pas tout à fait insupportable ; et que, même si la situation était pire qu'elle ne l'était, il serait à la fois sage et viril, étant donné que l'hiver viendrait certainement, d'y acquiescer joyeusement et de le supporter.

J'étais en effet entré dans une école toute nouvelle, parfois, comme je viens de le montrer, singulièrement bruyante et tapageuse, car c'était une école sans maître ni moniteur ; mais ses leçons occasionnelles méritaient néanmoins d'être examinées. Tout le monde sait qu'il existe un caractère professionnel. En effet, sur certains hommes, la nature imprime si fortement le cachet de l'individualité, que le cachet plus faible des circonstances et de la situation ne parvient pas à les impressionner. De tels cas doivent cependant toujours être considérés comme exceptionnels. Sur les masses moyennes de l'humanité, les emplois spéciaux qu'ils exercent ou les types d'affaires qu'ils exercent ont pour effet de les transformer en classes distinctes, dont chacune revêt un caractère artificiellement induit qui lui est propre. Les ecclésiastiques, en tant que tels, diffèrent des marchands et des soldats, et tous trois des avocats et des médecins. Chacune de ces professions revêt depuis longtemps, dans notre littérature et dans l'opinion commune, un caractère si clairement appréciable par le public en général, que, lorsqu'elle est fidèlement reproduite dans une nouvelle œuvre de fiction, ou illustrée par quelque transaction dans la vie réelle, elle est à autrefois reconnu comme marqué par de véritables traits de classe et particularités. Mais les caractéristiques professionnelles descendent bien plus bas dans l'échelle qu'on ne le suppose habituellement. Il n'y a guère de métier ou de département de travail manuel qui n'induise son propre ensemble de particularités – particularités qui, bien que moins à la portée de l'observation des hommes habitués à enregistrer ce qu'ils remarquent, ne sont pas moins réelles que celles de l'homme. homme de physique ou de droit. Le barbier est aussi différent du tisserand et le tailleur aussi différent des deux, que le fermier est différent du soldat, ou que le fermier ou le soldat est différent du marchand, de l'avocat ou du ministre. Et c'est seulement en vertu du même genre de principe que tous les hommes, vus du haut d'une haute tour, qu'ils soient grands ou petits, semblent de la même stature, que ces différences échappent à l'attention des hommes des classes supérieures.

Entre les ouvriers qui mènent une vie sédentaire à l'intérieur des portes, comme les tisserands et les tailleurs, et ceux qui travaillent en plein air, comme les maçons et les laboureurs, il existe une grande différence générique. Les mécaniciens sédentaires sont généralement moins contents que les mécaniciens laborieux ; et comme ils travaillent presque toujours en groupe, et que leurs emplois relativement légers, bien que souvent longs et pénibles, ne fatiguent pas tellement leurs organes respiratoires, mais qu'ils peuvent entretenir un échange d'idées lorsqu'ils sont à leur travail, ils sont généralement ils sont beaucoup plus à même d'exprimer leurs griefs et beaucoup plus à l'aise pour spéculer sur leurs causes. Ils se développent plus librement que les travailleurs travaillant à l'extérieur du pays et présentent, en tant que classe, un aspect plus intelligent. D'un autre côté, lorsque l'ouvrier de plein air surmonte ses difficultés de manière à se développer assez bien, il est généralement d'un type plus frais ou plus vigoureux que le sédentaire. Burns, Hogg, Allan Cunningham, sont les représentants littéraires de l'ordre ; et l'on constatera qu'ils sont considérablement en avance sur les Thoms, les Bloomfields et les Tannahills, qui représentent les ouvriers sédentaires. Les hommes silencieux, solitaires et durs à la tâche, si la nature n'a pas mis en eux de meilleure matière que celle dont sont faits les orateurs de souche et les conférenciers chartistes, restent silencieux, réprimés par leurs circonstances ;

mais s'ils sont d'un grade supérieur, et s'ils parviennent une fois à ouvrir la bouche, ils parlent avec puissance et apportent avec eux dans notre littérature la fraîcheur de la terre verte et la liberté du ciel ouvert.

Les particularités spécifiques induites par les professions particulières ne sont pas moins marquées que les particularités génériques. Comme le caractère d'un tailleur sédentaire en tant que tel est différent, par exemple, de celui d'un barbier également sédentaire ! Deux jeunes garçons mal instruits et d'une intelligence moyenne sont en apprentissage, l'un chez le coiffeur, l'autre chez le couturier à la mode d'un grand village. Le barbier doit divertir sa clientèle familière lorsqu'il opère sur leur tête et leur barbe. Il ne doit pas avoir de controverses avec eux ; cela pourrait être désagréable et affecter sa maîtrise des ciseaux ou du rasoir ; mais il est censé leur communiquer tout ce qu'il sait des ragots du lieu ; et comme chaque client lui en fournit un peu, il en sait naturellement plus que quiconque. Et comme son travail léger et facile n'impose aucune pression sur sa respiration, il apprend avec le temps à parler vite et couramment, avec un grand appétit pour les nouvelles, mais peu enclin à contester. Il acquiert aussi, si sa clientèle est bonne, une attitude courtoise ; et s'ils sont en grande partie conservateurs, il devient, selon toute probabilité, conservateur aussi. Le jeune tailleur passe par un tout autre processus. Il apprend à considérer l'habillement comme la chose la plus importante de toutes les choses terrestres - il devient connaisseur des coupes et des modes - il apprend à apprécier, comme aucun autre individu ne peut le faire, l'aspect d'un bouton ou le motif d'un gilet ; et comme son travail est propre et ne salit pas ses vêtements, et comme il peut les obtenir à moindre coût et plus parfaitement à la mode que les autres mécaniciens, les chances sont de dix contre une qu'il se révèle un beau. Il devient grand dans ce qu'il considère comme la plus grande chose : l'habillement. Un jeune tailleur peut être reconnu par la coupe de son habit et les mérites de son pantalon, parmi tous les autres ouvriers ; et comme même les beaux vêtements ne se suffisent pas à eux-mêmes, il faut aussi qu'il ait de belles manières ; et n'ayant pas les mêmes avantages de voir la société polie que son voisin le barbier, ses manières de gentleman sont toujours moins belles que grotesques. De là, parmi les ouvriers, les tailleurs sont plus ridiculisés que n'importe quelle autre classe de mécaniciens. Et tels — si la nature leur a envoyé des hommes ordinaires, pour s'élever extraordinairement au-dessus de toutes les influences modificatrices de la profession — sont les processus par lesquels les tailleurs et les coiffeurs revêtent leurs caractères distinctifs en tant que tels. Un forgeron de village entend à peu près autant de ragots qu'un barbier de village ; mais il se développe pour devenir un tout autre type d'homme. Il n'est pas tenu de plaire à ses clients par son discours ; et sa profession ne lui laisse pas le souffle assez libre pour parler couramment ou beaucoup ; et ainsi il écoute avec une indépendance sinistre et basanée, il frappe son fer pendant qu'il est chaud, et quand, après l'avoir jeté dans le feu, il se penche vers le soufflet, il laisse tomber, en termes grossiers, une brève remarque judiciaire, et tombe de nouveau. solidement pour travailler. De même, le cordonnier peut être considéré, dans le caractère purement mécanique de sa profession, comme un proche parent du tailleur. Mais tel n'est pas le cas. Il doit travailler au milieu de la pâte, de la cire, de l'huile et du noircissement, et contracte une odeur de cuir. Il ne peut pas se maintenir particulièrement propre ; et bien qu'une chaussure bien finie soit assez bien à sa manière, il n'y a pas grand-chose en elle sur lequel la vanité puisse s'appuyer. Aucun homme ne peut s'établir comme un beau sur la force d'une jolie chaussure ; Le cordonnier n'est donc pas un beau, mais au contraire un homme insouciant et viril, qui, lorsqu'il n'est pas trop dévoué au lundi saint, acquiert généralement, dans sa vie, une quantité considérable de bon sens. Les cordonniers sont souvent dans une large mesure des hommes intelligents ; et Bloomfield, le poète, Gifford le critique et satiriste, et Carey le missionnaire, doivent certainement être considérés comme des contributions tout à fait respectables de la profession au monde de la poésie, de la critique et de la religion.

Le caractère professionnel du maçon varie beaucoup dans les diverses provinces de l'Écosse, selon les diverses circonstances dans lesquelles il se trouve. C'est en général un homme brutal, viril et taciturne, qui, sans grand caractère radical ou chartiste, surtout si les salaires sont bons et l'emploi abondant, touche rarement son chapeau à un gentleman. Son emploi est moins purement mécanique que bien d'autres : il n'est pas comme un homme occupé sans cesse à pointer des aiguilles ou à façonner des têtes d'épingles. Au contraire, chaque pierre qu'il pose ou qu'il taille exige pour elle-même l'exercice d'un certain jugement ; et ainsi il ne peut pas laisser complètement son esprit s'endormir à cause de son travail. Lorsqu'il est également engagé dans la construction d'un bel édifice, il éprouve toujours un certain intérêt à noter l'effet du projet qui se développe par morceaux et grandit sous ses mains ; aussi se lasse-t-il rarement de ce qu'il fait. En outre, sa profession a cet avantage qu'elle éduque son sens de la vue. Habitué à constater d'un seul coup d'oeil la rectitude des lignes, et à jeter son regard le long des murs plans, ou des moulures des entablements ou des architraves, pour déterminer la rectitude de la maçonnerie, il acquiert une sorte de précision mathématique dans la détermination des véritables orientations. et la position des objets, et on le trouve généralement, lorsqu'il est admis dans un club de tir, égalant, sans pratique préalable, ses coups de second ordre. Il n'est pas à la hauteur des meilleurs, parce que, non initié par l'expérience de sa profession au mystère de la courbe parabolique, il ne parvient pas, en visant, à en tenir compte. Le maçon est presque toujours un homme silencieux : la tension exercée sur sa respiration est trop grande, lorsqu'il est activement employé, pour laisser la liberté nécessaire aux organes de la parole ; et ainsi, au moins, le bâtisseur provincial ou le tailleur de pierre devient rarement ou jamais un orateur démocrate. J'ai rencontré des cas exceptionnels dans les grandes villes

; mais ils étaient le résultat d'idiosyncrasies individuelles, développées dans les clubs et les tavernes, et n'étaient pas professionnels.

C'est cependant du caractère de nos maçons du nord du pays que j'ai principalement affaire à l'heure actuelle. Vivant dans de petits villages ou dans des chaumières à la campagne, ils peuvent très rarement trouver un emploi dans le voisinage de leurs habitations, et ils se contentent donc généralement de les considérer comme simplement leur foyer pour l'hiver et les premiers mois du printemps, lorsqu'ils n'ont rien. faire, et se déplacer pour travailler dans d'autres parties du pays, où des ponts, des ports ou des fermes sont en cours de construction - pour y être soumis aux influences de ce qu'on appelle la caserne, ou plutôt les deux. vie. Ces casernes ou ces deux casernes sont presque toujours de la description la plus misérable. J'ai vécu dans des masures invariablement inondées par temps humide par les débordements des marécages voisins, et à travers les toits desquelles je pouvais lire l'heure de la nuit, en marquant de mon lit les étoiles qui passaient au-dessus des ouvertures de la crête : j'ai J'ai résidé dans d'autres habitations aux prétentions un peu plus élevées, dans lesquelles j'ai été réveillé lors de chaque averse nocturne plus intense par les gouttes de pluie qui m'éclaboussaient le visage là où j'étais couché. Je me souviens que l'oncle James, en me recommandant de ne pas devenir maçon, m'a dit qu'un laird voisin, lorsqu'on lui a demandé pourquoi il avait laissé un vieux bâtiment fou derrière un groupe de bureaux modernes et soignés, a répondu au questionneur que ce n'était pas tout à fait dû à une mauvaise Le goût de la masure était épargné, mais du fait qu'il y trouvait une grande commodité chaque fois que ses spéculations emmenaient sur son chemin un *troupeau de porcs* ou *une escouade de maçons* . Et mon expérience ultérieure m'a montré que l'histoire n'était peut-être pas du tout apocryphe, et que les maçons avaient parfois des raisons de ne pas toucher leurs chapeaux aux messieurs.

Dans ces baraquements, la nourriture est de la nature la plus simple et la plus grossière : les flocons d'avoine constituent sa nourriture de base, avec le lait, lorsqu'on peut en avoir, ce qui n'est pas toujours le cas ; et comme les hommes doivent cuisiner à tour de rôle, avec seulement une demi-heure environ pour allumer un feu et préparer le repas pour une douzaine ou une vingtaine d'associés, la cuisine est invariablement une affaire extrêmement grossière et simple. J'ai connu des groupes de maçons occupés dans les Hautes Terres centrales à construire des ponts, souvent réduits par une période de temps pluvieux, qui imbibait leur seul combustible du gazon et le rendait incombustible, au point de manger leur gruau cru, et simplement humidifié par un peu d'eau, puisée à la main dans un ruisseau voisin. J'ai vu plus d'une fois notre propre approvisionnement en sel nous manquer ; et après que des secours eurent été apportés par un contrebandier des Highlands (car il y avait beaucoup de contrebande de sel à cette époque, avant l'abrogation des droits), j'ai entendu une plainte d'un jeune homme concernant la dureté de notre tarif, immédiatement vérifiée par un le camarade lui demande s'il n'était pas un chien ingrat à grogner ainsi, vu qu'après avoir vécu pendant une semaine de cataplasmes frais, nous avions effectivement ce matin-là du porridge avec du sel dedans. Un effet marqué du changement annuel que le maçon des pays du Nord doit subir, d'une vie de confort domestique à une vie de difficultés dans les deux pays, s'il n'a pas dépassé la moyenne de la vie, est une grande augmentation apparente de son esprit animal. À la maison, c'est probablement un personnage calme, d'apparence plutôt ennuyeuse, peu enclin à rire ou à plaisanter ; tandis que dans les deux cas, si l'escouade est nombreuse, il devient sauvage et humoriste, rit beaucoup et devient ingénieux pour faire des farces à ses camarades. Comme dans toutes les autres communautés, certaines lois sont reconnues dans la caserne comme étant utiles pour contrôler au moins ses plus jeunes membres, les apprentis ; mais dans le ton général de gaieté, même ceux-ci perdent leur caractère et, cessant d'être une terreur pour les malfaiteurs, deviennent dans l'exécution de simples occasions de gaieté. De toute mon expérience, je n'ai jamais vu une punition grave infligée. Peu de temps après notre arrivée à Conon-side, mon maître, remarquant par hasard qu'il n'avait pas travaillé comme compagnon depuis vingt-cinq ans, fut élu « éperonnage », pour avoir pris, comme on l'a dit, une position si élevée avec son frère. ouvriers; mais, bien que la sentence fut immédiatement exécutée, ils traitèrent avec douceur le vieil homme, qui eut assez de bon sens pour acquiescer à tout cela par plaisanterie. Et pourtant, au milieu de toute cette gaieté et de cette licence, il n'y avait pas un ouvrier qui ne regrettât le confort de sa tranquille maison et qui ne désirait pas le bonheur dont il sentait qu'on ne pouvait y jouir que là. On sait depuis longtemps que la gaieté n'est pas une jouissance solide ; mais que la gaieté ne doive guère indiquer autre chose que le manque de jouissance solide, c'est une circonstance qu'on ne soupçonne pas toujours. Mon expérience de la vie de caserne m'a permis d'accepter sans hésitation ce qui a été dit sur les réjouissances occasionnelles des esclaves en Amérique et ailleurs, et d'accorder pleinement crédit à l'affirmation souvent répétée selon laquelle les serfs abjects des gouvernements despotiques rient plus que les sujets. d'un pays libre. Pauvres gars ! Si le peuple britannique était aussi malheureux que des esclaves ou des serfs, il apprendrait, j'ose le dire, avec le temps à être aussi joyeux. Il y a cependant deux circonstances qui servent à empêcher que la vie privée du maçon des pays du Nord ne nuise essentiellement à sa réputation, de la même manière qu'elle ne manque presque jamais de nuire à celle du domestique de ferme. Comme il doit compter être au chômage chaque hiver et presque chaque printemps, il est obligé de pratiquer une économie d'abnégation, dont l'effet, lorsqu'il n'est pas poussé jusqu'à l'extrême d'une étroitesse avare, est toujours bon ; et Hallow-day le ramène chaque saison aux influences humanisantes de sa maison.

CHAPITRE X.

"La muse, aucun poète ne l'a jamais fanée,

Jusqu'à ce que par lui-même, il apprenne à errer

Dans un méandre de trottin' burn,

    Et non, je pense que c'est long :

Oh, doux à méditer et méditer pensivement

    Un chant sincère!" — BURNS.

Il y a de délicieuses promenades dans les environs immédiats de Conon-side ; et comme les ouvriers, engagés, comme je l'ai dit, au salaire de la journée, cessaient aussitôt de travailler dès que six heures arrivaient, j'avais, pendant les mois d'été, trois à quatre heures pour moi chaque soir, pour en profiter. Le grand creux occupé par les eaux du Cromarty Firth se divise en deux vallées à son extrémité supérieure, là où la mer cesse de couler. Il y a la vallée du Peffer et la vallée du Conon ; et une étendue de collines brisées se trouve entre les deux, formées de la base du Grand Conglomérat de l'Ancien Système Rouge. Le conglomérat, toujours un dépôt pittoresque, se termine à environ quatre ou cinq milles plus haut dans la vallée, dans une série de précipices escarpés, aussi audacieux et abrupts, bien qu'ils fassent face à l'intérieur du pays, comme s'ils formaient la barrière terminale d'un rocher exposé. côte de la mer. Quelques pins épars coiffent leurs sommets ; et les bois nobles du château de Brahan, l'ancien siège des comtes de Seaforth, descendent de leur base jusqu'au bord du Conon. De notre côté de la rivière, les bois de Conon House, plus immatures mais frais et plus denses, s'élevaient le long des rives ; et j'étais ravi de trouver parmi eux une chapelle en ruine et un ancien cimetière, occupant, dans un coin profondément solitaire, une petite butte verte, autrefois une île du fleuve, mais maintenant asséchée par l'usure progressive du canal, et la chute conséquente de l'eau à un niveau inférieur. Quelques murs brisés s'élevaient sur le plus haut sommet de l'éminence ; la pente était occupée par les petites collines moussues et les pierres tombales fortement lichenées qui marquent l'ancien cimetière ; et parmi les tombeaux immédiatement à côté de la ruine se dressait un cadran rustique, avec son gnomon de fer usé jusqu'à une pellicule oxydée, et vert de taches de temps et de mousse. Et autour de cette petite cour solitaire s'élevait le jeune bois, épais comme une haie, mais juste assez ouvert vers l'ouest pour laisser passer, en lignes obliques le long des pierres tombales et des ruines, la lumière rouge du soleil couchant.

J'ai beaucoup apprécié ces promenades du soir. Du côté de Conon comme centre, un rayon de six milles commande de nombreux objets d'intérêt ;

Strathpeffer, avec ses sources minérales, Castle Leod, avec ses arbres centenaires, entre autres l'un des plus grands châtaigniers espagnols d'Écosse, Knockferrel, avec son fort vitrifié, la vieille tour de Fairburn, la vieille tour de Kinkell, quoique quelque peu modernisée, la politique brahanique, avec le vieux château des Seaforths — le vieux château de Kilcoy — et les cercles druidiques de la lande de Redcastle. Je les visitai tous successivement, avec en outre bien des scènes douces ; mais je trouvai que mes quatre heures, alors que la visite impliquait, comme cela se produisait parfois, une marche de douze milles, ne me laissaient pas assez de temps pour examiner et apprécier. Une demi-congé chaque semaine serait un bienfait considérable pour l'ouvrier qui a acquis le goût des plaisirs tranquilles de l'intellect et qui, soit cultive une affection pour les objets naturels, soit, selon l'antiquaire, « aime regarder ce qui est vieux." Mes souvenirs de cette riche étendue de pays, avec ses bois, ses tours et sa noble rivière, semblent baignés dans la lumière rouge de magnifiques couchers de soleil. Sa plaine inégale de vieux grès rouge s'appuie, à quelques kilomètres de distance, contre de sombres collines de gneiss schisteux des hautes terres qui, à la ligne où elles rejoignent les basses terres vertes, sont basses et apprivoisées, mais s'élèvent vers une région alpine. , où l'ancienne flore scandinave du pays, cette flore qui seule prospérait au temps de son argile à blocs, maintient encore sa place contre les envahisseurs germaniques qui couvrent les terres inférieures, comme les Celtes d'autrefois maintenaient exactement la même terre contre le Saxon. Et au sommet d'une lande gonflée, juste en dessous des collines escarpées et noires, se dresse la haute tour pâle de Fairburn, qui, vue dans l'obscurité, comme je l'ai souvent vu, semble un horrible spectre du passé. regardant depuis sa solitude les changements du présent. Le flibustier, son fondateur, l'avait d'abord construit, pour plus de sécurité, sans porte, et y montait par la fenêtre d'un étage supérieur par une échelle. Mais maintenant une paix ininterrompue couvait ses murs brisés entourés de lierre, et des champs labourés se glissaient d'année en année le long de la pente marécageuse sur laquelle il se trouvait, jusqu'à ce qu'enfin tout devienne vert et que la bruyère sombre disparaisse. Il existe une époque poétique dans la vie de la plupart des individus, aussi certainement que dans l'histoire de la plupart des nations ; et c'est un âge très heureux. J'y étais maintenant pleinement entré; et j'ai apprécié, dans mes promenades solitaires le long du Conon, un bonheur suffisant pour compenser bien des longues heures de labeur et bien des privations. J'ai cité, comme devise de ce chapitre, un vers exquis de Burns. Il n'y a guère d'autre strophe dans la vaste littérature britannique qui décrit aussi fidèlement l'ambiance qui, régulièrement, à mesure que le soir arrivait, et après que je m'étais enfoui dans les bois épais, ou que j'avais atteint un coin de verdure au bord de la rivière, avait l'habitude de venir. me survolant, et dans lequel j'ai senti mon cœur et mon intellect aussi parfaitement en accord avec la scène et l'heure que l'étang boisé tranquille à côté de moi, dont la surface reflétait dans le calme chaque arbre et chaque rocher qui s'élevait autour d'elle, et chaque teinte de les cieux au-dessus. Et pourtant, l'ambiance, bien que douce, était aussi, comme l'exprime le poète, pensive : elle était imprégnée de la mélancolie heureuse chantée si fidèlement par un barde aîné, qui devait lui aussi être profondément pénétré de ce sentiment.

"Quand je vais réfléchir tout seul,

En pensant à diverses choses connues d'avance...

Quand je construis des châteaux dans les airs,

Vide de chagrin et vide de soucis,

Me faire plaisir avec des fantasmes doux—

Il me semble que le temps passe très vite ;

    Toutes mes joies à ce sujet sont de la folie ;—

    Rien n'est plus doux que la mélancolie.

"Quand je m'assois et souris,

Avec des pensées agréables, le temps séduit,

Au bord d'un ruisseau ou d'un bois si vert,

Inouï, non recherché ou invisible,

Mille plaisirs me bénissent,

Et couronne mon âme de bonheur

    Toutes mes joies à ce sujet sont de la folie ;—

    Rien n'est plus doux que la mélancolie.

Quand je me souviens combien mon bonheur était accru par chaque petit oiseau qui éclatait en chantant soudainement parmi les arbres, puis se taisait tout aussi soudainement, ou par chaque poisson aux écailles brillantes qui s'élançait dans les profondeurs couleur topaze de l'eau, ou s'élevait un instant sur sa surface calme - combien les draps bleus de jacinthes qui tapissaient les ouvertures du bois me ravissaient, et chaque nuage teinté d'or qui brillait sur le soleil couchant et jetait sa couleur brillante sur la rivière semblait informer le cœur d'un paradis au-delà - je m'émerveille, en parcourant les fragments de vers produits à l'époque, de constater à quel point le sentiment dans lequel je me délectais tant, ou de la nature que j'appréciais tant, s'y retrouva. Mais ce que Wordsworth appelle si bien « l'accomplissement des vers », donné à un petit nombre, est aussi distinct de la faculté poétique accordée à beaucoup, comme la capacité de savourer une musique exquise est distincte du pouvoir de la produire. Bien plus, il y a des cas dans lesquels la « faculté » peut être très élevée, et pourtant les « réalisations » relativement faibles, ou tout à fait insuffisantes. Le regretté Dr Chalmers, dont les Discours astronomiques forment l'un des plus beaux poèmes philosophiques de toutes les langues, m'a dit qu'il n'avait jamais réussi à produire une strophe lisible ; et le Dr Thomas Brown, dont la métaphysique rayonne de poésie, aurait pu, bien qu'il ait produit des volumes entiers de vers, dire à peu près la même chose de lui-même. Mais, comme le Métaphysicien, qui n'aurait guère publié ses vers s'il ne les avait trouvés bons, mes rimes me plaisaient à cette époque, et pendant quelque temps après, merveilleusement bien : elles en vinrent à être tellement associées dans mon esprit au paysage. au milieu desquels ils étaient composés, et l'ambiance qu'elle manquait rarement d'induire, que bien qu'ils ne respiraient ni l'ambiance ni ne reflétaient le paysage, ils suggéraient toujours les deux ; sur le principe, je suppose, qu'une cuillère en étain, portant le cachet de Londres, suggérait à un équipage de pauvres marins fatigués par les intempéries d'une des îles du Pacifique, leur lointaine demeure et ses plaisirs. J'oserai cependant soumettre au lecteur l'une des pièces proposées à cette occasion. Les quelques pensées simples qu'il incarne sont nées dans le cimetière solitaire au milieu des bois, à côté du vieux cadran incrusté de lichen.

En voyant un cadran solaire dans un enclos paroissial

Cadran gris, j'aimerais le savoir

    Quel motif t'a placé ici,

Où s'ouvre sombrement la tombe fréquente,

    Et repose la bière fréquente.

Ah ! sans bottes rampe l'ombre sombre,

    Ralentissez sur votre plaine figurée :

Quand la vie mortelle est décédée,

    Le temps compte ses heures en vain.

Alors que les nuages balayent la poitrine de l'océan,

    Quand hurle le vent d'hiver.

Alors pensées douteuses, cadran gris,

    Venez balayer mon esprit.

Je pense à ce qui pourrait te placer ici,

De ceux qui sont couchés sous toi,

Et réfléchis si tu n'as pas été élevé

En moquerie des morts.

Non, mec, quand ils sont sur la scène de la vie, ils s'inquiètent.

Peut se moquer de ses semblables !

En fait, leurs monstres les plus sobres se permettent

Un aliment rare pour la moquerie donc.

Mais ah ! une fois passé leur bref séjour -

Quand le terrible destin du ciel est annoncé :

Des battements là où le cœur humain pourrait couler

Comme des moqueries sur les morts ?

Le démon impie, à qui encore faire du mal

Dirige son pouvoir criminel,

Puisse lui ouvrir le livre de la grâce

Dont le jour de grâce est terminé ;

Mais l'homme mortel ne pourrait jamais, avec certitude,

Quel que soit son âge ou son climat,

Ainsi se lève en moquerie les morts,

La pierre qui mesure le temps.

Cadran gris, j'aimerais le savoir

Quel motif t'a placé ici,

Où la tristesse pousse un soupir fréquent,

Et laisse tomber les larmes fréquentes.

Comme ta pierre de cadran grise et sculptée,

Les personnes en deuil fatiguées par le chagrin soient :

Un sombre chagrin leur donne du temps.

L'ombre sombre marque le temps sur toi.

Je le sais maintenant : n'étais-tu pas placé

   Pour attirer son attention

À qui, à travers des larmes scintillantes, les gauds de la terre

   Apparaître sans valeur et sombre ?

Nous pensons au temps où le temps s'est enfui,

   L'ami que nos larmes déplorent ;

Le Dieu que nient les cœurs gonflés d'orgueil,

   Les cœurs humiliés par le chagrin adorent.

Pierre grise, sur toi la nuit paresseuse

   Décède d'une manière indicible ;

Ce n'était pas non plus à toi d'enseigner à midi

   En cas d'échec du rayon solaire.

Dans la nuit noire de la mort, cadran gris,

   Cessez toutes les œuvres des hommes ;

Dans la vie, si le Ciel refuse son aide,

   Ces travaux sont inutiles et vains.

Cadran gris, tandis que ton ombre

   Fait remarquer que ces heures m'appartiennent...

Tandis qu'au petit matin je me lève...

   Et repose-toi au déclin du jour—

Puisse-t-il que le SOLEIL qui t'a formé,

   Ses rayons lumineux rayonnaient sur moi,

Que moi, sage pour le dernier jour,

   Je pourrais mesurer le temps, comme toi !

C'étaient des soirées heureuses, d'autant plus heureuses que j'étais encore un garçon de cœur et d'appétit, et que je pouvais savourer autant que jamais, quand leur saison arrivait, les framboises sauvages des bois de Conon, fruit très abondant dans le pays. cette partie du pays – et grimper aussi légèrement que jamais, pour dépouiller les guean-trees de leurs cerisiers sauvages. Quand le fleuve était bas, je pataugeais dans ses gués à la recherche de ses muscles perlés (*Unio Margaritiferus*) ; et, même si ma pêche aux perles n'avait pas été très réussie, c'était au moins quelque chose de voir à quel point les individus de ce plus grand des mollusques d'eau douce britanniques gisaient éparpillés parmi les cailloux des gués, ou de les repérer rampant lentement le long du fond. — alors que, par suite de sécheresses prolongées, le courant s'était si modéré qu'ils ne risquaient pas d'être emportés, chacun sur son grand pied blanc, avec ses valves élevées sur son dos, comme la carapace de quelque grande tortue. J'ai trouvé l'occasion à cette époque de conclure que l' *Unio* de nos gués fluviaux sécrète des perles beaucoup plus fréquemment que les *Unionidae* et *Anodonta* de nos étangs et lacs tranquilles, non à cause d'une particularité spécifique dans la constitution de la créature, mais à cause de la nature de la créature. effets de l'habitat qu'il est dans sa nature de choisir. Il reçoit dans les gués et les bas-fonds d'une rivière rapide de nombreux coups violents de bâtons et de cailloux charriés en période de crue, et parfois des pieds des hommes et des animaux qui traversent le ruisseau pendant les sécheresses ; et les coups provoquent les sécrétions morbides dont sont le résultat les perles. Il ne semble exister aucune raison inhérente pour laquelle *Anadon Cygnea* , avec sa belle nacre argentée, souvent aussi brillante et toujours plus délicate que celle d' *Unio Margaritiferus* , ne devrait pas être également productive de perles ; mais, à l'abri de la violence dans ses étangs et ses lacs calmes, et non exposé aux circonstances qui provoquent des sécrétions anormales, il ne produit pas une seule perle pour cent qui sont mûries en valeur et en beauté par les *Unionidés exposés et ballottés par le courant* de notre montagne rapide. rivières. Si les épreuves et les souffrances produisaient toujours chez une créature d'une famille beaucoup plus élevée des résultats similaires, et si les durs coups que lui infligeait la fortune dans le courant agité de la vie pouvaient être transmués, par quelque prédisposition interne bénie de sa nature, en perles de grande valeur. prix.

C'était l'un de mes plaisirs permanents à cette époque de me baigner, alors que le soleil se couchait derrière les bois, dans les étangs plus profonds du Conon, plaisir qui, comme tous les plaisirs les plus excitants de la jeunesse, confinait à la terreur. Comme celui du poète, quand il « se déchaînait avec les brisants » et que « la mer fraîche les rendait effrayants », « c'était une peur agréable ». Mais ce n'était ni le courant ni le tourbillon rafraîchissant qui le rendaient tel : j'avais acquis depuis longtemps la maîtrise complète de tous mes mouvements dans l'eau, et, partant des bords de la baie de Cromarty, j'ai nagé autour des navires dans l'eau. rade, quand, parmi les nombreux garçons d'une ville portuaire, pas plus d'un ou deux osaient m'accompagner ; mais l'âge poétique est toujours crédule, aussi certainement chez les individus que chez les nations : les vieilles craintes du surnaturel peuvent être modifiées et éthérées, mais elles continuent de l'influencer ; et à cette époque, le Conon occupait encore sa place parmi les cours d'eau hantés de l'Écosse. Il n'y avait pas une rivière dans les Highlands qui, avant la construction du pont majestueux dans notre voisinage, se livrait plus librement à la vie humaine - une preuve, pourrait peut-être dire l'ethnographe, de son origine purement celtique ; et comme la superstition a ses figures aussi certainement que la poésie, les périls d'un ruisseau sauvage né dans une montagne, coulant entre des rives peu peuplées, étaient personnifiés dans les croyances du peuple par un effrayant gobelin, qui prenait un plaisir malin à attirer dans son étangs, ou accablant dans ses gués, le voyageur aveugle. Son gobelin, le « spectre d'eau », apparaissait autrefois comme une grande femme vêtue de vert, mais se distinguait principalement par son visage flétri et maigre, toujours déformé par un air renfrogné malin. Je connaissais tous les gués, toujours dangereux, où autrefois elle s'élançait, disait-on, hors de la rivière, devant le voyageur terrifié, pour le désigner, comme par dérision, de son doigt maigre, ou pour lui faire signe. lui invitant; et on me montra l'arbre même auquel un pauvre Highlander s'était accroché, lorsque, traversant la rivière de nuit, il fut saisi par le gobelin, et d'où, malgré tous ses efforts, bien qu'assisté par un jeune garçon, son compagnon , il fut entraîné au milieu du courant, où il périt. Et quand, au coucher du soleil, en nageant au-dessus de quelque étang sombre, là où l'œil ne parvenait pas à marquer ni le pied à sonder le fond lointain, la brindille de quelque buisson ou arbre englouti me heurtait au passage, j'ai senti, avec un sursaut soudain, , comme touché par les doigts froids et exsangues du gobelin.

La vieille chapelle au milieu des bois a été le théâtre, dit la tradition, d'un incident semblable à celui que Sir Walter Scott raconte dans son "Heart of Mid-Lothian", en empruntant, comme devise du chapitre dans lequel il décrit les préparatifs de l'exécution de Porteous, d'un auteur rarement cité : le Kelpie. « L'heure est venue », ainsi dit l'extrait, « mais pas l'homme » ; — à peu près les mêmes mots que le même auteur emploie dans son « Guy Mannering », dans la scène de la grotte entre Meg Merrilies et Dirk Hatteraick. « Il y a une tradition, ajoute-t-il dans la note qui l'accompagne, selon laquelle tandis qu'un petit ruisseau se transformait en torrent par de récentes averses, on entendit la voix mécontente de l'esprit de l'eau prononcer ces paroles. Au même moment, un L'homme poussé par son sort, ou, en langue écossaise, *fey* , arriva au galop et se prépara à traverser l'eau. Aucune remontrance des passants ne put l'arrêter : il plongea dans le ruisseau et périt. Jusqu'à présent, Sir Walter. L'histoire du Ross-shire est plus complète et quelque peu différente dans ses détails. Dans un champ proche de la chapelle, maintenant aménagé dans les jardins de Conon House, il y avait un groupe de Highlanders occupés, un jour d'automne, à midi, il y a deux ou trois siècles, à couper leur maïs, lorsque le On entendit la voix inquiétante du spectre s'élever du Conon en contrebas : « L'heure est venue, mais pas l'homme. Immédiatement après, un courrier à cheval a été vu dévaler la colline en toute hâte, se dirigeant directement vers ce que l'on appelle un « gué faux », qui se trouve de l'autre côté du ruisseau juste en face de l'ancien bâtiment, en forme de barre ondulante, qui , indiquant apparemment, bien que très faussement, une faible profondeur d'eau, est flanqué d'un profond bassin noir au-dessus et au-dessous. Les Highlanders s'élancèrent pour l'avertir de son danger et le retenir ; mais il était incrédule et pressé, et voyageait en exprès, dit-il, pour des affaires qui ne souffriraient aucun retard ; et quant au « faux gué », s'il ne pouvait pas être monté, il pouvait être nagé ; et, que ce soit à cheval ou à la nage, il était résolu à traverser. Cependant, déterminés à le sauver malgré lui, les Highlanders le firent descendre de cheval et, le poussant dans la petite chapelle, l'y enfermèrent ; puis, ouvrant grand la porte, l'heure fatale passée, ils l'appelèrent pour qu'il puisse maintenant poursuivre son voyage. Mais il n'y eut aucune réponse, et personne ne sortit ; et en entrant, ils le trouvèrent étendu, froid et raide, le visage enfoui dans l'eau d'un petit bénitier de pierre. Il était apparemment tombé dans une crise, à travers le mur ; et son heure prédestinée étant venue, il fut étouffé par les quelques pintes d'eau dans le bénitier en saillie. À cette époque, les fonts baptismaux en pierre de la tradition – une auge grossière, d'un peu plus d'un pied de diamètre dans les deux sens – étaient encore visibles parmi les ruines ; et, comme le véritable canon du château d'Udolpho, à côté duquel, selon Annette, se tenait le fantôme, il conférait par sa solide réalité un degré d'authenticité au récit de cette partie du pays, qui, si non meublé d'une « habitation locale », comme dans la note de Sir Walter, il l'aurait souhaité. Telle était l'une des nombreuses histoires des Conon dont j'ai fait la connaissance à une époque où les croyances qu'ils incarnaient n'étaient en aucun cas tout à fait mortes, et auxquelles je pouvais considérer comme des réalités assez sérieuses, lorsque, couché tout seul sur mon lit, minuit, le détenu solitaire d'une caserne morne, écoutant le rugissement du Conon.

Outre les longues soirées, nous avions une heure pour le petit-déjeuner et une autre pour le dîner. Une grande partie de l'heure du petit-déjeuner était consacrée à la préparation de nos plats ; mais comme un morceau de galette d'avoine et une gorgée de lait nous servaient habituellement pour le repas de midi, la plus grande partie de l'heure qui *y était réservée* était consacrée au repos ou au divertissement. Et quand il faisait beau, je le passais au bord d'un ruisseau moussu, à quelques minutes de marche du hangar, ou dans une plantation voisine, à côté d'un petit loch irrégulier, bordé de drapeaux et de joncs. . Le ruisseau moussu, noir dans ses bassins plus profonds, comme s'il eût été un ruisseau de goudron, renfermait bon nombre de truites, qui avaient acquis une teinte presque aussi profonde que la sienne, et formaient les nègres mêmes de leur race. Ils étaient généralement de petite taille, car le ruisseau lui-même était petit ; et, bien que les petits pays produisent parfois de grands hommes, les petits ruisseaux produisent rarement de grands poissons. Mais un jour, vers la fin de l'automne, alors qu'un groupe de jeunes ouvriers se mirent, en s'ébattant, à le balayer avec une torche et une lance, ils réussirent à capturer, dans un étang sombre ombragé d'aulnes, un monstrueux individu, long de près de trois pieds et proportionnellement volumineux, avec un museau courbé sur la mâchoire inférieure au niveau de sa symphyse, comme le bec d'un faucon, et aussi profondément teinté (bien qu'avec plus de brun dans son teint) que le charbon le plus noir. poisson que j'ai jamais vu. Ce devait être une truite à tête plate, venue de la rivière voisine ; mais nous avons tous conclu à l'époque, à cause de l'extrême saleté de son pelage, qu'il avait vécu des années dans son bassin sombre, en ermite à l'écart de ses congénères. Je ne suis cependant pas tout à fait certain que cette déduction soit fondée. Certains poissons, comme certains hommes, ont une merveilleuse capacité à adopter les couleurs qui correspondent le mieux à leurs intérêts du moment. Je n'ai pas pu déterminer si la truite faisait partie de ces conformistes ; mais il me paraissait au moins curieux à cette époque que les poissons, même dans les parties inférieures du petit ruisseau sombre, diffèrent si entièrement en teinte de ceux du Conon, beaucoup plus clair, dans lequel tombent ses eaux tourbeuses, et dont les habitants écailleux sont d'un éclat argenté. Aucun poisson ne semble posséder un pouvoir plus complet sur son pelage crasseux qu'un poisson très abondant dans l'estuaire du Conon : la plie commune. Debout sur la berge, j'ai effrayé ces créatures du fond sur lequel elles reposaient – visibles uniquement par un œil très aiguisé – en lançant un très petit caillou juste au-dessus d'elles. La tache était-elle pâle ? Pendant environ une minute, ils emportèrent leur couleur pâle avec eux dans une zone plus sombre, où ils restèrent distinctement visibles grâce au contraste, jusqu'à ce que, acquérant progressivement la teinte plus foncée, ils redeviennent discrets. Mais si je revenais à la même tache pâle d'où ils étaient partis, je les voyais alors visibles pendant environ une minute, à cause de leur teinte trop sombre, jusqu'à ce que, la perdant progressivement à leur tour, ils pâlissaient, comme au début. , à la couleur du fond plus clair. Un vieux Highlander, dont le costume de tartan était conforme à la teinte générale de la bruyère, était invisible à peu de distance, lorsqu'il traversait une lande, mais apparaissait bien en traversant un champ ou une prairie verte : le costume donné par la nature au flet. , teinté apparemment selon le même principe de dissimulation, présente un degré d'adaptation à ses diverses circonstances, ce que souhaitait le tartan. Et il est certainement assez curieux de trouver, dans l'un de nos poissons les plus communs, une propriété qui était autrefois considérée comme l'une des merveilles permanentes de la zoologie de ces pays éloignés dont le caméléon est originaire.

L'étang dans le morceau de plantation, bien qu'un petit coin d'eau aussi disgracieux puisse être, était, je le trouvai, une étude beaucoup plus riche que le sombre ruisseau. Aussi mesquin et petit soit-il – pas plus grand en superficie à l'intérieur de sa bordure de joncs qu'un salon à la mode – son histoire naturelle aurait formé un volume intéressant ; et j'ai passé bien des demi-heures à côté d'elle, dans la chaleur du jour, à observer ses nombreux habitants, insectes, reptiliens et vermifères. Il y avait deux — apparemment *trois* — espèces différentes de libellules qui venaient y déposer leurs œufs — l'une des deux, cette grande espèce de libellule (*Eshna grandis*), à peine plus petite que le majeur — qui est si grande. joliment colorées de noir et de jaune, comme ornées du même goût que l'on voit dans les chars et les livrées du monde à la mode. L'autre mouche était une espèce ou un genre beaucoup plus mince et plus petit, plutôt *Agrion* ; et il semblait y avoir deux, et non un, d'après le fait qu'environ la moitié des individus étaient magnifiquement panachés de noir et de bleu ciel, l'autre moitié noire et pourpre vif. Mais la particularité n'était que sexuelle : comme pour illustrer ces belles analogies dont toute la nature est chargée, les sexes revêtent des couleurs *complémentaires* et se fascinent mutuellement, non en se ressemblant, mais en *se correspondant* . J'ai appris avec le temps à distinguer les larves désagréables de ces mouches, toutes deux plus grandes et plus petites, avec leurs six pattes velues et leurs formidables visières grotesques, et j'ai découvert qu'elles étaient les mêmes pirates de l'eau, comme les splendides insectes dans lesquels ils ont finalement été développés pour devenir les tyrans mêmes des airs inférieurs. Il était étrange de voir la belle créature ailée qui surgissait de la chrysalide dans laquelle le pirate à l'air répugnant avait été transformé, se lancer dans son nouvel élément, changée en tout sauf sa nature, mais toujours inchangée en cela, et se rendant comme formidable pour le papillon de nuit et le papillon comme il l'avait été auparavant pour le triton et le têtard. Il y a, j'ose le dire, une analogie ici aussi. C'est dans l'état premier de notre espèce, aussi certainement que dans celui de la libellule, que se fixe le caractère. De plus, j'éprouvais beaucoup d'intérêt à observer les progrès de la grenouille, dans ses premiers stades, depuis l'œuf jusqu'au poisson ; puis du poisson au poisson reptile, avec sa queue frangée, *ses membres ventraux et pectoraux* ; et enfin, du poisson reptile au reptile complet. Je n'avais pas encore appris - et cela n'était connu nulle part à l'époque - que l'histoire de la grenouille individuelle, à travers ces transformations successives, est une histoire en petit de la création animale elle-même dans ses premiers stades - que, dans l'ordre du temps, l'œuf -comme le mollusque avait pris le pas sur le poisson, et le poisson sur le reptile ; et qu'un ordre intermédiaire de créatures avait autrefois abondé, dans lequel, comme dans la grenouille à moitié développée, les natures du poisson et du reptile étaient unies. Mais, bien que je ne connaisse pas cette étrange analogie, les transformations étaient en elles-mêmes assez merveilleuses pour remplir pendant un temps tout mon esprit. Je me souviens avoir été frappé un après-midi, après avoir passé ma demi-heure libre habituelle au bord de l'étang, et avoir remarqué le style particulier de coloration des libellulidés jaunes et noirs de la guêpe commune et d'une espèce jaune et noire de mouche ichneumon, pour les détecter dans une demi-douzaine de voitures de messieurs qui se trouvaient en face de notre hangar de travail – car le bon vieux chevalier de Conon House avait un dîner ce soir-là – exactement le même style de coloration ornementale. La plupart des véhicules étaient jaunes et noirs, comme c'étaient les couleurs dominantes parmi les guêpes et les libellulidés ; mais il y avait aussi un léger mélange d'autres couleurs parmi elles : il y en avait au moins une qui était noire et verte, ou noire et bleue, je ne sais plus laquelle ; et un autre noir et marron. Il en était de même parmi les insectes : le même genre de goût, tant dans la couleur que dans la disposition des couleurs, et même dans les proportions des diverses couleurs, semblait avoir réglé le style d'ornement manifesté dans les voitures du dîner. , et des insectes visiteurs de l'étang. De plus, je pensais pouvoir détecter un degré considérable de ressemblance de forme entre un char et un insecte. Il y avait un grand corps *abdominal* séparé par un isthme étroit d'une boîte *thoracique , où était stationnée la puissance directrice ;* tandis que les roues, les poteaux, les ressorts et la charpente générale sur lesquels reposait le véhicule correspondaient aux ailes, aux membres et aux antennes de l'insecte. Il y avait au moins une ressemblance de forme suffisante pour justifier une ressemblance de couleur ; et *c'était là* la ressemblance réelle de couleur que justifiait la ressemblance de forme. Je me souviens qu'en réfléchissant à cette coïncidence, j'ai appris à soupçonner, pour la première fois, qu'il ne s'agissait peut-être pas d'une simple coïncidence après tout ; et que le fait incorporé dans le texte remarquable qui nous informe que le Créateur a créé l'homme à sa propre image, pourrait en réalité être à la base comme la solution appropriée. L'homme, poussé par ses nécessités, a découvert pour lui-même des artifices mécaniques, qu'il a ensuite trouvé anticipés comme des artifices de l'Esprit Divin, dans quelque organisme, animal ou végétal. De la même manière, son sens de la beauté des formes ou des couleurs donne naissance à une agréable combinaison de lignes ou de teintes ; et puis il découvre que *cela* aussi a été anticipé. Il fait peindre son char avec goût en noir et jaune, et voilà ! la guêpe qui se pose sur sa roue, ou la libellule qui s'élance dessus, il les trouve peintes exactement dans le même style. Son voisin, s'adonnant à un goût différent, fait peindre *son* véhicule en noir et bleu, et voilà ! une mouche libellula ou ichneumon de moindre importance passe en sifflant, pour justifier également son style d'ornement, mais en même temps pour montrer qu'elle aussi avait existé des siècles auparavant.

Les soirées se rapprochaient peu à peu à mesure que la saison diminuait, réduisant d'abord mes promenades du soir, puis les interdisant complètement ; et n'ayant pas d'autre endroit où me retirer, hormis le grenier à foin sombre et humide dans lequel aucune lumière n'était jamais admise, je dus chercher l'abri de la caserne et réussissais généralement à trouver un siège au moins en *vue* du feu. . L'endroit était très bondé ; et, comme dans toutes les grandes compagnies, elle avait communément ses quatre ou cinq groupes de causeurs

; chaque groupe a son propre sujet. Les vieillards parlaient de l'état des marchés et spéculaient notamment sur le prix des flocons d'avoine ; les apprentis parlaient de filles ; tandis que des nœuds d'âge intermédiaire discutaient parfois aussi bien des marchés que des filles, ou parlaient d'anciens compagnons, de leurs particularités et de leur histoire, ou s'expliquaient sur les aventures des saisons de travail précédentes et sur les caractères des lairds voisins. La politique proprement dite, je n'en ai jamais entendu parler. Durant toute la saison, aucun journal n'entra une seule fois par la porte de la caserne. Parfois, une chanson ou une histoire attirait l'attention de toute la caserne ; et il y avait en particulier un conteur dont le pouvoir d'attirer l'attention était très grand. C'était un Highlander d'âge moyen, peu habile comme ouvrier, et mal pourvu en anglais ; et comme on donne habituellement un surnom aux personnes des milieux les plus humbles qui sont marquées par une quelconque excentricité de caractère, il était mieux connu parmi ses frères ouvriers sous le nom de Jock Mo-ghoal, *c'est-à-dire* John mon chéri, que sous son nom propre. De toutes les histoires de Jock Mo-ghoal, Jock Mo-ghoal était lui-même le héros ; et certainement le plus merveilleux était l'invention de cet homme. Comme le racontent ses récits, sa vie était un long poème épique, rempli d'aventures étranges et surprenantes, et doté d'une extraordinaire machinerie sauvage et surnaturelle ; et bien que tous savaient que Jock faisait de l'imagination le lieu de la mémoire dans ses histoires, pas même Ulysse ou Enée, hommes qui, à moins d'être très redevables à leurs poètes, devaient être du même genre, n'auraient pu attirer plus d'attention à l'époque. les tribunaux d'Alcinuous ou de Didon, que Jock dans la caserne. Les ouvriers avaient l'habitude, le matin après de grands récits, de se regarder en face et de se demander, avec un sourire plutôt naissant que pleinement manifeste, si "Jock n'était pas parfaitement merveilleux la nuit dernière ?"

Il s'était rendu plusieurs fois dans le sud de l'Écosse, en tant que membre d'une bande de faucheurs des Highlands, car l'emploi dans sa profession propre échouait très souvent au pauvre Jock ; et ces voyages formèrent les grandes occasions de ses aventures. L'un de ses récits commençait, je m'en souviens, par une scène effrayante, à minuit, dans un cimetière solitaire. Jock s'était égaré dans l'obscurité ; et, après avoir trébuché parmi les tumulus et les pierres tombales, il était tombé dans une tombe ouverte, d'une profondeur si profonde, que pendant quelque temps il ne parvint pas à s'en échapper, et se contenta de se jeter sur lui-même, dans ses tentatives de grimper. ses flancs lâches, ses crânes moisis, ses gros fémurs et ses morceaux de cercueils pourris. Finalement, cependant, il réussit à sortir, au moment même où un groupe de résurrectionnistes sans scrupules était en train d'entrer dans le cimetière ; Et eux, préférant naturellement un sujet intact qui avait la vie pour le conserver frais, aux cadavres morts les plus difficiles à conserver, le poursuivirent ; et ce fut avec les plus grandes difficultés qu'après avoir couru à travers des landes sauvages et des bois sombres, il leur échappa enfin en se logeant dans une terre de renards. La saison des travaux automnaux terminée, il visita Édimbourg en route vers le nord ; et passait le long de High Street, lorsque, voyant de l'autre côté une jeune fille des Highlands avec laquelle il avait des relations intimes et qu'il épousa plus tard, il traversa à grands pas pour lui parler, et un char venant tournoyant dans la rue à ce moment-là à pleine vitesse. vitesse, il a été heurté par le poteau et renversé. Le coup l'avait atteint en pleine poitrine ; mais bien que l'os paraisse blessé et que les téguments devinrent terriblement enflés et livides, il put se relever ; et, après avoir demandé à être montré le chemin d'un atelier de chirurgien, sa connaissance, la jeune fille, l'a amené dans une pièce souterraine dans l'une des ruelles étroites de la rue, qui, sans la lumière d'un grand feu, aurait été il faisait nuit noire à midi, et dans lequel il trouva une petite vieille femme ridée, jaune comme la fumée qui remplissait l'appartement. « Choisissez, » dit la sorcière en regardant la partie blessée, « une des deux choses suivantes : une guérison lente mais sûre, ou soudaine mais imparfaite. Ou dois-je remettre complètement la blessure jusqu'à ce que vous rentriez à la maison ? "Ça, ça", dit Jock; "Si j'étais à la maison, je pourrais le supporter assez bien." La sorcière commença à passer sa main sur la partie blessée et à marmonner dans sa barbe quelque charme puissant ; et à mesure qu'elle marmonnait et manipulait, le gonflement s'estompa peu à peu et les teintes livides pâlirent, jusqu'à ce qu'enfin il ne restât plus rien pour raconter le récent accident, sauf une tache pâle au milieu de la poitrine, entourée d'un cercle filiforme de bleu. Et maintenant, dit-elle, vous allez bien depuis trois semaines ; mais soyez prêt pour le quatrième. Jock poursuivit son voyage vers le nord et rencontra en chemin la quantité habituelle d'aventures. Il fut attaqué par des voleurs, mais, grâce à l'aide qui arriva, il réussit à les repousser. Il s'égara dans une brume épaisse, mais trouva refuge, après de nombreuses heures d'errance au loin parmi les collines, dans un bouclier de berger désert. Il fut presque enterré dans une soudaine tempête de neige qui éclata pendant la nuit, mais, se trouvant au milieu d'un troupeau de moutons enfermés, ils le gardèrent au chaud et à l'aise au milieu des vastes couronnes de dérive, jusqu'à ce que la lumière du matin le permette. lui de poursuivre son voyage. Enfin, il rentra chez lui et poursuivait ses occupations ordinaires, lorsque la troisième semaine toucha à sa fin ; et il se trouvait dans une lande isolée à l'heure même où il avait rencontré l'accident sur High Street, lorsqu'il entendit soudain le bruit lointain d'un char, bien qu'aucune ombre du véhicule ne fût visible ; les bruits tombaient sur lui, s'intensifiant à mesure qu'ils s'approchaient, et, au plus fort, un violent coup sur la poitrine le prosterna sur la lande. Le coup de High Street « était revenu », exactement comme la sage femme l'avait prédit, mais avec des accompagnements que Jock n'avait pas prévus. Ce fut avec difficulté qu'il atteignit sa chaumière ce soir-là ; et il s'écoula six semaines entières avant qu'il puisse à nouveau s'en débarrasser. Tel était, dans ses grandes lignes, l'un des merveilleux récits de Jock Mo-ghoal. Il appartenait à une classe curieuse, connue par spécimen, je suppose, dans presque toutes les localités, particulièrement dans les plus primitives, car le ridicule intelligent commun dans les états artificiels de la société retarde considérablement leur croissance ; et dans notre littérature – représentée par les Bobadils, les Young Wildings, les Caleb Balderston et les Baron Munchausen – ils occupent une place de premier plan. Cette classe se rencontre d'un développement très général parmi les tribus vagabondes. J'ai écouté de merveilleux récits personnels qui ne contenaient pas un mot de vérité, « de bohémiens bruns dans les clairières d'été qui se prélassent », alors que je m'asseyais près de leur feu, dans une grotte rocheuse sauvage du quartier de Rosemarkie, ou plus tard dans la grotte de Marcus ; et en causant avec des individus des classes les plus complètement abandonnées de nos grandes villes, j'ai trouvé qu'une faculté de fabrication improvisée était presque la seule que je pouvais espérer trouver parmi eux en état d'activité vigoureuse. Que dans certains cas cette propension puisse coexister avec un calibre et des connaissances supérieurs, et même avec un sens de l'honneur qui n'est en aucun cas très obtus, doit être considéré comme l'une des étranges anomalies qui surprennent et rendent si souvent perplexes l'étudiant des sciences humaines. personnage. Comme un ongle mal orienté, blessé par la pression, se retourne parfois et, rentrant dans la chair, la vexe en une plaie, il semblerait que cette noble faculté inventive à laquelle nous devons la parabole et le poème épique, était sujet, lorsqu'il est contraint par l'amour-propre, à des erreurs similaires ; et certainement, lorsqu'il est tourné vers son propriétaire, le caractère moral s'envenime ou devient insensible autour de lui.

Il n'y avait personne dans la caserne avec qui je tenais beaucoup à converser, ou qui, en retour, tenait beaucoup à converser avec moi ; aussi j'appris, dans les occasions où la compagnie s'ennuyait et se divisait en groupes, à me retirer dans le grenier à foin où je dormais et à y passer des heures entières assis sur ma poitrine. Le loft était un vaste appartement, long d'environ cinquante ou soixante pieds, avec ses chevrons nus surélevés à peine plus qu'un homme au-dessus du sol ; mais dans les nuits étoilées, lorsque les ouvertures dans le mur prenaient le caractère de carrés d'obscurité visibles imprimés sur l'obscurité totale, il paraissait aussi bien que n'importe quel autre endroit non éclairé qui ne pouvait pas être vu ; et dans les nuits éclairées par la lune, les rayons pâles, qui trouvaient accès aux ouvertures et aux crevasses, rendaient sa vaste zone assez pittoresque pour que des fantômes s'y promènent. Mais je n'en ai jamais vu ; et les seuls bruits que j'entendais étaient ceux émis par les chevaux dans l'écurie en contrebas, mâchant et reniflant leur nourriture. Ils étaient, je n'en doute pas, assez heureux dans leurs stalles sombres, parce qu'ils étaient des chevaux et qu'ils avaient beaucoup à manger ; et j'étais parfois assez heureux dans le loft sombre au-dessus, parce que j'étais un homme et que je pouvais penser et imaginer. C'est, je crois, Addison qui remarque que si toutes les pensées qui traversent l'esprit des hommes étaient rendues publiques, la grande différence qui semble exister entre la pensée des sages et celle des imprudents serait considérablement réduite ; puisque c'est une différence qui ne consiste pas dans le fait qu'ils n'ont pas en commun les mêmes pensées faibles, mais simplement dans la prudence par laquelle les sages répriment leurs insensées. Je possède encore des notes des cogitations de ces soirées solitaires, assez amples pour montrer qu'elles étaient des combinaisons extraordinaires du faux et du vrai ; mais je les garde en même temps suffisamment en mémoire pour me rappeler que je faisais à peine, voire pas du tout, de distinction entre ce qui était faux et vrai en eux à l'époque. La littérature de presque tous les peuples a un stade précoce correspondant, dans lequel la pensée nouvelle se mêle à de petites vanités, et dans lequel le goût est généralement faux, mais le sentiment est vrai.

Permettez-moi de présenter à mes jeunes lecteurs, à partir de mes notes, les réflexions diversement composées d'une de ces soirées tranquilles. Ce qui formait il y a si longtemps un de mes exercices peut maintenant devenir l'un des leurs, s'ils s'efforcent seulement de séparer la pensée solide de la pensée non solide contenue dans mon résumé.

RÉFLEXIONS.

« Je me trouvais l'été dernier au sommet de Tor-Achilty [une colline pyramidale située à environ six milles du côté de Conon], et j'occupais, une fois là-bas, le centre d'un large cercle d'environ cinquante milles de diamètre. Une mer bordée de collines, avec le firmament bleu clair se courbant et les rayons obliques du soleil couchant brillant en travers. Oui, sur ce champ circulaire, large de cinquante milles, le firmament se fermait tout autour à l'horizon, comme un verre de montre. se ferme autour du cadran de la montre. Le ciel et la terre semblaient co-étendus ; et pourtant, quelle incalculable différence de superficie. Des milliers de systèmes ne semblaient proportionnés, à l'œil, qu'à un petit district de terre à cinquante milles de chaque côté ! Mais, si grande que soit l'imagination humaine, peut-elle concevoir une zone de champ plus vaste ? Mon esprit ne peut pas saisir d'un seul coup d'œil plus que ce que l'œil peut saisir. d'une zone plus large que celle que la vue commande du sommet d'une haute éminence. Je peux parcourir en imagination de nombreux domaines similaires. Je peux ajouter un champ à l'autre *à l'infini* ; et ainsi concevoir un espace infini, en concevant un espace qui peut être ajouté à l'infini ; mais tout l'espace que je peux saisir d'un seul coup est une zone proportionnée à celle embrassée d'un seul coup d'œil par l'œil. Comment, alors, ai-je ma conception de la terre dans son ensemble, du système solaire dans son ensemble, voire de plusieurs systèmes dans leur ensemble ? Tout comme j'ai mes conceptions d'un globe-école ou d'un planétaire – par diminution. C'est par la diminution induite par l'éloignement que les cieux sidéraux ne s'étendent, vu du sommet de Tor-Achilty, qu'avec une partie des comtés de Ross et d'Inverness. La surface apparente est la même, mais la coloration est différente. Nos idées de grandeur dépendent donc beaucoup moins de la superficie réelle que de ce que les peintres appellent la perspective aérienne. L'obscurité de la distance et la diminution des parties sont essentielles aux conceptions justes d'une grande ampleur.

"Parmi les différents chiffres qui me sont présentés ici, je n'en retient qu'un seul. Je réfléchis à l'image du système solaire évoquée. Je conçois les satellites comme des chaloupes légères qui naviguent continuellement autour de navires plus lourds, et je considère combien plus d'espace qu'ils doivent traverser que les orbes auxquels ils sont attachés. L'ensemble du système m'est présenté comme un planétaire de la taille apparente de la zone de paysage vue du sommet de la colline, mais l'obscurité et l'obscurité empêchent la diminution de communiquer cela ; L'ensemble semblerait petit, s'il était, comme un véritable planétaire, nettement défini et clair. À mesure que l'image s'élève devant moi, le système tout entier semble posséder, ce que je soupçonne, son atmosphère semblable à celle de l'atmosphère. la terre, qui reflète la lumière du soleil dans les différents degrés de luminosité excessive : splendeur de la marée de midi, nuances plus faibles du soir et obscurité grise du crépuscule. Ce voile de lumière est le plus épais vers le centre du système ; car lorsque le regard se pose sur ses bords, on peut voir les soleils d'autres systèmes passer au travers. Je vois Mercure scintillant devant le soleil, avec ses océans de verre fondu et ses fontaines d'or liquide. Je vois les montagnes de glace de Saturne, enrouées dans le crépuscule. Je vois la terre rouler sur elle-même, des ténèbres à la lumière et de la lumière aux ténèbres. Je vois les nuages de l'hiver s'installer sur une partie, avec le manteau inférieur de neige qui brille à travers eux ; Dans une autre, je vois une étendue de sable brun et sombre, éclairée par la lueur de l'été. Un océan semble lisse comme un miroir, un autre est noir de tempête. Je vois la pyramide d'ombre que chacune des planètes projette de son côté obscur dans l'espace derrière ; et j'aperçois les étoiles scintiller à travers chaque ouverture, comme à travers les portes angulaires d'un pavillon.

« Telle est la scène vue à angle droit avec le plan dans lequel se meuvent les planètes ; mais quel serait son aspect si je la voyais dans la ligne du plan ? Quel serait son aspect si je la voyais par le bord ? pense à une de ces incertitudes qui me convainquent si souvent que je suis ignorant. Je ne peux pas compléter mon tableau, car je ne sais pas si toutes les planètes se déplacent dans le même plan. Comment déterminer le point ? Si les trajectoires des planètes vues dans le ciel forment des lignes parallèles, alors elles doivent toutes se déplacer dans le même plan ; *mais* ce serait comme vu du soleil, si les planètes *pouvaient* être vues . du soleil. La terre n'est qu'une des leurs, et de son point de vue doit être désavantageux. Le mouvement diurne doit rendre perplexe le mouvement apparent des cieux. les planètes à travers les étoiles fixes, être marquées, et bien que, d'après la particularité du point d'observation, leur mouvement puisse paraître tantôt plus rapide, tantôt plus lent, cependant, si leur plan est, comme dirait un ouvrier, , *en dehors de la torsion* , leurs lignes sembleront parallèles. Cependant, j'ai encore quelques doutes : j'aimerais jeter un coup d'œil sur un planétaire pour déterminer le point ; et puis je me souviens que Ferguson, un homme inculte comme moi, avait construit plus d'Orreries que quiconque, et que les appareils mécaniques de ce genre étaient le recours naturel d'un homme non qualifié dans la géométrie supérieure. Mais il vaudrait mieux être mathématicien que habile à concevoir des Orreries. Un homme d'esprit newtonien et accompli dans le savoir newtonien pourrait résoudre le problème là où j'étais assis, sans Orrery.

" De la chose contemplée, je passe à la considération de l'esprit qui contemple. Oh ! ce merveilleux Newton, à propos duquel le Français demandait s'il mangeait et dormait comme les autres hommes ! Je considère combien un esprit surpasse un autre ; bien plus, comment un homme en dépasse mille ; et, à titre d'illustration, je me souviens de la manière d'évaluer les diamants. Un seul diamant qui pèse cinquante carats est réputé plus précieux que deux mille diamants, dont chacun n'en pèse qu'un. mais ne peut-il pas, je le demande, influer également sur l'acquisition de connaissances ? Toute idée nouvelle ajoutée au stock déjà collecté est un carat ajouté au diamant, car non seulement elle a de la valeur en elle-même, mais elle en augmente également la valeur ; valeur de tous les autres, en donnant à chacun d'eux un nouveau lien d'association.

« La pensée s'enchaîne à une autre, peut-être moins sonore : — L'esprit des hommes au génie exalté, comme Homère, Milton, Shakspere, ne semble-t-il pas partager certaines des qualités de l'infinitude ? Ajoutez un grand nombre de briques ensemble, et ils formont une pyramide aussi immense que le sommet de Ténériffe. Ajoutez tous les esprits communs que le monde a jamais produits, et l'esprit d'un Shakspere domine le tout, dans toute la grandeur de l'infini inaccessible. ni augmentation ni diminution. N'en est-il pas ainsi d'un génie d'une certaine altitude ? Homer, Milton, Shakspere, étaient peut-être des hommes de puissances égales. Homère était, dit-on, un mendiant, un peigneur de laine illettré ; le savoir humain. Mais ils se sont tous élevés à une hauteur égale. Le savoir n'a rien ajouté au génie *illimité* des uns, et le manque de savoir n'a pas ôté les pouvoirs *infinis* des autres. Mais il est temps que j'aille préparer le souper. ".

J'ai visité les politiques de Conon House un quart de siècle après cette époque - j'ai fait le tour du four, qui était autrefois notre caserne - j'ai escaladé l'escalier extérieur en pierre du grenier à foin, pour rester une demi-minute à l'endroit où j'avais l'habitude d'aller. passer des heures entières assis sur ma poitrine, si longtemps auparavant ; puis profité d'une promenade tranquille dans les bois du Conon. La rivière était grande en crue : c'était exactement une rivière Conon que j'avais perdue de vue au cours de l'hiver 1821, et ses tourbillons étaient sombres et lourds, balayant les pavois et les berges. Les aulnes à tige basse qui s'élevaient sur les îlots et les monticules semblaient privés de la moitié de leur tronc dans la marée ; çà et là, une branche élastique se courbait au courant, se soulevait et se courbait à nouveau ; et tantôt une touffe de bruyère desséchée flottait, tantôt une couronne d'écume souillée. Avec quelle vivacité le passé s'est élevé devant moi ! — des rêveries d'enfant, oubliées pendant vingt ans — les fossiles d'une formation précoce de l'esprit, produits à une époque où l'atmosphère des sentiments était plus chaude qu'aujourd'hui, et les immaturités du règne mental elle grandissait, comme l'ancienne *cryptogamie*, et ne ressemblait en rien aux productions d'une époque plus mûre. La saison que j'avais passée si longtemps auparavant dans le quartier, la première que j'avais passée parmi des étrangers, appartenait à une époque où la maison n'est pas un pays, ni même une province, mais simplement un petit coin de terre, habité par des amis et des parents. ; et les vers, oubliés depuis longtemps, dans lesquels ma joie s'était manifestée à la veille de rentrer dans cette maison, revenaient aussi fraîchement dans ma mémoire que si à peine un mois s'était écoulé depuis que je les avais composés à côté du Conon. Les voici, avec toute la juvénile verte du mal du pays encore autour d'eux – véritable pétrification d'un sentiment éteint : –

AU CONON.

Conon, ton ruisseau de montagne coule à flots,

    À travers la bruyère fleurie et le champ en pleine maturation.

Quand, rétréci par le fervent rayon de l'été,

    J'ai vu pour la première fois tes vagues paisibles.

Calmement, ils ont balayé ton rivage sinueux.

    Quand la joyeuse fête de la récolte était proche -

Quand, porté par la brise, avec ton rugissement plus rauque

    Est venu se mêler le doux cri des faucheurs.

Mais maintenant je marque ta vague de colère

    Foncez tête baissée vers la mer agitée ;

Sauvagement les explosions de la rave hivernale,

    Triste bruissement à travers l'arbre sans feuilles

Lâche sur son gerbe la feuille d'aulne

    Pend vacillant, tremblant, brûlant et sourcil

Et sombres tes tourbillons tourbillonnent en dessous,

    Et ton écume blanche descend en flottant.

Tes rives aux arbustes desséchés s'étendent ;

    Tes champs confessent le règne rigoureux de l'hiver ;

Et brille ton épine aux baies rouges,

    Comme une bannière sur une plaine ravagée.

Écoutez ! gémit sans cesse le bois sans feuilles ;

    Écoutez ! ton ruisseau rugit sans cesse ci-dessous

Les sommets de Ben-Vaichard sont sombres de nuages

    La crête de Ben-Weavis est blanche de neige.

Et pourtant, bien que rouge ton ruisseau descende

    Bien que les collines environnantes semblent sombres -

Même si les champs sont nus et les forêts brunes,

    Et l'hiver règne sur l'année décroissante—

Impassible, je vois chaque charme se décomposer,

    Sans être pleurées, les douceurs de l'automne meurent ;

Et des fleurs fanées et des gerbes sans feuilles

    Courez en vain le soupir réfléchi.

Ce n'est pas ce chagrin ennuyeux qui est agréable à voir

    Vex'd Nature porte une tristesse semblable ;

Non pas qu'elle m'ait souri en vain,

    Quand on se moquait gaiement de la floraison de l'été

Non, j'ai beaucoup aimé, à marée égale,

    À travers les bois solitaires de Brahan pour s'égarer.

Pour marquer le glissement de tes vagues paisibles,

    Et regardez le rayon du soleil décliner.

Mais pourtant, même si tes vagues roulaient juste

    Comme toujours ceux du flux classique—

Bien que verts tes bois, maintenant sombres et nus,

    Je me suis baigné magnifiquement dans la poutre ouest ;

Pour marquer une scène que l'enfance aimait,

    L'œil inquiet fut tourné en vain ;

Je n'ai pas non plus pu trouver l'ami approuvé,

    Cela partageait ma joie ou apaisait ma douleur.

Maintenant l'hiver règne : ces collines n'existent plus

    Je limiterai sévèrement mon point de vue anxieux

Bientôt, je me dirigeai vers le rivage de Croma,

    Dois-je poursuivre ce chemin sinueux.

Plus juste qu'ici , la lueur de l'été gay

    Pour moi, *les* tempêtes hivernales me sembleront

Alors soufflez, brises amères, soufflez,

    Et fouettez le ruisseau de montagne de Conon.

CHAPITRE XI.

"Le pouls bondissant, le membre languissant

L'ascension et la chute de l'esprit changeant—

Nous savons qu'il les a ressentis,

Car ceux-ci sont ressentis par tous. "- MONTGOMERY.

L'apprentissage de mon ami William Ross avait expiré pendant la saison de travail de cette année, lorsque j'étais engagé à Conon-side ; et il vivait maintenant dans la maison de sa mère dans la paroisse de Nigg, du côté du Ross-shire du Cromarty Firth. Ainsi, avec la mer entre nous, nous ne pouvions plus nous retrouver tous les soirs comme avant, ni faire de longues promenades nocturnes dans les bois. Je traversai cependant le Firth et passai une journée heureuse en sa société, dans un petit domicile au toit bas, avec d'un côté un ravin raboteux et de l'autre une forêt de sapins sombres ; et qui, bien que pittoresque et intéressant comme chaumière, devait, je le crains, être une maison très inconfortable. Son père, que je n'avais jamais vu auparavant, était assis près du feu lorsque j'entrai. En tout, sauf dans son expression, il ressemblait merveilleusement à mon ami ; et pourtant c'était l'un des hommes les plus insipides que j'aie jamais connu – un homme littéralement sans idée et presque sans souvenir ni fait. Et la mère de mon amie, même si elle montrait une certaine gentillesse que son mari souhaitait, était bavarde et faible. Si mon ancienne connaissance, le maniaque à l'esprit vigoureux d'Ord, avait vu William et ses parents, elle les aurait triomphalement évoqués pour prouver que Flavel et les scolastiques avaient tout à fait raison de soutenir que les âmes ne sont pas « dérivées d'une traduction parentale ». "

Mon ami avait beaucoup à me montrer : il avait réalisé une intéressante série de croquis à l'aquarelle des vieux châteaux du quartier, et un ensemble de dessins très élaborés de ce que l'on appelle les obélisques runiques de Ross : il avait fait quelques premiers tentatives aussi de peinture à l'huile; mais bien que son dessin fût, comme d'habitude, correct, il y avait un manque de transparence dans sa coloration, qui caractérisait toutes ses tentatives ultérieures dans le même département, et qui était, je soupçonne, le résultat d'une telle déficience dans ses perceptions. des harmonies de couleurs comme ce qui, dans un autre domaine des sens, me rendait si insensible aux harmonies du son. Ses dessins d'obélisques étaient d'un intérêt singulier. Non seulement les trente années qui se sont écoulées depuis ont exercé leur effet de délabrement sur tous les originaux dont il a tiré, mais l'un d'entre eux, le plus complet du groupe à cette époque, a été depuis presque entièrement détruit ; et ainsi, ce qu'il a pu faire alors, il ne peut y avoir aucune possibilité de le refaire. De plus, ses représentations des ornements sculptés, au lieu d'être (ce que sont trop souvent celles des artistes) de simples approximations pittoresques, étaient vraies dans chaque courbe et chaque ligne. Il m'a dit qu'il avait passé quinze jours à tracer les figures mathématiques, les courbes, les cercles et les lignes droites impliqués, sur lesquels était formé le motif complexe de l'un des obélisques, et à faire des dessins séparés de chaque compartiment, avant de commencer son projet. de la pierre entière. Et, regardant avec l'œil du tailleur de pierre ses esquisses préliminaires, depuis les premiers maigres lys qui formaient la base de quelque nœud complexe et difficile, jusqu'au nœud élaboré lui-même, j'ai vu qu'avec une telle série de dessins avant moi, j'ai moi-même pu apprendre à tailler des obélisques runiques, dans toute l'intégrité du style complexe et ancien, en moins de quinze jours. Mon ami s'était fait des idées frappantes et originales concernant la théologie représentée par le symbole sur ces pierres anciennes, considérées à l'époque comme runiques, mais maintenant considérées comme plutôt d'origine celtique. Au centre de chaque obélisque, sur le côté le plus important et le plus fortement relevé, se trouve toujours une grande croix, plutôt de type grec que romain, et généralement minutieusement ouvragée en un motif chantourné, composé de myriades de serpents, élevés en certains endroits. des compartiments sur des demi-sphères ressemblant à des pommes. Dans l'un des obélisques du Ross-shire, celui de Shadwick, dans la paroisse de Nigg, la croix est entièrement composée de ces protubérances en forme de pomme et couvertes de serpents ; et mon ami croyait que l'idée originale de l'ensemble, et, en fait, l'idée fondamentale de cette école de sculpture, était exactement celle exposée avec tant d'insistance par Milton dans l'argument d'ouverture de son poème : la chute de l'homme symbolisait la chute de l'homme. par les serpents et les pommes, et le grand signe de sa restauration, par la croix. Mais pour indiquer que pour l'Homme divin, le Restaurateur, la croix elle-même était une conséquence de la Chute, elle fut même recouverte de symboles de l'événement et, dans un curieux spécimen, construite à partir d'eux. C'étaient les serpents et les pommes qui avaient élevé, *c'est-à-dire* rendu impératif, la croix. Mon ami remarqua en outre que de cette idée principale était née une sorte de chantournage qui semblait plus moderne dans certains de ses spécimens que les serpents richement sculptés et les pommes fortement relevées, mais dans lequel les torsions de l'un et du les contours circulaires des autres pourraient être distinctement tracés ; et qu'il semblait finalement être passé d'un symbole à un simple ornement ; comme, dans les cas antérieurs, les images hiéroglyphiques étaient devenues de simples signes ou caractères arbitraires. Je ne sais ce qu'on peut penser de la théorie de William Ross ; mais lorsque, en visitant, il y a plusieurs années, les ruines antiques d'Iona, j'ai marqué, sur les croix les plus anciennes, les serpents et les pommes apparentes, et j'ai alors vu comment la même combinaison de figures apparaissait comme un simple chantournage ornemental sur certaines des croix plus récentes. tombeaux, je l'ai considéré comme plus probablement le bon que tous les autres que j'ai vu jusqu'ici abordés sur le sujet. J'ai dîné avec mon ami ce jour-là avec des pommes de terre et du sel, flanqué d'une cruche d'eau ; les pommes de terre n'étaient pas non plus très bonnes ; mais ils constituaient alors le seul article de nourriture de la maison . Il avait maintenant dîné et déjeuné avec eux, dit-il, pendant plusieurs semaines ensemble ; mais bien que peu fortifiants, ils conservaient l'étincelle de vie ; et il avait économisé suffisamment d'argent pour l'emmener au sud de l'Écosse au printemps, où il comptait trouver un emploi. Un pauvre garçon de génie, sans amis, diluant son sang phtisique dans de mauvaises pommes de terre et de l'eau, et, en même temps, anticipant les travaux de nos sociétés antiquaires par ses dessins élaborés et véridiques d'une classe intéressante d'antiquités nationales, doit être considéré comme un objet de contemplation mélancolique; mais de tels génies malheureux existent à toutes les époques où l'on cultive l'art et où la littérature a ses admirateurs ; et, de nature de plus en plus modeste et réservée, le monde les découvre rarement à temps.

Cet hiver, j'ai trouvé suffisamment d'emploi pour mes loisirs dans mes livres, mes promenades et dans l'atelier de mon oncle James, qui, maintenant que l'oncle James n'avait plus à me faire des leçons sur mon latin et sur mon insouciance d'érudit en général, était un problème. endroit très agréable, où l'on pouvait toujours avoir beaucoup de remarques judicieuses et d'excellents renseignements. Il y avait une autre habitation dans le quartier où je passais parfois une heure pas désagréable. C'était une pièce souterraine humide, habitée par une pauvre vieille femme, arrivée en ville d'une paroisse de campagne l'année précédente, emmenant avec elle un garçon misérablement difforme, son fils, qui, bien qu'ayant maintenant vingt ans, ressemblait davantage à , sauf dans sa tête et son visage, un garçon de dix ans, et qui était si impuissant qu'il ne pouvait pas bouger de son siège. « Le pauvre Danie boiteux », comme on l'appelait, était, malgré les dures mesures que lui infligeait sa nature, un garçon d'humeur égale et bienveillant, et était, en conséquence, un grand favori des jeunes gens du quartier, en particulier avec les jeunes femmes humblement instruites, qui, le considérant simplement comme une intelligence doublée de sympathie, capable d'écrire des lettres, lui trouvaient un emploi qui ne lui plaisait pas peu, comme une sorte d'assistant et de conseiller général dans leurs affaires. du coeur. Richardson raconte qu'il a appris à écrire son Pamela grâce à la pratique qu'il a acquise en écrivant des lettres d'amour, lorsqu'il était très jeune garçon, pour une demi-douzaine de femmes en mal d'amour, qui lui faisaient confiance et l'employaient. Le « pauvre Danie », bien qu'il portait sur un corps squelettique, totalement dépourvu de muscles, un cerveau de taille et d'activité moyennes, n'était pas né pour être romancier ; mais il avait les matériaux nécessaires en abondance ; et bien que cela soit assez secret pour toutes ses autres connaissances, moi, qui ne me souciais pas beaucoup de la question, je pouvais, découvris-je, vivre autant d'expériences que je voulais. J'avais parmi mes compagnons la réputation d'être ce qu'ils appelaient « fermé d'esprit » ; et Danie, convaincue, en quelque sorte, que je méritais ce personnage, semblait trouver un soulagement de faire peser sur mes épaules le grand poids de la confiance qui, assez libéralement, semble-t-il, pour son confort, avait été mis sur son propre. Burns rapporte de lui-même qu'il « éprouvait autant de plaisir à connaître le secret de la moitié des amours de la paroisse de Tarbolton, qu'un homme d'État à connaître les intrigues de la moitié des cours d'Europe ». Et, écrivant au Dr Moore, il ajoute que c'était « avec difficulté » que sa plume était « empêchée de lui donner quelques paragraphes sur les aventures amoureuses de ses pairs, les humbles habitants de la ferme et du cottage. " Moi, au contraire, je portais mes confidences assez sobrement, et je les gardais précieusement et très près, me considérant simplement comme une sorte de cour arrière de l'esprit, dans laquelle Danie pouvait emmagasiner à son gré les précieuses denrées confiées à sa garde. que, faute d'arrimage, il lui était difficile de garder, mais qui étaient sa propriété et non la mienne. Et même si, j'ose le dire, je pourrais encore remplir plus de « quelques paragraphes » avec les liaisons amoureuses de citadines, dont certaines filles ont été courtisées et mariées il y a dix ans, je n'éprouve aucune envie, après avoir si bien gardé leurs secrets. longtemps, pour commencer à les bavarder maintenant. Danie tenait un tableau de repêchage et était fier de battre tous ses voisins ; mais en peu de temps il m'a appris – de manière trop visible à son grand dam – à se battre ; et trouvant en outre le jeu plutôt captivant, et ne se souciant pas de regarder l'expression de malheur qui obscurcissait le visage pâle et doux de ma pauvre connaissance, chaque fois qu'il voyait ses hommes balayés du plateau ou enfermés dans un Dans un coin, j'ai abandonné le jeu de dames, le seul jeu de ce genre dont je connaisse quelque chose, et j'ai réussi, en quelques années, à désapprendre à peu près tous les coups. Il paraissait merveilleux que les processus essentiels à la vie aient pu se dérouler dans un cadre aussi misérable que celui de la pauvre Danie : c'était simplement un squelette humain courbé en deux et recouvert d'une peau jaunâtre. Mais ils n'y restèrent pas longtemps. Environ dix-huit mois après le début de notre connaissance, alors que j'étais à plusieurs kilomètres de là, il fut saisi d'une maladie soudaine et mourut en quelques heures. J'ai vu, même dans nos meilleures œuvres de fiction, des personnages moins intéressants que la pauvre Danie à l'esprit doux, la dépositaire de l'amour des jeunes dames du village ; et j'ai appris une chose ou deux dans son école.

Ce n'est qu'après plusieurs semaines de la saison de travail que la grande répugnance de mon maître à ne rien faire l'emporta de nouveau sur sa répugnance presque aussi grande à chercher du travail comme compagnon. Mais à la fin, une vie d'inactivité lui devint totalement intolérable ; et, s'adressant à son ancien employeur, il fut engagé aux conditions précédentes

: plein salaire pour lui-même et une très petite allocation pour son apprenti, qui était cependant maintenant reconnu comme le tailleur de pierre le plus habile et le plus habile des deux. En découpant des moulures d'espèces plus difficiles, je devais parfois prendre en charge le vieil homme et lui donner des leçons d'art, dont cependant il était devenu un peu trop rigide d'esprit et de corps pour en profiter grandement. Nous retournâmes tous deux à Cononside, où il y avait un grand dôme en bois de taille à ériger au-dessus de l'arcade principale de la ferme dans laquelle nous avions travaillé l'année précédente ; et comme peu d'ouvriers s'étaient encore rassemblés sur place, nous parvînmes à nous établir comme pensionnaires de la caserne, laissant le grenier à foin, avec ses logements inférieurs, aux derniers arrivants. Nous nous sommes construit un cadre de lit en dalles brutes et l'avons rempli de foin ; placé nos coffres devant ; et, tandis que les rats se rassemblaient par milliers dans la place, nous suspendîmes notre sac de flocons d'avoine par une corde, à l'un des chevrons nus, à une hauteur d'un peu plus d'un homme au-dessus du sol. Et, ayant à la fois une marmite et une cruche, notre économie domestique était complète. Bien que résolu à ne pas renoncer à mes promenades du soir, j'avais décidé de me conformer également à toutes les pratiques de la caserne ; et à mesure que les ouvriers, recrutés dans diverses parties du pays, augmentaient progressivement autour de nous et que l'endroit devenait bondé, je me trouvai bientôt engagé dans la vie trépidante de caserne du maçon du nord du pays. Les rats étaient quelque peu gênants. Un camarade qui dormait dans le lit immédiatement à côté du nôtre s'est fait mordre une oreille une nuit alors qu'il dormait, et a fait remarquer qu'il supposait que ce serait sa chatte et qu'ils attaqueraient la prochaine fois ; et, en me levant un matin, je constatai que les quatre boutons plaqués de couleurs vives auxquels mes bretelles avaient été attachées avaient été assez coupés de mon pantalon et emportés pour former, je n'en doute pas, une portion de quelque avare- trésor dans le mur. Mais les rats eux-mêmes devenaient pour nous une source d'amusement et conféraient à notre rude domicile, dans une certaine mesure, la dignité du danger. Il était peu probable qu'ils réussissent à nous dévorer tous, comme ils l'avaient fait autrefois avec le méchant évêque Hatto ; mais c'était au moins quelque chose qu'ils avaient commencé à essayer.

Les habitants du grenier à foin n'avaient pas été admis, la saison précédente, à tous les privilèges de la caserne, ni tenus de partager tous ses travaux et devoirs. Ils devaient fournir leur quota de bois pour le feu et d'eau pour les besoins généraux du ménage : mais ils ne devaient pas cuisiner et cuire à tour de rôle pendant tout le désordre, mais étaient autorisés, pour des raisons de commodité, à cuisiner et à cuire au four pendant toute la durée du désordre. eux-mêmes. Ainsi, jusqu'à présent, j'avais fait des gâteaux et du porridge, avec parfois un gâchis occasionnel de brose ou *de brochan*, pour mon maître et moi seulement, arrangement heureux qui, j'ose dire, m'a épargné quelques *coups de bélier* ; sachant que, au moins dans mes efforts antérieurs, j'avais été plutôt malchanceux en tant que cuisinier, et pas très chanceux en tant que boulanger. Mon expérience des grottes de Cromarty m'avait rendu habile à faire bouillir et rôtir des pommes de terre, et à préparer pour la table des coquillages, mollusques ou crustacés, selon les méthodes les plus approuvées ; mais les exigences de notre vie sauvage ne m'avaient jamais mis en contact véritable avec les céréales ; et je devais maintenant gâcher un repas ou deux, dans chaque cas, avant que ma bouillie ne devienne savoureuse, ou mes gâteaux croustillants, ou mon brose libre et noueux, ou mon *brochan* suffisamment lisse et dépourvu de nœuds. Mon maître, le pauvre, grogne un peu au début ; mais il y avait dans la caserne une disposition générale à participer plutôt avec son apprenti qu'avec lui-même ; et après avoir constaté que des poursuites allaient être intentées contre lui, il cessa de porter plainte. Ma bouillie ressemblait parfois, je dois l'avouer, à du levain ; mais alors, c'était une recette courante dans la caserne, que le cuisinier devait continuer à remuer le désordre et à ajouter de la farine, jusqu'à ce que, de ses premières ébullitions sauvages en pleine ébullition, il se taise au-dessus du feu ; et ainsi je pus montrer que j'avais fait ma bouillie comme du levain, tout à fait selon la règle. Et quant à mon *brochan*, j'ai réussi à prouver que je n'avais pas réussi à le satisfaire, alors que j'en avais fait deux sortes à la fois dans le même pot. Je préférais cette viande lorsqu'elle était d'une consistance plus épaisse que d'habitude, alors que mon maître l'aimait assez fine pour être bue au bol ; mais comme c'était moi qui en avais la préparation, j'ai utilisé plus de farine que d'habitude au lieu de moins, et malheureusement, dans ma première expérience, j'ai mélangé la farine dans un très petit bol. C'est devenu une masse dense semblable à une pâte ; et en le vidant dans la marmite, au lieu de l'incorporer à l'eau bouillante, il tomba en un gâteau solide jusqu'au fond. En vain j'ai remué, manipulé et entretenu le feu. La masse tenace refusait de se séparer ou de se diluer, et finit par brûler en brun contre le fond du pot — teinte que prenait également le fluide semblable à une bouillie qui flottait dessus ; et enfin, désespéré d'obtenir quelque chose qui approchait d'une consistance moyenne pour l'ensemble, et entendant le pied de mon maître à la porte, je retirai la marmite du feu et servis pour le souper une partie du mélange plus fluide qu'elle contenait. contenu et qui, au moins par sa couleur et sa consistance, ressemblait beaucoup au chocolat. Le pauvre homme a servi les choses à la louche, complètement consterné. "Od, mon garçon," dit-il, "qu'est-ce que tu as ça ? Tu as ce *Brochan* ?" "Tout ce que vous voulez, maître," répondis-je; "Mais il y en a deux sortes dans le pot, et ce sera dur si aucune d'elles ne vous plaît." Je lui ai ensuite servi un morceau de gâteau, ressemblant un peu par sa taille et sa consistance à une petite boulette brune, qu'il a bien sûr trouvée totalement immangeable, et je me suis mis en colère. Mais notre mauvaise terre « est remplie », selon Cowper, « de tort et d'indignation » ; et la caserne a ri et a pris part au défaillant. L'expérience, cependant, qui fait tant pour tous, a fait un peu pour moi. Je suis enfin devenu un assez bon cuisinier et un assez bon boulanger ; et maintenant, alors que les exigences exigeaient que je prenne pleinement part aux devoirs de la caserne, j'ai été jugé apte à les accomplir correctement. J'ai fait des gâteaux et du porridge d'une qualité tout à fait moyenne ; et mon frère et *mon brochan* ont apprécié au moins le bonheur négatif d'échapper à l'animadversion et aux commentaires.

Certains détenus, cependant, qui étaient extrêmement gentils dans leur alimentation, étaient de grands connaisseurs en bouillie ; et ce n'était pas chose facile de leur plaire. Il existait des divergences non résolues, résultant d'une diversité de goûts, sur le temps à accorder à l'ébullition du mets, sur le respect de la proportion de sel qui devait être allouée à chaque individu, et sur la question de savoir si le processus de "repas, ", comme on l'appelait, devait être lente ou précipitée, et, bien sûr, comme dans toutes les controverses de toutes sortes, plus les sujets en litige étaient discutés, plus ils prenaient de l'importance. Parfois, les adversaires faisaient préparer leur bouillie en même temps dans la même marmite : il y avait, en particulier, deux ouvriers qui différaient sur la question du degré de sel, dont les querelles étaient alimentées par la même préparation générale ; et comme ceux-ci avaient généralement des plaintes opposées à formuler contre la cuisine, leurs objections servaient si complètement à se neutraliser, qu'ils ne s'opposaient en aucune manière au cuisinier. Un matin, le cuisinier, un farceur et favori, en préparant de la bouillie pour les deux polémistes, la rendit si extrêmement fraîche qu'elle était à peine retirée d'un cataplasme ; et, remplissant avec la préparation dans cet état la querelle du connaisseur amateur de sel, il prit alors une poignée de sel, et la mélangeant avec la portion qui restait dans la marmite, versa dans la querelle de l'homme frais, du porridge très fort. semblable à un cornichon. Tous deux entrèrent dans la caserne, prêts à déjeuner, et s'assirent chacun pour son repas ; et tous deux laissèrent tomber leur cuillère à la première cuillerée. "Un coup de fouet au cuisinier !" s'écria l'un, il m'a donné du porridge sans sel ! "Un coup de fouet au cuisinier !" » rugit l'autre, « il m'a donné du porridge comme de la saumure ! " Vous voyez, les gars, " dit le cuisinier en s'avançant au milieu de la salle, avec l'air d'un orateur très blessé, " vous voyez, les gars, où en sont enfin les choses : il y a la marmite même dans que j'ai fait en une seule fois le porridge dans leurs querelles. Je ne pense pas que nous devrions supporter cela plus longtemps, nous en avons tous eu notre tour, bien que le mien soit le pire et je propose maintenant que ces deux gars ; être percuté." À peine dit que c'était fait. Il y avait une lutte terrible et un sentiment brûlant d'injustice ; mais aucun homme dans la caserne n'était à la hauteur d'une demi-douzaine d'autres. Les adversaires eux aussi, au lieu de faire cause commune, étaient prêts à s'entraider ; et ils étaient tellement percutés tous les deux. Et enfin, lorsque les détails du stratagème furent connus, le cuisinier, en s'enfuyant une demi-heure dans le bois voisin et en s'y cachant comme un exilé politique interdit par le gouvernement, parvint à échapper au châtiment mérité.

La cause de la justice n'a jamais été, à mon avis, plus en danger dans notre petite communauté que lorsqu'un coupable réussissait à mettre les rieurs de son côté. J'ai dit que je suis devenu un pas très mauvais boulanger. De moins en moins douloureusement, à mesure que je m'améliorais dans cet art utile, mes gâteaux essayaient les dents défaillantes de mon maître, jusqu'à ce qu'enfin ils deviennent croustillants et agréables ; et il commença à découvrir que ma nouvelle réussite avait de sérieux effets sur le contenu de son coffre à repas. Avec un appétit vivement aiguisé et une santé vigoureuse, je mangeais beaucoup de pain ; et, après bien des grognements, il finit par imposer comme loi que je me limiterais désormais à deux gâteaux par semaine. J'ai immédiatement accepté; mais la caserne générale, aux oreilles de laquelle certaines des remontrances de mon maître étaient parvenues, était mécontente ; et cela aurait probablement annulé en conclave notre accord et puni le vieil homme, mon maître, pour la rigueur mesquine de ses conditions, si je n'avais pas demandé, en guise de faveur spéciale, d'être autorisé à leur accorder une semaine d'essai. Un soir du début de la semaine, alors que le vieil homme était sorti, j'ai mélangé la meilleure partie d'un morceau de farine dans une marmite et, en plaçant deux des plus gros coffres ensemble dans le même plan, j'ai pétri le tout pour en faire un énorme gâteau. , au moins égale en superficie à une meule Newcastle de taille ordinaire. Je le coupai alors en une vingtaine de morceaux, et, formant un vaste demi-cercle de pierres autour du feu, je portai les morceaux au feu en une rangée continue, longue de cinq ou six pieds. J'avais reçu une aide abondante et immédiate pour le « tir » (la moitié de la caserne était occupée au travail) lorsque mon maître entra, et après avoir examiné notre emploi avec un complet étonnement, jetant maintenant un coup d'œil à l'anneau de repas qui restait encore sur le pont. coffres, pour témoigner des proportions énormes de la banique disparue, et maintenant devant les cônes, les carrés, les losanges et les trapèzes du gâteau qui durcissaient sous la chaleur devant le feu, il demanda brusquement : « Qu'est-ce que c'est, mon garçon ? vous préparez une ouate ? » "Je fais juste un des deux gâteaux, maître," répondis-je; "Je ne pense pas que nous aurons besoin de l'autre avant samedi soir." Un éclat de rire venant de tous les coins de la caserne empêchait toute réponse ; et aux rires, après une pause embarrassée, le pauvre homme eut la bonne idée de s'y joindre. Et pendant le reste de la saison, je cuisinais aussi souvent et autant que je le voulais. C'est, je crois, Goldsmith qui fait remarquer que « l'esprit réussit généralement plus à être adressé avec bonheur qu'à être poignant » et qu'« une plaisanterie destinée à se répandre à une table de jeu peut être reçue avec une parfaite indifférence si elle se produit. déposer dans un bateau à maquereaux. D'après le principe de Goldsmith, la plaisanterie de ce qu'on appelait, d'après le conte de fées bien connu, « la grande bannique avec le Malison », n'aurait peut-être pu réussir que dans une caserne de maçons ; mais jamais là au moins la plaisanterie n'aurait pu avoir plus de succès.

Comme je n'avais pas encore vérifié que le vieux grès rouge du nord de l'Écosse était richement fossilifère, Conon-side et ses environs ne me fournissaient pas de terrain très favorable pour l'exploration géologique. Cela m'a permis cependant d'approfondir ma connaissance de la grande base conglomérale du système, qui forme ici, comme je l'ai déjà dit, une sorte de Highlands miniatures, s'étendant entre les vallées du Conon et du Peffer, et qui, remarquablement pour ses falaises pittoresques, ses éminences abruptes et ses vallons étroits et abrupts, porte en son centre un joli lac bordé de bois, dans lequel le vieux prophète celtique Kenneth Ore, quand, comme Prospero, il renonça à son art, enfouit « au-delà de la chute libre ». sonore", la pierre magique dans laquelle il avait l'habitude de voir à la fois le lointain et le futur. Immédiatement au-dessus des terrains de plaisir de Brahan, le rocher forme exactement les falaises que le paysagiste ferait, s'il le pouvait, des falaises avec leurs gros cailloux saillants brisant la lumière sur chaque pied carré de surface et fournissant un pied, par leurs innombrables projections. , à bien des touffes vertes de mousse et à bien des douces petites fleurs ; tandis que loin en bas, parmi les bois profonds, se dressent d'énormes fragments du même rocher, qui ont dû rouler à une époque lointaine des précipices d'en haut, et qui, moussus et givre, et dont beaucoup sont liés de lierre, ressemblent à des pierres artificielles. des ruines – odieuses, cependant, pour aucune des associations désobligeantes que la ruine imaginaire est sûre de toujours réveiller. C'était inexprimablement agréable de passer une heure tranquille du soir au milieu de ces falaises sauvages et d'imaginer une époque où la mer lointaine battait contre leurs bases ; mais bien que leurs cailloux enfermés devaient évidemment leur forme arrondie à l'attrition de l'eau, l'imagination semblait paralysée lorsqu'elle essayait d'évoquer une époque encore plus ancienne, où ces roches solides n'existaient que sous forme de sable et de cailloux meubles, ballottés par les vagues ou dispersés par les courants ; et quand, sur des centaines et des milliers de kilomètres carrés, l'étendue sauvage qui l'entourait existait comme un ancien océan, bordé de terres inconnues. Je n'avais pas encore rassemblé suffisamment de faits géologiques pour me permettre de faire face aux difficultés d'une restauration d'une époque plus ancienne. Il y eut aussi une période plus tardive, représentée dans le voisinage immédiat par un épais dépôt de sable stratifié, dont je connaissais aussi peu que le conglomérat. Nous y avons creusé, en fondant un moulin à battre, sur environ dix pieds, mais nous n'avons pas atteint le fond ; et je pouvais voir qu'il formait le sous-sol de la vallée tout autour de la politique de Conon-side, et qu'il était sous-jacent à la plupart de ses champs et de ses bois. Elle était blanche et pure, comme si elle avait été lavée par la mer quelques semaines auparavant ; mais j'ai en vain cherché dans ses couches et ses couches un fragment de coquille permettant de déterminer son âge. Cependant, je ne peux plus douter maintenant qu'il appartenait à la période de submersion des argiles à blocs et que la faune à laquelle il était associé portait le caractère subarctique ordinaire. Lorsque ce sable stratifié s'est déposé, les vagues ont dû se briser contre les précipices de conglomérat de Brahan, et la mer a occupé, comme estuaires et détroits, les profondes vallées des hautes terres de l'intérieur. Et sur celles des collines du pays qui avaient alors la tête hors de l'eau, cette flore alpine intéressante mais quelque peu maigre a dû prospérer, que nous trouvons maintenant limitée à nos sommets les plus élevés.

Une fois toutes les six semaines, j'étais autorisé à visiter Cromarty et à y passer un sabbat ; mais comme mon maître m'accompagnait habituellement, et que le chemin s'avérait suffisamment long et pénible pour peser sur ses forces défaillantes et ses membres raidis, nous dussions nous restreindre aux chemins battus, et nous ne vîmes que peu de choses. Cependant, une fois cette saison, j'ai voyagé seul et j'ai passé une journée si heureuse à retrouver mon chemin de retour sur des sentiers aveugles, qui longeaient tantôt les rives rocheuses du Cromarty Firth dans sa partie supérieure, tantôt à travers des landes brunes et solitaires. , parsemé de campements danois, et maintenant à côté de cimetières tranquilles parsemés de tombeaux et de murs brisés d'églises désertes - que son souvenir est encore frais dans mon esprit, comme l'un des plus heureux de ma vie. J'ai passé des heures entières parmi les ruines de Craighouse - un château gris et fantastique, constitué de quatre étages fortement voûtés de pierre rongée par le temps, empilés les uns sur les autres, et portant toujours au sommet son toit de pierre et ses tourelles ornées et bartizans—

"Une horrible prison, qui éternellement

Il accroche son visage aveugle à l'unique mer. »

On disait à l'époque qu'il était hanté par son gobelin - un petit vieillard à l'air misérable, aux cheveux gris et à la barbe grise, qu'on pouvait parfois voir tard le soir ou tôt le matin, scrutant à travers quelque chose. une fente en forme de flèche ou un trou de balle au niveau du passager occasionnel. Je me souviens avoir appris toute l'histoire du gobelin ce jour-là grâce à un berger brûlé par le soleil, que j'ai trouvé en train de s'occuper de son bétail à l'ombre du vieux mur du château. J'ai commencé par lui demander de quelle *apparition* il pensait qu'elle pouvait continuer à hanter un immeuble dont le nom même du dernier habitant était oublié depuis longtemps. " *Oh, ils disent* , " fut la réponse, " c'est l'esprit de l'homme qui a été tué sur la première pierre, juste après qu'elle ait été posée, puis construite jusqu'à ce jour par les maçons, afin qu'il puisse *garder* le château en revenant ; et *ils disent* que certaines des vieilles maisons du Kintra ont été construites par des hommes assassinés de cette façon, et qu'ils ont leur bogle. » J'ai reconnu dans le récit du garçon à ce sujet une tradition ancienne et largement répandue qui, quel qu'ait pu être son fondement originel de vérité, semble avoir jusqu'à présent influencé les boucaniers du XVIIe siècle, au point d'être devenue une réalité dans leur vie. mains. « Si le temps, dit Sir Walter Scott, ne permettait pas aux boucaniers de prodiguer leur butin dans leurs débauches habituelles, ils avaient l'habitude de le cacher, avec de nombreuses solennités superstitieuses, dans les îles désertes et les *îles désertes* qu'ils fréquentaient, et où de nombreux trésors, dont les propriétaires anarchiques ont péri sans les récupérer, sont encore censés être cachés. Les plus cruels de l'humanité sont souvent les plus superstitieux ; et on dit que ces pirates ont eu recours à un horrible rituel pour s'assurer un gardien surnaturel. à leurs trésors. Ils ont tué un nègre ou un Espagnol et l'ont enterré avec le trésor, croyant que son esprit hanterait l'endroit et terrifierait tous les intrus. Il y a une particularité figurative dans le langage dans lequel Josué dénonçait l'homme qui aurait osé reconstruire Jéricho, qui semble pointer vers un ancien rite païen de ce genre. Il ne semble pas non plus improbable qu'une pratique qui existait à des époques aussi peu reculées que celles des boucaniers ait pu commencer à l'époque sombre et cruelle des sacrifices humains. « Maudit soit l'homme devant l'Éternel, dit Josué, qui s'est levé et a bâti cette ville de Jéricho : *il en posera les fondements dans son premier-né, et il en posera les portes dans son plus jeune fils* . »

Le système des grandes exploitations agricoles avait déjà été introduit dans la partie du pays où je résidais à cette époque, sur les terres les plus riches et les plus plates ; mais de nombreux cotars et petits locataires parlant gaélique vivaient encore dans les landes et les flancs des collines voisines. Bien que Highlanders par leur nom de famille et leur langue, ils avaient un caractère considérablement différent de celui des Highlanders plus simples de l'intérieur du Sutherland, ou d'une classe que j'ai eu peu après l'occasion d'étudier, les Highlanders de la côte ouest du Ross-shire. Dans le quartier, les portes n'étaient pas laissées sans barreaux la nuit ; et il y avait de misérables masures parmi les landes, vraiment surveillées et gardées avec beaucoup de zèle. Il y avait beaucoup de distillation illicite et de contrebande à cette époque parmi les habitants de langue gaélique du district ; et cela a eu des répercussions sur leur caractère avec l'effet de détérioration habituel. De nombreux Highlanders avaient également travaillé comme ouvriers au canal calédonien, où ils étaient entrés en contact avec des ouvriers du sud du pays, et en avaient ramené avec eux une intelligence confiante et bavarde qui, basée sur un fondement d'ignorance. , qu'elle rendait active et envahissante, produisait un effet bizarre et désagréable, et ne formait qu'un substitut indifférent à la simplicité timide et taciturne qu'elle avait supplantée. Mais j'ai toujours trouvé les habitants des districts frontaliers des Highlands qui rejoignent les basses terres, ou qui habitent des districts très fréquentés par les touristes, d'une distribution relativement inférieure : les qualités les plus fines du caractère des Highlands semblent facilement blessées : l'hospitalité , la simplicité, l'honnêteté sans méfiance, disparaissent ; et nous trouvons, à la place, un peuple rapace, méfiant et sans scrupules, considérablement en dessous de la moyenne des Lowlands. Dans tous les districts non ouverts des Highlands reculés dans lesquels j'ai pénétré, j'ai trouvé que les gens engageaient fortement mes sympathies et mon affection, bien plus fortement que dans n'importe quelle partie des Lowlands ; tandis qu'au contraire, dans les régions dégradées, j'ai ressenti une répulsion involontaire, au contact de la race altérée, dont je n'ai eu aucune expérience, chez les Écossais des basses terres ou chez les Anglais. Je me souviens avoir été impressionné, en lisant, il y a de nombreuses années, l'un des romans de Miss Ferrier, par la vérité d'un accident vasculaire cérébral qui faisait ressortir de manière très pratique la susceptibilité aux blessures manifestée par le caractère celtique. Certains visiteurs de condition des Highlands sont représentés comme cherchant dans l'une de nos plus grandes villes du sud un simple garçon des Highlands, qui avait quitté un district éloigné du nord quelques mois auparavant ; et quand ils le trouvent, c'est comme prisonnier à Bridewell.

Vers la fin du mois de septembre, mon maître, qui n'avait absolument pas réussi à vaincre sa répugnance à travailler comme simple compagnon, réussit à se procurer un travail par contrat, dans une localité à environ quatorze milles plus près de chez nous que Conon-side, et je l'a accompagné pour l'aider à son achèvement. Notre emploi dans notre nouveau lieu de travail était des plus désagréables. Burns, qui doit avoir une expérience assez étendue des méfaits du travail acharné, précise dans ses « Twa Dogs » trois types de travail en particulier qui donnent aux pauvres « gens de lit » « assez de fash ».

« C'est vrai, César, pendant qu'ils sont assez fascinés ;

Un cottar hurle dans un cri,

Avec des sales Stanes qui grossissent une gouine.

Découvrir une carrière, et ainsi de suite. »

Tous des emplois très désagréables, comme je peux aussi en témoigner ; et notre travail ici a malheureusement combiné les trois. Nous étions occupés à reconstruire un de ces murs à l'ancienne mode des terrains de plaisir des messieurs, connus sous le nom de « *ha has* », qui bordent les côtés de fossés profonds et n'élèvent leur sommet qu'au niveau de la pelouse ; et comme le fossé dans ce cas particulier était humide, et que nous devions le débarrasser des vieux matériaux tombés et le creuser pour notre nouvelle ligne de fondation, tandis qu'en même temps nous devions nous fournir des matériaux supplémentaires. matériaux provenant d'une carrière voisine, nous avons eu à la fois la « mise à nu de la carrière », le « howkin' in the sheugh » et le « biggin' de la digue avec des sales stanes », pour nous « fash ». Ce dernier emploi est de loin le plus pénible et le plus éprouvant. Dans la plupart des genres de travaux pénibles, la peau s'épaissit et la main se durcit, par une disposition naturelle, pour s'adapter aux exigences de la tâche imposée, et donner la protection nécessaire aux téguments situés en dessous ; mais les « sales stanes » du constructeur de digues, lorsqu'elles sont mouillées aussi bien que sales, mettent trop à rude épreuve les capacités de reproduction de la cuticule et l'usent, de sorte que sous le frottement brutal, la chair est mise à nu. À cette occasion, et à au moins une autre fois, alors que j'étais occupé à construire pendant une saison humide dans les Highlands de l'Ouest, j'ai eu tous mes doigts suintant de sang en même temps ; et ceux qui pensent que, dans de telles circonstances, un travail prolongé pendant une longue journée peut être autre chose qu'une torture, feraient bien d'essayer. Comme mes pauvres mains brûlaient et battaient la nuit à cette heure, comme si un cœur malheureux était stationné dans chaque doigt ! et quels frissons froids parcouraient, soudain comme des décharges électriques, ce corps fiévreux !

Mon état de santé général était également loin d'être bon. Comme j'avais été presque entièrement occupé à tailler les deux saisons précédentes, la poussière de la pierre, inhalée à chaque respiration, avait exercé sur les poumons les effets habituels d'affaiblissement, ces effets sous lesquels la vie du tailleur de pierre est limitée à environ quarante-cinq ans ; mais ce n'est que maintenant, alors que je travaillais jour après jour, les pieds mouillés dans un fossé gorgé d'eau, que je commençai à être sensiblement averti, par une douleur sourde et déprimante dans la poitrine, et par une substance mucoïde tachée de sang, crachée avec difficulté. , que j'avais déjà subi un préjudice à cause de mon emploi et que ma durée de vie pourrait être bien inférieure à la moyenne. Je résolus cependant, comme la dernière année de mon apprentissage touchait à sa fin, d'achever, à tout hasard, mes fiançailles avec mon maître. Ce n'était qu'un engagement verbal, et j'aurais pu le rompre sans reproche, lorsque, incapable de me fournir du travail en sa qualité de maître-maçon, il dut transférer mon travail à un autre ; mais j'avais décidé de ne pas le rompre, d'autant plus obstinément que mon oncle James, dans un moment d'irritation, avait dit au début qu'il craignait que je ne persiste pas plus à être maçon que je ne l'avais fait à être maçon. un savant; et ainsi j'ai travaillé avec persévérance ; et lentement et péniblement, toit après toit, le mur grandissait sous nos mains. Mon pauvre maître, qui souffrait encore plus que moi de mains coupées et de doigts saignants, était contrarié et agité, et cherchait parfois un soulagement en reprochant à son apprenti ; mais, dégrisé par mes pressentiments d'une mort prochaine, je ne répondais pas ; et les expressions hâtives et de mauvaise humeur dans lesquelles il ne laissait échapper que son sentiment de douleur et de malaise, étaient presque toujours suivies de quelque remarque conciliante. La superstition prend une forte emprise sur l'esprit dans des circonstances telles que celles dans lesquelles je me trouvais à cette époque. Un jour, alors qu'au sommet d'un grand édifice dont nous démolirions une partie pour nous fournir les matériaux de notre travail, je dressai une large dalle de grès micacé rouge, mince comme une ardoise de toiture et extrêmement fragile, et, le tenant à bout de bras, le laissa tomber par-dessus le mur. J'avais été pire que d'habitude toute la matinée et très déprimé ; et, avant que la dalle ne se détache de ma main, j'ai dit – n'attendant que quelques mois de vie – je me briserai comme cette dalle de grès et je périrai comme on le sait peu. Mais la dalle de grès ne s'est pas brisée : une brise soudaine l'a soufflée de travers en tombant ; il a dégagé le tas de pierres en contrebas, où j'avais prévu qu'il aurait été réduit en fragments ; et, s'éclairant sur son bord, dressé comme un obélisque miniature, dans la pelouse d'un vert tendre au-delà. Aucune des Philosophies ou des Logiques n'aurait sanctionné la conclusion que j'ai immédiatement tirée ; mais ce curieux chapitre de l'histoire des croyances humaines, qui traite des signes et des présages, regorge de tels postulats et de telles conclusions. J'en ai immédiatement déduit que le rétablissement m'attendait : je devais « vivre et non mourir » ; et je me sentis plus léger pendant les quelques semaines qui suivirent où je travaillai à cet endroit, sous l'influence réconfortante de la conviction.

Le fermier de la ferme où se trouvait notre ouvrage, et qui avait été à la fois un grand distillateur et un fermier considérable en son temps, avait fait faillite peu de temps auparavant et était sur le point de quitter les lieux, un homme brisé. Et sa situation désespérée semblait gravée dans presque tous les champs et dépendances de sa ferme. Les clôtures en pierre étaient en ruine ; les haies ouvertes par le bétail presque sans surveillance ; une quantité considérable d'épis de maïs pourrissaient sur les feuilles ; et çà et là, une gerbe entière, tombée du « chariot de tête » à la fin de la moisson, pouvait être vue encore couchée parmi le chaume, attachée à la terre par la germination de ses grains. Certaines dépendances étaient misérables au-delà de toute description. Il y avait une place de bureaux modernes, dans laquelle les bestiaux et les chevaux de la ferme, appropriés alors par le propriétaire en vertu de la loi de l'hypothèque, étaient assez bien logés ; mais la masure dans laquelle vivaient trois des domestiques de la ferme et dans laquelle, faute de mieux, mon maître et moi devions cuisiner et dormir, était l'une des constructions en ruine les plus misérables que j'aie jamais vues habitées. Il faisait partie d'un ancien ensemble d'offices condamnés environ quatorze ans auparavant ; mais le propriétaire du lieu devenant insolvable, on l'avait épargné, faute de mieux, pour loger les domestiques qui travaillaient à la ferme ; et c'était maintenant devenu non seulement une habitation inconfortable, mais aussi très dangereuse. Il n'aurait pas constitué un mauvais sujet, avec ses murs renflés et son toit béant, qui laissaient voir les côtes nues à travers les brèches, pour le crayon de mon ami William Koss ; mais la vache ou le cheval qui n'avait pas de meilleur abri que celui qu'il offrait ne pouvait être considéré que comme logé indifféremment. Chaque averse plus forte se frayait un chemin à travers le toit en torrents : je pouvais même dire l'heure de la nuit aux étoiles qui passaient au-dessus de la longue ouverture qui courait le long de la crête de pignon en pignon ; et les soirs d'orage, je m'arrête à chaque coup de vent plus violent, dans l'attente d'entendre les chevrons craquer et céder au-dessus de ma tête. Le distillateur avait introduit dans sa ferme, à petite échelle, ce qui est depuis largement connu sous le nom de système Bothy ; et cette masure, c'était les deux. Il n'y avait, comme je l'ai dit, que trois domestiques de ferme qui y vivaient à l'époque, de jeunes garçons célibataires, extrêmement ignorants et d'humeur gaie et téméraire, dont le souci des intérêts de leur maître se lisait dans les gerbes en germination qui gisait dans ses champs, et qui parlait habituellement de lui, lorsqu'il n'était pas au courant, comme du « vieux pécheur ». Lui aussi, visiblement, ne se souciait pas d'eux ; et ils le détestaient et considéraient la ruine qui l'avait atteint, et que leur propre insouciance et leur indifférence à l'égard de son bien-être auraient dû au moins contribuer à assurer, avec une satisfaction ouverte. « Quoi qu'il en soit, c'était une consolation », dirent-ils, « que ce foutu vieux pécheur, après avoir failli sortir avec eux, n'était plus qu'un véritable failli. C'est certainement assez mauvais ; et pourtant assez naturel et, dans un sens, assez approprié aussi. Le divin chrétien aurait exhorté ces hommes à rendre le bien pour le mal à leur maître. Cobbett, au contraire, leur aurait conseillé de sortir le soir en brûlant des cigarettes. Les meilleurs conseils ne seront certainement pas suivis par quatre-vingt-dix-neuf de nos deux hommes sur cent ; car c'est l'un des grands maux du système, qu'il éloigne ses victimes des influences ennoblissantes de la religion ; et, d'un autre côté, on peut au moins dire ceci pour le pire conseil, que le système coûte chaque année au pays le prix d'un grand nombre de ricks de maïs.

Les trois garçons vivaient principalement de brose, le plat le plus comestible dans lequel leurs flocons d'avoine pouvaient être le plus facilement transformés ; et ne cuisinaient jamais ni ne se préparaient un plat de bouillie ou de gruau, apparemment pour éviter les ennuis et pour qu'ils puissent être le moins possible dans les deux détestés. Je les perdais toujours de vue le soir ; mais vers minuit, leurs conversations me réveillaient souvent alors qu'ils allaient se coucher ; et je les entendais raconter des incidents qui leur étaient arrivés dans les fermes voisines, ou évoquer des canailles de scandales qu'ils avaient ramassées. Parfois une quatrième voix se mêlait au dialogue. C'était celle d'un braconnier téméraire, qui venait toujours longtemps après la tombée de la nuit et se jetait sur un antre de paille dans un coin du village ; et habituellement, avant le lever du jour, il se levait et partait. La grande jouissance des trois garçons de ferme, la jouissance qui semblait contrebalancer, avec ses délices concentrés, la monotonie inconfortable des semaines, était un bal champêtre qui avait lieu une fois par mois, et parfois plus souvent, dans un pub de la région. village voisin, et où ils avaient l'habitude de rencontrer quelques-unes des filles de ferme de la localité, de danser et de boire du whisky jusqu'au matin. Je ne sais pas comment leur argent a résisté à des caravanes si fréquentes ; mais je vis qu'ils étaient dépourvus de tous les vêtements nécessaires, surtout des sous-vêtements et du linge ; et j'appris, par leurs discussions occasionnelles sur les citations à comparaître des juges de paix, que le trimestre précédent avait laissé entre les mains de leurs cordonniers et drapiers des factures non réglées. Mais ces choses-là étaient prises à la légère : les trois garçons, sinon heureux, étaient du moins joyeux ; et le bal mensuel, pour lequel ils sacrifièrent tant, fournissait non seulement ses heures de plaisir pendant qu'il durait, mais aussi une semaine de discussions en prévision avant qu'il n'arrive, et une autre semaine de discussions sur ses divers incidents après qu'il fût passé. Et telle a été mon expérience du système Bothy à ses débuts. Depuis lors, elle s'est tellement accrue qu'il existe aujourd'hui des comtés isolés en Écosse dans lesquels de cinq à huit cents serviteurs agricoles sont exposés à ses influences dégradantes ; et la population rurale de ces districts fait de belles enchères pour rivaliser pleinement avec celle de nos grandes villes en termes de débauche, et les surpasser de beaucoup en termes de grossièreté. Si j'étais un homme d'État, j'aurais, je pense, l'audace de tester l'efficacité d'un impôt sur les deux. Il y a bien longtemps que Goldsmith n'avait pas écrit sur un état de société dans lequel « la richesse s'accumule et les hommes dépérissent », et depuis que Burns a observé avec sa sagacité habituelle ce changement pour le pire dans le caractère de nos populations rurales que le système des grandes exploitations agricoles a introduit. . "Le West Lothian est un pays fertile et amélioré", remarque ce dernier poète dans un de ses journaux, "mais plus il y a d'élégance et de luxe parmi les agriculteurs, plus j'observe toujours dans une égale proportion la grossièreté et la stupidité des paysans. Cette remarque J'ai fait partout dans les Lothians, le Merse, Roxburgh, etc. ; et pour cela, entre autres raisons, je pense qu'un homme au goût romantique – « un homme de sentiment » – sera plus satisfait de la pauvreté mais de l'esprit intelligent des gens. la paysannerie de l'Ayrshire (ils sont tous des paysans, au-dessous du juge de paix), que l'opulence d'un club de fermiers du Merse, quand il considère en même temps le vandalisme de leurs laboureurs. L'effet dégradant du système des grandes exploitations agricoles, souligné par le poète, est inévitable. Il est impossible que le domestique agricole moderne, dans sa situation relativement irresponsable et avec son salaire fixe d'un maigre montant, puisse devenir une personne aussi réfléchie et prévoyante que le petit fermier du dernier siècle, qui, abandonné à ses propres ressources, , a dû cultiver ses champs et conclure ses marchés avec son règlement de Martinmas et Whitsunday avec le propriétaire plein devant lui ; et qui réussissait souvent à économiser de l'argent et à donner une éducation classique à quelque fils ou neveu prometteur, ce qui permettait au jeune homme de s'élever vers une sphère de vie plus élevée. Les serviteurs de ferme, en tant que classe, *doivent* être d'un niveau inférieur à celui des anciens fermiers, qui exploitaient leurs petites fermes de leurs propres mains ; mais il est possible de les élever bien au-dessus du niveau dégradé des deux ; et à moins que des moyens ne soient pris pour arrêter la propagation du processus ruineux de création de brutes qu'implique le système, le peuple écossais sombrera, avec certitude, dans les districts agricoles, d'être l'un des plus prévoyants, intelligents et moraux du monde. L'Europe est l'une des plus licencieuses, imprudentes et ignorantes.

S'éclairer à la bougie est un luxe auquel personne ne songe jamais à s'adonner dans une caserne ; et dans une caserne comme la nôtre à cette époque, criblée de fentes et de brèches, et remplie de toutes sortes de courants d'air froids, ce n'était pas toutes les nuits où une bougie brûlait. Et comme notre combustible, qui consistait en bois très pourri — la toiture d'une dépendance délabrée que nous démolirions — ne formait qu'un feu sourd, j'avais peine à lire à sa lumière. Cependant, en étalant mon livre à environ un pied des braises, je pus, quoique parfois au prix d'un mal de tête, poursuivre un nouveau volume de lecture qui venait de s'ouvrir à moi et dans lequel, pendant un certain temps, temps, j'ai trouvé beaucoup d'amusement. Il y avait un colporteur vagabond qui parcourait à cette époque les comtés du nord, largement connu sous le nom de Jack de Douvres, mais dont le vrai nom était Alexander Knox, et qui affirmait qu'il était de la même famille que le grand réformateur. Le colporteur lui-même n'était cependant pas un réformateur. Une fois toutes les six semaines ou tous les deux mois, il s'enivrait follement et non seulement « périssait la meute », comme il avait l'habitude de dire, mais il arrivait en outre qu'il se retrouve en prison. Il y avait cependant dans le midi quelques bonnes relations qui le relevaient toujours ; et Jack de Douvres, après quinze jours de misère, apparaissait avec le volume ordinaire de marchandises sur son dos, et continuait à prospérer jusqu'à ce qu'il se saoule de nouveau. Il avait tendance à acheter et à lire des livres curieux, qu'après en avoir maîtrisé le contenu, il revendait toujours ; et il apprit à les apporter à ma mère, lorsqu'ils étaient d'un genre que personne d'autre ne voulait acheter, et à les recommander comme me convenant. Le pauvre Jack était toujours consciencieux dans ses recommandations. Je ne sais comment il parvenait à prendre la mesure exacte de mes goûts en la matière, mais ils me convenaient invariablement ; et comme son prix dépassait rarement un shilling par volume, et tombait parfois au-dessous de six pence, ma mère achetait toujours, quand elle le pouvait, selon son jugement. Je dus à son discernement mon premier exemplaire de la « Sagesse des Anciens » de Bacon, « rédigé en anglais par Sir Arthur Gorges », et un livre auquel j'ai eu longtemps après l'occasion de me référer dans mes écrits géologiques, « Telliamed » de Maillet, un , des traités antérieurs sur l'hypothèse du développement ; et il m'avait maintenant procuré une sélection, en un volume, des poèmes de Gawin Douglas et Will Dunbar, et une autre collection dans un volume plus grand, de « Poèmes écossais anciens », du MSS. de George Bannatyne. Jusqu'alors, je ne connaissais presque pas les anciens poètes écossais. Mon oncle James m'avait présenté très jeune à Burns et Ramsay, et j'avais découvert Fergusson et Tannahill par moi-même ; mais cette école de littérature écossaise qui s'est nourrie entre les règnes de David II et de Jacques VI était restée pour moi jusqu'ici presque une *terra incognita* , et je n'éprouvais pas peu de plaisir à explorer les recoins antiques qu'elle ouvrait. Peu de temps après, j'ai lu « Evergreen » de Ramsay, le « King's Quair » et les véritables « Actes et Deides de vous illustre et vailyeand campioun Shyr Wilham Wallace », non pas modernisés, comme dans mon premier exemplaire, mais dans la langue dans laquelle ils avait été récité autrefois par Henri le Ménestrel : Je m'étais auparavant réjoui de Harbour's Bruce ; et ainsi ma connaissance des vieux poètes écossais, sinon très profonde, devint du moins si respectable, que ce n'est que plusieurs années après que je rencontrai un individu qui les connaissait également bien.

Les étranges allégories pittoresques de Douglas, le sens concis et l'humour racé de Dunbar m'ont beaucoup ravi. Comme je devais avancer lentement au milieu des difficultés d'une langue qui n'était plus celle que parlaient mes compatriotes, j'avais l'impression de créer le sens que je trouvais ; il ressortait peu à peu comme un fossile de roche dont j'avais péniblement arraché la matrice qui l'enveloppait ; et en le contemplant avec admiration, je crus comprendre comment certains de mes anciens camarades d'école, qui poursuivaient leurs études au collège, insistaient toujours sur la grande supériorité des anciens écrivains grecs et romains sur les écrivains de notre propre pays. . Je ne pouvais pas leur reconnaître beaucoup de discernement critique : ils étaient assez indifférents, certains d'entre eux, tant au vers qu'à la prose, et savaient à peine en quoi consistait la poésie ; et pourtant je les croyais fidèles à leurs perceptions lorsqu'ils insistaient sur ce qu'ils appelaient la haute excellence des anciens. Chez mes anciens camarades d'école, dis-je maintenant, le processus de lecture, lorsqu'on lit une œuvre anglaise de rang classique, est si soudain, comparé à la lenteur avec laquelle ils imaginent ou comprennent, qu'ils glissent sur la surface des numéros de leur auteur, ou de ses règles, sans acquérir une véritable idée de ce qui se cache en dessous ; tandis qu'en parcourant les ouvrages d'un auteur grec ou latin, ils n'ont qu'à faire ce que je fais en déchiffrant la « Palice d'honneur » ou le « Goldin Terge », ils doivent procéder lentement et rendre le langage de leur auteur dans le langage de leur propre pensée. Ainsi, ne perdant pratiquement rien de son sens en conséquence, et ne réfléchissant pas au processus par lequel ils y sont entrés, ils opposent le peu qu'ils gagnent à la lecture précipitée d'un bon livre anglais avec tout ce qu'ils gagnent en lisant à la hâte un bon livre anglais. la lecture très tranquille d'un bon texte latin ou grec ; et appelons *le moins* la pauvreté des écrivains modernes, et *le plus* la fécondité des anciens. Telle était ma théorie, et du moins elle n'était pas dénuée de charité pour mes connaissances. Je fus cependant arrêté, au milieu de mes études, par une journée de pluie détrempée, qui satura tellement d'humidité le bois spongieux pourri, notre combustible, que, bien que je parvins avec quelque difficulté à en faire des feux suffisants pour cuisiner. nos victuailles, il a défié mon habileté d'en faire un avec lequel je pourrais lire. Enfin, cependant, cette morne saison de travail - de loin la plus sombre que j'aie jamais passée - arriva à sa fin, et je retournai avec mon maître à Cromarty pour la Saint-Martin, notre gros travail terminé et mon terme d'apprentissage terminé. .

CHAPITRE XII.

"Laisse-moi errer sur ton rivage escarpé,

Avec des rochers et des arbres parsemés, le sombre Loch Maree. "- PETIT.

Les pouvoirs réparateurs d'une constitution qu'il fallait à cette époque beaucoup d'efforts pour nuire, se mirent vigoureusement en action lorsque je fus retiré du fossé humide et de la masure en ruine ; et avant la fin de l'hiver, j'étais revenu à mon état ordinaire de santé robuste. J'ai lu, écrit, dessiné, correspondu avec mon ami William Ross (qui avait déménagé à Édimbourg), réexaminé l'Eathie Lias et réexploré l'Eathie Burn, un noble vieux ravin de grès rouge, remarquable par le pittoresque sauvage de son falaises et la beauté de ses cataractes. J'ai également passé de nombreuses soirées dans l'atelier de l'oncle James, en meilleurs termes avec mes deux oncles que presque jamais auparavant - conséquence, en partie, du teint sobre que, au fil des saisons, mon esprit prenait peu à peu, et en partie, de la manière dont j'avais rempli mes fiançailles avec mon maître. « Agissez toujours, » dit l'oncle James, « comme vous l'avez fait dans cette affaire. Dans toutes vos relations, donnez à votre voisin le *jet de bauk* — « une bonne mesure, entassée et qui déborde » — et vous n'y perdrez pas. à la fin." Je n'ai certainement pas perdu en accomplissant fidèlement mon apprentissage. Il n'est pas inutile d'observer avec quelle étrangeté le public est parfois amené à attacher une importance primordiale à ce qui n'est en réalité qu'une importance secondaire et à passer sous silence ce qui est vraiment primordial, sans y réfléchir ni y prêter attention. La destinée de l'artisan mécanicien est beaucoup plus influencée, par exemple, par sa seconde éducation, celle de son apprentissage, que par sa première, celle de l'école ; et cependant c'est à l'éducation scolaire qu'on accorde généralement l'importance, et l'on n'entend jamais parler de l'autre. L'érudit insouciant et incompétent a de nombreuses occasions de se rétablir ; l'apprenti insouciant et incompétent, qui soit ne parvient pas à effectuer son temps régulier, soit qui, bien qu'il ait rempli son mandat, est renvoyé comme ouvrier inférieur, en a très peu ; et de plus, rien ne peut être plus certain que l'infériorité en tant qu'ouvrier a des conséquences bien plus désastreuses sur la condition du mécanicien que l'infériorité en tant qu'érudit. Incapable de conserver sa place parmi ses frères compagnons, ou de se rendre digne du salaire moyen de son métier, le mécanicien mal instruit perd son emploi régulier, subsiste de manière précaire pendant un certain temps avec des travaux occasionnels et, soit, prenant des habitudes oiseuses, devient un *vagabond vagabond*, ou, entrant dans les rouages d'un maître d'œuvre rapace, devient un *pull esclave* . Pour un ouvrier blessé par la négligence de son éducation scolaire, il y a des dizaines d'ouvriers ruinés par la négligence de son apprentissage. Les trois quarts de la détresse des mécaniciens du pays (sans compter bien sûr celle de la classe malheureuse qui doit rivaliser avec les machines) et les neuf dixièmes de leur vagabondisme se trouveront limités aux ouvriers inférieurs qui, comme les « imprudents » de Hogarth, apprentis », ont négligé les opportunités de leur deuxième trimestre d'études. Le peintre sagace avait une vision plus vraie de cette question que la plupart de nos éducateurs modernes.

Mon ami de Doocot Cave avait fait un court apprentissage chez un épicier à Londres au cours des dernières années pendant lesquelles j'avais travaillé comme tailleur de pierre dans le nord du pays ; et j'appris maintenant qu'il venait de rentrer dans son pays natal, avec l'intention de se lancer en affaires. Pour ceux qui se déplacent dans les allées supérieures, la supériorité du statut du commerçant du village sur le compagnon maçon peut ne pas être très perceptible ; mais, observé depuis les couches inférieures de la société, il est assez considérable pour être constaté ; même Gulliver pouvait déterminer que l'empereur de Lilliput était plus grand de presque la largeur d'un ongle que n'importe quel membre de sa cour ; et, quoique extrêmement désireux de renouer avec mon vieil ami, j'étais assez sensible à son avantage sur moi au point de vue de la position, pour sentir que les progrès nécessaires devaient être faits de sa part et non de la mienne. Cependant, je me suis jeté sur son chemin, quoique d'une manière si méticuleusement fière et si jalouse, que même pourtant, chaque fois que ce souvenir me traverse, cela me provoque un sourire. En apprenant qu'il était occupé sur le quai à surveiller le débarquement de certaines marchandises destinées, je suppose, à son futur magasin, j'ai pris le tablier de cuir que j'avais laissé de côté pour l'hiver à la Saint-Martin et je suis passé devant lui dans mon travail. dress – un véritable maçon opératif – le regardant fixement tandis que je passais. Il m'a regardé un instant ; puis, sans signe de reconnaissance, il se détourna avec indifférence. J'ai échoué en prenant en compte qu'il ne m'avait jamais vu ceinturé d'un tablier de cuir auparavant, que, depuis notre dernière séparation, j'avais grandi de plus d'un demi-pied, et qu'un jeune homme de près de cinq pieds onze pouces, avec un début de croissance. La moustache visible sur sa joue pourrait être une personne d'apparence différente d'un adolescent au menton lisse mesurant à peine plus de cinq pieds trois. Et certainement mon ami, comme je l'appris de lui près de trois ans après, ne me reconnut pas cette fois-ci. Mais croyant qu'il l'avait fait, et qu'il n'avait pas choisi de compter parmi ses amis un humble travailleur, je suis rentré chez moi très triste et, j'en ai peur, pas un peu en colère ; et, gardant dans mon cœur ce prétendu affront, comme étant d'une nature trop délicate pour être communiquée à qui que ce soit, pendant plus de deux ans à partir de ce moment, je ne croisai plus son chemin.

J'étais maintenant mon propre maître et j'ai commencé à travailler comme compagnon pour le compte d'une de mes tantes maternelles, la tante qui était partie tant d'années auparavant vivre avec son parent âgé, la cousine de mon père et la mère de son premier enfant. épouse. Tante Jenny avait résidé pendant de nombreuses années après cette époque avec une vieille veuve qui vivait séparée dans une gentille tranquille avec de très petits moyens ; et maintenant qu'elle était morte, ma tante voyait sa vocation disparue et souhaitait qu'elle aussi puisse vivre séparément, une vie d'humble indépendance, se soutenant de son rouet et, de temps en temps, tricotant un bas. Elle craignait cependant de se trouver confrontée à la formidable ponction sur ses ressources d'un loyer semestriel ; et comme il y avait un petit bout de terrain à l'extrémité de la bande de jardin que mon père m'avait laissée, et qui bordait une route qui, communiquant entre la ville et la campagne, portait, comme cela est courant dans le nord de l'Écosse, la route française. nom du *Pays*, il m'est venu à l'esprit que je pourrais essayer, comme mécanicien habile, d'y ériger une chaumière pour tante Jenny. Les maçons ont, bien entendu, plus de pouvoir en matière de construction de maisons que toute autre classe de mécaniciens. Il fallait cependant qu'il y ait de l'argent pour l'achat du bois pour le toit et pour le transport des pierres et du mortier nécessaires ; et je n'en avais pas. Mais tante Jenny avait économisé quelques kilos, et quelques kilos se révélèrent suffisants ; et c'est ainsi que j'ai construit dans le *Pays*, comme premier ouvrage, un cottage d'une seule chambre et d'un placard, qui, s'il n'était pas très élégant, ou de grand logement, correspondait tout à fait aux idées de confort de tante Jenny, et qui, pour au moins au moins un quart de siècle, lui a servi de foyer. Il fut achevé avant la Pentecôte, et je réfléchis alors à me mettre à la recherche d'un emploi plus rémunérateur, avec juste un peu de ce sentiment auquel nous devons l'un des poèmes élégiaques les plus connus de la langue : « L'homme était fait pour pleurer" de Burns. "Il n'y a rien qui me donne une image plus mortifiante de la vie humaine", a déclaré le poète, "qu'un homme qui cherche du travail". Cependant, le travail requis est arrivé directement sur mon chemin, sans sollicitation, et exactement au moment opportun. J'étais engagé pour aider à tailler une porte gothique parmi les bois de mon ancien repaire, Conon-side ; puis il fut envoyé, alors que les travaux étaient sur le point d'être terminés, pour fournir des matériaux pour la construction d'une maison sur la côte ouest du Ross-shire. Mon nouveau maître m'avait trouvé la saison précédente occupé, au milieu du tumulte sauvage de la caserne, à étudier la géométrie pratique, et il avait jeté un coup d'œil approbateur sur une série de dessins architecturaux que je venais d'achever ; et il me chercha alors et me confia la direction d'un petit groupe qu'il envoya avant ses autres ouvriers, et que je fus chargé d'augmenter, en employant un ou deux ouvriers en arrivant sur les lieux de notre futur. emploi.

Nous devions être accompagnés d'un charretier d'une ville voisine ; et le matin fixé pour le début de notre voyage, sa charrette et son cheval étaient de bonne heure à Conon-side, pour transporter à travers le pays les outils nécessaires à notre nouveau travail ; mais de lui nous n'avons vu aucune trace ; et vers dix heures nous partîmes sans lui. Constatant cependant, à environ deux milles de notre chemin, que nous avions laissé derrière nous un levier utile au sertissage des grosses pierres, je priai mon compagnon de m'attendre au village de Contin, où nous attendions de rencontrer le charretier ; et, revenant chercher l'outil, je quittai la grande route après l'avoir trouvé, et, pour gagner du temps et éviter un détour d'environ trois milles, je traversai la campagne directement sur le village. Cependant, mon chemin était très difficile ; et en arrivant sur le Conon, qu'il me fallait franchir à gué, car en évitant le détour j'avais raté le pont, je le trouvai assez lourd en crue. Sans le levier de fer que je portais, j'aurais choisi, comme point de passage, l'un des bassins encore profonds, beaucoup plus sûr pour un nageur vigoureux que n'importe lequel des gués apparents, avec leurs courants puissants, leurs tourbillons tourbillonnants et leurs fonds rugueux. Mais bien que les héros de l'Antiquité – des hommes tels que Jules César et Horatius Coclès – pouvaient traverser les rivières et les mers à la nage avec de lourdes armures, la gravité spécifique du sujet humain dans ces dernières époques du monde interdit de tels exploits ; et, concluant que je n'avais pas assez de légèreté dans mon cadre pour flotter sur le levier, je choisis, avec quelque hésitation, l'un des plus beaux gués, et, avec mon pantalon pendant à la poutre de fer sur mon épaule, j'entrai dans la rivière. . Cependant, la rapidité du courant était telle que l'eau avait à peine atteint ma taille qu'elle commençait à creuser les pierres et les graviers sous mes pieds et à m'entraîner avec force dans une direction oblique. Il y avait un rapide écumant juste à côté ; et immédiatement au-delà, un bassin profond et sombre, dans lequel le courant irrité tourbillonnait, comme pour épuiser la colère suscitée par son récent traitement parmi les rochers et les pierres, avant de retrouver son caractère ordinaire ; et si j'avais perdu pied, ou si j'avais été emporté un peu plus bas, je ne sais pas comment cela aurait pu se passer avec moi dans la descente sauvage et écumante qui s'étendait entre le gué et l'étang. Curieusement, cependant, la seule idée qui, dans l'excitation du moment, me remplit l'esprit était extrêmement ridicule. Naturellement, je perdrais non seulement le levier dans le torrent, mais aussi mon pantalon ; et comment pourrais-je rentrer à la maison sans eux ? Où, au nom de l'émerveillement, devrais-je emprunter un kilt ? J'ai plus d'une fois éprouvé cette étrange sensation du ridicule dans des circonstances avec lesquelles un sentiment différent aurait mieux harmonisé. Byron le représente comme s'élevant dans un chagrin extrême : il est cependant, je suppose, beaucoup plus courant dans un danger extrême ; et tous les exemples que le poète lui-même donne dans sa note — Sir Thomas More sur l'échafaud, Anne Boleyn dans la Tour et ces victimes de la Révolution française « à qui il était devenu de mode de laisser quelque *mot* en héritage » — étaient tous des farceurs plutôt dans des circonstances de péril désespéré et désespéré que de chagrin. Mais nous sommes en danger, certainement comme dans le chagrin, une sorte de gaieté sans joie.

« Ce caractère ludique du chagrin ne séduit jamais ;

Il sourit avec amertume : mais il sourit toujours,

Et parfois avec les plus sages et les meilleurs.

Jusqu'à ce que même l'échafaud résonne de leur plaisanterie.

Le sentiment, cependant, bien que d'une tonalité inharmonieuse, n'est pas un sentiment d'affaiblissement. J'ai ri dans le ruisseau, mais je n'y ai pas cédé ; et, faisant un violent effort, au bord du rapide, je m'engageai dans une eau plus calme, et parvins à me frayer un chemin jusqu'à la rive opposée, trempé jusqu'aux aisselles. C'est à peu près au même bord du Conon que ma pauvre amie la maniaque d'Ord perdit la vie quelques jours après.

Je trouvai mon compagnon chargé de la charrette avec nos outils, en train d'appâter dans une auberge un peu au-delà de Contin ; mais il n'y avait aucun signe du charretier ; et l'aubergiste, qui le connaissait bien, nous informa que nous devions peut-être l'attendre toute la journée, et peut-être ne pas le voir la nuit. Click-Clack – nom exprimant la facilité de parole du charretier, par lequel il était plus souvent désigné que par celui inscrit sur le registre paroissial – aurait sans doute eu l'intention de nous rejoindre de bonne heure le matin, mais c'est à ce moment-là qu'il était sobre; et quelle pourrait être son intention maintenant, dit l'aubergiste, alors que, selon toute probabilité, il était ivre, aucun homme vivant ne pouvait le dire. C'était une nouvelle plutôt surprenante pour des hommes qui avaient devant eux un long voyage à travers un pays difficile ; et mon camarade, un garçon d'un an ou deux de plus que moi, mais toujours apprenti, ajouta à mon désarroi en me disant qu'il avait été sûr dès le début qu'il y avait quelque chose qui n'allait pas avec Click-Clack, et que son maître s'était assuré ses services. , non par choix, mais simplement parce que, s'étant inconsidérément porté caution pour lui lors d'une vente au prix d'un cheval, et se retrouvant obligé de payer l'animal, il l'avait maintenant employé, dans l'espoir de se faire rembourser. Je résolus cependant d'attendre le charretier jusqu'au dernier moment après lequel il nous serait possible d'atteindre notre ultime étape sans empiéter dangereusement sur la nuit ; et, pensant qu'il ne nous rejoindrait pas de sitôt, je me dirigeai vers une colline voisine, qui offre une vue étendue, pour prendre note des principales caractéristiques d'un district avec lequel j'avais formé, au cours des deux années précédentes. , pas mal d'associations intéressantes, et faire sécher mes vêtements mouillés à la brise et au soleil. La vieille tour de Fairburn formait un des objets les plus frappants de la perspective ; et l'œil s'étend au-delà de l'endroit où commence la région de gneiss, sur une étendue de collines accidentées et de lande brune, sans aucun champ vert ou habitation humaine. Il y a des traditions qui, dans leur particularité même et dans leur éloignement du domaine de l'intention ordinaire, témoignent de leur vérité ; et j'évoquai maintenant une tradition, que je devais à mon ami le maniaque, concernant la manière dont les Mackenzie de Fairburn et les Chisholm de Strathglass s'étaient partagés cette étendue stérile. Depuis le début de la colonisation du pays, ce terrain était un désert inapproprié, et aucun propriétaire ne pouvait dire où se terminaient ses propres terres ou où commençaient celles de son voisin ; mais constatant que le manque d'une ligne de démarcation appropriée provoquait des querelles entre leurs bergers lorsqu'ils appâtaient leurs shielings d'été avec leur bétail, ils acceptèrent de diviser le territoire. L'ère des arpenteurs-géomètres n'était pas encore arrivée ; mais, choisissant deux vieilles femmes de soixante-quinze ans, ils les envoyèrent à la même heure se rencontrer parmi les collines, l'une de la tour Fairburn, l'autre du château d'Erchless, après s'être d'abord engagés à accepter leur lieu de rencontre comme lieu de rendez-vous. point auquel poser la borne limite des deux propriétés. Les femmes, accompagnées d'une troupe de témoins compétents, voyageaient comme pour la vie ou la mort ; mais la femme Fairburn, qui était la mère nourricière du laird, soit plus zélée, soit plus active que celle de Chisholm, parcourut près de deux milles pour sa mère ; et lorsqu'ils se virent en vue dans le désert, c'était loin des champs de Fairburn, et relativement à peu de distance de ceux du Chisholm. Il n'est pas facile de savoir pourquoi ils auraient dû se considérer comme des ennemis ; mais à un mille de distance, leur allure lente s'accéléra pour se transformer en course, et, se rencontrant près d'un ruisseau étroit, ils auraient volontiers combattu ; mais, dans leur complet épuisement, manquant de force pour combattre et de souffle pour gronder, ils ne purent que s'asseoir sur les rives opposées et *se serrer* les uns contre les autres de l'autre côté du fleuve. George Cruikshank a eu des sujets parfois pires pour son crayon. C'est, je crois, Landor, dans une de ses « conversations imaginaires », qui fait informer Adam Smith par un laird des Highlands que, désireux de s'assurer, à un degré imaginable, de la taille de sa propriété, il avait placé une ligne de des joueurs de cornemuse tout autour, chacun à une telle distance de son voisin le plus proche qu'il pouvait à peine entendre le son de sa cornemuse ; et qu'à partir du nombre de joueurs de cornemuse requis, il était en mesure de se faire une estimation approximative de l'étendue de son domaine. Et ici, dans une tradition des Highlands, authentique au moins en tant que telle, nous sommes présentés à un expédient du genre à peine moins ridicule ou inadéquat que celui que Landor, dans l'un de ses humeurs humoristiques, a dû simplement imaginer.

Je revins à l'auberge à l'heure à partir de laquelle, comme je l'ai dit, il nous serait possible, et pas plus que possible, d'achever notre journée de voyage ; et ne trouvant, comme je l'avais prévu, aucune trace de Clic-Clac, nous partîmes sans lui. Notre chemin nous conduisit à travers de longues landes, avec ici et là un lac bleu et une forêt de bouleaux, et ici et là un groupe de chaumières crasseuses et de champs irréguliers ; mais le paysage général était celui des gneiss schisteux dominants des Highlands écossais, dans lesquels des collines confluentes arrondies se dressent au-dessus de longues vallées reculées, et imposantes plutôt par leur étendue nue et solitaire que par quelque chose d'audacieux ou de frappant dans leurs traits. Le quartier avait été désenclavé quelques saisons auparavant par la route parlementaire que nous parcourions, et était alors peu connu du touriste ; et les trente années qui se sont écoulées depuis l'ont, à certains égards, considérablement modifié, comme elles l'ont fait pour les Highlands en général. La plupart des chaumières, lors de mon dernier voyage, n'étaient représentées que par des ruines brisées, et les champs par des parcelles de mousse qui restaient vertes au milieu du désert. J'ai remarqué en un endroit un groupe extraordinaire de chênes, au dernier stade de décomposition, qui auraient attiré l'attention par leur grande masse et leur taille même dans les forêts d'Angleterre. Le plus grand du groupe gisait sur le sol, en train de pourrir : une coquille noire et cuscute, mesurant au moins six pieds de diamètre, mais creuse comme un tonneau de goudron ; tandis que les autres, au nombre de quatre ou cinq, se dressaient autour d'elle, totalement dépouillés de toutes leurs plus grosses branches, mais vertes de feuilles, qui, à cause de la petitesse des brindilles sur lesquelles elles poussaient, les enroulaient comme des manteaux bien ajustés. . Leur période de « navigation dans les arbres » — pour emprunter une expression de Cowper — a dû s'étendre bien loin dans le passé obscur de l'histoire des Highlands — jusqu'à une époque, je n'en doute pas, où bon nombre des tourbières adjacentes vivaient encore comme des forêts. et lorsque certains des clans voisins – Frasers, Bissets et Chisholms – n'avaient pas encore commencé à exister, du moins sous les noms existants (français et saxon dans leur origine). Avant que nous atteignions l'auberge solitaire d'Auchen-nasheen, véritable clachan des Highlands du type ancien, la nuit était tombée sombre et orageuse pour une nuit de juin ; et une brume grise qui descendait depuis des heures le long des collines, effaçant peu à peu leurs sommets bruns, comme un artiste dessine ses collines au crayon avec un morceau de caoutchouc indien, mais qui, méthodique dans ses empiètements, avait conservé dans ses avancées une parfaite horizontalité de ligne – s'était transformée en une pluie abondante et continue. Cependant, comme le beau temps nous avait duré jusqu'à un mille du terme de notre voyage, nous n'étions que partiellement mouillés à notre arrivée, et nous parvînmes bientôt à nous sécher devant un noble feu de gazon. Mon camarade aurait voulu se consoler, après notre pénible voyage, avec quelque chose de gentil. Il estima qu'une auberge des Highlands devait pouvoir fournir au moins un morceau de jambon de mouton ou un morceau de saumon séché, et commanda quelques tranches, d'abord de jambon, puis de saumon ; mais ses ordres ne faisaient que rendre perplexe le propriétaire et sa femme, dont les magasins semblaient se composer uniquement de flocons d'avoine et de whisky ; et, baissant ses attentes et ses exigences, et laissant entendre qu'il avait très faim et que tout ce qui était comestible ferait l'affaire, nous entendîmes la propriétaire informer, avec une évidente satisfaction, une jeune fille aux bras rouges, vêtue de plaids bleus, que « les gars prendrait du porridge. La bouillie fut préparée en conséquence ; et, alors que nous discutions de ce plat familier, un peu avant minuit, car nous étions arrivés tard, un grand Highlander entra dans l'auberge, tombant comme une roue de moulin. Il était chargé, dit-il, de messages au propriétaire et à deux jeunes maçons de l'auberge, provenant d'un charretier désespéré avec lequel il avait parcouru environ vingt milles, mais qui, renversé par le « verre de boisson » et une paire de mauvaises chaussures, avait été contraint de s'abriter pour la nuit dans un chalet à environ sept milles d'Auchen-nasheen. Le message du charretier au propriétaire était simplement que les deux jeunes maçons ayant volé son cheval et sa charrette, il lui avait ordonné de retenir ses biens pour lui jusqu'à ce qu'il revienne lui-même le matin. Quant à son message aux gars, dit le Highlander, "cela ne valait pas la peine d'être répété ; mais si nous aimions attacher les malédictions gaéliques aux malédictions anglaises, ce serait quelque chose comme ça. "

Nous avons été réveillés le lendemain matin par un énorme brouhaha dans l'appartement voisin. "C'est Click-Clack le charretier", dit mon camarade : "oh, qu'est-ce qu'on fait ?" Nous avons bondi; et nous enfilâmes deux fois plus vite, nous nous mîmes à reconnaître à travers les recoins d'une cloison de sapin, et nous vîmes le charretier debout au milieu de la pièce voisine, donnant un assaut furieux, et le propriétaire, un petit vieux à la voix douce. homme, s'efforçant avec acharnement de le concilier. Clic-Clac était un gaillard d'aspect rude, âgé d'une quarantaine d'années, mesurant environ cinq pieds dix, avec une barbe noire mal rasée, comme une brosse à chaussures enfoncée sous le nez, rouge comme du charbon, et vêtu d'un costume tristement brisé. costume gris Aberdeen, surmonté d'un chapeau sans bords, qui avait apparemment été emprunté à quelque épouvantail obligeant. Je l'ai mesuré dans sa personne et dans son expression ; et, me considérant comme son adversaire, même sans l'aide de mon camarade, sur la discrétion duquel je pouvais compter avec plus de certitude que sur sa valeur, j'entrai dans l'appartement et le taxai de manquement flagrant au devoir. Il nous avait laissé conduire son cheval et sa charrette pendant une journée entière, et avait rompu, à cause de sa misérable indulgence au cabaret, ses fiançailles avec notre maître ; et je le dénoncerais avec certitude. Le charretier se tourna vers moi avec la férocité d'une bête sauvage ; mais, rencontrant d'abord son regard, comme celui d'un fou, je rapprochai mon visage du sien, et il se calma en un instant. Il ne pouvait s'empêcher d'être en retard, dit-il : il était arrivé à l'auberge de Contin moins d'une heure après que nous l'avions quittée ; et c'était vraiment très dur de devoir parcourir une longue journée de voyage avec de si mauvaises chaussures. Nous avons accepté ses excuses ; et, ordonnant au propriétaire d'apporter la moitié d'un morceau de whisky, la tempête passa. La matinée, comme la nuit précédente, avait été épaisse et pluvieuse ; mais cela s'éclaircit peu à peu à mesure que le jour se levait ; et après le petit déjeuner, nous partîmes ensemble le long d'un sentier accidenté, jamais parcouru auparavant par un cheval et une charrette. Nous passâmes devant un lac solitaire, sur les rives duquel la seule demeure humaine était un bouclier de gazon sombre, où cependant Clic-Clac s'assura qu'il y avait du whisky à vendre ; puis nous entrâmes dans un paysage totalement différent dans sa composition et son caractère de celui à travers lequel notre voyage s'était déroulé auparavant.

Il court le long de la côte ouest de l'Écosse, depuis l'île de Rum jusqu'au voisinage immédiat du cap Wrath, une formation, établie par Macculloch, dans sa carte géologique du royaume, comme du vieux grès rouge, mais qui sous-tend des formations réputées primaires : deux d'entre eux sont de roche quartzeuse, et un tiers de ce calcaire non fossilifère dans lequel est creusée l'immense grotte de Smoo et à laquelle appartiennent les marbres d'Assynt. Le système, qui, pris dans son ensemble (quartz, chaux et grès), correspond lit pour lit au Lower Old Red de la côte est, et est probablement un exemple hautement métamorphique de ce grand gisement, présente son développement le plus complet dans Assynt, où sont présents ses quatre lits constitutifs. Dans l'étendue où nous sommes maintenant entrés, il n'en présente que deux : la roche quartzeuse inférieure et le grès rouge sous-jacent ; mais partout où l'un de ses membres apparaît, il présente des caractéristiques uniques : des marques d'énorme dénudation et un style de paysage audacieux qui lui est tout à fait propre ; et, en y entrant pour la première fois, j'ai été très impressionné par son caractère extraordinaire. Le Loch Maree, l'un des lacs les plus sauvages de nos Highlands, et à cette époque à peine connu des touristes, doit à lui tout ce qu'il a de particulier dans son aspect : ses hautes montagnes pyramidales de quartz, qui s'élèvent d'un seul pas, abruptes et abruptes. presque aussi nus que les vieilles pyramides, depuis presque le niveau de la mer jusqu'aux hauteurs sur lesquelles, au milieu de l'été, les neiges de l'hiver brillent en blanches en stries et en taches ; et une pittoresque étendue de grès composée de collines escarpées, qui flanque sa rive ouest, et qui portait à cette époque les restes d'une des vieilles forêts de pins. Un mur continu de montagnes de gneiss, qui longe la rive orientale du lac, s'enfonce à pic dans ses profondeurs brunes, sauf en un point où une étendue plane, à moitié entourée de précipices, est occupée par des champs et des taillis, et porte en au milieu, un manoir blanc ; l'étendue bleue du lac s'élargit considérablement dans ses parties inférieures ; et un groupe de collines partiellement submergées, qui ressemblent à celles couvertes de forêts sur ses rives occidentales, mais sont de moindre altitude, s'élèvent au-dessus de ses eaux et forment un archipel miniature, gris de pierres lichenées et bosquet de bouleaux et de noisetiers. Constatant au fond du lac qu'aucun cheval ni charrette ne s'était jamais frayé un chemin le long de ses rives, nous avons dû louer un bateau pour le transport au moins de la charrette et des bagages ; et tandis que les bateliers se préparaient pour le voyage, qui était, avec la lenteur caractéristique du district, un travail de plusieurs heures, nous appâtâmes au clachan de *Kinlochewe*, une humble auberge des Highlands, semblable à celle dans laquelle nous avions passé la nuit. Le nom - celui d'une ancienne ferme qui s'étend le long de la *tête* ou de l'extrémité supérieure du Loch Maree - a une étymologie remarquable : il signifie simplement la tête du *Loch Ewe* - le loch d'eau salée dans lequel les eaux du Loch Maree se jettent en une rivière d'un peu plus d'un mille de longueur, et dont *la source actuelle* est à environ seize ou vingt milles de distance de la ferme qui porte son nom. Mais avant cette dernière élévation du terrain à laquelle notre pays doit la bande marginale plate qui s'étend entre la côte actuelle et l'ancienne, la mer a dû trouver son chemin jusqu'à l'ancienne ferme. Loch Maree (Mary's Loch), nom évidemment d'origine médiévale, aurait alors existé comme un prolongement du Loch Ewe marin, et *Kinlochewe* aurait en réalité été ce que signifient les mots composés : la tête du Loch Ewe. Il semble y avoir des raisons de penser qu'avant la dernière élévation des terres de notre île, elle avait accueilli ses premiers habitants humains - des sauvages grossiers, qui utilisaient des outils et des armes en pierre et fabriquaient des canots à partir de simples rondins de bois. . Devons-nous accepter des étymologies telles que celle citée – et il en existe plusieurs dans les Highlands – comme bonnes, prouvant que ces sauvages aborigènes étaient de race celtique et que le gaélique était parlé en Écosse à une époque où ses bandes herbeuses liens, et les sites de bon nombre de ses villes portuaires, telles que Leith, Greenock, Musselburgh et Cromarty, existaient comme des plages maritimes suintantes, recouvertes deux fois par jour par les eaux de l'océan ?

Ce fut une soirée délicieuse – calme, essoufflée, claire – alors que nous traversions lentement la large poitrine du Loch Maree ; et la lumière rouge du soleil couchant tombait sur de nombreux recoins sauvages et doux, au milieu du labyrinthe d'îles pourpres de bruyère et surplombées de bouleaux et de sorbiers ; ou incliné le long des clairières brisées de l'ancienne forêt ; ou il faisait rougir les pâles faces de pierre des hautes collines pyramidales. Un bateau transportant une noce traversait le lac jusqu'à la maison blanche du côté opposé, et un joueur de cornemuse, posté à l'avant, discourait sur une douce musique qui, adoucie par la distance et rattrapée par les échos des rochers, ne ressemblait à rien. variété que j'avais déjà entendue à la cornemuse auparavant. Même les bateliers se reposaient sur leurs rames, et j'avais juste assez de gaélique pour savoir qu'ils remarquaient combien c'était beau. " J'aimerais, " dit mon camarade, " que vous compreniez ces hommes : ils ont beaucoup d'histoires curieuses sur le loch, et j'en suis sûr que vous aimeriez.

Vous voyez cette grande île ? C'est Island-Maree. Il y en a, ils dites-moi, il y a un vieux cimetière là-dessus, dans lequel les Danois enterraient autrefois, et dont personne ne peut lire les anciennes pierres tombales. Et l'autre île à côté est célèbre comme le lieu où se réunissent les *bonnes* gens . chaque année pour se soumettre à leur reine. Il y a, disent-ils, un petit lac dans l'île, et une autre petite île dans le lac, et c'est sous un arbre sur cette île intérieure que la reine s'assoit et rassemble du kain pour le Mal ; Un. On me dit que, c'est sûr, les fées n'ont pas encore quitté cette partie du pays. Nous débarquâmes peu après le coucher du soleil, à l'endroit d'où notre route traversait les collines jusqu'au bord de la mer, mais nous constatâmes que le charretier n'était pas encore arrivé ; et enfin, désespérant de son apparence, et incapables d'emporter avec nous sa charrette et ses bagages, comme nous avions réussi à faire descendre la charrette, le cheval et les bagages la veille, nous nous préparions à prendre notre logement pour la nuit sous l'abri d'un rocher en surplomb, quand nous l'entendîmes venir soliloquer à travers le bois, d'une manière digne de son nom, comme s'il n'était pas un, mais vingt charretiers. "Quelle honte pour un pays !" s'écria-t-il, "une honte totale ! Une route pour un cheval, en vérité ! - plus comme un escalier à péage. Et pas une nourriture de maïs pour la pauvre bête ; et pas un pub entre ici et Kinlochewe ; et pas une goutte de whisky : parfaite, parfaite honte d'un pays!" Lorsqu'il s'est présenté, apparemment de très mauvaise humeur, nous l'avons trouvé disposé à rejeter sur nos épaules la honte du pays. Quel genre de gens étions-nous, demanda-t-il, pour voyager dans un tel pays sans whisky ! Mais il n'y avait pas de whisky à produire : il n'y avait pas de whisky plus près, lui disions-nous, que le cabaret au bord de la mer, où nous proposions de passer la nuit ; et bien sûr, plus tôt nous y arriverons, mieux ce sera. Et après l'avoir aidé à atteler son cheval, nous partîmes dans le crépuscule obscur, au milieu des collines. Des rochers gris et rugueux et de petits lochans bleus, bordés de drapeaux et marbrés en leur saison de nénuphars, brillaient faiblement et indéfiniment dans la lumière imparfaite de notre passage ; mais avant que nous atteignions l'auberge de Flowerdale à Gairloch, chaque objet ressortait clairement, bien que froid, dans la lumière croissante du matin ; et quelques légères traînées de nuages, suspendues à l'est au-dessus du soleil non levé, échangeaient peu à peu leur lueur de bronze pâle contre une profonde bouffée de sang et de feu mêlés.

Après le rafraîchissement de quelques heures de sommeil et un bon petit déjeuner, nous partîmes pour le lieu de nos travaux, qui se trouvait au bord de la mer, à environ deux milles plus au nord et à l'ouest ; et on nous montra une dépendance, l'une d'un carré de bureaux délabrés, que nous pourrions aménager, nous dit-on, pour notre caserne. Le bâtiment était à l'origine ce qu'on appelle sur la côte nord-ouest de l'Écosse, avec son climat toujours humide, une grange à foin ; mais ce n'était plus maintenant qu'un réservoir d'eau verte stagnante, couvert d'un toit, d'environ trois quarts de pied de profondeur, qui avait suinté à travers les murs depuis un étang trop gorgé dans la cour adjacente, et qui, lors d'une série de pluies récentes, avait coulé à travers les murs. déborda de ses rives et ne se calma pas encore. Notre nouvelle maison ressemblait énormément à une digue de castor, avec cette différence désavantageuse qu'aucun expédient de plongée ne pouvait nous amener à de meilleures chambres de l'autre côté du mur. Mon camarade, se mettant à sonder l'abîme avec sa canne, chantait en style marin : « Trois pieds d'eau dans la cale ». Clic-Clac se mit en colère : "C'est une demeure pour les créatures humaines !" il a dit. "Si je devais y mettre mon cheval, pauvre bête ! les sabots mêmes pourriraient en moins d'une semaine. Sommes-nous des anguilles ou des puddocks, pour que nous soyons envoyés vivre dans un loch ?" Marquant cependant une partie étroite de la crête qui retenait les eaux de l'étang voisin d'où notre domicile tirait son approvisionnement, je me mis à la couper en travers, et j'eus bientôt la satisfaction de voir la surface générale s'abaisser d'un bon pied, et le sol de notre future habitation mis à nu. Clic-Clac, prenant courage en voyant les eaux refluer, s'empara d'une pelle et nous montra bientôt la valeur de ses nombreuses années d'expérience dans les travaux de l'écurie ; puis, l'envoyant chercher du rivage quelques charrettes d'un sable de coquillage sec, que j'avais marqué d'ailleurs comme pouvant être mélangé à notre chaux, nous eûmes bientôt pour notre réservoir d'eau verte un beau sol blanc. « L'homme veut peu de choses ici-bas », surtout dans une caserne de maçon. Il y avait deux ouvertures carrées dans l'appartement, aucune d'elles n'étant munie de cadres ni de vitres ; mais celui que nous avions rempli de pierre et un vieux cadre non vitré que, à l'aide d'un soubassement et d'une bordure de gazon, je parvins à insérer dans l'autre, donnaient au moins un air de respectabilité à l'endroit. Des pierres rocheuses, coiffées de morceaux de gazon moussu, nous servaient de sièges ; et nous avons bientôt eu un confortable feu de tourbe flambant contre le pignon ; mais nous avions encore cruellement besoin d'un lit : l'humidité fondamentale du sol gagnait, nous le voyions, rapidement sur le sable ; et il ne serait ni confortable ni sûr d'*y étendre notre herbe séchée et nos couvertures* . Mon camarade sortit pour voir si l'endroit ne fournissait pas assez de matériaux d'aucune sorte pour faire un lit, et revint bientôt triomphant, traînant après lui une paire de herses qu'il plaça côte à côte dans un coin douillet près du feu, avec bien sûr les dents vers le bas. Un bon catholique, prêt à conquérir le ciel par un emploi judicieux de pointes acérées, aurait pu préférer qu'elles soient tournées dans l'autre sens ; mais mon camarade était un protestant éclairé ; et d'ailleurs, comme le marin de Goldsmith, il aimait s'allonger doucement. La deuxième chance était la mienne. J'ai trouvé dans la cour une vieille porte de grange, non réclamée, qu'un récent coup de vent avait fait sortir de ses gonds ; et en le plaçant au-dessus des herses, et en enfonçant une rangée de piquets autour dans le sol, pour empêcher la traverse extérieure de rouler, car le mur servait à assurer la position de la traverse intérieure, nous avons réussi à construire, par notre jointure. efforts, un lit luxueux. Il n'y avait qu'un inconvénient sérieux sur son confort : le toit était mauvais, et il y avait une chute obstinée, qui avait l'habitude, pendant chaque averse qui tombait pendant la saison du sommeil, de me frapper au visage et de m'essayer. plusieurs fois avec la torture de l'eau de la vieille histoire, peut-être une demi-douzaine de fois au cours d'une seule nuit.

Notre caserne étant assez équipée, je partis avec mon camarade, dont la connaissance du gaélique lui permettait de me servir d'interprète, vers un groupe de chaumières voisines, afin de trouver un ouvrier pour le travail du lendemain. La soirée commençait maintenant à s'assombrir ; mais il y avait encore assez de lumière pour me montrer que les petits champs que je traversais en chemin ressemblaient beaucoup à ceux de Liliput, tels que les a décrits Gulliver. Cependant, quoique également petits, ils étaient beaucoup plus irréguliers et avaient aussi des particularités qui leur étaient entièrement propres. Le terrain était à l'origine pierreux ; et comme il montrait, selon l'expression des Highlands, ses « os nus à travers sa peau » – de grandes bosses de roche en dessous remontant ici et là à la surface – les Highlanders avaient rassemblé les pierres en grands tas pyramidaux sur les bosses nues ; et ils étaient si nombreux dans certains champs, qu'on aurait dit qu'un sorcier malin avait, au moment de la moisson, transformé tous leurs chocs en pierre. En m'approchant de la chaumière de notre futur ouvrier, je fus attiré par une porte d'une construction très particulière, appuyée contre le mur. Il avait été importé de l'ancienne forêt de pins de la rive ouest du Loch Maree et était formé de racines d'arbres si curieusement entrelacées par la nature, que lorsqu'elles étaient coupées dans le sol qu'elles recouvraient comme un morceau de réseau, elle restait solidement assemblée et formait maintenant une porte avec laquelle le simple imitateur du paysan pouvait en vain tenter de rivaliser. Nous entrâmes dans la chaumière, et plongeant d'environ deux pieds vers le bas, nous nous trouvâmes sur le fumier de l'établissement, qui dans cette partie du pays occupait habituellement à l'époque une antichambre qui correspondait à celle occupée par le bétail quelques années plus tôt. , dans les districts du Midland de Sutherland. En tâtonnant dans cette sale chambre extérieure, à travers une atmosphère étouffante de fumée, nous arrivâmes à une porte intérieure élevée au niveau du sol extérieur, par laquelle une lueur rouge et sombre s'échappait dans l'obscurité ; et, en montant dans l'appartement intérieur, nous nous trouvâmes en présence des habitants du manoir. Le feu, comme dans la chaumière de mon parent du Sutherlandshire, était placé au milieu du sol : le maître du manoir, un Highlander roux et solidement bâti, de taille et d'âge moyen, avec son fils, un garçon de douze ans, assis d'un côté ; sa femme, qui, quoique à peine âgée de trente ans, avait les joues hagardes et tombantes, les yeux creux et le teint pâle et jaunâtre de la vieillesse, était assise sur l'autre. Nous avons fait part de nos affaires au Highlander par l'intermédiaire de mon compagnon – car, à part quelques mots appris à l'école par le garçon, il n'y avait pas d'anglais dans la maison — et nous l'avons trouvé disposé à accueillir l'affaire favorablement. Une grande marmite de pommes de terre pendait au-dessus du feu, sous un épais plafond de fumée ; et il nous invita avec hospitalité à attendre le dîner, ce que, comme notre dîner n'avait consisté qu'en un morceau de gâteau aux flocons d'avoine secs, nous le fîmes volontiers. A mesure que la conversation avançait, je pris conscience qu'elle tournait contre moi et que j'étais l'objet d'une profonde commisération envers les habitants de la chaumière. "Pourquoi," demandai-je à mon compagnon, "ces aimables gens me plaignent-ils tant ?" "Pour votre manque de gaélique, bien sûr. Comment un homme peut-il s'en sortir dans un monde qui veut le gaélique ?" "Mais eux-mêmes," demandai-je, "ne veulent-ils pas l'anglais ?" "Oh oui," dit-il, "mais qu'est-ce que cela signifie ? A quoi sert l'anglais à Gairloch ?" Les pommes de terre, avec un peu de sel moulu et une faim ininterrompue en guise de sauce, se mangèrent remarquablement bien. Notre hôte regretta de n'avoir pas de poisson à nous offrir ; mais une période de mauvais temps l'avait empêché de prendre la mer, et il venait d'épuiser ses réserves antérieures ; et quant au pain, il avait épuisé le reste de sa récolte de céréales peu après Noël, et depuis lors, avec sa famille, il vivait de pommes de terre et de poisson quand il pouvait en avoir.

Trente ans se sont écoulés depuis que j'ai participé au repas du soir des Highlanders, et au cours des vingt premières années, l'usage de la pomme de terre, inconnue dans les Highlands un siècle auparavant, s'est considérablement accru. Mon grand-père maternel m'a dit que vers 1740, alors qu'il était un garçon d'environ huit ou neuf ans, le jardinier en chef du château de Balnagown avait l'habitude, lors de ses visites occasionnelles à Cromarty, de l'amener dans son empochez, comme c'est une grande rareté, quelques trois ou quatre pommes de terre ; et que ce n'est que quinze ou vingt ans après cette époque qu'il vit des pommes de terre cultivées dans des champs dans n'importe quelle partie des Hautes Terres du Nord. Mais, autrefois employés équitablement comme nourriture, chaque saison en voyait une plus grande quantité se déposer. Dans les Highlands du Nord-Ouest, en particulier, l'utilisation de ces racines a été multipliée par cent entre 1801 et 1846, et a fini par devenir, comme en Irlande, non seulement l'aliment de base, mais dans certaines localités presque l'aliment de base. seulement la nourriture du peuple ; et lorsque la maladie fut détruite au cours de la dernière année, la famine s'ensuivit immédiatement en Irlande et dans les Highlands. Un écrivain du *Witness*, dont la lettre a eu pour effet de mettre ce journal respectable sous les yeux de M. Punch, a présenté la famine irlandaise comme un jugement direct sur la dotation Maynooth ; tandis qu'un autre écrivain, membre de la Peace Association - dont la lettre n'a pas trouvé son chemin dans le *Witness*, bien qu'elle soit parvenue à l'éditeur - a contesté la décision au motif que les Scotch Highlanders, qui étaient fortement opposés à Maynooth, souffraient de l'infliction. presque autant que les Irlandais eux-mêmes, et que l'offense punie devait sûrement être une offense dont les Highlanders et les Irlandais avaient été coupables en commun. *Il* avait cependant découvert, dit-il, quel était réellement le crime commis. Les famines irlandaises et des Highlands furent un jugement porté sur la grande efficacité meurtrière des soldats dans les guerres de l' empire - une efficacité qui, comme il le remarqua avec justesse, était presque également caractéristique des deux nations. Pour ma part, je n'ai pas pu voir jusqu'ici les étapes qui conduisent à des conclusions aussi profondes ; et je me contente simplement de soutenir que la Providence surintendante qui a communiqué à l'homme une nature calculatrice et prévoyante, se met parfois en colère contre lui et lui inflige des jugements, lorsque, au lieu d'exercer ses facultés, il descend à un niveau inférieur à son niveau. propre, et se contente, comme certains animaux inférieurs, de vivre sur une seule racine.

Il existe deux périodes favorables à l'observation : une précoce et une tardive. Un œil neuf détecte chez un peuple des traits extérieurs et des particularités, aperçus pour la première fois, qui disparaissent à mesure qu'ils deviennent familiers ; mais ce n'est qu'après des occasions répétées d'études et une connaissance prolongée que les caractéristiques et les conditions internes commencent à être correctement connues. Durant la première quinzaine de mon séjour dans cette région reculée, je fus plus impressionné que par la suite par certaines particularités de mœurs et d'apparence des habitants. Le Dr Johnson remarqua qu'il trouvait moins d'hommes très grands ou très petits parmi les habitants des Hébrides qu'en Angleterre : J'étais maintenant frappé par une médiocrité de taille similaire parmi les Highlanders de Western Ross ; Les cinq sixièmes des hommes adultes semblaient mesurer en moyenne entre cinq pieds sept et cinq pieds neuf pouces, et je trouvais relativement rares les hommes grands ou petits. Les Highlanders de la côte orientale étaient, au contraire, à cette époque, peut-être encore, de stature très variée ; certains d'entre eux étaient extrêmement petits, d'autres d'une grande corpulence et d'une grande taille ; et, comme on pouvait le voir dans les congrégations des églises paroissiales éloignées de quelques kilomètres seulement, il y avait des différences marquées à cet égard entre les habitants des districts contigus : certaines étendues de plaine ou de vallée produisaient des races plus grandes que d'autres. J'étais enclin à croire à l'époque que les Highlanders de taille moyenne de la côte ouest étaient une race moins mixte que les Highlanders de taille inégale de l'Est : j'ai au moins trouvé des inégalités correspondantes parmi les familles Highland de naissance supérieure, qui, comme comme le montrent leurs généalogies, mêlaient le sang normand et saxon au sang celtique ; et comme la race des Highlands, de taille inégale, confinait à celle des Scandinaves qui borde la plus grande partie de la côte orientale de l'Écosse, j'en déduis qu'il y avait eu un mélange de sang similaire entre *eux* . Depuis, j'ai vu, dans la Carte ethnographique des îles britanniques de Gustav Kombst, la différence que je n'avais alors que déduite, indiquée par une nuance de couleur différente et un nom différent. Les Highlanders de la côte est appellent Kombst « scandinave-gaélique » ; ceux de l'Ouest, « gaélique-scandinave-gaélique », noms révélateurs, bien sûr, de la proportion dans laquelle il considère qu'ils possèdent le sang celtique. La disparité de volume et de taille semble être une des conséquences du mélange des races ; l'inégalité induite ne semble pas non plus limitée au cadre physique. Les esprits de grande envergure, dotés de facultés royales, apparaissent d'abord dans notre histoire parmi les tribus fusionnées, de même que jadis ce furent les mariages mixtes qui produisirent les premiers les géants. La différence de taille que j'ai remarquée dans des districts particuliers de la région scandinave-gaélique, séparés, dans certains cas, par une crête de collines ou une étendue de lande, doit être le résultat des anciennes divisions claniques, et on dit qu'elle ont très fortement marqué les clans eux-mêmes. Certains d'entre eux étaient beaucoup plus robustes et d'autres plus minces que d'autres.

J'ai été frappé par une autre particularité des Highlanders de la côte ouest. Je trouvais les hommes en général beaucoup plus beaux que les femmes, et qu'au milieu de la vie, ils supportaient leur âge avec beaucoup plus de légèreté. Les femelles semblaient vieilles et hagardes à une époque où les mâles étaient encore relativement frais et robustes. Je ne suis pas sûr que cette remarque ne puisse pas, dans une certaine mesure, s'appliquer aux Highlanders en général. La « forme robuste » et les « traits plus durs », qui, selon Sir Walter, « marquent la bande de montagne », s'accordent moins bien avec la figure féminine qu'avec le visage et la silhouette masculine. Mais j'ai du moins trouvé cette différence dans l'apparence des sexes beaucoup plus marquée sur la côte occidentale que sur la côte orientale ; et il ne voyait que trop de raisons de conclure que cela était dû en grande partie à la part disproportionnée du travail écrasant imposé, dans le district, conformément à la pratique d'une époque barbare, sur le corps le plus faible de la femme. Il existe cependant un style de beauté féminine, occasionnellement bien que rarement illustré dans les Highlands, qui transcende de loin le type saxon ou scandinave. Elle se manifeste habituellement dans l'extrême jeunesse, au moins entre la quatorzième et la dix-huitième année ; et son effet nous est heureusement indiqué par Wordsworth — qui semble avoir rencontré un spécimen caractéristique — dans ses lignes à une jeune fille des Highlands. Il la décrit comme possédant comme « dot », « une véritable *pluie* de beauté ». Cependant, il la décrit également comme étant très jeune.

"Deux fois sept années consentantes s'étaient écoulées

Leur plus grande prime sur sa tête."

J'ai d'ailleurs été frappé à cette époque de constater que, si presque tous les jeunes garçons de moins de vingt ans avec lesquels j'ai été en contact avaient au moins quelques notions d'anglais, je n'ai trouvé qu'un seul Highlander d'environ quarante ans avec qui je pouvais échanger un billet. mot. L'exceptionnel Highlander était pourtant une curiosité à sa manière. Il semblait avoir un penchant naturel pour l'acquisition de langues et avait tiré son anglais non pas de la conversation, mais, au milieu d'un peuple parlant le gaélique, de l'étude des Écritures dans notre version anglaise commune. Son application du langage biblique à des sujets ordinaires a parfois eu un effet plutôt ridicule. Une fois interrogé auprès de lui au sujet d'un jeune homme qu'il souhaitait employer comme travailleur supplémentaire, il le décrivit exactement dans les mots dans lesquels David est décrit dans le chapitre qui relate le combat avec Goliath, comme "un jeune homme". , et vermeil, et d'un beau visage ; " et, nous demandant où il pensait que nous pourrions trouver quelques charges de cailloux roulés à l'eau pour construire un plancher, il nous dirigea vers le lit d'un ruisseau voisin, où nous pourrions « choisir, dit-il, des pierres lisses provenant du ruisseau." Il parlait avec beaucoup de délibération, traduisant évidemment sa pensée gaélique, au fur et à mesure, en anglais scripturaire.

CHAPITRE XIII.

"Un homme joyeux

Avec des cheveux gris scintillants,

Un homme aussi blythe que tu peux le voir

Lors des vacances de printemps." — WORDSWORTH.

Il n'existait à cette époque aucune carte géologique de l'Écosse. Celui de Macculloch n'est apparu que six ou sept ans plus tard (en 1829 ou 1830), et l'intéressant croquis de Sedgwick et Murchison sur les formations du nord [4] n'est apparu qu'au moins cinq ans après (1828). Ainsi, en partant le lendemain de mon arrivée, pour fournir des pierres pour notre future construction, je me trouvai dans une *terra incognita*, nouvelle pour le carrièreur et inconnue du géologue. La plupart des roches primaires stratifiées ne constituent que des matériaux de construction indifférents ; et dans le voisinage immédiat de notre ouvrage, je n'ai pu trouver qu'un des pires de la classe, le gneiss schisteux. Cependant, en consultant le paysage de la région, je remarquai qu'à un certain point, les deux rives du lac ouvert sur le bord duquel nous nous trouvions changèrent soudainement de caractère. Les collines abruptes et escarpées de gneiss qui, vues d'une éminence, ressemblaient à une mer tumultueuse, s'enfonçaient soudain dans des promontoires bruns et bas, sans ravins, et dont les éminences n'étaient que de simples renflements plats ; et dans l'espoir de trouver quelque changement de formation coïncidant avec le changement de décor, je me dirigeai avec mon camarade vers le point le plus proche où le contour brisé devenait rectiligne ou simplement ondulé. Mais si je m'attendais à un changement, ce n'est pas sans une certaine surprise qu'immédiatement après avoir dépassé le point de croisement, je me trouvai dans un quartier de grès rouge. C'était une pierre dure, compacte, de couleur foncée, mais facile à cueillir et à marteler, et qui faisait d'excellentes pierres angulaires et pierres de taille ; et cela nous aurait fourni même du travail de taille pour notre bâtiment, si notre employeur, ignorant, comme tout le monde à l'époque, les capacités minérales de la localité, n'avait pas apporté sa pierre de taille dans un sloop, à des frais non négligeables. à travers le canal calédonien, depuis l'une des carrières de Moray : voyage détourné de plus de deux cents milles.

Immédiatement à côté de l'endroit où nous ouvrions notre carrière, il y avait un petit bouclier solitaire : c'était à peu près un édifice semblable à celui que j'avais l'habitude d'ériger quand j'étais enfant — environ huit ou dix pieds de long et d'une altitude si humble que, lorsque debout au milieu, je pouvais poser la main sur l'arbre du toit. Une bruyère occupait un des coins ; quelques braises grises couvaient au milieu du parquet ; un pot gisait à côté d'eux, prêt à l'emploi, à moitié rempli de coques et de poissons-rasoirs, dépouilles du reflux matinal ; et un rouage de lait occupait une petite étagère qui dépassait du pignon au-dessus. Tel était le contenu du bouclier. Son seul hôte, un petit vieillard vif, était assis dehors, s'occupant aussitôt de quelques vaches groupées sur la lande, et s'employant à dépouiller avec un canif de poche de longs filaments minces d'un morceau de sapin mousse ; et tandis qu'il travaillait et regardait, il chantonnait une chanson gaélique, peut-être pas très musicalement, mais, comme le chant joyeux du bourdon, il y avait un contenu parfait dans chaque ton. Il avait beaucoup de questions curieuses à poser dans son gaélique natal à mon camarade, concernant notre emploi et notre employeur ; et quand il fut satisfait, il commença, ce que je perçus, comme le Highlander de la veille au soir, à exprimer une très profonde commisération à mon égard. « Est-ce que cet homme a aussi pitié de moi ? J'ai demandé. "Oh oui, beaucoup", fut la réponse : "il ne voit pas du tout comment vous pouvez vivre à Gairloch sans le gaélique." Le shieling et son heureux détenu m'ont rappelé une des expériences de mon père, telle que m'a été communiquée par oncle James. Au cours d'un long voyage de varech parmi les Hébrides, il avait débarqué dans son bateau, avant d'entrer dans l'un des détroits de Long Island, pour se procurer un pilote, mais il n'avait trouvé dans la maison de pêcheur sur laquelle il avait dirigé son cours, que la femme du pêcheur, une jeune créature d'au plus dix-huit ans, était occupée à allaiter son enfant et à chanter une chanson gaélique sur un ton qui exprimait un cœur léger, jusqu'à ce que les rochers sonnent à nouveau. Un lit de bruyère, un pot en terre cuite, de fabrication indigène, façonné à la main, et un tas de poissons fraîchement pêchés, semblaient constituer la seule richesse de la chaumière ; mais sa maîtresse était néanmoins une des femmes les plus heureuses ; et elle compatissait profondément envers les pauvres matelots, et souhaitait sincèrement le retour de son mari, afin qu'il puisse les aider dans leur perplexité. Le mari parut enfin. "Oh," demanda-t-il après le premier salut, "avez-vous du sel ?" «Beaucoup», dit le maître; " et je vois que vous en avez beaucoup besoin de votre réserve de poisson frais ; mais venez, pilotez-nous à travers le détroit, et vous aurez autant de sel qu'il vous faudra. " Et ainsi le bateau eut un pilote, et le pêcheur du sel ; mais mon père n'a jamais oublié la chanson enjouée de l'heureuse maîtresse de cette pauvre chaumière des Highlands. C'était l'une des caractéristiques palpables de nos Highlanders écossais, pendant au moins les trente premières années du siècle, qu'ils étaient assez contents, en tant que peuple, de trouver plus à plaindre qu'à envier la condition de leurs voisins ; et je me souviens qu'à cette époque, et pendant des années après, je considérais que ce trait était bon. J'ai cependant maintenant des doutes à ce sujet, et je ne suis pas bien sûr qu'un contenu si général qu'il soit national ne puisse pas, dans certaines circonstances, être plutôt un vice qu'une vertu. Ce n'est certainement pas une vertu lorsqu'elle a pour effet d'arrêter soit des individus, soit des peuples dans leur cours de développement ; et est dangereusement alliée à de grandes souffrances, lorsque les hommes qui en sont l'exemple sont si profondément heureux au milieu des médiocrités du présent qu'ils ne parviennent pas à prévoir les éventualités de l'avenir.

Nous fûmes rejoints au bout d'une quinzaine de jours par les autres ouvriers du Low Country, et je démissionnai de mon poste temporaire (sauf que je conservais toujours le livre de temps au nom de mon maître) entre les mains d'un ancien maçon, remarquable dans le nord du pays. Scotland pour ses compétences en tant qu'opérateur et qui, bien qu'il ait maintenant soixante ans, était encore capable de construire et de tailler beaucoup plus que l'homme le plus jeune et le plus actif de l'équipe. Il était à cette époque le seul survivant de trois frères, tous maçons, et non seulement ouvriers de premier ordre, mais d'une classe à laquelle, au moins au nord des Grampians, eux seuls appartenaient, et très en avance sur eux. du premier. Et lors du déplacement du deuxième des trois frères vers le sud de l'Écosse, on constata que, parmi les tailleurs de pierre de Glasgow, David Fraser occupait relativement la même place qu'il avait occupée parmi ceux du nord. M. Kenneth Matheson m'a dit, un gentleman bien connu comme maître d'œuvre dans l'ouest de l'Écosse, qu'en érigeant des escaliers suspendus en pierre polie, ornés devant et sur le bord extérieur par le filet et le tore communs, ses ouvriers ordinaires accomplissaient pour lui leur une étape par pièce par jour, et David Fraser ses *trois* étapes finissaient également bien. Il est facilement concevable que, dans les domaines les plus élevés de l'art, un homme puisse en surpasser mille, et même qu'il n'ait ni concurrent vivant, ni successeur une fois mort. Le monsieur anglais qui, après la mort de Canova, demanda à un frère survivant du sculpteur s'il avait l'intention de poursuivre les *affaires de Canova*, trouva qu'il avait réalisé dans sa question une plaisanterie involontaire. Mais dans les activités les plus ordinaires, de telles différences n'apparaissent pas entre les hommes ; et il peut paraître étrange que, dans une taille de pierre ordinaire, un seul homme puisse ainsi accomplir le travail de trois. Ma connaissance du vieux John Fraser m'a montré combien cette capacité dépendait d'une faculté naturelle. La force de John n'avait jamais été supérieure à la moyenne de celle des Écossais, et elle était maintenant considérablement réduite ; son maillet ne portait pas non plus de coups plus nombreux ou plus violents que ceux d'un ouvrier ordinaire. Il avait cependant un pouvoir extraordinaire pour concevoir l'œuvre achevée, comme se trouvant à l'intérieur de la pierre grossière dont il était chargé de la déterrer ; et tandis que les tailleurs de pierre ordinaires devaient répéter et re-répéter leurs lignes et leurs dessins, et devaient ainsi pratiquement donner à leur travail plusieurs surfaces en détail avant d'atteindre la vraie figure, le vieux John coupait immédiatement la vraie figure. et a fait qu'une seule surface serve à tous. Dans la construction aussi, il exerçait un pouvoir similaire : il martelait ses pierres avec moins de coups que les autres ouvriers, et en ajustant les espaces entre les pierres déjà posées, il choisissait toujours dans le tas à ses pieds la pierre qui correspondait exactement à la surface. lieu; tandis que d'autres ouvriers s'affairaient à ramasser des pierres trop petites ou trop grosses ; ou bien, s'ils s'efforçaient de réduire les trop gros, ils les réduisaient trop peu ou trop et devaient s'ajuster encore et encore. Qu'il construise ou taille, John ne semblait jamais pressé. On l'a vu, lorsqu'il était très avancé dans la vie, travailler très tranquillement, comme convenait à son âge, d'un côté d'un mur, et deux jeunes gens robustes construisant contre lui de l'autre côté - travaillant, apparemment, deux fois plus dur que lui. mais le vieillard s'efforçait toujours de garder un peu d'avance sur eux deux.

David Fraser, je n'ai jamais vu; mais comme tailleur, on disait qu'il surpassait considérablement même son frère Jean. Après avoir appris qu'un groupe de maçons d'Édimbourg avait remarqué que, bien que considéré comme le premier des tailleurs de pierre de Glasgow, il trouverait dans la capitale orientale au moins ses égaux, il s'habillait de la manière la plus grossière d'un manteau à longue queue. de tartan, et, regardant la vie du petit Celte indompté, indompté et vaniteux, il se présenta lundi matin, armé d'une lettre d'introduction d'un constructeur de Glasgow, devant le contremaître d'une équipe de maçons d'Édimbourg engagés dans l'un des des bâtiments plus beaux à cette époque en cours de construction. La lettre ne précisait ni ses qualifications ni son nom : elle avait été écrite simplement pour lui assurer l'emploi nécessaire, et l'emploi nécessaire qu'elle lui procurait. Les meilleurs ouvriers du parti étaient occupés, à son arrivée, à tailler des colonnes, dont chacune était considérée comme un travail suffisant pour une semaine ; et le contremaître demanda à David, quelque peu incrédule, "s'il pouvait tailler ?" "Oh oui, *il pensait* pouvoir tailler." "Pourrait-il tailler des colonnes comme celles-ci !" "Oh oui, *il pensait* pouvoir tailler des colonnes comme celles-ci." Une masse de pierre dans laquelle se cachait une éventuelle colonne fut donc placée devant David, non pas sous le couvert du hangar, qui était déjà occupé par des ouvriers, mais, conformément à la propre demande de David, directement devant celui-ci, où il pourrait être. vu de tous, et où il commença aussitôt une série de pitreries des plus extraordinaires. Boutonnant son long manteau tartan autour de lui, il regardait d'abord la pierre d'un côté, puis de l'autre, puis l'examinait devant et derrière ; ou bien, l'abandonnant complètement pour le moment, il se plaçait à côté des autres ouvriers et, après les avoir regardés avec beaucoup d'attention, revenait et lui donnait quelques coups de maillet, dans un style évidemment imitatif du leur, mais monstrueusement caricatural. Toute la journée, le hangar résonna de rires ; et le seul homme vraiment grave sur le terrain était celui qui faisait rire tous les autres. Le lendemain matin, David boutonna de nouveau son manteau ; mais il s'en sortait bien mieux ce jour-là que le premier : il était moins gauche et moins paresseux, mais non moins observateur qu'auparavant : et il réussit avant le soir à tracer, comme un ouvrier, quelques ébauches le long de la future colonne. Il était visiblement en train de s'améliorer grandement. Le mercredi matin, il ôta son manteau ; et on vit que, bien que nullement pressé, il était sérieusement au travail. Il n'y avait plus de plaisanteries ni de rires ; et on murmurait le soir que l'étrange Highlander avait fait d'étonnants progrès pendant la journée. Vers le milieu de la journée de jeudi, il avait rattrapé ses deux jours de bagatelle et se trouvait à la hauteur des autres ouvriers ; avant la nuit, il était loin devant eux ; et avant le soir du vendredi, alors qu'ils avaient encore une journée entière de travail sur chacune de leurs colonnes, celle de David était achevée dans un style qui défiait toute critique ; et, son manteau écossais de nouveau boutonné autour de lui, il s'assit et se reposa à côté . Le contremaître sortit et le salua. "Eh bien," dit-il, "vous nous avez tous battus : vous *savez certainement* tailler !" "Oui", a déclaré David; "Je *pensais* pouvoir tailler des colonnes. Est-ce que les autres hommes ont mis beaucoup plus d'une semaine à apprendre ?" "Viens, viens, *David Fraser* ", répondit le contremaître; "Nous devinons tous qui vous êtes : vous avez fait votre plaisanterie ; et maintenant, je suppose, nous devons vous donner votre salaire hebdomadaire et vous laisser partir." "Oui", a déclaré David; "Le travail m'attend à Glasgow ; mais j'ai juste pensé qu'il serait peut-être bon de savoir comment vous avez travaillé dans cette partie est du pays."

John Fraser était un vieil homme astucieux et sarcastique, cependant très apprécié de ses frères ouvriers ; bien que ses paroles sévères – qui, jamais accompagnées d'aucune méchanceté, étaient toujours tolérées dans la caserne – lui faisaient parfois du mal, ainsi qu'à eux, lorsqu'elles étaient répétées à l'extérieur. Pour les hommes qui doivent vivre ensemble pendant des mois avec de la farine d'avoine et du sel, la différence entre la bouillie avec et la bouillie sans lait est en effet une très grande différence, à la fois en termes de bienfaits et de confort ; et j'avais réussi à obtenir, aux conditions ordinaires, avant l'arrivée de John, ce qu'on appelait un *ensemble* de lait écrémé de la femme du gentleman chez qui nous travaillions. Mais le lait écrémé n'était pas bon : il était liquide, bleu et aigre ; et nous l'avons reçu sans nous plaindre uniquement parce que nous savions que, selon le poète, c'était « mieux que de vouloir, oui », et qu'il n'y avait pas d'autre laiterie dans cette partie du pays. Mais le vieux John était moins prudent ; et, prenant à partie la laitière avec son style tranquille et ironique, il commença par exprimer son étonnement et son regret qu'une grande dame comme sa maîtresse soit incapable de faire la différence entre le lait et le vin. La servante nia tout avec indignation : sa maîtresse, disait-elle, connaissait la différence. "Oh non", répondit John; « Le vin est toujours meilleur à mesure qu'on le garde, et le lait toujours moins bon ; mais votre maîtresse, ne connaissant pas la différence, garde son lait très longtemps, pour le rendre meilleur, et le rend si mauvais en conséquence, qu'il Il y a des jours où nous pouvons à peine en manger. La laitière se releva et, faisant part de cette remarque à sa maîtresse, on nous dit le lendemain matin que nous pourrions aller chercher notre lait à la laiterie voisine, si nous le voulions, mais que nous n'en obtiendrons pas d'elle. Et ainsi, pendant quatre mois, nous avons dû faire pénitence pour cette plaisanterie, sur ce plat peu luxueux et « bouillie sèche ». Les plaisirs de la table n'avaient occupé auparavant qu'une petite place parmi les jouissances très maigres de notre caserne, et ils étaient maintenant si considérablement réduits, que j'aurais presque souhaité, à l'heure des repas, que, comme les habitants de la lune, comme le décrivent les habitants de la lune, par le baron Munchausen : je pourrais ouvrir un hublot dans mon côté et y mettre aussitôt des provisions suffisantes pour quinze jours ; mais l'infliction en disait beaucoup plus sur nos constitutions que sur nos appétits ; et nous sommes tous devenus sujets à des furoncles petits mais très douloureux dans les parties musculaires du corps, espèce de maladie qui ne semble pas moins certainement liée à l'usage exclusif de la farine d'avoine, que le scorbut marin à l'usage exclusif de la viande salée. Cependant le vieux Jean, bien que dans un certain sens l'auteur de notre calamité, échappa à toute censure, tandis qu'une double part revenait à la femme du gentilhomme.

Je n'ai jamais rencontré d'homme doté d'une tête plus mathématique que cet ancien maçon. Je ne sais pas s'il a jamais vu une copie d'Euclide ; mais les principes de l'ouvrage semblaient être des vérités évidentes dans son esprit. Dans sa capacité également à tirer des conclusions astucieuses à partir des phénomènes naturels, le vieux John Fraser surpassait tous les autres hommes incultes que j'ai jamais connus. Jusqu'à ce que je commence à le connaître, j'avais l'habitude d'entendre parler de la disparition de ce qui était largement connu dans le nord de l'Écosse sous le nom de « la pierre voyagée de Petty », attribuée à une action surnaturelle. Un énorme rocher avait été transporté pendant la nuit par les fées, disait-on, depuis son lieu de repos sur la plage de la mer, jusqu'au milieu d'une petite baie – un voyage de plusieurs centaines de pieds ; mais le vieux John, bien qu'il n'ait pas été sur place à ce moment-là, en déduit aussitôt qu'il avait été transporté, non pas par les fées, mais par un épais gâteau de glace, assez considérable, une fois fermement serré autour de lui, pour le faire flotter. loin. Il avait vu, me raconta-t-il, des pierres de taille considérable flottantes par la glace sur le rivage en face de son cottage, dans la partie supérieure du Cromarty Firth : la glace était un agent qui parfois « s'éloignait avec de grosses pierres » ; alors qu'il n'avait aucune preuve que les fées aient de tels pouvoirs ; et ainsi il accepta l'agent qu'il connaissait, comme le véritable agent dans l'enlèvement de la pierre parcourue, et non les agents hypothétiques dont il ne savait rien. Telle était la philosophie naturelle du vieux Jean ; et dans ce cas particulier, la science géologique a pleinement confirmé depuis lors sa décision. Mais il était surtout l'un de nos favoris en raison de son caractère égal et joyeux et de sa capacité à raconter des histoires humoristiques, qui faisaient autrefois rugir la caserne et dans lesquelles il ne se ménageait jamais, même si l'expression d'une faiblesse ou d'une faiblesse. l'absurdité ne faisait que souligner le plaisir. Son récit d'une visite à Inverness, qu'il avait faite lorsqu'il était apprenti, pour voir pendu un voleur de moutons, et sa description des terreurs d'un voyage de retour nocturne, au cours duquel il croyait voir des hommes s'agiter dans le vent sur presque tous les arbres, jusqu'au moment où, en arrivant à sa caserne solitaire, il fut complètement prosterné par l'apparition de son propre manteau suspendu à une épingle, nous ont plus d'une fois secoués de rire. Mais les confessions humoristiques de John, fondées comme elles l'étaient toujours sur un bon sens fort, qui voyait toujours la première folie sous son aspect le plus ridicule, ne l'ont jamais rabaissé à nos yeux. De sa merveilleuse habileté d'ouvrier, beaucoup de choses restaient incommunicables ; mais c'était au moins quelque chose de connaître les principes sur lesquels il dirigeait les opérations de ce qu'un phrénologue appellerait peut-être ses extraordinaires facultés de *forme* et *de grandeur* ; et c'est pourquoi je reconnais le vieux John comme l'un de mes nombreux professeurs, qui n'était ni le moins utile ni le moins capable. Certaines de ses leçons professionnelles étaient d'un genre que les maçons des pays du sud et de l'est seraient les meilleurs à connaître. Dans cette région pluvieuse de l'Écosse dont nous occupions alors la partie centrale, les murs de moellons construits dans le style ordinaire fuient comme les mauvais toits des autres parties du pays ; et des maisons de maître construites dans son enceinte par des ouvriers qualifiés d'Edimbourg et de Glasgow se sont avérées laisser passer l'eau dans des torrents tels qu'elles étaient inhabitables, jusqu'à ce que leurs murs les plus exposés aient été recouverts d'ardoises comme leurs toits. Le vieux John, cependant, réussissait toujours à construire des murs étanches. S'écartant de la règle ordinaire des constructeurs ailleurs, et qu'il a lui-même toujours respectée sur la côte est de l'Écosse, il a légèrement surélevé les sous-couches de ses pierres, au lieu de les poser, comme d'habitude, au niveau mort ; tandis que le long des bords de leurs lits supérieurs, il abattit un petit champer grossier ; et grâce à ces simples dispositifs, la pluie, bien que poussée avec violence contre son ouvrage, coulait en ruisseaux le long de sa face, sans entrer à l'intérieur ni s'infiltrer.

Pendant environ six semaines, nous avons eu un temps magnifique : un ciel clair et ensoleillé et une mer calme ; et j'appréciais grandement mes promenades du soir au milieu des collines ou au bord de la mer. J'ai été frappé, au cours de ces promenades, par l'étonnante abondance de fleurs sauvages qui couvraient les prairies naturelles et les pentes inférieures des collines — une abondance, comme je l'ai remarqué depuis, également caractéristique des îles du nord et de l'ouest de l'Écosse. Les pentes inférieures du Gairloch, de l'ouest du Sutherland, des Orcades et du nord des Hébrides en général - bien que, pour les besoins de l'agriculteur, la végétation languit et le blé ne soit jamais cultivé - sont à bien des degrés plus riches en fleurs sauvages que le gras limoneux. prairies d'Angleterre. Ils ressemblent à des morceaux de tapis voyants, aussi abondants en pétales qu'en feuilles. On ne trouve pas grand-chose de rare dans ces prairies, sauf peut-être que dans celles de l'ouest du Sutherland, quelques plantes alpines peuvent être trouvées à un niveau beaucoup plus bas qu'ailleurs en Grande-Bretagne ; mais la grande profusion de fleurs portées par des espèces communes à presque toutes les autres parties du royaume leur confère un caractère apparemment nouveau. Nous pouvons détecter, j'ai tendance à penser, dans cette singulière profusion florale, l'opération d'une loi non moins influente dans le monde animal que dans le monde végétal, qui, lorsque les difficultés pèsent sur la vie de l'arbuste ou du quadrupède individuel, de manière à menace sa vitalité, la rend féconde au nom de son espèce. J'ai vu le principe illustré de manière frappante dans la plante de tabac commune, cultivée en plein air dans un pays du nord. Année après année, il a continué à dégénérer et à présenter une feuille plus petite et une tige plus courte, jusqu'à ce que les successeurs de ce qui, au cours de la première année d'essai, avaient été des plantes rigoureuses, mesurant environ trois à quatre pieds de hauteur, soient devenus au cours de la sixième ou huitième année. de simples mauvaises herbes, d'à peine autant de pouces. Mais alors que la plante, encore non dégénérée, ne portait que quelques fleurons au sommet, qui produisaient une petite quantité de graines extrêmement minuscules, l'herbe rabougrie, sa descendante, était si épaisse recouverte en sa saison de ses clochettes jaune pâle, qu'elle présentait le apparition d'un bouquet; et les graines produites étaient non seulement plus volumineuses en masse, mais aussi individuellement d'une taille beaucoup plus grande. Le tabac était devenu productif à mesure qu'il avait dégénéré. Dans l'herbe à scorbut commune également, — remarquable, avec quelques autres plantes qui prennent sa place à la fois parmi les productions de nos hauteurs alpines et de nos bords de mer — on constatera que, dans la mesure où son habitat se révèle peu génial, et son les feuilles et les tiges deviennent naines et minces, ses petites fleurs blanches cruciformes se multiplient, jusqu'à ce que, dans des localités où elle existe à peine, comme au bord de l'extinction, on retrouve la plante entière formant un faisceau dense de vaisseaux à graines, chacun chargé au maximum. avec des graines. Et dans les prairies gaies de Gairloch et des Orcades, peuplées d'une végétation qui s'approche de sa limite nord de production, nous détectons ce qui semble être le même principe à l'œuvre de manière chronique ; et de là, semble-t-il, leur extraordinaire gaieté. Leurs plantes richement fleuries sont les *Irlandais pauvres et productifs* du monde végétal ; car Doubleday semble avoir tout à fait raison de soutenir que la loi s'étend non seulement aux animaux inférieurs, mais aussi à notre propre espèce. La truie et le lapin maigres et mal nourris élèvent, on le sait depuis longtemps, une progéniture beaucoup plus nombreuse que les mêmes animaux bien soignés et gras ; et tout éleveur de chevaux et de bétail sait que suralimenter ses animaux est un moyen sûr de les rendre stériles. Le mouton, s'il est assez bien pâturé, ne produit qu'un seul agneau à la naissance ; mais s'il est à moitié affamé et maigre, il y a de fortes chances qu'il en produise deux ou trois. Il en va de même pour la race humaine, beaucoup plus élevée. Placez-les dans des circonstances de dégradation et de difficultés si extrêmes qu'elles menacent presque leur existence en tant qu'individus, et ils augmentent, comme au profit de l'espèce, avec une rapidité sans précédent dans des circonstances de plus grand confort. Les familles aristocratiques d'un pays s'épuisent continuellement ; et cela nécessite des créations fréquentes pour maintenir la Chambre des Lords ; alors que nos populations les plus pauvres semblent augmenter dans un rapport plus élevé que le rapport arithmétique. À Skye, bien que les deux tiers de la population aient émigré au début de la seconde moitié du siècle dernier, à peine une seule génération s'était-elle écoulée que le vide était complètement comblé ; et la misérable Irlande, telle qu'elle existait avant la famine, aurait suffi à elle seule, si la famille humaine n'avait pas eu d'autre lieu de reproduction, pour peupler le monde en quelques siècles. Ici aussi, à proximité immédiate des prairies fleuries, il y avait de misérables chaumières qui grouillaient d'enfants, des chaumières dans lesquelles, pendant presque la moitié de chaque an, les céréales étaient inconnues comme nourriture, et dont les détenues trop fatiguées se nourrissaient. tout le travail domestique et plus de la moitié du travail des petits champs à l'extérieur.

Comme le soleil se couche délicieusement lors d'une soirée d'été claire et calme sur les Hébrides bleues ! À moins d'un mille de notre caserne, s'élevait une haute colline dont le sommet audacieux dominait toutes les îles occidentales, depuis Sleat dans Skye jusqu'au Butt of Lewis. Au sud se trouvent les îles pièges ; au nord et à l'ouest, ceux de gneiss. Ils formaient cependant, vu de cette colline, un grand groupe qui, au moment où le soleil s'était couché et où la mer et le ciel étaient si également baignés d'or qu'ils ne présentaient à l'horizon aucune ligne de démarcation, paraissait dans leur pourpre transparent, plus foncé. ou plus légers selon la distance, un groupe de jolis nuages, que, bien qu'immobiles dans le calme, la première brise légère pourrait balayer. Même les promontoires plats de grès qui, comme des bras tendus, enfermaient les limites extérieures du premier plan, promontoires bordés de falaises basses rouges et couverts de bruyères brunes, empruntaient alors au doux rayon jaune une beauté peu commune. les leurs. Au milieu des inégalités de la région de gneiss à l'intérieur – une région plus accidentée et escarpée, mais d'altitude plus modeste que la grande étendue de gneiss des hautes terres du centre – la lumière et l'ombre en damier s'étendaient, à mesure que le soleil déclinait, dans des zones fortement contrastées, qui trahissaient les inégalités abruptes du sol, et portaient, quand tout autour était chaud, teinté et lumineux, une teinte de gris neutre et froid ; tandis qu'immédiatement au-delà de cette base sombre et rugueuse s'élevaient deux nobles pyramides de grès rouge, d'environ deux mille pieds de hauteur, qui brillaient au soleil couchant en pourpre vif, et dont les strates presque horizontales, profondément marquées le long des lignes, comme des rangées de pierres de taille dans un mur ancien, ajoutées à l'effet mural communiqué par leurs façades nues et leurs contours rectilignes abrupts. Ces hautes pyramides forment les membres terminaux, vers le sud, d'un groupe extraordinaire de collines de grès, de dénudation unique dans les îles britanniques, dont j'ai déjà parlé, et qui s'étend depuis la limite nord d'Assynt jusqu'aux environs d'Applecross. Mais bien que j'aie fait à cette époque ma première connaissance avec le groupe, ce n'est que plusieurs années après que j'ai eu l'occasion de déterminer les relations entre leurs couches composantes et avec les roches fondamentales du pays.

Parfois mes promenades se dirigeaient vers le bord de la mer. Les naturalistes savent bien à quel point les côtes occidentales de l'Écosse diffèrent par leurs productions de celles de l'est ; mais c'était une différence entièrement nouvelle pour moi à cette époque ; et bien que mes connaissances limitées me permettaient de le détecter dans relativement peu de détails, je ne trouvais pas inutile de le retrouver moi-même, même dans ces quelques-uns. J'ai d'abord été attiré par l'une des plus grosses algues, *Himanthalia lorea* , avec son disque en forme de coupe et ses longs réceptacles en forme de lanières, que j'ai trouvée en abondance sur les rochers d'ici, mais que je n'avais jamais vue dans les hauteurs de la mer. le Moray Firth, et qui n'est en aucun cas très commun sur aucune partie de la côte est. Des algues, je suis passé aux coquillages, parmi lesquels j'ai détecté non seulement une différence dans les proportions dans lesquelles les diverses espèces se présentaient, mais aussi des espèces qui étaient nouvelles pour moi, comme une coquille, pas rare à Gairloch, *Nassa reticulata.* , mais rarement, voire jamais, vu dans les Firths de Moray ou de Cromarty ; et trois autres coquilles que j'ai vues ici pour la première fois, *Trochus umbilicatus* , *Trochus magus* et *Pecten niveus* . [5] J'ai découvert aussi que l'huître comestible commune, *Ostrea edulis* , qui sur la côte est se trouve toujours dans des eaux relativement profondes, se trouve parfois dans le Gairloch, comme, par exemple, dans la petite baie en face de Flowerdale, dans des lits mis à nu par le reflux des marées. Il est toujours intéressant de tomber à l'improviste soit sur une espèce nouvelle, soit sur une particularité frappante chez une espèce ancienne ; et j'ai jugé curieux et suggestif qu'il y ait des obus britanniques encore limités à nos côtes occidentales, et qui n'ont pas encore pénétré dans l'océan allemand, le long des côtes des deux extrémités de l'île. Devons-nous en déduire qu'il s'agit de coquilles d'origine plus récente que celles largement diffusées ? ou sont-ils simplement plus faibles dans leurs capacités de reproduction ? et l'océan allemand, comme le prétendent certains de nos géologues, est-il une mer relativement moderne, dans laquelle seuls les mollusques plus résistants et à croissance rapide ont encore pénétré ? De plus, j'ai constaté que les vrais poissons diffèrent considérablement dans le groupe situé sur les côtés opposés de l'île. L'aiglefin et le merlan sont beaucoup plus communs sur la côte est : le merlu et le chinchard beaucoup plus abondants sur la côte ouest. Même lorsque les espèces sont les mêmes des deux côtés, les variétés sont différentes. Le hareng de la côte ouest est un poisson court, épais et riche en saveur, de beaucoup supérieur à la grande variété maigre si abondante à l'est ; tandis que la morue de la côte ouest est un poisson à grosse tête, au corps mince et de couleur pâle, inférieur, même dans sa meilleure saison, à la variété plus foncée et à petite tête de l'Est. En aucun cas les deux côtes ne diffèrent davantage, ou du moins au nord des Grampians, que par la transparence de l'eau. Le fond est rarement visible sur la côte est à une profondeur de plus de vingt pieds, et rarement à plus de douze ; tandis qu'à l'ouest, je l'ai vu très distinctement, par temps sec, à une profondeur de soixante ou soixante-dix pieds. Les manches des lances utilisées à Gairloch pour harponner les poissons plats et le crabe comestible commun (*Cancer Pagurus*) mesurent parfois vingt-cinq pieds de longueur, longueur qu'on pourrait en vain donner aux manches de lance sur la côte est. puisque là-bas, à une telle profondeur d'eau, on ne voyait encore jamais de poisson plat ou de crabe de la surface.

Trompé par cette transparence, je me suis plongé plus d'une fois par-dessus la tête et les oreilles, en me baignant parmi les rochers, dans des bassins où j'avais espéré avec confiance prendre pied. D'un rocher qui s'élevait abruptement comme un mur depuis le niveau d'étiage des marées jusqu'un peu au-dessus de la ligne de crue, je m'amusais parfois, lorsque les soirées étaient calmes, à pratiquer la méthode indienne de plongée, celle dans laquelle le le plongeur porte un poids avec lui, pour faciliter son naufrage et le maintenir fermement au fond. Je choisissais une pierre de forme oblongue, pesant seize ou dix-huit livres, mais assez fine pour pouvoir être facilement tenue dans une main ; et après l'avoir saisi rapidement et avoir quitté le bord du rocher, je me retrouvais dans une seconde ou deux sur le limon gris parsemé de cailloux en dessous, à environ douze ou quinze pieds de la surface, où je trouvais que je pouvais rester régulièrement, ramassant tout ce qui était nécessaire. de petits objets que je choisissais par hasard, jusqu'à ce que, le souffle coupé, je lâche la pierre. Et puis deux ou trois secondes supplémentaires suffisaient toujours pour me faire remonter à la surface. Il existe de nombreuses descriptions, dans les œuvres des poètes, de paysages sous-marins, mais il s'agit toujours de paysages tels que ceux que l'on peut voir par un œil regardant vers le bas dans l'eau, et non par un œil enveloppé dans l'eau, et très différents de ceux que l'on voit dans l'eau. Je fais maintenant connaissance. J'ai constaté que dans ces voyages précipités vers le fond, je pouvais distinguer les masses et les couleurs, mais que je ne parvenais toujours pas à déterminer les contours. Les objets les plus petits – cailloux, coquillages et petits bouquets d'algues – prenaient toujours la forme circulaire ; les plus grands, comme les rochers détachés et les plaques de sable, semblaient décrits par des courbes irrégulières. La roche terne de gneiss s'élevait derrière et au-dessus de moi comme un nuage sombre, parsemé de minuscules taches circulaires de couleur blanche sale - aspect pris, vu à travers l'eau, par les nombreux spécimens de coquilles univalves (*Purpura lapillus* et *Patella vulgata*) avec lesquelles c'était tacheté; en dessous, le sol irrégulier semblait recouvert d'un tapis dont le dessin ressemblait un peu à un morceau de papier marbré, sauf que les plaques circulaires ou ovales qui le composaient et qui avaient pour noyaux des pierres, des rochers, des coquillages, les grappes de fuci et les frondes de laminaires étaient beaucoup plus grandes. Il s'étendait autour d'un fond brumeux d'un vert intensément profond le long de son horizon, mais relativement clair au-dessus, dans son ciel médian, qui avait toujours son prodige : de merveilleux cercles de lumière, qui s'élargissaient vers l'extérieur, et au vert délicat desquels se mêlaient occasionnellement des éclairs de lumière. pourpre pâle. Tel était le paysage saisissant quoique quelque peu maigre d'un fond marin à Gairloch, tel que vu par un œil humain immergé dans deux à trois brasses d'eau.

Il subsistait encore dans cette région primitive, à l'époque, plusieurs arts et instruments curieux, devenus depuis longtemps obsolètes dans la plupart des autres régions des Highlands, et dont les restes, s'ils étaient trouvés en Angleterre ou dans les Pays-Bas, auraient dû être conservés. été considérée par l'antiquaire comme appartenant à des périodes très reculées. Au cours de l'hiver précédent, j'avais lu un petit ouvrage décrivant un ancien navire, supposé être danois, qui avait été creusé dans le limon d'une rivière anglaise et qui, entre autres marques de l'antiquité, présentait des coutures calfatées avec de la mousse : un particularité qui avait mis en défaut, disait-on, le charpentier de navire moderne, dans la chronologie de son art, car il ignorait qu'il y ait jamais eu une époque où la mousse était utilisée à de telles fins. Cependant, en visitant un chantier naval à Gairloch, je trouvai le constructeur des Highlands occupé à poser une couche de mousse séchée, imprégnée de goudron, le long d'une de ses coutures, et j'appris que telle avait été la pratique des charpentiers de bateaux dans cette région. localité depuis des temps immémoriaux. J'ai dit que le petit vieux Highlander du bouclier solitaire, que nous avons rencontré au début de nos travaux d'extraction à côté de sa hutte, était occupé à dépouiller avec un couteau de poche de longs filaments minces d'un morceau de mousse de sapin. Il était employé à préparer ces fibres ligneuses pour la fabrication d'un type primitif de cordage, très utilisé parmi les pêcheurs, et qui possédait une résistance et une flexibilité qu'on aurait difficilement pu attendre de matériaux d'un âge et d'une rigidité aussi vénérables que les racines et des troncs d'arbres centenaires, enfermés dans les tourbières de la région depuis peut-être mille ans. Comme le cordage ordinaire du cordier, il se composait de trois brins et était employé pour les hisseurs, les bouchons de liège des filets à harengs et le laçage des voiles. La plupart des voiles elles-mêmes étaient faites, non pas de toile, mais d'une étoffe de laine dont le fil, beaucoup plus dur et plus résistant que celui d'une plaid ordinaire, avait été filé sur la quenouille et le fuseau. Comme le chanvre et le lin devaient autrefois être des denrées rares dans les Highlands occidentaux et dans les Hébrides en général, comme ils l'étaient tous deux il y a trente ans à Gairloch, tandis que le sapin mousse devait être abondant et que les moutons, aussi grossiers que soient leurs toisons, étaient communs. Il ne semble pas improbable que les vieilles flottes des Highlands qui combattirent lors de la « bataille de Bloody Bay » ou que, dans des temps troublés, lorsque Donald se disputa avec le roi et ravagea les côtes d'Arran et d'Ayrshire, puissent être équipées de navires similaires. voiles et cordages. Scott décrit la flotte du « Seigneur des Îles », à l'époque de Bruce, comme étant composée de « fières galères », « ornées de banderoles de soie et trompées d'or ». Je soupçonne qu'il se serait considéré comme un plus véritable antiquaire, quoique peut-être pire poète, s'il l'avait décrit comme étant composé de sculptures très grossières, calfeutrées avec de la mousse, meublées de voiles d'étoffe de laine de couleur brune, encore parfumées par l'huile, et gréées avec cordage brun formé de fibres torsadées de mousse de sapin. La quenouille et le fuseau étaient encore, comme je l'ai dit, largement utilisés dans la région. Dans un village dispersé, voisin de notre caserne, où toutes les femelles adultes s'occupaient sans cesse de la fabrication du fil, il n'y avait pas un seul rouet. Même si toutes ses chaumières avaient leurs petits labourages, elle ne se vantait pas non plus de son cheval ou de sa charrue. Les cottars labouraient le sol avec le vieil outil des Highlands, le *cass-chron* ; et le fumier nécessaire était porté aux champs au printemps, et les produits ramenés à la maison en automne, sur le dos des femmes, dans des paniers carrés en osier, à fond glissant. Comme ces pauvres femmes des Highlands ont travaillé dur ! Je me suis arrêté au milieu de mes travaux, sous le soleil brûlant, pour les regarder passer, courbés sous leur charge de tourbe ou de fumier, et en même temps faisant tournoyer le fuseau tout en rampant, et tirant le fil sans fin du fil. quenouille coincée dans leurs ceintures. Leur apparition trahissait dans la plupart des cas leur vie difficile. J'ai à peine vu une femme Gairloch de la classe la plus humble d'âge trente ans, qui n'était pas maigre, jaunâtre et prématurément vieille. Les hommes, leurs maris et leurs frères, n'étaient en aucun cas épuisés par le travail acharné. Je les ai vus maintes et maintes fois prendre le soleil sur une berge moussue, lorsque les femelles étaient ainsi occupées ; et j'avais l'habitude, avec mes frères ouvriers, qui étaient eux-mêmes Celtes, mais du type industrieux et travailleur, de me sentir suffisamment indignés contre ces gars paresseux. Mais l'arrangement qui leur donnait du repos et un dur labeur à leurs femmes et à leurs sœurs semblait être autant le fruit d'une époque lointaine que les voiles de laine et les cordages de mousse de sapin. Plusieurs autres pratiques et instruments anciens venaient à cette époque de disparaître du quartier. Un bon moulin à farine de construction moderne avait remplacé, pas une génération auparavant, plusieurs petits moulins à roues hydrauliques horizontales, de ce type antique et grossier qui, le premier, supplanta le moulin à main encore plus ancien. Ces broyeurs horizontaux existent cependant encore — du moins il y a seulement deux ans — dans la région des gneiss d'Assynt. L'antiquaire oublie parfois que, éprouvés par ses règles spéciales de détermination des époques, plusieurs époques peuvent se trouver contemporaines dans des régions contiguës d'un même pays. Je suis assez vieux pour avoir vu le moulin à main à l'œuvre dans le nord de l'Écosse ; et le voyageur qui se rend dans les Highlands de l'ouest du Sutherland aurait pu être témoin du fonctionnement du moulin horizontal il y a seulement deux ans. Mais aux restes de l'un ou de l'autre, s'ils étaient creusés dans les mousses ou les dunes des comtés du sud, nous attribuerions une antiquité de plusieurs siècles. De la même manière, la pomme de terre non vernissée, façonnée à la main sans l'aide du tour de potier, est tenue pour appartenir aux « périodes du bronze et de la pierre » de l'antiquaire ; et pourtant mon ami de la grotte Doocot, lorsqu'il était ministre des Petites Îles, trouva les restes d'un de ces pipkins dans le célèbre charnier d'Eigg, qui appartenait à une époque pas antérieure à celle de Marie, et plus probablement à celle de son fils James; et j'ai appris depuis que dans les parties méridionales de Long Island, cette même poterie moulée à la main de la période du bronze a été façonnée pour un usage domestique au début du siècle actuel. Un chapitre consacré à ces arts persistants ou récemment disparus des âges primitifs serait curieux; mais je crains que le moment de l'écrire ne soit presque passé. Mes quelques faits sur le sujet peuvent servir à montrer que, même en 1823, un voyage de trois jours dans les Highlands pouvait être considéré comme analogue à certains égards à un voyage dans le passé de trois ou quatre siècles. Mais même depuis cette période relativement récente, les Highlands ont beaucoup changé.

Après six ou huit semaines de journées chaudes et ensoleillées et de belles soirées, arriva un temps maussade et pluvieux, avec de forts vents d'ouest ; et pendant trois mois ensemble, alors qu'il y avait rarement un jour qui n'eût pas sa douche, certains jours en avaient une demi-douzaine. Gairloch occupe, comme je l'ai dit, exactement le foyer de cette grande courbe de pluie annuelle qui, arrivant de l'Atlantique sur nos côtes occidentales, s'étend du nord d'Assynt au sud de Mull, et présente sur le pluviomètre une moyenne de trente-cinq pouces par an - une moyenne très considérablement supérieure à la quantité moyenne qui tombe dans toute autre partie de la Grande-Bretagne, à l'exception d'une petite étendue au Land's End, incluse dans une courbe sud de pente égale. Cependant, les précipitations de cette année ont dû être très supérieures à cette moyenne élevée ; et les récoltes de maïs des pauvres Highlanders commencèrent bientôt à en témoigner. Il y avait eu une promesse plus grande que d'habitude pendant le beau temps ; mais dans les creux les plus sombres, l'avoine et l'orge pourrissaient maintenant sur le sol, ou, sur les hauteurs les plus exposées, se dressaient, les épis coupés, comme de simples épis de paille nus. Les pommes de terre, elles aussi, étaient devenues molles et aqueuses, et ne devaient constituer qu'une nourriture indifférente pour les pauvres Highlanders, condamnés, même dans les meilleures saisons, à s'en nourrir pendant la plus grande partie de l'année, et maintenant jetées sur elles presque exclusivement par l'échec de la récolte de maïs. Les cottars du village voisin se trouvaient par ailleurs dans une situation plus déprimée que d'habitude à l'époque. Chaque famille payait au laird, pour son lopin de terre à blé et le pâturage d'une vaste lande de haute montagne, sur laquelle chacun gardait trois vaches chacune, un petit loyer annuel de trois livres. Les mâles étaient tous pêcheurs et cultivateurs ; et, si modeste que fût la rente, ils tiraient leur seul moyen de la payer de la mer, — principalement, en fait, de la pêche au hareng — qui, partout source d'approvisionnement incertaine et précaire, l'est plus ici que dans la plupart des autres endroits du pays. les côtes nord-ouest de l'Écosse. Et comme depuis trois ans ensemble, la pêche au hareng avait échoué dans le Loch, ils n'avaient pas pu, trimestre après trimestre, rencontrer le laird, et étaient maintenant en retard de trois ans. Heureusement pour eux, c'était un homme humain et sensé, suffisamment à l'aise dans sa situation pour avoir, ce que les propriétaires des Highlands n'ont souvent pas, la maîtrise complète de ses propres affaires ; mais ils sentaient tous que leur bétail leur appartenait seulement par tolérance, et aussi longtemps qu'il s'abstenait de faire valoir ses droits contre eux ; et ils n'avaient que peu d'espoir d'en sortir finalement. J'ai vu parmi ces pauvres gens beaucoup de cette paresse dont le pays a souvent entendu parler ; et ils ne pouvaient douter, d'après les aspects particuliers sous lesquels elle se présentait, qu'il s'agissait, comme je l'ai dit, d'une indolence héréditaire de longue date, à laquelle leurs pères et grands-pères s'étaient livrés pendant des siècles. Mais leur situation n'avait certainement pas grand-chose pour conduire à la formation de nouvelles habitudes industrielles. Même un peuple auparavant industrieux, s'il devait se trouver dans la grande courbe nord-ouest de trente-cinq pouces de pluie, cultiverait du maïs et des pommes de terre pour les tempêtes automnales, et pêcherait au nom du laird des harengs qui, année après année, refusaient. venir se faire prendre, deviendraient, je suppose, en peu de temps presque aussi indolents qu'eux. Et certainement, à en juger par le contraste que mes frères ouvriers présentaient à ces Highlanders de la côte ouest, l'indolence que nous avons vue et pour laquelle mes camarades n'avaient aucune tolérance, pouvait difficilement être décrite comme intrinsèquement celtique. J'étais moi-même le seul authentique Lowlander de notre groupe. John Fraser, qui, bien qu'ayant atteint la soixantaine, aurait posé ou taillé pierre pour pierre avec le maçon saxon le plus diligent de Grande-Bretagne ou d'ailleurs, était un véritable Celte de la variété scandinave-gaélique ; et tous nos autres maçons – Macdonalds, M'Leods et Mackays, hommes travailleurs, qui se contentaient de travailler de saison en saison et toute la journée – étaient également de vrais Celtes. Mais ils avaient été élevés à la frontière orientale des Highlands, dans une région de grès, où ils avaient la possibilité d'acquérir un métier et d'obtenir pendant la saison de travail un emploi régulier et bien rémunéré ; et ainsi ils étaient devenus des mécaniciens industrieux et compétents, d'une efficacité au moins ordinaire. Il y a d'autres choses bien plus profondément fautives qui sont à l'origine de l'indolence du Highlander de la côte ouest que son sang celtique.

Après avoir terminé la maison d'habitation sur laquelle nous avions été engagés, près de la moitié des ouvriers quittèrent l'escouade pour les basses terres, et le reste se rendit dans le voisinage de l'auberge où nous avions passé notre première nuit, ou plutôt matinée. sur place, pour construire une cuisine et un cellier pour l'aubergiste. Entre autres, nous avons perdu la société des Clic-Clac, qui nous avait été une source continuelle d'amusement et d'ennuis à la caserne pendant toute la saison. Nous avons vite découvert que les Highlanders de notre quartier le considéraient avec des sentiments d'horreur et de terreur les plus intenses : ils avaient appris d'une manière ou d'une autre qu'on le voyait autrefois dans les basses terres, se promenant avec méfiance la nuit autour des cimetières, et qu'il était soupçonné d'être un résurrectionniste. ; et aucune des goules ou des vampires de l'histoire orientale n'aurait pu être plus craint ou détesté dans les régions qu'ils étaient censés infester, qu'un résurrectionniste des Hautes Terres de l'Ouest. Click-Clack avait certainement le don de se balader la nuit ; et il n'était pas rare qu'il emporte avec lui, au retour d'une promenade nocturne, des cadavres dans la caserne ; mais c'étaient invariablement des cadavres de morue, de grondin et de merlu. Je ne sais pas où se trouvait son banc de pêche, ni quel appât il employait ; mais j'observai que presque tous les poissons qu'il pêchait étaient déjà séchés et salés. Le vieux John Fraser n'était pas sans soupçonner des interférences occasionnelles de la part du charretier avec l'intégrité de notre baril de nourriture ; et j'ai vu le vieil homme lisser la surface du repas juste avant de quitter la caserne pour son travail, et y inscrire avec la pointe de son couteau l'injonction morale importante : « Tu ne voleras pas », de manière à rendre il est impossible d'enfreindre le commandement dans l'enceinte du tonneau, sans en effacer du même coup certains de ses caractères. Et ceux-ci une fois effacés, Clic-Clac, n'étant pas lui-même écrivain et n'ayant ni assistant ni confident, n'aurait pu les réinscrire. Avant de nous quitter pour le bas pays, je marchandai avec lui qu'il porterait ma couverture dans son chariot jusqu'à Conon-side, et je lui donnai d'avance un shilling et un dram, en guise de paiement pour le service. Il ne l'emporta cependant pas plus loin que l'auberge suivante, où, le promettant pour un deuxième shilling et un deuxième dram, il me laissa le soin de le soulager au passage. Le pauvre Clic-Clac, bien que l'un des plus intelligents de sa classe, était décidément idiot ; et je puis remarquer, comme pour le moins curieux, que, bien que j'aie connu l'idiotie dans son état pur, unie à une grande honnêteté et capable d'un attachement désintéressé, je n'ai encore jamais connu quelqu'un de la caste des imbéciles qui ne fût égoïste et fripon.

Nous n'avons pas eu de chance dans nos casernes cette saison. Avant d'achever notre premier ouvrage, nous avons dû quitter la grange à foin, notre première habitation, pour faire place au foin du propriétaire, et nous réfugier dans une étable où, comme l'endroit n'avait pas de cheminée, nous étions presque étouffé par la fumée; et nous trouvâmes alors l'aubergiste, notre nouvel employeur, spéculant, comme les magistrats de Joe Miller, sur la possibilité de nous loger dans un bâtiment dont les matériaux devaient être utilisés pour ériger celui que nous étions engagés à construire. Nous avons fait de notre mieux pour résoudre le problème, en accrochant au fond de la masure condamnée – qui avait été autrefois un magasin de sel et qui, par temps humide, transpirait toujours de l'eau salée – une cloison suspendue de nattes, qui quelque peu il ressemblait au rideau d'une grange-théâtre ; et, faisant nos lits à l'intérieur, nous commençâmes à démolir petit à petit, à mesure que les matériaux étaient nécessaires, la partie de l'édifice qui se trouvait à l'extérieur. Nous avions failli nous déloger avant que notre travail fût terminé ; et les vents froids d'octobre, surtout lorsqu'ils soufflaient par l'extrémité ouverte de notre demeure, la rendaient aussi inconfortable qu'une grotte peu profonde dans une façade rocheuse exposée. Cependant, mes expériences d'enfant parmi les rochers de Cromarty ne constituaient pas une mauvaise préparation à une telle vie, et je l'ai vécu au moins aussi bien que n'importe lequel de mes camarades. Le jour était tellement raccourci que la nuit tombait toujours sur nos travaux inachevés, et je n'avais pas de promenades le soir ; mais il y avait une délicieuse île de gneiss, d'une étendue d'environ trente acres et distante de près de deux milles, où j'étais parfois envoyé pour extraire des linteaux et des pierres angulaires, et où le travail avait tous les charmes du jeu ; et les sabbats tranquilles m'appartenaient tous. Tant que le laird et sa famille restaient au manoir de Flowerdale – au moins quatre mois par an – il y avait un service anglais dans l'église paroissiale ; mais j'étais arrivé à cet endroit cette saison avant le laird, et j'y restais maintenant après son départ, et il n'y avait pas de service anglais pour moi. C'est ainsi que je passais habituellement mes sabbats tout seul dans les nobles bois de Flowerdale, maintenant brillants sous leurs sombres pentes, dans les teintes automnales, et remarquables par la grande hauteur et la masse de leurs frênes et de quelques sapins détachés, qui parlaient : dans leur vénérable massivité, des siècles passés. Les matins clairs et calmes, où les arachnéens naviguaient en longues pellicules grises le long des clairières retirées du bois, et où le soleil épars tombait sur le champignon cramoisi et orange qui poussait au milieu de l'herbe humide et sous les branches aux feuilles épaisses. d'écarlate et d'or, je trouvais particulièrement délicieux. Pour quelqu'un qui n'avait ni maison ni église, les bois d'automne formaient un lieu de sabbat de loin préférable à une grotte peu profonde, laissant tomber de la saumure, sans chaise ni table, et dont le seul mobilier consistait en deux sommiers grossiers en dalles nues, qui supportaient au sommet deux des couvertures pièce par pièce et un tas de paille. La marche du sabbat dans les fêtes, et surtout dans le voisinage de nos grandes villes, est toujours une chose frivole et souvent très mauvaise ; mais les promenades solitaires du sabbat dans une région rurale – des promenades telles que celles décrites par le poète Graham – ne sont pas nécessairement mauvaises ; et les Sabbatariens qui soutiennent que dans tous les cas, les hommes, lorsqu'ils ne sont pas à l'église le jour du sabbat, devraient être dans leurs habitations, doivent en effet très peu connaître les « huttes où reposent les pauvres ». Dans la caserne du maçon, ou dans celle du valet de ferme, il est souvent impossible de jouir de la tranquillité du sabbat : il faut chercher les circonstances nécessaires à sa jouissance en plein air, au fond d'un bois épais, ou le long des berges. de quelque rivière peu fréquentée, ou sur les étendues brunes de quelque lande solitaire.

Nous avions terminé tous nos travaux avant Halloween, et après un voyage de près de trois jours, je me retrouvais de nouveau chez moi, avec les loisirs du long et heureux hiver devant moi. Je regarde toujours avec intérêt les expériences de cette année. J'avais vu dans mon enfance, dans l'intérieur du Sutherland, les Highlanders vivre dans cette condition de confort relatif dont ils jouissaient peu après la répression de la rébellion de 1745 et l'abolition des juridictions héréditaires, jusqu'au début de la présente époque. siècle, et dans certaines localités dix ou douze ans plus tard. Et là encore, je les ai vus dans un état — dû principalement à l'introduction du système extensif d'élevage de moutons dans l'intérieur du pays — qui s'est depuis généralisé sur presque tous les Highlands, et dont le résultat peut être vu dans les famines annuelles. La population, autrefois répartie à peu près également sur le pays, existe maintenant comme une lisière misérable, étendue le long de ses côtes, dépendant dans la plupart des cas de pêcheries précaires, qui s'avèrent rémunératrices pendant un an ou deux, et désastreuses pendant peut-être une demi-douzaine ; et capables à peine de subsister lorsqu'ils réussissent le mieux, un échec dans la récolte de pommes de terre ou dans le retour attendu des bancs de harengs les réduit aussitôt à la famine. La grande différence entre la situation des habitants des Highlands dans les meilleurs et les pires moments peut être résumée dans un seul vocable important : *capital* . Le Highlander n'a jamais été riche : les habitants d'une région montagneuse sauvage, formée de roches primaires, ne le sont jamais. Mais il possédait en moyenne ses six, ou huit, ou dix têtes de bétail et son petit troupeau de moutons ; et lorsque, comme cela arrivait parfois dans les régions élevées, la récolte de maïs se révélait mauvaise, la vente de quelques bovins ou moutons servait largement à régler des comptes avec le propriétaire et lui permettait d'acheter ses provisions d'hiver et de printemps. de repas dans les Lowlands. Il était donc un capitaliste et possédait l'avantage particulier du capitaliste de ne pas « vivre au jour le jour », mais d'un fonds accumulé, qui se tenait toujours entre lui et le besoin absolu, mais non entre lui et la misère positive, et qui lui permettait de se reposer, pendant une année de disette, sur ses propres ressources, au lieu de se jeter sur la charité de ses voisins des Lowlands. Bien plus, dans ce que l'on appelait catégoriquement « les chères années » du début du présent siècle et de la seconde moitié du siècle dernier, les humbles habitants des Lowlands, en particulier nos mécaniciens et ouvriers des Lowlands, ont souffert plus que les fermiers et les *petits* agriculteurs des Lowlands. Highlands, et cela principalement parce que, comme la mauvaise récolte qui a provoqué la pénurie était une perte de maïs, et non une perte d'herbe et de pâturage, les plus humbles Highlanders avaient des moutons et du bétail, qui continuaient à leur fournir de la nourriture et des vêtements. ; tandis que les habitants les plus humbles des Lowlanders, dépendants presque exclusivement du maïs et habitués à traiter avec le drapier pour leurs vêtements, étaient réduits à de grandes difficultés par le prix élevé des provisions. Il se produisit cependant, vers le début du siècle, un changement considérable, coïncidant avec les guerres de la première Révolution française et, dans une certaine mesure, un effet de celles-ci. Le prix des provisions augmenta en Angleterre et dans les Lowlands, et avec le prix des provisions, le loyer des terres. Le propriétaire des Highlands se mit naturellement à déterminer comment son loyer devait également être augmenté ; et, suite à la conclusion à laquelle il est arrivé, l'élevage de moutons et le système de défrichement ont commencé. Plusieurs milliers de Highlanders, expulsés de leurs confortables propriétés, employèrent leur peu de capital à émigrer au Canada et aux États-Unis ; et là, dans la plupart des cas, le petit capital s'est accru, et leurs descendants continuent de jouir d'une abondance grossière. Cependant, plusieurs milliers d'autres tombèrent sur les côtes du pays et, sur des landes couvertes de mousse ou sur des promontoires dénudés, peu propres à récompenser les travaux des agriculteurs, commencèrent une sorte de vie amphibie comme agriculteurs et pêcheurs. Et, situés sur un sol peu agréable, et exerçant avec une habileté médiocre un commerce précaire, leur petit capital leur échappa des mains, et ils devinrent les plus pauvres des hommes. Entre-temps, dans certaines parties des Highlands et des Îles, un commerce actif se développa, qui employait, au grand profit des propriétaires, plusieurs milliers d'habitants. La fabrication du varech rendait aux propriétaires des îlots inhospitaliers et des étendues de côtes rocheuses et désolées, riches en algues, autant de valeur que les meilleures terres d'Écosse ; et, sous l'impulsion du plein emploi et, sinon d'une rémunération abondante, du moins d'une rémunération rémunératrice, la population augmenta. Soudain, cependant, le libre-échange, à ses premières approches, détruisit le commerce du varech ; puis la découverte d'un mode bon marché de fabrication de soude à partir de sel commun a assuré sa ruine au-delà du pouvoir de la législation de la récupérer. Les habitants et les propriétaires fonciers éprouvèrent dans les districts des varechs les maux qu'un commerce en ruine laisse toujours derrière lui. Les vieilles familles des Highlands ont disparu parmi l'aristocratie et les propriétaires fonciers d'Écosse ; et la population des vastes îles et côtes du pays, d'être tout juste suffisante, est soudainement devenue excessivement redondante. Il fallut cependant une autre goutte pour faire déborder la tasse pleine. Les pommes de terre étaient devenues, comme je l'ai montré, l'aliment de base du Highlander ; et quand, en 1846, survint la maladie de la pomme de terre, le peuple, pour la plupart dépouillé de ses petits capitaux et de son emploi, fut privé de sa nourriture et ruiné d'un seul coup. Le même coup, qui n'a fait que légèrement empiéter sur le confort des habitants des Lowlands, a complètement prosterné les Highlanders ; et depuis lors, les souffrances de la famine sont devenues chroniques le long des côtes désolées et des îles accidentées, au moins dans la partie nord-ouest de notre pays. Ce n'est peut-être pas non plus la pire partie du mal qui prend la forme d'un besoin criant : les famines ont si lourdement pesé sur une classe qui n'était pas absolument pauvre quand elle est apparue, qu'elle est absolument pauvre maintenant ; les derniers restes du capital possédé par les *habitants* des Highlands.

NOTES DE BAS DE PAGE :

[4] Annexé à leur article commun sur les « Dépôts contenus entre les roches primaires écossaises et la série oolithique », et intéressant, car c'est la première carte géologique publiée de l'Écosse au nord des Firths of Forth et Clyde.

[5] Il n'y a que deux de ces coquilles exclusivement de la côte ouest, *Trochus umbilicatus* et *Pecten niveus* . Comme aucun d'eux n'a encore été détecté dans aucune formation tertiaire, il s'agit selon toute probabilité de coquilles d'origine relativement récente, qui ont vu le jour dans un centre occidental de création ; tandis que des spécimens de *Trochus magus* et *de Nassa reticulata* , que l'on rencontre occasionnellement sur les côtes orientales du royaume, j'en ai également trouvé dans un gisement du Pléistocène. Ainsi, les coquilles les plus répandues semblent être aussi des coquilles d'origine plus ancienne.

CHAPITRE XIV.

"Edina ! Le siège chéri de Scotia !

Saluez tous vos palais et vos tours ! » — BURNS.

Il y avait eu un triste accident parmi les rochers de Cromarty cette saison, alors que je travaillais à Gairloch, qui, étant donné qu'il avait failli se produire en ma propre personne environ cinq ans auparavant, m'a beaucoup impressionné à mon retour. A quelques centaines de mètres de la très mauvaise route que j'avais aidé le vieux Johnstone du Quarante-Deuxième à construire, il y a un haut précipice inaccessible de gneiss ferrugineux, qui, depuis des temps immémoriaux jusqu'à cette époque, avait fourni un lieu de nidification sûr à un paire de corbeaux, les seuls oiseaux de leur espèce qui fréquentaient les rochers de la colline. Année après année, régulièrement, à mesure qu'arrivait la saison de reproduction, les corbeaux faisaient leur apparition et entraient en possession de leur demeure héréditaire : ils le faisaient depuis cent ans, avec certitude, certains disaient depuis bien plus longtemps. ; et comme il existait dans le lieu une tradition selon laquelle le nid avait été autrefois dépouillé de ses jeunes oiseaux par un hardi grimpeur, je lui rendis visite un matin, afin de déterminer si je ne pourrais pas le voler à mon tour. On ne pouvait y accéder par le bas : le précipice, plus inaccessible à une centaine de pieds de sa base qu'un mur de château, surplombait le rivage ; mais cela ne semblait pas impraticable vu d'en haut ; et, descendant graduellement dessus, profitant, à mesure que je progressais, de chaque petite protubérance et de chaque creux, je me trouvai enfin à moins de six ou huit pieds des jeunes oiseaux. De ce point, cependant, une plate-forme lisse, sans saillie ni cavité, descendait sous un angle d'environ quarante degrés par rapport au nid, et se terminait brusquement, sans rebord ni marge, dans le précipice en surplomb. N'ai-je pas, demandai-je, rampé le long d'un toit dont la pente était encore plus raide que celle de l'étagère ? Pourquoi ne pas, de la même manière, ramper le long du nid jusqu'au nid, où il y a une base solide ? J'avais en fait étendu mon pied nu pour faire le premier pas, lorsque j'ai remarqué, alors que le soleil surgissait soudain de derrière un nuage, que la lumière brillait sur la surface lisse. Elle était incrustée d'une fine couche de chlorite, glissante comme le mélange de savon et de graisse que le charpentier de navire étale sur ses cales le matin d'une mise à l'eau. Je vis tout de suite qu'il y avait sur le chemin un élément de danger sur lequel je n'avais pas d'abord calculé ; et ainsi, abandonnant cette tentative comme étant désespérée, je revins par le chemin par lequel j'étais venu, et je ne songeai plus à voler le nid du corbeau. Il fut cependant de nouveau tenté cette saison, mais avec des résultats tragiques, par un jeune garçon de Sutherland, nommé Mackay, qui avait déjà approuvé ses compétences comme exploitant de rochers dans son comté natal et obtenu à plusieurs reprises la récompense donnée par une société agricole. pour la destruction des jeunes oiseaux de proie. Comme l'incident m'était conté, il s'était approché du nid par le chemin que j'avais choisi ; il s'était arrêté là où je m'étais arrêté, et même plus longtemps ; puis, s'aventurant en avant, à peine s'engagea-t-il dans le perfide chlorite, que, perdant pied comme sur une couche de glace abrupte, il sauta par-dessus le précipice. Tombant à pic pendant environ cinquante pieds sans toucher le rocher, il fut ensuite complètement retourné par une protubérance contre laquelle il avait jeté un coup d'œil, et, descendant sur la moitié inférieure du chemin, tête en avant, et se précipitant avec une force énorme parmi les terrains lisses. Au-dessous des pierres de la mer, son cerveau était dispersé sur une superficie de dix à douze mètres carrés. Son seul compagnon, un Irlandais ignorant, dut rassembler les fragments de sa tête dans une serviette.

Je sentais maintenant que, sans la lueur du soleil sur la chlorite scintillante – aperçue pas trop tôt – j'aurais probablement été substitué comme victime au pauvre Mackay, et que lui, averti par mon sort, aurait selon toute vraisemblance se sont échappés. Et même si je savais qu'on pouvait se demander : Pourquoi l'intervention d'une Providence pour *vous sauver*, alors qu'il a été laissé pour périr ? J'avais *le* sentiment que je ne devais pas mon évasion simplement à ma connaissance du chlorite et de ses propriétés. Pour le plein développement des instincts moraux de notre nature, on peut mener une vie beaucoup trop calme et trop sûre : saupoudrer son lot de périls soudains et d'évasions à la longueur d'un cheveu est, j'en suis convaincu, plus sain, si c'est une superstition positive. être évité, qu'une absence totale de danger. Pour ma part, même si j'ai toujours cru, je l'espère, à la doctrine d'une Providence particulière, c'est toujours par une évasion étroite qui m'a donné mes meilleures preuves de la vitalité et de la force de ma croyance intérieure. C'est toujours le contact du danger qui l'a rendu émotif. Quelques années plus tard, alors que je me penchais pour examiner une fissure ouvrant dans un front de roche, où j'étais en train d'exploiter une carrière, une pierre, détachée d'en haut par un soudain coup de vent, frôla si près ma tête qu'elle frappa ma tête. le long du devant saillant de mon bonnet, puis j'ai enfoncé dans un creux profond la pelouse à mes pieds. Il n'y avait rien qui ne fût parfaitement naturel dans cet événement ; mais le jaillissement de reconnaissance qui jaillit spontanément de mon cœur aurait réduit à néant le scepticisme qui aurait dû considérer qu'il n'y avait pas de Providence là-dedans. Une autre fois, je m'arrêtai pendant un certain temps, alors que j'examinais une grotte de l'ancienne côte, directement sous son toit bas de conglomérat Old Red, aussi peu conscient de la présence du danger que si j'avais été debout sous le dôme. de Saint-Paul; mais quand je passai ensuite le chemin, le toit était tombé, et une masse assez énorme pour m'avoir donné à la fois la mort et l'enterrement, encombrait la place que j'avais occupée. Une autre fois encore, je descendis quelques mètres dans un précipice pour examiner des pommiers sauvages qui, jaillissant d'une saillie rocheuse en forme de tourelle, loin des jardins et des pépinières, avaient toutes les marques d'être indigènes ; puis, grimpant parmi les branches, je les secouai d'une manière qui devait exercer un pouvoir de levier non négligeable sur le jet en dessous, pour m'emparer de quelques-uns des fruits, comme les pommes indigènes d'Écosse. Lors de ma descente, j'ai repéré, sans trop y penser, une fissure apparemment récente s'étendant entre l'outjet et le corps du précipice. Je trouvai pourtant assez de raisons d'y penser à mon retour, à peine un mois après ; car alors l'avant-projet et les arbres gisaient brisés et fracturés sur la plage à plus de cent pieds en contrebas. Avec un tel élan, même les brindilles les plus fines avaient été projetées contre les galets marins, qu'elles dépassaient de plus de cent tonnes d'éboulis, débarrassées de leur écorce sur leur face inférieure, comme si elles avaient été pelées à la main. Et ce que j'ai ressenti à toutes ces occasions n'était, je crois, pas plus conforme à la nature de l'homme en tant qu'instinct de la faculté morale, qu'à cette disposition du gouvernement divin sous laquelle un moineau ne tombe pas sans permission. Il n'y a peut-être jamais eu d'époque où la doctrine d'une Providence particulière ait été plus remise en question et mise en doute qu'aujourd'hui ; et pourtant le scepticisme qui prévaut à son égard semble être en grande partie un scepticisme de l'effort, évoqué par des intelligences laborieuses, dans une époque calme et parmi les classes aisées ; tandis que la croyance qu'elle éclipse, partiellement et pour le moment, reste solidement ancrée pendant tout ce temps au milieu des solidités de la nature inaltérable de l'homme. Quand le danger viendra l'atteindre, il renaîtra dans ses anciennes proportions ; bien plus, elle est si indigène au cœur humain que si elle ne veut pas prendre sa forme *cultivée* comme croyance en la Providence, elle prendra certainement sa forme *sauvage* comme croyance au destin ou au destin. Dieu lui-même semble avoir pris soin d'une doctrine si fondamentale qu'il ne peut y avoir de religion sans elle lorsqu'il a façonné le cœur humain.

Le corbeau ne bâtit plus parmi les rochers de la colline de Cromarty ; et j'ai vu il y a de nombreuses années son dernier couple d'aigles. Ce dernier oiseau noble était un visiteur fréquent des Sutors au début du siècle actuel. Je me souviens encore de l'avoir effrayé depuis son perchoir sur le versant sud de la colline, alors que le jour touchait à sa fin, lorsque les hauts précipices au milieu desquels il s'était logé étaient profondément ombragés ; et je me souviens très bien de la manière pittoresque dont il capturait la lueur rouge du soir sur son plumage brun chaud, alors que, naviguant vers l'extérieur sur la mer calme à plusieurs centaines de pieds plus bas, il émergeait de l'ombre des falaises vers le soleil. L'oncle James abattit un jour un très grand aigle sous l'un des précipices les plus élevés du sud de Sutor ; et, nageant à travers les vagues pour récupérer son corps, car il était tombé mort dans la mer, il garda sa peau pendant de nombreuses années comme trophée. [6] Mais les aigles ne doivent désormais plus être vus ou abattus sur les Sutors ou leurs environs. Le blaireau aussi, l'un des habitants peut-être les plus anciens du pays, car il semble avoir été contemporain des éléphants et des hyènes disparus du Pléistocène, est devenu beaucoup moins commun sur leurs flancs escarpés qu'à l'époque de mon enfance ; et le renard et la loutre sont moins fréquemment vus. Il n'est pas inintéressant de constater, avec l'œil du géologue, combien de manière palpable, au cours d'une seule vie - encore près de vingt ans avant le terme fixé par le Psalmiste - ces animaux sauvages ont poursuivi en Ecosse cette extinction qui a dépassé , dans son enceinte, pendant la période humaine, l'ours, le castor et le loup, et dont l'histoire passée du globe, telle qu'inscrite sur ses rochers, fournit un témoignage si fort.

L'hiver se passa dans les activités habituelles ; et je commençai la saison de travail d'une nouvelle année en aidant mon vieux maître à clôturer par un mur de pierre un petit terrain qu'il avait acheté par spéculation, mais qui n'avait pas réussi à se faire concurrence pour les bâtiments. Mes services, cependant, étaient gratuits – donnés simplement pour honorer le marché plutôt indifférent que le vieil homme avait pu conclure en son propre nom pour mes travaux d'apprenti ; et lorsque notre travail fut terminé, il devint nécessaire que je cherchais un emploi d'un caractère plus rémunérateur. Il n'y avait pas grand-chose à faire dans le nord ; mais les travaux promettaient d'être abondants dans les grandes villes du sud : la désastreuse folie des constructions de 1824-1825 venait de commencer, et, après quelques hésitations, je résolus d'essayer si je ne pourrais pas me frayer un chemin comme mécanicien parmi les pierres. -les coupeurs d'Edimbourg sont peut-être les plus habiles au monde dans leur métier. J'avais en outre envie de me débarrasser d'une petite propriété à Leith, qui avait coûté à la famille de grands ennuis et pas peu d'argent, mais dont, tant que le propriétaire nominal était mineur, nous ne pouvions nous détacher. . C'était une maison sur Coal-Hill, ou plutôt le rez-de-chaussée d'une maison, qui était tombée entre les mains de mon père par la mort d'un parent, si immédiatement avant sa propre mort qu'il n'en était pas entré en possession. Il était grevé de legs pour un montant de près de deux cents livres ; mais alors le loyer annuel s'élevait à vingt-quatre livres ; et ma mère, agissant sur le conseil d'amis et jugeant le placement bon, n'eut pas plus tôt récupéré auprès de l'assureur l'argent de l'assurance du navire de mon père, qu'elle en remit la plus grande partie aux légataires et en prit possession. de la propriété en mon nom. Hélas! jamais il n'y a eu d'héritage plus malheureux ni de pire investissement. Il avait été loué comme cabaret et bar, et avait été le théâtre d'un commerce un peu rude et, j'ose dire, peu respectable, mais pourtant lucratif ; mais à peine était-il devenu le mien qu'à la suite de quelques modifications apportées au port, la plus grande partie des navires qui se trouvaient autrefois à Coal-Hill furent déplacés vers un cours inférieur ; le commerce des bars s'est soudainement effondré ; et le loyer tomba, au cours d'un an, de vingt-quatre à douze livres. Et puis, dans son état hivernal et aride, la malheureuse maison fut habitée par une série de misérables locataires qui, bien qu'ils s'étaient engagés avec enthousiasme à payer les douze livres, ne les payèrent jamais. Je me souviens encore des lettres brèves et brèves de notre agent, feu M. Veitch, greffier de la ville de Leith, qui ne manquaient jamais de remplir ma mère de terreur et de consternation, et ressemblaient beaucoup, au moins dans les parties narratives, aux notes de le poète Crabbe, pour un projet de poème sur les pauvres débauchés. Deux de nos locataires ont fait des papillons au clair de lune juste la veille du trimestre ; et quoique le peu de meubles qu'ils laissèrent derrière eux fussent dûment attachés à la croix, telle était la dépense inévitable de la transaction, qu'aucun produit de la vente ne parvint à Cromarty. La maison était ensuite habitée par une grosse femme, qui gardait une certaine description des logeuses ; et pendant le premier semestre, elle paya le loyer très consciencieusement ; mais les autorités étant intervenues, on trouva une autre maison pour elle et ses dames dans le quartier de Calton, et le loyer du second semestre resta impayé. Et comme la maison perdit, par suite de son occupation, le minimum de caractère qu'elle avait conservé auparavant, elle resta pendant cinq ans totalement inoccupée, sauf par un esprit malicieux - le fantôme, disait-on, d'un gentleman assassiné, dont la gorge avait été coupé dans un appartement intérieur par les dames, et son corps jeté la nuit dans la boue profonde du port. Le fantôme fut cependant enfin détecté par la police, couché sous la forme d'une des dames elles-mêmes, sur un antre de paille dans le coin d'une des chambres, et exorcisé à Bridewell ; puis la maison fut habitée par un locataire qui avait à la fois la volonté et la capacité de payer. Il fallut cependant dépenser un an de loyer en réparations ; et avant que l'année suivante ne se soit écoulée, les héritiers de la paroisse furent évalués pour l'érection de la magnifique église paroissiale de North Leith, alors en cours de construction, avec sa haute et gracieuse flèche et son portique classique ; et comme nous n'avions personne pour faire valoir notre cas, notre maison fut évaluée, non d'après sa valeur réduite, mais d'après sa valeur originale. Ainsi, la totalité du loyer de la deuxième année, avec quelques livres supplémentaires que j'ai dû soustraire de mes économies durement gagnées en tant que maçon, ont été affectées au nom de l'établissement ecclésiastique du pays, par les constructeurs de l'église et de la flèche. J'avais atteint ma majorité en logeant dans un fragment d'un entrepôt de sel à Gairloch ; et, compétent aux yeux de la loi pour disposer de la maison de Coal-Hill, j'espérais maintenant trouver, sinon un acheteur, du moins quelqu'un assez stupide pour me l'enlever des mains pour rien. Depuis, j'ai entendu et lu beaucoup de choses sur les atroces propriétaires des maisons les plus pauvres et les moins réputées de nos grandes villes, et j'ai vu affirmer que, étant une espèce de gens méchants et égoïstes, ils devraient être traités avec rigueur. . Et donc, j'ose dire, ils devraient le faire ; mais en même temps, je ne peux pas oublier que j'ai moi-même été un de ces atroces propriétaires depuis ma cinquième année jusqu'à presque ma vingt-deuxième année, et que je ne pouvais pas m'en empêcher et que j'en étais vraiment désolé.

Le quatrième jour après avoir perdu de vue la colline de Cromarty, le Leith Smack dans lequel je naviguais se frayait lentement un chemin, par une matinée de vent léger et d'immenses couronnes de brouillard brisées, à travers les parties inférieures du Firth of Forth. Les îles et les terres lointaines paraissaient sombres et grises à travers la brume, comme les objets d'un dessin inachevé ; et parfois, quelque vaste nuage à sourcils bas venant de la mer appliquait l'éponge en roulant et effaçait la moitié d'un comté à la fois ; mais le soleil éclatait de temps en temps en des aperçus partiels d'une grande beauté et mettait en relief de petits morceaux du paysage, tantôt une ville, tantôt un îlot, et tantôt le sommet bleu d'une colline. Une couronne ensoleillée s'élevait autour du Bass abrupt et accidenté à notre passage ; et mon cœur fit un bond en moi quand je vis, pour la première fois, ce sévère Patmos des pieux et courageux d'un autre âge, se dressant sombre et haut à travers la brume diluée, et enveloppé pendant un moment, alors que le nuage se séparait, dans un ambre- gloire teintée. Il y avait autrefois une petite oasis presbytérienne dans le quartier de Cromarty qui, au milieu de l'indifférence des Highlands et *des Modérés* qui caractérisaient la plus grande partie du nord de l'Écosse au XVIIe siècle, avait fourni aux Bass de nombreux trésors. ses victimes les plus dévouées. Mackilligen d'Alness, Hogg de Kiltearn et les Ross de Tain et Kincardine avaient été incarcérés dans ses cachots ; et, lorsque je travaillais dans les carrières de Cromarty, au début du printemps, je savais qu'il était temps de rassembler mes outils pour le soir, quand je voyais le soleil se coucher sur la ferme en hauteur qui formait le patrimoine d'un autre de ses meilleurs -des victimes connues : le jeune Fraser de Brea. C'est ainsi que je regardai avec un double intérêt le rocher audacieux ceint par la mer et le nuage doré du soleil qui s'élevait sur son front effrayé, comme cette auréole encore plus brillante qui le glorifie dans la mémoire du peuple écossais. De nombreuses associations chéries de longue date ont attiré mes pensées vers Édimbourg. Je connaissais Ramsay, Fergusson et « Humphrey Clinker » de Smollett, et j'avais lu une description de l'endroit dans le « Marmion » et les romans antérieurs de Scott ; et je n'étais pas encore trop vieux pour avoir l'impression d'approcher d'une grande ville magique — comme certaines de celles des « Mille et une nuits » —, encore plus intensément poétique que la nature elle-même. J'ai quelque peu réprimandé la brume alléchante, qui, comme un showman capricieux, soulevait maintenant un coin de son rideau, puis un autre, et me montrait l'endroit tout à coup très indistinctement, et seulement par morceaux à la fois ; et pourtant je ne sais pas si j'aurais pu en réalité le voir avec plus d'avantage, ou d'une manière plus en harmonie avec mes conceptions antérieures. L'eau dans le port était trop basse, pendant la première heure ou deux après notre arrivée, pour faire flotter notre navire, et nous restâmes à virer de bord en rade, guettant le signal du quai qui devait nous faire savoir quand la marée s'était élevé assez haut pour notre admission ; et j'ai donc eu suffisamment de temps pour comprendre les caractéristiques de la scène, telles que présentées en détail. À un moment donné, un tronçon plat de la Nouvelle Ville apparut en pleine vue, le long duquel, dans l'obscurité générale, les cheminées innombrables se dressaient comme des meules de blé dans un champ fraîchement moissonné ; à un autre moment, le château se dessinait sombre dans le nuage ; puis, comme suspendu au-dessus de la terre, le sommet accidenté d'Arthur's Seat ressortait avec force, tandis que sa base restait encore invisible dans la couronne ; et aussitôt j'aperçus les lointains Pentlands, enveloppés par un ciel bleu clair et éclairés par le soleil. Leith, avec son bosquet de mâts et sa haute tour ronde, se trouvait profondément dans l'ombre au premier plan : une ville froide, sombre et en lambeaux, mais si fortement soulagée sur le gris pâle et enfumé de l'arrière-plan, qu'elle semblait une autre petite ville de Zoar, tout entier devant l'incendie. Et tel était le visage étrangement pittoresque avec lequel j'étais favorisé par la capitale écossaise, lorsque j'en ai fait la première connaissance, il y a vingt-neuf ans.

C'était le soir lorsque j'y arrivai. Le brouillard du début de la journée s'était dissipé et chaque objet se distinguait dans une lumière et une ombre claires sous un ciel brillant et ensoleillé. Les ouvriers du lieu, dont les travaux venaient de se terminer pour la journée, passaient par groupes dans les rues jusqu'à leurs maisons respectives ; mais j'étais trop occupé à regarder les bâtiments et les magasins pour les regarder avec beaucoup de discernement ; et ce ne fut pas sans quelque surprise que je me trouvai soudain saisi par l'un d'eux, un garçon mince, en moleskine pâle, beaucoup éclaboussé de peinture. Mon ami William Ross se tenait devant moi ; et son accueil à cette occasion fut très chaleureux. J'avais auparavant fait une visite hâtive de ma malheureuse maison de Leith, accompagné d'un manchot d'âge mûr, à l'air perspicace, qui gardait la clé et agissait, sous les ordres du greffier de la ville, comme directeur général ; et qui, comme je l'ai appris par la suite, était l'immortel Peter M'Craw. Mais je n'avais rien vu de propre à me mettre grandement en orgueil à l'égard de mon patrimoine. Il formait l'étage le plus bas d'un vieux bâtiment noir, haut de quatre étages, flanqué d'une cour étroite et humide sur un de ses côtés, et qui tournait vers la rue son pignon pointu et percé de nombreuses fenêtres. Les fenêtres inférieures étaient masquées par des volets délabrés et blanchis par les intempéries ; dans la partie supérieure, l'aspect relativement frais des haillons qui bouchaient les trous là où auraient dû être les vitres, et quelques jupons de couleur très pâle et des chemises de couleur très foncée flottant au vent, donnaient des signes évidents d'habitation. Il fallut un effort pénible à la main de mon conducteur pour ouvrir la serrure de la porte extérieure, devant laquelle il dut d'abord déloger une femme très crasseuse, vêtue d'une robe couleur de terre qui semblait amidonné de cendre ; et comme les gonds rouillés grinçaient et que la porte tombait contre le mur, nous sentîmes une odeur humide et malsaine, comme l'haleine d'un charnier, qui sortait de l'intérieur. L'endroit était fermé depuis près de deux ans ; et l'atmosphère stagnante était devenue si fétide que la bougie que nous avions emportée avec nous pour explorer brûlait faiblement et jaune comme une lampe de mineur. Les sols, défoncés en cinquante endroits différents, étaient jonchés de paille pourrie ; et dans l'un des coins gisait un tas humide, rassemblé comme le repaire de quelque bête sauvage, sur lequel quelqu'un semblait avoir dormi, peut-être des mois auparavant. Les cloisons étaient folles et chancelantes ; les murs noircis de fumée ; de larges plaques de plâtre étaient tombées des plafonds, ou y pendaient encore, suspendues par des cheveux isolés ; et les barreaux des grilles, couverts de rouille, étaient devenus rouges comme des sétaires. M. M'Craw hocha la tête au-dessus du tas de paille rassemblé. " Ah, " dit-il, " je suis rentré, je vois ! Il faut surveiller les volets. " "Je suppose," dis-je en regardant autour de moi avec tristesse, "vous ne trouvez pas très facile de trouver des locataires pour des maisons de ce genre." " *Très* facile!" » dit M. M'Craw, avec un petit accent montagnard et, comme je le pensais, avec aussi beaucoup de *hauteur montagnarde* — ce qui était bien sûr tout à fait naturel chez un agent immobilier aussi astucieux et étendu, lorsqu'il traite avec le propriétaire. d'un domicile qui ne voulait pas louer, et qui faisait des remarques stupides : « Non, pas facile du tout, sinon on ne fermerait pas ainsi : mais si on enlevait les volets, vous auriez bientôt assez de locataires. "Oh, je suppose ; et j'ose dire qu'il est aussi difficile de vendre que de louer de telles maisons." "Oui, et plus encore", a déclaré M. M'Craw : "il n'y a que des vendeurs, et pas d'acheteurs, lorsque nous atteignons ce bas." "Mais ne pensez-vous pas," demandai-je avec persévérance, "qu'il se pourrait trouver dans le quartier quelque personne aimable et charitable, disposée à me l'enlever des mains comme un cadeau gratuit ! C'est terrible d'être marié pour la vie à un bagage de maison. comme cela, et rendu responsable, comme les autres maris, de toutes ses dettes. N'y a-t-il aucun moyen de divorcer ? "Je ne sais pas", répondit-il avec insistance, avec un reniflement quelque peu nasillard ; et ainsi nous nous séparâmes ; et je n'ai plus revu ou entendu parler de Peter M'Craw jusqu'à plusieurs années après, quand je l'ai trouvé célébré dans la chanson bien connue du pauvre Gilfillan. [7] Et, dans la société de mon ami, j'oubliai bientôt ma misérable maison et tous les fardeaux qu'elle entraînait.

Je ne connaissais pas davantage les grandes villes à cette époque que le berger de Virgile ; et, excité par ce que je voyais, j'ai tristement mis à profit les capacités itinérantes de mon ami et, je le crains, sa patience aussi, en examinant avec admiration toutes les rues les plus caractéristiques, puis en me dirigeant vers le sommet d'Arthur's Seat - depuis lequel, ce soir, j'ai regardé le soleil se coucher derrière les lointains Lomonds, afin de pouvoir me familiariser avec les caractéristiques de la campagne environnante et l'effet de la ville dans son ensemble. Et au milieu d'un souvenir confus et imparfait de groupes pittoresques de bâtiments anciens et de magnifiques assemblages de bâtiments modernes et élégants, j'ai emporté avec moi deux idées très distinctes – premiers résultats, comme pourrait peut-être dire un peintre, d'un « œil neuf », qui non, l'enquête a servi à rafraîchir ou à intensifier. J'avais l'impression d'avoir vu non pas une, mais deux villes, une ville du passé et une ville du présent, côte à côte, comme pour les comparer, avec une vallée pittoresque dessinée comme une profonde entaille entre elles. , pour délimiter la ligne de division. Et telle semble en réalité être la grande particularité de la capitale écossaise, son trait distinctif parmi les villes de l'empire ; bien que, bien entendu, au cours des vingt-neuf années qui se sont écoulées depuis que je l'ai vue pour la première fois, la plus ancienne de ses deux villes, considérablement modernisée en de nombreuses parties, est devenue moins uniformément et moins constamment antique dans son aspect. Considérées simplement comme une question de goût, j'ai trouvé peu de choses à admirer dans les améliorations qui en ont si sensiblement changé l'aspect. Je ne me lassais jamais de ses parties les plus anciennes : je trouvais que je pouvais me promener parmi elles aussi simplement pour le plaisir qui en résultait, que parmi la nature sauvage et pittoresque elle-même ; qu'une visite dans les rues élégantes et les vastes places de la nouvelle ville suffisait toujours à satisfaire ; et je n'ai certainement jamais ressenti le désir de revenir dans aucun d'eux pour flâner en quête de plaisir sur les trottoirs lisses et bien entretenus. Bien sûr, sauf Princes Street. Là, les deux villes se trouvent côte à côte, comme pour se comparer ; et l'œil tombe sur les caractéristiques d'un paysage naturel qui, à lui seul, serait singulièrement agréable, même si les deux villes étaient éloignées. Le lendemain, j'ai attendu chez le greffier de la ville, M. Veitch, pour voir s'il ne pourrait pas me suggérer un moyen de me libérer de ma malheureuse propriété de Coal-Hill. Il m'a reçu poliment, m'a dit que la propriété n'était pas un investissement aussi désespéré que je semblais le penser, car au moins le terrain, dans lequel j'avais des intérêts avec les autres propriétaires, valait quelque chose, et comme la petite cour était exclusivement le mien ; et qu'il pensait pouvoir se débarrasser de la totalité pour moi, si j'étais prêt à accepter un petit prix. Et j'étais bien sûr, comme je lui ai dit, prêt à en accepter une toute petite. De plus, après avoir appris que j'étais tailleur de pierre et au chômage, il me présenta gentiment à un de ses amis, un maître d'œuvre, par qui j'étais engagé pour travailler dans un manoir à quelques kilomètres au sud d'Edimbourg. . Et me procurant un « logement » dans une petite chaumière d'un seul appartement, près du village de Niddry Mill, je commençai mes travaux de tailleur à l'ombre des bois de Niddry.

Il y avait un groupe de seize maçons employés à Niddry, outre les apprentis et les ouvriers. C'étaient des tailleurs de pierre accomplis, habiles, surtout dans la taille des moulures, bien au-dessus de la moyenne des maçons du pays du Nord ; et ce fut avec un peu de sollicitude que je me mis à travailler à leurs côtés sur les meneaux, les traverses et les étiquettes, car notre travail était dans le vieux style anglais, style dans lequel je n'avais aucune expérience préalable. J'étais cependant diligent et gardais à l'esprit le principe du vieux John Fraser (bien que, comme la nature avait été moins libérale dans la transmission des facultés nécessaires, je ne pouvais pas tailler aussi directement qu'il le faisait sur les plans et les courbes requis enfermés dans les pierres).); et j'eus la satisfaction de constater, le soir de la paye, que le contremaître, qui s'était tenu fréquemment à mes côtés pendant la semaine pour observer ma manière de travailler et les progrès que je faisais, estimait mes services au même tarif que il a fait ceux des autres. Peu à peu, on me confia aussi, comme les meilleurs d'entre eux, tous les types de travaux les plus difficiles exigés par le montage, et j'étais à un moment donné pendant six semaines ensemble à façonner des meneaux longs, minces et profondément moulés, non dont l'un s'est brisé entre mes mains, bien que la pierre sur laquelle j'ai travaillé était cassante et granuleuse, et ne convenait qu'indifféremment aux fins les plus agréables de l'architecte. Cependant, je me suis vite rendu compte que la plupart de mes collègues ouvriers me considéraient avec une hostilité et une aversion non dissimulées et que j'aurais été plus heureux si, comme ils semblaient s'y attendre, je venais de la localité du nord dans laquelle j'avais été élevé, en panne dans le procès. J'étais, disaient-ils, « un Highlander nouvellement arrivé en Écosse » et, s'il n'était pas poursuivi vers le nord, je rapporterais chez moi la moitié de l'argent du pays. Certains constructeurs critiquaient très injustement la qualité des pierres que je taillais : ils ne pouvaient pas les poser, disaient-ils ; et les tailleurs refusaient parfois de m'aider à transporter ou à retourner les blocs plus lourds sur lesquels je travaillais. Cependant, le contremaître, un homme digne et pieux, membre d'une congrégation de la Sécession, s'est tenu à mon ami et m'a encouragé à persévérer. « Ne vous laissez pas, dit-il, être chassé du travail, ils se fatigueront bientôt et vous laisseront poursuivre votre propre voie. Je connais exactement la nature de votre offense : vous ne buvez pas avec eux. ou traitez-les ; mais ils cesseront bientôt de s'attendre à ce que vous le fassiez ; et lorsqu'ils constateront que vous ne devez pas être contraint ou chassé, ils vous laisseront tranquille. » Mais comme, à cause de l'abondance du travail, conséquence de la Building manie, les hommes étaient alors maîtres et plus encore, le contremaître ne pouvait pas prendre ouvertement mon parti contre eux ; mais j'étais reconnaissant de sa bonté, et je me sentais trop indigné contre les méchants gens qui pouvaient prendre de tels risques contre un étranger inoffensif, pour courir le grand danger de céder à cette combinaison. Ce n'est qu'à l'homme faible que le vent prive de son manteau : un homme de force moyenne risque davantage de le perdre lorsqu'il est assailli par les rayons aimables d'un soleil trop bienveillant.

Je me livrai, comme d'habitude, aux plaisirs compensatoires lors de mes promenades du soir, mais je trouvai que l'état clôturé du quartier et la clôture d'une loi sur les intrusions rigoureusement administrée étaient de sérieux inconvénients ; et il cessa de s'étonner qu'un pays parfaitement cultivé soit, dans la plupart des cas, tellement moins aimé de ses habitants qu'un pays sauvage et ouvert. Les droits de propriété peuvent exister également dans les deux cas ; mais il y a un sens important dans lequel la campagne appartient aux propriétaires et au peuple aussi. Tout ce que le cœur et l'intellect peuvent en tirer peut être également libre pour le paysan et l'aristocrate ; tandis que le pays cultivé et strictement clôturé n'appartient généralement, dans tous les sens du terme, qu'au propriétaire ; et comme il est beaucoup plus simple et plus évident d'aimer son pays comme un paysage de collines, de ruisseaux et de champs verts, au milieu desquels la nature a souvent été appréciée, que comme une localité définie, dans laquelle existent certaines lois et privilèges constitutionnels. , il est plutôt regrettable que surprenant qu'il y ait souvent moins de véritable patriotisme dans un pays aux institutions justes et aux lois égales, dont le sol a été si exclusivement approprié qu'il ne laisse à son peuple que les grands chemins poussiéreux, que dans des pays sauvages et ouverts, dans lesquels l'esprit et les affections populaires sont laissés libres d'embrasser le sol, mais dont les institutions sont partielles et défectueuses. Si notre monarque bien-aimé considérait certains des messieurs de sa cour comme tabous leurs Glen Tilts et fermait les passages des Grampians, comme une sorte de Destructeurs déloyaux d'un type particulier, qui se font un devoir de dépouiller son peuple de leurs patriotisme, et qui leur enseigne virtuellement qu'un pays qui n'est plus le leur ne vaut pas la peine de se battre, on peut conclure avec beaucoup de sécurité qu'elle ne faisait que manifester, dans une autre direction, le fort bon sens qui l'a toujours distinguée. Quoique exclus des champs et des politiques avoisinants, les bois de Niddry m'étaient ouverts ; et j'ai apprécié de nombreuses promenades agréables le long d'une large ceinture plantée, avec un sentier herbeux au milieu, qui forme leur limite sud, et à travers lequel je pouvais voir le soleil se coucher sur les ruines pittoresques du château de Craigmillar. Quelques particularités de l'histoire naturelle du pays me montrèrent que les deux degrés de latitude qui s'étendaient entre moi et les scènes antérieures de mes études n'étaient pas sans influence sur le règne animal et le règne végétal. Le groupe de coquilles terrestres était différent, du moins dans ses proportions ; et un mollusque bien marqué — la grande hélice en écaille de tortue (*helix aspersa*), très abondante dans ce quartier — que je n'avais jamais vu du tout dans le nord. C'est aussi dans cette promenade boisée et bordée de buissons que je fis ma première connaissance avec le hérisson à l'état sauvage, animal qu'on ne rencontre pas au nord du Moray Firth. J'ai vu en outre, bien que l'été fût d'une chaleur moyenne, le chêne mûrir ses glands, phénomène rare dans les bois de Cromarty, où, dans au moins neuf saisons sur dix, les fruits ne font que se former puis tomber. Mais mes recherches cette saison portent plutôt sur les fossiles que sur les plantes et animaux récents. J'étais maintenant pour la première fois localisé sur le système carbonifère : la pierre sur laquelle je travaillais était intercalée parmi les veines de charbon en activité et regorgeait d'empreintes bien marquées des légumes les plus robustes de l'époque - stigmates, sigillaires, calamites, et lépidodendra ; et comme ils excitaient grandement ma curiosité, je passai plusieurs heures du soir dans la carrière où ils se produisaient, à tracer leurs formes dans le roc ; ou bien, prolongeant mes promenades jusqu'aux charbonnières voisines, j'ouvrais avec mon marteau, à la recherche d'organismes, les blocs de schiste ou d'argile stratifiée soulevés par en dessous par le mineur. Il n'existait à cette époque aucun de ces résumés populaires de science géologique qui sont aujourd'hui si courants ; et j'ai donc dû tâtonner, sans guide ni assistant, et sans aucun vocabulaire. Finalement, cependant, à force de travail patient, j'en suis venu à me faire des conceptions peu erronées, bien que naturellement inadéquates, de l'ancienne flore de Coal Measure : il était impossible de douter que ses nombreuses fougères soient réellement telles ; et bien que je n'aie pas d'abord réussi à retracer les analogies supposées entre ses lépidodendras et ses calamites, il était au moins évident qu'il s'agissait des tiges en forme de fût de grandes plantes, qui s'étaient dressées comme des arbres. Un certain nombre de faits également, une fois acquis, m'ont permis d'assimiler à la masse de petits bribes d'informations, tirés de paragraphes aléatoires et d'articles occasionnels dans des magazines et des revues, qui, hormis ma connaissance antérieure des organismes auxquels ils se référaient, ne m'aurait rien dit. C'est ainsi que la végétation des Coal Measures commença progressivement à se former dans mon esprit, là où tout était auparavant vide, comme j'avais vu les flèches et les colonnes d'Édimbourg se former au milieu du brouillard, le matin de mon arrivée.

J'ai trouvé cependant un des premiers rêves de ma jeunesse se mêler curieusement à mes restaurations, ou plutôt en constituer la base. J'avais lu Gulliver au bon âge ; et mon imagination s'était remplie de petits hommes et de petites femmes, et gardait une forte emprise sur au moins une scène située dans le pays des hommes très grands, celle où le voyageur, après avoir erré au milieu des herbes qui s'élevaient à vingt pieds au-dessus de sa tête, se perdit dans un vaste bosquet d'orge de quarante pieds de haut. Je suis devenu propriétaire, en imagination, d'une colonie de Liliputiens, qui équipaient mon canot de dix-huit pouces ou qui cultivaient mon jardin de la largeur d'un tablier ; et, associant aux hommes de Liliput la scène de Brobdignag, je m'étais souvent mis à imaginer, en faisant l'école buissonnière sur les pentes verdoyantes de la Colline, ou parmi les marais des « Saules », comment certaines des scènes en forme de vignettes dont j'étais entouré aurait paru si infime aux créatures. Je les ai imaginés se faufilant à travers de sombres forêts de fougères hautes de quarante pieds, ou admirant au flanc d'une colline quelque énorme lyre étendant ses bras velus verts vers des jubés entiers, ou arrêtés au bord de quelque marécage dangereux, par des haies de prêles gigantesques, qui portaient au sommet, au-dessus de la tourbière, leurs cônes en forme de massue à nombreuses fenêtres, et de chaque point jaillissaient leurs feuilles vertes verticillées, énormes comme des roues de carrosse dépouillées de leur bord. Et pendant que je rêvais ainsi pour mes compagnons liliputiens, je devenais moi-même pour un moment liliputien, j'examinais les minutes dans la nature comme à la loupe, j'errais en imagination sous les fougères qui avaient poussé dans les arbres et j'apercevais le club sombre. comme des têtes d'équisetaceæ, se dressent au-dessus des branches épineuses, à environ six mètres au-dessus de la tête. Et maintenant, chose étrange à dire, je découvris qu'il me suffisait de me rabattre sur mes vieilles imaginations juvéniles et de me forger mes premières conceptions approximatives des forêts des Mesures Charbonnières, en apprenant à regarder nos fougères, nos massues et nos équisetacees. , avec l'œil de quelque voyageur errant de Liliput perdu au milieu de leurs enchevêtrements. Lorsque je me promenais au coucher du soleil au bord d'un ruisseau boisé qui traversait le domaine, et à côté duquel la prêle s'élevait épaisse et rangée dans les creux les plus sombres, et les fougères sortaient leurs frondes des berges les plus sèches, j'ai dû sombrer dans l'imagination comme autrefois dans un mannequin de quelques pouces, et voir des jungles intertropicales dans les herbes enchevêtrées et les équisetaceæ densément entrelacées, et de grands arbres dans la forêt et la fougère dame. Mais de nombreuses fonctionnalités manquantes ont dû être complétées et de nombreuses fonctionnalités existantes ont dû être modifiées. Au milieu des forêts de fougères arboracées et de prêles hautes comme les mâts des pinasses, se dressaient de gigantesques lys, plus épaisses que le corps d'un homme, et hautes de soixante à quatre-vingts pieds, qui mêlaient leurs feuillages à d'étranges monstres. du monde végétal, de types qui ne sont plus reconnaissables parmi les formes existantes - des ullodendras sculptés, portant des rayures rectilignes de cônes sessiles sur leurs côtés - et des sigillaires richement tatoués, cannelés comme des colonnes, et avec des rangées verticales de feuilles hérissées sur leurs tiges et leurs branches plus grandes. . Tels étaient quelques-uns des rêves auxquels je commençai à cette époque pour la première fois à me livrer ; et ils ne sont pas non plus décédés, comme les autres rêves de la jeunesse. Le vieux poète n'a pas rarement à se plaindre qu'à mesure qu'il grandit, ses «visions flottent de moins en moins palpablement devant lui». Celles, au contraire, que la science évoque grandissent en distinction, à mesure que, dans le processus d'acquisition lente, forme après forme est évoquée de l'obscurité du passé, et une restauration s'ajoute à une autre.

Il y avait à cette époque plusieurs villages de charbonniers dans les environs d'Édimbourg, qui ont disparu depuis. Ils étaient situés sur ce qu'on appelait les « edge-coals » – ces veines abruptes du bassin houiller du Mid-Lothian qui, situées bas dans le système, ont une inclinaison plus verticale par rapport aux éminences pièges du sud et de l'ouest que la partie supérieure. des filons au milieu du champ, et qui, comme ils ne pouvaient pas être suivis dans leur descente abrupte au-delà d'une certaine profondeur, sont maintenant considérés, au moins pour les besoins pratiques du mineur, et jusqu'à ce que la valeur du charbon ait augmenté considérablement , comme prévu. L'un de ces villages, dont les fondations ne peuvent plus être retracées, se trouvait à proximité immédiate de Niddry Mill. C'était un misérable assemblage de masures crasseuses, aux toits bas, couvertes de tuiles, chacune ressemblant parfaitement à toutes les autres, et habitée par une race d'hommes grossiers et ignorants, qui portaient encore autour d'eux la terre et les taches de l'esclavage récent. . Aussi curieux que cela puisse paraître, tous les hommes âgés de ce village, bien que situé à un peu plus de six kilomètres d'Édimbourg, étaient nés esclaves. Bien plus, dix-huit ans plus tard (en 1842), lorsque le Parlement décréta une commission chargée d'enquêter sur la nature et les résultats du travail des femmes dans les mines de charbon d'Écosse, il y avait encore un charbonnier qui ne s'était jamais éloigné de vingt milles de la capitale écossaise. qui pourrait déclarer aux commissaires que son père et son grand-père avaient été esclaves – qu'il était lui-même né esclave – et qu'il avait travaillé pendant des années dans une fosse des environs de Musselburgh avant que les charbonniers n'obtiennent leur liberté. Le père et le grand-père étaient paroissiens du regretté Dr Carlyle d'Inveresk. Ils étaient contemporains de Chatham et Cowper, ainsi que de Burke et Fox ; et à une époque où Granville Sharpe aurait pu s'avancer et protéger efficacement le nègre en fuite qui s'était réfugié de la tyrannie de son maître dans un port britannique, aucun homme n'aurait pu *les protéger* du laird d'Inveresk, leur propriétaire, s'ils avaient osé le faire. exercer le droit, commun à tous les Britanniques, de déménager dans une autre localité ou de choisir un autre emploi. Il est assez étrange, sûrement, qu'un fragment aussi entier du passé barbare ait pu être ainsi intégré à une époque qui n'est pas encore entièrement révolue ! Je considère comme une des circonstances les plus singulières de ma vie que j'aie conversé avec des Écossais nés esclaves. Les charbonnières de ce village, pauvres créatures trop travaillées, qui transportaient sur leur dos tout le charbon du sous-sol, par un long escalier à péage inséré dans l'un des puits, continuaient à porter autour d'elles plus de marques de servage que d'autres. même les hommes. Comme ces pauvres femmes travaillaient, et combien, même à cette époque, elles étaient caractérisées par la nature esclave ! Il a été estimé par un homme qui les connaissait bien, M. Robert Bald, que l'un de leurs travaux quotidiens ordinaires équivalait au transport d'un quintal du niveau de la mer jusqu'au sommet du Ben Lomond. Elles étaient marquées par un type de bouche particulier, grâce auquel j'appris à les distinguer de toutes les autres femelles du pays. Il était large, ouvert, aux lèvres épaisses, se projetant également au-dessus et au-dessous, et ressemblait exactement à ce que nous trouvons dans les gravures données des sauvages dans leur état le plus bas et le plus dégradé, dans les récits de nos voyageurs modernes, comme, par exemple, le "Récit du deuxième voyage du capitaine Fitzroy sur le Beagle." Cependant, au cours des vingt dernières années, ce type de bouche semble avoir disparu en Écosse. Elle s'accompagnait de traits de faiblesse presque infantiles. J'ai vu ces charbonneuses pleurer comme des enfants, lorsqu'elles peinaient sous leur fardeau dans les tours supérieures de l'escalier de bois qui traversait le puits ; puis revenant, à peine une minute après, avec le cantre vide, chantant de joie. Les maisons des charbonniers étaient surtout remarquables par le fait qu'elles étaient toutes semblables, à l'extérieur comme à l'intérieur ; tous étaient également crasseux, sales, nus et inconfortables. J'ai d'abord appris à soupçonner, dans ce village grossier, que le mot d'ordre démocratique « Liberté et égalité » était quelque peu erroné dans sa philosophie. L'esclavage et l'égalité seraient plus proches du but. Partout où règne la liberté, les différences originelles entre l'homme et l'homme commencent à se manifester dans leurs circonstances extérieures, et l'égalité cesse aussitôt. C'est grâce à l'esclavage que l'égalité, au moins parmi les masses, peut être pleinement atteinte. [8]

Je n'ai trouvé que peu d'intelligence dans le quartier, même parmi les villageois et les gens de la campagne, qui se tenaient sur une plate-forme plus élevée que les charbonniers. Le fait peut être expliqué de diverses manières ; mais il en est ainsi que, bien qu'il y ait presque toujours plus que la moyenne de connaissances et de connaissances parmi les mécaniciens des grandes villes, les petits hameaux et villages qui les entourent sont généralement habités par une classe considérablement inférieure à la moyenne. Dans l'intéressant "Traité de l'Homme" de M. Quetelet, nous trouvons une série de cartes qui, basées sur de nombreux tableaux statistiques, montrent par des nuances de plus en plus claires le caractère moral et intellectuel de la population dans les diverses régions des pays qu'ils habitent. représenter. Sur une carte, par exemple, représentative de l'état de l'éducation en France, tandis que certaines provinces bien instruites sont représentées par une teinte vive, comme si elles jouissaient de la lumière, il y en a d'autres, où règne une grande ignorance, qui présentent une teinte profonde. de noirceur, comme si un nuage reposait sur eux ; et l'aspect général de l'ensemble est celui d'un paysage vu du sommet d'une colline par un jour d'ombre et de lumière tachetées. Il existe cependant certaines nuances plus infimes, par lesquelles certains faits curieux pourraient être représentés de cette manière de manière frappante à l'œil, pour lesquelles les tableaux statistiques ne fournissent pas de base adéquate, mais que les hommes qui ont vu une grande partie de la population d'un pays pourraient être surpris. capable de donner d'une manière au moins approximativement correcte. Sur une carte ombrée représentative de l'intelligence de l'Écosse, je serais disposé – en faisant couler les classes abandonnées, ou en les représentant simplement par quelques points sombres comme ceux qui tachent le soleil – à représenter les grandes villes comme des centres de luminosité focale ; mais j'entourerais chacun de ces centres focaux d'un halo d'obscurité considérablement plus profond que les espaces moyens au-delà. J'ai découvert que dans l'auréole ténébreuse de la capitale écossaise existaient, indépendamment de l'ignorance des pauvres charbonniers, trois éléments distincts. Une proportion considérable des villageois étaient des domestiques agricoles en déclin, qui, ne pouvant plus se procurer, comme à l'époque de leurs forces ininterrompues, des engagements réguliers auprès des agriculteurs du district, subvenaient à leurs besoins comme ouvriers occasionnels. Et bien sûr, ils se caractérisaient par l'ignorance de leur classe. Une autre partie de la population était des charretiers, employés principalement, à cette époque, avant le début des chemins de fer, à approvisionner le marché du charbon d'Édimbourg et à acheminer les matériaux de construction vers la ville depuis les diverses carrières. Et les charretiers en tant que classe, comme tous ceux qui vivent beaucoup dans la société des chevaux, sont invariablement ignorants et dépourvus d'intellectuels. Une troisième partie, mais beaucoup plus petite que les deux autres, était constituée de mécaniciens ; mais ce n'étaient que des mécaniciens d'un ordre inférieur qui restaient hors de la ville pour travailler pour les charretiers et les ouvriers : les mécaniciens les plus qualifiés et, dans une certaine mesure, les termes sont convertibles, les plus intelligents trouvèrent un emploi et un foyer à Édimbourg. La chaumière dans laquelle je logeais était habitée par un vieux domestique de ferme, un homme grand, gros et à petite tête, qui, dans son voyage à travers la vie, semblait n'avoir guère eu d'idée ; et sa femme, une femme d'une soixantaine d'années, quoique d'un *corps* assez beau dans l'ensemble et d'une gérante prudente, n'était pas plus intellectuelle. Ils n'avaient qu'un seul appartement dans leur humble demeure, clôturé par une petite cloison de la porte extérieure - et j'aurais souhaité qu'ils en aient deux - mais il n'y avait pas de choix de logement dans le village, et je venais juste de le faire. me contenter, comme le doit toujours l'ouvrier en pareille circonstance, du refuge que je pourrais obtenir. Mon lit était situé à un bout de la chambre, et celui de ma logeuse et de son mari à l'autre, avec le passage par lequel nous entrions ; mais la bonne vieille Peggy Russel avait été habituée à de tels arrangements toute sa vie et ne semblait jamais y penser une seule fois ; et, comme elle avait atteint cette période de la vie où les femmes de la classe la plus humble prennent les caractéristiques de l'autre sexe, un peu, je suppose, selon le principe selon lequel les oiseaux femelles très anciens revêtaient un plumage mâle, j'ai rapidement cessé de le faire. y penser aussi. Il n'en est pas moins vrai, cependant, que les objectifs de la décence exigent que beaucoup soit fait, en particulier dans les districts du sud et du Midland de l'Écosse, pour les habitations des pauvres.

NOTES DE BAS DE PAGE :

[6] L'oncle James n'aurait guère sanctionné, s'il avait été consulté à ce sujet, l'usage auquel était appliquée la carcasse de son aigle mort. Il y avait là une vieille femme excentrique et idiote qui, pour la petite somme d'un demi-penny, avait l'habitude de danser dans la rue pour amuser les enfants, et se réjouissait de l'appellation euphonique quoique quelque peu obscure de "Dribble Drone". ". Quelques jeunes gens, voyant l'aigle dépouillé de sa peau et semblant remarquablement propre et bien conditionné, suggérèrent de l'envoyer au « Dribble » ; et, en conséquence, sous le caractère d'une « grande oie, cadeau d'un gentleman », elle fut déposée à sa porte. Le cadeau a été heureusement accepté. La maison de Dribble s'est révélée odorante à l'heure du dîner pendant plusieurs jours suivants ; et lorsqu'on lui demanda, au bout d'une semaine, combien elle avait apprécié la grande oie sur laquelle le monsieur avait assis, elle répondit que c'était "Unco sweet, mais oh! teuch, teuch!" Pendant des années, la réponse est restée proverbiale dans ce pays : et de nombreux morceaux de poisson trop dur et de steak trop frais étaient caractérisés comme : "Comme l'aigle de Dribble Drone, pas sucré, mais oh !" enseigne, enseigne!"

[7] Aussi connue que soit la chanson de Gilfillan chez nous, elle l'est beaucoup moins au sud de la Frontière, et je la présente à mes lecteurs anglais, comme un digne représentant, en ces derniers jours, de ces chansons ridicules de notre pays. dans les temps anciens qui sont si admirablement propres à montrer, malgré la plaisanterie de Goldsmith,

"Pour qu'un Écossais puisse avoir de l'humour, j'ai presque dit de l'esprit."

LE RECUEILLEUR D'IMPÔTS.

Oh! Connaissez-vous Peter, le fisc et l'écrivain ?

    Vous savez très bien que vous ne savez rien de lui ;

On l'appelle inspecteur, ou percepteur des pauvres...

    Ma foi! il est bien Kent à Leith, Peter M'Craw !

Il ca's et il revient - haws, et il fredonne encore -

    Ce n'est qu'une main, mais c'est aussi bon que deux ;

Il sort et râle, et prélève les impôts,

    Et je mets l'argent en poche... dommage ! Peter M'Craw !

Il sera à votre porte un lundi en plein jour,

    Le lundi, vous êtes de nouveau favorisé par un ca' ;

Il m'a jeté un coup d'œil à Kirk le dimanche dernier,

    Whilk voulait dire... " *Attention à la prédication et à Peter M'Craw.* "

Il jette un regard noir à ma vieille porte comme s'il l'avait fait ;

    Il regarde par le trou de la serrure quand je suis absent ;

Il va lire le vieux Stane, qui dit ce qui l'a lu,

    Pour « *Bénir Dieu pour un cadeau* », [A] — mais Peter M'Craw !

Ses petits papiers sont parfaitement rangés et complètement,

    Que le vôtre, étonnamment, soit le premier sur le brut !

Il n'y a pas de Peter jinkin', pas de flotteur d'antilope ;

    Je ne *fais plus* connaissance avec Peter M'Craw !

"C'était juste vendredi soir, Auld Reekie dans lequel j'étais,

    J'aurais gagné un shillin - j'en ai peut-être deux ;

Je pensais être heureux avec des amis qui possèdent un drappie,

    Quand viendrait Papin, sinon Peter M'Craw ?

Il y a un navire bien qu'il soit pressé par le danger,

    Et autour de ses fragiles tempes, les vents en colère soufflent ;

J'ai souvent eu de la gentillesse débloquée pour de simples étrangers,

    Mais pourquoi avons-nous besoin de la gentillesse de Peter M'Craw ?

J'ai fait pardonner un homme alors qu'il était juste à la potence...

    J'ai rencontré un chien honnête où le commerce était la loi !

J'ai connu le sourire de la fortune, même pour les gude jachères ;

    Mais je n'ai jamais fait exception avec Peter M'Craw !

Notre ville, parce que c'est joyeux, est douce et étrange ;

    Nos navires nous ont quittés, notre commerce est terminé ;

Il n'y a pas de belles servantes qui s'égarent, ni de petites bairnies qui jouent
;

    Vous avez beaucoup à répondre, Peter M'Craw !

Mais quel gude o' greevin 'as lang's nous quittons ?

    Mes fléaux, je les déposerai bientôt dans votre cour-cirk ;

Là aucun souci ne me pressera, aucun impôt ne me tourmentera,

Car là-bas, je serai libre de toi — Peter M'Craw !

[A] Légende pieuse, courante au XVIIe siècle au-dessus de l'entrée des maisons.

[8] La loi pour l'affranchissement de nos charbonniers écossais a été adoptée en 1775, quarante-neuf ans avant la date de ma connaissance avec la classe de Niddry. Mais bien que seuls les charbonniers du village qui étaient dans la cinquantaine d'années lorsque je les ai connus (avec, bien sûr, tous les plus âgés) étaient nés esclaves, même ses hommes de trente ans avaient en réalité, quoique non nominalement, sont venus au monde en état de servitude, en conséquence de certaines pénalités attachées à l'acte d'émancipation, dont les pauvres ignorants travailleurs souterrains étaient à la fois trop imprévoyants et trop peu ingénieux pour se soustraire. Ils furent cependant libérés par une seconde loi adoptée en 1799. Le langage de ces deux lois, considéré comme britannique de la seconde moitié du siècle dernier et comme faisant référence aux sujets britanniques vivant dans les limites de l'île, frappe avec un effet surprenant. « Attendu que », dit le préambule de l'acte le plus ancien, celui de 1775, « en vertu du droit statutaire de l'Écosse, tel qu'expliqué par les juges des tribunaux de cette région, de nombreux charbonniers, charbonniers et saleurs sont dans une situation difficile. état d' *esclavage ou de servitude* , liés aux houillères ou salines où ils travaillent *à vie, transférables avec les houillères et salines* et que l'émancipation, etc. etc. Un passage du préambule de la loi de 1799 n'est pas moins frappant : il déclare que, malgré la loi précédente, « de nombreux charbonniers et charbonniers *demeurent encore en état de servitude* » en Écosse. L'histoire de nos charbonniers écossais sera curieuse et instructive. Leur esclavage ne semble pas provenir des anciens principes du servage général, mais avoir son origine dans des actes relativement modernes du Parlement écossais et dans des décisions de la Cour de Session, dans des actes d'un Parlement dans lesquels les pauvres hommes souterrains ignorants Les représentants du pays étaient, bien entendu, totalement non représentés et dans les décisions d'un tribunal devant lequel aucun de leurs agents ne s'est jamais présenté en leur nom.

CHAPITRE XV.

"Voyez Inebriety, elle agite sa baguette,

Et voilà ! elle est pâle et voilà ! ses esclaves violets. "- CRABBE.

J'ai été rejoint au cours de quelques semaines, dans le cottage d'une seule pièce de Peggy Russel, par un autre locataire – des locataires de la classe la plus humble qui se réunissaient généralement par deux. Mon nouveau compagnon avait vécu quelque temps, avant mon arrivée à Niddry, dans un domicile voisin, qui, comme il était ce qu'on appelait un « homme à la vie tranquille », et que les détenus étaient turbulents et instables, avait, après avoir supporté une bonne affaire, j'ai été obligé d'arrêter. Comme notre contremaître, il était un sécessionniste strict, en pleine communion avec son Église. Bien que simple ouvrier, ne gagnant pas plus de la moitié du salaire de nos ouvriers qualifiés, j'avais observé, avant que notre connaissance ait commencé, qu'aucun maçon de l'équipe n'était plus confortablement vêtu que lui en semaine, ni ne portait un meilleur costume les jours de semaine. Dimanche; et c'est pourquoi je l'avais considéré, à cause des circonstances, comme un homme honnête. Je découvris maintenant que, comme mon oncle Sandy, il était un grand lecteur de bons livres – un admirateur même des mêmes vieux auteurs – profondément lu comme lui, à Durham et à Rutherford – et entretenant également un grand respect pour Baxter, Boston. , le vieux John Brown et les Erskine. Sur un point cependant, il différait de mes deux oncles : il avait commencé à remettre en question l'excellence des établissements religieux ; bien plus, soutenir que le pays ne serait pas pire si ses dotations ecclésiastiques lui étaient retirées – opinion que notre contremaître partageait également ; tandis que les oncles Sandy et James étaient aussi peu opposés que les vieux prêtres eux-mêmes à un ministère payé par l'État, et désiraient seulement qu'il soit bon. Il y avait deux autres sécessionnistes engagés comme maçons à l'ouvrage, plus polémiques et moins dévots que le contremaître ou mon nouveau camarade l'ouvrier ; et ils parlaient aussi occasionnellement, non seulement de l'utilité douteuse, mais – comme ils étaient plus forts dans leur langage que leurs coreligionnaires plus abnégationnistes et plus cohérents – de l'inutilité positive des établissements. La controverse volontaire n'a éclaté que neuf ans environ après cette époque, lorsque le projet de réforme a donné libre cours à de nombreuses opinions refoulées et à l'humour parmi la classe à laquelle il avait étendu le droit de vote ; mais les matériaux de guerre s'accumulaient évidemment déjà parmi les dissidents intelligents d'Écosse ; et d'après ce que j'ai vu maintenant, sa première apparition sous un aspect quelque peu redoutable ne m'a pas surpris. Je dois, en toute justice, ajouter que toute la religion de notre parti se trouvait parmi ses sécessionnistes. Nos autres ouvriers étaient des gens vraiment sauvages, dont la plupart n'entraient jamais dans une église. Une réaction décidée avait déjà commencé au sein de l'establishment contre le modératisme froid, élégant et impopulaire de la période précédente – ce modératisme qui avait été si adéquatement représenté dans la capitale écossaise par la théologie de Blair et la politique ecclésiastique de Robertson ; mais c'était surtout dans les classes moyennes et supérieures que la réaction avait commencé ; et presque aucune partie du peuple les plus humbles, perdue pour l'Église au cours des deux générations précédentes, n'avait encore été récupérée. Ainsi, les travailleurs d'Édimbourg et de ses environs, à cette époque, étaient en grande partie soit non religieux, soit inclus dans le camp des Indépendants ou de la Sécession.

John Wilson – car tel était le nom de mon nouveau camarade – était un homme vraiment bon – pieux, consciencieux, amical – pas très intellectuel, mais une personne pleine de bon sens et nullement dénuée de connaissances générales. Il y avait un autre ouvrier à l'ouvrage, un petit homme malheureux, avec lequel j'ai souvent vu John occupé à mélanger du mortier ou à transporter des matériaux aux constructeurs, mais jamais sans être frappé du contraste qu'ils présentaient dans leur caractère et leur apparence. John était un personnage simple, d'apparence quelque peu rustique ; et une blessure qu'il avait reçue à cause de la poudre à canon dans une carrière, qui avait détruit la vue d'un de ses yeux et considérablement atténué celle de l'autre, n'avait bien sûr pas servi à améliorer son apparence ; mais il avait toujours un air joyeux et content ; et, malgré toute sa simplicité, c'était une personne agréable à voir. Son compagnon était un très bel homme, aux cheveux gris, aux favoris argentés, avec une physionomie aristocratique qui n'aurait pas discrédité un salon royal, et une silhouette droite quoique quelque peu petite, moulée dans un moule qui, s'il était mieux mis en valeur, il aurait été reconnu comme élégant. Mais John Lindsay – c'est ainsi qu'on l'appelait – portait toujours l'empreinte de la misère sur ses traits frappants. Il n'y avait entre le pauvre petit homme et la pairie de Crawford qu'un gouffre étroit, représenté par un acte de mariage manquant ; mais il n'a jamais été capable de combler le fossé ; et il dut travailler dans le malheur, en conséquence, comme ouvrier maçon. J'ai entendu vingt fois par jour l'appel retentir sur les murs : « John, Yearl Crafurd, apporte-nous une autre botte de chaux.

Je trouvai la religion occupant une place bien plus humble parmi ces ouvriers du sud de l'Écosse que celle que je lui voyais assignée dans le nord. Dans mon district natal et dans les comtés voisins, il parlait encore avec autorité ; et un homme qui défendait sa cause dans n'importe quelle société, à moins d'être très insensé ou très incohérent, réussissait toujours à faire taire l'opposition et à faire valoir ses prétentions. Ici, cependant, les irréligieux affirmaient leur pouvoir en tant que majorité et menaient les affaires d'une main haute ; et la religion elle-même, n'existant que comme *dissidence* et non comme *établissement* , dut se contenter de la simple tolérance. Les remontrances, ni même les conseils, n'étaient pas autorisés. « Johnnie, mon garçon », j'ai entendu l'un des mécaniciens les plus grossiers dire, moitié en plaisantant, moitié sérieusement, à mon compagnon, « si vous vous décidez à me convertir, je vous briserai la gueule ; et j'en ai connu un autre qui faisait remarquer, d'un air condescendant, que « les églises n'étaient pas de très mauvaises choses, après tout » ; qu'il « aimait bien être dans une église, par souci de décence, une fois par an » ; et que, comme il "n'avait pas été mis à pied depuis dix mois, il n'attendait qu'un sabbat pluvieux, pour faire ses réserves de divinité pour l'année". Notre nouveau locataire, conscient du peu d'ingérence dans les préoccupations religieuses d'autrui était tolérée dans cet endroit, parut pendant un certain temps incapable de rassembler assez de résolution pour aborder dans la famille son sujet favori. Il se retirait chaque soir, avant de se coucher, dans son cabinet, le caveau bleu avec toutes ses étoiles, souvent le seul cabinet du fervent locataire d'une chaumière du sud ; mais je vis que chaque soir, avant de sortir, il avait l'habitude de nous regarder avec inquiétude, le propriétaire et moi, comme s'il avait à l'égard de nous un poids dont il craignait de se débarrasser et qui pourtant le rendait très triste. inconfortable. « Eh bien, John », ai-je demandé un soir, parlant directement, à son embarras évident ; "qu'est-ce que c'est?" John regarda le vieux William, le propriétaire, puis moi. « N'avons-nous pas pensé qu'il était juste, dit-il, qu'il y ait un culte du soir en famille ? Le vieux William n'avait pas assez d'idées pour la conversation : ou bien il signifiait son acquiescement à tout ce qui lui plaisait, par un oui, oui, oui ; ou bien il grommelait sa dissidence en quelques sons explosifs, qui exprimaient sa signification plutôt par leur caractère de tons que de vocables. Mais maintenant, aux explosions ordinaires, se mêlait l'énonciation distincte, faite, pour lui, avec une emphase inhabituelle, qu'il « n'était pas pour *ça* ». Mais je suis intervenu de l'autre côté et j'ai fait appel à Peggy. "J'étais sûr", dis-je, "que Mme Russel verrait le bien-fondé de la proposition de John." Et Mme Russel, comme la plupart des femmes l'auraient fait dans les circonstances, à moins, en effet, de très mauvaises femmes, en comprit l'opportunité ; et à partir de ce soir, la chaumière eut son culte familial. Les prières de Jean étaient toujours très sincères et excellentes, mais parfois un peu trop longues ; et le vieux William, qui, je le crains, n'en profitait pas beaucoup, s'endormait assez souvent à genoux. Mais bien qu'il se glissât parfois jusqu'à son lit lorsque Jean arrivait par hasard à prendre le livre un peu plus tard que d'habitude, et qu'il s'endormît profondément avant que la prière ne commence, il s'en remettait à la majorité et ne nous opposait aucune opposition active. Ce n'était pas un homme vicieux : son intellect avait dormi toute sa vie et il avait aussi peu de religion qu'un vieux cheval ou un vieux chien ; mais il était calme et honnête et, dans la mesure de ses capacités défaillantes, un travailleur fidèle dans ses humbles emplois. Sa formation religieuse, comme celle de ses frères villageois, semblait avoir été gravement négligée. S'il était allé à l'église paroissiale le dimanche, il aurait entendu lire en chaire un essai moral respectable et aurait, bien sûr, dormi en dessous ; mais William, comme la plupart de ses voisins, préférait dormir dehors la journée à la maison et n'allait jamais à l'église ; et aussi certainement qu'il n'est pas allé voir le professeur de religion, le professeur de religion n'est jamais venu vers lui. Pendant les dix mois que j'ai passés dans le quartier de Niddry Mill, je n'ai vu ni ministre ni missionnaire. Mais si le village ne fournissait aucun terrain avantageux pour livrer la bataille des établissements religieux, étant donné que l'établissement n'y était d'aucune utilité, il fournissait un terrain tout aussi inapproprié pour la classe de volontaires qui estiment que l'enseignement religieux devrait être dispensé. , comme dans le cas de toutes les autres marchandises, être réglé par la demande. L'offre et la demande étaient admirablement bien équilibrées dans le village de Niddry : il n'y avait aucune instruction religieuse, et aucun souhait ou désir d'en suivre une.

Les maçons de Niddry House étaient payés tous les quinze jours, un samedi soir. Les salaires étaient élevés : nous recevions deux livres huit shillings pour nos deux semaines de travail ; mais à peine une demi-douzaine de membres de l'équipe pouvaient revendiquer au règlement l'histoire complète, car les lundi et mardi après la soirée de paye étaient généralement des jours blancs, consacrés aux deux tiers de l'ensemble à la beuverie et à la débauche. Rarement les salaires n'ont-ils été dépensés plus tristement que par mes pauvres collègues de Niddry, pendant cette période d'emploi abondant et largement rémunéré. Après avoir reçu leur argent, ils partirent aussitôt pour Édimbourg, par groupes de trois ou quatre ; et jusqu'au soir du lundi ou du mardi suivant, je ne les vis plus. Ils arrivaient alors, pâles, sales, l'air inconsolables — presque toujours dans cet état réactionnaire de malheur qui succède à l'ivresse — (ils appelaient eux-mêmes cela « *les horreurs* ») — et avec leur système nerveux si ébranlé qu'il était rarement jusqu'à un jour ou deux après, ils ont retrouvé leur capacité de travail ordinaire. Les récits de leurs aventures, cependant, commençaient alors à circuler à travers l'équipe – des aventures généralement du type « Tom et Jerry » ; et toujours, plus ils étaient extravagants, plus ils suscitaient l'admiration. Je me souviens d'une occasion (car on en parlait beaucoup comme d'une manifestation de bonne humeur) que trois d'entre eux, louant un carrosse, partaient en voiture le dimanche pour visiter Roslin et Hawthornden, et dépensaient ainsi leurs six livres autant à la manière des gentlemen, qu'ils ont pu se remettre au maillet sans un sou le lundi soir. Et comme ils étaient donc au travail le mardi, ils réussirent, comme ils disaient, à épargner le salaire d'une journée habituellement perdue, rien qu'en faisant la chose avec tant de délicatesse. Édimbourg avait à cette époque une police peu efficace et, dans certaines de ses localités les moins réputées, devait être dangereuse. Burke trouva son port ouest un lieu propice à son horrible commerce bien des années plus tard ; et d'après les histoires de certains de nos esprits les plus audacieux, qui, bien que peut-être exagérées, avaient évidemment leur noyau de vérité, il n'y avait pas un peu de violence et d'anarchie perpétrées dans ses repaires les plus ignobles pendant les années de folie spéculative. Quatre de nos maçons ont trouvé, un samedi soir, un garçon de la campagne pieds et poings liés sur le sol d'une pièce intérieure sombre dans l'un des repaires de High Street ; et tel était l'état d'épuisement auquel il était réduit, principalement à cause de la compression d'un vieux tablier étroitement enroulé autour de son visage, que bien qu'ils l'aient relâché, il lui fallut un certain temps avant qu'il puisse rassembler assez de force pour ramper. Il avait été volé par une bande de femmes qu'il avait eu la folie de traiter ; et en menaçant d'appeler le gardien, ils étaient tombés sur un moyen de le faire taire qui, sans l'intervention de mes collègues sauvages , l'aurait bientôt rendu ainsi définitivement. Et ce n'était là qu'une des nombreuses histoires du genre.

Il y avait bien sûr une diversité considérable de talents et de connaissances parmi mes associés les plus téméraires au travail ; et il était assez curieux de noter leurs opinions très diverses sur ce qui constituait l'esprit ou son absence. Un garçon faible nous parlait d'un de ses frères apprentis singulièrement fougueux, qui non seulement buvait, tenait compagnie et jouait toutes sortes de farces très malicieuses, mais volait même parfois dans les entrepôts ; ce qui était bien sûr une chose très intrépide, étant donné que cela le mettait au vent de la potence ; tandis qu'un autre de nos ouvriers sauvages, un homme de sens et d'intelligence, coupait souvent court aux récits du frère le plus faible, en décrivant son fougueux apprenti comme un méchant et sans grâce, qui, s'il avait eu ce qu'il méritait, aurait été pendu comme un chien. J'ai trouvé que l'intelligence qui résulte d'une bonne éducation scolaire, aiguisée par un goût ultérieur pour la lecture, rehaussait beaucoup dans certains domaines l'exigence selon laquelle mes camarades réglaient leur conduite. La simple intelligence ne constituait parmi eux aucune protection contre l'intempérance ou le libertinage ; mais cela constituait une protection non inefficace contre ce qui sont particulièrement des vices mesquins, tels que le vol et les formes les plus grossières et les plus rampantes de mensonge et de malhonnêteté. Bien sûr, des cas exceptionnels se produisent dans toutes les classes de la société : il y a eu des dames accomplies, riches et de rang, qui se sont livrées à une propension au vol dans les boutiques de drapiers ; et des messieurs de naissance et d'éducation auxquels on ne pouvait pas faire confiance dans une bibliothèque ou dans l'arrière-boutique d'un libraire ; et ce qui se produit parfois dans les marches supérieures doit parfois être également illustré dans les marches inférieures ; mais, à en juger par ce que j'ai vu, je dois considérer comme règle générale qu'une bonne éducation intellectuelle n'est pas une protection inefficace contre les crimes les plus vils, mais non à aucun degré contre les « vices agréables ». La seule protection adéquate contre les deux, également, est le

type d'éducation dont mon ami John Wilson, le travailleur, a été l'exemple –
un type d'éducation rarement acquis dans les écoles, et pas beaucoup plus
fréquemment possédé par les maîtres d'école que par toute autre classe
d'hommes de métier.

L'homme le plus remarquable de notre groupe était un jeune homme de
vingt-trois ans, au moins aussi coquin que n'importe lequel de ses
compagnons, mais possédant une grande force de caractère et d'intelligence
et, malgré toute sa sauvagerie, marqué par des sentiments très forts. traits
nobles. C'était un homme fort et non sans élégance, mesurant environ six
pieds, au teint sombre et au visage maussade, qui, bien qu'il puisse, je n'en
doute pas, devenir tout à fait aussi redoutable qu'il en avait l'air, caché dans
son corps. des humeurs ordinaires, beaucoup de placidité et une riche veine
d'humour. Charles ——— était le héros reconnu de l'escouade ; mais il différait
considérablement des hommes qui l'admiraient le plus. Burns nous dit qu'il «
courtisait souvent la connaissance de la partie de l'humanité communément
connue sous le terme ordinaire de *canailles* » ; et que, « bien que déshonoré
par des folies, voire parfois entaché de culpabilité, il avait pourtant trouvé
parmi eux, dans de nombreux cas, certaines des plus nobles vertus :
magnanimité, générosité, amitié désintéressée et même modestie ». Je ne peux
pas dire avec le poète que j'ai jamais courtisé la connaissance des canailles ;
mais bien que le travailleur puisse choisir ses amis, il ne peut pas choisir ses
collègues de travail ; aussi n'ai-je pas rarement *été en contact* avec des canailles,
et j'ai eu l'occasion de les connaître assez à fond. Et mon expérience de la
classe a été tout à fait inverse de celle de Burns. J'ai généralement trouvé leurs
vertus d'une distribution purement théâtrale et leurs vices réels ; une grande
générosité supposée dans certains cas, mais une insensibilité de sentiment et
une méchanceté d'esprit cachées en dessous. Cependant, chez ce pauvre
garçon, j'ai certainement trouvé un échantillon de la variété la plus noble du
genre. Le pauvre Charles aussi en faisait décidément partie. C'est lui qui
projetait la fête du dimanche à Roslin ; et c'est lui qui, se frayant un chemin
dans les recoins d'une maison peu recommandable de High Street, trouva le
poids lourd s'étouffant dans un tablier et, détachant les cordes, le laissa partir.
Aucun homme du parti n'a dilapidé ses gains avec plus d'imprudence que
Charles, ni n'a eu des notions plus vagues quant à la légitimité des usages
auxquels il les appliquait trop souvent. Et pourtant, c'était un homme au cœur
généreux ; et, sous l'influence de principes religieux, il aurait fait, comme
Burns lui-même, un homme très noble.

En faisant peu à peu ma connaissance avec lui, je fus d'abord frappé par le
fait qu'il ne se joignait jamais aux ridicules maladroites dont j'étais assailli par
les autres ouvriers. Lorsqu'on m'a laissé une fois, à la suite d'une combinaison
tacite contre moi, rouler une grosse pierre pour former une sorte de banc de
blocs, ou *de siège* , comme on l'appelle techniquement, sur lequel la masse

devait être taillée, et comme je parvenais lentement à faire, au prix d'un effort très violent, ce pour quoi deux ou trois hommes s'unissaient habituellement, Charles sortit pour m'aider ; et la combinaison s'effondra aussitôt. Contrairement aux autres également, qui, même s'ils n'hésitaient jamais à prendre des risques contre moi, semblaient suffisamment réticents à entrer en contact avec moi seul, il apprit à me chercher dans nos intervalles de travail et à converser sur des sujets qui nous plaisaient. un intérêt commun. Il était non seulement un excellent mécanicien, mais possédait également des compétences architecturales considérables ; et dans cette province spéciale, nous avons trouvé un échange d'idées non inutile. Il avait aussi un penchant pour la lecture, même s'il n'était pas du tout instruit ; et j'aimais discuter de livres. Même si cette faculté n'avait été que peu cultivée, il n'était pas non plus dépourvu d'un œil pour les curieux de nature. En portant son attention, un matin, sur une impression bien marquée de lépidodendron, qui traçait délicatement de son réseau en forme de losange l'un des plans de la pierre devant moi, il commença à décrire, avec une minutie d'observation peu commune chez les ouvriers. hommes, certaines formes étranges qui avaient attiré son attention lorsqu'elles étaient employées parmi les dalles grises du Forfarshire. J'ai reconnu longtemps après dans sa description cet étrange crustacé du grès rouge moyen-ancien d'Écosse, le *Ptérygote* , organisme qui était entièrement inconnu à cette époque aux géologues, et qui n'est encore que partiellement connu ; et j'ai vu en 1838, lors de la publication, dans sa première édition, des "Éléments" de Sir Charles Lyell, ce qu'il voulait indiquer, par un croquis grossier qu'il a dessiné sur la pierre devant nous, et qui, à la base d'une demi-ellipse, ressemblant un peu à un fer à cheval, réunissait un prolongement angulaire pas très différent de la tige de fer d'une truelle pointue tirée du manche. Il avait évidemment vu, bien avant qu'elle ait été détectée par l'œil scientifique, cette étrange ichtyolite du système Old Red, la *Cephalaspis* . Son histoire, bien qu'il la racontait avec beaucoup d'humour et un effet dramatique, était en réalité très triste. Il s'était disputé, quand il était tout jeune, avec un de ses collègues, et avait eu le malheur, lors de la confrontation pugilistique qui suivit, de se briser la mâchoire, et de le blesser si gravement, que pendant quelque temps son rétablissement parut douteux. . Fuyant, poursuivi par les officiers de justice, il fut, après quelques jours de clandestinité, appréhendé, incarcéré, jugé par la Haute Cour de Justice, et finalement condamné à trois mois de prison. Et ces trois mois, il dut passer, car telle était la misérable disposition de l'époque, dans la pire société du monde. En dessinant, comme il le faisait parfois, pour l'amusement général, les personnages des différents prisonniers avec lesquels il avait côtoyé - depuis le pickpocket sournois et le voyou meurtrier, jusqu'au simple contrebandier des Highlands, qui avait transformé son grain en whisky, avec à peine assez d'intelligence pour voir qu'il n'y avait rien de moralement mauvais dans la transaction - il cherchait seulement à être aussi graphique et

humoristique que possible, et toujours avec un succès complet. Mais il y avait
une morale involontaire attachée à ses récits ; et je ne peux pas encore les
appeler sans m'indigner de cette détestable pratique de la promiscuité qui a
si longtemps prévalu dans notre pays, et qui a eu pour effet de transformer
ses prisons en institutions de fabrication de crime si complètes, que les
honnêtes hommes du communauté soulevée et traitée par eux comme la
foule de Lord-George-Gordon s'est occupée de Newgate, je ne pense pas
qu'ils auraient agi hors de leur caractère. Le pauvre Charles avait une noblesse
dans sa nature qui l'empêchait d'être contaminé par ce qu'il y avait de pire
chez ses méchants associés ; mais il n'en fut pas meilleur de son
emprisonnement, et il sortit de prison, bien sûr, un homme marqué ; et sa
carrière ultérieure fut, je le crains, d'autant plus imprudente en raison de la
tache impartie à cette époque à son caractère. Il était aussi résolument un
leader parmi ses frères ouvriers que je l'avais été moi-même, lorsque j'ai semé
ma folle avoine, parmi mes camarades d'école ; mais la société, dans son état
sédentaire et dans un pays comme le nôtre, ne laisse pas à l'homme le même
champ d'action qu'au garçon ; et ainsi sa direction, dangereuse à la fois pour
lui-même et pour ses associés, avait principalement pour scène de ses
trophées les repaires les plus grossiers et les plus anarchiques du vice et de la
dissipation. Son parcours dans la vie a été triste et, je le crains, bref. Lorsque
se produisit cet effondrement soudain du monde commercial, dans lequel
prit fin la folie spéculative de 1824-1825, il fut, avec des milliers d'autres, mis
au chômage ; et, n'ayant pas économisé un sou de ses gains, il fut contraint,
sous la pression d'un besoin réel, de s'enrôler comme soldat dans l'un des
régiments de ligne, à destination d'une des colonies intertropicales. Et là,
alors que ses anciens camarades ont perdu toute trace de lui, lui aussi a
probablement été victime, dans un climat insalubre, des vieilles habitudes et
du nouveau rhum.

Me trouvant incorrigible, mes collègues ouvriers me laissèrent enfin aussi
bizarre que je le souhaitais ; et la partie du travail des mois d'automne se passa
assez agréablement à tailler de grosses pierres sous le feuillage ramifié des
ormes et des châtaigniers du parc Niddry. Cependant, étant donné que les
pierres étaient si grosses, le procès précédent avait été embarrassant ; et, bien
que trop fier pour avouer que cette affaire ne m'intéressait pas, j'étais
maintenant assez heureux que ce soit à peu près fini. Nos sociétés de
tempérance modernes – institutions qui n'avaient pas encore commencé à
exister à cette époque – ont fait beaucoup pour protéger les travailleurs
sobres des combinaisons de caractère éprouvant auxquelles, dans la
génération qui allait bientôt disparaître, ils étaient trop souvent exposés. Il y
a peu de groupes de travail qui n'aient pas maintenant leurs groupes de
abstinents enthousiastes, qui s'unissent toujours contre les buveurs,
s'entraident et se soutiennent mutuellement : et un brise-lames est ainsi formé
au milieu du ruisseau, pour se protéger de cela. L'oppression écrasante des

pauvres par les pauvres, quoi qu'en disent les agitateurs populaires de l'autre côté, est à la fois plus éprouvante et plus générale que l'oppression qu'ils subissent de la part des grands et des riches. Selon la figure frappante du vieux roi sage, « c'est comme une pluie battante qui ne laisse aucune nourriture ». Le fanatisme en soi n'est pas une bonne chose ; il n'y a pas non plus beaucoup de gens tranquilles qui ne détestent pas l'enthousiasme ; et les membres des nouvelles sectes, qu'elles soient religieuses ou non, sont presque toujours des enthousiastes et, dans une certaine mesure, des fanatiques. Un homme peut difficilement devenir végétarien, même sans devenir dans une certaine mesure intolérant à l'égard de la classe encore nombreuse et peu recommandable qui mange du bœuf avec ses légumes verts et du hareng avec ses pommes de terre ; et les buveurs d'eau disent des choses assez fortes à l'égard des hommes qui, s'ils avaient été invités aux noces de Cana en Galilée, n'auraient pas vu grand mal à consommer du vin avec modération. Il existe un fanatisme quelque peu intolérant parmi les Teetotallers, tout comme il existe un fanatisme parmi la plupart des autres nouvelles sectes ; et pourtant, le reconnaissant simplement comme une force, et sachant à quoi il a à lutter, je suis tout à fait disposé à le tolérer, qu'il *me* tolère ou non. La nature humaine, avec tous ses défauts, est une chose plus sage que le simple bon sens des créatures dont elle est la nature ; et nous y trouvons des dispositions spéciales, comme dans les instincts des animaux les plus humbles, pour surmonter les difficultés particulières avec lesquelles il est destiné à lutter. Et le genre de fanatisme auquel je fais référence semble être l'une de ces dispositions. Quelques abstinents de calibre et de force moyens, qui prennent position contre la majorité au sein d'un parti de mécaniciens sauvages et dissipés, auraient besoin d'une dose considérable de fanatisme vigoureux pour consolider leur position ; je ne vois pas non plus chez les hommes ordinaires, telle qu'elle existe aujourd'hui, quelque chose de suffisamment puissant dans sa nature et de suffisamment général dans son existence pour prendre sa place et faire son œuvre. Il semble subsister dans l'état imparfait actuel comme une sage provision, bien que, comme d'autres provisions sages, telles que les cornes du taureau ou l'aiguillon de l'abeille, elle soit parfois mal dirigée et fasse du mal.

L'hiver arriva et notre salaire hebdomadaire fut abaissé immédiatement après la fête de la Fête, passant de vingt-quatre à quinze shillings par semaine. Cette réduction a été jugée trop importante ; et, en comptant les heures hebdomadaires pendant lesquelles, en moyenne, nous étions encore capables de travailler – quarante-deux, autant que j'ai pu calculer, au lieu de soixante – c'était *une* réduction trop importante d'environ un shilling et neuf pence. J'aurais cependant, dans ces circonstances, pris un soin particulier à ne pas faire grève pour obtenir une avance. Je savais que les trois quarts des maçons de la ville – tout aussi imprévoyants que les maçons de notre propre parti – ne pouvaient pas vivre de leurs ressources pendant quinze jours et n'avaient aucun fonds général pour les nourrir ; et en outre, que beaucoup de maîtres d'œuvre n'étaient pas très pressés de poursuivre leurs travaux tout au long de l'hiver. Ainsi, lorsque, en arrivant à l'atelier le lundi matin après la fin de notre première quinzaine à échelle réduite, je trouvai mes camarades rassemblés devant l'atelier en groupe, et j'appris qu'il y avait une grande grève tous dans tout le district, j'ai reçu les renseignements avec aussi peu d'enthousiasme que possible du «mécanicien associé indépendant». « Vous avez raison dans vos prétentions, dis-je à Charles ; mais vous avez pris du mal à les presser, et vous serez battu à coup sûr. Les maîtres sont bien mieux préparés que vous pour une grève. Comment, puis-je vous le demander, êtes-vous vous-même pourvu du nerf de la guerre ? " Très malade en effet, " dit Charles en se grattant la tête : " si les maîtres ne cèdent pas avant samedi, c'est fini pour moi ; mais tant pis ; amusons-nous une journée : il y aura une grande réunion à Bruntsfield. Links ; entrons en tant que députation des maçons du pays et faisons un discours sur nos droits et nos devoirs ; et ensuite, si nous voyons que les choses vont très mal, nous pourrons simplement prendre du recul et commencer le travail demain. " « Courageusement résolu », dis-je : « Je vous accompagnerai par tous les moyens et je prendrai note de votre discours. Nous avons marché vers la ville, au nombre d'environ seize ; et, en rejoignant la foule déjà rassemblée sur les Links, nous fûmes reconnus, à la teinte rouge foncé de nos vêtements et de nos tabliers, qui différaient considérablement de celle portée par les ouvriers de la pierre plus pâle d'Édimbourg, comme un renfort de loin, et furent reçus avec de vives acclamations. Charles, cependant, ne prononça pas son discours : l'assemblée, qui comptait environ huit cents personnes, semblait entièrement en possession de quelques orateurs experts, qui parlaient avec une aisance à laquelle il ne pouvait faire aucune prétention ; aussi répondit-il aux différents appels de ses camarades, des « Cha, Cha », en leur assurant qu'il ne pourrait pas croiser le regard du monsieur assis dans le fauteuil. La réunion n'avait bien sûr ni président ni président ; et après beaucoup de discours inutiles, qui semblaient remarquablement satisfaire les orateurs eux-mêmes, mais qu'au moins certains de leurs auditeurs considéraient comme un non-sens, nous avons constaté que la seule motion sur laquelle nous pouvions harmonieusement nous mettre d'accord était une motion pour un ajournement. Nous avons donc ajourné jusqu'au soir, fixant comme lieu de réunion une des salles les plus humbles de la ville.

Mes camarades proposèrent que nous passions le temps jusqu'à l'heure du rendez-vous dans un cabaret ; et, désireux d'avoir un aperçu du genre de jouissance pour laquelle ils se sacrifiaient tant, je les accompagnai. Après avoir dépassé quelques endroits plus attrayants, nous entrâmes dans une taverne basse située dans la partie supérieure de la Canongate, conservée dans un vieux bâtiment à moitié en ruine, qui a depuis disparu. Nous passâmes par un passage étroit jusqu'à une pièce au toit bas, au centre de l'édifice, dans laquelle la lumière du jour ne pénétrait jamais et dans laquelle le gaz brûlait faiblement dans une atmosphère paresseuse, rendue encore plus étouffante par le tabac. de la fumée et une forte odeur d'esprits ardents. Au milieu de l'étage fou, il y avait une trappe qui était alors ouverte ; et une combinaison sauvage de sons, dans lesquels les jappements d'un chien et quelques voix bourrues qui semblaient l'encourager, étaient les plus perceptibles, s'élevaient de l'appartement du dessous. Il était d'usage à cette époque que les marchands de thé gardaient les blaireaux dans des caisses longues et étroites, et que les ouvriers gardaient des chiens ; et cela faisait partie du sport ordinaire de ces endroits d'envoyer les chiens pour libérer les blaireaux. Le sport sauvage que Scott décrit dans son « Guy Mannering », pratiqué par Dandy Dinmont et ses associés parmi les Cheviots, était largement pratiqué il y a vingt-neuf ans dans les repaires plus sombres de High Street et de Canongate. Notre groupe, comme la plupart des autres, avait son chien – une brute à l'air repoussant, avec un œil tourné vers la terre, comme s'il portait avec lui une mauvaise conscience ; et mes compagnons désiraient faire tester ses capacités de mise à la terre sur le blaireau de l'établissement ; mais en convoquant le cabaretier, on nous dit que le groupe d'en bas avait pris l'avantage sur nous : leur chien était, comme nous pourrions l'entendre, « en train de tirer le blaireau ; et avant que notre chien puisse être autorisé à le tirer, la pauvre brute » il faudrait une heure de repos. » Je n'ai pas besoin de dire que l'heure se passa à boire beaucoup dans cette atmosphère stagnante ; puis nous descendîmes tous par la trappe, au moyen d'une échelle, dans un donjon aux murs nus, sombre et humide, et où l'air pestiféré sentait celui d'un caveau. La scène qui suivit fut extrêmement repoussante et brutale, presque autant que certaines des scènes fournies par ces chasses à la loutre auxquelles l'aristocratie du pays se plaît parfois à se livrer. Au milieu des cris et des hurlements, le blaireau, encore frais sur lui avec le sang de son récent conflit, fut de nouveau attiré vers l'embouchure de la boîte ; et le groupe revenant satisfait à l'appartement du dessus, se remit à boire beaucoup. En peu de temps, l'alcool commença à se faire sentir, non pas d'abord, comme on pourrait le supposer, sur nos jeunes hommes, qui étaient pour la plupart des hommes grands et vigoureux, dans les premiers instants de toutes leurs forces, mais sur quelques-uns des ouvriers d'âge moyen. , dont les constitutions semblaient minées par un cours antérieur de dissipation et de débauche. La conversation devint très bruyante, très compliquée et, quoique très assaisonnée de jurons emphatiques, très insipide ; et laissant à Cha – qui semblait quelque peu inquiet à l'idée que mon regard soit fixé sur leur rencontre en son heure de faiblesse – avec assez d'argent pour régler ma part du compte, je me suis faufilé jusqu'au King's Park et j'ai passé une heure à mieux faire parmi moi. le piège bascule plus que je n'aurais pu le dépenser à côté de la trappe. De cette soirée à la taverne, je ne sache qu'un seul individu soit encore en vie, à l'exception de l'écrivain : son chien lui-même n'a pas vécu la moitié de ses jours. Son propriétaire fut alarmé un matin, peu après cette heure, par la nouvelle qu'une douzaine de moutons avaient été inquiétés pendant la nuit dans une ferme voisine, et qu'on avait vu un chien très semblable au sien rôder autour du bercail ; mais pour déterminer le point, il recevrait la visite, ajoutait-on dans la journée, du berger et d'un officier de justice. Cependant, le chien, conscient de sa culpabilité (car les chiens semblent avoir une conscience en pareille matière), était introuvable, bien qu'après près d'une semaine il reparût au travail ; et son maître, lui passant une corde autour du cou, l'amena jusqu'à une mine de charbon déserte, à moitié remplie d'eau, qui s'ouvrait dans un champ adjacent, et, le jetant dedans, ne laissa aux autorités aucun indice permettant d'établir son identité avec le voleur et l'assassin du bercail.

J'en avais maintenant bien assez de la grève ; et, au lieu d'assister à la réunion du soir, j'ai passé la nuit avec mon ami William Ross. Curieux cependant de savoir si mon absence avait été remarquée par mes confrères ouvriers, je demandai à Cha, lors de notre prochaine rencontre, « ce qu'il pensait de *notre* rencontre ? « Bon sang ! » répondit-il, "que cette fuite reste au wa' ! Nous sommes montés sur le *skuff* après que vous nous ayez quittés, et nous sommes devenus sourds au temps, et ainsi aucun de nous n'a encore vu la réunion." J'appris cependant que, bien que quelque peu réduit en nombre, il avait été très fougueux et énergique, et qu'il avait résolu de clouer les couleurs sur le mât ; mais quelques matins plus tard, plusieurs escouades retournèrent au travail selon les conditions de leur maître, et toutes tombèrent en panne au bout d'une semaine environ. Contrairement à ce que j'aurais dû m'attendre d'après ma connaissance antérieure de lui, j'ai trouvé que mon ami William Ross prenait un vif intérêt pour les frappes et les combinaisons, et était très surpris de l'apathie que je manifestais à cette occasion ; bien plus, que lui-même, comme il me l'a dit, officiait en fait comme commis pour une société combinée de peintres en bâtiment, et nourrissait de grands espoirs quant à l'heureuse influence que le principe de l'union devait encore exercer sur le statut et le confort de l'ouvrier. . Il n'y a pas de problèmes plus difficiles que ceux que les hommes spéculatifs tentent parfois de résoudre, lorsqu'ils se mettent à prédire comment certains personnages donnés agiraient dans certaines circonstances données. Dans quel esprit, a-t-on demandé, Socrate aurait-il écouté le discours de Paul sur la colline de Mars, s'il avait vécu quelques siècles plus tard ? et quel genre d'homme d'État Robert Burns aurait-il fait ? Je ne peux répondre à aucune des deux questions ; mais je sais que, d'après ma connaissance intime du caractère réservé et discret de mon ami dans sa jeunesse, j'aurais prédit qu'il ne s'intéresserait absolument pas aux frappes ou aux combinaisons ; et j'étais maintenant surpris de constater qu'il en était autrement. Et lui, d'un autre côté, également familier avec mon enfance relativement sauvage et mon influence parmi mes camarades d'école, aurait prédit que j'aurais pris un très vif intérêt pour de telles combinaisons, peut-être en tant que meneur ; en tout cas, en tant que membre énergique et influent ; et il n'était pas peu étonné maintenant de me voir me tenir à l'écart d'eux, comme des choses sans importance ni valeur. Je crois cependant que nous jouions tous les deux un personnage. Faute de mon obstination, il avait en quelque sorte cédé, dès son arrivée dans la capitale, à la tyrannie de ses frères ouvriers ; et, devenant l'un d'eux et identifiant son intérêt avec le leur, ses talents et ses connaissances l'avaient recommandé à un poste de confiance parmi eux ; tandis que moi, luttant obstinément, comme Harry du Wynd, « pour ma propre main », je ne bougerais pas le petit doigt pour affirmer les prétendus droits de gars qui n'avaient aucun respect pour les droits qui étaient incontestablement les miens.

Je puis mentionner ici que cette première année de la folie de la construction fut aussi la première, dans le siècle actuel, de ces grandes *grèves* parmi les ouvriers, dont le public a depuis tant entendu et vu tant de choses. Jusqu'alors, les coalitions d'ouvriers en vue d'augmenter le taux des salaires étaient un délit puni par la loi ; et bien qu'il existait plusieurs coalitions et syndicats, on ne pouvait guère dire que des grèves ouvertes, qui en auraient été une manifestation trop palpable pour être tolérée, aient jamais eu lieu. J'en ai vu assez à cette époque pour me convaincre que, bien que le *droit* de coalition, considéré abstraitement, soit juste et convenable, les grèves qui en résulteraient comme conséquences produiraient beaucoup de mal et peu de bien ; et lors d'une discussion avec mon ami William à ce sujet, j'ai osé lui assurer que son syndicat de peintres en bâtiment ne profiterait jamais aux peintres en bâtiment en tant que classe, et je l'ai exhorté à abandonner son poste de commis. « Il y a un besoin, dis-je, d'un véritable leadership parmi nos agents dans ces combinaisons. Ce sont les esprits les plus sauvages qui dictent les conditions ; plus modérés parmi leurs compagnons. Ils sont des tyrans envers leurs semblables avant d'entrer en collision avec leurs maîtres, et ont ainsi un ennemi dans le camp, qui ne refuse pas de profiter de leurs moments de faiblesse et est prêt à se réjouir, quoique secrètement peut-être, dans leurs défaites et leurs revers. Et en outre, leur déconfiture sera toujours assez certaine lorsque surviendront des saisons de dépression, du fait que, fixant leurs conditions dans des temps prospères, ils les fixeront plutôt en référence à leur pouvoir actuel de les faire respecter. qu'à cette ligne moyenne d'ajustement juste et égal sur laquelle un homme consciencieux pourrait poser son pied et prendre fermement position. Des hommes comme vous, capables et prêts à travailler en faveur de ces combinaisons, auront bien sûr le travail à accomplir. mais vous n'aurez que peu ou pas de pouvoir dans leur direction : la direction sera apparemment entre les mains de quelques *bavards compétents* ; et pourtant, même eux ne seront pas les véritables directeurs ; ils ne seront que les représentants et les voix du sentiment général médiocre et du sentiment inférieur de la masse dans son ensemble, et acceptables seulement aussi longtemps qu'ils exprimeront cela ; et ainsi, en fin de compte, les travailleurs ne gagneront de cette manière que très peu de choses. Il est bon qu'on les laisse se combiner, puisque la combinaison est permise à ceux qui les emploient ; mais jusqu'à ce que la majorité de nos ouvriers du Sud deviennent très différents de ce qu'ils sont aujourd'hui, beaucoup plus sages et bien meilleurs, il y aura plus de perte que de gain dans leurs combinaisons. Selon les circonstances du temps et de la saison, le courant sera tantôt en leur faveur contre les maîtres, tantôt en faveur des maîtres contre eux : il y aura un flux et reflux continuel, comme celui de la mer. , mais pas d'avancée générale ; et plus tôt que vous et moi sortirons du rude conflit et de la bousculade du canal de marée et nous mettrons à travailler séparément sur nos propres ressources internes, ce sera d'autant mieux pour nous. » William, cependant, ne le fit pas. renoncer à son poste ; et j'ose dire que le genre de traitement que j'avais reçu de la part de mes collègues m'a fait m'exprimer assez fortement sur le sujet, mais l'histoire même des nombreuses grèves et coalitions qui ont eu lieu pendant la guerre ; Un quart de siècle et plus qui s'est écoulé depuis, n'est pas du tout de nature à modifier mes vues. Il *manque* parmi nos ouvriers une direction judicieuse et des autobiographies de la classe qui soient capables et intéressantes ; il suffit d'entendre leurs auteurs pour montrer, j'ai tendance à penser, comment cela se produit d'abord entre eux contre les hommes, leurs semblables, qui ont assez de vigueur intellectuelle pour penser et agir par eux-mêmes ; tel est toujours le caractère du leader né : ces vrais leaders sont presque toujours contraints à l'opposition ; et se séparant ainsi des hommes faits par nature pour les rendre redoutables, ils tombent sous la direction de simples bavards et orateurs de souche, ce qui n'est en réalité aucune direction du tout. L'auteur de "La voie des travailleurs dans le monde" - à l'évidence un homme très supérieur - a dû, nous dit-il, quitter son emploi à un moment donné, accablé par le ridicule insensé de ses collègues ouvriers. Somerville déclare dans son Autobiographie que, tant en tant qu'ouvrier que soldat, c'est entre les mains de ses camarades que - sauf dans un cas mémorable - il avait subi toute la tyrannie et l'oppression dont il avait été victime. Bien plus, Benjamin Franklin lui-même était considéré comme un homme beaucoup plus ordinaire à l'imprimerie de Bartholomew Close, où on le taquinait et se moquait de lui en le qualifiant d' *Américain de l'Eau* , qu'à la Chambre des Représentants, à la Royal Society ou à la Cour de France. . Le grand imprimeur, bien que reconnu par les politiciens accomplis comme un homme d'État profond et par les hommes de science solide comme « le plus rationnel des philosophes », était considéré par ses pauvres frères compositeurs comme un simple type étrange, qui ne se conformait pas à leur consommation d'alcool. usages, et qu'il était donc juste de taquiner et d'agacer comme un contempteur du *sacrement* de la *chapelle* . [9]

La vie de mon ami était cependant meilleure et plus élevée que celle de la plupart de ses confrères syndicalistes. C'était intellectuel et moral, et ses heures les plus heureuses étaient ses heures de tranquille perfectionnement personnel, où, se jetant sur les ressources intérieures, il oubliait pour le moment les unions et les combinaisons qui lui imposaient de nombreuses occupations pénibles, mais ne faisait jamais aucune chose. service. Je regrettais cependant de constater qu'une méfiance à l'égard de ses propres pouvoirs continuait à grandir en lui et à rétrécir son cercle de jouissance. En lui demandant s'il s'amusait encore avec sa flûte, il se retourna, après avoir répondu par un bref : « Oh non ! à un camarade avec qui il vivait depuis des années, et lui dit doucement, pour expliquer la question : « Robert, je suppose que tu ne sais pas que j'ai été autrefois grand joueur de flûte ! Et bien sûr, Robert ne le savait pas. Il avait renoncé aussi à l'aquarelle, pour laquelle son goût était décidément bon ; et même dans les huiles, avec lesquelles il s'occupait encore occasionnellement, au lieu de se consacrer pleinement à la nature, comme à une époque antérieure, il était devenu copiste du regretté révérend M. Thomson de Duddingstone, à cette époque en plein essor. de sa réputation artistique; je ne voyais pas non plus qu'il le copiait bien. J'ai insisté et remontré, mais en vain. « Ah, Miller », a-t-il dit, « qu'importe la façon dont je m'amuse ? Vous avez de l'endurance en vous et vous forcerez votre chemin ; mais je veux de la force : le monde n'entendra jamais parler de moi. Cette vanité excessive qui semble naturelle au jeune homme comme une disposition enjouée pour le chaton, ou une disposition douce et timide pour le chiot, prend souvent un aspect ridicule, et le plus souvent encore un aspect peu aimable. Et pourtant, bien qu'elle soit à l'origine de beaucoup de choses très stupides, elle semble être en soi, comme le fanatisme des abstinents, une sage disposition qui, si elle n'était pas faite par la nature, laisserait la plupart des esprits sans assez de ressort pour être appliqués, avec le l'énergie nécessaire, les mouvements nécessaires pour les lancer équitablement dans une vie active ou studieuse. L'homme mûr et sobre, qui a appris assez correctement à se mesurer, a généralement acquis à la fois des habitudes et des connaissances qui l'aident à avancer, et la force motrice de la nécessité le pousse toujours en avant par derrière ; mais la conviction exaltante d'être né de qualités supérieures et de faire quelque chose d'étonnamment intelligent semble nécessaire au jeune homme ; et quand je le vois se manifester, même si ce n'est pas très bêtement ou très offensant, je pense généralement à mon pauvre ami William Ross, qui a eu le malheur de le vouloir ; et lui accorde une tolérance assez ample. Finalement, mon ami abandonna la peinture et se limita aux parties ornementales de son métier, dont il devint très maître. En finissant un plafond à l'huile, sur lequel il avait représenté en relief certains des feuillages richement sculptés de l'architecte, le monsieur pour lequel il travaillait (le gendre d'un artiste distingué et lui-même amateur), appelé à sa femme d'admirer les nuances véridiques et délicates de leur peintre en bâtiment. Il était étonnant, dit-il, et peut-être quelque peu humiliant, de voir un simple mécanicien s'attaquer si résolument au domaine de l'artiste. Le pauvre William Ross, cependant, n'était pas un simple mécanicien ; et même les artistes auraient pu considérer ses empiètements sur leur domaine avec plus de complaisance que d'humiliation. L'une des dernières œuvres sur lesquelles il s'est engagé était un plafond magnifiquement peint dans le palais d'un évêque irlandais, qu'il avait été envoyé de Glasgow pour terminer.

Chaque société, aussi simple soit-elle, a ses points pittoresques, et même celle du hameau plutôt banal où je résidais à cette époque n'en voulait pas entièrement. Il y avait une chaumière délabrée à quelques portes de là, qui avait pour hôte une vieille femme au caractère colérique, qui s'efforçait de s'établir comme sorcière, mais qui s'effondrait faute de capitaux nécessaires. Elle avait été l'une des travailleuses clandestines de Niddry à son époque ; et, étant aussi peu intelligente que la plupart des autres charbonnières du quartier, elle n'avait pas le savoir de sorcière nécessaire pour adapter ses prétentions à la capacité de croyance qui régnait dans le district. Aussi l'estime générale formée à son égard était-elle celle que notre hôtesse exprimait parfois. « Donnart vieux corps », disait Peggy ; "Même si elle s'en prend à une sorcière, elle n'est pas plus sorcière que moi : elle essaie seulement, dans son âge avancé et irresponsable, de faire en sorte que les gens se tiennent dans sa révérence." La vieille Alie était cependant une curiosité à sa manière – assez maligne pour être une véritable sorcière, et apte, si avec quelques avantages supplémentaires en matière d'acquisition, elle avait été antidatée d'un âge ou deux, à devenir avec autant d'espoir une candidate à un diplôme. baril de goudron comme la plupart de sa classe. Sa voisine d'à côté était aussi une vieille femme, et presque aussi pauvre que la vieille femme ; mais c'était une personne aimable, au caractère facile, qui ne voulait de mal à personne ; et l'expression de contentement qui habitait son visage rond et frais, qui, après plus de soixante-dix hivers, gardait encore son minimum de couleur, contrastait fortement avec la misère féroce qui brillait dans les traits acérés et jaunâtres de la sorcière. Il était évident que les deux vieilles femmes, bien que placées extérieurement dans des circonstances à peu près identiques, avaient essentiellement un sort très différent qui leur était assigné et jouissaient d'une existence à un degré très inégal. La placide vieille femme avait un locataire solitaire – « Davie l'apprenti » – un garçon capricieux et excentrique, à peu près de mon âge, quoique n'étant que la deuxième « année de son temps », qui avait l'habitude de s'irriter jusqu'à son caractère, et qui, après avoir essayé je ne sais combien d'autres métiers, il commençait à s'apercevoir que son génie ne mentait pas au maillet. Davie était fou de scène ; mais pour la scène, la nature semblait lui avoir été plutôt indifférente : elle lui avait donné une silhouette trapue et disgracieuse, un visage inexpressif, une voix qui, dans ses intonations, ressemblait un peu au grincement d'une scie de charpentier ; et, en outre, aucune conception très agréable du personnage comique ou sérieux ; mais il pouvait réciter dans le style du « grand bow-wow », et ne penser et rêver qu'à des pièces de théâtre et à des comédiens. Pour Davie, le monde et ses préoccupations semblaient indignes d'un instant d'attention, et la scène apparaissait comme la seule grande réalité. Il était occupé, lorsque j'ai fait sa connaissance, à écrire une pièce de théâtre dont il avait déjà rempli tout un cahier de papier cartonné, sans toutefois être tout à fait entré dans l'intrigue ; et il m'a lu certaines scènes sur un ton si énergique que tout le village les a entendues. Bien qu'écrite dans le genre de vers que le Dr Young croyait être le langage des anges, sa pièce était triste ; et quand il s'arrêta pour avoir mon approbation, je me hasardai à suggérer une modification à l'un des discours. "Voilà, monsieur," dit Davie dans la veine de Cambyse, "prenez la plume ; laissez-moi voir, monsieur, comment *vous* la tourneriez." J'ai donc pris la plume et j'ai réécrit le discours. "Hum", dit Davie en parcourant les lignes, "cela, monsieur, n'est que de la poésie. Que pensez-vous, que le grand Kean pourrait-il faire d'une chose aussi faible que celle-là ? Laissez-moi vous dire, monsieur, que vous avez aucune notion d'effet de scène. Bien entendu, j'ai immédiatement acquiescé ; et Davie, apaisé par ma soumission, me lut encore une autre scène. Cha, cependant, dont il était très impressionné, avait l'habitude de le taquiner un peu à propos de sa pièce. Je l'ai entendu s'enquérir assidûment du développement de l'histoire et de la gestion des personnages, et s'il écrivait les différents rôles en tenant dûment compte des capacités des principaux acteurs de l'époque ; et Davie, ne sachant apparemment pas vraiment si Cha plaisantait ou si c'était sérieux, était généralement très réticent à répondre dans ces occasions.

Davie, s'il avait eu les moyens d'y accéder, se serait rendu chaque soir en ville à pied pour assister à la salle de spectacle ; et cela l'étonnait beaucoup, disait-il, que moi, qui connaissais vraiment quelque chose au drame et qui possédais quatre shillings par jour, ne consacrais pas chaque nuit au moins un des quatre à acheter un bonheur parfait et une place dans la galerie des shillings. . À deux ou trois reprises tout au plus, je me rendis à la salle de spectacle, accompagné de Cha et de quelques autres ouvriers ; mais bien que j'eusse été très enchanté, quand j'étais enfant, par le jeu d'une compagnie de promeneurs qui avait visité Cromarty et transformé la salle du Conseil en théâtre, le jeu bien meilleur de la compagnie d'Édimbourg ne me satisfaisait pas maintenant. Cependant, les quelques pièces que j'ai vu jouer étaient par hasard d'un caractère plutôt médiocre et ne laissaient aucune place à l'étalage d'un beau talent histrionique ; et aucun des grands acteurs du sud ne figurait à l'époque sur les planches d'Édimbourg. Le décor de scène, lui aussi, bien qu'assez beau en son genre, produisit, je le trouvai, un effet tout à fait différent de celui pour lequel il avait été élaboré. En parcourant nos beaux drames anciens, c'était toujours la vérité de la nature que suggéraient les scènes et les personnages vivement dessinés et les personnages joyeusement représentés ; tandis que la toile peinte et le jeu d'acteurs respectable mais trop palpable ne servaient qu'à ne pas me rendre compte de ce que je voyais et à me rappeler que j'étais simplement dans un théâtre. De plus, je trouvais que c'était un prix trop élevé de consacrer une soirée entière à voir jouer une pièce que, peut-être, comme composition, je n'aurais pas jugée digne d'être lue ; et ainsi la tentation de jouer n'a pas réussi à me tenter ; et dernièrement, lorsque mes camarades partaient pour le théâtre, je restais à la maison. Quelle que soit la nature du processus par lequel ils sont passés, une proportion considérable des mécaniciens les plus intelligents de la génération actuelle semblent être parvenus à des conclusions similaires à celle à laquelle je suis parvenu à cette époque. Au moins, pour une douzaine d'élèves qui fréquentaient le théâtre il y a trente ans, il n'y en a guère un qui le fréquente aujourd'hui. J'ai dit que le décor de la scène ne me faisait pas une impression très favorable. Certaines parties ont cependant dû en faire un considérablement plus fort que ce que j'aurais pu supposer à l'époque. Quatorze ans après, alors que tout semblait avoir disparu de la mémoire, j'étais malade de la petite vérole, qui, bien que très modifiée apparemment par la vaccination d'une longue période antérieure, était accompagnée d'un tel degré de fièvre, que, pendant deux jours, les images délirantes continuaient à se succéder dans le sensorium troublé, comme les scènes succèdent aux scènes dans la loge d'un forain ambulant. Cependant, comme il n'est pas rare que dans de tels cas, bien que suffisamment malade pour être hanté par les images, j'étais assez bien pour savoir qu'il s'agissait d'irréalités vaines, de simples effets d'indisposition ; et même suffisamment recueillis pour s'intéresser à les observer à mesure qu'ils naissaient, et à s'efforcer de déterminer s'ils étaient liés entre eux par les liens associatifs ordinaires. J'ai cependant constaté qu'ils étaient totalement indépendants les uns des autres. Curieux de savoir si la volonté exerçait quelque pouvoir sur eux, je me mis à essayer si je ne pourrais pas évoquer une tête de mort comme faisant partie de la série ; mais ce qui s'élevait à la place était un feu de salon joyeux, surmonté d'une bouilloire à thé, et à mesure que l'image s'estompait puis disparaissait, elle fut remplacée par une magnifique cataracte, dans laquelle l'écume blanche, d'abord fortement soulagée contre le rocher sombre. sur lequel il tomba, exhiba bientôt une profonde teinte de bleu sulfureux, puis retomba en une effrayante nappe de sang. La grande singularité de la vision servait à rafraîchir mes souvenirs, et je détectais dans l'étrange cataracte chaque ligne et chaque teinte de la cascade dans la scène d'incantation du "Der Freischütz" dont j'avais été témoin au Théâtre Royal d'Edimbourg, sans aucun doute. intérêt très particulier, bien avant. Il y a, je suppose, des domaines dans la philosophie de l'esprit dans lesquels les métaphysiciens ne sont pas encore entrés. Ils semblent en savoir beaucoup sur cet entrepôt accessible où sont rangés et enregistrés les souvenirs des événements passés ; mais d'un mystérieux cabinet de tableaux de daguerrotypes, dont, quoique bien enfermé dans les occasions ordinaires, la maladie entr'ouvre parfois la porte, ils semblent ne rien savoir.

NOTE DE BAS DE PAGE:

[9] L'espèce de club dans lequel se réunissent toujours les compositeurs d'une imprimerie, a été appelée de temps immémorial une *chapelle* ; et les petits tours qui agaçaient Franklin étaient censés lui être joués par le fantôme de la chapelle. « Mon employeur désirant, dit-il, après quelques semaines, m'avoir dans la salle de composition, j'ai quitté les presses. Un nouveau *bien-venu* à boire, coûtant cinq shillings, m'a été demandé par les compositeurs. une imposition, comme j'en avais payé une aux pressiers. Le maître le pensait aussi, et m'a interdit de la payer. Je suis resté deux ou trois semaines, j'ai donc été considéré comme un *excommunié* , et j'ai fait pratiquer tant de petites méchancetés privées. en mélangeant mes sortes, en transposant et en brisant mon sujet, etc., etc., si jamais je sortais de la pièce, et tout attribuait au *fantôme de la chapelle* , qui, disaient-ils, hantait toujours ceux qui n'étaient pas régulièrement admis, que, malgré mon protection du maître, je me suis vu obligé d'obéir et de payer l'argent.

CHAPITRE XVI.

"Ne laissez pas cette main faible et inconsciente,

Présume que tes carreaux sont lancés. "- PAPE.

Les grands incendies du Parlement et de la High Street furent des événements de cet hiver. Un compatriote, qui avait quitté la ville alors que la vieille flèche de l'église de Tron brillait comme une torche et que le grand groupe de bâtiments presque en face de la Croix était encore enveloppé de flammes du rez-de-chaussée jusqu'au toit, passa devant notre hangar. un peu après deux heures, et, nous racontant ce qu'il avait vu, il remarqua que, si l'incendie continuait comme il le fait, nous aurions, comme emploi pour la saison prochaine, la vieille ville d'Édimbourg à reconstruire. Et comme la soirée se terminait sur nos travaux, nous allâmes en masse en ville voir les incendies qui promettaient de tant de bien pour nous. La flèche avait brûlé, et nous ne pouvions que distinguer, entre nous et le ciel obscur, le contour carré et abrupt de la maçonnerie au sommet qui avait soutenu la broche en bois d'où, quelques heures seulement auparavant, la cloche de Fergusson était descendue dans un feu en fusion. douche. Les flammes également, dans le groupe supérieur des bâtiments, étaient limitées aux étages inférieurs et flambaient par intermittence sur les formes hautes et les épées brillantes des dragons, tirés des casernes voisines, alors qu'ils parcouraient l'espace central, ou brillaient dans la rue sur des groupes de femmes et d'hommes voyous à l'air misérable, qui semblaient scruter avec des yeux avides les tas encore non enlevés d'articles ménagers sauvés des immeubles en feu. Le premier chiffre qui a attiré mon attention était singulièrement ridicule. A l'écart de la masse brûlante, mais par l'épaisseur d'un mur, se trouvait un salon de coiffure brillamment éclairé au gaz, dont la fenêtre sans rideaux permettait aux spectateurs du dehors de voir ce qui se passait à l'intérieur. Le barbier était aussi occupé à son travail que s'il se trouvait à cent milles de la scène du danger, même si les moteurs jouaient alors contre l'extérieur de son mur pignon ; et le sujet immédiat sous ses mains, tandis que mon regard se posait sur lui, était un vieil homme immensément gros, sur le front rond, chauve et sur les joues rouges, la transpiration, occasionnée par la chaleur d'un four de l'endroit, se détachait en gouttes énormes. , et dont la vaste bouche, largement ouverte pour accueillir l'homme au rasoir, donnait à son visage une expression telle que j'en ai vu quelquefois dans les têtes gothiques grotesques de cet âge de l'art où l'architecte ecclésiastique commençait à se moquer de sa religion. L'objet suivant qui s'est présenté était cependant d'une description plus sobre. Un pauvre ouvrier, chargé de son meuble préféré, presse ou armoire vitrée, qu'il avait réussi à sauver de sa demeure en feu, sortait d'une des ruelles, suivi de sa femme, quand, se frappant le pied contre quelque obstacle sur le chemin, ou chancelant sous le poids trop grand de son chargement, il chancela contre un coin saillant, et la porte vitrée s'enfonça avec fracas. Il y avait une misère désespérée dans le cri gémissant de sa femme : « Oh, ruine, ruine ! — *c'est* perdu aussi ! Sa propre réponse désespérée n'était pas non plus moins triste : « Oui, oui, puir lassie, c'est fini, non. Aussi curieux que cela puisse paraître, l'excitation sauvage de la scène m'avait d'abord plutôt exalté que déprimé ; mais l'incident de l'armoire vitrée servit à éveiller le bon sentiment ; et à mesure que j'entrais en contact avec la misère de la catastrophe et que je remarquais les groupes de créatures sans abri frissonnantes qui regardaient à côté des fragments brisés de leurs affaires, j'ai vu quelle terrible calamité un grand incendie est en réalité. Près de deux cents familles étaient déjà à cette époque jetées à la rue, sans abri. Peu de temps avant de quitter le lieu de l'incendie pour le pays, je passai par un escalier commun qui menait du Parlement Close au Cowgate, à travers un grand et ancien domicile, haut de onze étages, et je me rappelai ensuite que le passage était occupé par une vapeur oppressante et couvante qui, de la direction du vent, ne pouvait guère provenir de l'incendie adjacent, bien qu'à l'époque, sans trop réfléchir aux circonstances, j'ai conclu qu'elle aurait pu se déplacer vers l'ouest sur un faible courant transversal le long du fleuve. les ruelles étroites. Moins d'une heure après, ce haut bâtiment fut enveloppé par les flammes, depuis le rez-de-chaussée jusqu'à plus de cent pieds au-dessus de ses plus hautes cheminées, et environ soixante autres familles, ses locataires, furent jetées dans les rues avec les autres. Mon ami William Ross m'a ensuite assuré qu'il n'avait jamais rien vu d'égal en grandeur à cette dernière des conflagrations. Directement au-dessus de la mer de feu en contrebas, les nuages à sourcils bas semblaient chargés d'une mer de sang, qui s'éclaircissait et s'assombrissait par à-coups à mesure que les flammes montaient et descendaient ; et au loin, tour et flèche, et haut sommet de maison, brillaient sur un fond d'obscurité, comme s'ils avaient été portés à une chaleur rouge par quelque grand feu souterrain, né de la terre, qui s'élevait rapidement pour envelopper le tout. ville entière en destruction. La vieille église de Saint-Gilles, dit-il, avec la maçonnerie fantastique de sa tour gris pâle, baignée de pourpre, et celle de ses murs sombres et bruts baignés dans une terre d'ombre bronzée, et avec la lumière rouge brillant vers l'intérieur à travers ses immenses fenêtres à meneaux. , et vacillant sur son toit de pierre, formait l'un des objets les plus pittoresques qu'il ait jamais vu. [dix]

J'entendais parfois prêcher le vieux Dr Colquhoun de Leith. Il y avait alors moins d'auteurs parmi le clergé qu'aujourd'hui ; et j'éprouvais un intérêt particulier pour un religieux vivant qui avait écrit un si bon livre, que mon oncle Sandy – pas un mauvais juge en pareille matière – lui avait assigné une place dans sa petite bibliothèque théologique, parmi les écrits des grands théologiens de d'autres âges. Les jours de prédication du vieil homme, avant l'hiver 1824, étaient presque terminés : il pouvait à peine se faire entendre sur la moitié de la superficie de sa grande et imposante chapelle, qui était cependant toujours à moins de la moitié remplie ; mais, même si les tons faibles et taquins tendaient l'oreille, j'aimais écouter sa théologie étrangement vêtue mais généralement très solide, et trouvais, comme je le pensais, plus de matière dans ses discours que dans ceux d'hommes qui parlaient plus fort et dans un style plus éclatant. . Cependant le digne homme m'a fait du mal à ce moment-là. Il y avait eu un grand festival musical à Édimbourg environ trois semaines avant l'incendie, au cours duquel des oratorios étaient exécutés dans le style païen ordinaire, dans lequel des amateurs jouaient avec dévotion, sans même prétendre le ressentir ; et le Docteur, dans son premier sermon après les grands incendies, exprima sérieusement sa conviction qu'il s'agissait de jugements envoyés contre Édimbourg, pour venger les grossièretés de sa fête musicale. Édimbourg avait péché, disait-il, et Édimbourg était désormais punie ; et c'était selon l'économie divine, ajouta-t-il, que les jugements administrés exactement de la manière de l'infliction dont nous venions d'être témoins devaient tomber sur les villes et les royaumes. J'ai beaucoup aimé le raisonnement. Je ne connaissais que deux manières par lesquelles les jugements de Dieu pouvaient être réellement déterminés : soit par révélation directe de Dieu lui-même, soit dans les cas où ils ont lieu conformément à ses lois fixes et en relation avec l'offense. ou le crime frappé en eux par la punition, que l'homme, simplement par l'exercice de ses facultés rationnelles et en raisonnant de cause à effet, comme c'est sa nature, peut les déterminer par lui-même. Et les grands incendies d'Édimbourg n'appartenaient à aucune de ces catégories. Dieu n'a pas révélé qu'Il avait puni les commerçants et les mécaniciens de High Street pour les péchés musicaux des avocats et des propriétaires fonciers d'Abercromby Place et de Charlotte Square ; aucune relation naturelle ne pouvait non plus être établie entre les oratorios du Parlement ou les concerts du Théâtre Royal et les incendies en face de la Croix ou au sommet du clocher de l'église de Tron. Tout ce qui pouvait être prouvé dans cette affaire, c'étaient les faits de la fête et des incendies ; et le fait supplémentaire que, autant qu'on ait pu le vérifier, il n'y avait aucun lien visible entre eux, et que ce n'étaient pas les gens qui s'étaient joints à l'un qui avaient souffert des autres. Et l'argument du Docteur semblait être un argument périlleux et vague, selon lequel, comme Dieu avait parfois, dans le passé, visité des villes et des nations avec des jugements qui n'avaient aucun lien apparent avec les péchés punis, et qui ne pourraient être reconnus comme des jugements s'il n'avait pas lui-même dit que de tels jugements ils l'étaient, les incendies d'Édimbourg, dont il n'avait rien dit, pouvaient être à juste titre considérés - étant donné qu'ils n'avaient de la même manière aucun rapport avec les oratorios et n'avaient causé aucun préjudice aux personnes qui avaient fréquenté les oratorios - comme des jugements spéciaux. sur les oratorios. Le bon vieux papiste avait dit : « Je crois parce que c'est impossible ». Ce que le Docteur semblait dire dans ce cas était : « Je le crois parce que ce n'est pas du tout probable. » Si, disais-je, la maison et la bibliothèque du Dr Colquhoun avaient été incendiées, il aurait sans doute très justement considéré cette situation comme une grande épreuve pour lui-même ; mais sur quel principe aurait-il pu soutenir que c'était non seulement une épreuve contre lui-même, mais aussi un jugement contre son prochain ? Si nous ne devons pas croire que la chute de la tour de Siloé était une visite spéciale sur les péchés des pauvres hommes qu'elle a écrasés, comment et pour quelles raisons devons-nous croire qu'il s'agissait d'une visite spéciale sur les péchés des pauvres hommes qu'elle a écrasés ? des hommes qu'elle n'a pas du tout blessés ? Je crains de m'être mieux souvenu des remarques du Dr Colquhoun sur l'incendie que de tout ce que j'ai jamais entendu de lui ; bien plus, je dois ajouter que je n'avais jamais rien trouvé dans les écrits des sceptiques qui ait eu un effet pire sur mon esprit ; et je mentionne maintenant cette circonstance pour montrer à quel point un théologien doit être sobre dans des applications de ce genre, à une époque comme celle d'aujourd'hui. Il me fallut quelque temps pour oublier la mauvaise odeur de cette mouche morte ; et c'est aux croyances d'une classe sérieuse et très importante qu'elle servit pendant un certain temps à donner son propre caractère douteux.

Mais de la part du ministre dont je fréquentais le plus souvent la chapelle, je ne risquais guère de voir mes croyances ébranlées par des raisonnements de cette espèce trébuchante. "Assurez-vous," dirent mes deux oncles, alors que je quittais Cromarty pour le sud, "assurez-vous d'aller entendre le Dr M'Crie." Et donc, le Dr M'Crie, je suis allé l'entendre ; et pas une ou deux fois, mais souvent. Le biographe de Knox — pour employer le langage dans lequel Wordsworth décrit l'humble héros de « l'Excursion » —

"était un homme

Que personne n'aurait pu passer sans remarquer."

Et en fréquentant son église pour la première fois, j'ai découvert que je l'avais déjà vu involontairement et que sans remarque, je ne l'avais *pas* croisé. J'avais prolongé l'une de mes promenades habituelles du soir, peu après avoir commencé à travailler à Niddry, en direction de la banlieue sud d'Edimbourg, et je me promenais dans l'une des ruelles vertes de Liberton, lorsque j'ai rencontré un gentleman dont l'apparence m'a immédiatement frappé. . C'était un homme singulièrement droit, mince et de grande taille, et il portait un air qui, ni entièrement clérical ni entièrement militaire, semblait être un curieux composé des deux. Le visage était pâle et l'expression, à ce que je pensais, quelque peu mélancolique ; mais un air de puissance posée était si palpable sur chaque trait, que je restai arrêté à son passage et restai pendant environ une demi-minute à le surveiller. Il portait, par-dessus un costume noir, une capote brune, dont le col était beaucoup blanchi par la poudre, et le bord du chapeau derrière, légèrement relevé, portait une tache similaire. « Il y a une marque chez ce vieux jeu, me disais-je : qui ou quoi peut-il être ? Curieusement, la combinaison apparente du militaire et du clerc dans sa démarche et son air m'a suggéré l'histoire de Sir Richard Steele, dans le "Tattler", du vieil officier qui, agissant en double qualité de major et d'aumônier de son régiment, Il défia un jeune homme pour blasphème et, après l'avoir désarmé, ne voulut pas le prendre en pitié avant d'avoir d'abord demandé pardon à Dieu à genoux sur le terrain de duel, pour l'irrévérence avec laquelle il avait traité son nom. Ma curiosité à l'égard de cet étranger fut bientôt satisfaite. Le sabbat suivant, je me rendis à la chapelle du Docteur et vis dans la chaire un homme grand, simple, à l'allure clérico-militaire. J'ai une grande confiance dans l'air militaire, quand, comme trait naturel, je le trouve marquant fortement les hommes qui n'ont jamais servi dans l'armée. Je ne l'ai pas encore vu porté par un civil qui n'avait pas en lui au moins les éléments du soldat ; Je ne peux pas non plus douter que, si le Dr M'Crie avait été un covenantaire écossais du temps de Charles II, les insurgés de Bothwell auraient eu ce qu'ils désiraient tristement : un général. Le sens astucieux de ses discours avait pour moi de grands charmes ; et, bien qu'il ne soit pas un prédicateur tape-à-l'œil, ni, dans le sens ordinaire du terme, même éloquent, il n'y avait aucun des autres membres du clergé d'Édimbourg ses contemporains que je pus écouter avec plus de profit ou de satisfaction. Un simple incident survenu lors de ma première fréquentation matinale à sa chapelle m'a fortement impressionné par le sentiment de sa sagacité. Il y avait beaucoup de toux dans la place, effet d'un récent changement de temps ; et le docteur, dont la voix n'était pas forte et qui semblait quelque peu ennuyé par les interruptions impitoyables, s'arrêtant brusquement au milieu de son argumentation, fit une pause morte. Quand les gens sont pris au dépourvu, ils cessent de tousser, circonstance sur laquelle il avait évidemment calculé. Tous les regards étaient maintenant tournés vers lui, et pendant une minute entière le silence fut si mort qu'on aurait pu entendre une mouche voler. "Je vois, mes amis", dit le docteur en reprenant son discours avec un sourire étouffé. "Je vois que vous pouvez tous être assez silencieux quand je suis tranquille." Il n'y avait pas une petite stratégie authentique dans la réprimande ; et comme la toux est beaucoup plus sous l'influence de la volonté que ne le supposent la plupart des tousseurs, son effet était tel que pendant le reste de la journée il n'y avait pas la dîme de la toux précédente.

Le cottage d'une seule pièce que je partageais avec ses trois autres détenus n'offrait pas toutes les commodités possibles pour étudier ; mais il y avait une petite table dans un coin, sur laquelle je parvenais à écrire beaucoup ; et ma bibliothèque exposait déjà vingt à trente volumes, chinés le samedi soir dans les librairies de la ville, et qui étaient tous des accessions à ma petite bibliothèque. En outre, j'ai reçu quelques volumes à lire de mon ami William Ross, et quelques autres par l'intermédiaire de mon collègue Cha ; et ainsi mon rythme d'acquisition de connaissances littéraires, sinon égal à celui de certaines années antérieures, du moins dépassait considérablement ce qu'il avait été au cours de la saison précédente, que j'avais passée dans les Highlands, et pendant laquelle je n'avais lu que trois livres. volumes — l'un des trois est un mince volume de minces poèmes, écrits par une dame, et l'autre, cet ouvrage plutôt curieux qu'édifiant, « L'éloquence presbytérienne affichée ». La littérature bon marché n'avait pas encore vu le jour ; et, sans en sous-évaluer le moins du monde ses avantages, il était, j'ose le dire, meilleur dans l'ensemble comme exercice mental, et bien meilleur dans les dispositions qu'il prévoyait pour l'avenir, que j'aurais à me frayer un chemin à travers les ouvrages de nos meilleurs écrivains en prose et en vers – œuvres qui ont toujours fait une impression dans la mémoire – que j'aurais dû plutôt m'occuper de rassembler des bribes d' informations dans des essais lâches, des productions hâtives d'hommes trop peu vigoureux ou trop peu énergiques. à loisir, pour imprimer dans leurs écrits le cachet de leur propre individualité. Lors des nuits tranquilles au clair de lune, je trouvais extrêmement agréable de me promener seul dans les bois de Niddry. Le clair de lune donne aux bosquets, même sans feuilles, les charmes d'un feuillage complet et dissimule la douceur des contours d'un paysage. Je trouvais aussi singulièrement agréable d'écouter, d'une solitude aussi profonde que celle que m'assurait une courte promenade, les cloches lointaines de la ville sonner, lorsque l'horloge sonnait huit heures, le vieux coup de couvre-feu ; et pour marquer, sous les branches entrelacées d'une longue vue arquée, la lueur intermittente de la lumière d'Inchkeith, tantôt s'éclairant, tantôt s'estompant, à mesure que la lanterne tournait. Bref, l'hiver ne se passa pas désagréablement : je n'avais plus rien pour m'ennuyer dans l'atelier ; et mes seuls soucis sérieux provenaient de ma malheureuse maison de Leith, pour laquelle je me trouvai un matin convoqué par un homme à l'allure d'officier, pour payer près de trois livres sterling - le dernier versement que je devais, m'a-t-on dit, comme l'un des héritiers des lieux, pour sa belle église neuve. Je dois avouer que j'ai été assez méchant pour souhaiter à cette occasion que la propriété de Coal-Hill ait été incluse dans le jugement sur le Festival Musical. Mais peu de temps après, à mon grand étonnement autant qu'à mon plaisir, M. Veitch m'informa qu'il avait enfin trouvé un acheteur pour ma maison ; et, après m'être fait servir d'héritier de mon père devant la cour du Canongate, et avoir payé un gros arriéré de droits de douane à cette vénérable corporation, dans laquelle je devais reconnaître mon supérieur féodal, je me suis fait aussi sûrement séparer du charbon. -hill comme le papier et le parchemin pouvaient le faire, et empocha, en vertu de la transaction, un solde d'environ cinquante livres. D'après ce que j'ai pu calculer d'après ce que la propriété nous avait coûté, du début à la fin, la *composition* qu'elle payait était d'environ cinq shillings par livre. Et tel fut le dernier passage de l'histoire d'un héritage qui menaça pour un temps d'être la ruine de la famille. La dernière fois que je suis passé le long de Coal-Hill, j'ai vu ma petite maison existant comme un petit mur crasseux, d'un seul étage de hauteur, et perforé de trois portes étroites à l'ancienne, jalousement barricadées et apparemment, comme à l'époque. quand c'était le mien, d'aucune utilité au monde. J'espère cependant que ce n'est plus le préjudice positif causé à son propriétaire qu'il a causé à moi.

La haute saison avait désormais commencé : les salaires montaient rapidement jusqu'au niveau de l'année précédente, qu'ils dépassaient finalement ; et l'emploi était devenu très abondant. J'ai cependant pensé qu'il serait peut-être bon pour moi de rentrer chez moi pendant quelques mois. La poussière de la pierre que je taillais depuis deux ans commençait à affecter mes poumons, comme ils l'avaient été au dernier automne de mon apprentissage, mais de manière bien plus sévère ; et j'étais trop visiblement en train de sombrer dans ma chair et mes forces pour pouvoir affronter en toute sécurité les conséquences d'une autre saison de dur labeur en tant que tailleur de pierre. Du stade de la maladie où j'étais déjà arrivé, de pauvres ouvriers, incapables de faire ce que je faisais, se détachent de leur travail et sombrent au bout de six ou huit mois dans la tombe, les uns plus tôt, les autres plus tard. période de vie; mais l'affection est si générale que peu de nos tailleurs de pierre d'Édimbourg passent indemnes leur quarantième année, et pas un d'entre eux sur cinquante n'atteint jamais sa quarante-cinquième année. J'engageai donc mon passage vers le nord sur un sloop d'Inverness et pris congé de mes quelques amis, de l'excellent contremaître de l'escouade Niddry, ainsi que de Cha et John Wilson, avec lesquels, malgré leurs caractères opposés, j'étais devenu très intime. Parmi les autres aussi, j'ai pris congé d'une cousine paternelle installée à Leith, épouse d'un marin au cœur génial, capitaine d'un type de navire désormais totalement obsolète, un des vieux smacks de Leith et de Londres, avec un énorme mât unique. , massif et haut comme celui d'une frégate, et une grand-voile d'un quart d'acre. J'avais reçu beaucoup de bonté de ma cousine qui, outre ses relations avec mon père, avait été une contemporaine et une ancienne amie de ma mère ; et mon accueil de la part de son maître, son mari — l'un des hommes les plus aimables que j'aie jamais connu — était toujours l'un des plus chaleureux. Et après m'être séparé de mon cousin Marshall, j'ai rassemblé suffisamment de résolution pour faire appel à un autre cousin.

Le cousin William, le fils aîné de ma tante du Sutherlandshire, était installé depuis quelques années à Édimbourg, d'abord comme commis supérieur et directeur, car, après son échec comme marchand, il dut recommencer le monde ; et maintenant, au cours de l'année de spéculation, il avait réussi à créer une entreprise qui, tant que durait la saison trop géniale, avait un air d'espoir et de promesse, mais tomba, avec beaucoup d'établissements plus profondément enracinés, dans la tempête qui a suivi. En quittant le Nord, j'avais été chargé d'une lettre pour lui par son père, que je savais cependant être entièrement recommandative de moi-même, et je n'avais donc pas réussi à la remettre. Le cousin William, comme l'oncle James, s'était pleinement attendu à ce que je fasse mon chemin dans la vie dans l'une des professions les plus savantes ; et comme sa position, quoique, comme le résultat le montra malheureusement, n'était pas très sûre, était considérablement en avance sur la mienne, je me tenais à l'écart de lui, dans le caractère d'un parent pauvre, qui était tout aussi fier que pauvre. et dans la conviction que ses nouveaux amis, dont, d'après ce que j'ai compris, il avait maintenant presque autant qu'avant, considéreraient que le cousinage d'un simple ouvrier ne lui faisait pas grand honneur. Cependant, il avait appris de chez lui que j'étais à Édimbourg et avait fait de nombreuses tentatives infructueuses pour me retrouver, dont j'avais entendu parler ; et maintenant, après avoir pris la résolution de retourner dans le nord, je le servais dans ses appartements d'Ambrose's Lodgings - possédant à cette époque une sorte d'intérêt classique, comme le célèbre Blackwood Club, avec Christopher North à sa tête, avait l'habitude de le faire. rendez-vous à l'hôtel immédiatement en dessous. Le cousin William avait un cœur chaleureux et me reçut avec une grande bonté, même si j'eus bien sûr à subir la réprimande que je méritais ; et comme quelques jeunes amis devaient venir le voir le soir, il me dit qu'il me fallait faire ce que j'aurais voulu éviter, faire pénitence, en attendant, sur son invitation expresse, de les rencontrer. C'étaient, je m'en suis assuré, principalement des étudiants en médecine et en théologie, qui fréquentaient les cours de l'Université, et qui n'étaient pas du tout le genre de personnes redoutables que j'avais craint de rencontrer ; et ne trouvant rien de très inaccessible dans leur conversation, et comme le cousin William s'efforçait de « me faire sortir », j'osai enfin m'y mêler, et trouvai que ma lecture me valait en quelque sorte. Il y a eu une réunion, nous a-t-on dit, ce soir-là, dans l'appartement du dessous, du Blackwood Club. La nuit que j'ai passée chez mon cousin était, si nos renseignements étaient exacts, et les *Noctes* ne sont pas un simple mythe, une des fameuses *Noctes Ambrosiance* ; et j'aurais volontiers vu, ne serait-ce qu'un instant, depuis un coin tranquille, les hommes dont la renommée avait si largement répandu ; mais j'ai toujours été malchanceux dans la curiosité, quoique je l'ai toujours fortement entretenue, qui a pour objet l'apparence personnelle d'hommes célèbres. Je m'étais déjà attardé plusieurs fois dans Castle Street un samedi soir, en face de la maison de Sir Walter Scott, dans l'espoir d'apercevoir ce grand écrivain et cet homme génial, mais je n'avais jamais réussi. vu Hogg (qui, à l'époque, visitait occasionnellement Édimbourg); avec Jeffrey ; le vieux Dugald Stewart, qui vivait encore ; *Delta* et le professeur Wilson : mais j'ai quitté les lieux sans en voir aucun ; et avant que je revienne dans la capitale, dix ans après, la mort s'était occupée des hauts lieux, et le plus grand nombre n'était plus visible. Bref, le Dr M'Crie était le seul homme dont le nom promette de vivre, dont je pus emporter avec moi à cette époque une image distincte de son apparence personnelle. Addison fait remarquer dans son *Spectator* , plutôt pour plaisanter que pour être sérieux, qu'« un lecteur parcourt rarement un livre avec plaisir avant de savoir si son auteur est un homme noir ou blond, d'un caractère doux ou colérique, marié ou célibataire, avec d'autres détails de même nature, qui contribuent beaucoup à la bonne compréhension d'un auteur. J'aurais tendance à en dire à peu près autant, sans plaisanter le moins du monde. Je pense que je comprends d'autant mieux un auteur que je sais exactement à quoi il ressemblait. Je devrais considérer la véhémence massive du style de Chalmers comme considérablement moins caractéristique de l'homme, si elle avait été dissociée de la large poitrine et de la puissante structure osseuse ; et l'esprit guerrier qui respire, sous une forme atténuée mais encore très palpable, dans les écrits historiques de l'aîné M'Crie, me semble singulièrement en harmonie avec l'air militaire de ce ministre presbytérien du type de Knox et Melville. Quelle que soit la manière dont les théologiens déterminent le sens du texte, c'est l'une des grandes leçons de ses écrits, que celles des Églises de la Réforme qui n'ont *pas* « pris l'épée, ont péri par l'épée ».

J'étais accompagné jusqu'au navire par mon ami William Ross, dont, hélas ! nous nous séparâmes pour la dernière fois ; et, en montant à bord, le cousin William, que je m'attendais à peine à voir, mais qui avait pris une heure de travail et avait marché jusqu'à Leith pour me faire ses adieux, s'avança pour me saisir la main. Je ne suis pas très disposé à contester l'orgueil de l'ouvrier, alors que, selon Johnson et Chalmers, il s'agit d'un orgueil défensif et non agressif ; mais cela l'amène parfois à se montrer quelque peu inférieur aux meilleurs sentiments des hommes qui occupent des places un peu plus élevées que la sienne dans l'échelle. Le cousin William, dont je m'étais tenu si jalousement à l'écart, avait un cœur de première qualité. Son parcours ultérieur fut difficile et peu prospère. Après la crise générale de 1825-1826, il lutta à Londres pendant six ou huit ans, dans des circonstances très difficiles ; puis, recevant une nomination surbodinatée en rapport avec la magistrature stipendiaire des Antilles, il s'embarqua pour la Jamaïque, où, alors âgé de cinquante ans, il fut bientôt victime du climat.

Au cours de mon voyage vers le nord, j'ai passé environ la moitié moins de jours en mer, entre Leith Roads et les Sutors de Cromarty, que les paquebots Cunard en passent aujourd'hui à traverser l'Atlantique. J'avais pris un passage en cabine, sans me soucier de soumettre mes poumons affaiblis à l'exposition de celui de l'entrepont ; mais pendant les sept jours de matinées épaisses et brumeuses, de nuits claires au clair de lune et de calmes presque ininterrompus, nuit et matin, au cours desquels nous avancions lentement vers le nord, j'étais beaucoup sur le gaillard d'avant avec les hommes, observant comment vivaient les marins, et déterminer à quoi ils pensaient et comment. Nous avions des récits rares la nuit—

"De merveilleuses histoires de batailles et de naufrages,

Cela a été raconté par les hommes de garde.

Certains membres de l'équipage avaient à leur époque voyagé dans des régions lointaines du monde ; et bien qu'aucune existence ne puisse être plus monotone que la vie quotidienne du marin, la profession a toujours ses éléments d'incidents frappants qui, lorsqu'ils sont enchaînés, lui confèrent un air d'intérêt que ses détails ordinaires manquent cruellement, et qui n'attire que de décevoir les jeunes garçons d'un casting romantique, qui sont amenés à le choisir dans son caractère présumé de série continue d'événements émouvants et d'aventures passionnantes. Ce qui me parut cependant curieux dans les récits de mes compagnons, c'était le grand mélange de surnaturel qu'ils exhibaient presque toujours. L'histoire de Jack Grant, le second, racontée dans un premier chapitre, peut être considérée comme insuffisamment représentative des histoires de marins racontées sur le pont et sur le gaillard d'avant, au moins le long des côtes nord de l'Écosse, près de trente ans plus tard. Cette vie de péril qui jette le marin à la merci de tous les coups de vent et de tous les rivages sous le vent, et dans laquelle ses calculs concernant les résultats finaux doivent toujours être très douteux, a une forte tendance à le rendre superstitieux. Il est également plus éloigné que le terrien de son éducation et de sa position, de l'influence de l'opinion générale et de l'enseignement peut-être trop sceptique de la presse ; et, en raison de leur position et de leurs circonstances, je trouvai, à cette époque, des marins de la génération à laquelle j'appartenais moi-même, croyant fermement aux spectres, aux fantômes et aux avertissements de mort, comme les contemporains terrestres de mon grand-père avaient soixante ans. années avant. Une série de contes nautiques bien écrits avait paru peu avant cette époque dans l'un des mensuels métropolitains – le *London Magazine*, si je me souviens bien ; et j'étais maintenant intéressé de trouver dans l'une des histoires des marins, l'original de sans doute le meilleur d'entre eux : « L'Homme Maudit ». L'auteur de la série, un M. Hamilton, disait-on, qui devint plus tard professeur irvingite et devint trop scrupuleux pour exercer dans la fiction une plume très agréable, bien qu'il continuât à employer, comme portraitiste, un peintre plutôt indifférent. crayon, j'avais évidemment cherché des occasions d'écouter des histoires de marins comme celles auxquelles je m'étais lancé à cette époque. Des matériaux de fiction très curieux peuvent ainsi être trouvés par le *littérateur*. Il faut reconnaître que Sir Walter Scott n'était pas un juge incompétent des capacités, pour le romancier, d'un morceau de récit ; et pourtant nous le voyons dire de l'histoire racontée par un simple marin à son ami William Clerk, et qu'il rapporte dans les « Lettres sur la démonologie et la sorcellerie », que « l'histoire, bien conduite, aurait pu faire la fortune d'un romancier. "

Parfois, le jour – car les histoires des marins étaient des histoires de nuit – je trouvais une compagnie intéressante dans la société d'un jeune étudiant en théologie, l'un des passagers, qui, bien qu'étant un garçon de qualités et de connaissances, ne le jugeait pas indigne. lui demander de converser sur des sujets littéraires avec un ouvrier en moleskine pâle, et que je n'ai revu que plusieurs années après, alors que nous étions tous deux activement engagés dans la poursuite de la même querelle - lui, en tant que membre de la majorité du presbytère d'Auchterarder. , et moi en tant que rédacteur en chef du principal journal du parti Non-Intrusion. Peut-être que le respecté pasteur de l'Église libre de North Leith sera encore capable de rappeler - non, bien sûr, les sujets, mais le *fait* , de nos discussions sur la littérature et les belles-lettres à cette époque ; et que, en me demandant un matin si je n'avais pas, selon Burns, « chantonné pour moi-même », lorsque j'étais sur le pont la veille au soir, ce qui semblait d'après la cadence être des vers, j'ai osé lui soumettre, comme mon travail de nuit, quelques strophes descriptives. Et, comme formant en quelque sorte un mémorial de notre voyage, et afin que mon amical critique puisse, après un intervalle de bien plus d'un quart de siècle, revoir son jugement à leur sujet, je les soumets maintenant au lecteur:-

STANCES ÉCRITES EN MER.

Joie de l'âme du poète, je sollicite ton secours ;

＊ ＊ ＊ ＊ ＊

Autour de notre vaisseau se soulève la vague de minuit ;

La lune triste s'enfonce dans le ciel occidental ;

Règne un silence sans brise ! - dans sa grotte océanique

La sirène se repose, tandis que son tendre amant est proche,

Marque les pâles rayons d'étoiles lorsqu'ils tombent de haut.

Dorant d'une lumière tremblante son lit de sommeil.

Pourquoi sourire incroyablement? l'œil ravi de la Muse

À travers les grottes sombres de la terre, sur les belles plaines du ciel, peut balayer,

Peut parcourir sa cellule cachée, où travaille les profondeurs insondables.

Sur le fond escarpé de l'océan, à l'ombre

D'herbes touffues enchevêtrées, crépusculaires et brunes,

Elle voit l'épave du navire coulé,

Dans un silence gluant, à plusieurs brasses

D'où tremble le rayon des étoiles ; o'er, c'est jeté

Sont entassés les trésors pour lesquels les hommes sont morts.

Et en triste moquerie du gémissement d'adieu,

Cela bouillonnait au milieu de la route principale sauvage et impitoyable,

Jaillissant rapidement sur les os, les marées agitées se plaignent.

Sombre et large roule la mer sépulcrale,

Tombe de ma parenté, de mon père la tombe !

Peut-être que là où il dort maintenant, il y a un espace pour moi

Est marqué par le destin sous la vague verte profonde.

C'est bien possible ! Pauvre sein, pourquoi te soulèves-tu

Donc sauvage ? Oh, bien des soucis, troublants et sombres.

Sur terre, tu es toujours là ; la grotte de la sirène

Le chagrin ne hante pas ; c'est sûr que c'était agréable de marquer là-bas,

Sereine, à midi, la barque du marin qui passe.

Bien sûr, c'était agréable à travers les vastes profondeurs,

Quand sur son sein joue le rayon d'or.

À toute vitesse, par tonnelle et grotte à balayer ;

Quand les eaux s'embrasent d'un éclat émeraude,

Quand, porté du haut par les marées et les coups de vent, le cri

Des chutes de mer adoucies, quand elles sont brillantes et gaies

Les mauvaises herbes pourpres, les fiers pendentifs de l'océan, le ruisseau

Des épaves trophées et des tours rocheuses d'un gris sombre —

À travers des scènes si étrangement justes, il était agréable, bien sûr, de s'égarer.

Pourquoi cette pensée étrange ? Si, dans cet océan posé.

L'oreille cesserait d'entendre, l'œil de voir,

Même si des images et des sons semblables entouraient mon lit,

Mon sommeil serait sans éveil et lourd :

Même si la lumière douce et adoucie du soleil rayonnait sur moi

(Si un ennuyeux tas d'os retenait mon nom,

Celui qui a été blanchi ou noirci au milieu de la mer gaspillée),

Son éclat invisible, son rayon doré

En vain on pourrait couler à travers les bosquets de corail ou les toits d'émeraude.

Pourtant habite un esprit dans ce cadre terrestre

Que les océans ne peuvent éteindre ni le temps détruire ;

Un rayon immortel et sans décoloration, une flamme céleste,

Ce pur s'élèvera en cas d'échec de chaque alliage de base

Cette terre inspire, un chagrin sombre ou une joie sans fondement :

Alors les secrets de l'océan lui seront révélés ; -

Car je crois que les âmes heureuses apprécient

Une vaste gamme complète de vols angéliques,

De la belle source du jour jusqu'aux portes de la nuit.

Maintenant le voile sombre de la nuit est déchiré ; là-bas,

Ce bleu et lointain s'élève au-dessus du principal,

Je vois le ciel violet du matin s'étendre,

Disperser l'obscurité. Alors cessez ma faible tension :

Quand les ténèbres régnaient, tes murmures apaisaient ma douleur -

La douleur est née de lassitude et de langueur.

Mais maintenant mes yeux vont saluer une scène plus belle

Que de fantaisie sur la photo : depuis son lit vert foncé

Bientôt l'orbe du jour exaltera sa tête glorieuse.

J'ai retrouvé mes deux oncles, le cousin George, et plusieurs autres amis et relations, qui m'attendaient sur la plage de Cromarty ; et fut bientôt aussi heureux parmi eux qu'un homme souffrant beaucoup de débilité, mais peu de douleur positive, pourrait bien l'être. Lorsque de nouveau, environ dix ans après cette époque, je visitai le sud de l'Écosse, ce fut pour recevoir les instructions nécessaires pour me qualifier comme comptable de banque ; et lorsque j'y revins plus tard encore, c'était pour entreprendre la direction d'un journal métropolitain. Dans ces deux cas, je me suis mêlé à des personnes différentes de celles avec lesquelles j'avais été en contact dans les années 1824-25. Et, en prenant maintenant congé de la classe inférieure, il me sera permis de faire quelques remarques générales à leur sujet.

C'est un curieux changement qui s'est produit dans ce pays au cours des cent dernières années. Jusqu'à la rébellion de 1745 et un peu plus tard, ce sont ses provinces les plus éloignées qui formaient ses parties dangereuses ; et les forteresses efficaces à partir desquelles ses avant-gardes de la civilisation et du bon ordre ont progressivement gagné sur la vieille anarchie et la barbarie étaient ses grandes villes. Les historiens ecclésiastiques nous disent qu'à Rome, après l'époque de Constantin, le terme villageois (*Pagus*) en est venu à être considéré comme synonyme de païen, du fait que les adorateurs des dieux se trouvaient alors principalement dans des pays éloignés. lieux; et nous savons qu'en Écosse la Réforme suivit un cours exactement semblable à celui du christianisme lui-même dans l'ancien monde romain : elle commença dans les villes les plus grandes et les plus influentes ; et c'est dans les régions rurales les plus reculées que la religion déplacée persista le plus longtemps et trouva ses champions et alliés les plus efficaces. Édimbourg, Glasgow, Perth, St. Andrews, Dundee étaient tous protestants et envoyaient leurs bourgeois bien instruits servir dans l'armée des seigneurs de la Congrégation, lorsque Huntly et Hamilton armaient leurs vassaux pour lutter pour la foi obsolète. . Plus tard, les basses terres accessibles furent imprégnées d'un presbytérianisme évangélique, lorsque les provinces les plus montagneuses et les plus inaccessibles du pays étaient encore en état de fournir, dans ce qu'on appelait l'armée des hautes terres, un terrible instrument de persécution. Même jusqu'au milieu du siècle dernier, « le sabbat », selon un écrivain populaire, « n'a jamais dépassé le col de Killicrankie » ; et les Stuarts, exilés pour leur adhésion au papisme, continuèrent à fonder presque tous leurs espoirs de restauration sur les épées de leurs coreligionnaires, les Highlanders. Cependant, au cours des cent dernières années, cette vieille situation s'est étrangement inversée ; et c'est dans les grandes villes que *le paganisme* prévaut maintenant principalement. Au moins dans leurs classes abandonnées – une proportion rapidement croissante de leur population – ce sont les villes de notre pays qui ont reçu pour la première fois la lumière de la religion et du savoir, qui sont devenues par excellence ses parties sombres ; juste, si je peux utiliser la comparaison, ce sont les parties de la lune qui reçoivent la lumière les plus tôt lorsqu'elle est dans son état croissant, et qui brillent comme un fil d'argent dans le bleu profond des cieux, qui deviennent sombres pour la première fois lorsqu'elles sont dans un état croissant. elle tombe en déclin.

C'est principalement au cours de la moitié du siècle actuel que ce changement pour le pire s'est produit dans les grandes villes d'Écosse. En 1824, ce travail était bien inférieur à la moitié ; mais ça allait vite ; et j'ai vu, au moins en partie, les processus à l'œuvre par lesquels cela s'est effectué. Les villes du pays ont augmenté leur population au cours des cinquante dernières années au-delà de la proportion de ses districts ruraux, résultat en partie des révolutions qui ont eu lieu dans le système agricole des Lowlands et du défrichement des Highlands ; et en partie aussi de ce développement extraordinaire des manufactures et du commerce du royaume dont les deux dernières générations ont été témoins. Parmi les mécaniciens d'Edimbourg les plus sauvages avec lesquels j'ai fait connaissance à cette époque, moins d'un quart étaient originaires de l'endroit. Les autres n'étaient que de simples colons, qui s'étaient éloignés pour la plupart des régions rurales et des petites villes, dans lesquelles ils étaient connus, chacun par son propre cercle de voisinage, et avaient vécu, en conséquence, sous la saine influence de l'opinion publique. A Édimbourg, devenu trop grand à l'époque pour permettre aux hommes de connaître quoi que ce soit sur leurs voisins, ils furent libérés de cette influence salutaire et, à moins d'être sous la direction d'un principe supérieur, se trouvèrent libres de faire tout ce qu'ils voulaient. . Et – sans opinion *générale* à contrôler – les cliques et les groupes de leurs esprits les plus sauvages formèrent bientôt dans leurs hangars et ateliers une norme d'opinion qui leur était propre et ne trouvèrent que des moyens trop efficaces pour contraindre leurs camarades les plus faibles à s'y conformer. D'où beaucoup de dissipation et de débauche sauvage, unies, bien entendu, à l'inévitable imprévoyance. Et si la dissipation et l'imprévoyance sont tout à fait compatibles avec l'intelligence dans la première génération, elles sont sûres de s'en séparer toujours dans la seconde. La famille de l'ouvrier dépensier et instable n'est jamais une famille bien instruite. Il est élevé dans l'ignorance ; et, avec le mauvais exemple donné devant et autour d'elle, elle prend presque nécessairement sa place parmi les classes déchues. Dans la troisième génération, la descendance est évidemment encore plus grande et plus désespérée que dans la seconde. Il existe déjà dans certaines de nos grandes villes, surtout parmi les femmes dégradées, un type de dégradation, même physique, qui n'est guère moins marquée que celle manifestée par les nègres, et que mes lecteurs d'Edimbourg et de Glasgow ont dû souvent remarquer lors de leurs discussions respectives. Rues principales de ces villes. Les traits sont généralement gonflés et surchargés, les lignes de profil généralement concaves, le teint grossier et haut, et l'expression celle d'une dissipation et d'une sensualité devenue chronique et inhérente. Et comment cette classe – constitutionnellement dégradée et, dans la plupart des cas, au sens moral, totalement sous-développée et aveugle – pourra-t-elle un jour être reconquise, c'est difficile à voir. Les immigrants irlandais forment aussi un élément très appréciable dans la dégradation de nos grandes villes. Ce sont cependant *des païens* , non pas du type nouveau, mais du type ancien : et ils sont surtout redoutables à cause de la misère sordide de leur caractère physique qu'ils ont transféré de leurs cabanes de boue dans nos rues et nos ruelles, et du cours de leurs voyages ruineux. concurrence dans laquelle ils sont entrés avec les ouvriers non qualifiés du pays, et qui a eu pour effet de réduire nos compatriotes les plus humbles à un niveau plus humble qu'ils n'ont peut-être jamais occupé auparavant. Pendant ce temps, cette tendance à la dégradation se poursuit, dans toutes nos grandes villes, dans une proportion toujours croissante ; et tout ce que font la philanthropie et les Églises pour contrecarrer ce phénomène n'est que le jet de quelques jets sur un incendie. Cela prépare, je le crains, de terribles convulsions pour l'avenir. Lorsque les classes dangereuses d'un pays étaient localisées dans ses districts reculés, comme en Écosse au début du siècle dernier, il était relativement facile de s'en occuper : mais les *sans-culottes* de Paris dans la Première Révolution, placés côte à côte avec son gouvernement exécutif, s'est avéré en effet très redoutable ; ce n'est pas non plus le cas, hélas ! Il est très improbable que les masses toujours croissantes de nos grandes villes, libérées de la sanction de la religion et de la morale, puissent encore terriblement se venger sur les classes supérieures et les églises du pays de l'indifférence avec laquelle on les a laissé sombrer.

Mon cousin George m'a informé, peu après mon arrivée, que mon vieil ami de Doocot Cave, après avoir tenu boutique comme épicier pendant deux ans, avait abandonné ses affaires et était allé à l'université pour se préparer à l'Église. Il venait de rentrer chez lui, ajouta George, après avoir terminé sa première séance, et avait exprimé un fort désir de me rencontrer. Sa mère aussi s'était jointe à l'invitation – ne prendrais-je pas le thé avec eux ce soir-là ? – et le cousin George avait été invité à m'accompagner. J'ai hésité; mais je partis enfin avec George, et, après une interruption de nos relations d'environ cinq ans, je passai la soirée avec mon vieil ami. Et pendant des années, nous étions des compagnons inséparables, qui, vivant dans le même quartier, passaient ensemble presque toutes les heures non consacrées à une étude privée ou à une occupation inévitable, et qui, lorsque nous étions séparés par la distance, échangions des lettres suffisamment pour remplir des volumes. Nous nous étions séparés, garçons, et étions maintenant devenus des hommes ; et pendant les premières semaines, nous avons fait le point sur les acquis et les expériences de chacun, ainsi que sur la mesure du calibre de chacun, avec un peu de curiosité. L'esprit de mon ami s'était développé plutôt dans une direction scientifique que littéraire. Il remporta ensuite le premier prix de mathématiques de son année au collège et le second de philosophie naturelle ; et il avait, je le trouvais maintenant, une grande perspicacité en tant que métaphysicien et une connaissance non négligeable des positions antagonistes des écoles de Hume et de Reid. D'un autre côté, mes possibilités d'observation avaient peut-être été plus grandes que les siennes, et ma connaissance des hommes, et même des livres, plus étendue ; et dans l'échange d'idées que nous entretenions, tous deux y gagnaient : il remarquait parfois dans nos conversations un fait qu'il ignorait auparavant ; et peut-être ai-je appris à examiner une dispute de plus près qu'auparavant. Je lui ai présenté le Lias d'Eathie et je l'ai aidé à constituer une petite collection qui, avant qu'il ne la dissipe finalement, contenait quelques fossiles curieux, — entre autres, le deuxième spécimen de *Pterichthys* jamais découvert ; et lui, à son tour, put me donner quelques notions géologiques qui, bien qu'assez grossières (car les sciences naturelles n'étaient pas enseignées dans l'université qu'il fréquentait) et qui me parurent utiles dans l'arrangement de mes faits, deviennent maintenant considérables. suffisamment pour avoir besoin de ces fils de théorie sans lesquels de grandes accumulations de faits refusent de rester ensemble dans la mémoire. Il y avait une hypothèse particulière dont il avait entendu parler, et dont je n'étais pas encore assez géologue pour déceler l'invraisemblance totale, et qui remplit pendant un certain temps toute mon imagination. On avait dit, m'a-t-il dit, que le monde antique, dans lequel mes fossiles, animaux et végétaux, avaient prospéré et se décomposaient – un monde bien plus ancien que celui d'avant le Déluge – avait été habité par des êtres rationnels et responsables, pour qui, quant à la race à laquelle nous appartenons nous-mêmes, une résurrection et un jour de jugement final nous attendaient. Mais plusieurs milliers d'années s'étaient écoulées depuis que ce jour – et certainement le *dernier* de la race pré-adamite – s'était écoulé. De toutes les créatures responsables qui avaient été convoquées à son bar, les os avaient été rassemblés jusqu'aux os, de sorte qu'aucun vestige de la charpente de leurs corps ne restait dans les rochers ou dans les sols dans lesquels ils avaient été inhumés à l'origine ; et, par conséquent, on ne retrouvait plus que les restes de leurs contemporains irresponsables, des animaux inférieurs et des productions végétales de leurs champs et de leurs forêts. Le rêve remplit pour un temps toute mon imagination ; mais bien que la poésie puisse trouver une large assise sur une hypothèse aussi suggestive et audacieuse, j'ai à peine besoin de dire qu'elle n'a elle-même aucun fondement scientifique. L'homme *n'a pas eu* de prédécesseur responsable sur terre. Au moment déterminé, lorsque son habitation désignée lui fut complètement aménagée, il vint et en prit possession ; mais les anciennes époques géologiques avaient été des époques d'immaturité – *des époques* dont l'œuvre en tant qu'œuvre de promesse était « bonne », mais pas encore « très bonne », ni encore mûre pour l'apparition d'un agent moral, dont la nature est d'être un agent moral. collaborateur du Créateur, même en ce qui concerne le physique et le matériel. La planète que nous habitons semble avoir été préparée pour l'homme, et pour l'homme seulement.

En partie grâce à mon ami, mais en partie aussi parce que je conservais une certaine intimité avec ceux de mes camarades d'école qui avaient ensuite poursuivi leurs études au collège, j'ai connu, au cours des dernières années où j'ai travaillé comme maçon, avec un bon nombre de gars ayant fait des études universitaires ; et je ne pouvais parfois m'empêcher de les comparer dans mon esprit avec des ouvriers du même calibre original, autant que je pouvais le deviner. Je n'ai pas toujours trouvé chez l'érudit cette supériorité générale que l'érudit lui-même tenait habituellement pour acquise. Ce qu'il avait spécialement étudié, il le savait, sauf dans des cas rares et exceptionnels, mieux que l'ouvrier ; mais pendant que l'étudiant maîtrisait son grec et son latin, et s'expliquait en philosophie naturelle et en mathématiques, l'ouvrier, s'il était d'un esprit curieux, avait fait autre chose ; et c'est au moins un fait que tous les grands lecteurs que je connaissais à cette époque, les hommes qui connaissaient le mieux la littérature anglaise, n'étaient pas ceux qui avaient reçu l'éducation classique. D'un autre côté, dans la formulation d'un argument, l'avantage revenait aux savants. Mais dans ce bon sens, qui raisonne mais ne discute pas, et qui permet aux hommes de choisir prudemment leur marche à suivre dans le voyage de la vie, j'ai trouvé que l'éducation classique n'accordait aucune supériorité ; il ne semble pas non plus constituer une introduction aussi appropriée aux réalités des affaires que cette façon de traiter des choses tangibles et réelles dans laquelle l'ouvrier doit exercer ses facultés et dont il tire son expérience. L'une des causes de l'estime trop basse que les savants classiques portent si souvent à l'intelligence de cette classe de gens à laquelle appartiennent nos mécaniciens qualifiés, vient en grande partie de l'audace d'un groupe d'imbéciles qui sont toujours sûrs de s'imposer. son avis, et qui en viennent à être considérés par lui comme des spécimens moyens de leur ordre. Je n'ai encore jamais connu de mécanicien vraiment intelligent et intrusif. Les hommes de la trempe de mes deux oncles et de mon ami William Ross ne s'imposent jamais à l'attention des classes supérieures à eux. Un ministre nouvellement installé dans une charge, par exemple, découvre souvent que ce sont les idiots de son troupeau qui s'imposent en premier à ses connaissances. J'ai entendu feu M. Stewart de Cromarty remarquer que les imbéciles les plus humbles de la paroisse s'étaient tous présentés à sa connaissance bien avant qu'il ne découvre ses camarades intelligents. D'où les erreurs souvent tristes de la part d'un ecclésiastique dans ses relations avec le peuple. Il ne semble jamais qu'il puisse y avoir parmi eux des hommes de son calibre et, dans certains domaines pratiques, encore mieux instruits que lui ; et que cette classe supérieure est toujours sûre de conduire les autres. Et en prêchant au niveau des hommes de capacité inférieure, il échoue souvent à prêcher à des hommes de quelque capacité que ce soit, et cela ne sert à rien. Certains des contemporains ecclésiastiques de M. Stewart alléguaient que, en exerçant ses admirables facultés dans le domaine théologique, il oubliait parfois de s'abaisser auprès de son peuple et prêchait ainsi au-dessus de leurs têtes. Et parfois, lorsqu'ils venaient eux-mêmes occuper sa chaire, comme cela arrivait parfois, ils adressaient à l'assemblée des sermons assez simples pour que même les enfants puissent les comprendre. J'enseignais à l'époque à une classe de garçons à l'école du sabbat de Cromarty, et je constatais invariablement à ces occasions que, même si les souvenirs de mes élèves étaient pleinement chargés de pensées frappantes et d'illustrations graphiques de discours très élaborés jugés trop élevés pour eux, ils se souvenaient des mots très simples, spécialement abaissés pour s'adapter aux capacités étroites, pas un seul mot ni une seule note. Toutes les tentatives de création d'une littérature bon marché qui ont échoué ont été des tentatives trop basses : les efforts plus toniques ont généralement réussi. Si l'auteur de ces chapitres a réussi dans une certaine mesure à s'adresser en tant que journaliste au peuple presbytérien d'Écosse, cela a toujours été, non pas en leur écrivant, mais en faisant de son mieux en toutes occasions pour *leur* écrire . . Il a toujours pensé à eux comme représentés par son ami William, ses oncles et son cousin George, par le vieux John Fraser, et par sa connaissance imprudente mais très intelligente, Cha ; et en leur adressant en toute occasion autant de bon sens et d'informations aussi solides qu'il pouvait en rassembler, il a parfois réussi à capter leur oreille et peut-être, dans une certaine mesure, à influencer leur jugement.

NOTE DE BAS DE PAGE:

[10] L'extrême pittoresque de ces incendies - en partie une conséquence de la grande hauteur et de l'architecture particulière des bâtiments qu'ils détruisirent - attira l'œil attentif de Sir Walter Scott. "Je ne conçois pas", dit-il dans une de ses lettres de l'époque, "aucun spectacle plus grand et plus terrible que de voir ces hauts édifices en feu de haut en bas, vomissant des flammes, comme un volcan, de toutes parts". ouverture, et finalement s'écraser l'un après l'autre, dans un abîme de feu qui ne ressemblait qu'à l'enfer ; car il y avait des caveaux de vin et d'alcool qui déclenchaient d'énormes jets de flammes chaque fois qu'ils étaient mis en activité par la chute de ces fragments massifs. Entre l'angle de la place du Parlement et l'église de Tron, tout est détruit à l'exception de quelques nouveaux bâtiments à l'extrémité inférieure.

CHAPITRE XVII.

« Attention, Lorenzo, une mort lente et soudaine. » — YOUNG.

Il y avait un sujet spécial sur lequel mon ami, lors de nos tranquilles promenades nocturnes, avait l'habitude d'attirer sérieusement mon attention. Il avait lancé, sous de fortes impressions religieuses, ce qui promettait d'être une si bonne affaire, qu'en deux ans il avait déjà économisé suffisamment d'argent pour faire face aux dépenses d'un cours d'éducation universitaire. Et assurément jamais homme ne s'est résolu à entrer dans le ministère avec des vues plus complètement désintéressées que les siennes. Le favoritisme régnait alors en maître dans l'establishment écossais ; et mon ami n'avait aucune influence ni aucun patron ; mais il ne voyait pas clairement comment se joindre aux dissidents évangéliques ou à la Sécession ; et croyant que l'œuvre la plus importante sur terre est celle du salut des âmes, il s'était engagé dans sa nouvelle voie avec la pleine conviction que, si Dieu avait à lui confier une œuvre d'un tel caractère, il lui trouverait l'occasion de le faire. il. Et maintenant, très sérieusement, et dans le cadre de l'emploi spécial auquel il s'était consacré, il s'est mis à attirer mon attention sur l'importance, dans leur aspect personnel, des préoccupations religieuses.

Je n'étais pas étranger à la théologie standard de l'Église écossaise. À l'école paroissiale, je n'avais en effet acquis aucune idée à ce sujet ; et bien que j'entende maintenant beaucoup parler, principalement de manière controversée, de l'excellente influence religieuse de nos séminaires paroissiaux, je n'ai jamais connu personne qui devait à ces institutions autre chose qu'un simple bagage de connaissances théologiques, et pas un seul individu. qui en avait jamais tiré une teinture, même la plus légère, de sentiment religieux. En vérité, pendant presque tout le siècle dernier, et pendant au moins les quarante premières années de celui-ci, le peuple écossais était, malgré tous ses défauts, considérablement plus chrétien que la plupart de ses maîtres d'école. Autant que je m'en souvienne, je n'avais gardé dans ma mémoire de l'école qu'une seule remarque de caractère absolument théologique, et elle était plutôt de nature à faire du mal que du bien. En lisant en classe un samedi matin une partie du cent dix-neuvième psaume, le maître m'a dit que ce poème éthique était une sorte d'acrostiche alphabétique - circonstance, ajoutait-il, qui expliquait son caractère brisé et sans suite en tant que poème. composition. Mais surtout, grâce aux catéchèses du sabbat auxquelles j'avais été soumis pendant mon enfance par mes oncles, et plus récemment auprès des vieux religieux, favoris de mon oncle Sandy, et grâce aux enseignements de la chaire, j'avais acquis une quantité considérable de connaissances religieuses. connaissance. J'avais aussi beaucoup réfléchi à certaines des doctrines particulières du calvinisme, dans leur caractère de positions abstruses, telles que la doctrine des décrets divins et l'incapacité de l'homme à prendre l'initiative de l'œuvre de sa propre conversion. J'avais, en outre, une grande admiration pour la Bible, surtout pour ses parties narratives et poétiques ; et je pouvais à peine exprimer assez fortement le mépris que j'avais pour les sceptiques vulgaires et de mauvais goût qui, avec Paine à leur tête, pouvaient en parler comme d'un livre faible ou insensé. De plus, élevé dans un cercle familial dont certains membres étaient habituellement pieux, et dont tous respectaient et défendaient la religion, et étaient imprégnés des traditions ecclésiastiques émouvantes de leur pays, je sentais que le côté religieux dans toute querelle avait un rôle à jouer. une sorte de droit héréditaire sur moi. Je crois pouvoir dire qu'avant cette époque je n'avais jamais vu un homme religieux harcelé pour sa religion, et bien en minorité, sans prendre ouvertement parti avec lui ; Il n'est pas non plus impossible que, dans une période de troubles, j'aurais presque mérité le caractère donné par le vieux John Howie à un « gentleman assez remarquable appelé parfois Burly », qui, « bien que certains ne le considéraient pas comme l'un des plus religieux, » s'est rallié au parti des souffrants et a été « toujours zélé et honnête ». Et pourtant, ma religion était une chose étrangement incongrue. Cela a pris la forme, dans mon esprit, d'une masse de théologie indigérée, avec ici et là un point saillant développé hors de proportion, du fait que j'y avais pensé moi-même ; et tandis qu'enchevêtré, si je puis ainsi parler, au milieu des recoins et à l'abri de la masse chaotique générale, il abritait une quantité non négligeable de superstition, il y reposait sur lui les nuages d'un morne scepticisme. Il m'est arrivé, en repensant aux doutes et aux interrogations de cette période, de me considérer, et peut-être même de parler de moi-même comme d'un infidèle. Mais je n'étais assurément pas un infidèle : ma croyance était au moins aussi réelle que mon incrédulité et avait, j'ai tendance à le penser, une place beaucoup plus profonde dans mon esprit. Mais oscillant entre les deux extrêmes, tantôt croyant, tantôt sceptique, la croyance se manifestant habituellement comme un instinct fortement fondé, le scepticisme comme le résultat d'un processus intellectuel, j'ai vécu pendant des années dans une sorte d'inquiétude. -une condition de vision, sans aucun juste milieu entre les deux extrêmes, sur laquelle je pourrais à la fois raisonner et croire.

Ce juste milieu, j'ai maintenant réussi à le trouver. Il est à la fois délicat et dangereux de parler de sa propre condition spirituelle ou des sentiments émotionnels sur lesquels les conclusions que l'on peut tirer à son sujet sont souvent si douteuses. L'égoïsme sous la forme religieuse est peut-être plus toléré que sous toute autre forme ; mais cela n'en est pas moins périlleux pour l'égoïste lui-même. Il faut cependant être moins délicat à parler de ses croyances que de ses sentiments ; et j'espère que je n'ai pas besoin d'hésiter à dire que j'ai été amené à voir à cette époque, grâce à l'instrument de mon ami, que mon système théologique avait auparavant voulu un objet central, auquel le cœur, aussi certainement que l'intellect, pouvait s'attacher; et que le véritable centre d'un *christianisme efficace* est, comme son nom lui-même devrait l'indiquer, « le Verbe fait chair ». Autour de ce soleil central du système chrétien – apprécié cependant non comme une *doctrine* qui est une simple abstraction, mais comme une Personne divine – si véritablement l'Homme, que les affections du cœur humain peuvent s'emparer de Lui, et si véritablement Dieu , que l'esprit, par la foi, peut à tout moment et en tout lieu être mis en contact direct avec Lui — tout ce qui est réellement religieux prend place dans une relation subsidiaire et subordonnée. Je dis subsidiaire et subordonné. L'Homme Divin est le grand centre d'attraction, l'unique point de gravitation d'un système qui lui doit toute sa cohérence, et qui ne serait qu'un chaos s'il était absent. Il semble que ce soit l'existence de la nature humaine dans cet objet central et primordial qui confère au christianisme, dans son caractère subjectif, son pouvoir particulier d'influencer et de contrôler l'esprit humain. Il peut y avoir des hommes qui, en raison d'une idiosyncrasie particulière de constitution, sont capables d'aimer, en quelque sorte, un Dieu purement abstrait, invisible et inconcevable ; mais, comme le montre l'air de sentimentalité maladive porté par presque tout ce qui a été dit et écrit sur le sujet, le sentiment dans sa véritable forme doit être très rare et exceptionnel. Dans toute mon expérience des hommes, je n'en ai jamais connu d'exemple authentique. L'amour d'un Dieu abstrait semble être aussi peu naturel à la constitution humaine ordinaire que l'amour d'un soleil ou d'une planète abstraite. Et ainsi on constatera que dans toutes les religions qui se sont fortement emparées de l'esprit de l'homme, l'élément d'une humanité vigoureuse s'est mêlé, dans le caractère de ses dieux, à l'élément théiste. Les dieux de la mythologie classique étaient simplement des hommes puissants libérés de la tyrannie des lois physiques ; et, dans leur caractère purement humain, en tant qu'amis chaleureux et ennemis mortels, ils étaient à la fois craints et aimés. Ainsi, la croyance qui s'inclinait devant leurs sanctuaires a régné sur le vieux monde civilisé pendant de nombreux siècles. Dans les grandes mythologies antiques de l'Orient – le bouddhisme et le brahmanisme – deux formes de croyance très influentes – nous trouvons les mêmes éléments, une véritable humanité ajoutée à un pouvoir semblable à celui de Dieu. Dans la foi musulmane, le caractère humain de l'homme Mahommed, élevé à une vice-régence toute potentielle dans les choses sacrées, donne une grande force à ce qui sans lui ne serait qu'un faible théisme. Littéralement, c'est le prophète suprême d'Allah qui réserve à Allah lui-même une place dans l'esprit mahométan. Encore une fois, dans le papisme, nous trouvons un excès d'humanité à peine moins grand que dans la mythologie classique elle-même, et avec des résultats presque correspondants. Bien que la Vierge Mère occupe, en tant que reine du ciel, une première place dans le schéma et forme dans ce personnage une déesse bien plus intéressante qu'aucune des anciennes qui conseillèrent Ulysse ou répondirent à l'amour d'Anchise ou d'Endymion, elle doit partager son empire avec les saints mineurs, et reconnaître en eux une foule de rivaux. Mais sans aucun doute, c'est à cet élément populaire que le papisme doit une grande part de sa force indomptable. Cependant, dans toutes ces formes de religion, qu'elles soient intrinsèquement fausses dès le début, ou qu'elles soient recouvertes ultérieurement par le fictif et le faux au point de voir leur substrat originel de vérité recouvert par l'erreur et la fable, il y a un tel besoin. de cohérence entre les éléments théistes et humains, que nous les trouvons toujours en train de subir un processus de séparation. Nous voyons l'élément humain s'emparer toujours de l'esprit populaire et s'y manifester sous la forme d'une superstition vigoureuse ; et l'élément théiste, d'autre part, reconnu par l'intellect cultivé comme l'élément exclusif et unique, et élaboré en une sorte de théologie naturelle, généralement assez rationnelle dans ses propositions, mais toujours faible et inefficace dans un but pratique. Une telle séparation des deux éléments s'est produite autrefois aux âges de la mythologie classique ; et de là les caractères très opposés des fables sauvages mais géniales et populaires si délicieusement ornées par les poètes, et des doctrines rationnelles mais sans influence reçues par quelques privilégiés des philosophes. Une telle séparation s'est également produite en France dans la seconde moitié du siècle dernier ; et toujours sur le continent européen, nous trouvons généralement cette séparation représentée par les partisans d'un théisme faible d'une part et d'un culte superstitieux des saints de l'autre. Dans les religions fausses ou corrompues, les deux éléments indispensables de la Divinité et de l'Humanité apparaissent comme mélangés par un simple processus mécanique ; et c'est leur tendance naturelle à se séparer, par une sorte d'affaissement de l'élément humain de l'élément théiste, comme par manque des affinités nécessaires. Dans le christianisme, au contraire, lorsqu'il existe dans son intégrité comme religion du Nouveau Testament, l'union des deux éléments est complète : il participe de la nature, non d'un mélange mécanique, mais d'un mélange chimique ; et sa grande doctrine centrale – la véritable humanité et la véritable divinité de l'adorable Sauveur – est une vérité également recevable par les intellects les plus humbles et les plus élevés. De pauvres enfants mourants possédant seulement quelques idées simples, et des hommes dotés de l'intellect le plus robuste, tels que les Chalmers, les Foster et les Halls de l'Église chrétienne, se trouvent également capables de faire reposer leur salut sur l' *homme* « Christ, qui est fini ». tout, *Dieu* béni pour toujours. De cette vérité fondamentale des deux natures, cette énonciation condensée de l'Évangile qui forme le mot d'ordre de notre foi : « Crois au Seigneur Jésus-Christ, et tu seras sauvé », est une incarnation directe et palpable ; et le christianisme n'est qu'un simple nom sans lui.

J'ai été impressionné à cette époque par un autre trait très remarquable de la religion du Christ dans son caractère subjectif. Kames, dans son « Art of Thinking », illustre, par une histoire curieuse, une de ses observations sur la

« nature de l'homme ». « Rien n'est plus courant, dit-il, que l'amour transformé en haine ; et nous avons vu des cas de haine transformés en amour. » Et pour illustrer cette remarque, il raconte son anecdote de « Union et Valentine ». Deux soldats anglais, qui combattirent dans les guerres de la reine Anne, l'un comme officier marinier, l'autre comme sentinelle privée, étaient amis et camarades depuis des années ; mais, se disputant dans quelque histoire d'amour, ils devinrent des ennemis acharnés. L'officier fit un usage peu généreux de son autorité, et ennuya et persécuta la sentinelle à tel point qu'il faillit le rendre fou ; et on l'entendait souvent dire qu'il mourrait pour se venger de lui. Des mois entiers furent passés à infliger des injures d'un côté et à exprimer des plaintes de l'autre ; Quand, au milieu de leur colère mutuelle, ils furent tous deux choisis, comme hommes au courage éprouvé, pour participer à quelque attaque désespérée, qui cependant échoua ; et l'officier, dans la retraite, fut désemparé et frappé d'une balle dans la cuisse. "Oh, Valentine ! et me laisseras-tu ici pour périr ?" s'exclama-t-il alors que son ancien camarade se précipitait devant lui. Le pauvre blessé revint aussitôt ; et, au milieu d'un feu épais, il emmenait son ennemi blessé vers ce qui semblait un lieu sûr, lorsqu'il fut frappé par une balle fortuite et tomba mort sous son fardeau. L'officier, oubliant aussitôt sa blessure, se releva en s'arrachant les cheveux ; et, se jetant sur le corps ensanglanté, il s'écria : « Ah ! Valentin ! et est-ce à cause de moi, qui t'ai si barbarement utilisé, que tu es mort ? Je ne vivrai pas après toi. Il ne fallait en aucun cas le forcer à quitter le cadavre ; mais il fut enlevé avec du sang dans les bras et accompagné de larmes par tous ses camarades, qui connaissaient sa dureté envers le défunt. Lorsqu'on l'amena sous une tente, ses blessures furent pansées de force ; mais le lendemain, faisant toujours appel à Valentine et déplorant ses cruautés envers lui, il mourut dans les affres du remords et du désespoir.

C'est sûrement une histoire frappante ; mais la remarque banale que le philosophe s'en inspire l'est beaucoup moins. Les hommes qui ont aimé *apprennent* souvent à haïr l'objet de leurs affections ; et les hommes qui ont haï apprennent parfois à aimer : mais la partie de l'anecdote particulièrement digne de remarque semble être celle qui, s'attardant sur les remords et le chagrin surmontants du soldat sauvé, montre avec quelle efficacité son pauvre camarade mort avait, en mourant pour lui « alors qu'il était encore son ennemi », « il a jeté des charbons de feu sur sa tête ». Et tel semble être l'un des principes directeurs sur lesquels, avec une adaptation divine au cœur de l'homme, le projet de Rédemption a été élaboré. Le Sauveur a approuvé son amour « en ce sens que, alors que nous étions encore pécheurs, il est mort pour nous ». Il y a une puissance inexprimable dans ce principe ; et bien des cœurs profondément émus l'ont ressenti jusqu'au plus profond. Les théologiens ont peut-être trop souvent insisté sur la satisfaction indirecte du Sauveur pour le péché humain dans sa relation avec la justice offensée du Père. Comment, ou sur quel principe, le Père était satisfait, je ne le sais pas, et je ne le saurai peut-être jamais. L'énonciation concernant la satisfaction par procuration peut être correctement reçue dans la foi comme un *fait*, mais, je suppose, elle ne sera pas correctement raisonnée tant que nous ne serons pas capables d'amener le sens moral de la Divinité, avec ses exigences, dans les limites d'une logique petite et triviale. . Mais l'adaptation complète du schéma à la nature de l'homme est bien plus appréciable et se trouve pleinement à la portée de l'observation et de l'expérience. Et à quel point cette adaptation est approfondie, tous ceux qui ont réellement examiné la question devraient être compétents pour le dire. Un sacerdoce terrestre, investi de prétendus pouvoirs pour s'interposer entre Dieu et l'homme, est-il toujours à l'origine d'une tyrannie ecclésiastique, qui a pour effet, en fin de compte, de fermer la masse des hommes à leur Créateur ? dans les cieux - le seul prêtre que le protestant évangélique reconnaît comme tel - à qui, en sa qualité de médiateur entre Dieu et l'homme, tout peut s'appliquer, et devant qui il n'est pas nécessaire de ressentir aucune de cette prosternation abjecte de l'esprit et de l'intelligence. ce que l'homme éprouve toujours lorsqu'il se penche devant le prêtre simplement humain. L'autosatisfaction est-elle l'infirmité qui assaille l'homme religieux ? Dans le schéma de la justice indirecte, elle ne trouve aucune place. Le pharisien qui s'auto-approuve doit se contenter de renoncer à ses propres mérites, avant de pouvoir avoir une part ou un lot dans le fonds de mérite qui seul compte ; et pourtant, sans justice personnelle, il ne peut avoir aucune preuve qu'il a un intérêt dans la justice imputée qui prévaut partout. Mais c'est dans la scène finale de la vie, lorsque les vertus tant vantées de l'homme deviennent si intangibles à ses yeux qu'elles échappent à sa portée, et que les péchés et les défauts, peu remarqués auparavant, surgissent autour de lui comme des spectres, que le projet de Rédemption apparaît digne d'être réalisé. la sagesse et la bonté infinies de Dieu, et quand ce que le Sauveur a fait et souffert semble suffisamment efficace pour effacer la culpabilité de chaque offense. C'est lorsque les lumières mineures du réconfort s'éteignent que le Soleil de Justice brille et compense largement toutes ces lumières.

Les opinions que je me formais à cette époque sur cette question de première importance, je n'ai trouvé aucune occasion de les altérer ou de les modifier. Au contraire, en passant du point de vue subjectif au point de vue objectif, j'ai vu se confirmer grandement la doctrine de l'union des deux natures. Les vérités de la géologie paraissent destinées à exercer dans l'avenir une influence non négligeable sur la théologie naturelle ; et avec cette doctrine particulière, ils semblent tout à fait en accord. De cette longue et majestueuse marche de la création que les archives de la science pierreuse nous font connaître, la caractéristique distinctive est le progrès. Il semble qu'il fut un temps où il n'existait sur notre planète que de la matière morte, sans rapport avec la vitalité ; puis une époque où les plantes et les animaux d'un ordre inférieur commençaient à exister, mais où même les poissons, les plus humbles des vertébrés, étaient si rares et si exceptionnels, qu'ils occupaient une place à peine appréciable dans la nature. Puis vint une époque de poissons d'une taille énorme, et cela à l'organisation ichtyique particulière ajouta certaines caractéristiques bien marquées de la classe reptilienne immédiatement au-dessus d'eux. Et puis, après une époque pendant laquelle le reptile avait occupé une place aussi discrète que celle occupée par le poisson dans les premières périodes de la vie animale, une ère de reptiles de grande taille et de haute stature fut inaugurée. Et quand, dans le Au fil d'âges incalculables, *elle* aussi avait disparu, succéda une époque de grands mammifères. Les mollusques, les poissons, les reptiles, les mammifères eurent chacun successivement leurs périodes de vaste étendue ; et puis vint une période qui différait encore plus, dans le caractère de son existence maîtresse, de n'importe laquelle de ces créations, qu'elles, avec leurs nombreuses vitalités, n'avaient différé de la période inorganique précédente dans laquelle la vie n'avait pas encore commencé à être créée. . La période humaine a commencé – la période de collaboration avec Dieu, créée à l'image de Dieu lui-même. Les existences animales des âges précédents ne formaient, si je puis m'exprimer ainsi, que de simples figures dans les paysages du grand jardin qu'elles habitaient. L'homme, au contraire, y fut placé pour « le garder et l'habiller » ; et tel a été l'effet de ses travaux, qu'ils ont modifié et amélioré la face de continents entiers. Notre globe, même tel qu'on peut le voir depuis la lune, témoigne, sur sa surface, de cette nature unique de l'homme, qu'aucun animal inférieur ne partage, qui fait de lui, dans les choses physiques et naturelles, un collaborateur de le Créateur qui l'a produit le premier. Et de l'identité au moins de son intellect avec celui de son Créateur et, par conséquent, de l'intégrité de la révélation qui déclare qu'il a été créé à l'image de Dieu, nous avons une preuve directe dans sa capacité non seulement à concevoir l'esprit de Dieu. des artifices, mais même de les reproduire ; et ce, non pas en tant que simple imitateur, mais en tant que penseur original. Il peut occasionnellement emprunter les principes de ses inventions aux œuvres du concepteur original, mais beaucoup plus fréquemment, en étudiant les œuvres du concepteur original, il y découvre les principes de ses propres inventions. Il n'a pas été un imitateur : il a simplement exercé, avec des résultats semblables, l'esprit ressemblant, *c'est-à-dire* l'esprit créé à l'image divine. Mais la scène actuelle n'est pas destinée à être la dernière. Aussi élevé qu'il soit, il est trop bas et trop imparfait pour être considéré comme l'œuvre achevée de Dieu : ce n'est qu'une des dynasties *progressistes* ; et la Révélation et les instincts implantés dans notre nature nous apprennent à anticiper une glorieuse dynastie *terminale* . Aux premières aurores de l'être, la vitalité simple était unie à la matière : la vitalité ainsi unie devenait, à chaque époque successive, d'un ordre de plus en plus élevé ; reptile, du mammifère sagace et, enfin, de l'homme responsable, immortel, créé à l'image de Dieu. Quelle sera la prochaine avancée ? Faut-il y avoir simplement une répétition du passé

– une seconde introduction de « l'homme créé à l'image de Dieu » ? Non! Le géologue, dans les tables de pierre qui constituent ses archives, ne trouve aucun exemple de dynasties disparues et revenant. Il n'y a pas eu de répétition de la dynastie du poisson – du reptile – du mammifère. La dynastie du futur aura glorifié l'homme pour son habitant ; mais ce sera la dynastie — le « *royaume* » — non pas de l'homme glorifié créé à l'image de Dieu, mais de Dieu lui-même sous la forme de l'homme. Dans la doctrine des deux natures, et dans la doctrine ultérieure selon laquelle la dynastie terminale doit être particulièrement la dynastie de Celui en qui les natures sont unies, nous trouvons cette progression requise au-delà de laquelle le progrès ne peut aller. La Création et le Créateur se rencontrent en un seul point et en une seule personne. La longue ligne ascendante depuis la matière morte jusqu'à l'homme a été un progrès vers Dieu, non pas un progrès asymptotique, mais destiné dès le début à fournir un point d'union ; et, occupant ce point en tant que vrai Dieu et vrai homme, en tant que Créateur et créé, nous reconnaissons l'adorable Monarque de tout l'Avenir. C'est, comme le souligne l'Apôtre, la gloire particulière de notre race que d'avoir fourni ce point de contact auquel Dieu s'est uni, non seulement à l'homme, mais aussi, à travers l'homme, à son propre univers, au Univers de la matière et de l'esprit.

Je restai plusieurs mois dans une santé délicate et quelque peu précaire. Mes poumons avaient subi des lésions plus graves que je ne l'avais d'abord supposé ; et il semblait à un moment assez douteux que la grave irritation mécanique qui les avait tellement irrités que les voies respiratoires semblaient surchargées de matière et de poussière de pierre, ne pourrait pas se transformer en maladie qu'elle stimulait et se transformer en phtisie confirmée. Curieusement, mes camarades m'avaient dit avec sérieux et sérieux — entre autres Cha, homme de sens et d'observation — que je paierais le sacrifice de ma sobriété en étant plus tôt atteint qu'eux du mal du tailleur de pierre : « un bon *La maison* » donna, disaient-ils, un coup de pouce salutaire à la constitution et « débarrassa les poumons du soufre » ; et les miens souffriraient faute de médicaments qui maintenaient les leurs propres. Je ne sais s'il y avait de la vertu dans leur remède : il semble tout à fait possible que le choc causé à la constitution par une surdose de boisson forte puisse, dans certains cas, avoir des effets médicinaux ; mais ils ne se trompaient certainement pas dans leur prédiction. Parmi les coupeurs du parti, je fus le premier atteint de la maladie. Je me souviens encore du sentiment plutôt pensif que triste avec lequel j'envisageais, à cette époque, une mort prématurée, et de l'amour intense de la nature qui m'attirait, jour après jour, vers les beaux paysages qui entourent ma ville natale, et qui J'aimais d'autant plus que mes yeux pourraient bientôt se fermer dessus pour toujours. "C'est *une* chose agréable de voir le soleil." Parmi mes manuscrits, bouts de papier inutiles, auxquels pourtant, en raison de leur caractère de fossiles des époques passées de ma vie, je ne peux m'empêcher d'attacher un intérêt qui n'est pas du tout en eux-mêmes, je trouve l'ambiance représentée par quelques rares manuscrits presque infantiles. vers, adressés à une petite fille docile de cinq ans, ma sœur aînée du second mariage de ma mère, et ma compagne fréquente, pendant ma maladie, dans mes courtes promenades.

À JEANIE.

Sœur Jeanie, dépêche-toi, nous y allons

Pour que grandissent les gowans à étoiles blanches,

Avec la fleur de puddock à la teinte dorée.

Le blanc neige et le beau bleu vi'let.

Sœur Jeanie, dépêche-toi, nous y allons

Pour que poussent les lilas fleuris—

Pour que le pin soit sombre et haut,

Pointe son robinet vers le ciel sans nuages.

Jeanie, mon joyeux coup

Est chanté aujourd'hui dans les bois aux jeunes feuilles ;

Vole sur une aile légère la fuite du dragon,

Et des clochards sur la flowrie, la grosse abeille rouge.

Le burnie se fraye un chemin

Sous le jet de Birken courbé,

Et des guimpes autour de la mousse verte,

Et je pleure. Je sais pourquoi, avec une crinière incessante.

Jeanie, viens ; tes jours de jeu

La marée d'automne passera;

Sune ces scènes, dans l'obscurité projetées,

Soyez ravagé par l'explosion sauvage de l'hiver.

Même si une source jaillit vers toi,

Des scènes aussi belles saluent tes yeux ;

Et pourtant, à travers de nombreuses journées sans nuage,

Mon charmant Jean sera chaleureux et gai ;

Celui qui saisit ta petite main

Aucun langer ne se tiendra à tes côtés,

Ni sur le brae parsemé de fleurs

Conduis-toi par le chemin le plus bas et le plus agréable.

Vois-tu ta cour si verte,

Parsemé de beaucoup de choses moussues ?

Quelques semaines courtes où la douleur s'envolera,

Et ton puir frère dormira dans ce *lit*.

Puis les larmes de ta mère pendant un moment

Puisse réprimander ta joie et humidifier ton sourire ;

Mais tout chagrin de ce genre s'usera,

Et je serai oublié de temps en temps.

Je ne pense pas que cette pensée soit triste ;

La vie m'a contrarié après, mais celui-ci est content :

Quand j'ai fermé mon cœur et fermé mes yeux,

Bonny sera le rêve de mon sommeil.

Finalement, cependant, ma constitution me débarrassa de la maladie ; cependant, comme je le ressens encore parfois, l'organe affecté n'a jamais tout à fait retrouvé sa vigueur antérieure ; et je commençai à éprouver la jouissance tranquille mais exquise du convalescent. Après une longue et déprimante maladie, la jeunesse elle-même semble revenir avec une santé retrouvée ; et il semble que ce soit une des dispositions compensatoires que, tandis que les hommes de constitution robuste et d'organisation rigide vieillissent progressivement dans leur esprit et obtus dans leurs sentiments, la classe qui doit supporter d'être plusieurs fois malade a le réconfort d'être également plusieurs fois malade. jeune. Le corps réduit et affaibli devient aussi sensible à l'émotion que dans la jeunesse tendre et délicate. Je ne sais pas si j'ai jamais passé trois mois plus heureux que les mois d'automne de cette année, à reprendre peu à peu chair et force au milieu de mes anciens repaires, des bois et des grottes. Mon ami m'avait quitté au début de juillet pour Aberdeen, où il était allé poursuivre ses études sous les yeux d'un précepteur, un certain M. Duncan, qu'il me décrivait dans ses lettres comme peut-être l'homme le plus instruit qu'il ait jamais vu. . « Vous pouvez lui poser une question courante, » dit mon ami, « sans obtenir de réponse, car il est bien plus que l'absenté moyenne d'un grand érudit autour de lui ; mais si vous lui demandez quel est l'état d'une controverse jamais agitée, dans l'Église ou dans le monde, il vous le donnera tout de suite, avec, s'il vous plaît, tous les arguments des deux côtés. Ce trait m'a paru à l'époque comme étant une caractéristique particulière ; et j'y ai pensé bien des années après, lorsque la renommée avait largement répandu le nom du tuteur de mon ami, le Dr Duncan, professeur d'hébreu à notre Free Church College, et l'un des orientalistes les plus profondément érudits. Quoique séparé cependant de mon ami, je trouvais un plaisir tranquille à suivre, dans mes promenades solitaires, les vues que ses conversations m'avaient suggérées ; et dans une copie de vers, production de cette époque, qui, malgré toute leur pauvreté et leur raideur, me plaisent comme vrais et comme représentatifs du sentiment de convalescence, je trouve une référence directe aux croyances qu'il s'était efforcé d'inculquer. Mes vers sont écrits dans une sorte de mètre qui, entre les mains de Collins, est devenu flexible et d'une poésie exquise, et qui dans celles de Kirke White est pour le moins agréable, mais dont on trouve des spécimens assez pauvres dans les "Anthologies" de Southey. , et que peut-être personne d'aussi limité dans son vocabulaire métrique et aussi défectueux dans son oreille musicale que l'auteur de ces chapitres, n'aurait jamais dû tenter.

RÉCONFORT.

Aucune étoile d'influence dorée n'a salué la naissance

De celui qui, tout inconnu et solitaire, verse,

   Alors que la lumière de la veille échoue,

   Sa chanson pensive et naïve ;

Oui, ceux qui marquent l'honneur, l'aisance, la richesse, la renommée,

En tant qu'unique joie de l'homme, il ne trouvera aucune joie en lui ;

   Mais d'un genre bien plus noble

   Ses plaisirs silencieux le prouvent.

Car il n'a pas laissé de traces sur les voies des hommes ;

Ni encore pour lui l'ample page inconnue,

    Où, tracé par la main de la Nature,

    Il y a beaucoup de lignes agréables.

Oh! quand les enfants ennuyeux du monde plient le genou,

Mesquinement obséquieux, envers un dieu mortel,

    Cela ne procure aucune joie vulgaire

    Seul pour se tenir à l'écart ;

Ou quand ils se bousculent sur la route encombrée de la richesse,

Et gonfle le tumulte sur la brise, c'est doux,

    Pensif, enfin incliné,

    Pour énumérer le bourdonnement courroucé.

Et si les faiblement gays ont tendance à mépriser

Le rêveur flâneur de l'ombre la plus sombre de la vie,

    Stingless la moquerie, dont la voix

    Vient du chemin erroné.

Dédain, déclare la fin de tous tes travaux !

Si le plaisir, le plaisir n'est pas sollicité, pour applaudir

    Les repaires de celui qui dépense

    Ses heures de réflexion tranquille.

Et plus heureux est celui qui peut réprimer le désir,

Que ceux qui pleurent rarement un souhait contrarié ;

    Les vassaux eux du destin—

    Le conquérant inflexible lui,

Et toi, bienheureuse Muse, même si tu as rudement enfilé ta lyre,

Ses tons peuvent tromper les journées sombres et solitaires.

    Peut lisser le front ridé,

    Et sèche la larme douloureuse.

À toi bien des bonheurs — oh, bien des consolations à toi !

Par toi soutenue, l'âme affirme son trône,

Les passions châtiées dorment,

Et la paix aux yeux de colombe prévaut.

Et toi, belle Espérance ! quand d'autres conforts échouent -

Quand les brumes épaisses de la nuit descendent, ton phare brille,

Jusqu'à faire briller les nuages sombres

Avec des rayons de bonheur promis.

Tu n'échoues pas, quand, assourdis la lyre apaisante,

Vis ton réconfort éternel : doux à élever

Ton œil, ô espérance tranquille,

Et saluez un ami au paradis !—

Un ami, un frère, quelqu'un dont l'horrible trône

Dans une sainte crainte, les fils les plus puissants du ciel s'approchent :

Le cœur de l'homme à ressentir pour l'homme—

Pour le sauver, la grande puissance de Dieu !

Vainqueur de la mort, joie de l'âme acceptée,

Oh, les merveilles ne suscitent aucun doute quand on parle de toi !

Ton chemin au-delà de la découverte,

Ton amour, la langue peut-elle le déclarer ?

Acclamée par ton sourire, la paix demeure au milieu de la tempête ;

Tenus par ta main, les flots assaillent en vain ;

Au chagrin se mêle une joie,

Et rayonne le caveau de la mort.

En passant, au cours d'une de mes promenades cet automne, la grotte dans laquelle je passais dans mon enfance tant d'heures heureuses avec Finlay, je la trouvai fumante, comme autrefois, avec un grand feu, et occupée par une fête plus sauvage et plus insouciante. que même mes camarades d'école qui font l'école buissonnière. Il avait été découvert et approprié par une bande de bohémiens qui, attirés par les taches de suie sur son toit et ses côtés, et concluant qu'il avait été habité par des bohémiens d'autrefois, étaient immédiatement entrés sans consulter ni facteur ni propriétaire. dès sa possession, en tant que successeurs légitimes de ses anciens occupants.

C'était un groupe sauvage, avec une bonne part du vrai sang gitan en eux, mais non sans un mélange d'une classe décomposée d'origine apparemment britannique ; et l'une de leurs femmes était purement irlandaise. D'après ce que j'avais entendu précédemment sur les gitans, je n'étais pas préparé à un tel mélange ; mais je l'ai trouvé assez général et j'ai pu constater qu'au moins une des manières dont cela s'était produit était illustrée par le cas de l'unique Irlandaise. Son mari, gitan, avait servi comme soldat et l'avait épousée lorsqu'il était dans l'armée. J'ai toujours été extrêmement curieux de voir l'homme dans ses éléments bruts, de l'étudier comme un sauvage, que ce soit parmi les classes dégradées de notre propre pays ou, comme le montrent les écrits des voyageurs et des voyageurs, dans son état d'origine ; et je n'hésitais plus désormais à rendre visite aux bohémiens et à passer souvent une heure ou deux en leur compagnie. Ils parurent d'abord jaloux de moi en tant qu'espion ; mais me trouvant inoffensif et que je ne trahissais pas mes conseils, ils en vinrent enfin à me reconnaître comme un « garçon tranquille et maladif », et à bavarder aussi librement en ma présence qu'en celle des autres cruches à oreilles, dont ils se servaient. fabriquer en étain par douzaines et par dizaines, et dont la fabrication, avec la fabrication de cuillères en corne, constituait la principale branche d'activité exercée dans la grotte. J'ai vu dans ces visites de curieux aperçus de la vie gitane. Je ne pouvais me fier qu'à ce dont j'étais réellement témoin : ce qu'on me disait ne pouvait en aucune occasion être cru ; car jamais il n'y a eu de mensonges plus grossiers et plus monstrueux que ceux des bohémiens ; mais même le mensonge formait en soi un trait particulier. Je n'ai jamais entendu de mensonges ailleurs qui défiaient si complètement toute probabilité – conséquence, en partie, de leur aventure imprudente, comme des auteurs malhabiles, à s'étendre dans des domaines d'invention sur lesquels leur expérience ne s'étendait pas. Un jour, une vieille gitane, après avoir prononcé mon mal de consommation, me prescrit, comme remède infaillible, du persil cru haché petit et confectionné en boules avec du beurre frais ; mais voyant, je suppose, d'après mes manières, que je n'avais pas la confiance nécessaire en sa spécificité, elle poursuivit en disant qu'elle tenait sa connaissance de ces questions de sa mère, l'une des femmes les plus « maigres » qui aient jamais vécu. " Sa mère, disait-elle, avait un jour guéri le fils d'un seigneur d'une blessure grave en une demi-minute, après que tous les médecins anglais eurent montré qu'ils ne pouvaient rien faire pour lui. Son œil avait été arraché de son orbite par un coup et pendait jusqu'à mi-hauteur de sa joue ; et bien que les médecins aient bien sûr pu le remettre à sa place, il refusait de coller, retombant toujours. Sa mère, cependant, comprit immédiatement le cas ; et, faisant une petite entaille à la nuque du jeune homme, elle saisit l'extrémité d'un tendon, et tirant l'orbe délogé d'un coup, elle resserra le tout en faisant un nœud sur le ligament contrôlant, et ainsi gardait l'œil à sa place. Et, sauf que le jeune seigneur continuait à loucher un peu, il se sentit aussitôt guéri. L'anatomie particulière sur laquelle cette invention était basée devait, bien sûr, ressembler à celle d'une poupée de cire aux yeux clignotants ; mais cela fit assez bien pour la femme ; et, n'ayant aucun caractère à soutenir pour la vérité, elle n'hésita pas à le bâtir. Lorsqu'on lui demanda si elle était déjà allée à l'église, elle répondit aussitôt : « Oh oui, à une époque très souvent. Je suis la fille d'un pasteur — une fille *naturelle* , vous savez : mon père était le prédicateur le plus puissant de tout le sud. , et j'allais toujours l'entendre." Cependant, environ une heure après, oubliant sa sortie improvisée et le caractère révérend avec lequel elle avait insisté auprès de son père, elle parla de lui, dans une autre invention tout aussi palpable, comme du plus grand « roi des bohémiens » que les bohémiens aient jamais eu. . Même les enfants avaient pris l'habitude du mensonge monstrueux. Il y avait un des garçons de la bande, âgé de bien moins de douze ans, qui pouvait improviser des récits mensongers à l'heure, et semblait toujours ravi d'avoir un auditeur ; et une petite fille, plus jeune encore, qui « bégayait dans *la fiction* , car la *fiction* est venue ». Il y avait deux choses qui me paraissaient particulières chez ces bohémiens : une tête de type hindou, de petite taille, mais avec une plénitude considérable du front, surtout le long de la ligne médiale, dans la région, comme dirait peut-être le phrénologue : de *l'individualité* et *de la comparaison* ; et une posture singulière prise par les vieilles femelles de la tribu accroupies devant leurs feux, dans laquelle le coude reposait sur les genoux rapprochés, le menton sur les paumes, et la silhouette entière (ressemblant un peu par l'attitude à une momie mexicaine) prenait une apparence étrange, qui m'a rappelé certaines des sculptures les plus grotesques de l'Égypte et de l'Hindoustan. Le type particulier de tête provenait, je n'en doute pas, d'une ascendance initialement différente de celle des races sédentaires du pays ; il n'est pas non plus impossible que cette position particulière – contrairement à toutes celles que j'ai jamais vues assumer par des femmes écossaises – soit également d'origine étrangère.

J'ai été témoin de scènes parmi ces bohémiens, dont l'auteur des Jolly Beggars aurait pu faire un usage rare, mais qui constituaient une sorte de matériau que je n'avais pas la capacité particulière d'employer à juste titre. Il a été rapporté un jour qu'une cérémonie de mariage et un mariage devaient avoir lieu dans la grotte, et j'ai parcouru le chemin, dans l'espoir de découvrir comment ses habitants parvenaient à faire eux-mêmes ce qu'aucun ecclésiastique ne pouvait bien sûr se risquer à faire à leur place. — étant donné que, parmi les partis à unir, le marié pourrait déjà avoir autant d'épouses vivantes que « Peter Bell », et la mariée autant de maris. Un mariage de gitans avait eu lieu quelques années auparavant dans une grotte près de Rosemarkie. Un vieux bohémien, doué d'un savoir-faire rare en matière de lecture, avait à moitié lu, à moitié orthographié le service de mariage anglais destiné au jeune couple, et la cérémonie fut jugée terminée à sa fin. Et je m'attendais maintenant à être témoin de quelque chose de similaire. Dans une ouverture du bois au-dessus, je rencontrai deux bohémiens très ivres et vis les prémices de la gaieté à venir. L'un des deux était un monstre d'apparence grossière, à la peau jaunâtre, au visage plat, aux épaules rondes, long et aux membres maigres, mesurant au moins six pieds deux pouces, et, à cause de ses étranges disproportions, il aurait pu passer pour sept pieds. pieds tous les jours, si ce n'était que son pantalon, fait pour un homme beaucoup plus petit, et montant jusqu'au milieu de sa jambe sans mollet, lui donnait beaucoup l'apparence d'un grand garçon marchant sur des échasses. Les garçons de l'endroit l'appelaient « Giant Grimbo » ; tandis que son compagnon, un petit garçon élégant et serré, qui exhibait toujours une jambe compacte et bien arrondie en velours côtelé indescriptible, ils avaient appris à le distinguer sous le nom de « Billy Breeches ». Le géant, qui portait une cornemuse, était tombé en panne avant que je les rejoigne ; et maintenant, assis sur l'herbe, il bourdonnait à coups intermittents une musique diabolique sur laquelle dansait Billy Breeches ; mais, juste au moment où je passais, Billy céda également, après avoir gaspillé une infinité d'efforts pour se maintenir debout ; et, tombant sur le musicien prosterné, j'entendais le sac gémir de son âme tandis qu'il se pressait contre lui, dans un long cri mélancolique. J'ai trouvé la grotte présentant un aspect pittoresque plus que ordinaire. Elle avait ses deux feux, et sa double portion de fumée, qui roulait dans le calme comme une rivière à l'envers ; car il s'accrochait au toit, comme par une gravitation inversée, et tournait sa surface mousseuse vers le bas. Près d'un feu, une vieille gitane était en train de préparer des gâteaux à l'avoine ; et une grande marmite, qui répandait dans la grotte l'odeur savoureuse des volailles malheureuses perdues au milieu de leurs jours, et des lièvres malheureux détruits sans permis de chasse, dépendait de l'autre. Un âne, propriété commune de la tribu, méditait au premier plan ; deux gamins, âgés d'environ dix à douze ans chacun, misérablement fournis en article d'habillement, car l'un, pourvu seulement d'un pantalon en lambeaux, était nu jusqu'à la taille, et l'autre, pourvu seulement d'un pantalon en lambeaux. veste délabrée, nus jusqu'à la taille, étaient occupés à ramasser du combustible pour le feu, encore plus loin devant ; quelques-uns des habitants ordinaires de l'établissement se prélassaient à l'abri de la fumée, apparemment d'humeur pas du tout occupés ; et sur un canapé de fougères séchées était évidemment assis le personnage central du groupe, une jeune brune aux yeux pétillants, plus qu'habituellement marquée par les particularités hindoues de la tête et des traits, et accompagnée d'un individu d'apparence sauvage d'une vingtaine d'années, au visage brun. comme un mulâtre, et avec une profusion de longs cheveux souples, noirs comme du jais, qui pendaient jusqu'aux yeux et se regroupaient autour de ses joues et de son cou. Il s'agissait, je l'ai vérifié, des mariés. La mariée était occupée à coudre un bonnet, le marié à surveiller les progrès du travail. J'ai observé que les gens, moins communicatifs que d'habitude, semblaient me considérer comme un intrus. Un vieux bricoleur, le père de la mariée, gris comme une épine sans feuilles en hiver, mais toujours vigoureux et fort, admirait un morceau de régule pesant environ une livre. C'était de l'or, dit-il, ou, comme il prononçait le mot, « guilde », qui avait été trouvé dans un vieux cairn, et qui avait une immense valeur, « car c'était une guilde de pairs et c'était la meilleure des guildes ; mais si je le voulais, il me le vendrait, ce qui serait une très bonne affaire. J'étais engagé avec quelque difficulté à décliner l'offre, lorsque nous fûmes interrompus par le son de la cornemuse. Le géant Grimbo et Billy Breeches avaient réussi à se remettre sur pied et ont été vus titubant vers la grotte. "Où est le whisky, Billy !" » demanda le propriétaire de l'or en s'adressant à l'homme aux petits vêtements. "Whisky!" dit Billy, "demande à Grimbo." "Où est le whisky, Grimbo ?" répéta le bricoleur. "Whisky!" répondit Grimbo, "Whisky!" et encore une fois, après une pause et un hoquet, "Whisky !" "Maudits noirs !" dit le bricoleur en se levant avec une agilité merveilleuse pour un âge aussi avancé que le sien. "As-tu tout bu ? Mais prends ça, Grimbo", ajouta-t-il en frappant de plein fouet le côté de la tête du géant, ce qui se prosterna de toute sa longueur sur le sol de la grotte. "Et prends ça, Billy," répéta-t-il, infligeant un autre coup à l'homme plus petit, qui l'envoya droit à travers son camarade prosterné. Et puis, se tournant vers moi, il remarqua avec un sang-froid parfait : « Cela, maître, j'appelle une frappe intelligente. » "Honnête garçon", murmura immédiatement après l'une des femmes, "ce sera une période *difficile* pour nous ici cette nuit : tu ferais mieux de passer ton chemin." J'avais déjà commencé à le penser sans aucune incitation ; et ainsi, prenant congé des bohémiens, je ne fus pas, comme je l'avais proposé, l'un des témoins du mariage.

Il y a une sorte d'humour grotesque dans les scènes du genre décrit, qui a du charme pour les artistes et les auteurs d'une classe particulière, certains d'entre eux étant des hommes de large sympathie et de grand génie ; et ainsi, à travers leurs représentations, littéraires et picturales, le point de vue ridicule est devenu le point de vue conventionnel et ordinaire. Et pourtant c'est une gaieté assez triste, après tout, qui a pour sujet une dégradation aussi extrême. Je n'ai jamais connu de bohémiennes qui semblaient posséder un sens moral, un degré de *pariahisme* auquel n'a atteint qu'une seule autre classe du pays, et encore une petite classe, les descendants de femmes dégradées de nos grandes villes. En Écosse, une éducation, si laïque soit-elle, jette toujours une certaine lumière sur la conscience ; un foyer, si humble soit-il, dont les habitants gagnent leur pain grâce à une honnête industrie, a un effet similaire ; mais dans les promenades particulières où, depuis des générations, il n'y a eu aucune éducation d'aucune sorte, ou dans lesquelles le pain a été le salaire de l'infamie, le sens moral semble si complètement effacé, qu'il ne semble plus rien survivre dans l'esprit auquel le missionnaire ou le moraliste peut faire appel. Il semble difficilement possible à un homme de connaître ne serait-ce qu'un tout petit peu de ces classes, sans apprendre, en conséquence, à respecter le travail honnête, et même le savoir profane, comme étant au moins un *pis-aller*, dans sa portée morale et son influence, que peut exister parmi un peuple.

CHAPITRE XVIII.

"Car tel est le défaut ou la profondeur du plan

Sous la forme de cette créature merveilleuse appelée l'homme,

Il n'y a pas deux vertus, quelle que soit la relation qu'elles prétendent,

Ni même deux nuances différentes du même.

Mais comme toujours, de frère jumeau à frère.

Posséder l'un impliquera que vous avez l'autre. "- BURNS.

Pendant ma convalescence, je m'amusais à tailler pour mes oncles, d'après un dessin original, une pierre de cadran ornée ; et la pierre à cadran existe encore, pour montrer que mon talent de tailleur de pierre s'élevait un peu au-dessus de la moyenne de la profession dans les régions du pays où il est le plus élevé. Au fur et à mesure que je recouvrais santé et force, de petits travaux me arrivaient. J'exécutais des tablettes sculptées dans un style peu courant dans le nord de l'Écosse ; introduisit dans les cimetières de la localité un meilleur type de pierre tombale que celui qu'on y avait obtenu auparavant, sauf peut-être à une période très précoce ; j'ai distancé tous mes concurrents dans l'art de la gravure d'inscriptions ; et j'ai enfin découvert que, sans exposer mes poumons affaiblis aux déchirures et à l'usure brutales auxquelles le tailleur de pierre ordinaire doit se soumettre, je pouvais vivre. Je considérais aussi comme un avantage, plutôt que l'inverse, que ma nouvelle branche d'emploi m'amenait souvent pendant quelques jours dans des régions de campagne suffisamment éloignées de chez moi pour m'offrir de nouveaux champs d'observation et m'ouvrir de nouveaux territoires d'observation. enquête. Parfois je passais une demi-semaine dans une ferme près d'un cimetière de campagne, parfois je logeais dans un village, plus d'une fois je m'abritais à côté d'un siège de gentleman, où l'ombre auguste de la seigneurie pesait sur la société ; et c'est ainsi que j'ai pu voir et connaître une grande partie du peuple écossais, sous ses aspects multicolores, que j'aurais pu autrement ignorer. Parfois aussi, sur une étagère poussiéreuse de chalet, je réussissais à dénicher un livre rare ou, ce qui n'était pas moins bienvenu, à recevoir une curieuse tradition du propriétaire du chalet ; ou bien il y avait à portée d'une promenade du soir quelque morceau intéressant d'antiquité, ou quelque section rocheuse, que je trouvais avantageux de visiter. Un cimetière solitaire, situé, comme le sont habituellement les cimetières de campagne, dans un endroit agréable et entouré de groupes d'arbres centenaires, constituait également une scène de travail bien plus délicieuse qu'un hangar poussiéreux ou qu'un cimetière ouvert. quartier dans une ville animée; et dans l'ensemble, j'ai trouvé mon nouveau mode de vie calme et heureux. Ce n'était pas non plus, malgré toute sa tranquillité, une sorte de vie dans laquelle l'intellect courait un grand danger de s'endormir. Il n'y avait guère de localité dans laquelle un nouveau jeu ne pût commencer, qui, en s'amenuisant, maintenait les facultés en pleine activité. Permettez-moi de donner un exemple en décrivant les cours d'enquête, physiques et métaphysiques, qui se sont ouverts à moi lors d'un séjour de quelques jours, d'abord dans le cimetière de Kirkmichael, puis dans le cimetière de Nigg.

J'ai ailleurs décrit de manière quelque peu fantaisiste la chapelle en ruine et le cimetière solitaire de Kirkmichael comme étant situés au bord d'une douce pente, à quelques mètres d'une plage plate, si peu exposée aux vents, qu'il semblerait que "l'océan a étouffé ses vagues en s'approchant de ce champ de morts." C'est ainsi que les deux végétations, celle de la terre et celle de la mer, non perturbées par les vagues qui, sur les côtes plus ouvertes, empêchent la croissance de l'une ou de l'autre le long de la ligne littorale supérieure, où les vagues battent le plus fort, se rencontrent et se mélangent ici, chacune empiétant sur une distance considérable. peu de chemin sur la province de l'autre. Et aux heures des repas, et en rentrant chez moi le soir le long du rivage, cela me procurait assez d'amusement pour remarquer le caractère des diverses plantes des deux flores qui se rencontrent et se croisent ainsi, et les apparences qu'elles prennent lorsqu'elles habitent chacun est la province de l'autre. Du côté de la terre, des parterres d'épargne, avec leurs fleurs gaies roses de mer, occupaient de grands coussins saillants, qui se dressaient comme de petits îlots au milieu de la mer coulante, et étaient recouverts par l'eau salée pendant les marées jusqu'aux profondeurs. de dix-huit pouces à deux pieds. À ceux-ci se mêlaient parfois des épis de lavande marine ; et de temps en temps, quoique plus rarement, un *aster marin*, qu'on voyait élever au-dessus de la surface calme ses fleurs composées, avec leurs gousses staminales jaune vif et leurs pétales pourpres pâles. Cependant, bien au-delà même des coussins d'épargne, je pouvais suivre les tiges charnues et articulées du moût de verre, sortant de la boue, mais devenant minuscules et sans branches à mesure que je les suivais vers le bas, jusqu'à des profondeurs où elles devaient avoir été. fréquemment traversés par les jeunes charbonniers et les plies, ils apparaissaient comme de simples pointes charnues, d'à peine un pouce de hauteur, puis disparaissaient. Du côté de la mer, ce sont les divers fucoïdes qui s'élevaient le plus haut le long de la plage : le foyer dentelé rencontrait à peine le moût salé ; mais le fucus à vessie (*fucus nodosus*) mêlait souvent ses frondes brunes aux fleurs pourpres de l'épargne, et le fucus vésiculaire (*fucus vesiculosus*) s'élevait encore plus haut pour entrer dans une étrange compagnie avec les plantains du bord de mer et les communs. scorbut-herbe. J'ai également trouvé des entéromorphes verts de deux espèces, *E. compressa* et *E. intestinalis*, en abondance le long des bords des friperies ; et il me parut curieux à l'époque que, tandis que la plupart des plantes terrestres qui étaient ainsi descendues au-delà du niveau de la mer appartenaient à la division dicotylédone élevée, les algues avec lesquelles elles mélangeaient leurs feuilles et leurs vaisseaux à graines étaient de faible division. dans leur position - fuci et enteromorpha - plantes au moins pas plus élevées que leurs cryptogamies apparentées, les lichens et les mousses de la terre. Bien au-delà, dans les limites extérieures de la baie, là où les plantes terrestres ne s'approchaient jamais, il y avait des prairies à végétation sous-marine, d'un caractère (pour la mer) relativement élevé. Leurs nombreuses plantes (*zostera marina*) avaient de vraies racines, de vraies feuilles et de vraies fleurs ; et leurs épis mûrissaient au milieu des eaux salées vers la fin de l'automne, graines rondes et blanches, qui, comme beaucoup de graines de la terre, avaient leur sucre et leur amidon. Mais ces plantes tenaient très à l'écart, dans leurs profondeurs vertes, de leurs cogénératrices les monocotylédones de la flore terrestre. Ce sont simplement les basses *Fucaceæ* et *Conferveæ* de la mer que je trouvai se rencontrant et se mêlant aux dicotylédones descendantes de la terre. J'éprouvais beaucoup d'intérêt à marquer, vers cette époque, comment certaines ceintures de végétation marine se formaient sur un vaste rocher situé dans les environs de Cromarty, sur la ligne extrême du reflux des grandes marées. J'ai détecté les diverses espèces rangées en zones, tout comme sur les hautes collines le botaniste voit ses zones agricoles, marécageuses et alpines s'élever successivement les unes sur les autres. A la base de l'immense masse, à un niveau auquel la marée descend rarement, le légume caractéristique est l'enchevêtrement à tige rugueuse : *Laminaria digitata* . Dans la zone immédiatement au-dessus de la zone la plus basse, le légume dominant est l'enchevêtrement à tige lisse - *Laminaria saccharina* . Plus haut encore, on trouve une zone de fucus dentelé, *F. serratus* , mélangé à un autre fucus familier, *F. nodosus* . Vient ensuite une zone encore plus élevée de *Fucus vesiculosus* ; et plus haut encore, quelques touffes éparses de *Fucus canaliculatus* ; puis, comme sur les hautes montagnes qui s'élèvent au-dessus de la ligne des neiges perpétuelles, la végétation cesse, et le rocher présente une tête chauve et ronde, qui s'élève à la surface après les premières heures de reflux. Mais bien au-delà de sa base, là où la mer ne descend jamais, s'épanouissent dans les profondeurs de l'eau de vertes prairies de *zostères* , où elles déploient leurs fleurs incolores, dépourvues de pétales, et mûrissent leurs graines farineuses qui, partout où elles remontent à la surface, semblent très sensibles au gel. J'ai vu les rivages parsemés d'une ligne de *zostères verts* , aux épis chargés de graines, après qu'une vive gelée d'octobre, qui avait coïncidé avec le reflux d'une marée basse, avait mordu ses frondes rectilignes et ses tiges flexibles.

Mais quelle était, pourrait-on se demander, la portée de toutes ces observations ? Je n'en ai en aucun cas vu toute la portée à l'époque : j'ai simplement observé et enregistré, parce que je trouvais cela agréable à observer et à enregistrer. Et pourtant, un des rêves fous de Maillet dans son *Telliamed* avait donné à mes connaissances sur le sujet une certaine unité et une certaine direction précise, qu'ils n'auraient pas possédées autrement. Cet écrivain fantaisiste soutenait que la végétation de la terre provenait originellement de celle de l'océan. « En un mot, dit-on, les herbes, les plantes, les racines, les grains et tout ce que la terre produit et nourrit ne viennent-ils pas de la mer ? N'est-il pas au moins naturel de le penser, puisque sommes-nous certains que toutes nos terres habitables sont originaires de la mer ? D'ailleurs, dans les petites îles éloignées du continent, apparues il y a quelques siècles tout au plus, et où il est évident que jamais aucun homme n'a été, nous trouvons des arbustes, des herbes et des racines. Or, il faut être obligé d'admettre que ces productions devaient leur origine à la mer, *ou à une création nouvelle, ce qui est absurde* . Et puis Maillet montre, d'une manière qui, maintenant que l'algaéologie est devenue une science, doit être considérée comme pour le moins curieuse, que les plantes de la mer, quoique moins développées que celles de la terre, sont en réalité très en grande partie de même nature. « Les pêcheurs de Marseille trouvent quotidiennement, dit-il, dans leurs filets et parmi leurs poissons, des plantes de cent espèces, avec encore leurs fruits dessus ; et quoique ces fruits ne soient pas aussi gros ni aussi bien nourris que ceux de Marseille. notre terre, mais leur espèce n'est en aucun cas douteuse. On y trouve des grappes de raisins blancs et noirs, des pêchers, des poiriers, des pruniers, des pommiers et toutes sortes de fleurs. Telle était l'espèce de fable sauvage inventée dans un traité de sciences naturelles dans lequel je trouvais intéressant de connaître la vérité. J'ai vu depuis l'extraordinaire vision de Maillet ravivée, d'abord par Oken, puis par l'auteur des « Vestiges de la Création » ; et lorsque, en me débattant avec certaines des opinions et déclarations de ce dernier auteur, je me suis mis à écrire le chapitre de mon petit ouvrage qui traite de cette hypothèse particulière, j'ai découvert que j'avais en quelque sorte étudié dans l'école où le l'éducation nécessaire à sa production devait être acquise de la manière la plus approfondie. Si l'ingénieux auteur des Vestiges avait pris peu de temps des leçons sous la même forme, il n'aurait guère songé à faire revivre dans ces derniers temps le rêve d'Oken et de Maillet. La connaissance des faits l'aurait certainement protégé contre la reproduction de l'hypothèse.

La leçon de Nigg fut d'un genre plus curieux, quoique peut-être moins certainement concluante dans ses orientations. La maison du propriétaire de Nigg jouxtait le cimetière. J'étais occupé à graver une inscription sur la pierre tombale de sa femme, récemment décédée ; et un pauvre idiot, qui trouvait sa vie dans la cuisine, et à qui le défunt avait fait preuve de bonté ; J'avais l'habitude de venir tous les jours au cimetière, de m'asseoir à côté de moi et de bavarder avec des expressions brisées sur mon chagrin. J'ai été frappé de l'extrême de son idiotie : il manifestait encore plus que l'incapacité ordinaire de sa classe à s'occuper des chiffres, car il pouvait à peine dire si la nature lui avait fourni une tête ou deux ; et aucune puissance éducative n'aurait pu lui apprendre à compter ses doigts. Il était également défectueux au niveau mécanique. On ne pouvait pas mettre Angus en pantalon ; et la composition du bouton restait un mystère qu'il ne parvint jamais à comprendre. Il portait donc une grande robe bleue, semblable à celle d'un marchand de perles, qui glissait sur sa tête et était attachée par une ceinture autour de sa taille, avec une forte chemise de laine en dessous. Mais, bien qu'il ne connaisse pas le mystère du bouton, il y avait des mystères d'un autre genre qu'il semblait connaître parfaitement : Angus, toujours fidèle serviteur à l'église, était un grand critique dans les sermons ; ce n'était pas non plus tous les prédicateurs qui le satisfaisaient ; et tel était son tour d'imitation, qu'il pouvait lui-même prêcher à l'heure, à la manière, au moins en termes de voix et de gestes, de tous les ministres populaires du district. Il y avait cependant un manque d'idées dans ses discours : dans ses passages les plus énergiques, lorsqu'il frappait le livre et frappait du pied, il répétait habituellement, en gaélique sonore : « Les méchants, les méchants, ô misérables, les méchants. !" tandis qu'un passage d'un caractère moins dépréciatif lui servait à rehausser ses tons moyens et son pathétique. Mais ce qui remarquait surtout son caractère, c'était une ruse instinctive, semblable à celle d'un renard, qui semblait en être la base même, ruse qui coexistait pourtant avec une parfaite honnêteté et un attachement dévoué à son patron, le propriétaire.

La ville de Cromarty avait son pauvre imbécile d'une toute autre trempe. Jock Gordon avait été, disait-on, « comme les autres » jusqu'à l'âge de quatorze ans, lorsqu'une grave crise de maladie le laissa en faillite physique et mentale. Il se leva de son lit boiteux d'un pied et d'une main, son côté rétréci et sans nerfs, l'unique lobe de son cerveau apparemment inopérant, et avec moins de la moitié de son énergie et de son intellect antérieurs ; mais pas du tout un idiot, bien qu'un peu plus impuissant : le pauvre fragment mutilé d'un homme qui raisonne. Parmi ses autres défauts, il bégayait lamentablement. Il est devenu résident de la cuisine de Cromarty House ; et il apprit à faire des courses, ou plutôt à boiter , car il s'était relevé de la fièvre qui l'avait ruiné pour ne plus courir, avec beaucoup de fidélité et de succès. Il aimait aller à l'église, lire de bons petits livres et, malgré son triste bégaiement, chanter. Pendant la journée, on l'entendait, tandis qu'il boitait dans les rues pour affaires, « *chanter en lui-même* », comme disaient les enfants, d'une voix basse et invariable, ressemblant un peu au bourdonnement d'une abeille ; mais quand la nuit tomba, toute la ville l'entendit. Il n'était pas un protecteur des poètes ou des compositeurs modernes. « Il y avait un navire et un navire célèbre » et « La mort et la belle dame » étaient ses favoris particuliers ; et il pouvait répéter la « Tragédie Gosport » et les « Babes in the Wood » du début à la fin. Parfois, il bégayait dans les notes, puis elles s'allongeaient indéfiniment en une croche interminable que nos chanteurs de premier ordre auraient pu envier. Parfois, il y avait une pause brusque : Jock avait consulté la poche dans laquelle il rangeait son pain ; mais à peine sa bouche fut-elle à moitié éclaircie qu'il recommença. Cependant, au milieu de sa vie, une grande calamité s'abattit sur Jock. Son patron, l'occupant de Cromarty House, quitta le pays pour la France : Jock resta sans occupation ni nourriture ; et les rues n'entendaient plus ses chants. Il devint maigre et maigre, bégayait et boitait plus douloureusement qu'auparavant, et se trouvait dans la dernière étape de privation et de détresse ; lorsque le bienveillant propriétaire de Nigg, qui résidait la moitié de l'année dans une maison de ville de Cromarty, eut pitié de lui et l'introduisit dans sa cuisine. Et au bout de quelques jours, Jock chantait et boitait pour faire ses courses avec toujours autant d'énergie. Mais le moment arriva enfin où son nouveau bienfaiteur dut quitter sa maison de ville pour s'installer à la campagne ; et il incomba à Jock de prendre temporairement congé de Cromarty et de le suivre. Et puis le pauvre imbécile de la cuisine de ville devait bien sûr se mesurer à son redoutable rival, l'idiot vigoureux de la campagne.

Lors de l'arrivée de Jock à Nigg, qui avait eu lieu quelques semaines avant mon engagement dans le cimetière de la paroisse, le caractère d'Angus parut se dilater en énergie et en puissance. Il se rendit au cimetière avec une bêche et une pioche et commença à creuser une tombe. C'était une tombe, dit-il, pour le méchant Jock Gordon ; et Jock, qu'il le veuille ou non, était venu à Nigg, ajouta-t-il, uniquement pour être enterré. Jock, cependant, ne devait pas être délogé ainsi ; et Angus, professant une soudaine amitié pour lui, exprima la magnanime résolution que non seulement il tolérerait Jock, mais qu'il serait aussi très gentil avec lui et lui montrerait l'endroit où il gardait tout son argent. Il avait beaucoup d'argent, disait-il, qu'il avait caché dans une digue ; mais il montrerait l'endroit à Jock Gordon, au pauvre infirme Jock Gordon : il lui montrerait le trou même, et Jock aurait tout compris. Il amena donc Jock au trou – une cavité dans un mur de gazon dans le bois voisin – et, prenant soin que son chemin de retraite soit dégagé, il lui ordonna d'insinuer sa main. Mais à peine l'avait-il fait, qu'il sortit entre ses doigts une nuée de guêpes, de la variété si abondante dans le pays du nord, qui construisent leurs nids dans les talus de terre et dans les vieilles taupinières ; et le pauvre Jock, mal préparé pour se retirer en cas d'urgence soudaine, fut piqué à quelques centimètres de sa vie. Angus revint avec une grande joie, prêchant sur « le méchant Jock Gordon, que les mêmes guêpes ne voulaient pas laisser tranquilles » ; mais bien qu'il ne fît plus semblant d'amitié pendant quelques jours après, il l'attira de nouveau avec une apparente gentillesse ; et le samedi suivant, alors que Jock était envoyé dans une forge voisine avec une tête de mouton à flamber, Angus se porta volontaire pour lui montrer le chemin.

Angus était déjà allé au trot ; Jock arrivait en boitant derrière : les champs étaient ouverts et nus ; les habitations, rares et espacées ; et après avoir traversé, en une heure de marche environ, une demi-douzaine de petits hameaux, Jock commença à s'étonner extrêmement qu'il n'y ait aucune trace de l'atelier du forgeron. "Pauvre idiot de Jock Gordon !" s'écria Angus en accélérant son trot pour le mettre au galop ; "Que sait-il au sujet du transport des têtes de mouton à la forge ?" Jock travailla dur pour suivre son guide ; chevrotant et à demi chevrotant, selon sa respiration, car Jock se mettait toujours à chanter, lorsqu'il se trouvait dans des endroits solitaires, après la tombée de la nuit, pour se protéger des fantômes. Finalement, la lumière du jour s'éteignit complètement, et il ne put qu'apprendre d'Angus que la forge était plus éloignée que jamais ; et, pour ajouter à son trouble et à sa perplexité, la rugosité du terrain lui montra qu'ils s'éloignaient de la route. D'abord, ils travaillèrent à travers ce qui semblait être une infinité de champs, séparés les uns des autres par de profonds fossés et des clôtures de pierre ; puis ils traversèrent une lande morne, hérissée d'ajoncs et d'épines de prunelle ; puis sur un désert de tourbières et de bourbiers ; puis à travers une piste de terre nouvellement labourée ; puis ils entrèrent dans un deuxième bois. Enfin, après une misérable nuit d'errance, le jour se leva sur les deux satyres désespérés ; et Jock se trouva dans un pays étranger, avec un lac long et étroit devant et un bois derrière. Il avait erré après son guide dans la paroisse reculée de Tarbet.

Tarbet regorgeait alors de petits lacs boueux, bordés de drapeaux d'eau et de roseaux, et grouillant de grenouilles et d'anguilles ; et c'était l'un des plus grands et des plus profonds qui se trouvaient maintenant devant Jock et son guide. Angus releva sa robe bleue, comme pour traverser. Jock aurait aussitôt songé à traverser à gué l'océan allemand. "Oh, méchant Jock Gordon !" s'écria le fou en le voyant hésiter ; "Le colonel attend, le pauvre, sa tête, et Jock ne l'emmènera pas à la forge." Il entra dans l'eau. Jock le suivit en désespoir de cause ; et, après avoir dégagé la ceinture de roseaux, tous deux s'enfoncèrent jusqu'au milieu dans l'eau et la boue mêlées. Angus avait enfin atteint le but de son voyage. Se dégageant en un instant, car il était souple et actif, il arracha la tête et les pieds du mouton à Jock et, sautant à terre, laissa le pauvre homme accroché. C'était l'heure de l'église lorsqu'il atteignit, sur le chemin du retour, la vieille abbaye de Fearn, encore utilisée comme lieu de culte protestant ; et comme la vue des gens rassemblés éveillait sa propension à aller à l'église, il entra. Il était de bonne humeur - semblait, par les bouches qu'il faisait, beaucoup admirer le sermon, et fit défiler la tête et les pieds des moutons à travers les passages. et galerie au moins vingt fois, comme un moine de l'ordre de Saint-François exposant les reliques de quelque saint préféré. Dans la soirée, il retrouva le chemin du retour, mais apprit, à son grand regret et à son grand étonnement, que le « méchant Jock Gordon » était arrivé peu avant lui dans une charrette. Le pauvre homme était resté enfoncé dans la boue pendant trois longues heures après qu'Angus l'avait quitté, jusqu'à ce qu'enfin les grenouilles elles-mêmes commencèrent à cultiver sa connaissance, comme elles avaient fait celle du roi Log autrefois ; et dans la boue, il serait resté immobile, s'il n'avait pas été dégagé par un fermier de Fearn, qui, en venant à l'église, avait pris le lac sur son chemin. Il quitta cependant Nigg pour Cromarty le lendemain, convaincu qu'il n'était pas à la hauteur de son rival et se demandant comment la prochaine aventure pourrait se terminer.

Telle était l'histoire que je trouvais courante chez Nigg, lorsque je travaillais dans son cimetière, souvent avec le héros de l'aventure à mes côtés. Cela m'a amené à prendre particulièrement note de sa classe et à rassembler des faits les concernant, sur lesquels j'ai érigé une sorte de théorie semi-métaphysique du caractère humain, qui, bien qu'elle ne puisse en aucun cas être considérée aujourd'hui comme une théorie nouvelle, que j'avais pensé moi-même, et qui possédait par conséquent pour moi le charme de l'originalité. Chez ces pauvres créatures, disais-je ainsi, nous trouvons, au milieu d'un grand délabrement général et d'un esprit brisé, certains instincts et certaines particularités restant entiers. Ici, chez Angus, par exemple, il existe cette ruse instinctive que possèdent certains animaux inférieurs, comme le renard, et qui existe à un merveilleux degré de perfection. Pope lui-même, qui « ne pouvait boire du thé sans stratagème », ne pouvait guère en posséder une plus grande part. Et pourtant, comme cette sorte d'ingéniosité ne doit pas être distincte de l'ingéniosité mécanique ! Angus ne peut pas fixer un bouton dans son trou. Je le vois même déconcerté par une grande tabatière, avec une petite quantité de tabac à priser au fond, qui est hors de portée de son doigt. Il n'a pas assez d'ingéniosité pour le coucher sur le côté, ou pour vider sa prise sur sa paume ; mais il tend et tend toujours vers lui le doigt inutile, puis se met en colère de le voir échapper à son contact. Il existe cependant d'autres idiots qui n'ont rien de la ruse d'Angus et chez qui cette capacité mécanique est décidément développée. Beaucoup de *crétins* des Alpes sont réputés remarquables par leur savoir-faire artisanal ; et on parle d'un idiot écossais, qui vivait dans une chaumière sur le Maolbuie Common dans la partie supérieure de l'Île Noire, et chez qui existait une capacité mécanique similaire, abstraite de capacité de presque toutes les autres sortes, qui, entre autres choses. , il fabriqua, à partir d'un morceau de métal grossier, une grosse aiguille à sac. Angus est attaché à son patron et pleure la défunte ; mais il semble avoir peu d'estime pour l'espèce, courtisant simplement pour le moment ceux dont il attend du tabac. L'idiot de Cromarty, au contraire, est obligeant et bon envers tous, et porte un amour particulier aux enfants ; et, bien que plus imbécile à certains égards qu'Angus lui-même, il a un certain goût pour la tenue vestimentaire et peut s'habiller très proprement. A ce dernier égard, cependant, le fou de Cromarty était surpassé par un idiot du dernier âge, connu des enfants de nombreux villages et hameaux sous le nom de Fou Charloch, qui avait l'habitude d'errer à travers le pays, orné, un peu dans le style d'un chef indien, avec une demi-queue de paon coincée dans son bonnet. Un autre idiot encore, une créature féroce et dangereuse, semblait invariablement aussi maligne dans ses dispositions que celui de

Cromarty est bienveillant, et mourut dans une prison où il avait été incarcéré pour avoir tué un pauvre associé idiot. Encore un autre idiot du nord de l'Écosse avait un étrange penchant pour le surnaturel. Il était un marmonneur de charmes et un observateur de présages, et possédait, disait-on, la seconde vue. J'ai rassemblé de nombreux autres faits du même genre, et j'ai donc raisonné à leur sujet :

Ces idiots sont des hommes imparfaits, de l'esprit desquels certaines facultés ont été effacées, et d'autres facultés laissées se manifester, d'autant plus en évidence qu'elles se trouvent dans une telle solitude. Ils ressemblent à des hommes qui ont perdu leurs mains, mais conservent leurs pieds, ou qui ont perdu la vue ou l'odorat, mais conservent le goût et l'ouïe. Mais de même que les membres et les sens, s'ils n'existaient pas en tant que parties séparées du corps, ne pourraient pas être perdus séparément, de même dans l'esprit lui-même, ou du moins dans l'organisation par laquelle l'esprit se manifeste, il doit également y avoir des parties séparées. parties, sinon elles ne se retrouveraient pas ainsi isolées par la Nature dans ses spécimens mutilés et avortés. Les métaphysiciens qui considèrent l'esprit comme s'il s'agissait simplement d'une puissance générale existant dans *les États*, ne devraient pas être moins dans l'erreur que s'ils considéraient les *sens* comme une simple puissance générale existant dans les États, au lieu de les reconnaître comme distincts et indépendants. des pouvoirs, si divers souvent dans leur degré de développement, que, de la pleine perfection de l'un d'entre eux, la perfection, ou même l'existence, de l'un des autres ne peut être attribuée. Si, par exemple, il s'agissait – comme le prétendent certains médecins – de la même chaleur générale de puissance émotive qui rayonne de bienveillance et brûle de ressentiment, l' idiot féroce et dangereux qui a tué son compagnon, et le gentil Cromarty qui ramène des seaux à la maison d'eau aux pauvres vieilles femmes du lieu, et des pièces avec ses propres jouets à ses enfants, au lieu de montrer ainsi les pôles de caractère opposés, se ressembleraient au moins si loin, que l'idiot vindicatif serait parfois gentiment et obligeant, et le bienveillant parfois violent et plein de ressentiment. Mais tel n'est pas le cas : l'un n'est jamais follement sauvage, l'autre jamais génial et gentil ; et ainsi il semble légitime d'inférer que ce n'est pas une puissance ou une énergie générale qui agit par leur intermédiaire dans des états différents, mais deux puissances ou énergies particulières, aussi différentes dans leur nature et aussi capables d'agir séparément, que la vue et l'ouïe. Même des pouvoirs qui semblent avoir tant de choses en commun que les mêmes mots sont parfois utilisés pour désigner les deux peuvent être aussi distincts que l'odorat et le goût. Nous parlons de l' ouvrier *rusé*, et nous parlons de l' homme *rusé* ; et se réfèrent à une certaine faculté d'invention manifestée dans le traitement des personnages et des affaires de la part de l'un, et dans le traitement de certaines modifications de la matière de la part de l'autre ; mais les deux facultés sont si entièrement différentes et, en outre, si peu dépendantes, au moins dans leurs premiers éléments, de l'intellect, que nous pouvons trouver la ruse qui se manifeste dans les affaires, existant, comme chez Angus, totalement dissociée de l'intelligence. compétence en mécanique; et, d'autre part, la ruse de l'artisan, existant, comme chez l'idiot du Maolbuie, totalement dissociée de celle du diplomate. Bref, considérant les idiots comme des personnes à l'esprit fragmentaire, chez lesquelles certains éléments mentaux primaires peuvent se retrouver dans un état de grande complétude, et d'autant plus frappants par leur soulagement à l'isolement, j'en suis venu à les considérer comme *des morceaux d'analyse.* , si je puis m'exprimer ainsi, créé par la nature, et à partir de l'étude duquel je pourrais concevoir la structure des esprits d'un caractère plus complet, et par conséquent plus complexe. Alors que les enfants apprennent l'alphabet à partir de cartes dont chacune ne contient qu'une ou deux lettres chacune, imprimées en grand, je pensais à cette époque, et, avec quelques modifications, je maintiens encore, que ces sentiments et tendances primaires qui forment la base de caractère, peuvent être trouvés séparément imprimés de la même manière sur l'esprit relativement vide de l'imbécile ; et que l'étudiant en philosophie mentale puisse apprendre d'eux ce qui peut être considéré comme l'alphabet de sa science, beaucoup plus fidèlement que de ces métaphysiciens qui représentent l'esprit comme une puissance non manifestée dans des facultés contemporaines et séparables, mais comme existant dans des états consécutifs.

Cromarty avait eu la chance d'avoir des ministres paroissiaux. Depuis la mort de son dernier vicaire, peu après la Révolution, et le retour conséquent de son ancien « ministre déchu », qui avait renoncé à sa vie pour cause de conscience, vingt-huit ans auparavant, et venait maintenant passer sa soirée de vie avec son peuple, il avait joui des services d'une série d'hommes dévots et populaires ; et ainsi la cause de l'establishment était particulièrement forte dans la ville et dans la paroisse. Au début du siècle actuel, Cromarty n'avait pas son seul dissident ; et bien que l'on puisse y trouver quelques-uns de ce qu'on appelait « le peuple de Haldane », huit ou dix ans plus tard, ils ne parvinrent pas à s'héberger et finirent par le quitter pour une ville voisine. Presque toute la dissidence qui a surgi en Écosse depuis la Révolution a été un effet du modératisme et des colonies forcées ; et comme le lieu n'avait connu ni l'un ni l'autre, ses habitants continuèrent à se réfugier dans l'Église de leurs pères et ne souhaitèrent pas changer. Une vacance s'était produite dans le poste, pendant mon séjour dans le sud, à la suite du décès du titulaire, le ministre respecté de mon enfance et de ma jeunesse ; et je trouvai, à mon retour, un nouveau visage en chaire. C'était celui d'un homme remarquable – feu M. Stewart de Cromarty – l'un des penseurs les plus originaux et des théologiens les plus profonds que j'aie jamais connu ; bien qu'il l'ait fait, hélas ! il a laissé aussi peu de traces de son talent exquis que ces doux chanteurs d'autrefois, dont le souvenir des notes enchanteresses est mort, sauf comme un écho douteux, auprès de la génération qui les a entendues. J'ai siégé, avec peu d'interruptions, pendant seize ans sous son ministère ; et pour près de douze d'entre eux jouissaient de sa confiance et de son amitié.

Je n'ai jamais pu insister sur l'attention d'hommes supérieurs, même désireux de faire leur connaissance ; et j'ai, en conséquence, manqué d'innombrables occasions d'entrer en contact amical avec des personnes qu'il serait à la fois un plaisir et un honneur de connaître. Ainsi, pendant les deux premières années, ou plutôt davantage, je me contentai d'écouter avec une profonde attention les discours en chaire de mon nouveau ministre, et d'apparaître en catéchumène, quand mon tour arrivait, à ses diètes de catéchèse. Il avait cependant été frappé, comme il me l'a dit plus tard, par mon attention soutenue à l'église ; et, en s'enquérant de moi parmi ses amis, il apprit que j'étais un grand lecteur et, croyait-on, un auteur de vers. Et le surprenant involontairement un jour qu'il passait, alors qu'il quittait mon lieu de travail pour aller dans la rue, il m'adressa la parole : « Eh bien, mon garçon, dit-il, c'est l'heure de ton dîner : j'ai entendu dire que j'avais un poète parmi mes amis. personnes?" "J'en doute beaucoup", répondis-je. "Eh bien," répliqua-t-il, "on peut ne pas être poète, et pourtant gagner en exerçant ses goûts et ses talents dans la marche poétique. L'accomplissement du vers n'est au moins pas vulgaire." La conversation se poursuivait tandis que nous passions ensemble dans la rue ; et il resta un moment en face de la porte du manoir. « Je forme, » dit-il, « une petite bibliothèque pour nos érudits et nos professeurs de l'École du sabbat : la plupart des livres sont des petites choses assez simples ; mais elle contient quelques ouvrages de la classe intellectuelle. Faites appel à moi ce soir pour que nous Vous pourrez les parcourir, et vous trouverez peut-être parmi eux quelques volumes que vous auriez envie de lire. Je l'ai donc servi le soir ; et nous avons eu une longue conversation ensemble. Il me sondait curieusement, et prenait mes mesures dans toutes les directions ; ou, comme il l'exprimait lui-même plus tard de sa manière caractéristique, il était comme un voyageur qui, arrivé à l'improviste dans un gué sur un étang sombre, plonge son bâton pour s'assurer de la profondeur de l'eau et de la nature de l'eau. bas. Il s'enquit de mes lectures et constata que dans les belles-lettres, surtout dans la littérature anglaise, elles étaient à peu près aussi étendues que les siennes. Il s'enquit ensuite de mes connaissances avec les métaphysiciens. « Est-ce que j'ai lu Reid ? "Oui." "Brun?" "Oui." " *Hume ?* " " Oui. " " Ah ! ha ! Hume !! A propos, n'a-t-il pas quelque chose de très ingénieux en matière de miracles ? Vous souvenez-vous de son argumentation ? " J'ai exposé l'argument. "Ah, très ingénieux, très ingénieux. Et que répondriez-vous à cela ?" J'ai dit : « Je pensais pouvoir donner un résumé de la réponse de Campbell », et j'ai esquissé dans les grandes lignes l'argumentation du révérend docteur. "Et trouvez-vous cela satisfaisant ?" dit le ministre. "Non, pas du tout", répondis-je. "Non ! non ! *ce n'est* pas satisfaisant." "Mais il est tout à fait satisfaisant", répliquai-je, "que la préférence générale soit telle pour le meilleur côté, que le pire argument ait été reçu comme parfaitement adéquat au cours des soixante dernières années." Le visage du ministre brillait de la grande gaieté qui entrait si largement dans sa composition, et la conversation se déplaça vers d'autres canaux.

À partir de cette nuit-là, j'ai peut-être davantage apprécié sa confiance et sa conversation que n'importe quel autre homme de sa paroisse. Il passa de nombreuses heures à mes côtés dans le cimetière, et je dégustai de nombreux thés tranquilles dans le presbytère ; et j'ai appris à savoir combien de valeur solide et de vraie sagesse se cachaient sous l'extérieur quelque peu excentrique d'un homme qui ne sacrifiait presque rien aux conventions. Celui-ci, à l'exception de Chalmers, le plus sublime des prédicateurs écossais (car, aussi peu connu soit-il, je contesterai pour lui cette place), était un homme génial, qui, pour le plaisir d'une plaisanterie, sacrifierait tout sauf le principe ; mais, quoique merveilleusement négligent de maintenir intact « l'éclat de l'émail clérical », jamais il n'y eut de sincérité plus authentique que la sienne, ni d'honnêteté plus complète. Content d'avoir raison, il ne songea jamais à le simuler, et sacrifia encore moins qu'il ne le devrait aux apparences. Je puis mentionner qu'en arrivant à Édimbourg, j'ai trouvé le goût particulier formé sous les soins de M. Stewart très pleinement satisfait sous ceux du Dr Guthrie ; et qu'en regardant autour de la congrégation, j'ai vu, avec plaisir plutôt que surprise, que tous les gens de M. Stewart résidant à Édimbourg étaient arrivés à la même conclusion ; car là – assis sur les bancs du Docteur – ils étaient tous. Certes, dans la fécondité de l'illustration, dans la doctrine évangélique émouvante et dans une base générale d'humour riche, la ressemblance entre le défunt et le ministre vivant semble complète ; mais le génie est toujours unique ; et bien qu'en termes d'étendue du pouvoir populaire le Dr Guthrie soit le seul parmi les prédicateurs vivants, je n'ai jamais entendu ni lu d'argument dans le domaine analogique qui égalerait en ingéniosité ou en originalité celui de M. Stewart.

Ce dans quoi il surpassait particulièrement tous les hommes que j'ai jamais connus, c'était le pouvoir de détecter et d'établir des ressemblances occultes. Il semblait capable de lire, comme par intuition – non pas par bribes et fragments, mais comme un tout consécutif – cette vieille révélation de type et de symbole que Dieu a d'abord donnée à l'homme ; et lorsque j'ai eu le privilège de l'écouter, j'ai été contraint de reconnaître, dans l'intégrité évidente de la lecture et dans le système théologique profond et cohérent que véhiculaient les archives picturales, une démonstration de la divinité de son origine, non moins puissante et convaincante. que les démonstrations des autres départements plus familiers des évidences chrétiennes. Comparé aux autres théologiens de cette province, je me suis senti sous son ministère comme si, admis en compagnie d'un groupe de *savants modernes* occupés à déchiffrer un obélisque couvert de hiéroglyphes du désert, et réussissant ici à découvrir la signification d'un signe isolé , et là, d'un symbole détaché, nous avions été soudainement rejoints par quelque sage des temps anciens, pour qui l'inscription mystérieuse n'était qu'un morceau de langage commun écrit dans un alphabet familier, et qui pouvait lire couramment et dans son ensemble , ce que les autres ne pouvaient que deviner sombrement en parties détachées et brisées. À ce pouvoir singulier de tracer des analogies, s'ajoutait chez M. Stewart une capacité à créer les illustrations les plus frappantes. Dans certains cas, un coup soudain produisait une figure qui illuminait immédiatement le sujet de son discours, comme la lumière d'une lanterne éclairait à la hâte un mur peint ; dans d'autres, il s'attardait sur une image illustrative, la complétant trait après trait, jusqu'à ce qu'elle remplisse toute l'imagination et s'enfonce profondément dans la mémoire. Je me souviens de l'avoir entendu prêcher, une fois, sur le retour des Juifs en tant que peuple à CELUI qu'ils avaient rejeté, et sur l'effet que leur conversion soudaine ne pouvait manquer d'avoir sur le monde incrédule et païen. Soudain, son langage, de son haut niveau de simplicité éloquente, est devenu celui d'une métaphore : « Quand JOSEPH , dit-il, se révélera à ses *frères* , *toute la maison de Pharaon entendra les pleurs* . En une autre occasion, je l'ai entendu s'attarder sur cette vaste profondeur, caractéristique de la révélation scripturaire de Dieu, qui s'approfondit et s'élargit toujours à mesure qu'elle est explorée de manière plus longue et plus approfondie, jusqu'à ce qu'enfin l'étudiant - frappé d'abord par son étendue, mais concevant comme s'il s'agissait d'une simple expansion *mesurée* , il découvre qu'il participe de l'infinité illimitée de la nature divine elle-même. Naturellement et simplement, comme s'il sortait du sujet, comme un gui couvert de baies hors du tronc massif d'un chêne, surgit l'une de ses illustrations les plus allongées. Un enfant élevé dans l'intérieur du pays a été amené pour la première fois au bord de la mer et transporté au milieu d'un des nobles estuaires qui marquent si profondément notre ligne de côte. Et, à son retour, il décrit à son père, avec tout l'empressement d'un enfant, l'étendue merveilleuse de l' *océan* qu'il avait vu. Il sortit, lui dit-il, au milieu des grandes vagues et des marées impétueuses, jusqu'à ce qu'enfin les collines semblaient réduites à de simples buttes, et la vaste terre elle-même n'apparaissait le long des eaux que comme une mince bande bleue. Et puis, en pleine mer, les matelots levaient l'avance ; et il descendit, et descendit, et descendit, et la longue ligne s'éloigna rapidement, bobine après bobine, jusqu'à ce que, avant que le plomb ne repose sur le limon en dessous, tout était presque épuisé. Et n'était-ce pas la grande mer, demande le garçon, qui était si vaste et si profondément profonde ? Ah ! mon enfant, s'écrie le père, tu n'as rien vu de sa grandeur : tu n'as navigué que sur un de ses petits bras. Si les marins vous avaient transporté au large de l'océan, « vous n'auriez *vu* aucun rivage et vous n'auriez *trouvé* aucun fond ». Dans une rare qualité d'orateur, M. Stewart était le seul parmi ses contemporains. Pope fait référence à un étrange pouvoir de créer de l'amour et de l'admiration en « touchant simplement le bord de tout ce que nous détestons ». Et Burke, dans certains de ses passages les plus nobles, illustre avec bonheur la chose. Il intensifia l'effet de son éloquence brûlante en employant des figures si simples, et même presque si repoussantes, que l'homme de puissances inférieures qui s'aventurait à les utiliser les trouverait efficaces pour abaisser son sujet et ruiner sa cause. Je n'ai qu'à me référer, pour illustrer cela, à la figure bien connue de l'oiseau éventré, qui apparaît dans la négation indignée que le caractère du révolutionnaire français ne ressemble en rien à celui des Anglais. "Nous n'avons pas été tirés et ligotés, dit l'orateur, pour être remplis, comme des oiseaux empaillés dans un musée, de paille, de chiffons et de lambeaux de papier dérisoires et flous sur les droits de l'homme." Dans ce département périlleux mais singulièrement efficace, fermé même aux hommes supérieurs, M. Stewart pouvait entrer en toute sécurité et à volonté. L'un des derniers sermons que je l'ai entendu prêcher – un discours d'une puissance singulière – portait sur « l'offrande pour le péché » de l'économie juive, telle qu'elle est minutieusement décrite dans le Lévitique. Il dessina l'animal abattu, souillé de poussière et de sang, et ruisselant, dans son impureté, vers le soleil, attendant le feu dévorant au milieu de l'impureté des cendres à l'extérieur du camp - la gorge tranchée - les entrailles ouvertes. ; une chose vile et horrible, que personne ne pouvait voir sans éprouver des émotions de dégoût, ni toucher sans contracter de souillure. La description paraissait trop douloureusement vivante, son introduction trop peu conforme aux règles d'un juste goût. Mais le maître de cette marche difficile savait ce qu'il faisait. Et cela, dit-il en désignant le tableau très coloré qu'il venait de terminer : « Et CELA EST LE PÉCHÉ ». D'un seul coup, l'effet escompté fut produit, et le dégoût et l'horreur naissants furent transférés de l'image matérielle révoltante au grand mal moral.

Comment un tel homme a-t-il pu quitter la terre sans laisser de trace derrière lui ? Principalement, je crois, pour deux causes. En tant que ministre d'une congrégation provinciale rattachée, le sens du devoir et les impulsions d'une nature hautement intellectuelle, pour laquelle l'effort était un plaisir, le conduisirent à étudier beaucoup et profondément ; et il déversa *de vive voix* son flot ample et toujours pétillant d'idées éloquentes, aussi librement et richement que le rossignol, inconscient de celui qui l'écoute, déverse sa mélodie dans l'ombre. Mais, étrangement méfiant à l'égard de ses propres pouvoirs, on ne pouvait pas lui faire croire que ce qui impressionnait et ravissait tant les quelques privilégiés qui l'entouraient, était également propre à impressionner et à ravir la plupart des intellectuels extérieurs ; ou qu'il était apte à parler dans la presse sur un ton qui attirerait l'attention, non seulement du monde religieux, mais aussi du monde littéraire. De plus, pratiquant peu l'art de la composition élaborée et maître d'un style parlé plus efficace pour les besoins de la chaire que presque tous les styles écrits, à l'exception de celui de Chalmers, il échoua, dans toutes ses tentatives d'écriture, à satisfaire un besoin exigeant. goût, dont il avait beaucoup souffert au point de dépasser sa capacité de production. Il n'a donc pas laissé de trace derrière lui. Je trouve que pour mon stock d'idées théologiques, qui ne dérivent pas directement de l'Écriture, je suis plus redevable à deux théologiens écossais qu'à tous les autres hommes de leur profession et de leur classe. L'un d'eux était Thomas Chalmers, l'autre Alexander Stewart : l'un portait un nom connu partout où la langue anglaise est parlée ; tandis que de l'autre, on se souvient seulement, et par relativement peu de gens, que l'impression existait bel et bien au moment de sa mort, que

"Un esprit puissant a été éclipsé - une puissance

Était passé du jour à l'obscurité, à l'heure de qui

De la lumière, aucune ressemblance n'a été léguée, aucun nom. »

CHAPITRE XIX.

"Voyez là-bas, pauvre homme surmené,

    Si abject, méchant et vil,

Qui supplie un frère de la terre

    Pour lui donner la permission de travailler;

Et voir son seigneur *camarade ver*

    La pauvre pétition est rejetée. "- BURNS.

Le travail me manqua vers la fin de juin 1828 ; et, agissant sur les conseils d'un ami qui croyait que ma manière de graver des inscriptions ne pouvait manquer de m'assurer un bon nombre de petits emplois dans les cimetières d'Inverness, je visitai cet endroit et insérai une brève annonce dans l'un des journaux. , sollicitant un emploi. J'ai osé qualifier mon style de gravure de soigné et *correct* ; mettant un accent particulier sur l'exactitude, comme qualité peu commune chez les tailleurs de pierre du Nord. Ce n'était pas un Écossais, mais un maçon anglais qui, lorsqu'il était engagé, à la demande d'un veuf endeuillé, à inscrire sur la pierre tombale de sa femme qu'une « femme vertueuse est une *couronne* pour son mari », a corrompu le texte, dans sa simplicité. , en remplaçant "5s." pour la « *couronne* ». Mais même les maçons écossais commettent parfois des erreurs assez étranges, surtout dans les provinces ; et je sentais que ce serait quelque chose de gagné si j'avais l'occasion de montrer au public d'Inverness que je connaissais au moins suffisamment l'anglais pour éviter les erreurs du commun. Mes vers, pensai-je, sont au moins assez corrects : ne pourrais-je pas en faire introduire un ou deux exemplaires dans le coin du poète de l' *Inverness Courier* ou *Journal*, et montrer ainsi que j'ai suffisamment de littérature pour qu'on me confie la gravure d'une épitaphe. sur une pierre tombale ? J'avais une lettre d'introduction d'un ami de Cromarty à un des ministres de la place, lui-même auteur et personne d'influence auprès des propriétaires du *Courrier* ; et, comptant sur une certaine sympathie littéraire de la part d'un homme habitué à courtiser le public par l'intermédiaire de la presse, j'ai pensé que je pourrais m'aventurer à lui exposer le cas. Cependant, j'ai d'abord écrit une brève adresse, en quatrains octo-syllabiques, à la rivière qui coule à travers la ville et qui lui donne son nom ; composition qui a, je trouve, plus de publicité qu'elle ne l'est tout à fait. convenable, mais qui aurait peut-être exprimé moins de confiance s'il avait été écrit moins sous l'influence d'une timidité rétrécie, qui cherchait à se rassurer par des paroles de réconfort et d'encouragement.

On m'informa que l'heure du ministre pour recevoir les visiteurs de la classe la plus humble était entre onze et midi ; et, avec la lettre d'introduction et ma copie de vers dans ma poche, je me rendis au presbytère, et je fus conduit dans une petite antichambre étroite, meublée de deux sièges de sapin qui couraient le long des murs opposés. Je trouvai la place occupée par six ou sept individus, dont plus de la moitié étaient des vieilles femmes flétries, très mal habillées, qui, comme je l'appris bientôt par une conversation qu'ils eurent à voix basse, au sujet des allocations hebdomadaires, et les partisans de la session étaient des pauvres. Les autres étaient des jeunes hommes, qui avaient apparemment des demandes sérieuses à préférer au mariage et au baptême ; car je voyais que l'un d'eux tirait de temps en temps de sa poche de poitrine un exemplaire en lambeaux du Petit Catéchisme et parcourait les questions ; et j'en ai entendu un autre demander à son voisin « qui a rédigé les lignes du contrat pour lui » et « où il avait obtenu le whisky ». Le ministre entra ; et comme il passait dans la pièce intérieure, nous nous levâmes tous. Il resta un moment sur le seuil et, faisant signe à l'un des jeunes gens, celui du catéchisme, ils entrèrent ensemble et la porte se ferma. Ils restèrent enfermés ensemble pendant une vingtaine de minutes ou une demi-heure, puis le jeune homme sortit ; et un autre jeune homme, celui qui avait acheté les contrats et le whisky, prit sa place. L'entretien dans ce deuxième cas a cependant été beaucoup plus court que dans le premier ; et quelques minutes seulement servirent à expédier les affaires du troisième jeune homme ; puis le ministre, s'approchant de la porte, regarda d'abord les vieilles femmes, puis moi, comme s'il déterminait mentalement nos prétentions respectives à la priorité ; et, la mienne l'emportant enfin — je ne sais sur quel principe occulte — on me fit signe d'entrer. Je présentai ma lettre d'introduction, qui fut gracieusement lue ; et bien que la nature de l'affaire m'ait semblé ridiculement en décalage avec l'endroit, et qu'il m'ait fallu un peu de peine pour réprimer à un moment donné un éclat de rire, cela aurait, bien sûr, été prodigieusement inapproprié dans les circonstances. , je lui détaillai en quelques mots mon petit projet, et lui remit ma copie de vers. Il les lut à haute voix avec une lente délibération.

ODE AU NESS.

Enfant du lac ! dont l'éclat argenté

   Bravo le désert rude, sombre et solitaire, [11] —

Un ruisseau brun, profond, maussade et agité,

   Avec une rapidité incessante, tu te dépêches.

Et pourtant tes rives fleuries sont gaies ;

   Le soleil rit sur ton sein troublé ;

Et sur tes marées les zéphyrs jouent,

Même si le repos tranquille ne t'appartient pas. [12]

Ruisseau du lac ! à celui qui s'égare,

Solitaire, ta marge sinueuse avance,

Pas chargé de traditions d'autrefois,

Et pourtant tous ne sont pas impuissants en chant...

Tu lui parles d'hommes occupés,

Qui gâchent follement leur présent.

Poursuivant des espoirs, sans fondement comme vains,

Tandis que la vie, insipide, s'éloigne.

Ruisseau du lac ! pourquoi se hâter ?

Un océan agité s'étend avant,

Où se précipitent les marées sombres et où les vents sauvages gémissent,

Et des couronnes d'écume bordent un rivage triste,

Ni plier les fleurs, ni agiter les champs,

Il n'y a pas non plus de repos pour toi ;

Mais repose-toi, aucun plaisir ne cède ;

Alors dépêchez-vous et rejoignez la mer agitée !

Ruisseau du lac ! d'hommes sanglants,

Qui a soif du combat coupable pour essayer—

Qui cherchent la joie dans la douleur mortelle,

Musique dans le cri passionnant de la misère—

Tu le dis : la paix ne leur apporte aucune joie,

Ni le sourire doré et inoffensif de Plaisir ;

De mauvaises actions, la triste renommée

C'est tout ce qui couronne leur labeur.

Cela ne prouverait rien si le plaisir brillait...

Ruisseau du lac profond et paisible !—

Son cours, que Hardship encourage,

   À travers un gaspillage sans joie et un frein épineux.

Car, ah ! chaque scène agréable qu'il aime,

   Et la paix est tout le désir de son cœur ;

Et, ah ! de scènes où rôde le Plaisir,

   Et Peace, le doux ménestrel pourrait-il se fatiguer ?

Ruisseau du lac ! car tu attends

   Les tempêtes d'un maître en colère ;

Un espoir plus brillant, un destin plus heureux,

   Il se vante, dont le cours actuel est la douleur.

Oui, même pour lui que la mort prépare

   Une maison de plaisir, de paix et d'amour ;

Ainsi béni par l'espérance, peu de ses soins.

   Bien que son parcours actuel puisse s'avérer difficile.

Le ministre fit une pause pour conclure et parut perplexe. « Assez bien, j'ose dire, » dit-il ; " mais je ne lis pas de poésie maintenant. Vous utilisez cependant un mot qui n'est pas anglais : 'Thy sinueuse *marge* along.' Marge ! — Qu'est-ce que Marge ? "Vous le trouverez chez Johnson", dis-je. "Ah, mais il ne faut pas utiliser tous les mots qu'on trouve chez Johnson." — Mais les poètes en font un usage fréquent. « Quels poètes ? "Spenser." « Trop vieux, trop vieux ; plus d'autorité maintenant », a déclaré le ministre. "Mais les Warton l'utilisent aussi." "Je ne connais pas les Warton." "Cela se produit également", répétai-je, "dans l'un des sonnets les plus achevés d'Henry Kirke White". "Quel sonnet ?" "Cela jusqu'à la rivière Trent.

« Encore une fois, ô Trente ! le long de ta marge de galets,

   Un malade pensif, réduit et pâle,

De la chambre de malade voisine nouvellement mise en liberté,

   Courtise sur sa joue malheureuse le vent agréable.

C'est, en bref, l'un des mots anglais les plus courants du vocabulaire poétique. » Un homme en quête de protection et, à ce moment-là, sollicitant une faveur, pourrait-il parvenir à dire quelque chose de plus imprudent ? gentleman tellement habitué à être respecté lorsqu'il a pris position sur les *Standards* , qu'il a parfois oublié, par la simple force de l'habitude, qu'il n'était pas lui-même un standard. Il a coloré les yeux et son humilité condescendante ; semblait, je le pensais, un peu trop grand pour l'occasion, et était d'un genre que mon ami M. Stewart n'avait jamais l'habitude de montrer, paraissait quelque peu énervé. « Je n'ai aucune connaissance, dit-il, avec le rédacteur en chef du *Courrier* ; nous prenons des positions opposées sur des questions très importantes ; et je ne puis lui recommander vos vers ; mais appelez M. ——— ; il est l'un des propriétaires ; et, avec *mes compliments* , exposez-lui votre cas ; il pourra peut-être vous aider. En attendant, je vous souhaite à tous beaucoup de succès. » Le ministre m'a fait sortir en toute hâte, et une des vieilles femmes flétries a été appelée. « Ceci, me disais-je en sortant dans la rue, est le genre de patronage que l'on trouve dans les lettres. d'introduction, procurez-vous-en un. Je ne pense pas que j'en chercherai davantage."

Rencontrant cependant dans la rue deux amis de Cromarty, dont l'un allait justement rendre visite au monsieur nommé par le ministre, il me engagea à l'accompagner. L'autre dit, en se séparant, qu'étant venu rendre visite à un vieux citadin établi à Inverness, homme ayant quelque influence dans la ville, il lui exposerait mon cas ; et il était sûr qu'il s'efforcerait de me procurer un emploi. J'ai déjà évoqué la remarque de Burns. Son frère Gilbert rapporte que le poète avait l'habitude de dire : « Qu'il ne pouvait pas concevoir une image plus mortifiante de la vie humaine qu'un homme cherchant du travail ; » et que le chant exquis : « L'homme a été fait pour pleurer », doit son existence au sentiment. Le sentiment est certainement très déprimant ; et comme dans la plupart des autres occasions le travail me cherchait plutôt que le travail, j'en éprouvais plus à cette époque qu'à aucune autre époque de ma vie. Bien sûr, je ne pouvais pas m'attendre à ce que des gens meurent et aient besoin d'épitaphes simplement pour m'accommoder. Cette revendication du travail comme un droit dans tous les cas et dans toutes les circonstances, que les « revendications du travail » les plus extrêmes n'hésitent pas à insister, est le résultat d'une sorte de réaction d'indignation à l'égard de ce sentiment, sentiment qui est devenu poésie dans Brûlures et absurdités chez les communistes ; mais que je n'ai vécu ni comme une absurdité ni comme de la poésie, mais simplement comme une conviction déprimante que j'étais l'homme de trop dans le monde. Le monsieur chez qui je rendais visite avec mon ami était à la fois un homme qui avait des habitudes commerciales et des goûts littéraires ; mais je vis que mon projet poétique me nuisait un peu à son estime. Les vers anglais produits à cette époque dans l'extrême Nord étaient d'un genre mal adapté au marché littéraire et étaient généralement publiés, ou plutôt imprimés - car ils ne le furent jamais - par ce système d'abonnement taquin qui prive si souvent les hommes de bonne argent. et leur donne de mauvais livres en échange ; et il semblait me considérer comme un membre de la classe agaçante des semi-mendiants ; c'était plutôt une erreur, je l'espère. Il me présenta cependant obligeamment à un gentleman de littérature et de science, secrétaire d'une société de l'endroit, à caractère antiquaire et scientifique, appelée «Institution du Nord», et conservateur honoraire de son musée, une collection diverse intéressante. que j'avais vu auparavant et à propos duquel j'avais formé mon seul autre projet pour trouver un emploi.

J'ai écrit avec beaucoup de netteté cette vieille écriture anglaise qui a été ravivée ces derniers temps par la fureur générale pour le moyen âge, mais qui était alors un des arts perdus ; et pouvait produire des imitations des manuscrits enluminés qui précédèrent nos livres imprimés, que même un antiquaire aurait jugés respectables. Et, s'adressant aux membres de la Northern Institution sur le caractère et la tendance de leurs activités, dans un morceau de vers assez long, écrit dans ce que j'avais le moins l'intention d'être à la manière de Dryden, comme en témoignent ses poèmes de style moyen, tels que le *Religio Laici* , je l'ai rédigé à l'ancienne, et j'ai maintenant appelé le secrétaire pour lui demander de le présenter à la première réunion de la Société, qui devait avoir lieu, j'ai compris, dans quelques jours. Le secrétaire était occupé à son bureau ; mais il me reçut poliment, parla avec approbation de mon travail comme d'une imitation du vieux manuscrit, et, obligeamment, se chargea de le remettre lors de la réunion : et ainsi nous nous séparâmes pour le moment, sans aucunement savoir qu'il existait une science qui Il s'agissait de caractères beaucoup plus anciens que ceux des anciens manuscrits et chargés de significations plus profondes, auxquels nous prenions tous deux un profond intérêt et sur lesquels nous aurions pu échanger des faits et des idées avec un plaisir et un profit mutuels. Le secrétaire de l'Institution du Nord était à cette époque M. George Anderson, géologue bien connu et co-auteur avec son frère de l'admirable « Guide-Book to the Highlands », qui porte leur nom. Je n'ai jamais entendu parler de l'évolution de mon adresse. Bien entendu, il aurait été déposé — examiné, je suppose, pendant quelques secondes par un député ou deux —, puis mis de côté; et il est probablement encore dans les archives de l'Institution, en attendant la lumière des âges futurs, lorsque son antiquité simulée sera devenue réelle. Il n'était pas écrit dans un caractère lisible, ni, je le crains, très lisible dans aucun caractère ; et ainsi les membres de l'Institution ont dû rester ignorants de toute la sagesse que j'avais trouvée dans leurs recherches, antiquaires et ethnologiques. Voici un échantillon moyen de la production :

"C'est à vous de retracer

Chaque trait profondément ancré qui marque la race humaine ;

Et comme les prêtres égyptiens, chargés de mystère,

Par des signes, et non par des paroles, de Sphynx, et Horus enseigna,

Alors, au milieu de vos magasins, par *choses* , pas par livres, vous scannez

Les pouvoirs, la portée, l'histoire de l'esprit de l'homme.

Ce mur à damier affiche les armes de guerre

Des temps lointains et des nations lointaines ;

Hélas! le club et la marque mais servent à montrer

Dans quelle mesure s'étend le règne du mal et du malheur ;

Et des déchirures grossières et des cercles de plumes, dis

Dans les cœurs humains, quelles folies farfelues habitent.

Oui! tout ce que l'homme a encadré son image porte ;

Et beaucoup de haine et beaucoup de fierté apparaissent.

    "Il est agréable de numériser chaque étape,

Par quoi le sauvage assume d'abord l'homme ;

Pour marquer quels sentiments influencent sa poitrine adoucie,

Ou quelle forte passion triomphe du reste.

Au cœur étroit, ou libre, ou courageux, ou vil,

Même chez l'enfant, nous, l'homme, pouvons retrouver la trace ;

Et les pères grossiers et disgracieux savent peut-être

Chaque trait frappant que les fils polis doivent montrer.

En fonction des humeurs qui règnent,

La science sourira, ou étendra ses réserves en vain :

Alors que des peurs lâches ou des passions généreuses dominent,

La liberté régnera-t-elle, ou les esclaves sans cœur obéiront-ils.

    "Ce n'est pas au hasard que quelque chose de pouvoir doit être donné,—

Le génie d'un pays est un don du Ciel.

Ce qui réchauffe d'un feu généreux les couches du poète,

À quoi aucun labeur ne peut atteindre, aucun art n'aspire ?

Qui a enseigné au sage, plein de sagesse la plus profonde,

Alors qu'à peine un élève saisit cette lourde pensée ?

Non, pourquoi demander ? — comme le ciel l'accorde,

Un Napier calcule et un Thomson brille.

Tournons-nous maintenant vers l'endroit où, sous les murs de la ville,

Les rayons féroces du soleil tombent dans une splendeur ininterrompue ;

Vacant et faible, il est assis là, le garçon idiot,

De la douleur à peine consciente, à peine vivante de joie ;

Mille bruits occupés autour de lui rugissent ;

Le commerce manie l'outil et le commerce manie la rame ;

Mais, sans tenir compte de la scène agitée,

Il ne connaît rien du labeur, ni du gain :

Les pensées des esprits ordinaires lui étaient étrangères,

Il semblerait que ce soient les pensées d'un tel Napier.

Ainsi, comme chez les hommes, dans les États peuplés, on retrouve

Pouvoirs inégaux et tons d'esprit variés :

Timide ou intrépide, haut ou bas de pensée,

Submergés de flegme ou pleins de feu, ils brillent

Et comme l'art du sculpteur se montre mieux

En marbre de Paros qu'en pierre poreuse,

Des couronnes fraîches ou brûlées récompensent le travail du raffinement,

Comme le génie possède ou comme la monotonie marque le sol.

Là où les îles de corail parsèment la côte sud,

Et les rois peints et les guerriers ceinturés règnent,

Il y a des nations qui possèdent une valeur native,—

Que tout art courtiser, que chaque science bénit :

Et il y a des tribus, au cœur lourd et lentes,

Sur qui aucune époque à venir ne connaîtra un changement.

Il y a eu, je suppose, un gaspillage d'efforts dans toute cette planification ; mais certains hommes semblent destinés à faire les choses maladroitement et mal, au prix souvent de dépenses qui servent à assurer le succès aux plus adroits. J'envoyai mon Ode au journal, accompagnée d'une lettre d'explication ; mais cela s'est passé aussi mal que mon adresse à l'institution ; et une seule ligne en italique dans le numéro suivant indiquait qu'il ne devait pas paraître. Et ainsi mes deux projets furent, comme ils auraient dû l'être, renversés. Depuis, je n'en ai pas planifié. La stratégie n'est, je le crains, pas mon point fort ; et il est vain de tenter de faire malgré la nature ce qu'on n'est pas né pour bien faire. D'ailleurs, je commençais à être sérieusement mécontent de moi-même : il ne semblait y avoir absolument rien de mal à ce qu'un homme qui voulait un emploi honnête prenne cette manière de montrer qu'il en était capable ; mais je sentais l'esprit intérieur s'élever contre lui ; et c'est pourquoi je résolus de ne plus demander de faveurs à personne, même si les coins des poètes me restaient à jamais fermés, ou si peu d'institutions, littéraires ou scientifiques, pourraient me favoriser de leur attention. Je marchais à grands pas dans les rues, un demi-pouce plus grand grâce à ma résolution ; et aussitôt, comme pour me récompenser de ma magnanimité, une offre d'emploi me parvint spontanément. J'ai été interpellé par le sergent recruteur d'un régiment des Highlands, qui m'a demandé si je n'appartenais pas à l'Aird ? "Non, pas à l'Aird; à Cromarty", répondis-je. " Ah, à Cromarty, c'est un très bel endroit ! Mais ne feriez-vous pas mieux de dire adieu à Cromarty et de venir avec moi ? Nous avons une grande compagnie de grenadiers ; et dans notre régiment, un homme robuste et stable est toujours sûr de s'en sortir. " Je l'ai remercié, mais j'ai décliné son invitation ; et, avec des excuses de sa part, qui n'étaient pas du tout nécessaires ni attendues, nous nous séparâmes.

Bien que les vers et le vieil anglais m'aient fait défaut, la simple déclaration faite par mon ami de Cromarty à mon citadin situé à Inverness, selon laquelle j'étais un bon ouvrier et que je voulais du travail, m'a valu immédiatement la gravure d'une inscription et deux petits travaux à Cromarty. d'ailleurs, que je devais exécuter à mon retour chez moi. Le travail d'Inverness fut bientôt terminé; mais j'en avais la perspective prochaine d'un autre ; et comme le petit nombre de personnes qui venaient à ma rencontre approuvaient mes licenciements, j'avais confiance que les emplois afflueraient rapidement. J'ai logé chez une vieille veuve digne, consciencieuse et pieuse, et accomplissant toujours son humble travail consciemment aux yeux du Grand Maître d'Ouvrage - une classe de personnes pas du tout aussi nombreuses dans le monde qu'on pourrait le souhaiter, mais suffisamment communes pour que Il est plutôt étonnant que certains de nos maîtres modernes de la fiction n'aient jamais eu le hasard – à en juger par leurs écrits – d'entrer en contact avec aucun d'entre eux. Elle avait un fils unique, ébéniste en activité, qui l'ennuyait parfois par ses plaisanteries stupides sur les choses sérieuses, et qui courtisait à cette époque une amie qui avait cinq cents livres en banque, une somme immensément importante pour un homme de l'époque. sa situation. Il avait insisté avec un tel succès apparent que le jour du mariage était fixé et proche, et la maison qu'il avait engagée comme sa future résidence entièrement meublée. Et c'était son futur beau-frère qui devait être mon nouvel employeur, dès que le mariage lui laisserait le loisir de fournir des épitaphes pour deux pierres tombales récemment placées dans le cimetière familial. Le jour du mariage arriva ; et, pour être à l'abri de l'agitation et du spectacle, je me retirai chez un voisin, charpentier, que j'avais obligé par quelques leçons pratiques de géométrie et de dessin architectural. Le charpentier était au mariage ; et, avec toute la maison pour moi seul, j'étais en train d'écrire, quand la porte s'est levée et mon élève le charpentier s'est précipité. "Que s'est-il passé?" J'ai demandé. "Arrivé!" dit le charpentier, c'est arrivé ! La mariée est partie avec un autre homme ! Le marié s'est couché et délire comme un fou ; et sa pauvre vieille mère, bonne honnête femme, pleure comme un enfant. Venez et voir ce qui peut être fait. » Je l'accompagnai chez mon logeuse, où je trouvai le marié dans un paroxysme de chagrin et de rage mêlés, se félicitant de son évasion et déplorant tour à tour sa malheureuse déception. Il était couché en travers du lit, qu'il me dit le matin qu'il avait quitté pour la dernière fois ; mais comme j'entrais, il se leva à moitié, et, saisissant une paire de chaussures neuves qui avaient été préparées pour la mariée, et posées sur une table à côté de lui, il les lança contre le mur, d'abord l'une puis l'autre, jusqu'à ce que ils revinrent en rebondissant à travers la pièce ; puis, avec une exclamation qu'il n'est pas nécessaire de répéter, il se précipita de nouveau. Je fis de mon mieux pour réconforter sa pauvre mère, qui semblait ressentir très vivement l'affront fait à son fils, et anticiper avec effroi le scandale et les ragots dont cela rendrait son humble maison le sujet. Elle parut cependant raisonnable qu'il s'était enfui, et acquiesça immédiatement à ma suggestion, selon laquelle tout ce qu'il fallait faire maintenant serait de transférer toutes les dépenses que son fils avait faites dans ses préparatifs pour le ménage et le mariage au bureau. épaules de l'autre partie. Et je pensais qu'un tel arrangement pourrait être facilement conclu par l'intermédiaire du frère de la mariée, qui semblait être un homme raisonnable, et qui saurait également qu'un procès pouvait être intenté contre sa sœur ; bien que, dans un tel procès, j'estime qu'il serait peut-être préférable que les deux parties ne s'engagent pas. Et à la demande de la vieille femme, je partis avec le charpentier rendre visite au frère de la mariée, afin de voir s'il n'était pas disposé à un arrangement semblable à celui que je suggérais, et, en outre, en mesure de nous fournir quelques explications sur la situation. démarche extraordinaire franchie par la mariée.

Nous fûmes rattrapés, alors que nous passions dans la rue, par une personne qui était, dit-il, à notre recherche, et qui nous demanda maintenant de l'accompagner ; et, nous faufilant, sous sa direction, à travers quelques ruelles étroites qui traversent l'assemblage de maisons de la rive ouest de la Ness, nous nous arrêtâmes à la porte d'une obscure taverne. C'est là, dit notre conducteur, que nous avons trouvé que c'était la retraite de la mariée. Il nous fit entrer dans une pièce occupée par huit ou dix personnes, rangées de part et d'autre, avec un espace vide entre elles. D'un côté était assise la mariée, une jeune fille aux couleurs vives et plantureuses, sereine et droite comme

Britannia sur les sous, et gardée par deux gros gars, maçons ou couvreurs apparemment, dans leurs robes de travail. Ils nous regardèrent attentivement, le charpentier et moi, lorsque nous entrâmes, nous considérant bien entendu comme les assaillants contre lesquels ils devraient maintenir leur prise. De l'autre côté étaient assis un groupe de parents de la mariée, parmi lesquels son frère, silencieux et tous apparemment très affligés ; tandis que dans l'espace entre eux se tenait de haut en bas une bizarrerie boiteuse, au teint jaunâtre, vêtue d'un noir miteux, qui semblait faire un discours fixe, auquel personne ne répondait, sur les droits sacrés de l'amour et la cruauté d'intervenir. avec l'affection des jeunes. Ni le charpentier ni moi-même n'avions envie de débattre avec l'orateur, ni de nous battre avec les gardes, ni même de nous mêler des affections de la jeune dame ; et ainsi, appelant le frère dans une autre pièce et lui exprimant nos regrets pour ce qui s'était passé, nous exposâmes notre cas et le trouvâmes, comme nous l'espérions, très raisonnable. Nous ne pouvions cependant pas traiter pour le marié absent, ni engager pour sa sœur ; et nous avons donc dû nous séparer sans parvenir à un accord. Il y avait des points dans cette affaire qu'au début je ne comprenais pas. Ma connaissance abandonnée, l'ébéniste, avait non seulement apprécié le visage de tous les parents de sa maîtresse, mais il avait aussi été aussi bien reçu par elle que le sont habituellement les amants : elle lui avait écrit des lettres aimables et accepté ses cadeaux ; et puis, juste au moment où ses amis s'asseyaient pour le petit-déjeuner de mariage, elle s'était enfuie avec un autre homme. L'autre homme, cependant, un bel homme, mais un grand coquin, avait un droit prioritaire à ses égards : il avait été l'amant de son choix, bien que détesté par son frère et tous ses amis, qui connaissaient suffisamment son caractère pour sachez qu'il la mettrait en ruine; et pendant son absence à la campagne, où il travaillait comme couvreur, ils avaient prêté leur influence et leur contenance à ma connaissance l'ébéniste, afin de la marier à un homme relativement sûr, hors de portée du couvreur. Et, sans grande volonté, elle avait acquiescé à cet arrangement. Cependant, à la veille du mariage, le couvreur était venu en ville ; et, échangeant des vêtements avec un soldat des Highlands qu'il connaissait, il s'était promené sans se douter devant sa porte, jusqu'à ce que, trouvant l'occasion de converser avec elle le matin du jour du mariage, il ait représenté son nouvel amant comme un idiot et mal fait. un homme qui avait juste assez de tête pour être mercenaire, et lui-même comme l'un des amants les plus dévoués et les plus inconsolables. Et, sa langue douce et sa jambe fine l'emportant, elle avait laissé les invités du mariage prendre leur thé et leurs toasts sans elle, et était partie avec lui au vestiaire. En fin de compte, l'affaire s'est mal terminée pour toutes les parties. J'ai perdu mon emploi, car je n'ai plus revu le frère de la mariée ; l'ébéniste mal avisé, contrairement aux conseils de sa mère et de son locataire, entra en procès, dans lequel il obtint peu de dommages-intérêts et beaucoup de vexations ; et le couvreur et sa maîtresse se lancèrent dans une telle dissipation après être devenus mari et femme, qu'eux et les cinq cents livres moururent presque ensemble. Peu de temps après, ma logeuse et son fils ont quitté le pays pour les États-Unis. La pauvre femme m'avait si bien impressionné comme l'une des personnes vraiment excellentes, que j'ai fait un voyage de Cromarty à Inverness (une distance de dix-neuf milles) pour lui dire adieu ; mais je trouvai, à mon arrivée, sa maison fermée, et j'appris qu'elle avait quitté les lieux pour quelque port de navigation de la côte ouest deux jours auparavant. C'était une humble blanchisseuse ; mais je suis convaincu que dans l'autre monde, dans lequel elle a dû entrer depuis longtemps, elle occupe un rang bien plus élevé !

J'ai attendu à Inverness, dans l'espoir que, selon Burns, « mes frères de la terre me donneraient la permission de travailler » ; mais cet espoir était vain, car je ne parvenais pas à trouver un deuxième emploi. Cependant, les emplois que je pouvais me procurer ne manquaient pas ; mais la rémunération, qui était seulement en train de se réaliser, et cela très lentement, devait être reportée à un jour lointain. Je dus accorder plus de douze ans de *crédit* aux travaux qui m'occupaient ; et comme mon capital était petit, c'était plutôt pénible d'être « tenu si longtemps en dehors de mon salaire ». Il existe un groupe merveilleux de ce qu'on appelle aujourd'hui *osars* , dans le voisinage immédiat d'Inverness, groupe auquel appartient la reine des tomhans écossais, la pittoresque Tomnahuirich, et à l'examen duquel j'ai consacré plusieurs jours. Mais j'ai seulement appris à énoncer la difficulté qu'elles forment, non à la résoudre ; et maintenant qu'Agassiz a promulgué sa théorie glaciaire et que des traces des grandes agences glaciaires ont été détectées dans toute l'Écosse, le mystère des *osars* reste encore un mystère. J'ai cependant réussi à déterminer à cette époque qu'ils appartiennent à une période ultérieure à l'argile à blocs que j'ai trouvée sous la grande formation de gravier dont ils font partie, dans une section près du Loch Ness qui avait été ouverte peu de temps. auparavant, lors des fouilles du grand canal calédonien. Et comme toutes, ou presque toutes, les coquilles de l'argile à blocs appartiennent à des espèces qui vivent encore, nous pouvons en déduire que les mystérieux osars se sont formés peu de temps avant l'introduction sur notre planète de la petite créature curieuse qui s'est intriguée : jusqu'ici du moins sans résultat satisfaisant – en tentant d'expliquer leur origine. J'ai examiné aussi, avec quelque soin, l'ancienne ligne de côte, si bien développée dans ce voisinage qu'elle forme l'un des traits de son paysage saisissant, et qui doit être considérée comme le mémorial géologique et représentatif de ces derniers âges de l'époque. monde dans lequel l'époque humaine a empiété sur les anciennes périodes pré-adamites. Les magistrats du lieu étaient alors occupés à faire leur devoir, en hommes sensés, dans ce que je ne pouvais m'empêcher de considérer comme un cas un peu barbare. La flèche soignée, bien proportionnée et très inintéressante du bourg, dont personne ne se soucie dans son intégrité, avait été ébranlée par un tremblement de terre survenu en 1816, et en était devenue l'une des plus grandes curiosités du monde. Royaume. Le tremblement de terre, qui, pour un tremblement de terre écossais, avait été d'une gravité sans précédent, en particulier dans la ligne de la grande vallée calédonienne, avait, par un étrange mouvement tourbillonnant, se tordre autour de la flèche, de sorte que, au niveau de la ligne transversale de déplacement, les *vitres* et les coins de la broche octogonale que formait son sommet dépassaient de sept pouces leur position appropriée. Les coins étaient portés presque au milieu des *vitres* , comme si une main gigantesque, en essayant de faire tournoyer le bâtiment par la flèche, comme on tourne autour d'une toupie par la tige ou le fût, avait, à cause d'un manque de cohérence. de la maçonnerie, réussit à retourner seulement la partie dont elle s'était emparée. Sir Charles Lyell figure, dans ses « Principes », des déplacements similaires dans les pierres de deux obélisques d'un couvent calabrais, et joint l'ingénieuse suggestion au sujet de MM. Darwin et Mallet. Et voici un exemple écossais du même genre de phénomènes mystérieux, non moins curieux que celui de Calabre, et certainement unique par son caractère *écossais* , qui, bien que le bâtiment blessé ait déjà résisté douze ans dans son état déplacé, et pourrait il y en avait autant que la tour suspendue de Pise, que les magistrats effaçaient laborieusement aux dépens du bourg. Ils ont également complètement réussi ; et la flèche de la prison fut dûment restaurée dans son état d'insignifiance originelle, en tant qu'élément de maçonnerie ornementale de cinquième ordre. Mais combien absurdes, sauf peut-être, ici et là pour un géologue, ces remarques ne doivent-elles pas apparaître !

Mais mes critiques sur la magistrature, si stupides soient-elles, étaient des critiques silencieuses et ne faisaient de mal à personne. Cependant, à l'époque où je m'y livrais, je m'exposais imprudemment, par un de ces actes impulsifs dont les hommes se repentent à loisir, à des critiques non silencieuses et de nature parfois *nuisible* . J'avais été piqué par le rejet de mes vers sur le Ness. Il est vrai que je n'avais pas une haute opinion de leur mérite, les estimant à peine plus qu'égaux à la moyenne des vers des estampes provinciales ; mais ensuite j'avais fait part de mon projet de les faire imprimer à quelques amis de Cromarty, et j'étais maintenant assez faible pour être ennuyé à l'idée que mes citadins me considéreraient comme un imbécile incompétent, incapable d'écrire des rimes assez bonnes pour un journal. C'est pourquoi j'ai décidé de manière imprudente de faire appel au public dans un petit volume. Si j'en avais su plus tard sur les affaires des journaux et sur la façon dont les copies de vers sont souvent traitées par les rédacteurs et leurs assistants - fatigués d'absurdités et à la fois désespérés de trouver du grain dans les énormes tas de paille soumis. pour eux, et trop occupé pour le rechercher, même s'ils croyaient qu'il se présentait sous la forme de graines uniques peu dispersées, j'aurais moins pensé à la question. Cependant, le cas échéant, je rassemblai à la hâte parmi mes piles de manuscrits une quinzaine ou une vingtaine de pièces en vers, écrites principalement au cours des six années précédentes, et les remis entre les mains de l'imprimeur du *Courrier d'Inverness*. Il aurait été bien plus sage, comme je m'en aperçus bientôt, de les mettre plutôt au feu ; mais mon choix d'une imprimerie m'a assuré au moins un avantage : il m'a fait connaître l'un des éditeurs écossais les plus capables et les plus accomplis, le monsieur qui possède et dirige aujourd'hui le *Courrier* ; et, d'ailleurs, après avoir franchi le Rubicon, je sentais toute mon obstination native s'éveiller à me consolider, malgré les échecs et les revers de l'autre côté. C'est un avantage dans certains cas de s'engager. Le grand type clair du bureau *du Courrier* me montra cependant bien des défauts dans mes vers qui m'avaient échappé auparavant, et rompit les associations qui, curieusement liées aux manuscrits, avaient donné aux strophes et aux passages qu'ils contenaient des charmes de le ton et la couleur ne leur appartiennent pas. J'ai commencé à découvrir aussi que mon humble accomplissement en vers était trop limité pour contenir ma pensée ; la capacité de réflexion avait augmenté, mais pas la capacité d'expression poétique ; bien plus, une grande partie de la pensée semblait être d'un type qui ne convenait pas du tout à des fins poétiques ; et bien qu'il valait bien mieux que je parvienne à le savoir avec le temps, plutôt que, comme certains hommes, même supérieurs, je S'il persistait à perdre, en vers inefficaces, les heures pendant lesquelles une prose vigoureuse pouvait être produite, il était au moins assez mortifiant de faire la découverte avec un demi-volume de mètre consacré à la dactylographie et entre les mains de l'imprimeur. Résolu cependant que mon humble nom ne figurerait pas sur la page de titre, j'ai continué mon volume. Mon nouvel ami l'éditeur avait la bonté d'insérer, de temps en temps, des copies de ses vers dans les colonnes de son journal, et s'efforçait de susciter un certain degré d'intérêt et d'attente à son sujet ; mais ma récente découverte m'avait complètement dégrisé, et j'attendais la publication de mon volume, peu exalté par l'honneur qui m'avait été fait, et aussi peu optimiste quant à son succès final. Et avant de quitter Inverness, un triste deuil, qui rétrécit considérablement le cercle de mes amis les plus aimés, jeta au second plan toutes mes pensées à ce sujet.

En quittant Cromarty, j'avais laissé mon oncle James aux prises avec une crise de rhumatisme articulaire aigu ; mais bien qu'il vienne d'entrer dans son grand climatère, il était encore un homme vigoureux et actif, et je ne pouvais douter qu'il n'ait assez de force de constitution pour s'en sortir. Cependant, il n'avait pas réussi à se rallier ; et en revenant un soir d'une longue promenade exploratoire, je trouvai dans mon logement un billet qui m'attendait, m'annonçant sa mort. Le coup tomba avec un effet stupéfiant. Depuis la mort de mon père, mes deux oncles occupaient fidèlement sa place ; et James, d'un caractère plus franc et moins réservé qu'Alexandre, et plus tolérant envers mes folies d'enfant, bien que j'aimais sincèrement l'autre, avait renforcé mon affection. Il était également d'un caractère génial, qui restait toujours optimiste dans l'expression de ses espoirs et de ses attentes ; et il avait involontairement flatté ma vanité en me prenant à peu près à ma propre estimation – excessivement élevée, bien sûr, comme celle de presque tous les jeunes hommes, mais peut-être nécessaire, en tant que force, pour progresser face à une obstruction. et difficulté. L'oncle James, comme *Le Balafré* dans le roman, aurait « osé son neveu contre le revenant Wallace ». Je partis aussitôt pour Cromarty ; et, aussi curieux que cela puisse paraître, je trouvai le chagrin si agréable, que les quatre heures que je passai en chemin me semblaient à peine égales à une. Je ne gardais cependant qu'un souvenir confus de mon voyage, me rappelant à peine plus que, passant à minuit le long du morne Maolbuie, je vis la lune en déclin, s'élever rouge et sans lumière sur la mer lointaine ; et que, couchée comme prosternée à l'horizon, elle me faisait penser à quelque lutteur surpassé jeté à terre, impuissant.

En arrivant à la maison, je trouvai ma mère, malgré l'heure tardive, encore debout et occupée à confectionner une robe morte pour le corps. « Il y a une lettre du midi, avec un cachet noir, qui vous attend, dit-elle ; "Je crains que vous ayez également perdu votre ami William Ross." J'ouvris la lettre et trouvai sa supposition trop fondée. C'était une lettre d'adieu, écrite en caractères faibles, mais sans esprit faible ; et un bref post-scriptum, ajouté par un camarade, annonçait la mort de l'écrivain. " Ceci, " écrivit le mourant, d'une main oubliant rapidement sa ruse, " est, selon toute vraisemblance humaine, ma dernière lettre ; mais cette pensée ne me pose guère de problème, car mon espérance de salut est dans le sang de Jésus. Adieu. , mon ami le plus sincère!" Il existe une disposition par laquelle la nature fixe des limites à la souffrance physique et mentale. Un homme partiellement étourdi par un coup violent a quelquefois conscience qu'il est suivi d'autres coups, plutôt en les voyant qu'en les sentant ; sa capacité de souffrance a été épuisée par le premier ; et les autres qui tombent sur lui, bien qu'ils puissent le blesser, ne lui font pas mal. Il en est de même des coups qui frappent les affections. En d'autres circonstances, j'aurais pleuré la mort de mon ami, mais mon esprit était déjà tout occupé par la mort de mon oncle ; et, bien que j'aie *vu* le nouveau coup, plusieurs jours se sont écoulés avant que *je puisse* le sentir. Mon ami, après une demi-vie de déclin, avait sombré soudainement. Un camarade qui vivait avec lui, un garçon gros et fleuri, avait été atteint de la même maladie insidieuse que la sienne, environ un an auparavant ; et, jusqu'alors inconnu de la maladie, chez lui la progression de la maladie avait été rapide, et ses souffrances étaient si grandes, qu'il fut incapable de travailler plusieurs mois avant sa mort. Mais mon pauvre ami, bien qu'en déclin à l'époque, œuvra pour les deux : il fut capable de poursuivre ses emplois — qui, selon Bacon, « exigeaient plutôt le doigt que le bras » — même dans les derniers stades de sa maladie ; et après avoir soutenu et soigné son camarade mourant jusqu'à ce qu'il coule, il s'est lui-même soudainement effondré et est mort. Et ainsi périt inconnu, et dans la fleur de l'âge, un homme aux principes solides et au génie raffiné. Je trouvai assez d'occupation pour les quelques semaines qui restaient encore à la saison de travail de cette année, en taillant une pierre tombale pour mon oncle James, sur laquelle j'inscrivis une épitaphe de quelques lignes qui avait le mérite d'être vraie. Il décrivait le défunt – « James Wright » – comme « un homme honnête et chaleureux, qui avait le bonheur de vivre sans reproche et de mourir sans peur ».

NOTES DE BAS DE PAGE :

[11] Loch Ness.

[12] Ce portrait de la Ness est, je le crains, à peine fidèle au caractère ordinaire de la rivière. Je l'avais visité au cours de l'hiver précédent et parcouru quelques kilomètres le long de ses rives, alors que l'étendue de pays à travers laquelle il coule était blanchie et sans verdure, et baignée par la pluie détrempante des semaines, et le ruisseau lui-même, grand en crue, rugissait d'une rive à l'autre dans ses étendues les moins profondes, ou bouillait maussade et trouble dans de nombreux tourbillons circulaires dans ses bassins les plus sombres. Et ma description unit de manière quelque peu incongrue un paysage d'été ensoleillé, riche en fleurs et en feuillage, avec la rivière brune et hivernale.

CHAPITRE XX.

"Cependant que mon idée est prise,

Pour tenter mon sort dans un costume noir et guid ;

Mais je suis toujours aussi courbé,

    Quelque chose pleure, Hoolie !

Je t'en prie, honnête homme, prends ta tente ;

    Vous montrerez votre folie. "- BURNS.

Mon volume de vers ne passait que lentement dans la presse ; et comme j'avais commencé à attendre son apparition avec une certaine tristesse, je n'avais aucune envie de le pousser à continuer. Finalement, cependant, toutes les pièces furent mises en caractères ; et je les ai suivis d'un cordier en prose, formé un peu sur le modèle de la préface de Pope — car j'étais alors un grand admirateur de l'anglais écrit par les « esprits de la reine Anne » — dans lequel J'exprimai sérieusement le soupçon que, en tant qu'écrivain de vers, je m'étais trompé sur ma vocation.

> "Il est plus que possible", dis-je, "que j'aie complètement échoué en poésie. Il peut sembler que, tout en saisissant l'originalité de la description et du sentiment, et en m'efforçant d'atteindre la convenance de l'expression, je n'ai fait que décrire des images communes, et incarnant des pensées évidentes, et cela aussi dans un langage peu élégant. Pourtant, même dans ce cas, bien que déçu, je ne serai pas sans sources de réconfort. Le plaisir que j'éprouve à composer des vers est tout à fait indépendant de l'opinion des autres hommes à leur sujet. et j'espère me sentir aussi heureux que jamais dans cet amusement, même si j'ai l'assurance que d'autres ne pourraient trouver aucun plaisir à lire ce que j'avais tant trouvé par écrit. Ce n'est pas une mince consolation de réfléchir que la fable du chien et de l'ombre. ne peut s'appliquer à moi, puisque ma prédilection pour la poésie ne m'a pas empêché d'acquérir l'habileté du moins du mécanicien commun. Je ne suis pas plus ignorant de la maçonnerie et de l'architecture que bien des professeurs de ces arts qui n'ont jamais mesuré une strophe. satisfaction de constater que, contrairement à certains aspirants satiristes, je n'ai pas attaqué mon caractère privé ; et que, bien que les hommes puissent me ridiculiser comme un poète malhabile, ils ne peuvent pas à juste titre me

détester comme un homme méchant ou de mauvaise humeur. Bien plus, j'aurai peut-être le plaisir de récompenser ceux qui se réjouiront à mes dépens, avec leur propre monnaie. Un critique mal conditionné est toujours une personne plus pitoyable qu'un versificateur raté ; et le désir de faire preuve de son propre discernement aux dépens de son prochain, chose bien pire que le simple désir, même séparé de la capacité, de lui procurer un plaisir inoffensif. De plus, il ne serait, je pense, pas difficile de montrer que mon erreur en me croyant poète n'est pas du tout plus ridicule et infiniment moins pernicieuse que beaucoup de celles dans lesquelles tombent chaque jour des myriades de mes semblables. J'ai vu des méchants tenter d'enseigner la morale, et des faibles de dévoiler des mystères. J'ai vu des hommes érigés en libres penseurs, nés pour ne pas penser du tout. Pour conclure, il y aura sûrement lieu de s'autosatisfaire en pensant qu'en devenant auteur, je n'ai perdu que quelques kilos, sans avoir acquis la réputation d'un méchant garçon, qui avait taquiné toutes ses connaissances jusqu'à ce qu'elles s'abonnent à un livre sans valeur ; et que la remarque la plus sévère du critique le plus sévère ne peut être que : « un certain rimeur anonyme n'est pas un poète. »

Comme, malgré le blanc dans la page de titre, la paternité de mon volume serait connue à Cromarty et dans ses environs, je me mis à voir si je ne pourrais pas, en attendant, préparer pour l'impression quelque chose de mieux propre à faire impression dans mon service. En lançant la barre ou en lançant la pierre, le concurrent qui commence par un lancer assez indifférent n'est jamais jugé très défavorablement s'il le corrige immédiatement en donnant un meilleur ; et je résolus de réparer mon plâtre, si je le pouvais, en écrivant pour le *Courrier d'Inverness* — qui m'était maintenant ouvert, grâce à la gentillesse de l'éditeur — une série de lettres soigneusement préparées sur un sujet populaire. Au temps de Goldsmith, la pêche au hareng employait, comme il nous le dit dans un de ses essais, « toute la rue Grub ». Dans le nord de l'Écosse, cette pêcherie était un thème populaire il y a un peu plus de vingt ans. Le bien-être de communautés entières dépendait dans une large mesure de son succès : il constituait la base de nombreux calculs et l'objet de nombreux investissements ; et cela convenait d'autant plus à mon projet qu'il n'y avait pas de Grub Street dans cette partie du monde pour s'y occuper. C'était, au moins dans tous ses meilleurs aspects, un nouveau sujet ; et je croyais le connaître mieux que la plupart des hommes assez habiles, comme *littérateurs* , pour communiquer leur savoir par écrit. Je connaissais les particularités des pêcheurs en tant que classe, et les effets de cette branche spéciale de leur profession sur leur caractère : je les avais vus exercer leur emploi au milieu du sublime de la nature, et j'avais parfois pris part à leur travail ; et, en outre, je connaissais de nombreuses traditions antiques de pêcheurs d'autres époques, dans lesquelles, comme dans les récits de la plupart des marins, se mêlaient à une certaine quantité d'incidents réels, de curieux bribes de surnaturel. En bref, il s'agissait d'un sujet sur lequel, comme je connaissais beaucoup de choses qui n'étaient pas généralement connues, j'étais dans une certaine mesure qualifié pour écrire ; et ainsi j'occupai mon temps libre à exposer mes faits à ce sujet dans une série de lettres, dont la première parut dans le *Courrier* quinze jours après que mon volume de vers fut déposé sur les tables des libraires du nord du pays.

J'étais d'abord allé en mer pour aider à la capture du hareng, une dizaine d'années auparavant ; et je décrivis maintenant, dans une de mes lettres, aussi fidèlement que possible, les aspects de la scène à laquelle j'avais été présenté à cette occasion, et qui m'avaient paru nouveaux et particuliers. Et ce qui m'avait semblé étrange l'était également, à mon avis, aux lecteurs du *Courrier*. Mes lettres attirèrent l'attention et furent republiées en mon nom par les propriétaires du journal, « en conséquence, » dit mon ami le rédacteur, dans une note qu'il joignit aimablement au pamphlet qu'elles formaient, « de l'intérêt qu'elles avaient suscité dans les comtés du nord. » [13] Leur minimum de succès, si modeste que soit leur sujet, comparé à celui de certains de mes vers les plus ambitieux, m'a appris mon propre chemin. Que ce soit mon affaire, dis-je, de savoir ce qui n'est pas généralement connu ; permettez-moi de me qualifier pour être un interprète entre la nature et le public : tandis que je m'efforce de raconter d'une manière aussi agréable et de décrire aussi vivement que possible, laissez la vérité , pas de fiction, sois ma marche ; et si je parviens à unir le roman au vrai, dans des domaines d'un intérêt plus général que celui très humble où j'ai maintenant partiellement réussi, je réussirai aussi à m'établir dans une position qui, sinon élevée, me rapportera une base du moins plus solide que celle à laquelle je pourrais parvenir comme simple *littérateur* qui, peut-être, plaisait un peu, mais n'ajoutait rien au fonds général. La résolution était, je pense, bonne ; aurait-il été mieux conservé ! Les extraits suivants peuvent servir à montrer que, aussi humble que puisse paraître mon nouveau sujet, il offrait une possibilité considérable de description d'un genre rarement associé aux harengs, même lorsqu'ils employaient toute la rue Grub : -

> « À mesure que la nuit s'assombrissait progressivement, le
> ciel prenait une teinte morte et plombée : la mer, agitée par
> la brise montante, reflétait ses teintes plus profondes avec
> une intensité proche du noir, et semblait un trottoir sombre
> et irrégulier, qui absorbait chaque rayon du reste. Une
> lumière argentée et calme, d'une étendue de quinze ou vingt

mètres, se déplaçait lentement dans l'obscurité. Elle ressemblait simplement à une tache d'eau recouverte d'huile, mais, obéissant à une autre force motrice que celle de la marée ou du vent, elle se déplaçait lentement. a navigué en biais avec notre ligne de bouées, une pierre moulée depuis nos étraves - s'est allongée le long de la ligne jusqu'à trois fois son ancienne étendue - s'est arrêtée comme pour un instant - puis trois des bouées, après s'être érigées sur leur base plus étroite, avec un une secousse soudaine coula lentement. « Une… deux… trois bouées ! » s'écria un des pêcheurs en les comptant au fur et à mesure qu'ils disparaissaient ; *il y* a dix tonneaux pour nous en sécurité. On laissa passer quelques instants ; puis, détachant le treuil de l'étrave et le ramenant vers l'arrière, nous commençâmes à haler. Les trois premiers apparurent, à la lumière phosphorique de l'eau, comme. s'il éclatait en flammes d'une couleur vert pâle, çà et là un hareng brillait dans les mailles, ou s'éloignait dans l'obscurité totale, visible un instant par sa propre lumière. Le quatrième filet était plus brillant que tous les autres. et brillait à travers les vagues alors qu'il était encore à plusieurs brasses : le vert pâle semblait mêlé à des nappes de neige brisées qui, vacillant au milieu de la masse de lumière, semblaient, à chaque coup de remorque donné par les pêcheurs, se déplacer, se dissiper, et encore une forme ; et là, des myriades de rayons verts en jaillissaient dans l'obscurité environnante, un instant vus puis perdus – les poissons en retraite qui avaient évité les mailles, mais s'étaient attardés, jusqu'à ce qu'ils soient dérangés, à côté de leurs compagnons enchevêtrés. corps de harengs. Lorsque nous les élevâmes au-dessus du plat-bord, ils nous parurent chauds à la main, car au milieu d'un grand banc même la température de l'eau s'élève, fait bien connu de tout pêcheur de hareng ; et en les secouant hors des mailles, l'oreille devenait sensible à un gazouillis aigu et aigu, semblable à celui de la souris, mais beaucoup plus faible – un piaulement incessant, un bip, un bip, apparemment occasionné – car aucun vrai poisson n'est doté d'organes de son—par une fuite soudaine de la vessie aérienne. Le banc, petit, ne s'était étendu que sur trois des filets, les trois dont les bouées avaient si subitement disparu ; et la plupart des autres n'avaient qu'une simple dose de poisson, quelques douzaines ou deux dans un filet ; mais ils étaient si épais parmi les trois heureux, que la totalité du transport consistait en un peu plus de douze barils.

* * * * *

Nous nous levâmes vers minuit et vîmes une mer ouverte, comme auparavant ; mais la scène avait considérablement changé depuis que nous nous étions couchés. La brise était tombée dans le calme ; le ciel, qui n'était plus sombre et gris, brillait d'étoiles ; et la mer, à cause de la douceur de sa surface, faisait apparaître un second ciel, aussi brillant et étoilé que l'autre ; avec cette différence cependant que toutes ses étoiles semblaient être des comètes ! le mouvement légèrement tremblant de la surface allongeait les images réfléchies et donnait à chacune sa queue. Il n'y avait aucune ligne de division visible à l'horizon. Là où les collines s'élevaient haut le long de la côte et semblaient doublées par leur bande d'ombre ondulante, ce qu'on pourrait considérer comme un épais morceau de nuage dormait dans les cieux, juste à l'endroit où les firmaments supérieur et inférieur se rencontraient ; mais sa présence n'en rendait pas moins l'illusion complète : la silhouette du bateau se dessinait sombre autour de nous, comme le fragment d'une planète brisée suspendue dans l'espace médian, loin de la terre et de toute étoile ; et tout autour nous voyions s'étendre la sphère complète, visible au-dessus d'Orion jusqu'au pôle, et visible en dessous du pôle à Orion. Certes, un paysage sublime ne possède en soi aucune vertu assez puissante pour développer les facultés, sinon l'esprit du pêcheur ne serait pas resté si longtemps endormi. Il n'y a pas de profession dont les souvenirs devraient s'élever en poésie plus pure que la sienne ; mais si le miroir ne porte pas son amalgame antérieur de goût et de génie, qu'importe que la scène qui l'éclaire de toutes les couleurs soit riche en grandeur et en beauté ? Aucune image correspondante n'est produite : la susceptibilité de refléter le paysage n'est jamais conférée par le paysage lui-même, que ce soit à l'esprit ou au verre. Il n'y a pas de classe de souvenirs plus illusoires que ceux qui associent, comme s'ils existaient dans une relation de cause à effet, quelque élément de paysage saisissant à quelque développement soudain de l'intellect ou de l'imagination. Les yeux s'ouvrent et on voit une beauté extérieure ; mais ce n'est pas la beauté extérieure qui a ouvert les yeux.

"C'était encore un calme plat, le calme de l'obscurité, quand, environ une heure après le lever du soleil, ce qui semblait léger et intermittent commença à jouer à la surface, lui conférant, par taches irrégulières, une teinte de gris. forme, puis une seconde à côté, puis une troisième, et puis à des kilomètres à la ronde, la surface, par ailleurs si argentée, semblait givrée de gris : la brise apparente apparaissait comme si elle se propageait à partir d'un point central en quelques secondes après. , tout serait calme comme au début ; puis, à partir d'un autre centre, les taches grises se formeraient à nouveau et s'élargiraient, jusqu'à ce que tout le Firth en paraisse couvert par un bruit de claquement particulier, comme si un orage frappait la surface. ses innombrables gouttes s'élevaient autour de notre bateau ; l'eau semblait parsemée d'une infinité de points d'argent, qui brillaient un instant au soleil, puis cédaient leur place à d'autres points à regard rapide, qui à leur tour étaient remplacés par d'autres encore. Les harengs, par millions et par milliards, jouaient autour de nous, sautant de quelques centimètres dans les airs, puis tombant et disparaissant, pour se relever et bondir de nouveau. Le haut-fond s'élevait au-delà du haut-fond, jusqu'à ce que toute la rive de Gulliam paraisse réduite en écume, et les bruits sourds de craquements se multipliaient en un rugissement, comme celui du vent à travers un grand bois, qu'on pouvait entendre dans le calme à des kilomètres. Et encore une fois, les hauts-fonds qui s'étendaient autour de nous semblaient couvrir, sur des centaines de kilomètres carrés, le vaste Moray Firth. Mais bien qu'ils jouaient par milliers à côté de nos bouées, pas un hareng n'a nagé aussi bas que la partie supérieure de notre dérive. Un des pêcheurs prit une pierre et, la jetant au-dessus de notre deuxième bouée, au milieu du banc, le poisson disparut de la surface sur plusieurs brasses à la ronde. « Ah, les voilà, s'écria-t-il, s'ils descendent assez bas. Il y a quatre ans, j'ai fait sursauter trente barils de poissons légers dans ma dérive rien qu'en leur jetant une pierre. Je ne sais quel effet la pierre aurait pu produire à cette occasion ; mais en remontant nos filets pour la troisième et dernière fois, nous constatâmes que nous avions capturé environ huit barils de poisson ; puis, levant les voiles, car une légère brise de l'est s'était levée, nous nous dirigeâmes vers le rivage avec une cargaison de vingt barils.

Pendant ce temps, les critiques des journaux du Sud exprimaient toutes sortes de jugements sur mes vers. Il était indiqué dans le titre du volume qu'ils avaient été « écrits pendant les heures de loisir d'un compagnon maçon » ; et cette indication semblait fournir à la plupart de mes critiques le signal approprié pour les traiter. « Le temps est révolu, disait l'un d'eux, où l'on considérait autrefois un mécanicien littéraire comme un phénomène : si un deuxième Burns surgissait maintenant, il n'aurait pas droit à autant d'éloges que le premier. « Il est de notre devoir de dire à cet écrivain, dit un autre, qu'il fera plus en une semaine avec sa truelle qu'en un demi-siècle avec sa plume. « Nous sommes heureux de comprendre, dit un troisième — très judicieusement cependant — que notre auteur a le bon sens de s'en remettre davantage à son ciseau qu'aux Muses. Les enseignements dispensés étaient d'un caractère suffisamment varié, mais, dans l'ensemble, assez contradictoires. Un écrivain m'a dit que j'étais un type ennuyeux et correct, qui avait écrit un livre dans lequel il n'y avait rien d'amusant ni d'absurde. Un autre, cependant, a réconforté mon esprit désespéré en m'assurant que j'étais un « homme de génie, dont les poèmes, avec beaucoup de défauts, contenaient aussi beaucoup de choses intéressantes ». Un troisième était sûr que je n'avais « aucune chance d'être connu au-delà des limites de mon lieu natal » et que mon « livre ne présentait aucune, ou presque aucune, de ces indications qui autorisent l'attente de choses meilleures à venir » ; tandis qu'un quatrième, d'une veine plus optimiste, trouvait dans mon travail la preuve de « dons de la nature, que le stimulus de l'encouragement et les lumières tempérantes de l'expérience pourraient par la suite développer et diriger vers la réalisation de quelque chose de vraiment merveilleux ». Il y avait deux noms en particulier que mon petit volume suggérait aux critiques de journaux. Les Tam o'Shanter et Souter Johnnie de l'ingénieux Thorn étaient alors en cours d'exposition ; et on savait que Thorn avait travaillé comme compagnon maçon ; et il y avait un poète plutôt mince appelé Sillery, auteur de plusieurs volumes de vers oubliés, dont l'un était sorti de l'imprimerie en même temps que le mien, qui, comme il avait un peu d'argent, et on disait qu'il traitait ses amis littéraires avec beaucoup de luxe, fut loué au-delà de toute mesure par les critiques des journaux, en particulier par ceux de la capitale écossaise. Et Thom comme maçon, et Sillery comme poète, furent présentés à plusieurs reprises devant moi. Un critique, sûr que je n'arriverais jamais à rien, remarqua cependant avec magnanimité que, comme il ne m'en voulait pas, il serait heureux de se tromper ; bien plus, que cela lui ferait « un plaisir non feint d'apprendre que j'avais atteint la renommée bien méritée même de M. Thom lui-même ». Et un autre, après avoir désapprouvé la sévérité excessive dont l'écrivain de race faisait si souvent preuve à l'égard de l'ouvrier, et affirmé que le « compagnon maçon » était dans ce cas, malgré son traitement, un homme de bonne humeur, finissait par remarquer qu'il était bien sûr, pas même tous les hommes de mérite qui pourraient espérer atteindre « la haute éminence poétique et la célébrité d'un Charles Doyne Sillery ».

Tout cela, cependant, n'était qu'une critique à distance et ne me dérangeait que peu lorsque je travaillais dans le cimetière ou que je profitais de mes tranquilles promenades nocturnes. Mais il devint plus redoutable quand, un jour, il vint me barber dans mon antre.

L'endroit fut visité par un conférencier itinérant sur l'élocution, un certain Walsh, qui, comme son art n'était pas très demandé parmi les dames tranquilles et les messieurs occupés de Cromarty, ne parvenait pas à dessiner des maisons ; Jusqu'à ce qu'un matin, parut enfin, placardée sur un poteau et un pilier, une indication selon laquelle M. Walsh prononcerait ce soir-là une critique élaborée sur le volume récemment publié des « Poèmes écrits pendant les heures de loisir d'un compagnon maçon. " et y sélectionne une partie de ses lectures du soir. L'annonce dessina une bonne maison ; et, curieux de savoir ce qui m'attendait, je payai mon shilling avec les autres et me mis dans un coin. Au début du divertissement, il y eut une dissertation fastidieuse sur les inflexions harmoniques, la double insistance, les mots en écho et les tons monotones. Mais, pour emprunter à Meg Dods : « Oh, quel style de langage ! » L'élocuteur, de toute évidence un homme inculte et grossièrement ignorant, n'avait aucune idée de la composition. La syntaxe, la grammaire et le bon sens étaient mis à néant dans chaque phrase ; mais alors, d'un autre côté, les inflexions étaient soigneusement entretenues et montaient et descendaient sur les absurdités en dessous, comme la vague d'une baie peu profonde sur un fond de boue et d'algues broyées. Après la thèse, nous avons eu droit à quelques récitations. « La fille de Lord Ullin », le « vendeur de rasoirs » et « Mon nom est Norval » ont été donnés avec une grande force. Et puis est venue la critique. " Mesdames et messieurs ", a déclaré le critique, " nous ne pouvons pas attendre grand-chose d'un compagnon maçon dans le domaine de la poésie. La vraie poésie a besoin d'être enseignée. Aucun homme ne peut être un véritable poète s'il n'est pas un élocuteur ; car, à moins d'être un élocutionniste, comment peut-il rendre ses vers emphatiques aux bons endroits, ou gérer les inflexions harmoniques, ou gérer les pauses rhétoriques ? Et maintenant, mesdames et messieurs, je vais vous montrer, à partir de divers passages de ce livre, que le compagnon maçon inculte ? qui l'a fait n'a jamais pris de leçons d'élocution. Je vais d'abord vous lire un passage d'un morceau de vers intitulé « La mort de Gardiner » – la personne en question étant le regretté colonel Gardiner, je suppose. fuyant les hommes de Johnnie Cope :"—

* * * * *

"Pourtant, dans cet hôte lâche et effrayé,

Un cœur vaillant battait fort et haut ;

En cette heure sombre de fuite honteuse,

L'un d'entre eux est resté pour mourir !

Profondément entaillé par de nombreux coups criminels,

Il dort là où a combattu le van vaincu—

Des mèches argentées et des sourcils froncés,

Un homme vénérable.

E'en quand ses mille guerriers s'enfuirent—

Leur valeur basse-née s'est effondrée et a disparu -

Lui, le doux chef de cette bande,

Resté et combattu seul.

Il se tenait; des ennemis féroces se pressaient autour ;

Les gémissements creux de la mort du désespoir.

L'épée fracassante, la hache tranchante,

Le poignard meurtrier était là.

Une valeur plus austère, ou des mains plus fortes,

Je n'ai jamais poussé la marque ni lancé la lance

Mais qu'est-ce que c'était pour ce vieil homme !

Dieu était sa seule peur.

Il se tenait là où des milliers de personnes se pressaient.

Et longtemps ce guerrier s'est battu et bien ;—

Courageusement, il s'est battu, fermement il s'est tenu debout,

Jusqu'à ce qu'il tombe.

Il est tombé, il a respiré une prière patriotique.

Puis son âme se résigna à son Dieu :

Ne pas quitter les nombreux fils de la terre

Un homme meilleur derrière.

Sa valeur, son grand mépris de la mort,

Aux gens fiers de la gloire, aucune impulsion n'est due ;

Son zèle était pur et sans tache,

 Pour la Grande-Bretagne et pour Dieu.

Il est tombé, il est mort ; l'ennemi sauvage

 J'ai marché avec insouciance sur l'argile noble ;

Ce n'est pourtant pas en vain que le champion s'est battu,

 Dans cette mêlée désastreuse.

Sur les croyances fanatiques et les épées criminelles

 Un succès partiel peut sourire affectueusement,

Jusqu'à ce que le cœur honnête du patriote saigne,

 Et enflamme le bûcher du martyr.

Ce n'est pourtant pas en vain que le patriote saigne ;

 Ce n'est pourtant pas en vain que le martyr meurt ;

Des cendres, du sang muet et sans voix,

 Quels souvenirs émouvants surgissent !

Le moqueur possède le credo du bigot,

 Même si la plaisanterie secrète peut être vive ;

Le sceptique cherche la coupole du tyran.

 Et plie le genou prêt.

Mais ah ! aux jours sombres de l'oppression.

 Quand s'enflamme la torche, quand s'enflamme l'épée.

Qui sont les courageux qui défendent la cause de la liberté ?

 Les hommes qui craignent le Seigneur." [14]

"Maintenant, mesdames et messieurs," continua le critique, "c'est une très mauvaise poésie. Je défie tout élocuteur de la lire de manière satisfaisante avec les inflexes. Et, d'ailleurs, voyez seulement combien elle est pleine de tautologie. Prenons seulement une des les vers : — « Il est tombé, il est mort ! Tomber au combat signifie, comme nous le savons tous, mourir au combat ; — mourir au combat est exactement la même chose que tomber au combat. Dire « il est tombé, il est mort », revient donc simplement à dire qu'il. est tombé, il est tombé, ou qu'il est mort, il est mort, et c'est de la mauvaise poésie et de la tautologie. Et c'est l'un des effets de l'ignorance et du manque d'éducation juste. Ici, cependant, un grognement sourd, se transformant peu à peu en mots, interrompit le conférencier. Il y avait parmi l'auditoire un bon vieux capitaine, qui ne s'était pas beaucoup livré à l'étude de l'élocution ni des *belles-lettres* ; il avait été trop occupé dans sa jeunesse à traiter de près avec les Français sous Howe et Nelson, pour lui laisser beaucoup de temps pour les subtilités de la récitation ou de la critique. Mais le brave vieillard avait un cœur génial et généreux ; et les critiques de l'élocuteur, émises, comme chacun l'a vu, en présence de l'auteur agressé, ont heurté ses sentiments. " Ce n'était pas courtois, " dit-il, " d'attaquer de cette manière un homme inoffensif : c'était mal. Les poèmes étaient, lui dit-on, de très bons poèmes. Il connaissait de bons juges qui pensaient ainsi ; et des remarques non provoquées à leur sujet, comme ceux du conférencier, ne devraient pas être autorisés. » Le conférencier répondit, et en termes de désinvolture et de fluidité, cela aurait été largement supérieur au digne capitaine ; mais une tempête de sifflements soutint le vieux vétéran, et le critique céda. Comme ses remarques n'étaient, dit-il, pas du goût de l'auditoire — bien qu'il ne prenait que la liberté critique ordinaire — il passerait aux lectures. Et avec quelques extraits, lus sans note ni commentaire, l'animation de la soirée s'est conclue. Il n'y avait rien de très formidable dans la critique de Walsh ; mais, n'ayant pas de grandes qualités de visage, je trouvais plutôt désagréable d'être regardé dans mon coin tranquille par tout le monde dans la pièce, et j'avais l'air, j'ose dire, très contrarié ; et la sympathie et les condoléances de ceux de mes concitoyens qui m'ont réconforté dans l'état supposé d'anéantissement et de néant auquel ses critiques m'avaient réduit, étaient juste un peu ennuyeuses. Mais le pauvre Walsh, s'il avait su ce qui le menaçait, aurait été beaucoup moins à l'aise que sa victime.

Le cousin que Walter avait présenté au lecteur dans un premier chapitre comme le compagnon d'un de mes voyages dans les Highlands était devenu un jeune homme beau et très puissant. On aurait pu deviner sa taille à environ cinq pieds dix, mais en réalité elle dépassait légèrement six pieds : il avait une longueur et une force de bras étonnantes ; et telle était sa structure osseuse, que, tandis qu'il retroussait sa manche pour envoyer un bol le long des maillons de la ville, ou pour lancer le marteau ou la pierre, les protubérances noueuses du poignet, sur lesquelles s'élevaient les tendons aigus, rappelait plutôt la charpente d'une jambe de cheval que celle d'un bras humain. Et Walter, bien que bon garçon au caractère doux, avait montré, plus d'une ou deux fois, qu'il pouvait faire un usage très redoutable de sa grande force. Certains des cas ultérieurs étaient plutôt intéressants en leur genre. Il y avait eu un grand transport hollandais, chargé de troupes, forcé par le stress météorologique de se rendre dans la baie peu de temps auparavant, et un beau jeune soldat du groupe, originaire du nord de l'Allemagne, nommé

Wolf, avait, je ne sais comment, fait connaissance. avec Walter. Wolf, qui, comme beaucoup de ses compatriotes, était un grand lecteur et connaissait intimement, grâce aux traductions allemandes, les romans de Waverley, avait tiré toutes ses idées sur l'Écosse et ses habitants des descriptions de Scott ; et en Walter, aussi beau que robuste, il trouva le *beau-idéal* d'un héros écossais. C'était un homme exactement sur le modèle des Harry Bertram, Halbert Glendinnings et Quentin Durwards du romancier. Pendant le peu de temps où le navire resta dans le port, Wolf et Walter furent inséparables. Walter connaissait un peu, principalement par seconde main, par l'intermédiaire de son cousin, les héros de Scott ; et Wolf était ravi de converser avec lui dans son anglais approximatif à propos de Balfour de Burley, de Rob Roy et de Vich Ian Vohr : et de temps en temps il l'exhortait à montrer devant lui un exploit de force ou d'agilité - un appel auquel Walter n'avait jamais répondu. lent à répondre. Il y avait parmi les troupes un sergent, un Hollandais, considéré comme leur homme le plus fort, qui était très fier de ses prouesses ; et qui, en entendant la description de Walter par Wolf, exprima le souhait d'être présenté à lui. Wolf trouva bientôt le moyen de satisfaire le sergent. Le fort Hollandais étendit la main, et, en saisissant celle de Walter, la serra très fort. Walter comprit son dessein et lui rendit la prise avec une telle fermeté que la main devint impuissante dans la sienne. "Ah!" s'écria le Hollandais, dans son anglais approximatif, en secouant ses doigts et en soufflant dessus, "je n'essaie plus de vous serrer la main ; vous êtes un homme très *très* fort." Wolf resta debout pendant une minute à rire et à applaudir, comme si la victoire était la sienne et non celle de Walter. Quand enfin arriva le jour où le transport devait appareiller, les deux amis parurent aussi peu disposés à se séparer que s'ils avaient été attachés depuis des années. Walter offrit à Wolf sa tabatière préférée ; Wolf a donné à Walter sa belle pipe allemande.

Avant que je me lève le matin du lendemain de celui où j'avais été démoli par l'élocutionniste, le cousin Walter s'est dirigé vers mon lit, avec un orage sur le front sombre comme minuit. « Est-il vrai, Hugh, demanda-t-il, que le conférencier Walsh s'est moqué de vous et de vos poèmes à la Maison du Conseil hier soir ? "Oh, et qu'en est-il de ça ?" J'ai dit; « qui se soucie du ridicule d'un imbécile ? » "Oui," dit Walter, "c'est toujours votre façon de faire, mais *j'y* tiens ! Si j'avais été là la nuit dernière, j'aurais envoyé le chiot par la fenêtre pour critiquer parmi les orties de la cour. Mais il n'y a pas de temps perdu. : Je l'attendrai ce soir à la tombée de la nuit et je lui donnerai une leçon de bonnes manières. "Pas pour ta vie, Walter!" M'écriai-je. "Oh," dit Walter, "je donnerai à Walsh toutes sortes de fair-play." "Fair-play!" J'ai rejoint; "Vous ne pouvez pas accorder à Walsh un fair-play ; vous êtes supérieur à cinq Walshes. Si vous vous mêlez de lui, vous tuerez d'un seul coup le pauvre homme mince, et alors non seulement vous serez arrêté pour homicide involontaire - peut-être pour meurtre - mais on dira aussi que j'ai été assez méchant pour vous inciter à faire ce que je n'avais pas assez de courage pour faire moi-même. Vous *devez* renoncer à toute idée de vous mêler de Walsh. Bref, je parvins enfin en partie à convaincre Walter qu'il pourrait me faire un grand mal en s'attaquant à mon critique ; mais j'étais si peu sûr qu'il voyait l'affaire sous son vrai jour, que lorsque le conférencier, incapable d'obtenir des audiences, quitta les lieux et que Walter n'eut plus l'occasion de venger ma cause, je ressentis une charge d'anxiété retirée de mon corps. mon esprit.

Peu de temps après, parvint à Cromarty une critique qui différait considérablement de celle de Walsh et qui rendit la confiance ébranlée à certains de mes connaissances. Les autres critiques parues dans les journaux, les revues critiques et les gazettes littéraires étaient évidemment l'œuvre de petits hommes ; et, faibles et banals dans leur style et leur pensée, ils n'avaient aucun poids avec eux — car qui se soucie du jugement, sur ses écrits, d'hommes qui eux-mêmes ne peuvent pas écrire ? Mais ici, enfin, il y avait une critique écrite avec éloquence et puissance. Il était cependant au moins aussi extravagant dans ses éloges que les autres dans leurs censures. Le critique amical ne savait rien de l'auteur qu'il louait ; mais il avait, je suppose, d'abord vu les critiques désobligeantes, puis jeté un coup d'œil sur le volume qu'elles condamnaient ; et le trouvant considérablement meilleur qu'on le disait, il s'était empressé de faire de généreux éloges et de le décrire comme étant en réalité bien meilleur qu'il ne l'était. Après une estimation extravagante des pouvoirs de son auteur, il ajouta : « En faisant ces observations, nous ne parlons pas non plus de manière relative, ni ne désirons être compris comme disant simplement que les poèmes qui nous sont présentés sont des productions remarquables émanant de un « compagnon maçon ». Que ce soit bien le cas, personne qui les lit ne peut en douter ; mais en caractérisant le talent poétique dont ils font preuve, nos observations se veulent tout à fait absolues et nous affirmons, sans crainte de contradiction, que les pièces contenues dans l'humble volume ; devant nous ne portent l'empreinte et l'empreinte d'aucun génie ordinaire ; qu'ils sont parsemés de joyaux de poésie authentique et que leur auteur sans prétention mérite bien — ce qu'il obtiendra sans aucun doute — le visage et le soutien d'un public averti ; Au garçon de labour qui suit son attelage dans les champs, au berger qui fait paître ses troupeaux dans le désert, ou au grossier tailleur de pierre, à l'étroit dans son rude travail dans le hangar en bois, elle distribue parfois ses cadeaux les plus riches et les plus rares avec autant de libéralité. quant à la fière patricienne, ou au représentant titré d'une longue lignée d'ascendance illustre, elle ne fait acception de personnes ; et toutes les autres distinctions cèdent au titre que confèrent ses faveurs, si humbles soient-elles, qu'elle illustre. , n'ont besoin d'aucune autre décoration pour les recommander ; et par conséquent, même celui de notre « compagnon maçon » pourrait être destiné à prendre sa place parmi ceux des hommes qui, comme lui, ont d'abord versé leurs « notes de bois sauvages » dans la sphère la plus humble et la plus humble de la vie, mais, élevés dans chant immortel, sont devenus des mots familiers à tous ceux qui aiment et admirent les productions simples du génie indigène. » Le regretté Dr James Browne d'Edimbourg, auteur de « History of the Highlands » et rédacteur en chef de « Encyclopædia Britannica ", fut, comme je l'ai appris par la suite, l'auteur de cette critique trop élogieuse, mais certainement, dans les circonstances, généreuse.

Finalement, je trouvai mon cercle d'amis très considérablement élargi par la publication de mes Vers et Lettres. M. Isaac Forsyth d'Elgin, frère et biographe du célèbre Joseph Forsyth, dont le volume classique sur l'Italie tient encore sa place comme peut-être le meilleur ouvrage auquel le voyageur de goût dans ce pays puisse s'engager, s'est efforcé, comme le plus influent des libraires du nord du pays, avec une gentillesse désintéressée à mon égard. Le regretté Sir Thomas Dick Lauder, qui résidait à cette époque à son siège de Relugas à Moray, m'a également prêté, sans le solliciter, son influence ; et, distingué par son bon goût et son talent littéraire, il osa promettre les deux en ma faveur. J'ai également reçu beaucoup de bonté de la part de feu Miss Dunbar de Boath, une dame littéraire du type élevé du dernier siècle et connue dans les meilleurs cercles littéraires, qui, maintenant tard dans sa vie, a admis parmi ses amis choisis un ami de plus, et m'a réconforté avec de nombreuses lettres aimables et m'a invité à de fréquentes visites dans son hôtel particulier. Si, au cours de ma carrière d'ouvrier, je n'ai jamais encouru d'obligations pécuniaires et n'ai jamais dépensé un shilling pour lequel je n'avais pas travaillé auparavant, ce n'était certainement pas faute d'opportunités qui m'étaient offertes. Miss Dunbar pensait ce qu'elle disait, et plus d'une fois elle a pressé son sac pour que j'accepte. J'ai également reçu beaucoup de gentillesse de la part de feu le principal Baird. Le vénérable directeur, lors d'un de ses voyages dans les Highlands - entrepris avec bienveillance au nom d'un projet éducatif de l'Assemblée générale, au service duquel il a parcouru, après avoir atteint soixante-dix ans, plus de huit mille milles - avait lu mes versets. et lettres ; et, exprimant un vif désir d'en connaître l'auteur, mon ami le rédacteur du *Courrier* envoya un de ses apprentis à Cromarty, pour lui dire qu'il croyait que l'occasion de rencontrer un tel homme ne devait pas être négligée. Je suis donc allé à Inverness et j'ai eu une entrevue avec le Dr Baird. Je l'avais connu auparavant de nom comme l'un des correspondants de Burns et l'éditeur de la meilleure édition des poèmes de Michael Bruce ; et, bien que conscient à l'époque que son estimation de ce que j'avais fait était beaucoup trop élevée, je me sentais néanmoins flatté par sa remarque. Il m'a exhorté à quitter le nord pour Édimbourg. La capitale fournissait, disait-il, le terrain idéal pour un homme de lettres en Écosse. Entre l'emploi fourni par les journaux et les magazines, il était sûr que je trouverais un logement et progresserais ; et jusqu'à ce que

j'aie donné à la chose un procès équitable, je viendrais bien sûr vivre avec lui.
Je me sentais sincèrement reconnaissant pour sa gentillesse, mais j'ai décliné
l'invitation. Je pensais qu'il était possible qu'à un titre subalterne, comme
concocteur de paragraphes, ou abrégé de débats parlementaires, ou même
comme rédacteur d'articles occasionnels, je puisse trouver un emploi plus
rémunérateur que celui de tailleur de pierre. Mais même si je pouvais me
familiariser dans une grande ville, lorsque je m'occupais de cette manière, du
monde des livres, je me demandais si je pourrais jouir des mêmes chances de
me familiariser avec l'occulte et le nouveau dans les sciences naturelles, que
lorsque j'accomplissais mes travaux dans les provinces comme mécanicien.
C'est pourquoi j'ai décidé qu'au lieu de me lancer dans une occupation
littéraire épuisante, dans laquelle je devrais sans cesse puiser dans le stock de
faits et de réflexions que j'avais déjà accumulé, je continuerais pendant au
moins plusieurs années encore à acheter mon indépendance en mes travaux
de maçon et j'emploie mes heures de loisirs à augmenter mon fonds, glané à
partir d'observations originales et à des promenades inédites auparavant.

Le vénérable directeur m'a confié un travail littéraire que, sans ses conseils,
je n'aurais jamais pensé à réaliser, et dont ces chapitres autobiographiques
sont les descendants tardifs mais légitimes. « Les hommes de lettres, dit-il,
sont parfois décrits comme se composant de deux classes : les instruits et les
non-éduqués ; mais ils doivent tous avoir une éducation égale avant de
pouvoir devenir des hommes de lettres ; et d'autant moins ordinaire la
manière dont l'éducation est dispensée. a été acquise, plus son histoire est
toujours intéressante. Je souhaite que vous m'écriviez un récit de la vôtre. J'ai
donc écrit pour le principal un essai autobiographique qui racontait mon
histoire jusqu'à mon retour, en 1825, du pays du sud vers ma maison du nord,
et qui, bien que très chargé de réflexions et de remarques, m'a conservé à la
fois le les pensées et les incidents d'une époque ancienne sont plus frais que
s'ils avaient existé jusqu'à présent comme de simples souvenirs dans la
mémoire. Je me mis ensuite à consigner, sous une forme quelque peu
élaborée, les traditions de mon pays natal et du district environnant ; et,
prenant ce travail très tranquillement, non comme un travail, mais comme
un amusement (car mes travaux, comme autrefois, continuaient à être ceux
du tailleur de pierre), un volume volumineux grandit sous mes mains. Je
m'étais fixé deux règles. Il n'y a pas d'erreur plus fatale dans laquelle peut
tomber un ouvrier littéraire que celle de se croire trop bon pour ses humbles
emplois ; et pourtant c'est une erreur aussi courante que fatale. J'avais déjà
vu plusieurs pauvres et misérables mécaniciens qui, se croyant poètes et
considérant comme au-dessous d'eux le métier manuel par lequel ils
pouvaient seuls vivre en indépendance, étaient devenus en conséquence à
peine meilleurs que des mendiants, trop bons pour travailler pour leur pain.
, mais pas trop bon virtuellement pour le mendier ; et, les considérant comme
des phares d'avertissement, j'ai décidé qu'avec l'aide de Dieu, je devrais

donner une large portée à leur erreur, et ne jamais associer les idées de méchanceté à une vocation honnête, ni me considérer trop bon pour être indépendant. Et, en second lieu, comme je voyais que l'attention, et plus particulièrement l'hospitalité, des personnes dans les allées supérieures, semblaient exercer un effet détériorant sur les hommes même les plus forts d'esprit dans des circonstances comme la mienne, j'ai plutôt résolu d'éviter que de courtiser les attentions de cette classe qui commençaient maintenant à venir vers moi. Johnson décrit son « Ortogrul de Bassorah » comme un homme réfléchi et méditatif ; et pourtant il nous dit qu'après avoir vu le palais du vizir et « admiré les murs tendus de tapisseries d'or et les sols recouverts de tapis de soie, il méprisa la simple propreté de sa propre petite habitation ». Et la leçon de la fiction est, je le crains, illustrée de manière trop évidente dans l'histoire réelle de l'un des hommes les plus forts d'esprit de la dernière époque : Robert Burns. Le poète semble avoir laissé derrière lui une grande partie de sa première complaisance dans son humble demeure, dans les splendides demeures des hommes qui, bien qu'ils n'aient pas su le protéger dignement, l'ont blessé par leur hospitalité. Il me fut cependant plus difficile de m'en tenir à cette seconde résolution qu'à la première. Comme je n'étais pas assez grand pour qu'on en fasse un lion, les invitations qui me parvenaient étaient ordinairement celles d'une réelle bonté ; et il m'était impossible de toujours repousser les avances de la bonté ; et c'est ainsi que je me trouvais parfois dans une société où l'ouvrier pouvait être considéré comme égaré et en danger. Par exemple, à deux reprises, après avoir décliné plusieurs invitations précédentes, j'ai dû passer une semaine à la fois, en tant qu'invité de ma respectée amie Miss Dunbar de Boath ; et mon pays natal était visité par quelques hommes supérieurs que je n'avais pas à rencontrer dans quelque pension hospitalière. Mais j'espère pouvoir dire que la tentation n'a pas réussi à me nuire ; et qu'en de telles occasions je retournais à mes emplois obscurs et à mon humble foyer, reconnaissant de la gentillesse que j'avais reçue, mais nullement mécontent de mon sort.

Miss Dunbar appartenait, comme je l'ai dit, à un type de dame littéraire aujourd'hui presque décédée, mais dont nous trouvons des traces fréquentes dans la littérature épistolaire du siècle dernier. Cette classe se présente devant nous dans des lettres élégantes et de bon goût, révélatrices d'esprits imprégnés de littérature, mais peut-être pas ambitieux de paternité, et qui montrent quels ornements leurs écrivains ont dû prouver à la société à laquelle ils appartenaient, et quel plaisir ils ont dû leur donner. aux cercles dans lesquels ils se déplaçaient plus immédiatement. Lady Russel, Lady Luxborough, la comtesse de Pomfret, Mme Elizabeth Montague, etc. etc., des noms bien fixés dans la littérature épistolaire d'Angleterre, bien qu'inconnus dans les milieux des auteurs ordinaires, peuvent être considérés comme des spécimens de cette classe. Même dans les cas où ses membres sont devenus des auteurs et ont produit des chansons et des ballades empreintes de génie, ils semblent n'avoir eu que peu de l'ambition de l'auteur ; et leurs chants, jetés négligemment sur les eaux, ont été retrouvés, après plusieurs jours, préservés plutôt par accident que par intention. Lady Wardlaw, qui a produit la noble ballade de "Hardyknute", la Lady Ann Lindsay, qui a écrit "Auld Robin Gray", la Miss Blamire, dont le "Nabob" est une composition si charmante, malgré son nom malheureusement prosaïque, et le défunt Lady Nairne, auteur de "Land o' the Leal", "John Tod" et "Laird o' Cockpen" - sont des spécimens de la classe qui a fixé son nom parmi les poètes avec apparemment aussi peu d'effort ou de dessein que le chant des oiseaux. déversez leurs mélodies.

Le Nord avait, dans les derniers temps, son groupe intéressant de dames de ce type, dont la figure centrale pourrait être considérée comme étant feue Mme Elizabeth Rose de Kilravock, la correspondante de Burns, et la cousine et associée de Henry Mackenzie. "l'homme de sentiments". Mme Rose semble avoir été une dame d'un esprit singulièrement fin, bien qu'un peu touchée, peut-être, par le sentimentalisme dominant de l'époque. La maîtresse de Harley, Miss Walton, aurait pu tenir exactement des journaux comme le sien ; mais le talent dont ils faisaient preuve était certainement de haut niveau ; et ce sentiment, bien que moulé dans un moule quelque peu artificiel, était, je n'en doute pas, sincère. Des parties de ces journaux que j'ai eu l'occasion de parcourir lors de ma visite à mon amie Miss Dunbar ; et il y a une copie de l'un d'eux maintenant en ma possession. Un autre membre de ce groupe était feu Mme Grant de Laggan - à l'époque où il existait sans interruption, maîtresse d'un manoir isolé des Highlands et connue de ses amis personnels par les lettres antérieures qui forment la première moitié de ses "Lettres". des montagnes », et qui, en termes de facilté et de fraîcheur, surpasse largement tout ce qu'elle a produit après le début de sa carrière d'auteur. Bon nombre de ses lettres et plusieurs de ses poèmes étaient adressés à mon amie Miss Dunbar. Certains des autres membres du groupe étaient bien plus jeunes que Mme Grant et la Dame de Kilravock. Et parmi celles-ci, l'une des plus accomplies était feu Lady Gordon Cumming d'Altyre, connue des hommes scientifiques par ses travaux géologiques parmi les formations ichtyolitiques de Moray, et mère du célèbre chasseur de lions, M. Gordon Cumming. Mon amie Miss Dunbar était à cette époque considérablement avancée dans la vie et sa santé était loin d'être bonne. Elle possédait cependant une singulière entrain, que les années et les maladies fréquentes n'avaient pas réussi à déprimer ; et son intérêt et son plaisir pour la nature et pour les livres restèrent aussi élevés que lorsque, bien auparavant, son amie Mme Grant l'avait appelée

"Hélène, par toutes les sympathies alliées,

    Par amour de la vertu et par amour du chant,

Compatissant envers la jeunesse et la fierté de la beauté.

Son esprit était imprégné de littérature et chargé d'anecdotes littéraires : elle conversait avec élégance, donnant de l'intérêt à tout ce qu'elle touchait ; et, même si elle semblait n'avoir jamais pensé à devenir un auteur pour son propre compte, elle écrivait avec plaisir et avec une grande facilité, tant en prose qu'en vers. Ses vers, généralement humoristiques, sortaient de la langue d'une manière trépidante, comme si les mots étaient tombés par un heureux hasard - car l'arrangement ne portait aucune marque d'effort - exactement aux endroits où ils faisaient immédiatement ressortir le mieux le sens de l'écrivain. et s'adressaient à l'oreille avec le plus grand plaisir. Les premières strophes d'un léger *jeu d'esprit* sur un jeune officier de marine engagé dans une expédition meurtrière à Cromarty restent gravées dans ma mémoire ; et - en partant d'abord, en guise d'explication, que le frère de Miss Dunbar, le regretté baronnet de Boath, était capitaine dans la marine et que le tueur de dames était son premier lieutenant - je prendrai la liberté de donner tout ce dont je me souviens. la pièce, comme un spécimen de son style facile :—

"Dans la baie de Cromarty,

Alors que le « conducteur » était confortablement installé,

Le lieutenant s'aventurerait à terre

Et, une silhouette à couper,

De la tête aux pieds

Il était la mode et la parure.

Un chapeau richement lacé,

Sur le côté gauche était placé,

Ce qui lui donnait un air martial et audacieux ;

Son manteau d'un vrai bleu

Était impeccable et neuf.

Et les boutons étaient dorés.

Son foulard bien gonflé.

Dont six mouchoirs bourrés,

Et la couleur aurait pu rivaliser avec la neige,

A été mis avec beaucoup de soin,

Comme appât pour la foire,

Et les extrémités étaient nouées en un nœud d'amour", etc., etc.

J'ai beaucoup apprécié mes visites chez cette dame au cœur génial et accomplie. Aucune condescendance effrayante de sa part ne mesurait ma distance : Miss Dunbar prit immédiatement le terrain d'entente des goûts et des activités littéraires ; et si je n'y sentais pas mon infériorité, elle veillait à ce que je ne la sente nulle part ailleurs. Il n'y avait qu'un seul point sur lequel nous étions en désaccord. Tout en m'offrant avec hospitalité toutes les facilités nécessaires pour visiter les objets d'intérêt scientifique de son voisinage, tels que ces déserts de sable de Culbin dans lesquels une ancienne baronnie trouve sépulture, et les coupes géologiques présentées par les rives du Findhorn, elle était pourtant désireuse de m'attacher à la littérature comme à ma propre marche ; et moi, d'un autre côté, j'avais également envie de m'évader dans la science.

NOTES DE BAS DE PAGE :

[13] L'éditeur du *Courrier* me rappelle , dans une très aimable critique du présent volume, un passage de l'histoire de mon petit ouvrage qui m'avait échappé la mémoire. "Cela était arrivé", déclare-t-il, "à la connaissance de Sir Walter Scott, qui s'est efforcé de s'en procurer une copie après avoir épuisé l'impression limitée."

[14] Voici les premières strophes de la pièce — tout aussi odieuses à la critique, je le crains, que celles choisies par Walsh : —

" N'avez-vous pas vu, à la veille de l'hiver,

Quand le casier à neige a atténué le visage du Welkin.

Porté comme une vague, par la brise intermittente.

Le lieu de déplacement de la couronne de neige ?

Silencieux et lent comme une couronne à la dérive.

Autrefois, les clans de Preston Hill

Déplacé vers le bas jusqu'à la vallée en dessous : -

La scène était sombre et toujours !

Dans une journée d'automne orageuse, quand c'est triste

Le paysan inquiet s'inquiète désespérément,

N'avez-vous pas vu le ruisseau de montagne

Abattre le maïs sur pied ?

À l'aube, quand la tourbière de Preston fut traversée,

    Comme un ruisseau de montagne qui déborde de son lit.

Chargé sauvagement ces cœurs de feu celtiques.

        Dans les rangs dévoués de Cope.

N'avez-vous pas vu, du désert solitaire,

    La tour de fumée s'élevant haute et lente,

O'erlooking, comme un arbre majestueux,

        La plaine rousse en bas ?

Et avez-vous marqué cette couronne à piliers,

    Lorsqu'il fut soudainement frappé par une explosion du nord,

Au milieu de la bruyère basse et rabougrie,

        Casté en volumes cassés ?

Au lever du soleil, comme par le souffle du nord

    La fumée du pilier est évacuée.

J'ai fui tout ce nuage de guerre saxonne.

        En plein désarroi. »

        * * *

CHAPITRE XXI.

"Celui qui, avec un marteau de poche, frappe le bord

De rocher malheureux ou de pierre proéminente, déguisé

Dans les taches du temps, ou en croûte par nature

Avec ses premières excroissances, se détachant d'un seul coup

Un éclat ou un éclat, pour lever ses doutes ;
Et, avec cette réponse toute prête satisfaite,
La substance est classée sous un nom barbare.
Et se dépêche. "- WORDSWORTH.

Au cours de mes deux visites à Miss Dunbar, j'ai eu plusieurs occasions d'examiner les déserts de sable de Culbin et d'enregistrer quelques-unes des particularités qui distinguent la formation sous-aérienne arénacée de la formation sous-marine arénacée. Sur la surface actuelle de la Terre, plus de six millions de kilomètres carrés sont occupés rien qu'en Afrique et en Asie par des déserts de sable. Avec seulement l'interruption de l'étroite vallée du Nil, une énorme zone de sable aride, large de neuf cents milles, s'étend de la côte orientale de l'Afrique jusqu'à quelques jours de voyage de la frontière chinoise : c'est une ceinture qui ceinture près de la moitié du globe ; — un vaste « océan », selon les Maures, « sans eau ». Les déserts sablonneux des régions sans pluie du Chili sont également très étendus : et il y a peu de pays, même aux latitudes plus élevées, qui n'aient pas leurs étendues de déchets arénacés. Ces étendues sableuses, si communes dans la scène actuelle des choses, ne pouvaient, ai-je soutenu, être limitées aux périodes géologiques récentes. Ils ont dû exister, comme tous les phénomènes les plus courants de la nature, sous tous les systèmes successifs dans lesquels le soleil brillait, et les vents soufflaient, et les fonds océaniques étaient soulevés par l'air et la lumière, et les vagues se jetaient sur le rivage, de fonds marins arénacés, leurs accumulations de sable léger. Et j'étais maintenant occupé à me familiariser avec les marques par lesquelles je pourrais distinguer les formations subaériennes des formations subaquatiques, parmi les lits de grès toujours récurrents des dépôts géologiques. J'ai passé, lorsque je suis ainsi occupé, des heures très délicieuses au milieu du désert. En poursuivant ses études, il est toujours très agréable d'aborder des *formes* qui ne sont encore introduites dans aucune école.

Une des particularités de la formation subaérienne que je détectais à cette époque me parut curieuse. En approchant, parmi les dunes, d'un espace ouvert et plat, recouvert d'une épaisse couche de galets et de graviers roulés à l'eau, je fus surpris de constater que, sec et chaud comme le jour était ailleurs, le petit espace ouvert semblait avoir été soumis à une rosée lourde ou à une douche intelligente. Les cailloux brillaient au soleil et portaient la teinte sombre de la pluie récente. Cependant, à l'examen, j'ai constaté que les rayons étaient réfléchis, non pas par des surfaces mouillées, mais par des surfaces polies. Les légers grains de sable, projetés contre les galets par les vents pendant une longue série d'années, grain après grain répétant son coup infime, là où peut-être des millions de grains avaient frappé auparavant, avaient enfin donné un poli résineux et inégal. à toutes leurs parties exposées, tandis que les parties recouvertes conservaient le manteau terne et non brillant que leur donnaient autrefois les agents de friction et d'eau. Je n'ai pas entendu décrire la particularité caractéristique des déserts arénacés ; mais bien qu'il semble avoir échappé à l'attention, on le trouvera, je n'en doute pas, partout où il y a des sables que les vents peuvent porter, et des cailloux durs contre lesquels les grains peuvent être propulsés. En examinant, bien des années après, quelques spécimens de bois silicifiés rapportés du désert égyptien, j'ai tout de suite reconnu sur leurs surfaces silex l'éclat résineux des galets de Culbin ; je ne puis douter non plus que, si la géologie a ses formations sub-aériennes de sable consolidé, on les trouvera caractérisées par leurs galets polis. J'ai relevé plusieurs autres particularités de la formation. Dans certaines des sections les plus abruptes ouvertes par les vents, on pouvait distinguer distinctement des touffes d'agrostide (*Arundo Arenaria* — commune ici, comme dans toutes les étendues sableuses) qui avaient été enfouies là où elles poussaient, chacune debout en elle-même. mais touffe s'élevant au-dessus de touffe dans l'angle abrupt de la butte qu'ils avaient initialement couverte. Et bien que, par leur couleur sombre, contrastant avec la teinte plus claire du sable, ils me rappellent les marques carbonées du grès des Mesures Charbonnières, j'ai reconnu au moins *leur disposition* comme unique. Il semble que ce soit une disposition telle qu'elle est inclinée dans la ligne générale, mais verticale dans chacune des touffes, comme elle ne pourrait avoir lieu que dans une formation sub-aérienne. J'ai observé en outre que dans des cas fréquents, il se produisait à la surface du sable, autour des touffes d'agrostide en décomposition, des cercles profondément marqués, comme s'ils étaient dessinés par un compas ou un dresseur - effets apparemment de vents de tourbillon tourbillonnant autour. , comme sur un pivot, les plantes pourries ; et encore que les empreintes de pas, surtout celles de lapins et d'oiseaux, n'étaient pas rares dans les déchets. Et comme j'ai trouvé des lignes de stratification distinctement préservées dans la formation, j'ai jugé qu'il n'était pas improbable que, dans les cas où des vents violents s'étaient levés immédiatement après des étendues de temps humide et étaient recouverts de sable rapidement séché sur les hauteurs, les lits humides dans les creux, les marques circulaires et les empreintes de pas pourraient rester fixées dans les strates, pour indiquer leur origine. J'ai trouvé en plusieurs endroits, dans des gouffres creusés par un récent coup de vent, des morceaux de sols anciens mis à nu, qui avaient été recouverts par l'inondation des sables près de deux siècles auparavant. Dans une des ouvertures, les traces des anciens sillons étaient encore visibles ; dans un autre, la mince couche de sol ferrugineux n'avait apparemment jamais été labourée ; et je le trouvai chargé de racines du frein commun (*Pteris aquilina*), en parfait état de conservation, mais noires et cassantes comme du charbon. Sous cette couche de sol se trouvait un mince dépôt de gravier stratifié de ce que l'on appelle maintenant la période glaciaire ultérieure, l'âge des *osars* et des moraines ; et sous tout cela, car le vieux grès rouge sous-jacent du district n'est pas exposé au milieu des déserts plats de Culbin, reposait l'argile à blocs, mémorial d'une époque de submersion, lorsque l'Écosse se trouvait au fond de la mer comme un archipel hivernal d'îles. effleuré par de fréquents icebergs et lorsque des mollusques subarctiques vivaient dans ses détroits et ses baies. Une section de quelques pieds d'étendue verticale m'a présenté quatre périodes distinctes. Il y eut d'abord la période de l'inondation des sables, représentée par la barre de sable pâle ; puis, deuxièmement, la période de culture et d'occupation humaine, représentée par la ceinture sombre et sillonnée de labours de sol durci ; troisièmement, il y avait le gravier ; et quatrièmement, l'argile. Et cette section peu profonde a épuisé les âges historiques, et bien plus encore ; car la double bande de gravier et d'argile appartenait manifestement aux âges géologiques, avant l'apparition de l'homme sur notre planète. On avait trouvé dans la localité, quelques années seulement avant cette époque, un nombre considérable de pointes de flèches en pierre, certaines d'entre elles seulement partiellement terminées, et d'autres abîmées lors de la fabrication, comme si un fléchiste de l'âge de pierre avait continué son travail sur place ; et tous ces monuments d'une époque bien antérieure aux premiers commencements de l'histoire de l'île étaient limités à la couche de moisissure durcie.

J'ai poursuivi mes recherches dans cette direction, que je pourrais appeler chronologique, en relation avec l'ancienne ligne de côte qui, comme je l'ai déjà dit, est finement développée dans le voisinage de Cromarty des deux côtés du Firth, et représenté le long des précipices des Sutors par sa ligne de grottes profondes, dans lesquelles la mer n'entre plus jamais. Et cela aussi m'a fait prendre conscience de l'étonnante antiquité du globe. J'ai découvert que les grottes creusées par les vagues, lorsque la mer s'élevait de quinze à vingt-cinq pieds au-dessus de son niveau actuel, ou, comme je devrais peut-être plutôt dire, lorsque la terre était beaucoup plus basse, étaient plus profondes, du côté de la mer. moyenne, d'environ un tiers, que les grottes du littoral actuel qui sont encore en train d'être creusées par les vagues. Et pourtant, les vagues se sont déferlées contre le littoral actuel pendant toute la période historique. L'ancien mur d'Antonin, qui s'étendait entre les Firths of Forth et Clyde, était construit à ses extrémités en référence aux niveaux existants ; et avant que César ne débarquât en Grande-Bretagne, le mont Saint-Michel était relié au continent, comme aujourd'hui, par un étroit cou de plage mis à nu par le reflux, à travers lequel, selon Diodorus Siculus, les mineurs de Cornouailles avaient l'habitude de conduire, à marée basse. , leurs chariots chargés d'étain. Si la mer s'est dressée pendant deux mille six cents ans contre la côte actuelle - et aucun géologue ne fixerait son estimation du terme à un niveau inférieur - alors elle a dû se trouver contre l'ancienne ligne avant de pouvoir creuser des grottes un tiers plus profondes. que les modernes, trois mille neuf cents ans. Et les deux sommes réunies font plus qu'épuiser la chronologie hébraïque. Pourtant, quel simple début de l'histoire géologique ne se forme-t-il pas l'époque de l'ancien littoral ! Ce n'est qu'un point de départ de la période récente. Pas un seul coquillage ne semble avoir disparu au cours des six mille dernières années. Les organismes que j'ai trouvés profondément enfouis dans le sol sous l'ancienne côte étaient exactement ceux qui vivent encore dans nos mers ; et depuis, M. Smith de Jordanhill, l'une de nos plus hautes autorités en la matière, m'a dit qu'il n'avait détecté que trois obus de l'époque avec lesquels il n'était pas familier sous forme de formes existantes, et qu'il avait ensuite rencontré les trois, dans ses expéditions de dragage, toujours vivant. Les six mille ans d'histoire humaine ne forment qu'une partie du temps géologique qui se déroule sur nous : ils ne s'étendent pas jusqu'à l' *hier* du globe, et encore moins touchent les myriades d'âges qui s'étendent au-delà. Le Dr Chalmers avait enseigné, plus d'un quart de siècle auparavant, que les Écritures ne fixent pas l'antiquité de la terre. "S'ils réparent quelque chose", dit-il, "cela ne concerne que l'antiquité de l'espèce humaine". Le Docteur, bien qu'à l'époque il n'était pas vraiment un géologue, avait astucieusement pesé à la fois les preuves avancées et le caractère scientifique des hommes qui les présentaient, et était parvenu à une conclusion qui peut maintenant être considérée en toute sécurité comme la dernière. Moi, au contraire, qui connaissais relativement peu de choses sur la position des géologues et sur le poids que l'on devrait attacher à leur témoignage, j'ai basé mes découvertes concernant la vaste antiquité de la terre sur les données exactes sur lesquelles ils avaient fondé les leurs ; et plus ma connaissance des gisements géologiques s'est étendue depuis, plus mes convictions à ce sujet sont devenues fermes, et plus j'ai ressenti de manière pressante et inévitable la demande toujours croissante de périodes de plus en plus longues pour leur formation. Aussi certainement que le soleil est le centre de notre système, notre Terre doit avoir tourné autour de lui pendant des millions d'années. Un théologien américain, auteur d'un petit livre intitulé "Epoch of Creation", en me faisant l'honneur de faire référence à mes convictions à ce sujet, déclare que je "trahis des signes indubitables d'envoûtement jusqu'à l'engouement". , par la conclusion d'avance de "ma" théorie concernant la haute antiquité de la terre et la succession des créations animales et végétales. Il ajoute en outre, dans une phrase éloquente d'une page et demie, que si j'avais d'abord étudié et crédité ma Bible, je n'aurais pas réussi à croire aux créations successives et à la chronologie géologique. J'espère cependant que je peux dire que j'ai d'abord étudié et cru ma Bible.

Mais telle est la structure de l'esprit humain, que, sauf lorsqu'il est aveuglé par la passion ou déformé par des préjugés, il doit céder involontairement à la force de l'évidence ; et je ne peux plus refuser de croire, à l'encontre de théologiens respectables tels que M. Granville Penn, le professeur Moses Stuart et M. Eleazar Lord, que la terre est d'une antiquité d'une étendue incalculable, que je ne peux refuser de croire, à l'encontre de Des théologiens encore plus respectables, tels que saint Augustin, Lactance et Turretine, affirment qu'elle a des antipodes et qu'elle se déplace autour du soleil. De plus, des hommes comme MM. Penn, Stuart et Lord peuvent être assurés que ce que je crois à ce sujet maintenant, tous les théologiens, même les plus faibles, se contenteront de le croire dans cinquante ans.

Parfois, un incident fortuit m'a appris une leçon géologique intéressante. A la fin de l'année 1830, un terrible ouragan venu du sud et de l'ouest, sans précédent dans le nord de l'Écosse, depuis au moins l'époque du grand ouragan de Noël 1806, fit tomber en une seule heure quatre mille arbres adultes sur la colline de Cromarty. Les vastes brèches et avenues qu'il ouvrait dans le bois au-dessus étaient visibles de la ville ; et à peine avait-il commencé à décoller que je me mis en route vers le lieu de ses ravages. J'avais déjà été témoin, depuis un creux abrité de l'ancienne côte, de l'aspect extraordinaire de la mer. Il semblerait que la violence même du vent ait retenu les vagues. Il effleura leurs sommets alors qu'ils s'élevaient et balayait les embruns en un nuage dense, blanc comme une neige battante, qui s'élevait haut dans les airs en s'éloignant du rivage et effaçait le long de l'horizon la ligne entre le ciel et l'eau. . En m'approchant du bois, je rencontrai deux pauvres petites filles de huit à dix ans, venant en courant et pleurant le long de la route dans un paroxysme de consternation ; mais, reprenant courage en me voyant, ils se levèrent pour me dire que lorsque la tempête était à son paroxysme, ils se trouvaient au milieu des arbres qui tombaient. Partant vers la colline dès le premier lever du vent, dans l'attente d'une riche récolte de branches desséchées, ils avaient atteint l'une de ses crêtes les plus exposées au moment même où le vent atteignait son extrême hauteur, et les arbres commençaient à s'écraser. autour d'eux. Leurs petits visages baignés de larmes continuaient à montrer à quel point l'agonie de leur terreur avait été extrême. Ils couraient, disaient-ils, pendant quelques pas dans une direction, jusqu'à ce qu'un énorme pin tombe en rugissant et bloque leur chemin ; quand, se retournant avec un cri, ils couraient quelques pas dans un autre ; puis, terrifié par une interruption semblable, il en recommence une troisième. Enfin, après avoir passé près d'une heure dans le plus grand péril, et dans au moins toute la crainte que justifiaient les circonstances, ils réussirent à se frayer un chemin indemne jusqu'aux lisières extérieures du bois. Bewick aurait trouvé dans l'incident le sujet d'une vignette qui aurait raconté sa propre histoire. En pénétrant au milieu des arbres, j'ai été frappé par le caractère extraordinaire de la scène présentée. Dans certains endroits, bien plus de la moitié d'entre eux gisaient étendus sur le sol. Sur les proéminences les plus exposées de la colline, il ne restait presque aucun arbre debout sur des hectares de terrain : ils couvraient les pentes ; arbre étendu sur arbre comme des tuiles sur un toit, avec çà et là quelques troncs brisés dont le sommet avait été arraché et emporté par l'ouragan à quinze ou vingt mètres de là, penché en triste ruine sur ses camarades tombés. Ce qui constituait cependant les parties les plus frappantes, parce que moins attendues, de la scène, étaient les hauts murs de gazon qui se dressaient partout parmi les arbres tombés, comme les ruines de chaumières démantelées. Le gneiss granitique de la colline est recouvert d'un épais dépôt d'argile rouge à blocs du district, et l'argile, à son tour, d'une mince couche de terre végétale, entrelacée dans toutes les directions par les racines des arbres, qui, arrêtées dans leur la progression vers le bas de l'argile dure, est limitée à la couche supérieure. Et, sauf là où je trouvais quelque arbre cassé au milieu ou dépouillé de sa cime, tous les autres avaient cédé à la limite entre l'argile rocheuse et le sol, et avaient arraché, en tombant, de vastes murs. du gazon feutré, de quinze à vingt pieds de longueur, sur de dix à douze pieds de hauteur. Il y avait assez de ces murs dressés parmi les arbres prostrés pour former une vingtaine de villages en ruine du sultan oriental ; et ils donnèrent à la scène un de ses traits les plus étranges. J'ai mentionné dans un premier chapitre que la colline avait ses fourrés denses qui, à cause de l'obscurité qui couvait dans leurs recoins même à midi, étaient connus des garçons de la ville voisine sous le nom de « cachots ». Cependant, ils avaient maintenant survécu à ce terrible renversement, comme les cachots ailleurs en temps de révolution, et étaient tous balayés ; et des tas d'arbres couchés - dans certains cas dix ou douze en un seul tas, marqués de l'endroit où ils se trouvaient. Dans plusieurs localités, où ils tombaient dans des creux marécageux, ou où des sources profondes jaillissaient à la lumière, je trouvai l'eau partiellement endiguée, et je vis que, s'il fallait les laisser encombrer le sol tandis que les débris des forêts détruisaient par les ouragans des premiers âges de l'histoire écossaise aurait certainement été laissée, l'ombre profonde et l'humidité n'auraient pas pu manquer de provoquer un changement total dans la végétation. Je marquai aussi les arbres tombés, tous couchés dans le même sens, dans la direction du vent ; et l'idée m'a immédiatement frappé que, dans cette récente scène de dévastation, j'avais l'origine de la moitié de nos mousses écossaises illustrées. Certaines mousses du sud datent de l'époque de l'invasion romaine. Leurs étages inférieurs de malles portent la marque de la hache romaine ; et dans certains cas, la hache elle-même, un outil étroit et oblong, ressemblant quelque peu à celui du bûcheron américain, a été trouvée plantée dans la souche enfouie. Certaines de nos autres mousses sont d'origine encore plus moderne : il existe des mousses écossaises qui semblent avoir été formés lorsque Robert Bruce a abattu les bois et dévasté le pays de Jean de Lorn. Mais parmi les autres, bon nombre doivent manifestement leur origine à de violents ouragans, comme celui qui a ravagé à cette occasion la colline de Cromarty. Les arbres qui forment leur couche inférieure sont brisés ou déchirés par les racines, *et leurs troncs sont tous orientés dans un sens* . Une grande partie de l'intérêt d'une science telle que la géologie doit résider dans la capacité de faire en sorte que les dépôts morts représentent des scènes vivantes ; et grâce à cet ouragan, j'ai pu concevoir, de manière imagée, si je puis m'exprimer ainsi, l'origine de ces dépôts relativement récents d'Écosse qui, formés presque exclusivement de matière végétale, contiennent, avec des œuvres d'art grossières, et parfois des restes de les premiers habitants humains du pays, des squelettes de loup, d'ours et de castor, avec des cornes de *bos primigenius* et *de bos longifrons* , et d'une gigantesque variété de cerfs élaphes, d'une taille inégalée par les animaux de la même espèce dans ces pays. derniers âges. Parfois, j'ai pu vivifier de cette manière même les anciens gisements du Lias, avec leur grande abondance de mollusques céphalopodes, bélemnites, ammonites et nautiles. Mon ami de la Cave était devenu maître d'école de la paroisse de Nigg ; et sa demeure hospitalière m'a fourni un excellent centre pour explorer la géologie de la paroisse, en particulier ses gisements liasiques à Shandwick, avec leurs énormes gryphites et leurs nombreuses bélemnites, d'au moins deux espèces, relativement rares à Eathie : la *belemnite abreviatus* et *la belemnite. allongé* . J'avais appris que ces curieuses coquilles faisaient autrefois partie de la charpente interne d'un mollusque plus semblable aux seiches d'aujourd'hui qu'à tout ce qui existe aujourd'hui ; et les seiches, qui ne sont pas rares dans au moins une de leurs espèces (*loligo vulgare*) dans le Firth de Cromarty, j'ai saisi chaque occasion de les examiner. J'ai vu de dix-huit à vingt individus de cette espèce enfermés à la fois dans la chambre intérieure d'un de nos saumons. J'ai trouvé ordinairement la plupart de ces bancs morts et teintés de diverses nuances de vert, de bleu et de jaune, car c'est une des caractéristiques de la créature de prendre, lorsqu'elle passe dans un état de décomposition, une succession de couleurs brillantes. couleurs; mais j'en ai vu six à huit individus encore vivants dans une petite mare à côté des filets, et conservant encore leur teinte rose originelle, tachetée de rouge. Et je les ai observés, alors que mon ombre tombait sur leur petite étendue d'eau, se précipitant d'un côté à l'autre dans une terreur panique à l'intérieur des limites étroites, émettant de l'encre à presque chaque fléchette, jusqu'à ce que la piscine entière soit devenue une profonde solution de sépia. Certains de mes souvenirs les plus intéressants concernant la seiche sont cependant associés à la capture et à la dissection d'un seul spécimen. La créature, en nageant, se précipite dans l'eau de la même manière qu'un garçon glisse le long d'une pente recouverte de glace, les pieds en avant ; les extrémités inférieures ou inférieures vont en premier, et la tête en arrière : elle suit sa queue, au lieu d'être suivi de celui-ci; et cette curieuse particularité dans son mode de progression, quoique, bien entendu, dans l'ensemble, le mode le mieux adapté à sa conformation et à ses instincts, lui est parfois fatale par temps calme, quand aucune ondulation ne se brise sur les cailloux pour l'avertir que le rivage est proche. Un ennemi apparaît : la créature jette son nuage d'encre, comme un tireur d'élite déchargeant son fusil avant de battre en retraite ; puis, s'élançant la queue en avant, sous le couvert du nuage, il s'échoue haut sur la plage et y périt. Je me promenais, un jour très calme, le long de la côte de Cromarty, un peu à l'ouest de la ville, lorsque j'entendis un bruit particulier — un *bruit sourd*, si je puis employer un tel mot — et vis qu'un grand loligo, entièrement un long d'un pied et demi, s'était jeté haut et sec sur la plage. Je l'ai saisi par son fourreau ou son sac ; et le loligo, à son tour, s'empara des cailloux, apparemment pour rendre son enlèvement aussi difficile que possible, tout comme j'ai vu un garçon, emporté contre sa volonté par un plus fort que lui, s'agripper fermement aux montants de la porte et meubles. Les cailloux étaient durs et lisses, mais la créature les soulevait très facilement avec ses ventouses. J'ai soumis une de mes mains à sa saisie, et elle s'est saisie fermement ; mais, quoique les ventouses fussent encore employées, elle les utilisait selon un principe différent. Autour du bord circulaire de chacun se trouve une frange de minuscules épines, crochues un peu comme celles de l'églantier. En s'accrochant aux cailloux durs et polis, ceux-ci étaient recouverts par une membrane charnue, de la même manière que les coussinets de la patte d'un chat recouvrent ses griffes lorsque l'animal est dans un état de tranquillité ; et au moyen de la membrane saillante, l'intérieur creux était rendu étanche à l'air et le vide était complété : mais lorsqu'il s'agissait de la main, substance molle, les épines étaient mises à nu, comme les griffes d'un chat lorsqu'il est tendu par la colère. , et au moins mille petites piqûres furent fixées à la fois dans la peau. Ils ne parvinrent pas à y pénétrer, car ils étaient petits et individuellement peu forts ; mais, agissant ensemble par centaines, ils prirent au moins une position très ferme.

Ce qui suit peut être jugé barbare ; mais les hommes qui engloutissent d'un seul coup une demi-centaine d'huîtres vivantes pour satisfaire leur goût, me pardonneront sûrement la destruction d'un seul mollusque pour satisfaire ma curiosité ! J'ai ouvert le sac de la créature avec un canif bien aiguisé et j'ai mis à nu les viscères. Quel spectacle pour Harvey, alors qu'il poursuivait, dans les premiers stades, sa grande découverte de la circulation ! *Là*, au centre, se trouvait le cœur musculaire jaune, propulsant dans les artères tubulaires transparentes le sang *jaune*. Battre, battre, battre : Je pouvais voir le tout comme dans un modèle en verre ; et il ne me manquait que des facultés de vision assez fines pour me permettre de détecter le fluide passant par les plus petites branches artérielles, puis revenant par les veines aux *deux* autres cœurs de la créature ; car, chose étrange à dire, il en est équipé de trois. Là, au milieu, je vis le cœur jaune et, tout à fait détachés de lui, deux autres cœurs de couleur foncée sur les côtés. J'ai coupé un peu plus profondément. *Il y* avait l'estomac en forme de gésier, rempli de fragments de minuscules coquilles de moules et de crabes ; et *là*, inséré dans le foie spongieux, conique, de couleur jaunâtre, et ressemblant un peu par la forme à un flacon de Florence, se trouvait le sac d'encre distendu, avec son sépia foncé et profond – le pigment identique vendu sous ce nom dans nos magasins de couleurs, et si largement utilisé dans le dessin de paysage par le limner. J'ai ensuite disséqué et ouvert le cerveau circulaire ou annulaire qui entoure le bec de perroquet de la créature, comme si sa partie *pensante* n'avait d'autre vocation que de simplement s'occuper de la bouche et de son contenu - presque le seul emploi cependant, de nombreux cerveaux d'un ordre considérablement supérieur. J'ai ensuite ouvert les yeux immenses. C'étaient des organes curieux, plus simples dans leur structure que ceux des vrais poissons, mais admirablement adaptés, je n'en doute pas, à l'usage de la vue. Une camera obscura peut être décrite comme composée de deux parties : un objectif devant et une chambre sombre derrière ; mais dans les yeux des poissons, comme dans l'œil animal et humain, on trouve une troisième partie ajoutée : il y a une lentille au milieu, une chambre sombre derrière, et une chambre éclairée, ou plutôt un vestibule, devant. Or, ce vestibule éclairé, la cornée, manque à l'œil de la seiche. La lentille est placée devant et la chambre obscurcie derrière. La construction de l'orgue est celle d'une chambre noire commune. J'ai également trouvé quelque chose de digne de remarque sur le style particulier dans lequel la chambre est obscurcie. Chez les animaux supérieurs, on peut la décrire comme une chambre tendue de velours noir : le *pigmentum nigrum* qui la recouvre est du noir le plus profond ; mais chez la seiche, c'est une chambre tendue de velours, non d'une teinte noire, mais d'une teinte pourpre foncée : le *pigmentum nigrum* est d'une couleur rouge violacé. Il y a quelque chose d'intéressant à marquer ce premier départ d'un état invariable d'yeux de structure plus parfaite, et à retracer ensuite la particularité vers le bas à travers presque toutes les nuances de couleur, jusqu'aux points oculaires émeraude du pecten, et à l'immobile. des taches rouges plus rudimentaires sur les étoiles de mer. Après avoir examiné les yeux, j'ouvris ensuite, dans toute sa longueur, depuis le cou jusqu'à la pointe du sac, l'os dorsal de l'animal, sa coquille interne, devrais-je plutôt dire, car il n'en a pas. La forme de la coquille de cette espèce est celle d'une plume, également développée en toile des deux côtés. Il donne de la rigidité au corps et fournit un point d'appui aux muscles ; et nous le trouvons composé, comme toutes les autres *coquilles*, d'un mélange de matière animale et de carbonate de chaux. Telle fut la leçon que je m'appris en une seule promenade ; et je l'ai enregistré assez longuement. Son sujet, le loligo, a été décrit par certains de nos naturalistes les plus distingués, tels que Kirby dans son Traité de Bridgewater, comme « l'une des œuvres les plus merveilleuses du Créateur » ; et le lecteur se souviendra peut-être de l'importance pour les sciences naturelles d'un incident semblable à celui raconté dans la vie du jeune Cuvier. C'est en passant sa vingt-deuxième année au bord de la mer, près de Fiquainville, que ce plus grand des naturalistes modernes fut amené, en trouvant une seiche échouée sur la plage, qu'il disséqua ensuite, à étudier l'anatomie et le caractère de le mollusque. Pour moi, cependant, la leçon servait simplement à vivifier les dépôts morts du système oolithique, représentés par les Lias de Cromarty et Ross. Les âges moyens et ultérieurs de la grande division secondaire étaient des âges particuliers des mollusques céphalopodes : leurs bélemnites, ammonites, nautiles, baculites, hamites, turrilites et scaphites appartenaient à la grande classe naturelle, singulièrement riche en ses ordres et genres éteints. bien que relativement pauvre dans ses espèces existantes, que nous trouvons représentées par la seiche ; et lorsque je suis occupé à exhumer les restes des membres les plus anciens de la famille - ammonites, bélemnites et nautiles - au milieu des schistes d'Eathie ou des pierres de boue de Shandwick, l'incident du loligo m'a permis de les concevoir. , non pas comme de simples restes morts, mais comme les habitants vivants des mers primitives, agités par les marées diurnes et éclairés par le soleil.

En poursuivant mes recherches au milieu des gisements du Lias, je fus conduit à une découverte intéressante. Il existe deux grands systèmes de collines dans le nord de l'Écosse – une plus ancienne et une plus récente – qui se coupent en deux comme les sillons d'un champ qui a d'abord été labouré en travers puis en diagonale. Les sillons diagonaux, comme les derniers tracés, sont encore bien entiers. La grande vallée calédonienne, ouverte d'une mer à l'autre, est la plus remarquable d'entre elles ; mais les vallées parallèles du Nairn, du Findhorn et du Spey sont toutes des sillons bien définis ; les crêtes des montagnes qui les séparent ne sont pas non plus moins nettement disposées en lignes continues. Les crêtes et les sillons des labours antérieurs sont, au contraire, comme on pouvait s'y attendre, brisés et interrompus : la charrue qui les effaçait est passée par-dessus ; et pourtant il y a certaines localités où l'on trouve les fragments de ce système antérieur suffisamment entiers pour constituent l'un des principaux éléments du paysage. En passant par le cours supérieur du Moray Firth et le long de la vallée calédonienne, on peut voir les sillons croisés bifurquer vers l'ouest et exister comme les vallées du Loch Fleet, du Dornoch Firth, du Firth de Cromarty, de la baie de Munlochy, le Firth of Beauty et, lorsque nous entrons dans les Highlands proprement dites, Glen Urquhart, Glen Morrison, Glen Garry, Loch Arkaig et Loch Eil. Le système diagonal — représenté par la grande vallée elle-même, et connu sous le nom de système du Ben Nevis et de l'Ord de Caithness dans notre propre pays, et, selon De Beaumont, sous le nom de système du Mont Pilate et de la Côte d'Or sur le continent — a été bouleversé après la fin des âges oolithiques. Ce n'est qu'au moins à l'époque du Weald que ses « collines furent formées et ses montagnes furent produites » ; et dans la ligne du Moray Firth, le Lias et l'Oolite sont inclinés, à des angles abrupts, contre les flancs de ses longues chaînes de précipices. Il n'est pas si simple de déterminer l'âge de l'ancien système. Aucune formation n'existe dans le nord de l'Écosse entre le Lias et le Vieux Grès Rouge : les vastes gisements du Carbonifère, du Permien et du Trias sont représentés par un large écart ; et tout ce que l'on peut dire des collines plus anciennes, c'est qu'elles ont perturbé et emporté avec elles le vieux grès rouge ; mais que comme il n'y avait à leurs bases, au moment de leur bouleversement, plus de roche moderne à perturber, il semble impossible de fixer définitivement leur époque. On ne trouve pas non plus parmi leurs estuaires ou leurs vallées aucune trace des dépôts oolithiques. Existant, selon toute probabilité, même à l'époque du Lias, comme cadre subaérien de l'Écosse oolithique – comme cadre sur lequel poussaient les légumes oolithiques – aucun dépôt du système n'aurait bien sûr pu avoir lieu sur eux. Cependant, je n'avais pas encore eu une idée très précise des deux systèmes, ni constaté qu'ils appartenaient apparemment à une époque différente ; et trouvant le Lias soulevé contre les flancs les plus abrupts du Moray Firth – l'un des immenses sillons du système le plus moderne – j'ai cherché à plusieurs reprises à le trouver également incliné contre les rives du Cromarty Firth – l'un des sillons du système beaucoup plus ancien. un. J'avais cependant poursuivi les recherches d'une manière quelque peu décousue ; et comme à l'automne 1830 une pause de quelques jours s'était produite dans mes travaux professionnels entre l'achèvement d'un travail et le début d'un autre, je résolus de consacrer du temps à une étude approfondie du Cromarty Firth, dans le dans l'espoir de détecter le Lias. J'ai commencé mes recherches par le gneiss granitique de la colline et, en me dirigeant vers l'ouest, j'ai passé successivement, dans l'ordre ascendant, sur les lits inclinés du vieux grès rouge inférieur, depuis la base du grand conglomérat du système, jusqu'à ce que j'atteigne le membre intermédiaire du gisement, qui consiste, dans cette localité, en couches alternées de calcaire, de grès et d'argile stratifiée, et que nous trouvons représenté à Caithness par les dalles largement développées. Et puis, le rocher disparaissant, je passai sur une plage de galets tachetée de rochers ; et dans une petite baie à moins d'un demi-mille de la ville, j'ai retrouvé le rocher mis à nu.

J'avais remarqué depuis longtemps que le rocher remontait à la surface dans cette petite baie ; J'avais même employé, quand j'étais enfant, des morceaux de son argile stratifiée comme crayon d'ardoise ; mais je n'avais pas encore réussi à l'examiner minutieusement. J'étais cependant maintenant frappé par sa ressemblance, sauf en termes de couleur, avec le Lias. Les strates étaient inclinées : elles étaient composées d'un schiste argileux et abondaient en nodules calcaires ; et, sauf que les schistes et les nodules portaient, au lieu du gris profond du Lias, une teinte olivacée, j'aurais presque cru que j'étais tombé sur une continuation de certains des lits d'Eathie. J'ouvris un nodule d'un coup de marteau, et mon cœur fit un bond en voyant qu'il renfermait un organisme. Une masse bitumineuse sombre, mal définie, occupait le centre ; mais je pouvais distinguer ce qui semblait être des épines et de petits os ichtyiques dépassant de ses bords ; et lorsque je les soumettais à l'examen du verre, contrairement à ces simples ressemblances fortuites qui trompent parfois un instant l'œil, leurs formes devenaient plus distinctes et plus univoques. J'ai ouvert un deuxième nodule. Il contenait un groupe d'écailles rhomboïdales scintillantes, avec quelques plaques cérébrales et une mâchoire hérissée de dents. Un troisième nodule fournissait également son organisme, dans une ichtyolite bien définie, couverte d'écailles minuscules finement striées, et munie d'une épine acérée au bord antérieur de chaque nageoire. J'ai travaillé avec empressement et j'ai exhumé, au cours d'une seule marée, suffisamment de spécimens pour couvrir une table de musée ; et ce fut avec un plaisir intense que, tandis que l'ondulation de la marée montante s'élevait contre les galets et recouvrait les lits ichtyolitiques, je les portai sur les pentes les plus élevées de la plage et, assis sur un rocher, je commençai à examiner attentivement. les en détail avec un microscope de botaniste commun. Mais pas une plaque, une épine ou une écaille que je pus déceler parmi leurs organismes, identiques aux restes ichtyiques du Lias. J'étais tombé au milieu des restes d'une création entièrement différente et incalculablement plus ancienne. Mes nouveaux organismes représentaient non pas le premier, mais simplement le deuxième âge de l'existence des vertébrés sur notre planète ; mais comme les restes de l'âge antérieur existent sous la forme de simples dents et épines détachées de placoïdes, qui, bien qu'ils donnent une preuve complète de l' *existence* des poissons auxquels ils appartiennent, ne jettent guère de lumière sur leur structure, c'est des ganoïdes C'est de ce second âge que le paléontologue peut savoir avec certitude sous quelles particularités de forme et associée à quelles variétés de mécanisme la vie vertébrale existait dans les premiers âges du monde. Dans mon nouveau dépôt, auquel j'ajoutai bientôt, cependant, dans les limites de la paroisse, six ou huit autres dépôts, tous chargés des mêmes restes ichtyiques, je trouvai que j'avais assez de travail devant moi pour l'étude patiente de années.

CHAPITRE XXII.

"Ils mettent de côté leurs soucis privés,

Réparer les affaires de Kirk et de l'État ;

Ils parleront de patronage et de prêtres,

Nous allumons la fureur dans leurs poitrines ;

Ou dites quelle nouvelle fiscalité arrive,

Un ferlie chez les gens de *Lon'on* . "- BURNS.

Nous n'avions, comme je l'ai déjà dit, aucun dissident dans la paroisse de Cromarty. Ce qu'on appelait le peuple des Haldanes avait essayé de s'établir parmi nous dans la ville, mais sans succès : au cours de plusieurs années, ils n'avaient pas réussi à recruter plus de six ou huit membres ; et ceux-ci n'étaient pas des gens les plus solides, mais marqués comme une classe excentrique, friande d'argumentation et possédée par une rage pour le roman et l'extrême. Les principaux professeurs du parti étaient un marchand anglais à la retraite et un ancien forgeron qui, ayant quitté la forge au milieu de la vie, avait poursuivi sans grand succès les études ordinaires et était devenu prédicateur. Et tous deux étaient, je crois, de bons hommes, mais en aucun cas des missionnaires prudents. Ils dirent des choses très fortes contre l'Église d'Écosse, dans un endroit où l'Église d'Écosse était très respectée ; et on a observé que, bien qu'ils ne faisaient pas grand-chose pour convertir les irréligieux au christianisme, ils étaient extrêmement zélés dans leurs efforts pour faire des baptistes religieux. À mon grand mécontentement dans ma jeunesse, ils avaient l'habitude d'arrêter l'oncle Sandy à son retour de la Colline, les soirs où j'allais prendre chez lui quelques leçons sur les vers des sables, ou les poissons-rasoirs, ou les lièvres de mer, et l'engager dans de longues controverses sur le baptême des enfants et les établissements de l'Église. Les sujets dont ils discutaient étaient beaucoup trop élevés pour moi, et je n'étais en aucun cas un auditeur attentif ; mais j'en ai appris suffisamment pour savoir que l'oncle Sandy, bien qu'un homme au langage lent, s'en tenait fermement au plan de l'establishment de Knox et à la défense du presbytérianisme ; et il n'était pas nécessaire d'avoir des facultés de perception particulièrement développées pour observer que ses adversaires et lui-même avaient parfois l'habitude d'avoir assez chaud et de parler assez fort — plus fort, du moins, qu'il n'était absolument nécessaire dans les bois tranquilles du soir. Je me souviens aussi qu'en le pressant de quitter l'Église nationale pour la leur, ils employaient généralement un langage emprunté à l'Apocalypse ; et que, appelant son Église *Babylone* , ils lui ordonnèrent de sortir d'elle, afin qu'il ne participe pas à ses fléaux. L'oncle Sandy avait trop vu le monde, lu et entendu trop de controverses, pour être outre mesure choqué par cette phrase ; mais chez un honnête fermier de la paroisse, les paroles dures des prosélytes leur firent du mal. Le marchand à la retraite l'avait poussé à quitter l' établissement ; et le fermier avait répondu en demandant, dans sa simplicité, s'il pensait qu'il devait laisser son Église sombrer ainsi ? « Oui, » s'écria le marchand avec beaucoup d'emphase ; "laissez-la sombrer chez elle - l'enfer le plus bas!" C'était terrible : l'honnête fermier ouvrit ses grands yeux en entendant ce qu'il considérait comme un blasphème audacieux. L'Église dont parlait le Baptiste était, à Cromarty au moins, l'Église de M. Hugh Anderson, *mis à l'écart*, qui a tout abandonné au moment de la persécution, pour le bien de sa conscience ; c'était l'Église de M. Gordon, dont le ministère avait été si remarquablement soutenu pendant la période du grand réveil ; c'était l'Église du dévot M. Monro, et du digne M. Smith, et de nombreux anciens pieux et membres craignant Dieu qui avaient tenu par Christ la Tête ; et pourtant, elle était ici dénoncée comme une Église dont la véritable place était l'enfer. Le fermier s'est détourné, las de la controverse ; et le discours imprudent du marchand à la retraite vola comme une traînée de poudre sur la paroisse. « Assurément, dit Bacon, les princes ont besoin, dans les affaires tendres et dans les temps délicats, de se méfier de ce qu'ils disent, surtout dans ces courts discours qui volent comme des flèches et sont censés être tirés de leurs intentions secrètes. » Mais les princes ne sont pas les seuls à se méfier des discours courts. Le court discours du marchand ruina la cause baptiste à Cromarty ; et les deux missionnaires auraient pu, lors de sa livraison, faire, s'ils connaissaient la position dans laquelle cela les réduisait, ce qu'ils se contentaient de faire quelques années après : emballer leurs meubles et quitter les lieux.

N'ayant eu pendant des années aucun adversaire à affronter en dehors du cadre de l'establishment, il était bien entendu naturel que nous trouvions des adversaires à l'intérieur. Mais pendant le mandat de M. Smith, ministre de la paroisse pendant les vingt et une premières années de ma vie, même ceux-là manquaient ; et nous passâmes un temps très calme, sans être troublé par aucune controverse d'aucune sorte, politique ou ecclésiastique. Les premières années du mandat de M. Stewart n'ont pas non plus été moins calmes. Le projet de loi du Catholic Relief Bill était un caillou jeté dans la mare, mais très infime ; et l'ondulation qu'elle soulevait ne provoquait pratiquement aucune agitation. M. Stewart ne voyait pas clairement la voie à suivre à travers toutes les difficultés de la mesure ; mais, influencé en partie par certains de ses frères du quartier, il se décida enfin à pétitionner contre cette mesure ; et à sa pétition, priant pour qu'aucune concession ne soit faite aux papistes, plus des dix-neuf vingtièmes des paroissiens masculins apposèrent leur nom. Les quelques individus qui se tenaient à l'écart étaient pour la plupart des garçons d'orientation extra-libérale, dépourvus, comme la plupart des politiciens extrémistes, des sympathies ecclésiastiques ordinaires de leurs compatriotes ; et comme je ne les connaissais pas et que mes tendances étaient plus ecclésiastiques que politiques, j'eus la satisfaction de me trouver, en opposition à tous mes amis, sur la mesure du Secours Catholique, dans une respectable minorité d'un. Même l'oncle Sandy, après quelques réticences et une explosion contre l'establishment irlandais, s'est mis en route et a signé la pétition. Mais je n'ai pas compris que j'avais tort. Avec les deux grands faits de l'Union irlandaise et de l'Église irlandaise devant moi, je ne pouvais pas déposer une pétition contre l'émancipation des catholiques romains. Je sentais aussi que si j'étais moi-même catholique romain, je n'écouterais aucun argument protestant tant que ce que je considérais comme justice ne m'aurait pas été rendu. J'aurais immédiatement déduit qu'une religion associée à ce que je considérais comme une injustice était une fausse et non une vraie religion ; et, sur la base de cette inférence, l'aurait rejeté sans autre enquête ; et pouvais-je ne pas croire que ce que j'aurais fait moi-même dans ces circonstances, de nombreux catholiques romains le faisaient réellement ? Et croyant pouvoir défendre ma position, qui n'était certainement pas envahissante, et qui était parfois attaquée au cours de conversations par mes amis, d'une manière qui montrait, comme je le pensais, qu'ils ne la comprenaient pas, je me suis assis et j'ai écrit un texte élaboré. lettre à ce sujet, adressée au rédacteur en chef de l' *Inverness Courier* ; dans lequel, comme je l'ai découvert par la suite, j'étais assez heureux d'anticiper sur certains points la ligne adoptée, dans son célèbre discours d'émancipation, par un homme que j'avais très tôt appris à reconnaître comme le plus grand et le plus sage des ministres écossais - le regretté Dr. . Chalmers. Cependant, en jetant un coup d'œil sur ma lettre, puis en regardant autour de moi les bons hommes parmi mes citadins, y compris mon oncle et mon ministre, avec lesquels cela aurait pour effet de me placer dans un antagonisme plus prononcé qu'un simple refus de signer leur pétition. , je résolus, au lieu de le jeter à la poste, de le jeter au feu, ce que je fis en conséquence ; et ainsi l'affaire prit fin ; et ce que j'avais à dire pour ma propre défense et pour celle de l'émancipation, ne fut par conséquent jamais dit.

Mais ce n'était là que l'ombre d'une controverse ; ce n'était qu'une controverse possible, étouffée dans la naissance. Mais environ trois ans après, la paroisse fut agitée par une terrible dispute ecclésiastique, qui nous mit tous par les oreilles. Le lieu avait non seulement son église paroissiale, mais aussi sa chapelle gaélique, qui, quoique sur la base ordinaire d'une chapelle d'aisance, était dotée, et sous le patronage de la couronne. Il avait été construit environ soixante ans auparavant, par un propriétaire bienveillant des terres de Cromarty – « George Ross, l'agent écossais » – que Junius décrivit ironiquement comme « l'ami de confiance et le digne confident de Lord Mansfield » ; et qui, quoi qu'ait pu penser le satiriste, était en réalité un homme digne de l'amitié d'un avocat accompli et philosophique. Cromarty, à l'origine une colonie des basses terres, n'avait eu depuis la Réforme jusqu'au dernier quart du siècle dernier aucun lieu de culte gaélique. Cependant, après l'effondrement du système féodal, les Highlanders commencèrent à s'installer dans la région à la recherche d'un emploi ; et George Ross, affecté par leur condition religieuse négligée, construisit pour eux, à ses propres frais, une chapelle et eut suffisamment d'influence pour obtenir du gouvernement une dotation pour son ministre. Le gouvernement conserva le patronage entre ses mains ; et comme les Highlanders ne se composaient que d'ouvriers et de domestiques agricoles, ainsi que d'ouvriers d'une manufacture de chanvre, et qu'ils n'avaient aucune influence, leurs souhaits n'étaient pas toujours consultés dans le choix d'un ministre. Vers l'époque de la nomination de M. Stewart, par l'intermédiaire de feu Sir Robert Peel, qui avait courtoisement cédé aux souhaits de la congrégation anglaise, le peuple gaélique s'était fait présenter un ministre qu'il n'aurait guère choisi pour lui-même, mais qui avait , malgré les points populaires à son sujet. Même s'il n'était pas d'un grand talent, il était franc et sympathique, il lui rendait visite souvent et conversait beaucoup ; et enfin les Highlanders en vinrent à le considérer comme le véritable *beau-idéal* d'un ministre. Lui et M. Stewart appartenaient aux partis antagonistes de l'Église. M. Stewart prit sa place dans l'ancienne section presbytérienne, sous Chalmers et Thomson ; tandis que le ministre gaélique détenu par les Drs. Inglis et Cook : et leurs congrégations respectives furent si profondément influencées par leurs opinions qu'à la perturbation de 1843, alors que considérablement plus des neuf dixièmes des paroissiens anglophones mettaient fin à leurs relations avec l'État et devenaient des hommes d'Église libres, au moins une proportion égale des Highlanders de la chapelle s'accrochaient à l'establishment. Mais, assez curieusement, il s'éleva à cette époque une controverse entre les congrégations, dans laquelle chacune semblait, par rapport à la question générale en jeu, prendre le rôle propre à l'autre.

Je ne pense pas que la congrégation anglaise ait été en quelque sorte jalouse de la congrégation gaélique. Les Anglais renfermaient l' *élite* du pays, tous ses hommes possédant et influents, depuis ses marchands et ses héritiers jusqu'aux plus humbles de la classe qui devint plus tard ses franchisés de dix livres ; tandis que le peuple gaélique n'était, comme je l'ai dit, que de pauvres ouvriers et tisserands : et si le sentiment de supériorité se manifestait parfois du côté le plus puissant, ce n'était que parmi les gens les plus humbles de la congrégation anglaise. Lorsqu'à une certaine occasion, un étranger s'endormit au milieu d'un des meilleurs sermons de M. Stewart et ronflait plus fort qu'il ne l'était convenablement, on entendit un individu à côté de lui marmonner, à voix basse, que l'homme devait être envoyé jusqu'au « *Gaélique* », car il n'était pas digne d'être parmi eux ; et il pourrait y avoir quelques autres manifestations similaires ; mais les partis n'étaient pas suffisamment égaux pour jouer le rôle de ces congrégations rivales qui déplorent sans cesse les défauts des autres et qui, dans leurs jours de jeûne et d'humiliation, ont au moins aussi fortement devant les péchés de leurs voisins. eux comme les leurs. Mais si la congrégation anglaise n'était pas jalouse de la congrégation gaélique, les gaéliques, comme c'était peut-être naturel dans leurs circonstances, étaient, j'en ai peur, jalouses des Anglais : c'étaient des gens pauvres, disaient-ils parfois, mais leurs âmes étaient aussi précieux que ceux des gens plus riches, et ils avaient sûrement aussi droit à leurs justes droits que le peuple anglais – axiomes que, je crois, personne dans l'autre congrégation ne contestait, ni même n'évoquait du tout. Nous fûmes cependant tous réveillés un matin pour examiner le cas, en apprenant que la veille le ministre de la chapelle gaélique avait adressé une requête au presbytère du district, soit pour qu'on lui assigne une paroisse dans les limites de la paroisse de Cromarty, ou pour que la charge soit érigée en charge collégiale, et que sa moitié, bien sûr, soit coordonnée avec celle de M. Stewart.

Le peuple anglais était à la fois très en colère et très alarmé. Comme les deux congrégations étaient dispersées sur le même morceau de territoire, il serait impossible de le diviser en deux paroisses, sans séparer une partie des gens de M. Stewart et leur ministre, et en faire les paroissiens d'un homme qu'ils n'avait pas encore appris à aimer; et, d'autre part, en érigeant la charge en responsabilité collégiale, le ministre qu'ils n'avaient pas encore appris à aimer acquerrait sur eux une juridiction aussi réelle que celle possédée par le ministre de leur choix. Ou — comme l'a déclaré de façon quelque peu étrange l'un d'entre eux — selon l'alternative suivante : « l'homme gaélique deviendrait un ministre à part entière pour la moitié d'entre eux, et par l'autre, à moitié un ministre pour l'ensemble d'entre eux ». Ils décidèrent donc d'opposer une vigoureuse résistance. M. Stewart lui-même appréciait extrêmement mal la décision de son voisin, le ministre gaélique. Il n'était pas désireux, dit-il, de se voir imposer un collègue à sa charge, pour le maintenir dans le droit chemin selon les principes modérés, avantage pour lequel il n'avait pas négocié lorsqu'il acceptait la présentation ; il ne souhaitait pas non plus, comme autre alternative, voir son enfant vivant, la paroisse, divisée en deux, et la moitié donnée à l'étrange prétendant qui n'était pas son parent. Il y avait aussi un autre récit sur lequel il n'aimait pas le mouvement : les deux grands partis de l'Église étaient alors également représentés au presbytère ; ils avaient chacun leurs trois membres ; et il comprit bien sûr que l'introduction du ministre gaélique aurait pour effet de faire pencher la balance en faveur du modératisme. Et ainsi, comme le ministre et le peuple étaient également sérieux, des contre-pétitions furent bientôt lancées, priant le presbytère, comme première étape du processus, que des copies du document du ministre gaélique leur soient signifiées. Le Presbytère a décidé, en termes de prière, que des copies devraient être signifiées ; et le ministre gaélique, au motif quelque peu extrême que le peuple n'avait aucun droit d'intervenir dans l'affaire, fit appel à l'Assemblée générale. Et ainsi le peuple dut ensuite adresser une pétition à ce vénérable tribunal au nom de ce qu'il considérait comme ses droits en péril ; tandis que la congrégation gaélique, pleinement convaincue que ses voisins anglais autoritaires les traitaient « comme s'ils n'avaient pas d'âme », lançait une contre-pétition, pratiquement dans le sens que la paroisse pourrait être soit coupée en deux, soit la moitié de la paroisse. il l'a donné à leur ministre, ou qu'il pourrait au moins devenir le deuxième ministre de chaque homme qui en fait partie. Le ministre, cependant, constatant à l'Assemblée générale que le parti ecclésiastique sur le soutien duquel il s'était appuyé était *totalement opposé* à l'érection de chapelles d'aisance en charges régulières, et que les particularités du cas étaient telles qu'elles coupaient toute chance qu'il était soutenu par leurs adversaires, sont tombés en appel et l'affaire n'a jamais été portée devant le tribunal. Certains de nos pêcheurs de Cromarty, qui étaient fervents du côté anglais, même s'ils n'en voyaient pas vraiment les mérites, avaient une version plutôt différente de l'affaire. "L'homme gaélique n'était pas plus tôt entré dans le Kirk de l'Assemblée générale", dirent-ils, "que le maître de l'Assemblée se leva et, parlant très durement, dit : " Espèce de coquin à l'opposé, qu'est-ce que tu prends ici ? oui, vous dérangez ce brave garçon pour lequel M. Stewart ? Je suis sûr qu'il ne se mêle pas de vous !

J'ai pris une part active à cette controverse ; j'ai écrit des pétitions et des déclarations pour mes frères paroissiens, avec des paragraphes pour les journaux locaux et une longue lettre pour le *Caledonian Mercury*, en réponse à un tissu de fausse déclaration qui figurait dans cet imprimé, sous la plume d'un des agents juridiques du ministre gaélique ; et, enfin, je répondis à un pamphlet de la même main, qui, quoique misérable comme écrit — car il ne ressemblait à aucune autre composition jamais produite, à l'exception peut-être d'un article de droit très mal écrit — contenait des déclarations que je considérais il fallait se rencontrer. Et telles furent mes premières tentatives dans le domaine rude de la controverse ecclésiastique, domaine dans lequel mon inclination ne m'aurait jamais conduit, mais qui a certainement constitué un obstacle considérable sur mon chemin et dans lequel j'ai passé de nombreuses heures laborieuses. Mes premières pièces étaient écrites avec une certaine raideur, un peu sur le modèle périlleux de Junius ; mais comme il n'était guère possible d'écrire aussi mal que mon adversaire, je pouvais demander même à ses amis s'il avait raison de me traiter d'illettré et d'inculte, dans une prose bien pire que la mienne. Surtout en attirant de temps à autre les rires de mon côté, j'ai réussi à le mettre en colère ; et il répondait à mes plaisanteries en *injuriant des injures* — une phrase, soit dit en passant, qu'en oubliant ses hymnes de Watts et en omettant de consulter son Johnson, il qualifiait de non anglaise. J'étais, dit-il, un « ninny superficiel et feignant » ; un «garçon illettré et impudent»; «un fanatique» et une «personne frénétique » ; le « bas subalterne d'une faction » et « Pierre l'Ermite » ; et enfin, dans l'ensemble, il m'a assuré que j'étais à *son* avis «le plus ignoble et le plus méprisé de toute l'espèce humaine ». C'était effrayant ! mais non seulement j'ai survécu à tout cela, mais j'ai appris, je le crains, après avoir ainsi goûté pour la première fois le sang, à éprouver un plaisir un peu trop vif dans la colère d'un adversaire. Je puis ajouter que lorsque, environ deux ou trois ans après la période de cette controverse, l'Assemblée générale a admis ce qu'on appelait les ministres parlementaires et les ministres des chapelles d'aisance à un siège dans les tribunaux ecclésiastiques, ni mes concitoyens et moi-même ne voyions rien à contester dans cet arrangement. Il ne contenait aucun des éléments qui avaient provoqué notre hostilité dans l'affaire de la chapelle de Cromarty : il ne remettait pas les gens d'un ministre à la charge d'un autre, qu'ils n'auraient jamais choisi pour eux-mêmes ; mais, sans empiéter sur les droits populaires, il égalisa, selon le plan presbytérien, la position des ministres et les prétentions des congrégations.

La question suivante qui engagea mes concitoyens était beaucoup plus grave. Lorsqu'en 1831 le choléra menaça pour la première fois les côtes de la Grande-Bretagne, la baie de Cromarty fut désignée par le gouvernement comme l'un des ports de quarantaine ; et nous nous familiarisâmes avec le spectacle, d'abord jugé assez effrayant, de flottes de navires stationnés dans la rade supérieure, le drapeau jaune flottant au sommet de leurs mâts. La maladie, cependant, n'a pas réussi à atteindre le rivage ; et, lorsque, l'été de l'année suivante, il fut introduit dans le nord de l'Écosse, il parcourut la ville et la paroisse pendant plusieurs mois, sans les visiter ni l'une ni l'autre. Il a largement plus que décimé les villages de Portmahomak et Inver et a porté lourdement sur les paroisses de Nigg et Urquhart, ainsi que les villes d'Inverness, Nairn, Avoch, Dingwall et Rosemarkie ; enfin, la ville portuaire de quarantaine qui paraissait d'abord la plus menacée par la maladie, parut plus tard être presque le seul endroit de quelque importance de la localité à l'abri de ses ravages. Il s'approchait cependant d'une manière alarmante. L'ouverture du Cromarty Firth mesure un peu plus d'un mile de diamètre ; un verre de puissance ordinaire permet de compter toutes les vitres des fenêtres des habitations qui tachent sa rive nord, et de distinguer leurs habitants ; et pourtant, parmi ces habitations, le choléra faisait rage ; et nous avons pu voir, dans au moins un cas, un cadavre porté par deux personnes sur une brouette et enterré dans un banc de sable voisin. Les histoires du triste sort d'individus que les citadins connaissaient et qui avaient résidé dans des localités bien connues, étaient racontées entre eux avec un puissant effet. Telle était la panique générale dans les lieux infectés, que les corps des morts n'étaient plus transportés au cimetière, mais entassés dans des trous et des coins solitaires ; et les images suggérées à l'imagination, de visages familiers étendus sans cercueil dans le sol à côté d'un bois solitaire, ou dans un marécage sombre ou une lande bruyère, étaient chargées pour beaucoup d'une terreur plus forte que celle de la mort. Nous savions que le cadavre d'un jeune pêcheur robuste, qui faisait parfois office de passeur de Cromarty, et dont par conséquent l'apparence était familière à tout le monde, gisait purulent dans un banc de sable ; que la charpente de fer d'un forgeron musclé se décomposait dans un trou moussu à côté d'un buisson épineux ; que la moitié des habitants du petit village de pêcheurs d'Inver étaient éparpillés dans des sillons peu profonds le long des étendues arides qui entouraient leurs habitations ; que les maisons, privées de leurs locataires et devenues des repaires immondes de contagion, avaient été incendiées et entièrement brûlées ; et qu'autour des hameaux de pêcheurs infectés de Hilton et de Balintore, les gens de la campagne avaient dressé une sorte de *barrière sanitaire* et enfermé dans les limites de leurs villages respectifs les misérables habitants. Et dans la consternation générale, consternation bien plus extrême que celle manifestée lorsque la maladie s'était effectivement abattue sur les lieux, les habitants de la ville se demandèrent s'ils ne *devraient* pas, aussi longtemps que les lieux resteraient intacts, tracer un *cordon similaire* autour d'eux. Une assemblée publique fut donc tenue pour délibérer sur le meilleur moyen de s'enfermer ; et à la réunion presque tous les habitants adultes de sexe masculin étaient présents, à l'exception des messieurs de la commission de la paix et des fonctionnaires de la ville, qui, bien que tout à fait disposés à faire un clin d'œil à nos irrégularités, n'ont pas compris que, pour quelque raison que ce soit, tenables aux yeux de la loi, ils pouvaient eux-mêmes y prendre part.

Notre rencontre menaçait d'abord d'être orageuse. Les libéraux supplémentaires, qui, dans la lutte ecclésiastique précédente, avaient pris part à un homme avec le peuple gaélique, comme ils l'ont fait dans la controverse ecclésiastique ultérieure, avec la Cour de Session, commencèrent par une attaque contre les juges municipaux. Nous pourrions tous constater maintenant, a déclaré un écrivain libéral qui s'adressait à nous, à quel point ces gens étaient peu nos amis. Or, lorsque l'endroit était menacé par la peste, ils ne voulaient rien faire pour nous ; ils ne voulaient même pas approuver notre réunion ; nous vîmes qu'il n'y en avait pas un seul : en un mot, ils ne se souciaient pas du tout de nous, ni de savoir si nous mourrions ou vivions. Mais lui et ses amis resteraient à nos côtés jusqu'au bout ; bien plus, alors que les magistrats avaient visiblement peur, avec toute leur richesse, d'intervenir dans cette affaire, terrifiés sans doute par les poursuites en dommages-intérêts qui pourraient être intentées contre eux s'ils bloquaient les routes et refoulaient les voyageurs, lui-même , bien que loin d'être riche, serait notre sécurité contre toutes les procédures légales quelles qu'elles soient. Ceci, bien sûr, était très noble ; D'autant plus noble que l'orateur ne pouvait pas, comme la *Gazette* nous l'a appris, faire face à ses propres responsabilités réelles à l'époque, et qu'il était néanmoins tout à fait prêt à faire face à toutes nos responsabilités possibles. Cependant Up commença, presque avant d'avoir fini de parler, un ami des juges, et fit un discours si colérique pour leur défense, que l'assemblée menaça de se diviser en deux partis et d'éclater en querelle. Je me levai dans l'extrémité et, bien que malheureusement sans orateur, je m'adressai à mes concitoyens en quelques phrases simples. Le choléra, leur ai-je rappelé, n'était manifestement ni l'un ni l'autre des deux partis ; et les magistrats étaient, j'en étais sûr, presque aussi effrayés que nous. Mais ils ne pouvaient vraiment rien faire pour nous. Cependant, en matière de vie ou de mort, lorsque les lois et les magistrats ne parvenaient pas à protéger les gens tranquilles, les gens étaient fondés à affirmer leur droit naturel à se protéger ; et, quoi que les lois et les avocats puissent affirmer le contraire, ce droit était désormais le nôtre. Dans un comté voisin, les habitants de certains villages infectés étaient déjà assez enfermés dans leurs habitations par les campagnards alentour, qui pouvaient eux-mêmes montrer une bonne santé ; et nous, si nous étions dans la situation de ces villageois, serions très probablement traités de la même manière. Et ce qui nous restait, dans les circonstances actuelles, c'était simplement d'anticiper le processus d'embouteillage de nous-mêmes, en embouteillant le pays. La ville, située sur un promontoire et accessible par quelques points seulement, pouvait être facilement gardée ; et au lieu de se quereller sur les mérites des juges de paix — très probablement de tendance quelque peu conservatrice — ou de réformateurs fougueux qui aimeraient très bien être également juges de paix et en feraient sans doute de très excellents, j'ai pensé qu'il serait préférable de le faire. Il vaudrait bien mieux que nous nous formions immédiatement en une association de défense, et que nous procédions à réglementer nos montres et à installer nos gardes. Mon court discours a été remarquablement bien accueilli. Il y avait juste à côté de moi un pauvre homme qui craignait beaucoup le choléra et qui fut en fait l'une des premières victimes de cet endroit - car peu plus d'une semaine après avoir été dans sa tombe - qui me soutenait par un soutien particulièrement fort. vigoureux Écoutez, écoutez ! — et la réponse Écoutez, écoutez de la réunion emporta toute réponse. Nous formâmes donc immédiatement notre Association de Défense ; et avant minuit, nos tournées et nos stations étaient marquées, et nos quarts étaient réglés. Tout pouvoir passa aussitôt des mains des magistrats ; mais les honnêtes gens eux-mêmes en parlaient très peu ; et nous avons eu la satisfaction de savoir que leurs familles, en particulier leurs femmes et leurs filles, étaient très amicales envers l'Association et la suspension temporaire de la loi, et que, tant pour leur propre compte que pour le nôtre, ils nous souhaitaient toutes sortes de bonnes choses. succès.

Nous avons gardé la garde pendant plusieurs jours. Tous les vagabonds et les vagabonds furent refoulés sans remords ; mais il y avait une classe respectable de voyageurs dont il y avait moins de danger à craindre ; et il nous a été quelque peu difficile de nous en occuper. Je les aurais admis tout de suite ; mais la majorité de l'Association s'y opposa ; ce serait, selon le caporal Trim, « placer un homme au-dessus de la tête d'un autre » ; et il fut finalement convenu qu'au lieu de les admettre immédiatement, ils seraient d'abord amenés dans un bâtiment en bois aménagé à cet effet et complètement fumigés avec du soufre et du chlorure de chaux. Je ne sais pas de qui est né cet expédient : il aurait été suggéré par un médecin qui en savait beaucoup sur le choléra. Et même si, pour ma part, je ne voyais pas comment le démon de la maladie pouvait être expulsé par la vapeur d'un peu de soufre et de chlorure, comme l'esprit mauvais de Tobit était expulsé par la fumée du foie du poisson, il me semblait que satisfaire à merveille l'Association ; et un étranger bien fumé en vint à être considéré comme sain et sauf. Il y avait une journée proche qui promettait une quantité inhabituelle de tabac. L'agitation autour du bill de réforme avait commencé ; une grande cour d'appel devait siéger ce jour-là à Cromarty ; et on savait qu'un parti whig et tory d'Inverness, où le choléra faisait alors rage, y assisterait avec certitude. Que devrions-nous faire, demandait-on, des hommes politiques — les formidables banquiers, facteurs et avocats — qui formeraient, nous le savions, la cavalcade d'Inverness ? Individuellement, la question semblait posée dans une sorte de terreur inquiétante, qui calculait les conséquences ; mais quand l'Association vint la poser collectivement et y répondre en bloc, ce fut sur un ton hardi, qui mit la peur au défi. Et voilà, ça a été résolu, *non. escroquer.* , que les politiciens d'Inverness devraient être fumés comme les autres. Mon tour de monter la garde était venu la veille au soir, à midi ; mais j'avais prévu de quitter la gare avant que les gens d'Inverness n'arrivent. Malheureusement, au lieu d'être nommé simple sentinelle, je fus nommé officier de nuit. C'était le devoir qui m'était assigné de faire le tour des différents postes et de veiller à ce que les diverses sentinelles gardaient une bonne attitude, ce que je fis très fidèlement ; mais lorsque le terme de ma garde fut expiré, je ne trouvai aucun officier de relève venu prendre ma place. L'homme prudent désigné pour l'occasion était, je le craignais, en train de prévoir les difficultés à venir dans un coin tranquille ; mais je continuai ma tournée, malgré les soupçons, dans l'espoir de son apparition. Et alors que j'approchais de l'une des gares les plus importantes, celle de la grande route qui relie la ville de Cromarty à Kessock Ferry, *j'aperçus* la partie whig de la cavalcade d'Inverness qui arrivait. La sentinelle nouvellement nommée s'écarta pour laisser son officier s'occuper des messieurs whigs, ce qui, bien sûr, convenait le mieux à leur qualité et à *leur* position officielle. J'aurais préféré être ailleurs ; mais j'arrêtai aussitôt le cortège. Un homme de grande âme et d'influence, un banquier et un très Whig, m'adressa aussitôt un ton sévère : « Par quelle autorité, monsieur ? Par l'autorité, répondis-je, de cinq cents hommes valides de la ville voisine, associés pour leur protection et celle de leurs familles. "Une protection contre quoi ?" « Protection contre la peste ; vous venez d'un endroit infecté. » « Savez-vous ce que vous faites, Monsieur ? » dit farouchement le banquier. "Oui, faire ce que la loi ne peut pas faire pour nous, mais ce que nous avons décidé de faire pour nous-mêmes." Le banquier pâlit de colère ; et on l'entendit ensuite dire que s'il avait eu un pistolet à ce moment-là, il aurait abattu sur place l'homme qui l'avait arrêté ; mais n'ayant pas de pistolet, il ne pouvait pas me tirer dessus ; c'est pourquoi je l'ai envoyé, lui et son groupe, sous escorte, pour être fumés. Et comme ils étaient un peu tapageurs en chemin et lui ont renversé le chapeau d'un des gardes sur le nez, ils ont obtenu, lors de la fumigation, comme j'ai eu le regret de l'apprendre, une double portion de soufre et de chlorure ; et entra au tribunal pour lutter contre les conservateurs, à bout de souffle. Je savais que j'avais joué en cette occasion un rôle très insensé ; j'aurais certainement dû m'enfuir à l'approche de la cavalcade d'Inverness ; mais la fugue aurait impliqué, selon Rochester, une dose de courage moral que je ne possédais pas. J'ai peur aussi. Je dois admettre que le ton rude du discours du banquier a éveillé ce qui était depuis longtemps resté assez tranquillement dans mes veines : un peu du sang sauvage de flibustier de John Feddes et des vieux marins Miller ; je restai donc faiblement à mon poste et fis ce que l'Association considérait comme mon devoir. J'espère que le banquier ne m'a pas reconnu et que maintenant, après plus de vingt ans, il sera enclin à m'accorder son pardon. Je profite de cette dernière occasion pour lui demander humblement pardon et pour l'assurer qu'au moment même où je l'ai mis à distance, j'étais de tout cœur d'accord avec lui dans sa politique. Mais mes concitoyens, très effrayés, se montrèrent parfaitement impartiaux en fumant les Whigs et les Tories ; et je ne pouvais penser à aucun moyen valable d'exempter mes amis d'un processus de fumigation qui était, j'ose le dire, très désagréable, et dans les vertus duquel ma foi n'était assurément pas forte.

Cependant, lorsque nous nous efforçâmes de maintenir notre *cordon* avec un succès apparent, le choléra entra dans la région d'une manière sur laquelle il était impossible de compter. Un pêcheur de Cromarty était mort de la maladie à Wick un peu plus d'un mois auparavant, et les vêtements dont on savait qu'ils avaient été en contact avec le corps avaient été brûlés par les autorités de Wick en plein air. Il avait cependant sur place un frère qui s'était approprié furtivement quelques-uns des plus beaux vêtements ; et il les rapporta chez lui dans un coffre ; mais la terreur avec laquelle il les considérait était telle que pendant plus de quatre semaines il laissa le coffre rester à côté de lui, non ouvert. Enfin, à une heure malheureuse, les morceaux de vêtements furent retirés et, comme le « bon vêtement babylonien » qui provoqua la destruction d'Acan et la déconfiture du camp, ils conduisirent, dans un premier temps, à la mort de le pauvre pêcheur imprudent, et à celui de bon nombre de ses citadins immédiatement après. Lui-même fut atteint du choléra le lendemain ; en moins de deux jours il était mort et enterré ; et la maladie s'est propagée dans les rues et les ruelles pendant des semaines après, frappant ici un homme fort en pleine vigueur de la vie moyenne, là raccourcissant, apparemment de quelques mois seulement, l'espérance de vie d'une créature épuisée, déjà en vie. bord de la tombe. La visite avait ses accompagnements extrêmement pittoresques. De la poix et du goudron brûlaient pendant la nuit dans les ouvertures des voies infectées ; et la lumière instable vacillait avec un effet épouvantable sur la maison, les murs, le haut sommet de la cheminée, et sur les silhouettes flottantes des observateurs. Le jour, les fréquents cercueils, portés à la tombe par quelques porteurs seulement, et la fumée fréquente qui s'élevait à l'extérieur des feux allumés pour consumer les vêtements des infectés, produisaient leur triste et effrayant effet ; une migration aussi d'une partie considérable de la population de pêcheurs vers les grottes de la colline, dans lesquelles ils continuèrent à résider jusqu'à ce que la maladie quitte la ville, constitua un accompagnement frappant de la visite ; et pourtant, curieusement, à mesure que le danger semblait augmenter, la consternation diminuait, et il y avait beaucoup moins de peur parmi les gens lorsque la maladie ravageait réellement l'endroit, que lorsqu'elle se contentait de se promener en vue autour de lui. Nous nous sommes vite familiarisés avec ses horreurs les plus terribles et avons même appris à les considérer comme relativement ordinaires et banales. J'avais lu, environ deux ans auparavant, le passage des « *Colloques* » de Southey, dans lequel Sir Thomas More est amené à faire remarquer que les Anglais modernes n'ont aucune garantie, dans ces derniers temps, que leurs côtes ne seront pas visitées, comme autrefois. , par des fléaux dévastateurs. "En ce qui concerne la peste", dit Sir Thomas (ou plutôt le poète en son nom), "vous vous croyez en sécurité parce que la peste n'est pas apparue parmi vous depuis cent cinquante ans - une période de temps qui, tant qu'elle Cela peut paraître, comparé au bref terme de l'existence mortelle, comme rien dans l'histoire physique du globe. L'importation de ce fléau est aussi possible aujourd'hui qu'elle l'était autrefois, et s'il était autrefois importé, pensez-vous qu'il le serait ? " La rage avec moins de violence parmi la population surpeuplée de votre métropole qu'avant l'incendie ? Et, ajoute-t-il, si la maladie de la transpiration, appelée avec insistance la maladie anglaise, se manifestait à nouveau ? Peut-on lui attribuer une cause ? ne risque-t-il pas d'éclater au XIXe siècle comme au XVe ?" Et, aussi frappant que soit ce passage, je me souviens l'avoir lu avec ce sentiment d'incrédulité, naturel aux hommes dans les temps calmes, qui les amène à tracer une ligne si large entre l'expérience de l'histoire, qu'elle soit d'une époque relativement lointaine, ou d'une lieu éloigné et leur propre expérience personnelle. Au sens large du sophiste, il était contraire à mon expérience que la Grande-Bretagne devienne le siège d'une maladie aussi mortelle et dévastatrice que celle utilisée autrefois pour la ravager. Et pourtant, maintenant que je voyais un fléau aussi terrible et inhabituel que la peste ou la maladie de la transpiration décimant nos villes et nos villages, et que les scènes terribles décrites par De Foe et Patrick Walker rivalisaient pleinement, le sentiment avec lequel j'en suis venu à le considérer en était une, non pas d'étrangeté, mais de familiarité.

Lorsqu'il fut ainsi employé sans succès à surveiller et à protéger notre ennemi insidieux, le projet de loi de réforme pour l'Écosse fut adopté par la Chambre des Lords et devint la loi du pays. J'avais observé avec intérêt la croissance de l'élément populaire dans le pays ; je l'avais vu se renforcer progressivement, depuis les temps despotiques de Liverpool et de

Castlereagh, jusqu'au milieu de la période de Canning et de Goderich, jusqu'à Wellington et Peel, hommes de fer comme ils durent céder à la pression extérieure et abroger d'abord les lois Test et Corporation, puis adopter, contre leurs propres convictions, la grande mesure d'émancipation des catholiques romains. Le peuple, dans une période de paix intacte, favorable au développement de l'opinion, devenait une puissance plus décidée dans le pays qu'il ne l'avait jamais été auparavant ; et bien sûr, en tant que membre du peuple et convaincu aussi que l'influence du grand nombre s'exercerait de manière moins égoïste que celle d'un petit nombre, j'étais heureux qu'il en soit ainsi et j'attendais avec impatience des jours meilleurs. Pour ma part, je ne m'attendais à rien. J'avais très tôt compris que le travail, physique ou intellectuel, devait être ma part tout au long de la vie, et que, grâce à aucune amélioration possible du gouvernement du pays, je ne pouvais être dispensé de travailler pour gagner mon pain. Je n'ai jamais rien attendu du patronage de l'État et j'en ai reçu à peu près tout ce que j'espérais.

J'étais employé à travailler assez dur pour gagner mon pain, un beau soir de l'été 1830, occupé à tailler, poitrine et bras nus, dans les environs du port de Cromarty, une grande pierre tombale qui, le lendemain, devait être enterrée. être transporté à travers le ferry jusqu'à un cimetière de l'autre côté du Firth. Un groupe de pêcheurs français, rassemblés autour de moi, observait avec curiosité ma façon de travailler et, comme je le pensais, un peu curieusement moi-même, comme s'ils spéculaient sur les capacités physiques d'un homme avec lequel il y avait au moins une possibilité qu'ils avaient un jour pour s'occuper. Ils faisaient partie de l'équipage d'un de ces lougres français aux équipages puissants qui visitent chaque année nos côtes du nord, apparemment dans le but de poursuivre la pêche au hareng, mais qui, soutenus principalement par d'importantes primes gouvernementales et, en petite partie, par leur les spéculations sur la pêche, sont en réalité entretenues par l'État comme moyen d'élever des marins pour la marine française. Leur lougre, un vaisseau d'aspect grossier, représentatif plutôt de la navigation d'il y a trois siècles que de celle d'aujourd'hui, était échoué dans le port à côté de nous ; et, leur travail terminé pour la journée, ils semblaient aussi calmes et silencieux que la soirée calme dont ils appréciaient le calme ; lorsque le facteur de l'endroit s'est approché de l'endroit où je travaillais et m'a remis, tout humide de presse, un exemplaire de l' *Inverness Courier*, que je devais à la bonté de son rédacteur. J'ai été immédiatement attiré par le titre, en majuscules, de son article principal : « Révolution en France – Fuite de Charles X. » — et je l'ai fait remarquer aux Français. Aucun d'entre eux ne comprenait l'anglais ; mais ils parvenaient çà et là à saisir le sens des mots les plus importants, et, s'écriant : « Révolution *en France !* C'est trois fois plus que beaucoup d'Anglais auraient pu le faire en toutes circonstances. A la fin cependant, leur résolution parut prise : curieusement, leur lougre portait le nom de *« Charles X »* ; et l'un d'eux, saisissant un gros morceau de craie, se rendit à la poupe du navire, et en recouvrant les lettres de céruse avec la craie, effaça le nom royal. Charles fut pratiquement déclaré par le petit morceau de France qui naviguait dans le lougre, n'était plus roi ; et l'incident m'a semblé, aussi trivial qu'il puisse paraître, comme illustrant de manière significative l'extrême légèreté de l'emprise que les dirigeants de la France moderne ont sur les affections de leur peuple. Je suis rentré chez moi alors que la soirée s'assombrissait, plus ému par cette révolution inattendue que par tout autre événement politique de mon temps, plein d'espoir pour la cause de la liberté dans le monde civilisé et, surtout, induit en erreur par une sorte de *expérience analogique* — sanguine dans mes attentes pour la France. Elle avait eu, comme notre propre pays, sa première révolution orageuse, dans laquelle son monarque avait perdu la tête ; puis Cromwell, puis sa Restauration, et son roi facile et luxueux, qui, comme Charles II, était mort en possession du trône, et à qui avait succédé un faible frère bigot, l'équivalent même de Jacques VII. Et maintenant, après une révolution relativement ordonnée comme celle de 1688, le bigot avait été détrôné et le chef d'une autre branche de la famille royale appelé à jouer le rôle de Guillaume III. Le parallèle historique semblait complet ; et puis-je douter que ce qui suivrait ensuite serait une longue période d'amélioration progressive, au cours de laquelle le peuple français parviendrait à jouir, aussi pleinement que celui de Grande-Bretagne, d'une liberté bien réglementée, dans laquelle les révolutions seraient inutiles, voire impossibles. ? N'était-il pas évident aussi que le succès des Français dans leur noble lutte aurait immédiatement un effet bénéfique sur la cause populaire dans notre propre pays et partout ailleurs, et accélérerait considérablement les progrès de la réforme ?

Aussi continuai-je à suivre avec intérêt le déroulement du projet de réforme, et fus ravi de le voir, après un passage singulièrement orageux et précaire, enfin amarré en toute sécurité au port. Dans certaines des mesures auxquelles cela aboutit par la suite, je me réjouis grandement, notamment de l'émancipation de nos esclaves noirs dans les colonies. Je ne pouvais pas non plus me joindre à nombre de mes amis personnels dans leur dénonciation de cette mesure d'appropriation, comme on l'appelait - également un effet de la modification de la circonscription - qui supprimait les évêchés irlandais. Comme j'ai osé le dire à mon ministre, qui a pris parti pour l'autre parti, si une Église protestante ne parvenait pas, après avoir bénéficié pendant trois cents ans des avantages d'une large dotation et de tous les avantages de position que les statuts pouvaient conférer, à s'ériger en l'Église du grand nombre, il était grand temps de commencer à la traiter selon son vrai caractère : celui de l'Église du petit nombre. Mais chez moi, dans l'enceinte étroite de ma ville natale, cette mesure eut des effets que, bien que relativement insignifiants, je préférai bien plus que la suppression des évêchés. Il divisa les habitants de la ville en deux parties : l'une composée d'hommes âgés ou d'âge moyen, qui avaient fait partie de la commission de la paix avant l'adoption du projet de loi, et qui maintenant, alors qu'il érigeait la ville en bourg parlementaire, sont devenus nos magistrats, en vertu de l'appui de la majorité des électeurs ; et un parti plus jeune et plus faible, mais habile et très actif, dont peu de membres étaient encore dans la commission de la paix, et qui, après s'être présenté sans succès à la magistrature, devinrent les chefs d'une opposition patriotique, qui réussit à rendre le siège de la justice est plutôt inquiétante à Cromarty. Les plus jeunes étaient de fervents libéraux, mais de grands modérés ; les plus âgés, de solides évangéliques, mais résolument conservateurs dans leurs tendances ; et comme j'étais ecclésiastiquement favorable à l'un des partis et laïquement à l'autre, je trouvais ma position, dans l'ensemble, plutôt anormale. Les deux parties se sont engagées dans des poursuites judiciaires. Lorsque les députés whigs du comté et de la ville arrivaient, on pouvait les voir parcourir les rues bras dessus bras dessous avec les jeunes whigs, ce qui était, bien sûr, un honneur insigne ; et, au plus fort d'une élection contestée, le jeune whiggisme, pour se montrer reconnaissant, réussit à s'enfuir avec un électeur conservateur qu'il avait pris dans ses tasses, et se retrouva en conséquence impliqué dans un procès qui lui coûta plusieurs dizaines d'années. cent livres. Les conservateurs, de leur côté, se sont également retrouvés mêlés à un procès coûteux. La ville avait sa foire annuelle, à laquelle cinquante à cent enfants achetaient du pain d'épice, et qui se tenait depuis de nombreuses années à l'extrémité est de la ville. Cependant, grâce à une stratégie inexpliquée de la part des jeunes libéraux, arriva un jour de marché où les femmes en pain d'épices prirent position sur un green, un peu au-dessus du port ; et, bien sûr, là où se trouvait le pain d'épices, là les enfants étaient rassemblés ; et les magistrats, étonnés, se rendirent sur place pour s'assurer, si possible, de la philosophie du changement. Ils trouvèrent le terrain occupé par un colporteur bavard, qui défendit avec force les jeunes libéraux et le nouveau camp. Les magistrats ont immédiatement exigé la production de son permis. Le colporteur n'en avait pas. Et ainsi, il a été appréhendé et jugé sommairement, sous l'accusation de violation de la loi 55 Geo. III. casquette. 71 ; et, reconnu coupable de colportage sans permis, il fut incarcéré. Le colporteur, soutenu, semble-t-il, par les jeunes libéraux, intenta une action pour emprisonnement injustifié ; et, au motif que le jour où il avait vendu ses marchandises était un jour de foire ou de marché, où n'importe qui pouvait vendre n'importe quoi, les magistrats furent condamnés à des dommages-intérêts. J'aimais beaucoup les procès, et je pensais que les jeunes libéraux auraient été plus sagement employés à gagner de l'argent par leurs magasins et leurs professions, sûrs que les honneurs tant convoités finiraient par suivre le sillage des bons comptes bancaires, que cela. ils devraient s'employer soit à disperser leurs propres moyens devant les tribunaux, soit à empiéter sur les moyens de leurs voisins. Et finalement, j'ai trouvé ma position politique appropriée en tant que partisan de toutes les affaires ecclésiastiques et municipales de mes concitoyens conservateurs, et partisan de presque toutes les affaires nationales des Whigs ; que j'ai cependant toujours préféré et considéré comme plus vertueux lorsqu'ils n'étaient plus au pouvoir que lorsqu'ils y étaient.

À une occasion, je suis même devenu suffisamment politique pour me présenter à un poste de conseiller. Mes amis, principalement à cause de la mort d'électeurs âgés et de la montée en puissance d'hommes plus jeunes, dont peu étaient conservateurs, se sentaient affaiblis dans cette circonscription ; et craignant de ne pas pouvoir autrement obtenir une majorité au conseil d'administration du Conseil, ils m'ont exhorté à me présenter à l'un des postes vacants, ce que j'ai fait en conséquence, et ont remporté mon élection à une majorité écrasante. Et en assistant dûment à la première séance du Conseil, j'ai entendu un discours éloquent d'un monsieur de l'opposition, dirigé contre les individus qui, comme il l'a si bien exprimé, « dirigeaient les destinées de sa ville natale » ; et il considérait que, comme la seule affaire sérieuse avant la réunion, les conseillers massacraient chacun des sous, afin de défrayer, en l'absence totale de fonds municipaux, les frais de port de neuf penny. Et puis, avec, je le crains, un sens très insuffisant des responsabilités de ma nouvelle fonction, je suis resté à l'écart du conseil d'administration du Conseil et n'ai rien fait en son nom, avec une persévérance et un succès étonnants, pendant trois ans ensemble. C'est ainsi que commença et se termina ma carrière municipale – une carrière qui, je dois l'avouer, ne m'a pas valu les remerciements de ma circonscription ; mais d'un autre côté, je ne sache pas que de braves gens se soient jamais plaints sérieusement. Il n'y avait absolument rien à faire au conseil ; et, contrairement à certains de mes frères fonctionnaires, je n'ai rien fait, tranquillement et avec considération, et très à loisir, sans aucune démonstration inutile de discours oratoire ou quoi que ce soit d'autre.

CHAPITRE XXIII.

"Les jours ont passé ; et maintenant mes pas patients

    Les promenades de cette jeune fille sont présentes ;

Mes vœux étaient parvenus à l'oreille de cette jeune fille,

    Oui, et elle m'a appelé mon ami.

Et j'ai été béni autant que béni peut l'être ;

    Le rêveur affectueux et stupide Hope

Je n'ai jamais rêvé de jours plus heureux que les miens,

    Ou des joies d'une portée plus vaste. "- HENRISON'S SANG.

J'avais l'habitude, comme je l'ai dit, de recevoir des visiteurs occasionnels lorsque je travaillais au cimetière. Mon pasteur est resté à mes côtés pendant des heures, discutant de toutes sortes de sujets, depuis les méfaits des théologiens modérés – qu'il appréciait d'autant plus qu'ils étaient des frères de son propre sang – jusqu'aux opinions d'Isaac Taylor sur les corruptions du christianisme ou du christianisme. les possibilités de l'État futur. Des étrangers venaient aussi de temps en temps, désireux de se familiariser avec les curiosités naturelles de la région, plus particulièrement avec sa géologie ; et je me souviens de ma première rencontre dans le cimetière, de cette façon, avec feu Sir Thomas Dick Lauder ; et d'avoir eu l'occasion d'interroger, maillet à la main, l'actuel professeur distingué d'humanités à l'Université d'Edimbourg, [15] sur la nature de l'agent cohésif du grès non calcaire que j'étais en train de tailler. J'ai eu parfois une classe de visiteurs différente, mais non moins intéressante. La ville avait son cercle restreint mais très choisi de dames intellectuelles accomplies, qui, au début du siècle, auraient peut-être été décrites comme des membres de la confrérie des bas bleus ; mais l'intelligence avancée de l'époque avait rendu l'expression obsolète ; et elles prenaient simplement leur place en tant que femmes bien informées et sensées, dont la connaissance des meilleurs auteurs était considérée comme ne les disqualifiant en rien de leurs devoirs propres d'épouses ou de filles. Et mon cercle de connaissances comprenait toute la classe. Je les rencontrais lors de délicieuses soirées de thé, et j'empruntais parfois une journée à mon travail pour les conduire à travers le pittoresque brûlage d'Eathie ou les scènes sauvages de Cromarty Hill, ou pour les initier aux gisements fossilifères du Lias ou du Vieux Grès Rouge. Et il n'était pas rare que leurs promenades du soir se terminaient là où je travaillais, dans l'ancienne chapelle de Saint-Régulus, ou dans le cimetière paroissial, à côté d'un joli vallon boisé connu sous le nom de « Promenade des Dames » ; et mes travaux de la journée se terminèrent par ce que j'ai toujours beaucoup apprécié : une conversation sur le dernier bon livre, ou sur quelque nouvel organisme, récemment exhumé, de la période secondaire ou paléozoïque.

J'étais en train de tailler, à peu près à cette époque, dans la partie supérieure du jardin de mon oncle, et je venais de terminer mon travail pour la soirée, lorsque je reçus la visite d'une de mes amies, accompagnée d'une dame étrangère, venue voir une curieuse vieille pierre à cadran que j'avais extraite de la terre longtemps auparavant, quand j'étais enfant, et qui appartenait à l'origine à l'ancien jardin du château de Cromarty. Je me tenais avec eux à côté du cadran que j'avais placé dans le jardin de mon oncle, et je remarquai que, comme sa structure montrait une grande habileté mathématique, il avait probablement été taillé sous l'œil de l'excentrique mais accompli Sir Thomas Urquhart ; lorsqu'une troisième dame, beaucoup plus jeune que les autres, et que je n'avais jamais vue auparavant, arriva précipitamment en trébuchant dans l'allée du jardin et, s'adressant apparemment aux deux autres d'un ton précipité : « Oh ! Il a dit : « Je te cherche depuis très longtemps. » "Est-ce toi, L——?" fut la réponse posée : « Pourquoi, et maintenant ? – vous êtes à bout de souffle. La jeune dame était, je le vis, très jolie ; et bien qu'elle fût alors âgée de dix-neuf ans, sa taille légère et un peu *petite*, et la clarté cireuse de son teint, qui ressemblait plutôt à celui d'une enfant blonde qu'à celui d'une femme adulte, la faisaient paraître de trois à quatre ans plus jeune. Et comme si, dans une certaine mesure, elle était encore une enfant, ses deux amies semblaient la regarder. Elle resta avec eux à peine une minute avant de repartir ; je n'ai pas non plus remarqué qu'elle me favorisait d'un seul regard. Mais à quoi d'autre pouvait-on s'attendre d'un mécanicien disgracieux, saupoudré de poussière, en manches de chemise et avec un tablier de cuir devant lui ? Le mécanicien *ne s'attendait* pas non plus à autre chose ; et lorsqu'il fut informé longtemps après, par quelqu'un dont le témoignage était concluant sur ce point, qu'il avait été signalé à la jeune femme sous un nom aussi distingué que « le poète de Cromarty », et qu'elle était venue voir ses amis d'une manière ou d'une autre. rafale, simplement pour qu'elle puisse le regarder de plus près, il reçut la nouvelle avec une certaine surprise. Toutes les premières interviews dans tous les romans que j'ai jamais lus sont d'un caractère plus romantique et moins simple que l'entretien spécial que je viens de raconter ; mais je n'en connais pas de plus curieux.

Quelques soirs plus tard seulement, je rencontrai la même jeune femme, dans des circonstances dont l'auteur d'un conte aurait pu faire un peu plus. Je me promenais, juste au moment où le soleil se couchait, le long d'une de mes promenades préférées sur la colline - une clairière bordée d'arbres - regardant maintenant par les ouvertures les beautés toujours fraîches du Cromarty Firth, avec ses promontoires et ses baies, et de longues lignes de rivages sinueux, et aussitôt marquant avec quelle rougeur la lumière oblique tombait à travers les interstices des troncs pâles lichens et des branches énormes, dans les profondeurs les plus profondes du bois, quand je me trouvai de manière inattendue en présence de la jeune dame du précédent. soirée. Elle se promenait dans le bois aussi tranquillement que moi, plongeant de temps en temps dans un volume assez volumineux qu'elle portait, qui n'avait pas du tout l'air d'un roman et qui, comme je l'ai appris par la suite, était un essai élaboré sur la causalité. . Bien entendu, nous nous sommes croisés sur nos différents chemins sans signe de reconnaissance. Cependant, accélérant le pas, elle fut bientôt hors de vue ; et j'ai juste pensé, à une ou deux reprises par la suite, à l'apparition qui s'était présentée lors de son passage, tout autant en accord avec les accessoires - la forêt pittoresque et le magnifique coucher de soleil. Il ne serait pas facile, pensai-je, si le grand livre était absent, de fournir à une très belle scène une figure plus appropriée. Peu de temps après, j'ai commencé à rencontrer la jeune femme lors des charmants tea-partys du lieu. Son père, un honnête homme, qui, à la suite de malheureuses spéculations commerciales, avait essuyé de lourdes pertes, était alors mort depuis plusieurs années ; et sa veuve était venue résider à Cromarty, avec un revenu quelque peu limité, provenant de ses propres biens. Cependant, aidée généreusement par ses parents en Angleterre, elle avait pu envoyer sa fille à Édimbourg, où la jeune femme bénéficiait de tous les avantages que pouvait conférer une éducation de premier ordre. Par un heureux hasard, elle y fut hébergée, avec quelques autres dames, dès son plus jeune âge, dans la famille de M. George Thomson, le correspondant bien connu de Burns ; et passa sous son toit certaines de ses années les plus heureuses. M. Thomson, lui-même passionné d'art, s'efforçait d'inoculer la même ferveur aux jeunes habitants de sa maison et de développer en eux toutes les graines de goût ou de génie qu'on pouvait trouver en eux ; et, caractérisé jusqu'à la fin d'une vie prolongée bien au-delà du terme ordinaire, par les belles manières chevaleresques du gentleman intègre de la vieille école, son influence sur ses jeunes amis fut très grande, et ses efforts, au moins dans certains des instances, très réussies. Et dans aucun cas, peut-être, il ne l'était plus que dans le cas de la jeune femme de mon récit. D'Édimbourg, elle partit résider en Angleterre chez les amis dont elle était si largement redevable ; et avec eux, elle aurait pu rester en permanence, pour jouir des avantages d'une position supérieure. Elle était pourtant à un âge où l'on s'occupe rarement de régler la balance des avantages temporels ; et son frère unique ayant été admis, par l'intérêt de ses amis, comme élève au Christ's Hospital, elle préféra retourner auprès de sa mère veuve, laissée solitaire par conséquent, mais avec la perspective d'être obligée d'augmenter ses ressources en prenant un quelques enfants de la ville comme élèves de jour.

Sa prétention à prendre sa place dans le cercle intellectuel de la ville fut bientôt reconnue. Je m'aperçus que, induit en erreur par l'extrême jeunesse de son apparence et la jeunesse marquée de ses manières, je m'étais grandement trompé sur la jeune dame. Qu'elle soit accomplie dans le sens ordinaire du terme, qu'elle dessine, joue et chante bien, c'était ce à quoi j'aurais dû m'attendre ; mais je n'étais pas disposé à constater que, si simple qu'elle paraissait, elle se tournerait résolument, non vers les domaines les plus légers, mais vers les domaines les plus sévères de la littérature, et qu'elle aurait déjà acquis la capacité d'exprimer ses pensées de manière style formé sur les meilleurs modèles anglais, et qui n'a rien à voir avec celui d'une jeune dame. La timidité originelle s'est dissipée et nous sommes devenus de grands amis. J'avais presque dix ans de plus qu'elle et j'avais lu beaucoup plus de livres qu'elle ; et, me trouvant une sorte de dictionnaire de faits, facile d'accès, et auquel étaient annexées des notes explicatives, qui devenaient longues ou courtes selon qu'il lui plaisait de les tirer par ses recherches, elle avait, au cours de ses études d'amateur, fréquemment occasion de me consulter. Il y avait, elle le vit, plusieurs dames de sa connaissance, qui avaient l'habitude de converser avec moi de temps en temps dans le cimetière ; mais, pour s'assurer doublement de la parfaite opportunité d'une telle démarche de sa part, elle prit la louable précaution d'exposer le cas au propriétaire de sa mère, un homme tout à fait sensé, un des magistrats du bourg et un ancien. de l'église; et il attesta aussitôt qu'il n'y avait aucune dame du lieu qui ne puisse causer, sans remarque, aussi souvent et aussi longtemps qu'elle le voulait avec moi. Et ainsi, pleinement justifiée, à la fois par l'exemple de ses amies, toutes des femmes très judicieuses, certaines d'entre elles seulement de quelques années plus âgées qu'elle, et par le jugement délibéré d'un homme très sensé, le magistrat et l'aîné, ma jeune amie. j'ai appris à me rendre visite dans le cimetière, tout comme les autres dames ; et, dernièrement au moins, beaucoup plus souvent que n'importe lequel d'entre eux. Nous avions l'habitude de converser sur toutes sortes de sujets liés aux *belles-lettres* et à la philosophie de l'esprit, à une seule exception près, autant que je m'en souvienne actuellement. Nous n'avons jamais touché par hasard à cette affection mystérieuse qui naît parfois entre des personnes de sexes opposés lorsqu'elles sont très ensemble, bien que parfois discutée par les métaphysiciens et beaucoup chantée par les poètes. L'amour était le seul sujet solitaire qui, par quelque curieuse contingence, nous échappait invariablement.

Et pourtant, dernièrement au moins, j'avais commencé à y réfléchir beaucoup. La nature ne m'avait pas fait du genre à tomber amoureux au premier regard. J'avais même décidé de vivre une vie de célibataire, sans être très impressionné par l'ampleur du sacrifice ; mais j'ose dire que cela signifiait quelque chose que, au cours de mes promenades solitaires des quatorze ou quinze années précédentes, une compagne imaginaire marchait souvent à mes côtés, avec laquelle j'échangeais bien des pensées, exprimais bien des sentiments et à qui j'ai souligné bien des beautés du paysage et communiqué bien des faits curieux, et dont la compréhension était aussi vigoureuse que son goût était irréprochable et ses sentiments exquis. Un des essayistes anglais, l'aîné Moore, a dessiné un personnage très parfait de ce caractère aérien (non cependant du sexe le plus doux, mais du sexe masculin), sous le nom de « mari de la servante » ; et l'a décrit comme l'un des rivaux les plus redoutables que l'amateur ordinaire de chair et de sang puisse rencontrer. Ma dame de rêve – une personne que l'on peut appeler avec la même convenance la « femme du célibataire » – n'a pas été aussi distinctement reconnue ; mais elle occupe une grande place dans notre littérature, comme la maîtresse de tous les poètes qui ont jamais écrit sur l'amour sans l'éprouver réellement, depuis les jours de Cowley jusqu'à ceux d'Henry Kirke White ; et sa présence sert toujours à exprimer un cœur capable d'occupation, mais encore inoccupé. Je trouve la femme du célibataire délicatement dessinée dans un des poèmes posthumes du pauvre Alexandre Béthune, comme un « être juste » — sujet fréquent de ses rêveries —

"Dont la voix douce

Devrait être la musique la plus douce à son oreille,

Réveiller tous les accords de l'harmonie ;

Dont l'œil devrait parler un langage à son âme,

Plus éloquent que tout ce que la Grèce ou Rome

Pourrait se vanter de ses jours les meilleurs et les plus heureux ;

Dont le sourire devrait être la riche récompense de son travail ;

Dont la joue pure et transparente, lorsqu'elle est pressée contre la sienne,

Doit calmer la fièvre de ses pensées troubles,

Et courtiser son esprit dans ces champs Élyséens...

Le paradis que garde une forte affection.

On peut toujours dire de ces femmes de célibataires qu'elles ne ressemblent jamais beaucoup dans leurs traits à aucune femme vivante : celle du pauvre Bethune n'aurait montré aucun trait d'aucune de ses belles voisines, les filles d'Upper Rankeillour ou de Newburgh. S'il en était autrement, la jeune fille rêvée risquerait grandement d'être supplantée par la vraie à laquelle elle ressemble ; et ce fut un événement des plus significatifs que, malgré mon inexpérience, j'appris peu à peu à comprendre, que vers cette époque, ma vieille compagne, la « femme du célibataire », m'abandonna complètement, et qu'une vision de ma jeune amie la prit. lieu. Je peux honnêtement affirmer que je n'avais aucun espoir que ce sentiment soit réciproque. Sur quelque autre point que ma vanité ait pu me flatter, elle ne l'a certainement jamais fait sur le plan de l'apparence personnelle. Ma force personnelle était, je le savais, considérablement au-dessus de la moyenne de celle de mes camarades, et à cette époque aussi mon activité ; mais j'étais parfaitement conscient que, d'un autre côté, ma beauté tombait plutôt au-dessous qu'au-dessus de la ligne médiale. Et ainsi, même si je soupçonnais, comme je pouvais bien le faire, que, comme dans le célèbre conte de fées, la « Belle » avait conquis la « Bête », je n'avais pas la moindre attente que la « Bête » à son tour, faites la conquête de la « Beauté ». Mon jeune ami avait, je le savais, plusieurs admirateurs, des hommes plus jeunes et mieux habillés, et qui, comme ils avaient tous choisi les professions libérales, avaient de plus belles perspectives que moi ; et quant à la question de la beauté, si elle avait mis son affection sur le moins probable d'entre eux, j'aurais pu lui parler, avec une parfaite sincérité, dans les mots de la vieille ballade :

"Ce n'est pas étonnant, ce n'est pas étonnant, Gil Morrice,

    Ma dame vous aime bien :

La partie la plus belle de mon corps

    Est plus noir que ton talon.

Il est cependant étrange de dire beaucoup de choses sur l'époque où j'ai fait ma découverte, que ma jeune amie a réussi à faire une découverte aussi ; le mari de la servante a partagé de son côté le même sort que la femme du célibataire a eu le mien ; et ses visites au cimetière cessèrent brusquement.

Douze mois s'étaient écoulés avant que nous réussissions à découvrir tout cela ; mais la mère de la jeune dame avait vu le danger un peu plus tôt ; et estimant, comme c'était tout à fait juste et convenable, qu'un maçon ouvrier n'était pas un compagnon très approprié pour sa fille, mes occasions de rencontrer mon amie lors d' *une conversation* ou d'un goûter étaient devenues rares. Cependant, je fis ma promenade habituelle du soir à travers les bois de la Colline ; et comme les occupations de mon amie la libéraient à la même heure délicieuse, et comme elle aussi se promenait sur la colline, nous nous rencontrions parfois et assistions ensemble, du milieu des solitudes plus profondes de ses pentes boisées, au coucher du soleil derrière le lointain. Ben Wevis. C'étaient des soirées très heureuses ; l'heure que nous passions ensemble nous paraissait toujours extrêmement courte ; mais, pour compenser sa brièveté, il y eut enfin peu de jours ouvrables dans la saison plus douce dont il ne formait pas la fin ; — du fait, bien entendu, que la similitude de nos goûts pour les paysages naturels nous conduisait toujours dans les mêmes promenades solitaires à propos de la même délicieuse heure de coucher de soleil. Pendant des mois ensemble, même pendant cette deuxième étape de notre amitié, il y avait un sujet intéressant dont nous n'avions jamais parlé. Finalement, cependant, nous sommes parvenus à un accord mutuel. Il fut convenu que nous resterions encore trois ans en Écosse aux conditions existantes ; et si, pendant ce temps, aucun champ d'activité convenable ne m'était ouvert chez moi, nous quitterions alors le pays pour l'Amérique et partagerions ensemble dans un pays étranger le sort qui pourrait nous être réservé. Ma jeune amie était considérablement plus optimiste que moi. Je lui avais fidèlement exposé ces défauts de caractère qui faisaient de moi un homme d'armes plutôt inefficace pour lutter en mon propre nom dans la bataille de la vie. Habitué au travail et aux rigueurs du camp et de la caserne, je croyais qu'au fond des bois, où j'aurais à lever ma hache sur de grands arbres, je pourrais continuer mes défrichements et mes récoltes comme la plupart de mes voisins ; mais alors, je le craignais, les forêts ne seraient plus un endroit pour elle ; et quant à me frayer un chemin efficacement dans les régions les plus peuplées des États-Unis, parmi l'une des races les plus vigoureuses et les plus énergiques du monde, je ne voyais pas que j'étais le moins du monde apte à cela. Mais elle pensait autrement. La tendre passion est toujours étrangement exagérée. Logé dans l'esprit masculin, il donne à l'objet sur lequel il repose tout ce qu'il y a d'excellent dans la femme, et dans l'esprit féminin donne à son objet tout ce qu'il y a de noble dans l'homme ; et mon ami en était venu à me considérer comme apte par nature soit à diriger une armée, soit à diriger un collège, et à considérer comme une des faiblesses de mon caractère que je ne pouvais moi-même adopter une opinion également favorable. Il y avait cependant une profession dont, en me mesurant aussi soigneusement que je le pouvais, je me croyais capable : je voyais des hommes que je ne considérais pas comme mes supérieurs en talent naturel, et même qui ne possédaient pas une plus grande maîtrise de la plume, occuper des postes respectables. des places dans la littérature périodique de l'époque, comme rédacteurs de journaux écossais, provinciaux et même métropolitains, et tirant de leur travail des revenus de une à trois cents livres par an ; et si mes capacités, telles qu'elles étaient, étaient équitablement présentées au public et ainsi introduites sur le marché littéraire, elles pourraient, pensais-je, éventuellement conduire à mon engagement comme rédacteur en chef de journal. C'est pourquoi, comme première étape de ce processus, je résolus de publier mon volume d'histoire traditionnelle, ouvrage auquel j'avais apporté un soin considérable et qui, considéré comme un échantillon de ce que je pouvais faire en tant que *littérateur*, ne montrent pas insuffisamment ma capacité à traiter au moins les sujets plus légers que les rédacteurs de journaux sont parfois appelés à traiter.

Cependant, près de deux des trois douze mois se sont écoulés et j'étais toujours maçon opératif. Malgré toute ma sollicitude, je ne pouvais pas me consacrer de bon cœur à rechercher un travail du genre de celui que je voyais que les rédacteurs de journaux devaient faire à cette époque. Il suffirait peut-être, pensai-je, que l'avocat soit un plaideur spécial. Avec des plaidoiries spéciales tout aussi extrêmes des côtés opposés d'une affaire, et un juge qualifié pour maintenir la balance entre les deux, la cause de la vérité et de la justice pourrait être encore mieux servie que si les agents antagonistes s'efforçaient d'être aussi impartiaux et égaux. - remis comme le magistrat lui-même. Mais je ne pouvais pas accorder la même tolérance aux supplications particulières du rédacteur en chef du journal. J'ai vu que, pour beaucoup de lecteurs de son journal, le rédacteur ne tenait pas la place d'un agent de justice, mais de juge : il lui appartenait donc de leur soumettre, non des plaidoiries ingénieuses, mais des le meilleur de son jugement, des décisions honnêtes. Et non seulement aucune place ne s'offrait à moi dans le domaine éditorial, mais je n'y voyais vraiment aucune place que, avec les vues que j'avais sur ce point, je n'aurais aucun scrupule à occuper. Je ne voyais aucune cause de parti pour laquelle je pourrais honnêtement plaider. Mes amis ecclésiastiques s'étaient, à quelques exceptions près, jetés dans les rangs conservateurs ; et là je ne pouvais pas les suivre. Les libéraux, en revanche, étant au pouvoir à l'époque, étaient devenus au moins aussi semblables à leurs anciens adversaires qu'eux-mêmes, et je ne pouvais en aucun cas défendre tout ce qu'ils *faisaient* . Je n'avais aucune foi dans le radicalisme ; et le chartisme — le souvenir du genre de traitement que j'avais reçu de la part des ouvriers du midi étant encore fortement gravé dans mon esprit — je le détestais profondément. Et c'est ainsi que j'ai commencé à penser sérieusement aux régions reculées de l'Amérique. Mais un autre destin m'était réservé. Ma ville natale, bien qu'elle fût jusqu'alors un lieu de commerce considérable, n'était pas dotée d'une succursale de banque ; mais, sur la représentation de certains de ses commerçants les plus étendus et des propriétaires des terres voisines, la Commercial Bank of Scotland avait accepté d'en faire le théâtre de l'une de ses agences, et s'était arrangée avec un marchand et armateur sagace et prospère de l'endroit où agir en qualité d'agent. Elle avait aussi choisi un jeune homme comme comptable, sur la suggestion d'un propriétaire voisin ; et j'ai entendu parler du projet de berge simplement comme une nouvelle intéressant la ville et ses environs, mais, bien sûr, sans incidence particulière sur aucune de mes préoccupations. Recevant cependant, un matin d'hiver, une invitation à déjeuner avec le futur agent, M. Ross—Je n'ai pas été peu surpris, après avoir pris une tasse de thé ensemble et discuté d'une demi-douzaine de plusieurs sujets, de me voir proposer par lui le poste de comptable de la succursale bancaire. Après une pause d'une bonne demi-minute, je dis que c'était une promenade dans laquelle je n'avais aucune expérience du tout et que même le peu de connaissances en chiffres que j'avais acquises à l'école avait été laissé s'estomper et s'estomper dans mon esprit à cause du temps. manque de pratique, et je craignais de ne devenir qu'un comptable très indifférent. Je m'en occuperai pour vous, dit M. Ross, et je ferai de mon mieux pour vous aider. Il ne vous reste plus qu'à signifier votre acceptation de l'offre faite. Je parlais du jeune homme qui, d'après ce que j'ai compris, avait déjà été nommé comptable. M. Ross a déclaré que, étant totalement étranger pour lui et que le poste était de grande confiance, il avait, en tant que partie responsable, recherché la sécurité d'une garantie, que le monsieur qui avait recommandé le jeune homme avait refusé de donner. ; et ainsi sa recommandation était tombée à terre. "Mais *je* ne peux vous donner aucune garantie", dis-je. "De vous," répondit M. Ross, "on ne vous demandera jamais rien." Et telle fut l'une des *providences* les plus spéciales de ma vie ; car pourquoi devrais-je lui donner un nom plus humble ?

Quelques jours après, j'avais pris congé de mon jeune ami avec bon espoir, et j'étais embarqué dans un vieux caboteur un peu fou, en route vers la banque mère à Édimbourg, pour y recevoir les instructions nécessaires au comptable de la succursale. . J'avais travaillé comme maçon opératif, y compris ma période d'apprentissage, pendant quinze ans, ce qui n'est pas une partie négligeable de la partie la plus active de la vie d'un homme ; mais le temps n'était pas tout à fait perdu. Au cours de ces années, j'ai pleinement profité du bonheur moyen et j'ai appris à connaître davantage le peuple écossais qu'on ne le pense généralement. Permettez-moi d'ajouter — car il semble que ce soit très à la mode à l'époque de dresser des tableaux douloureux de la condition des classes laborieuses — que depuis la fin de la première année au cours de laquelle j'ai travaillé comme compagnon jusqu'à mon dernier congé de le maillet et le ciseau, je n'ai jamais su ce que c'était que de vouloir un shilling ; que mes deux oncles, mon grand-père et le maçon chez lequel j'ai fait mon apprentissage, tous ouvriers, avaient eu une expérience similaire ; et que c'était aussi l'expérience de mon père. Je ne doute pas que des mécaniciens méritants puissent, dans des cas exceptionnels, être exposés au besoin ; mais je ne peux pas non plus douter que les cas *soient* exceptionnels et qu'une grande partie des souffrances de la classe soit une conséquence soit de l'imprévoyance de ceux qui sont compétents, soit d'une pratique insignifiante pendant la durée de l'apprentissage - tout aussi fréquente. comme insignifiant à l'école – cela place toujours ceux qui s'y adonnent dans la malheureuse position de l'ouvrier inférieur. J'espère pouvoir ajouter en outre que j'étais un mécanicien honnête. C'était une des maximes de l'oncle Jacques, que, de même que les Juifs, limités par la loi à leurs quarante rayures, manquaient toujours d'un un le nombre légal, de peur qu'ils ne le dépassent par accident, de même un ouvrier, afin de équilibrer tout élément perturbateur d'égoïsme dans son tempérament, devrait ramener ses honoraires pour le travail effectué, légèrement mais sensiblement dans ce qu'il considérait comme la marque appropriée, et ainsi donner, comme il avait l'habitude de s'exprimer, à ses "clients le coup de pouce". Je pense que j'ai agi conformément à la maxime ; et que, sans nuire à mes confrères ouvriers en abaissant leurs prix, je n'ai jamais encore facturé à un employeur un travail qui, équitablement mesuré et évalué, ne serait pas évalué à une somme légèrement supérieure à celle à laquelle il se situait dans mon compte.

J'avais quitté Cromarty pour le sud à la fin de novembre et j'avais débarqué à Leith par un sombre matin de décembre, juste à temps pour échapper à une terrible tempête de vent et de pluie venant de l'ouest, qui, si elle avait pris le claquement dans lequel j'avais navigué sur le Firth, nous aurait tous ramenés à Fraserburgh et, comme le navire n'était alors guère en état de naviguer, peut-être beaucoup plus loin. Le passage avait été orageux ; et un compagnon de voyage très noble, mais plutôt antisocial – un beau spécimen de l'aigle royal – avait eu le mal de mer et, de toute évidence, très mal à l'aise pendant la plus grande partie du voyage. L'aigle devait être habitué à un mouvement beaucoup plus rapide que celui du navire, mais c'était un mouvement d'une autre nature ; et ainsi il s'en sortit comme le font les gens qui n'éprouvent jamais de scrupule lorsqu'ils sont pressés le long d'un chemin de fer à la vitesse de quarante milles à l'heure, mais qui pourtant deviennent très dégoûtés dans un bateau agité, qui se faufile à travers une mer agitée à une vitesse ne dépassant pas, en le même laps de temps, de quatre à cinq nœuds. La journée qui précéda la tempête fut sombre et plombée, et si calme que, même si le petit vent soufflait dans le bon sens, il nous conduisit, dès les premières lueurs du matin, lorsque nous nous trouvâmes à la hauteur du Bass, vers seulement près d'Inchkeith ; car lorsque la nuit tomba, nous vîmes la lumière de mai scintiller faiblement loin à l'arrière, et celle de l'Inceh s'élever brillante et haute juste devant nous. Je passai la plus grande partie de la journée sur le pont, marquant, à mesure qu'ils apparaissaient, les divers objets — colline, île et ville portuaire — que j'avais perdus de vue près de dix ans auparavant ; sentant pendant ce temps, non sans quelques lâchetés, qu'étant arrivé au terme, dans le voyage de la vie, d'une étape bien définie, avec son décor et ses ensembles d'objets particuliers, j'étais juste sur le point d'entrer dans une autre étape, dans lequel les paysages et les objets seraient tous inconnus et nouveaux. J'avais maintenant deux ans sur trente ; et bien que je ne puisse pas soutenir qu'une très grande quantité de dons naturels soit essentiellement nécessaire au comptable de banque, je savais que la plupart des hommes âgés de trente ans pourraient en vain tenter d'acquérir la capacité même de diriger une épingle avec l'adresse nécessaire, et que je pourrait échouer, selon le même principe, à réussir en tant que comptable. Je résolus cependant de m'obstiner à acquérir, quel qu'en soit le résultat ; et je suis entré à Édimbourg avec quelque bonne humeur, grâce à la résolution. J'avais transmis le manuscrit de mon œuvre légendaire, plusieurs mois auparavant, à Sir Thomas Dick Lauder ; et comme il était maintenant en bons termes, en son nom, avec M. Adam Black, l'éditeur bien connu, je pris la liberté de l'attendre pour voir comment la négociation s'accélérait. Il m'a reçu avec une grande bonté ; il me pressa avec hospitalité de vivre avec lui, aussi longtemps que je résiderais à Édimbourg, dans sa noble demeure, la Grange House ; et, pour m'y inciter, me présenta à sa bibliothèque, pleine des meilleures éditions des meilleurs auteurs, et enrichie de nombreux volumes rares et de manuscrits curieux. « Ici, dit-il, l'historien Robertson a écrit son dernier ouvrage : la *Disquisition* ; et ici, ouvrant la porte d'une pièce voisine, il est mort. Bien entendu, j'ai décliné l'invitation. La Grange House, avec ses livres et ses tableaux, et son hospitalier maître, si riche en anecdotes et si plein de sympathies littéraires, n'aurait pas été un endroit pour un pauvre élève comptable, trop sûr d'être stupide. , mais non moins déterminé à être occupé. En outre, en passant immédiatement après à la banque, je m'aperçus que je devais quitter Edimbourg le lendemain pour me rendre dans une agence de campagne, dans laquelle je pourrais être initié au système de comptabilité propre à une succursale bancaire et où les affaires étaient traitées. serait d'un genre similaire à ce à quoi on pourrait s'attendre à Cromarty. Sir Thomas, cependant, a gentiment demandé à M. Black de me rencontrer à dîner ; et, au cours de la soirée, ce libraire entreprenant a accepté d'entreprendre la publication de mon ouvrage, à des conditions que l'auteur anonyme d'un volume quelque peu local par son caractère et très local dans son nom, pourrait bien considérer comme libérales.

Linlithgow était le lieu désigné par la banque mère comme le théâtre de mon initiation aux mystères des succursales bancaires ; et, prenant mon passage dans l'un des bateaux à chenilles qui naviguaient à cette époque sur le canal entre Édimbourg et Glasgow, j'atteignis le beau vieux bourg alors que la brève journée d'hiver touchait à sa fin, et j'étais assis le lendemain matin à mon bureau. , à moins de cent mètres de l'endroit où Hamilton de Bothwellhaugh avait pris position lorsqu'il avait tiré sur le bon Régent. J'étais, comme je l'avais prévu, très stupide ; et j'ai dû avoir l'air, je suppose, encore plus stupide que je ne l'étais en réalité : car mon supérieur temporaire, l'agent, étant parti à Édimbourg quelques jours après mon arrivée, a exprimé, à la banque principale, la conviction qu'il serait en vaine tentative de faire de « cet homme » un comptable. Manquant totalement de l'intelligence qui permet de maîtriser rapidement des détails isolés, alors que dans l'ignorance de leur incidence sur le système général auquel ils appartiennent, je ne pouvais littéralement rien faire avant d'avoir mis la main sur le système ; qui, enfermé dans les lourds tomes de l'agence, m'a échappé pendant un certain temps. Finalement, cependant, il s'est progressivement déroulé devant moi dans toutes ses belles proportions, comme l'une des formes peut-être les plus complètes de « comptabilité » que l'esprit de l'homme ait jamais conçues ; et je découvris alors que les détails qui, lorsque je les avais approchés comme du dehors, m'avaient repoussé et repoussé, pouvaient, comme les ouvrages avancés d'une forteresse, être commandés du centre avec la plus grande facilité. Juste au moment où j'en étais arrivé à ce stade, le comptable régulier de la succursale fut appelé à un rendez-vous dans l'une des banques par actions d'Angleterre ; et l'agent, se rendant de nouveau à Édimbourg pour affaires, me laissa la plus grande partie de la journée en direction de l'agence. Un peu plus de quinze jours s'étaient écoulés depuis qu'il avait rendu son verdict défavorable ; et on lui demanda maintenant comment, en l'absence du comptable, il aurait pu échapper à sa charge. Il *m'avait* laissé au bureau, dit-il. "Quoi ! l' *Incompétent* ?" "Oh, ça," répondit-il, "ce n'est qu'une erreur ; les Incompétents ont déjà maîtrisé notre système." La capacité mécanique, cependant, ne vint que lentement ; et je n'ai jamais acquis la facilité, pour dresser des colonnes de résumés, du comptable des premiers jours ; cependant, compensant par la diligence ce que je voulais en rapidité, je découvris, après mes premières semaines de travail à Linlithgow, que je pouvais consacrer autrefois une heure occasionnelle à la littérature et à la géologie. Les épreuves de mon livre commencèrent à tomber sur moi, exigeant une révision ; et à une carrière aux environs de la ville, riche des organismes du calcaire de montagne, et surplombée d'un lit de basalte si régulièrement colonnaire, qu'une des légendes du pays attribuait sa formation aux « anciens Pechts ». a pu y consacrer, non sans profit, des soirées de plusieurs samedis. C'est à cette époque que je fis ma première connaissance des coquilles paléozoïques, telles qu'elles se présentent dans la roche, connaissance qui s'est depuis étendue dans une certaine mesure à travers les dépôts du Silurien supérieur et inférieur ; et ces coquilles, bien que marquées, au cours des âges immensément étendus de la division à laquelle elles appartiennent, par une variété spécifique et même générique, j'ai trouvé qu'elles présentaient partout un type ou un modèle familial unique, entièrement différent du type familial du Secondaire. coquilles car les deux sont différents des types de familles du Tertiaire et de ceux existants. Chacune des trois grandes périodes de la création avait sa mode particulière ; et après m'être familiarisé avec les modes de la deuxième et de la troisième périodes, j'étais maintenant particulièrement intéressé par la connaissance que je pouvais commencer avec celle de la première et de la première également. J'ai également trouvé dans un lit de piège au bord de la route d'Edimbourg, à peine à un demi-mille à l'est de la ville, de nombreux morceaux de lignite carbonisé, qui conservaient encore la structure ligneuse - probablement les restes brisés de quelque forêt de la période carbonifère. , enveloppé dans quelque ancien lit de lave, qui avait roulé sur ses arbustes et ses arbres, annihilant tout sauf les fragments de charbon de bois qui, enfermés dans ses recoins visqueux, avaient résisté à l'agent qui dissipait en gaz les braises les plus exposées. J'avais trouvé de la même manière, lors de ma résidence à Conon-side et à Inverness, des fragments de charbon de bois enfermés dans la pierre vésiculaire vitreuse des anciens forts vitrifiés de Craig Phadrig et de Knock Farril, et existant comme seuls représentants des vastes masses de combustible qui a dû être employé pour fondre les lourdes parois de ces fortifs uniques. Et j'étais maintenant intéressé de retrouver exactement les mêmes phénomènes parmi les roches *vitrifiées* des Mesures Charbonnières. Aussi brèves que fussent les journées, j'avais toujours une heure crépusculaire pour moi à Linlithgow ; et comme les soirées étaient belles pour la saison, le vieux parc royal du lieu, avec sa noble église, son palais massif et son doux lac, encore tacheté par les cygnes héréditaires dont les géniteurs avaient navigué sur ses eaux au temps où James IV. adoré dans l'allée des spectres, formait un lieu de retraite délicieux, peu fréquenté par les habitants de la ville, mais d'autant plus le mien par conséquent ; et dans lequel je sentais la fatigue des calculs et des calculs de la journée s'évanouir dans l'air frais et venteux, comme les toiles d'araignées d'une bannière déployée, alors que je grimpais parmi les ruines ou que je flânais le long des rives herbeuses du loch. Mon séjour à Linlithgow fut quelque peu prolongé par le déplacement, d'abord du comptable de la succursale, puis de son agent, qui fut appelé dans le sud pour entreprendre la gestion d'une banque anglaise nouvellement créée ; mais je n'ai rien perdu à cause du retard. Un admirable homme d'affaires, l'un des fonctionnaires de la banque mère à Édimbourg (aujourd'hui son agent à Kirkcaldy, et récemment prévôt de l'endroit), fut envoyé temporairement pour diriger les affaires de l'agence ; et j'ai vu, sous sa direction, comment un étranger relatif arrivait à ses conclusions concernant la situation et la solvabilité des divers clients avec lesquels, au nom de l'institut mère, il était appelé à traiter. Et finalement, mon bref apprentissage expiré – environ deux mois en tout – je retournai à Cromarty ; et, comme l'ouverture de l'agence n'y attendait que mon arrivée, je commençai aussitôt ma nouvelle formation de comptable. Mon ministre, lorsqu'il m'a vu pour la première fois assis à son bureau, m'a déclaré « enfin assez pris » ; et je dois avouer que j'avais l'impression que mes derniers jours étaient destinés à différer de mes premiers jours, presque autant que ceux de Pierre autrefois, qui, lorsqu'il était « jeune, se ceignait et marchait où il voulait, mais qui, lorsqu'il était vieux, était ceint par d'autres et emmené là où il ne voulait pas.

Il fallut deux longues années avant que ma jeune amie et moi puissions nous unir ; car telles étaient les conditions auxquelles nous devions obtenir le consentement de sa mère ; mais, grâce à notre union dans la perspective, nous pourrions nous rencontrer plus librement qu'auparavant ; et le temps ne s'écoula pas de façon désagréable. Pendant les six premiers mois de mon nouvel emploi, je me suis trouvé incapable de faire mon ancien usage des heures de loisirs dont je me suis rendu compte que je pouvais encore disposer. Il n'y avait rien de très intellectuel, au sens élevé du terme, à enregistrer les transactions de la banque, ni à résumer des colonnes de chiffres, ni à faire des affaires au guichet ; et pourtant la fatigue provoquée était une fatigue, non des tendons et des muscles, mais des nerfs et du cerveau, qui, si elle ne me disqualifiait pas complètement pour mes anciens divertissements intellectuels, du moins m'en détournait grandement et me rendait considérablement plus agréable. personne indolente qu'avant ou depuis. Les artistes à l'œil perspicace affirment que la main humaine porte une expression marquée par le caractère général, aussi sûrement que le visage humain ; et j'ai certainement été frappé, pendant cette période de transition, par l'expression détendue et paresseuse qu'avait soudain prise la mienne. Et les mains relâchées représentaient, moi aussi, je le sentais sûrement, un esprit détendu. Les travaux non intellectuels du travailleur ont été parfois représentés comme moins favorables à la culture mentale que les emplois semi-intellectuels de la classe immédiatement au-dessus de lui, à laquelle appartiennent nos commis, commerçants et comptables plus humbles ; mais on constatera que c'est exactement le contraire qui se produit et que, bien qu'une certaine distinction conventionnelle de manières et d'apparence de la part d'une classe un peu plus élevée puisse servir à cacher le fait, c'est de la part de l'homme qui travaille que le véritable avantage réside. Le marchand comptable ou le clerc, penché sur son bureau, ses facultés concentrées sur ses colonnes de chiffres ou sur les pages qu'il a soigneusement absorbées, et ne pouvant avancer d'un pas dans son ouvrage sans y consacrer toute son attention, se trouve dans des circonstances bien moins favorables que le laboureur ou le mécanicien ouvrier, dont l'esprit est libre malgré le travail de son corps, et qui trouve ainsi, dans la grossièreté même de ses emplois, une compensation à son caractère humble et laborieux. Et l'on constatera que la classe la plus humble des deux classes est beaucoup plus largement représentée dans notre littérature que la classe la moins humble d'un degré. Face au pauvre employé de Nottingham, Henry Kirke White, et au plus infortuné encore employé d'Edimbourg, Robert Fergusson, et à quelques autres, nous trouvons dans notre littérature une phalange nombreuse et vigoureuse, composée d'hommes tels que l'Ayrshire Ploughman, le Ettrick Shepherd, les Fifeshire Foresters, les marins Dampier et Falconer — Bunyan, Bloomfield, Ramsay, Tannahill, Alexander Wilson, John Clare, Allan Cunningham et Ebenezer Elliot. Et on m'a appris à cette époque à reconnaître le principe simple selon lequel les plus grands avantages sont du côté de la classe la plus humble. Peu à peu, cependant, à mesure que je m'habituais davantage à la vie sédentaire, mon esprit retrouva son ressort et mon ancienne capacité d'employer mes loisirs, comme auparavant, à des efforts intellectuels. Entre-temps mon volume légendaire sortait de la presse et fut, à quelques exceptions près, très favorablement accueilli par la critique. Leigh Hunt en a fait une note aimable et géniale dans son *Journal* ; Robert Chambers ne l'a pas caractérisé moins favorablement dans *le sien* ; et le Dr Hetherington, futur historien de l'Église d'Écosse et de la Westminster Assembly of Divines – à l'époque licencié de l'Église – en a fait le sujet d'une critique élaborée et très amicale dans la *Presbyterian Review* . Je n'ai pas non plus été moins satisfait des termes dans lesquels le regretté baron Hume, neveu et légataire résiduel de l'historien — lui-même très critique de la vieille école — en a parlé dans une note adressée à un ami du nord. Il le décrit comme une œuvre « écrite dans un style anglais qu'il » avait « commencé à considérer comme l'un des arts perdus ». Mais il n'a pas connu une grande popularité. Pour être populaire, ses sujets étaient trop locaux et son traitement peut-être trop discret. Mes éditeurs me disent cependant que non seulement il continue à se vendre, mais qu'il s'en sort considérablement mieux dans ses éditions ultérieures que lors de sa première parution.

Les succursales de banque m'ont fourni un champ d'observation tout nouveau et curieux, et ont formé une école très admirable. Pour cultiver un bon sens avisé, un bureau de banque est peut-être l'une des meilleures écoles au monde. La simple intelligence ne sert souvent qu'à tromper son propriétaire. Il s'emmêle dans ses propres ingéniosités et est pris comme dans un filet. Mais les ingéniosités, les plausibilités, les arguments particuliers, tout ce qui fait la grandeur de l'orateur de souche, doivent être écartés par le banquier. La question qui se pose chez lui est toujours une question sévère et nue : M. ---- est-il ou n'est-il pas une personne digne de confiance pour l'argent de la banque ? Son sens des obligations monétaires est-il agréable ou obtus ? Son jugement est-il bon, ou le contraire ? Ses spéculations sont-elles solides ou précaires ? Quelles sont ses ressources ? — quels sont ses passifs ? Est-il facile de prêter l'usage de son nom ? Flotte-t-il sur des becs à vent, comme les garçons nagent sur des vessies ? ou son journal est-il représentatif uniquement de transactions commerciales réelles ? Tels sont les sujets que, dans les recoins de son esprit, le banquier est appelé à discuter ; et il doit en discuter, non seulement de manière plausible ou ingénieuse, mais solidement et véritablement ; car cette erreur, aussi illustrée ou ornée, ou capable d'être brillamment défendue dans un discours ou une brochure, est sûre de toujours prendre la forme d'une perte pécuniaire. Mon supérieur dans l'agence, M. Ross, un homme bon et honorable, plein de sens et d'expérience, était admirablement propre à des calculs de ce genre ; et j'appris, tant pour lui que par le plaisir que je tirais de cet exercice, à m'y intéresser également. Il était agréable de souligner les effets moraux d'une agence bien conduite comme la sienne. Si humblement que l'honnêteté et le bon sens puissent être appréciés dans le grand monde en général, ils sont toujours, lorsqu'ils sont unis, porteurs d'une prime dans un bureau de banque judicieusement géré. Il était également assez intéressant de voir des hommes calmes et silencieux, comme « l'honnête fermier Flamburgh », s'enrichir, principalement parce que, bien que dénués d'apparence, ils ne manquaient pas d'intégrité et de jugement ; et des gens intelligents et sans scrupules, comme « Ephraim Jenkinson », qui « parlaient à bon escient », devenant pauvres, en grande partie parce que, malgré toute leur intelligence, ils manquaient de sens et de principes. Il convient également de noter qu'en examinant les classes agricoles de mon point de vue particulier, j'ai trouvé des fermiers, dans de très bonnes fermes, généralement prospères, même s'ils n'étaient pas eux-mêmes en faute, quels que soient leurs loyers ; et que, d'un autre côté, les agriculteurs des fermes stériles *ne prospéraient pas* , aussi modérées que soient les exigences du propriétaire. Il était plus mélancolique, mais non moins instructif, d'apprendre, de la part d'autorités dont les preuves ne pouvaient être contestées – des factures payées par petits versements ou sous protestation – que le système des petites exploitations agricoles, si excellent dans le passé, devenait plutôt inadapté à la compétition énergique de l'actuel ; et que les *petits* fermiers — une classe relativement aisée il y a soixante ou quatre-vingts ans, qui avaient l'habitude de donner une dot à leurs filles et de laisser des fermes bien approvisionnées à leurs fils — tombaient dans des circonstances difficiles et devenaient, aussi respectables ailleurs soient-ils, non plus. de très bons hommes à la banque. Il était également intéressant de noter le caractère et les capacités des diverses branches de commerce exercées dans la région, et comment les affaires de ses commerçants tombaient toujours entre quelques mains, laissant au plus grand nombre, possédant, apparemment, le pouvoir. les mêmes avantages que leurs concurrents prospères, seulement une simple démonstration de coutume - combien le commerce de la pêche est toujours précaire dans sa nature, en particulier la pêche au hareng, pas plus à cause de l'incertitude des pêches elles-mêmes, que des fluctuations des marchés - et comment dans le commerce du porc de la place, une utilisation judicieuse de l'argent de la banque permettait aux guérisseurs de négocier pratiquement avec un capital doublé, et de réaliser, déduction faite des escomptes bancaires, des bénéfices doublés. En quelques mois, ma connaissance du caractère et de la situation des hommes d'affaires du district devint assez étendue et essentiellement exacte ; et à deux reprises, lorsque mon supérieur me quitta pour un temps pour diriger toutes les affaires de l'agence, j'eus le bonheur de ne pas lui escompter une seule mauvaise facture. La confiance implicite que me témoignait un homme si bon et si sagace suffisait certainement à elle seule à me mettre sur mon métal. Il y avait cependant au moins un élément dans mes calculs sur lequel je me trouvais presque toujours incorrect : j'ai découvert que je pouvais prédire toutes les faillites dans le district ; mais je manquais généralement de dix à dix-huit mois par rapport à la période au cours de laquelle l'événement s'est réellement produit. Je pouvais à peu près déterminer le moment où les difficultés et les enchevêtrements que je voyais *auraient dû* produire leurs effets propres et aboutir à un échec ; mais je n'ai pas tenu compte des efforts désespérés que font dans de telles circonstances les hommes au tempérament énergique, et qui, au grand préjudice de leurs amis et à la perte de leurs créanciers, réussissent généralement à conjurer la catastrophe pour un temps. Bref, l'école de la succursale bancaire était une école très admirable ; et j'ai tellement profité de ses enseignements que lorsque les questions liées aux banques sont portées à l'attention du public et que mes frères rédacteurs doivent demander des articles sur le sujet à des banquiers littéraires, je découvre que je peux écrire mes articles bancaires pour moi-même. .

Les saisons passaient ; les deux années de probation touchaient à leur fin, comme toutes les années précédentes ; et après une cour longue et anxieuse au début de cinq années, je reçus de la main de M. Ross celle de ma jeune amie, dans la maison de sa mère, et je fus uni à elle par mon ministre, M. .Stewart. Et puis, partant, immédiatement après la cérémonie, pour le côté sud du Moray Firth, nous passâmes ensemble deux jours heureux à Elgin ; et, sous la direction d'un des citoyens les plus respectés de l'endroit, mon aimable ami M. Isaac Forsyth, j'ai visité les objets les plus intéressants liés à la ville ou à ses environs. Il nous présenta la cathédrale d'Elgin, le véritable John Shanks, le gardien excentrique de l'édifice, qui n'entendit jamais parler du loup de Badenoch, qui l'avait brûlé quatre cents ans auparavant, sans se mettre en colère et devenir ce que le mort aurait jugé diffamatoire ; — jusqu'aux fonts baptismaux aussi, sous une voûte dégoulinante de pierre nervurée, dans laquelle une mère folle chantait pour endormir le pauvre enfant, qui, devenu plus tard lieutenant-général Anderson, construisit pour les pauvres pauvres. comme sa mère, et des enfants pauvres tels qu'il l'avait été lui-même, l'institution princière qui porte son nom. Et puis, après être passé des fonts baptismaux en pierre à l'institution elle-même, avec ses enfants heureux et ses vieillards et femmes très malheureux, M. Forsyth nous a conduits dans la vallée pastorale et semi-highland de Pluscardine, avec ses magnifiques paysages boisés. prieuré - l'un des spécimens peut-être les plus beaux et les plus symétriques du gothique sans ornements de l'époque d'Alexandre II. à voir partout en Écosse. Enfin, après avoir passé une délicieuse soirée dans son hôtel hospitalier et rencontré, entre autres invités, mon ami M. Patrick Duff, l'auteur de la "Géologie de Moray", je revins avec ma jeune femme à Cromarty et retrouvai sa mère, M. Ross, M. Stewart et un groupe d'amis nous attendaient dans la maison que mon père s'était construite quarante ans auparavant, mais qu'il était destiné à ne jamais habiter. Cela a constitué notre maison pendant les trois années suivantes. Les vers ci-dessous - de la prose, je suppose, plutôt que de la poésie, car l'ambiance dans laquelle ils ont été écrits était trop sérieux pour être imaginatif - je les présente, comme représentatifs de mes sentiments à cette époque : ils ont été écrits avant mon mariage, sur une des pages blanches d'une Bible de poche que j'ai présentée à ma future épouse :

À LYDIE.

Lydia, depuis malade par cadeau sordide

    Un amour comme le mien s'exprimait-il,

Prenez la meilleure bénédiction du Ciel, ce Livre Sacré,

    De celui qui t'aime le plus.

L'amour est aussi fort que celui que je te porte

    On m'a sûrement dit à tort

Par des fleurs mourantes ou des joyaux sans vie,

    Ou de l'or captivant pour l'âme.

Je sais que c'est Lui qui a formé ce cœur

    Qui cherche ce cœur pour guider ;

Pourquoi ? — Il me dit de t'aimer davantage

    Que tout le reste sur terre. [16]

Oui, Lydia, m'ordonne de m'attacher à toi,

    Tant que ce cœur s'est fendu :

Je souhaiterais, très chère, que ses autres lois

    Étaient à moitié si bien reçus !

Plein de changements, mon seul amour,

    Sur la vie humaine s'occupe;

Et à la froide pierre sépulcrale

    La perspective incertaine se termine.

Comment supporter au mieux chaque changement,

    Si un malheur ou un malheur devait survenir,

Aimer, vivre, mourir, ce Livre Sacré,

    Lydia, ça nous dit tout.

Oh, bien-aimé, notre jour à venir

    Pour nous tout est inconnu,

Mais bien sûr, nous avons une marque plus large

    Que ceux qui sont seuls.

On sait tout : pas son œil,

    Comme le nôtre, obscur et sombre ;

Et nous connaissant, Il donne ce livre,

    Afin que nous puissions le connaître.

Ses paroles, mon amour, sont des paroles gracieuses,

Et des pensées gracieuses expriment :

Il se soucie de chaque petit oiseau

Cela fait voler l'abîme bleu.

Il pensait aux désirs et aux malheurs à venir,

Avant que le besoin ou le malheur aient commencé ;

Et il lui prit un cœur humain.

Afin qu'Il puisse ressentir pour l'homme.

Alors oh ! mon premier, mon seul amour,

Le plus gentil, le plus cher, le meilleur !

Sur Lui reposent tous nos espoirs,

Sur Lui reposent nos vœux.

C'est le jour douteux de l'avenir,

Que la joie ou le chagrin s'abattent :

Dans la vie ou la mort, dans le bonheur ou le malheur,

Notre Dieu, notre guide, notre tout.

NOTES DE BAS DE PAGE :

[15] Professeur Pillans.

[16] "C'est pourquoi l'homme quittera son père et sa mère, et s'attachera à sa femme; et les deux seront une seule chair."

CHAPITRE XXIV.

« La vie est un drame de quelques actes brefs ;

Les acteurs changent, la scène est souvent changée,

Des pauses et des révolutions interviennent,

L'esprit est réglé sur des mélodies très variées.

Et des bocaux et des jeux en harmonie tour à tour."

ALEXANDRE BÉTHUNE.

Bien que ma femme ait continué, après notre mariage, à enseigner à quelques élèves, les revenus cumulés de la maison ne dépassaient pas de beaucoup cent livres sterling par an, somme pas tout à fait aussi importante que je l'avais imaginé quelques années auparavant ; et je me mis donc à essayer si je ne pourrais pas mettre à profit mes heures de loisirs en écrivant pour les périodiques. Mon ancienne incapacité à chercher du travail restait aussi embarrassante que jamais, et, sans un engagement fortuit peu prometteur, qui s'est présenté à moi sans être sollicité à cette époque, j'aurais pu ne pas réussir à obtenir l'emploi que je cherchais. Un ingénieux mécanicien autodidacte, le regretté M. John Mackay Wilson de Berwick-on-Tweed, après avoir réussi son ascension depuis sa place d'origine chez le compositeur jusqu'à la rédaction d'un journal provincial, a commencé, au début de 1835, un périodique hebdomadaire composé de « Border Tales » qui, comme il possédait la capacité de raconter des histoires, rencontra un succès considérable. Il n'a cependant pas vécu assez longtemps pour achever le premier volume annuel ; le quarante-neuvième numéro hebdomadaire annonçait sa mort ; mais comme la publication n'avait pas été inutile, l'éditeur résolut de la poursuivre ; et il était déclaré dans une brève notice, qui contenait quelques détails de la biographie de M. Wilson, que, ses matériaux étant inépuisés, « des histoires encore inédites étaient en réserve, pour garder vivant sa mémoire ». Et au nom de Wilson, la publication a été maintenue pendant, je crois, cinq ans. Il comptait parmi ses contributeurs les deux Bethune, John et Alexander, et le regretté professeur Gillespie de St. Andrews, ainsi que plusieurs autres écrivains, dont aucun ne semble avoir été redevable d'un quelconque document original rassemblé par son premier éditeur ; et moi, qui, à la demande de l'éditeur, écrivais pour lui, pendant la première année de mon mariage, des contes suffisants pour remplir un volume ordinaire, j'ai dû certainement fournir moi-même tout mon matériel. Le tout m'a rapporté environ vingt-cinq livres sterling – un ajout considérable aux cent et quelques dollars du ménage, mais, pour le travail accompli, une rémunération aussi insuffisante que jamais un pauvre écrivain n'a reçu à l'époque de Grub Street. Cependant, mes contes, même si un critique anglais m'a fait l'honneur d'en choisir un comme le meilleur dans la partie mensuelle dans laquelle il paraissait, n'étaient pas du plus haut niveau : il a fallu beaucoup d'écriture pour gagner les trois guinées, quels étaient les salaires stipulés pour remplir un numéro hebdomadaire ; et même si le pauvre Wilson était peut-être un assez bon garçon à sa manière, on n'était pas vraiment encouragé à faire de son mieux, afin de « garder vivant sa mémoire ». Dans toutes ces matières, selon Sir Walter Scott et le vieux proverbe, « chaque hareng devrait pendre par sa tête ».

Je peux cependant montrer qu'au moins une de mes contributions *a* valu à Wilson un peu de crédit. Dans la périlleuse tentative de faire ressortir, sous une forme dramatique, les personnages de deux de nos poètes nationaux – Burns et Fergusson – j'ai écrit pour les « Contes » une série de « Souvenirs », tirés ostensiblement de la mémoire de celui qui avait été Je les connais personnellement tous les deux, mais je me base en réalité sur mes propres conceptions des hommes, telles qu'exposées dans leurs vies et leurs écrits. Et dans une vie élaborée de Fergusson, récemment publiée, je trouve un extrait emprunté de ma contribution, et une référence approbatrice à l'ensemble, couplée à une information entièrement nouvelle pour moi. « Ces souvenirs, dit le biographe, sont vraiment intéressants et touchants, *et sont le résultat de diverses communications faites à M. Wilson* , dont j'ai eu souvent l'occasion de vérifier les recherches minutieuses au cours des miennes. Hélas non! Le pauvre Wilson restait plus d'un an dans sa tombe avant que l'idée de produire ces « Souvenirs » ne frappe pour la première fois l'écrivain – une personne à qui aucune communication sur le sujet n'a jamais été faite par qui que ce soit et qui, sans l'aide d'une de ses biographies, du poète, celui qui, dans les « Vies d'Illustres Écossais » de Chambers, a écrit à deux cents milles de la scène de sa triste et brève carrière. La même personne qui, au nom de M. Wilson, est si élogieuse envers mes « recherches minutieuses », est, je trouve, très sévère envers l'un des biographes précédents de Fergusson – le savant Dr Irving, auteur de la Vie de Buchanan, et les vies des poètes écossais plus âgés - un gentleman qui, quelle qu'ait pu être son estimation du pauvre poète, n'aurait épargné aucun travail pour élucider les divers incidents qui composaient son histoire. L'homme de recherche est traité durement et un compliment est accordé à la diligence de l'homme de nul. Mais il en est toujours ainsi de la renommée.

"Certains elle a déshonoré, et certains ont été couronnés d'honneurs ;

Contrairement aux succès, les mérites sont égaux :

Ainsi règne sa sœur aveugle, la Fortune inconstante.

Et, sans discernement, il disperse des couronnes et des chaînes."

Dans les mémoires de John Bethune par son frère Alexander, on raconte au lecteur qu'il était très déprimé et déçu, environ un an avant son décès, par le rejet successif de plusieurs de ses histoires, qui lui furent renvoyées, "avec une condamnation à mort par un éditeur prononcée contre eux." Je ne sais pas si c'est le rédacteur en chef des Contes des Frontières qui a prononcé la sentence dans cette affaire ; mais je sais qu'il a condamné certains des miens, qui n'étaient, j'ose le dire, pas très bons, bien qu'à peu près égaux, pensais-je, à la plupart des siens. Au lieu de céder à la dépression, comme la pauvre Bethune, j'ai simplement résolu de n'écrivez plus pour lui ; et j'ai immédiatement fait une offre de mes services à M. Robert Chambers, par qui ils ont été acceptés ; et au cours des deux années suivantes, j'ai contribué occasionnellement à son *Journal*, à des conditions beaucoup plus libérales que celles auxquelles j'avais travaillé pour l'autre périodique, et avec mon nom attaché à mes nombreux articles. Il faut me permettre de profiter de l'occasion actuelle pour reconnaître la gentillesse de M. Chambers. Il n'y a peut-être aucun autre écrivain d'aujourd'hui qui ait autant fait pour encourager les talents en difficulté que ce monsieur. J'ai observé depuis de nombreuses années que les publications, aussi obscures soient-elles, dans lesquelles il trouve quelque chose de vraiment louable, sont toujours sûres de recevoir, dans son périodique à large diffusion, un mot d'approbation aimable - que ses critiques portent invariablement l'empreinte d'une nature bienveillante. qui éprouve plus de plaisir à reconnaître ses mérites qu'à déceler ses défauts, que sa bonté ne s'arrête pas à ces encouragements, car il trouve le temps, au cours d'une vie très occupée, d'écrire maintes notes d'encouragement et conseil aux hommes obscurs en qui il reconnaît un esprit supérieur à leur condition - et que les compositions d'écrivains de cette classe méritoire, lorsqu'elles lui sont soumises par voie éditoriale, manquent rarement, si elles sont vraiment adaptées à son journal, d'y trouver une place, ou être rémunéré sur une échelle qui fait invariablement référence à la valeur des communications et non à la situation de leurs auteurs.

Je peux à peine parler de mes contributions aux périodiques à cette époque comme faisant partie de mon éducation. J'ai acquis, dans leur composition, une maîtrise de la plume un peu plus facile qu'auparavant ; mais, bien entendu, ils tendaient plutôt à dissiper les réserves antérieures qu'à en accumuler de nouvelles ; ils ne donnaient pas non plus d'exercice aux facultés supérieures de l'esprit que je croyais avoir le plus intérêt à cultiver. Ma véritable éducation à l'époque était celle à laquelle je m'initiais peu à peu derrière le guichet de la banque, à mesure que s'étendait mon expérience des affaires du quartier ; et celui que je parvenais à ramasser lors de mes soirées libres le long des rivages. Un riche gisement ichtyolitique du vieux grès rouge se trouve, comme je l'ai déjà dit, à moins d'un demi-mille de la ville de Cromarty ; et lorsque j'étais fatigué de mes calculs à la banque, j'avais l'habitude de trouver une délicieuse détente en ouvrant ses poissons par dizaines et en étudiant leurs particularités telles qu'elles se manifestent dans leurs divers états de conservation, jusqu'à ce que je sois enfin capable de déterminer leurs différents genres. et des espèces provenant même des fragments les plus infimes. Le nombre d'ichtyolites que ce gisement fournissait à lui seul — une parcelle d'un peu plus de quarante mètres carrés — me paraissait tout à fait étonnant : il me fournissait des spécimens à presque chaque visite, pendant dix ans ensemble ; et cependant, après avoir quitté Cromarty pour Edimbourg, elle fut souvent explorée par des touristes géologues, et par quelques cultivateurs de sciences de la région, elle ne fut pas complètement épuisée pendant encore dix ans. Les ganoïdes du deuxième âge de l'existence des vertébrés ont dû se rassembler aussi abondamment à cet endroit à l'époque du Lower Old Red Sandstone, que les harengs le font toujours maintenant, en leur saison, sur les meilleurs bancs de pêche du Caithness ou du Moray Firth. J'ai été pendant quelque temps très perplexe dans mes efforts pour restaurer ces poissons anciens, par les particularités de leur organisation. C'était en vain que j'examinais toutes les espèces de poissons pêchées par les pêcheurs du lieu, depuis l'aiguillat et la raie jusqu'au hareng et au maquereau. Je n'ai pu trouver dans nos poissons récents aucune écaille d'os émaillé semblable à celle qui avait recouvert les *Diptères* et les *Cécanthes* ; et aucun animal recouvert de plaques comme les différentes espèces de *Coccosteus* ou *Pterichthys* . Par contre, à l'exception d'une double ligne d'apophyses vertébrales chez le *Coccosteus*, je n'ai pu trouver chez les poissons anciens aucun squelette interne : ils avaient apparemment usé tous leurs os à l'extérieur, là où les crustacés portent leur coquille, et étaient meublés à l'intérieur. avec mais des cadres de cartilage périssable. Il me semblait également quelque peu étrange que les géologues qui venaient occasionnellement à ma rencontre, dont certains étaient des hommes éminents, semblaient en savoir encore moins sur mes vieux poissons rouges et leurs particularités de structure que moi-même. J'avais représenté les différentes espèces du dépôt simplement par des chiffres, que bon nombre des spécimens de ma collection conservent encore sur leurs étiquettes fanées ; et j'attendais que vienne quelqu'un assez instruit pour substituer à mes chiffres provisoires des mots par lesquels les désigner ; mais les connaissances nécessaires semblaient faire défaut, et je finis par découvrir que j'étais entré dans une *terra incognita* dans le domaine géologique, dont la plupart des organismes étaient encore sans rapport avec le langage humain. Ils n'avaient aucun représentant parmi les vocables.

J'ai fait ma première connaissance imparfaite des poissons ganoïdes récents en 1836, grâce à la lecture de l'article du regretté Dr Hibbert sur le gisement de Burdiehouse, que je devais à la gentillesse de M. George Anderson. Le Dr Hibbert, en illustrant les poissons des Coal Measures, a représenté et décrit brièvement le Lepidosteus des rivières américaines comme un poisson encore survivant du premier type ; mais sa description de l'animal, bien que complétée peu après par celle du Dr Buckland dans son Traité de Bridgewater, ne m'a mené que peu de chemin. J'ai vu que deux des genres Old Red, *Osteolepis* et *Diplopterus* , ressemblaient extérieurement au poisson américain. On voit que la première de ces anciennes ichtyolites porte un nom composé, quoique dans l'ordre inverse, des mêmes mots. Mais alors que j'ai trouvé le squelette du Lepidosteus décrit comme remarquablement dur et solide, je n'ai pu détecter chez l' *Osteolepis* et son genre apparenté aucune trace de squelette interne. Les genres Cephalaspean également - *Coccosteus* et *Pterichthys* - m'ont beaucoup intrigué : j'ai pu trouver pas d'analogues vivants pour eux ; et ainsi, dans mes tentatives de restauration souvent répétées, j'ai dû les construire plaque par plaque, comme un enfant dresse sa carte ou son image disséquée petit à petit - chaque nouveau spécimen apparaissant fournissant une clé pour une partie jusqu'alors inconnue. — jusqu'à ce qu'enfin, après maints efforts avortés, les créatures se dressèrent devant moi dans leurs proportions étranges et insolites, telles qu'elles avaient vécu, des siècles auparavant, dans les mers primitives. La forme extraordinaire de *Ptérichthys* m'a rempli d'étonnement ; et, avec sa carpace arquée et son plastron plat restaurés devant moi, je sautai à la conclusion que, de même que le récent Lepidosteus, avec ses anciens représentants du vieux grès rouge, étaient des poissons sauroïdes – étranges liens entre les poissons et les alligators – de même le *Pterichthys* était un poisson chélonien, un lien entre le poisson et la tortue. Un grondin — insinué jusqu'à présent à travers la carapace d'une petite tortue au point de laisser sa tête dépasser de l'ouverture antérieure, munie de pagaies en forme de rame au lieu de nageoires pectorales, et avec sa nageoire caudale coupée en pointe —, j'ai trouvé , ne constituent pas un représentant inadéquat de ce poisson le plus étrange. Et lorsque, quelques années après, j'ai eu le plaisir de le présenter à Agassiz, j'ai découvert que, malgré toute son expérience mondiale de cette catégorie, c'était autant un objet d'émerveillement pour lui que pour lui. moi-même. « Il est impossible », dit-il dans son grand ouvrage, « de voir quelque chose de plus bizarre dans toute la création que le genre *Ptérichthyen* : le même étonnement qu'éprouva Cuvier en examinant le Plésiosaure, je l'éprouvais moi-même, lorsque M. H. Miller, le premier découvreur de ces fossiles, m'a montré les spécimens qu'il avait détectés dans le vieux grès rouge de Cromarty." Et il y avait chez le *Coccosteus des particularités* qui n'excitaient pas moins mon émerveillement que la forme générale du *Pterichthys* , et qui, lorsque j'ai osé les décrire pour la première fois, ont été considérées par les autorités supérieures en paléontologie comme de simples erreurs de la part de l'observateur. Cependant, j'ai depuis réussi à démontrer que, s'il y a eu des erreurs (ce dont je doute fortement, car la nature en fait très peu), c'était la nature elle-même qui était dans l'erreur, et non l'observateur. Dans cet étrange genre *coccostéen* , *la nature a* placé un groupe de dents opposées dans chaque branche de la mâchoire inférieure, juste dans la ligne de la symphyse – disposition unique, autant qu'on le sache encore, dans la division vertébrée de la création, et qui a dû faire de la bouche de ces êtres une combinaison extraordinaire de la bouche horizontale propre aux vertébrés et de la bouche verticale propre aux crustacés. Il était favorable à l'intégrité de mon travail de restauration, que la presse ne m'attendait pas, et que lorsqu'il manquait des parties des créatures sur lesquelles je travaillais, ou que des plaques se présentaient dont je ne pouvais déterminer l'emplacement, je pouvais les poser. je mis de côté la tâche que je m'étais imposée pour le moment, et je ne la reprenais que lorsqu'un spécimen nouveau me fournissait les matériaux nécessaires pour l'accomplir. Ainsi, les restaurations que j'ai achevées en 1840 et publiées en 1841 ont été jugées par nos plus hautes autorités en 1848, après avoir été mises de côté pendant près de six ans, qu'elles étaient après tout essentiellement les vraies. Je vois cependant l'une des restaurations provisoires de *Pterichthys les plus fantaisistes et les plus monstrueuses* données au monde, celle réalisée par M. Joseph Dinkel en 1844 pour le regretté Dr Mantell et publiée dans les "Médailles de la Création". " a été reproduit dans la récente édition illustrée des "Vestiges de la Création". Mais l'ingénieux auteur de cet ouvrage ne saurait agir avec prudence s'il mettait en jeu le bien-fondé de son hypothèse sur l'intégrité de la restauration. Pour ma part, j'accepte, s'il peut être démontré que les *Ptérichthys* qui vivaient et se déplaçaient autrefois sur notre ancien globe, soit s'élevaient, soit sombraient dans le *Ptérichthys* de M. Dinkel, pour avouer librement et pleinement, non seulement la possibilité , mais aussi la *réalité* de la transmutation des espèces et des genres. Cependant, je suis d'abord prêt à démontrer, devant n'importe quel jury compétent de paléontologues du monde, qu'aucune plaque ou échelle de la restauration de M. Dinkel ne représente celles des poissons qu'il prétendait restaurer ; que le même jugement s'applique également à sa restauration de *Coccosteus* ; et qu'au lieu de reproduire dans ses figures les formes véritables des anciens Céphalaspéens, il a simplement donné la ressemblance de choses qui n'ont jamais existé « dans le ciel en haut, ni sur la terre en bas, ni dans les eaux sous la terre ». "

Il fallait déterminer la place dans l'échelle géologique, aussi certainement que les formes et les caractères de ces poissons anciens. M. George Anderson m'avait informé, dès 1834, que quelques-unes d'entre elles étaient identiques aux ichtyolites du gisement Gamrie ; mais il restait encore à fixer l'emplacement du dépôt de Gamrie. Il a été récemment attribué au même horizon géologique que le calcaire carbonifère et a été considéré comme étant en discordance avec le vieux grès rouge du district dans lequel il se trouve ; mais, totalement insatisfait des preuves présentées, j'ai continué mes recherches et, bien que le processus ait été lent, j'ai vu la position des lits de Cromarty se rapprocher progressivement d'une détermination. Ce n'est cependant qu'à l'automne 1837 que je les fis fixer à peu près au Vieux Grès Rouge, et ce n'est qu'à l'hiver 1839 que je pus démontrer de manière concluante leur place dans la base du système, à peine plus que cent pieds, et dans une partie pas plus de quatre-vingts pieds, au-dessus des couches supérieures du Grand Conglomérat. J'avais souvent souhaité, au cours de mes explorations, pouvoir étendre mon champ d'observation dans les comtés voisins, afin de déterminer si je ne pourrais pas posséder, à distance, les témoignages que, pour un temps au moins, je je n'ai pas réussi à trouver à la maison; mais mes engagements quotidiens à la banque me fixaient à Cromarty et ses environs ; et je me suis trouvé un peu dans la situation d'un scarabée assez vif coincé sur une épingle, qui, bien que capable, avec un peu d'effort, de tourner autour de son centre, est pourtant totalement incapable de s'en détacher. J'ai cependant acquis, à la fin de 1837, chez feu le Dr John Malcolmson de Madras, un noble auxiliaire, qui pouvait expatrier librement dans les régions pratiquement interdites à mon gré. Il avait été amené à visiter Cromarty par une brève description de sa géologie, plutôt pittoresque que scientifique, parue dans mon volume légendaire ; et après que je lui ai fait découvrir ses lits ichtyolitiques des deux côtés de la colline et à Eathie, et que je l'ai mis au courant de leur caractère et de leurs organismes, il s'est mis à retracer les gisements ressemblants aux comtés voisins de Banff, Moray et Nairn. Et en un peu plus de quinze jours, il avait détecté les ichtyolites dans de nombreuses localités partout dans une étendue de vieux grès rouge, qui s'étend des districts primaires de Banff jusqu'à proximité du champ de Culloden. Le vieux grès rouge du nord, jusqu'alors réputé si pauvre en fossiles, il a découvert - avec les gisements de Cromarty comme clé - regorgeant de restes organiques. Au printemps de 1838, le Dr Malcolmson visita l'Angleterre et le continent et présenta certains de mes fossiles céphalaspéens à l'attention d'Agassiz, ainsi que certaines des preuves que j'avais présentées devant lui concernant leur place dans l'échelle, à M. (maintenant Sir Roderick) Murchison. Et j'ai eu l'honneur, en conséquence, de correspondre avec ces deux hommes distingués ; et la satisfaction de savoir que tous deux considéraient le fruit de mon travail comme important. J'observe que Humboldt, dans son « Cosmos », se réfère spécialement au jugement d'Agassiz sur le caractère extraordinaire du nouveau lien zoologique que je lui avais fourni ; et je trouve que Murchison, dans son grand ouvrage sur le système silurien, publié en 1839, ne met pas peu l'accent sur le fait stratigraphique. Après s'être référé à l'opinion formulée précédemment selon laquelle le gisement Gamrie, avec ses ichtyolites, n'était pas un gisement Old Red, il continue en disant : « D'un autre côté, j'ai récemment été informé par le Dr Malcolmson que M. Miller de Cromarty (qui a fait des découvertes très intéressantes près de cet endroit) lui montra des nodules ressemblant à ceux de Gamrie et contenant des poissons similaires, dans des strates très inclinées, qui sont interpolées et complètement subordonnées à la grande masse du Vieux Rouge. Grès de Ross et Cromarty. Cette observation importante sera, j'espère, bientôt communiquée à la Société Géologique, car elle renforce l'inférence de M. Agassiz concernant l'époque pendant laquelle vivaient les *Cheiracanthus* et *les Cheirolepis* . Tout ceci, je le crains, paraîtra assez faible au lecteur, et un peu plus qu'assez fastidieux. Qu'il se souvienne cependant que le seul mérite auquel je revendique dans cette affaire est celui d'une patiente recherche, mérite dans lequel celui qui le veut peut me rivaliser ou me surpasser ; et que cette humble faculté de patience, lorsqu'elle est correctement dirigée, peut conduire à des développements d'idées plus extraordinaires que le génie lui-même. Ce que j'avais lentement déchiffré, c'étaient les *idées* de Dieu telles qu'elles se développaient dans le mécanisme et le cadre de ses créatures, au cours du deuxième âge de l'existence des vertébrés ; et une partie de mes recherches détermina la date de ces idées, et une autre leur caractère.

Beaucoup des meilleures sections des Sutors et des collines adjacentes, avec leurs gisements associés, ne peuvent être examinées sans bateau ; J'achetai donc, pour quelques livres, un petit yol léger, muni d'un mât et d'une voile, et qui ramait quatre rames, pour me permettre de poursuivre mes explorations. Cela m'a libéré des Firths de Cromarty et de Moray à environ six ou huit milles de la ville, et m'a permis de passer de nombreuses excursions agréables en soirée dans les grottes et les skerries des profondeurs marines, ainsi que dans les pittoresques piles de roches granitiques gaspillées par les vagues . qui s'étend le long de la ligne d'élévation du Ben Nevis, de Shadwick à l'est jusqu'au Scars Crag à l'ouest. Je ne connais pas de terrain plus riche pour le géologue. Indépendamment de l'intérêt qui s'attache à son gneiss granitique très contorsionné - qui semble, comme le remarque astucieusement Murchison, avoir fait saillie à travers les dépôts sédimentaires à l'état solide, comme un os fracturé fait parfois saillie à travers les téguments - il se produit le long de la s'étendent trois gisements différents d'ichtyolites Old Red et trois gisements différents du Lias, outre les gisements subaquatiques, avec deux skerries isolés, que je suis enclin à considérer comme des valeurs aberrantes de l'Oolite. Ces derniers se présentent sous la forme de rochers à mi-marée, très dangereux pour le marin, qui se trouvent à un demi-mille du rivage, et ne peuvent être visités en toute sécurité qu'à marée basse, par temps de calme plat, lorsqu'aucune houle de fond ne vient rouler. de la mer. Je suis parti dès deux heures d'un beau matin d'été pour ces skerries, et, après y avoir passé plusieurs heures, je me suis assis au bureau de la banque avant dix heures ; mais c'étaient des matinées de travail très dur. Ce sont les longs samedis après-midi qui étaient mes saisons d'exploration préférées ; et quand il faisait beau, ma femme m'accompagnait souvent dans ces excursions ; et il n'était pas rare que nous ancrions notre canot dans quelque baie rocheuse ou sur quelque banc de pêche, et, munis de cannes et de lignes, nous attrapions, avant notre retour, un panier de morue de roche ou de charbon pour le souper, qui semblaient toujours de meilleure qualité. saveur que le poisson nous fournissait sur le marché. C'étaient de joyeuses vacances. Shelley prédit une journée d'une beauté exquise, qu'elle continuerait à « vivre comme une joie dans la mémoire ». Je garde des souvenirs de ces soirées passées dans mon petit esquif, souvenirs mêlés à une imagerie bien connue de mers bleues et de collines pourpres, et d'une ville éclairée par le soleil au loin, et de hauts précipices à crêtes de bois plus proches, qui projetaient des ombres allongées sur le rivage et la mer – qui non seulement représentent des jouissances passées, mais qui, dans certaines humeurs de l'esprit, prennent encore la forme de jouissances. Ce sont des lieux privilégiés dans la rétrospective mouvementée du passé, sur lesquels le soleil de la mémoire tombe plus brillamment que sur la plupart des autres.

Alors que j'étais ainsi employé, éclata de manière très inattendue une seconde guerre avec les libéraux modérés de la ville, dans laquelle, plutôt à contrecœur qu'autrement, je dus finalement m'engager. Le sacrement de la Cène n'est célébré dans la plupart des églises paroissiales du nord de l'Écosse qu'une fois par an ; et, comme de nombreuses congrégations adorent à cette époque en plein air, les saisons d'été et d'automne sont généralement choisies pour « l'occasion », comme étant les mieux adaptées aux réunions en plein air. Cependant, comme la célébration est précédée et suivie de prédications en semaine, et comme lors d'un de ces jours de la semaine, le jeudi précédant le sabbat sacramentel, aucun travail n'est effectué, les séances du kirk évitent généralement de fixer leur sacrement dans une période chargée. , comme l'époque de la récolte dans les districts ruraux, ou de la pêche au hareng dans les villes portuaires ; et comme la paroisse de Cromarty a à la fois sa population rurale et celle de pêcheurs , les kerks-sessions du lieu doivent éviter les deux périodes. Ainsi, le début du mois de juillet, avant que commence la pêche au hareng ou la récolte, est le moment habituellement fixé pour le sacrement de Cromarty. Cependant, cette année-là (1838), il se trouva par hasard que le jour fixé pour le couronnement de la reine coïncidait avec le jeudi sacramentel, et le parti libéral modéré insista auprès de la session pour que les préparatifs pour la Sainte-Cène cèdent la place aux réjouissances pour le couronnement. Nous n'avions pas été très habitués à des réjouissances de ce genre dans le Nord depuis le bon vieux temps où de respectables messieurs conservateurs se montraient ivres en public le jour de l'anniversaire du roi, pour démontrer leur loyauté : les jours de couronnement des deux George IV. et Guillaume IV. s'était passé aussi tranquillement que les sabbats ; et la Session, estimant qu'il valait tout aussi bien pour les gens de prier pour leur jeune reine à l'église, puis de boire tranquillement à sa santé en rentrant chez eux, que de se glorifier en son nom dans les tavernes et les bars, refusa de le faire. modifier leur journée. Croyant que, même s'ils avaient essentiellement raison, ils avaient pourtant tort politiquement, et que la presse écrite pouvait présenter des arguments plausibles contre eux, j'ai attendu mon ministre et l'ai exhorté à céder la place aux libéraux, et voir son jour de préparation modifié du jeudi au vendredi. Il semblait tout à fait disposé à donner suite à cette suggestion ; bien plus, il en avait fait une semblable, me dit-il, pour sa session ; mais les anciens dévots, forts des précédents séculaires, avaient refusé de subordonner les services religieux du Kirk aux réjouissances et aux réjouissances sanctionnées par l'État. Ils décidèrent donc de fixer le jour de leur préparation sacramentelle le jeudi, comme l'avaient fait leurs pères. Pendant ce temps, les libéraux tinrent ce qu'on appelait à juste titre une réunion publique, car, bien que le public n'y ait pas assisté, le public avait été tout à fait libre d'y assister, et même avait été spécialement invité ; et il parut dans les journaux provinciaux un long compte rendu de ses débats, comprenant cinq discours, tous rédigés par un homme de loi, dans lesquels elle était désignée comme une réunion des habitants de la ville et de la paroisse de Cromarty. Les résolutions étaient, bien entendu, du caractère le plus enthousiaste et le plus loyal. Il n'y avait pas un membre de l'assemblée qui ne fût prêt à dépenser pour lui-même la dernière goutte de sa bouteille de porto au nom de Sa Majesté. Jeudi arrivait, le jeudi de la Sainte-Cène et du couronnement ; et, avec quatre-vingt-dix-neuf centièmes de la partie de la population de ma ville qui allait à l'église, j'allais à l'église comme d'habitude. Les résoluteurs paroissiaux, au nombre de dix au total, manquaient, je peux l'affirmer en toute honnêteté, à peine dans une congrégation qui comptait presque autant de centaines. Vers midi, cependant, on entendait le bruit sourd de leurs caronades ; et, peu de temps après la fin du service, et lorsque nous étions rentrés chez nous, un petit groupe d'individus désespérés traversa les rues, qui ressemblait extrêmement à une bande de presse, mais était en réalité destiné à une procession. Bien que rejoints par un propriétaire d'une paroisse voisine, un avocat d'un bourg voisin, un petit groupe de garde-côtes, avec son commandant, et en outre deux officiers épiscopaliens à demi-solde, le nombre de ceux qui marchaient, garçons compris, ne dépassait pas vingt. -cinq personnes ; et parmi eux, comme je l'ai dit, dix seulement étaient paroissiens. Les processionnaires eurent un dîner noble dans l'auberge principale du lieu, plus joyeux que même les dîners de célébration ne le sont habituellement, car il fallait, bien sûr, de la loyauté et de l'esprit public pour ignorer la revendication particulière de ce jour revendiquée par l'Église ; et la soirée qui s'assombrissait vit un splendide feu de joie jaillir de la tête de brae. Et les journaux libéraux du sud et du nord qui participaient aux processionnaires, dans de nombreux paragraphes et de courts titres, représentaient leur ébat - car tel était le cas, et très insensé - comme un splendide triomphe des habitants de Cromarty sur l'intolérance presbytérienne et le clergé. domination. Bien plus, le cas de mon ministre et de sa session paraissait si grave, ainsi opposés à la fois au peuple et à la reine, que les journaux de l'autre côté n'ont pas réussi à s'en occuper. Une lettre bien écrite de ma femme sur le sujet, qui exposait fidèlement les faits, s'est vu refuser l'admission même dans le journal ecclésiastique-conservateur, spécialement patronné, à l'époque, par l'Église écossaise ; et les amis et frères de mon ministre dans le sud ne pouvaient guère faire d'autre que s'émerveiller de ce qu'ils considéraient comme sa merveilleuse imprudence.

J'avais prévu dès le début que sa position serait mauvaise ; mais je n'aimais pas le voir dos au mur. Et bien que j'eusse décidé, après le rejet de mon conseil, de ne prendre aucune part à la querelle, je résolus maintenant d'essayer si je ne pourrais pas montrer qu'il n'était pas en réalité en conflit avec son peuple, mais simplement avec un conflit très insignifiant. une clique parmi eux, qui ne l'avait jamais aimé ; et que c'était une plaisanterie de le décrire comme mécontent de sa souveraine, simplement parce qu'il avait tenu ses services de préparation le jour de son couronnement. Afin de justifier mon premier point, j'ai pris la liberté impardonnable de donner les noms complets, dans une lettre parue dans nos journaux du Nord, de tous les individus qui marchaient dans le cortège et se présentaient comme le peuple ; et a contesté l'ajout d'un seul nom à une liste ridiculement brève. Et en réussissant la seconde, j'ai assez réussi, comme il n'y avait pas quelques circonstances comiques dans la transaction, à attirer les rires de mon côté. La clique était incroyablement en colère et écrivit des lettres peu brillantes qui parurent comme des annonces dans les journaux et se fit un devoir de rendre évident le fait. Il y avait dans cet endroit un jeune cordonnier superficiel et très ignorant, nommé Chaucer, originaire du sud de l'Écosse, qui se présentait comme le petit-fils du vieux poète du temps d'Édouard III et écrivait un doggrel particulièrement misérable pour faire plaisir. sa réclamation. Et, ayant eu une querelle avec la kirk-session, dans un certain département délicat, il s'était joint aux cortèges et célébrait leurs exploits dans une ballade tout à fait digne d'eux. Et ce fut peut-être le plus grave de tous, lorsque le chef reconnu du groupe déclara Chaucer le plus jeune un bien meilleur poète que moi. Des démarches furent également faites auprès de mes supérieurs du département des banques d'Edimbourg, ce qui me valut une réprimande, bien que douce ; mais mon supérieur à Cromarty, M. Ross, homme aussi sage et bon que n'importe quel autre dans la direction, et parfaitement au courant des mérites de l'affaire, était entièrement de mon côté. Je crains que le lecteur ne trouve tout cela très insensé et estime que j'aurais été mieux employé parmi les rochers, à déterminer les véritables relations entre leurs divers lits et le caractère de leurs organismes, qu'à me chamailler dans une petite querelle de village. , et me faire des ennemis. Et pourtant, l'homme étant ce qu'il est, je crains qu'une capacité de querelle efficace soit bien plus commercialisable que n'importe quelle capacité à repousser les limites des sciences naturelles. Au moins, même si mes recherches géologiques ne m'apportaient rien à cette époque, ma lettre dans la controverse sur la procession m'a valu l'offre d'un poste de rédacteur en chef d'un journal. Mais bien que, d'un point de vue pécuniaire, j'aurais considérablement amélioré ma situation en concluant avec cela, j'ai découvert que je ne pouvais pas le faire sans assumer le caractère de plaideur spécial et sans me consacrer à la défense des vues et des principes que je défendais. n'a vraiment pas tenu; et c'est pourquoi j'ai immédiatement décliné cette fonction, car je ne me sentais pas apte à le faire et que je ne pouvais pas, en conscience, entreprendre.

J'ai trouvé à cette époque un emploi plus agréable, même si, bien sûr, il n'occupait que mes heures de loisirs, en écrivant les mémoires d'un citadin - le regretté M. William Forsyth, de Cromarty - à la demande de son parent et de son gendre. , mon ami M. Isaac Forsyth, d'Elgin. William Forsyth était un homme adulte avant l'abolition des juridictions héréditaires ; et grâce à la grandeur et à l'excellence de son caractère, et à sa haute position de marchand, dans une partie du pays où les marchands étaient alors peu nombreux, il avait réussi, dans l'enceinte de la ville, à pas peu des pouvoir du shérif héréditaire du district ; et après avoir agi pendant plus d'un demi-siècle comme un laborieux juge de paix, et avoir réussi à créer plus de querelles que la plupart des avocats de campagne n'ont l'occasion d'en fomenter, car l'époque était rude et combative, et le marchand était toujours un marchand de paix. -maker - il a vécu assez longtemps pour voir les clubs et les processions de la Liberté et de l'Égalité, et est mort vers la fin de la première guerre de la Révolution française. Ce fut un demi-siècle important en Écosse – même s'il ne représente qu'un front étroit et discret dans l'histoire du pays – qui s'est écoulé entre l'époque des juridictions héréditaires et celle des Clubs de Liberté et d'Égalité. Ce fut spécialement la période au cours de laquelle l'opinion populaire commença à prendre toute sa puissance et au cours de laquelle l'Écosse du passé se fondit, en conséquence, dans l'Écosse très différente d'aujourd'hui. Et j'ai eu beaucoup de plaisir à retracer certains des traits les plus frappants de cette époque de transition dans la biographie de M. Forsyth. Mon petit ouvrage a été imprimé, mais non publié, et distribué par M. Forsyth d'Elgin parmi les amis de la famille, comme peut-être un mémorial meilleur et plus adéquat d'un homme digne et capable que celui qui pourrait être placé sur sa tombe. C'était à l'occasion de la mort de son dernier enfant survivant, feu Mme Mackenzie de Cromarty, une dame de qui j'avais reçu beaucoup de gentillesse, et sous le toit hospitalier de laquelle j'ai eu l'occasion de rencontrer de nombreux supérieurs. hommes, que mes mémoires étaient entrepris ; et je considérais cela comme un hommage approprié à une digne famille qui venait de disparaître, qui méritait à la fois qu'on se souvienne d'elle pour elle-même, et à laquelle j'avais une dette de gratitude.

Au printemps de 1839, un triste deuil assombrit ma maison et me laissa pour un temps peu de courage pour poursuivre mes divertissements habituels, littéraires ou scientifiques. Nous avions reçu la visite, dix mois après notre mariage, d'une petite fille dont la présence n'avait pas peu ajouté à notre bonheur ; la maison devint plus clairement telle par la présence de l'enfant, qui en quelques mois avait si bien appris à connaître sa mère, et en quelques mois à se tenir dans les bras de la nourrice, à une fenêtre supérieure qui dominait la rue, et reconnaître et faire des signes à son père à l'approche de la maison. Ses quelques petits mots avaient aussi un intérêt fascinant pour nos oreilles : nos propres noms, bégayés dans une langue qui leur était propre, chaque fois que nous nous approchions ; et le simple vocable écossais « awa, awa », qu'il savait employer sur des tons si plaintifs lorsque nous nous retirions, et qui revenait dans notre souvenir, comme un écho du tombeau, quand, sa brève visite terminée, il nous avait quittés pour toujours, et son visage blond et ses cheveux soyeux gisaient dans l'obscurité au milieu des mottes du cimetière. En combien de temps il s'était emparé de nos affections ! Deux brèves années auparavant, et nous ne le savions pas ; et maintenant il semblait que le vide qu'il laissait dans nos cœurs, le monde entier ne pouvait pas le combler. Nous l'avons enterré à côté de l'ancienne chapelle de Saint-Régulus, entourée de bois riches et profonds, sauf là où une ouverture en face domine la terre lointaine et la mer bleue ; et où les pâquerettes qu'il avait appris à aimer marbraient, semblables à des étoiles, les monticules de mousse ; et où les oiseaux, dont son oreille était devenue assez habile à distinguer les chants, déversaient leurs notes sur sa petite tombe. Les strophes suivantes, simples mais véridiques, que j'ai trouvées parmi les papiers de sa mère, semblent avoir été écrites dans ce lieu – le plus doux des cimetières – quelques semaines après son enterrement, lorsqu'un printemps froid et retardé, qui avait renfrogné sa maladie persistante, , éclata aussitôt en un été génial :—

Tu es "awa, awa", du côté de ta mère,

    Et "awa, awa", du genou de ton père ;

Tu es "awa" de notre bénédiction, de nos soins, de nos caresses,

    Mais tu ne seras jamais "awa" de nos cœurs.

Toutes choses, chère enfant, qui te plaisaient

    Sont autour de toi ici dans une beauté lumineuse,—

Il y a une musique rare dans l'air sans nuages,

    Et la terre regorge de délices vivants.

Tu es "awa, awa", du printemps éclatant,

    Mais au-dessus de ta tête, ses branches vertes ondulent ;

Les agneaux laissent leurs petites empreintes

    Sur le gazon de ta tombe nouvellement construite.

Et tu es "awa" et "awa" pour toujours,

    Ce petit visage, cette silhouette tendre,

Cette voix qui d'abord, avec l'accent le plus doux

    M'a appelé le nom passionnant de la mère,

Cette tête de la plus belle sculpture de la nature,—

    Ces yeux, l'éther de la nuit profonde est bleu

Où la sensibilité ses ombres

    D'un sens en constante évolution ?

Ta douceur, ta patience sous la souffrance,

    Tous nous ont promis une journée d'ouverture

Très juste, et j'ai dit cela pour te soumettre

    Il n'aurait besoin que de l'influence la plus douce de l'amour.

Ah moi ! c'est ici que je pensais te conduire,

    Et te dis ce que sont la vie et la mort,

Et élève ta pensée sérieuse au premier réveil

    À Celui qui retient chacun de nos souffles.

Et mon cœur égoïste t'en veut-il alors,

    Que les anges sont tes professeurs maintenant,—

Cette gloire de la présence de ton Sauveur

    Allume la couronne sur ton front ?

Ah non ! pour moi, la terre doit être plus solitaire,

    Vouloir ta voix, ta main, ton amour;

Pourtant, tu lèves une étoile prometteuse,

    Douce balise pour le monde d'en haut.

CHAPITRE XXV.

« Tout pour l'Église, et un peu moins pour l'État. » — BELHAVEN.

Je ne m'étais pas vraiment intéressé à la controverse volontaire. Il y a eu, à mon avis, beaucoup de déclarations excessives et d'exagérations de part et d'autre. D'une part, les Volontaires n'ont pas réussi à me convaincre qu'une dotation de l'État à des fins ecclésiastiques est en soi, à quelque degré que ce soit, une mauvaise chose. J'ai eu une expérience directe du contraire. J'ai eu la preuve sans équivoque que, dans diverses régions du pays, c'était une très bonne chose. Cela avait été une chose très excellente, par exemple, dans la paroisse de Cromarty, depuis la Révolution, jusqu'à la mort de M. Smith – en réalité un patrimoine précieux pour les gens de là ; car il avait fourni gratuitement à la paroisse une série de ministres populaires et excellents, que autrement les paroissiens auraient dû payer eux-mêmes. Et cela nous avait maintenant donné mon ami M. Stewart, l'un des ministres les plus compétents et les plus honnêtes d'Écosse et d'ailleurs, qu'il soit établi ou dissident. Et ces faits, qui n'étaient que des spécimens d'une classe nombreuse, avaient en eux une tangibilité et une solidité qui m'ont influencé plus que tous les raisonnements théoriques qui ont retenu mon attention sur le mal causé à l'Église par la trop grande bonté de Constantin ou le effets corrupteurs de la faveur de l'État. Mais je ne pouvais pas non plus être d'accord avec certains de mes amis du côté des fondations, que l'establishment, même en Écosse, avait de la valeur partout, comme avec certains des Volontaires, qu'il n'en avait nulle part. J'avais résidé ensemble pendant des mois dans diverses régions du pays, où cela n'aurait eu aucune importance pour personne sauf pour le ministre et sa famille, même si l'establishment avait été renversé d'un coup. La religion et la morale n'auraient pas plus souffert de l'anéantissement du traitement du ministre que de la suppression de la pension de quelque surveillant à la retraite ou d'un officier des douanes retraité. Je ne pouvais pas non plus oublier que la seule religion, ou apparence de religion, qui existait dans les groupes d'ouvriers parmi lesquels j'avais été employé (comme dans le sud de l'Écosse, par exemple), se trouvait parmi leurs dissidents, la plupart d'entre eux. , à l'époque, défenseurs du principe Volontaire. Si les autres ouvriers étaient considérés, statistiquement du moins, comme des adeptes de l'establishment, ce n'était pas parce qu'ils en bénéficiaient ou qu'ils en prenaient soin, mais seulement dans une certaine mesure, de la même manière que, selon la croyance populaire anglaise, les personnes nées en mer sont considérées comme des adeptes de l'establishment. tenu pour appartenir à la paroisse de Stepney. De plus, je n'aimais pas du tout le genre de société dans laquelle la controverse volontaire avait introduit les bons hommes des deux côtés ; il donna une cause commune aux Volontaires et aux Infidèles, et les rapprocha cordialement ; et, d'autre part, placés côte à côte, dans des conditions terriblement amicales, le pieux défenseur des dotations et le vieux conservateur irréligieux. Il y avait de la religion des deux côtés de la controverse, mais ce n'était pas une controverse religieuse.

La situation de la famille de ma grand-mère, y compris bien sûr les oncles James et Sandy, était en quelque sorte à mi-chemin entre la Sécession et l'establishment. Ma grand-mère avait quitté la famille de Donald Roy bien avant qu'il ait été contraint, à contrecœur, de quitter l'Église ; et comme aucune colonie forcée n'avait eu lieu dans la paroisse dans laquelle elle s'était installée, et que ses ministres avaient tous été des hommes de bonne réputation, elle avait fait ce que Donald lui-même avait tant désiré faire : rester un membre attaché à l'establishment. . Une de ses sœurs s'était cependant mariée à Nigg ; et elle et son mari, suivant Donald dans les rangs de la Sécession, avaient élevé un de leurs garçons au ministère, qui devint, avec le temps, le ministre respecté de la congrégation que son arrière-grand-père avait fondée. Et, en tant que contemporain et cousin germain de mes oncles, le ministre leur rendait visite chaque fois qu'il venait en ville ; et mon oncle James, à son tour (oncle Sandy allait très rarement à la campagne), ne manquait jamais, lorsqu'il était à Nigg ou dans ses environs, de rendre ses visites. Il y eut ainsi de nombreux rapports entre les familles, non sans effet. La plupart des livres de théologie moderne que lisaient mes oncles étaient des livres sur la Sécession, recommandés par leur cousin ; et la revue religieuse à laquelle ils étaient abonnés était une revue de la Sécession. Cette dernière portait, je m'en souviens, le nom de « Revue Chrétienne, ou Dépôt Évangélique ». Ce n'était pas un des périodiques les plus brillants, mais un périodique sain et solide, avec, comme le prétendaient mes oncles, une bonne partie de l'ancienne onction à son sujet ; et il y avait, en particulier, un des contributeurs dont ils choisissaient les articles comme étant d'une excellence particulière et qu'ils lisaient souvent une seconde fois. Ils portaient la signature un peu grecque de *Leumas*, comme si l'écrivain avait été le frère ou le cousin allemand de quelques-uns des vieux chrétiens à qui Paul avait l'habitude de notifier ses salutations et ses bons vœux à la fin de ses épîtres ; mais on découvrit bientôt que *Leumas* n'était que le nom propre que Samuel avait inversé, mais qui était le Samuel spécial qui tournait sa signature vers la droite, plaçant l'envers en premier, et écrivait avec tout le poids concis et la gravité des vieux théologiens : mes oncles ne l'ont jamais su. Ils étaient tous deux décédés avant qu'en parcourant la « Deuxième galerie des portraits littéraires », je me trouvai présenté au digne vieux *Leumas*, également habitant du monde invisible à l'époque, comme le père de l'auteur de cette œuvre brillante, le Révérend George Gilfillan de Dundee. Ce genre d'écriture eut bien sûr son effet sur mes oncles et, à travers eux, sur la famille : ils entretinrent notre respect pour la Sécession. L'Église établie, elle aussi, était à cette époque une institution assez défectueuse. Mes oncles s'intéressaient aux missions ; et l'Église n'en avait pas : bien plus, sa décision délibérée contre eux – celle de 1796 – restait toujours irréversible. Elle avait en outre eu ses colonies forcées dans notre voisinage immédiat ; et le modératisme, sage et politique dans sa génération, les avait perpétrés par quelques-uns des meilleurs ministres du district, qui avaient appris à faire ce qu'ils croyaient eux-mêmes être des choses très mauvaises, lorsque leur Église le leur ordonnait - une sorte de licence professionnelle que mes oncles ne comprenaient pas du tout. En bref, la Sécession leur plaisait mieux, dans l'ensemble, que l'establishment, même s'ils continuaient à adhérer à l'establishment et ne voyaient pas sur quel principe du sécession leurs vieux amis devenaient volontaires. Lorsque la controverse éclata, je me souvins de tout cela ; et, lorsque des hommes honnêtes de l'Église établie m'ont dit que presque toute la religion vitale du pays était de notre côté et qu'elle avait quitté les sécessionnistes volontaires, bien que les hommes honnêtes eux-mêmes croyaient honnêtement ce qu'ils disaient, je ne pouvais pas . En outre, les extraits d'une conversation que j'avais entendue dans la maison de mon cousin, le ministre du Seceder, quand j'étais très jeune, et dont on ne pouvait guère se douter que j'écoutais, car je jouais alors par terre. — avait pris une forte emprise sur ma mémoire et revenait souvent sur moi à cette époque. Mon cousin et certains de ses aînés pleuraient — très sincèrement, je n'en doute pas — du déclin de la religion parmi eux : ils étaient bien loin, disaient-ils, des connaissances de leurs pères ; il n'y avait plus de Donald Roy parmi eux désormais ; et pourtant ils éprouvaient une satisfaction, bien que triste, que la petite religion qu'il y avait dans le quartier semblait être entre eux. Et voilà qu'il y avait exactement le même genre de conviction, tout aussi forte, de l'autre côté. Mais malgré toute cette charité libéralement exprimée qui constitue l'un des traits distinctifs du temps présent et qui est en réalité l'une de ses meilleures choses, il existe encore une grande quantité d'appréciation de ce genre partiel. Les amis sont vus sous l'aspect chrétien ; les opposants à la polémique ; et on oublie trop souvent que les amis ont un aspect polémique par rapport à leurs adversaires, et les opposants un aspect chrétien par rapport à leurs amis. Et non seulement à l'époque actuelle, mais à toutes les époques antérieures, la situation semble avoir été la même. Je suis parfois à moitié disposé à penser que soit le prophète Élie, soit les sept mille honnêtes hommes qui n'avaient pas plié le genou devant Baal, devaient être des dissidents. Si le Prophète avait été entièrement d'accord avec les sept mille, il n'est pas facile de concevoir comment il aurait pu ignorer totalement leur existence.

Cependant, avec toutes ces convictions latitudinaires, j'étais profondément un homme de l'establishment. Je considérais, comme je l'ai dit, les revenus de l'Église écossaise comme le patrimoine du peuple écossais ; et j'attendais avec impatience le moment où cesserait cette appropriation injustifiée de ces richesses, par laquelle l'aristocratie avait cherché à étendre son influence, mais qui n'avait servi qu'à réduire considérablement son pouvoir dans le pays. En bref, ce que je voulais surtout, ce n'était pas la confiscation du patrimoine populaire, mais simplement sa restitution aux modérés et aux lairds. Et avec la promulgation de la loi Veto, j'ai vu le processus de restauration pratiquement entamé. J'aurais de loin préféré voir une vaste agitation anti-patronage s'élever de la part de l'Église. Comme l'a judicieusement montré à l'époque le regretté Dr M'Crie, une telle solution aurait été à la fois plus sage et plus sûre. Mais même les meilleurs ministres de l'Église n'étaient pas du tout préparés à une telle agitation. De 1712 à 1784 — une période de soixante-douze ans — l'Assemblée générale avait élevé chaque année la voix contre la promulgation de la loi de patronage de la reine Anne, la considérant comme une atteinte inconstitutionnelle aux privilèges de l'Église et aux droits du peuple écossais qui le Traité d'Union avait été conçu pour assurer la sécurité. Mais le demi-siècle qui s'était écoulé depuis que, grâce à l'action d'une majorité modérée, la protestation avait été abandonnée, avait produit l'effet naturel. La plupart des ministres de l'Église, même les meilleurs, avaient été admis à leurs fonctions en vertu de la loi du patronage ; et, naturellement reconnaissants envers les mécènes qui s'étaient liés d'amitié avec eux, ils hésitaient à faire une guerre ouverte aux pouvoirs qui avaient été exercés en leur propre nom. Selon Salomon, le « don » avait, dans une certaine mesure, « détruit le cœur » ; ils étaient donc prêts à adopter simplement une position intermédiaire, ce que leurs prédécesseurs, les vieux religieux populaires, auraient extrêmement mal apprécié. Je ne pouvais m'empêcher de constater que, coincée dans une sorte de creux excessif, si je puis dire, entre les prétentions du patronage d'une part et les droits du peuple de l'autre, c'était une position des plus périlleuses, singulièrement ouverte. aux idées fausses et aux fausses déclarations des deux côtés ; et comme cela privait virtuellement les patrons de la moitié de leur pouvoir et n'étendait au peuple que la moitié de ses droits, je n'avais pas peu peur que les patrons ne soient beaucoup plus indignés que le peuple reconnaissant, et que l'Église ne puisse, en conséquence, se retrouve exposée à la colère d'ennemis très puissants et soutenue par le soutien d'amis tièdes. Mais si périlleux et difficile que fût ce poste, c'était, je ne pouvais m'empêcher de le croire, un poste consciencieusement accepté ; je ne pouvais pas non plus douter que ses motifs soient strictement constitutionnels. L'Église, dans un cas de règlement contesté, pourrait, je le pensais, devoir renoncer aux temporalités si sa décision différait de celle des tribunaux, mais seulement aux temporalités liées à l'affaire en cause ; et je pensais que cela valait la peine de les risquer dans l'intérêt du peuple, étant donné qu'ils pouvaient être considérés comme déjà perdus pour le pays dans tous les cas où une paroisse était confiée à un ministre que les paroissiens refusaient d'entendre. Cela me réjouissait aussi de voir la renaissance du vieil esprit dans l'Église ; c'est pourquoi j'ai étudié avec intérêt les premières étapes de sa lutte avec les tribunaux, bien plus intense que celle que m'avait jamais inspirée une simple lutte politique. J'ai vu avec une grande anxiété décision après décision aller à son encontre ; d'abord celle de la Court of Session en mars 1838, puis celle de la Chambre des Lords en mai 1839 ; et puis, avec le cas original de collision d'Auchterarder, j'ai vu celui de Lethendy et de Marnoch mélangé ; et, à mesure qu'un enchevêtrement succédait à un autre, la confusion devenait encore plus confuse. Ce n'est que lorsque l'heure du péril pour l'Église est arrivée que j'ai appris à savoir combien je l'estimais vraiment et combien étaient fortes et nombreuses les associations qui l'attachaient à mes affections. J'avais éprouvé au moins un intérêt moyen pour des mesures politiques dont je jugeais la tendance et les principes bons dans l'ensemble, comme le projet de réforme, la loi d'émancipation des catholiques et l'émancipation des nègres ; mais ils ne m'avaient jamais coûté une heure de sommeil. Maintenant, cependant, je ressentais plus profondément ; et pendant au moins une nuit, après avoir lu le discours de Lord Brougham et la décision de la Chambre des Lords dans l'affaire Auchterarder, je n'ai dormi pas.

En vérité, la position de l'Église à cette époque semblait extrêmement critique. Offensée par l'usage qu'elle avait reçu de la part des Whigs, dans ses réclamations pour les dotations de ses nouvelles chapelles, et surprise par leur traitement général de l'establishment irlandais et par la suppression des dix évêchés, elle avait jeté son influence dans à l'échelle conservatrice, et il avait fait beaucoup pour produire cette réaction contre le parti libéral en Écosse qui eut lieu pendant le ministère de Lord Melbourne. Dans la représentation d'au moins un comté dans lequel il était tout-puissant, le Ross-shire, elle avait réussi à substituer un Tory à un Whig ; et il y avait peu de districts du royaume dans lesquels elle n'avait pas augmenté considérablement les voix du côté tory ou, comme on disait, du côté conservateur. Cependant, le peuple, même s'il pouvait devenir assez indifférent aux Whigs, ne pouvait pas la suivre dans les rangs des Tories. Ils se tenaient à l'écart, très méfiants, non sans raison, à l'égard de ses nouveaux amis politiques, sans aucun admirateur des journaux qu'elle fréquentait et pas du tout capables de percevoir la nature de l'intérêt qu'elle avait commencé à porter aux évêques surnuméraires et aux Établissement irlandais. Et maintenant, alors qu'elle se trouvait de nouveau dans une position digne de son ancien caractère, et que ses amis conservateurs, transformés à la fois en ennemis les plus acharnés et les plus peu généreux, se tournaient vers elle pour la déchirer, elle dut aussitôt se heurter à l'hostilité des les Whigs et l'indifférence du peuple. De plus, à une ou deux exceptions près, tous les journaux qu'elle avait fréquentés se déclarèrent contre elle et furent, tout au long de la lutte, les plus acharnés et les plus abusifs de ses adversaires. Les Volontaires se sont également joints avec une véhémence redoublée au cri lancé pour noyer sa voix et mal interpréter et déformer ses affirmations. Le courant général de l'opinion s'est fortement opposé à elle. Mon pasteur, vivement intéressé par le succès du principe de non-intrusion, m'a dit que depuis plusieurs mois, j'étais le seul homme de sa paroisse qui semblait profondément sympathiser avec lui ; et je n'ai aucun doute que le regretté Dr George Cook avait parfaitement raison et véridique lorsqu'il remarqua à cette époque, dans l'un de ses discours publics, qu'il pouvait difficilement entrer dans une auberge ou dans une diligence sans trouver des hommes respectables s'insurgeant contre le la folie totale des non-intrusionnistes, et la pire que la folie des tribunaux ecclésiastiques.

Pourrais-je ne rien faire pour mon Église à l'heure du péril ? Il n'existait, je le croyais, aucune autre institution dans le pays à moitié aussi précieuse, ni dans laquelle le peuple avait un intérêt aussi important. L'Église leur appartenait de droit, un patrimoine conquis pour eux par le sang de leurs pères, au cours des luttes et des souffrances de plus de cent ans ; et maintenant que ses meilleurs ministres essayaient, au moins en partie, de arracher pour eux ce patrimoine des mains d'une aristocratie qui, en tant que corps au moins, n'avait aucun intérêt spirituel dans l'Église – appartenant, comme la plupart de ses membres, à l'Église. à une communion différente – ils risquaient d'être rabaissés, sans le soutien populaire qu'ils méritaient pour une telle cause. Ne pourrais-je pas faire quelque chose pour amener les gens à leur secours ? J'ai passé, éveillé, toute une longue nuit au cours de laquelle j'ai formé mon projet d'aborder le côté purement populaire de la question ; et le matin, je m'assis pour exposer mes vues au peuple, sous la forme d'une lettre adressée à Lord Brougham. Je consacrai à mon nouvel emploi tout le temps qui n'était pas impérativement exigé par mes fonctions au bureau de la banque, et, environ une semaine après, je fus en mesure d'envoyer le manuscrit de ma brochure au directeur respecté de la Banque Commerciale, M. Robert Paul, un gentleman de qui j'avais reçu beaucoup de gentillesse à Édimbourg et qui, dans la grande lutte ecclésiastique, prit résolument parti pour l'Église. M. Paul l'apporta à son ministre, le révérend M. Candlish de St. George's (aujourd'hui Dr Candlish), qui, reconnaissant son caractère populaire, demanda sa publication immédiate ; et le manuscrit fut en conséquence remis entre les mains de M. Johnstone, le célèbre libraire de l'Église. Le Dr Candlish faisait partie d'un groupe de ministres et d'anciens de la majorité évangélique qui s'étaient réunis à Édimbourg peu de temps auparavant pour prendre des mesures en vue de la création d'un journal. Toute la presse d'Edimbourg, à l'exception d'un journal, s'était déclarée contre le parti ecclésiastique ; et même celui-là préférait recevoir des articles et des paragraphes en leur faveur grâce à l'amitié du propriétaire, plutôt que d'être lui-même de leur côté. Il y avait eu une plus grande infusion de whiggisme parmi les hommes d'Église d'Édimbourg que dans toute autre partie du royaume. En conséquence, ils avaient bien vu que la ligne adoptée par la partie conservatrice de leurs amis, en s'adressant au peuple par la presse, n'avait pas été efficace ; leurs amis s'étaient efforcés de faire du peuple à la fois de bons conservateurs et de bons conservateurs. de bons hommes d'Église, et bien sûr, ils n'avaient jamais surmonté le premier point et ne le feraient jamais ; et ce qu'ils proposaient maintenant, c'était de créer un journal qui, sans soutenir aucun des anciens partis de l'État, serait aussi libéral dans sa politique que dans son Eglise. Mais il y avait un point préliminaire qu'ils ne parvenaient pas non plus à surmonter. Tous les éditeurs tout faits du royaume, si je puis dire, s'étaient prononcés contre eux ; et faute de rédacteur en chef, leur réunion avait réussi à créer, non pas le journal prévu, mais simplement une reconnaissance formelle, dans quelques résolutions, de son attrait et de son importance. Cependant, en lisant ma brochure manuscrite, le Dr Candlish a immédiatement conclu que le besoin souhaité devait être satisfait par son auteur. Voici, dit-il, l'éditeur que nous recherchions. Cependant mon petit ouvrage sortit de la presse et eut du succès. Il parut rapidement en quatre éditions de mille exemplaires chacune – le nombre, comme je m'en suis assuré par la suite, d'un pamphlet populaire sur la non-intrusion qui se vendrait assez bien – et fut lu assez abondamment par des hommes qui n'étaient pas des non-intrusionnistes. Parmi ceux-ci se trouvaient plusieurs membres du ministère de l'époque, dont feu Lord Melbourne, qui considéra d'abord, comme on m'a appris, la composition, sous une forme populaire et un *nom de guerre* , de certains des non-conservateurs. -Les chefs d'intrusion à Édimbourg ; et par feu M. O'Connell, qui n'avait pas de tels soupçons et qui, bien qu'il manquait de sympathie, comme il le disait, avec les vues ecclésiastiques qu'il défendait, appréciait ce qu'il appelait son « anglais racé », et la position dans qu'il plaçait au Noble Seigneur à qui il s'adressait. Cela a également été remarqué favorablement par M. Gladstone, dans son travail élaboré sur les principes de l'Église ; et ce fut, en bref, tant par l'étendue de sa diffusion que par les cercles dans lesquels il trouva son chemin, un pamphlet très réussi.

Mon esprit était si rempli de notre controverse ecclésiastique que, bien qu'ignorant encore le sort de ma première *brochure* , j'étais activement occupé avec une seconde. Un cas remarquable d'intrusion s'était produit dans le quartier un peu plus de vingt ans auparavant ; et après avoir terminé ma semaine de travail à la banque, je partis un samedi soir pour la maison d'un ami dans une paroisse voisine, afin de pouvoir me rendre à l'église déserte le sabbat suivant et glaner par l'observation réelle les matériaux d'une vérité véridique. description qui, j'en avais confiance, serait révélatrice de la controverse. Et comme c'était un de ceux où la vérité s'avère plus forte que la fiction, ce que j'avais à décrire était vraiment très curieux ; et ma description reçut une large diffusion. J'insère le passage en entier, ainsi qu'une partie de mon histoire.

> "Il y avait des associations d'un caractère particulièrement
> élevé liées à cette paroisse du nord. Depuis plus de mille
> ans, elle faisait partie du patrimoine d'une famille vraiment

noble, célébrée par Philip Doddridge pour sa grande valeur morale, et par Sir Walter Scott pour son grand génie militaire ; et sous l'influence duquel la lumière de la Réforme avait été introduite dans ce coin reculé, à une époque où les districts voisins étaient enveloppés dans les ténèbres originelles. Plus tard, il avait été honoré par les amendes et les proscriptions. Charles II et son ministre, un de ces hommes de Dieu dont les noms vivent encore dans la mémoire du pays et dont la biographie occupe une place non négligeable dans l'histoire enregistrée de ses « dignes », s'étaient rendus si odieux à la tyrannie. et l'irréligion de l'époque, qu'il fut expulsé de sa charge plus d'un an avant tous les autres ecclésiastiques non conformes de l'Église. [17] J'arrivai à la paroisse par l'est. La journée était chaude et agréable ; le paysage que j'ai traversé, parmi les plus beaux d'Écosse. Les montagnes s'élevaient à droite, en immenses masses titanesques, qui semblaient adoucir leur violet et leur bleu sous le clair soleil, au ton délicat du ciel profond au-delà ; et je pouvais voir les neiges encore intactes de l'hiver scintiller, en petites masses détachées, le long de leurs sommets. Les collines de la région moyenne étaient couvertes de bois ; une forêt de chênes et de mélèzes mêlés, qui mêlaient encore la tendre douceur du printemps aux pleins feuillages de l'été, descendait jusqu'au chemin ; la vaste plaine vallonnée en contrebas était découpée en champs, tachetés de chaumières et ondulés par le maïs non encore abattu ; et un noble bras de mer serpentait le long du bord inférieur sur près de vingt milles, se perdant à l'ouest parmi des collines bleues et des promontoires saillants, et s'ouvrant à l'est sur l'océan principal, par une magnifique porte rocheuse. Mais les petits groupes que je rencontrais à chaque détour du chemin, tandis qu'ils se dirigeaient, avec toute la décence sobre et bien marquée d'un sabbat matin écossais, vers l'église d'une paroisse voisine, m'intéressaient plus que le paysage. Le clan qui habitait cette partie du pays avait un caractère bien marqué dans l'histoire écossaise. Buchanan l'avait décrit comme l'un des plus intrépides et guerriers du nord. Il servit sous les ordres de Bruce à Bannockburn. Ce fut le premier à prendre les armes pour protéger la reine Mary, lors de sa visite à Inverness, de la violence intentionnelle de Huntly. Elle combattit les batailles du protestantisme en Allemagne, sous Gustave Adolphe. Elle couvrait la retraite des Anglais à

Fontenoy ; et présenta à l'ennemi un front continu, après que toutes les autres troupes eurent quitté le champ de bataille. Et c'étaient les descendants de ces mêmes hommes qui me croisaient maintenant sur la route. La forme robuste et robuste, moitié os, moitié muscle, la fermeté élastique de la bande de roulement, le visage grave et viril, tout cela indiquait que les caractéristiques originales avaient survécu dans toute leur force ; et c'était une force qui inspirait la confiance, pas la peur. Il y avait parmi les groupes des hommes aux cheveux gris, à l'allure patriarcale, dont l'air même semblait marqué par le sens des devoirs du jour ; il n'y avait rien non plus qui ne convenait pas au but du voyage, même dans l'apparence du plus jeune et du moins réfléchi.

"Au fur et à mesure que j'avançais, je rencontrai quelques personnes qui voyageaient dans une direction opposée. Un temple de la Sécession s'est récemment développé dans la paroisse, et ceux-ci faisaient partie de la congrégation. Un chemin presque obscurci par l'herbe et les mauvaises herbes. , mène de la route principale à l'église paroissiale. Je parvenais difficilement à la retrouver, et il n'y avait personne pour me diriger, car je marchais maintenant seul. Le cimetière paroissial, abondamment semé de tombes et de pierres tombales, entoure l'église. C'est un endroit tranquille et solitaire, d'une grande beauté, situé au bord de la mer ; et comme le service n'avait pas encore commencé, j'ai passé une demi-heure à flâner parmi les pierres et à déchiffrer les inscriptions. les monuments grossiers de ce petit coin retiré, une histoire brève mais intéressante du quartier. Les tablettes plus anciennes, grises et hirsutes de mousses et de lichens de trois siècles, portent, sous leurs apparences grossières, la lourde hache de combat et à deux mains. épée de guerre ancienne, les symboles appropriés et appropriés des temps anciens. Mais les plus modernes témoignent de l'introduction d'une influence humanisante. Ils parlent d'une vie après la mort, dans les « textes sacrés » décrits par le poète ; ou certifient, dans une humilité tranquille de style qui garantit presque leur vérité, que les dormeurs d'en bas étaient «des hommes honnêtes, au caractère irréprochable et qui craignaient Dieu». Il existe cependant une pierre tombale plus remarquable que toutes les autres. Elle se trouve à côté de la porte de l'église et témoigne, dans une inscription antique, qu'elle recouvre les

restes du «
GRAND.HOMME.DE.DIEU.ET.FIDÈLE.MINISTRE.DE.JÉSUS.
CHRIST . », qui avait enduré la persécution pour la vérité
dans les jours sombres de Charles et de son frère. Il avait
survécu à la tyrannie des Stuarts ; et, quoique usé par les
années et les souffrances, était revenu dans sa paroisse à la
Révolution pour terminer sa course comme elle avait
commencé. Il vit, avant sa mort, la loi du patronage abolie
et le droit populaire pratiquement assuré ; et, craignant que
son peuple ne soit amené à abuser du privilège important
qui lui était conféré, et calculant correctement l'influence
constante de son propre caractère parmi eux, il ordonna
sur son lit de mort de creuser sa tombe sur le seuil de
l'église, afin que ils pourraient le considérer comme une
sentinelle placée à la porte, et que sa pierre tombale
pourrait leur parler à leur passage et à leur entrée.
L'inscription, qui, après près d'un siècle et demi, est encore
parfaitement lisible, se termine par les mots remarquables
suivants : — «
CETTE.PIERRE.DOIT.TÉMOIGNER.CONTRE.LES.PAROISSIE
NS.DE.KILTEARN.S'ILS.AMÈNENT.UN.MINISTRE.IMPIE.ICI .
L'imagination d'un poète aurait-elle pu donner naissance à
une conception plus frappante à propos d'une église
désertée par tous ses meilleurs gens, et dont le ministre
s'engraisse de son salaire, inutile et content ?

" Je suis entré dans l'église, car le clergé venait d'entrer. Il y
avait de huit à dix personnes dispersées sur les bancs en bas,
et sept dans les galeries au-dessus ; et celles-ci, comme il n'y
avait plus de " *Peter Clarks* " ou de " *Michael Tods* ". " [18]
dans la paroisse, composa toute la congrégation. Je
m'enveloppai dans mon plaid et m'assis ; et le service
continua selon le cours habituel, mais cela sonna à mes
oreilles comme une misérable moquerie. seul ; et avant que
l'ecclésiastique ait atteint le milieu de son discours, qu'il
lisait d'un ton sans passion et monotone, près de la moitié
de sa congrégation s'était endormie et l'expression
somnolente et apathique des autres montrait que, pour tout
le bien ; mais ils auraient pu dormir aussi. Et, sabbat après
sabbat, ce malheureux a fait le même tour ennuyeux, et avec
exactement les mêmes effets, au cours des vingt-trois
dernières années ; à aucun moment n'a été considéré par les
meilleurs ecclésiastiques du district. comme réellement leur
frère ; — en aucune occasion reconnu par la paroisse

comme virtuellement son ministre ; — avec une morne vacance et quelques cœurs indifférents à l'intérieur de son église, et la pierre du Covenanter à la porte. Contre qui l'inscription témoigne-t-elle ? car le peuple s'est enfui. Contre le patron, l'intrus et la loi de Bolingbroke – le Dr Robertson du passé et le Dr Cooks d'aujourd'hui. Il est bon d'apprendre de cette malheureuse paroisse dans quel sens exact, dans un état de choses différent, le révérend M. Young aurait été constitué ministre d'Auchterarder. Il est bon aussi d'apprendre qu'il peut y avoir des postes vacants dans l'Église là où aucun blanc n'apparaît dans l'Almanach.

À mon retour de ce voyage, tôt le lundi suivant, j'ai trouvé une lettre d'Édimbourg qui m'attendait, me demandant d'y rencontrer les principaux non-intrusionnistes. C'est ainsi qu'après avoir décrit, dans l'extrait donné, la scène dont je venais d'être témoin et terminé mon deuxième pamphlet, je partis pour Edimbourg et vis pour la première fois des hommes dont j'avais connu les noms au cours du volontariat. et controverses sur la non-intrusion. Et en participant à leurs projets, même si je ne reculais pas pour autant, de peur de me trouver inégal aux exigences d'un journal bihebdomadaire, qui devrait, dans la position d'Ismaël, s'opposer à presque toute la presse du pays. royaume, j'ai accepté d'entreprendre la rédaction de leur projet de journal, le *Témoin* . Sans l'intense intérêt avec lequel je considérais la lutte et l'enjeu que le peuple écossais y détenait, comme je le croyais, aucune considération, quelle qu'elle soit, ne m'aurait poussé à prendre une mesure aussi lourde, comme je le pensais à l'époque, de péril et inconfort. Depuis vingt ans, je n'avais jamais été engagé dans une querelle pour mon propre compte : toutes mes querelles, soit directement, soit indirectement, étaient des querelles ecclésiastiques ; vécu en paix avec tous les hommes ; mais la rédaction d'un journal de non-intrusion impliquait, parmi ses fonctions, la guerre avec le monde entier. Je croyais en outre, sans me rendre compte à quel point l'impulsion de la nécessité accélère la production, que ses exigences bihebdomadaires occuperaient pleinement tout mon temps et que je devrais en conséquence abandonner ma discipline favorite : la géologie. J'avais aussi espéré autrefois — même si ces dernières années cet espoir s'était évanoui — laisser une petite trace derrière moi dans la littérature de mon pays ; mais il fallait maintenant se résigner aux derniers restes de l'attente. Le rédacteur en chef du journal écrit sur le sable lorsque le déluge arrive. S'il parvient à influencer l'opinion dans le présent, il devra se contenter d'être oublié à l'avenir. Mais estimant que la cause était bonne, je me suis préparé à une vie de conflits, de labeur et d'une relative obscurité. En calculant le coût, je l'ai considérablement exagéré ; mais j'espère pouvoir dire qu'en toute honnêteté, et sans but sinistre ni perspective d'avantage mondain, je l' *ai* pris en compte et j'ai justement entrepris de faire le plein sacrifice qu'exigeait la cause.

Il fut convenu que notre nouveau journal commencerait avec le nouveau douze mois (1840) ; et je retournai entre-temps à Cromarty, pour remplir mes engagements auprès de la banque jusqu'à la clôture de son exercice financier, qui dans les bureaux de la Commercial Bank a lieu à la fin de l'automne. Peu de temps après mon retour, le Dr Chalmers a visité les lieux lors du dernier de ses voyages d'extension de l'Église ; et j'entendis, pour la première fois, le plus impressionnant des orateurs modernes s'adresser à une réunion publique, et j'eus une curieuse illustration de la puissance que sa « *bouche profonde* » pouvait communiquer à des passages peu propres, pourrait-on supposer, à susciter la véhémence. de son éloquence. Pour illustrer l'un de ses propos, il citait dans mes "Mémoires de William Forsyth" une brève anecdote, décrite dans un genre que la plupart des hommes auraient lu assez tranquillement, mais qui, venant de lui, semblait instinctive avec la vigueur et la vigueur homériques. forcer. L'extraordinaire caractère impressionnant qu'il a communiqué à ce passage m'a montré, mieux que toute autre chose, à quel point de grands orateurs peuvent être imparfaitement représentés par leurs discours écrits. Aussi admirables que soient les sermons et les discours publiés du Dr Chalmers, ils ne donnent aucune idée adéquate de ce merveilleux pouvoir et de cette impressionnabilité dans laquelle il surpassait tous les autres prédicateurs britanniques. [19]

J'avais été présenté au Docteur à Edimbourg quelques semaines auparavant ; mais cette fois je le vis un peu plus. Il examina avec un intérêt curieux ma collection de spécimens géologiques, qui contenait déjà de nombreux fossiles précieux qu'on ne pouvait voir nulle part ailleurs ; et j'eus le plaisir de passer la plus grande partie d'une journée à visiter en sa compagnie, en bateau, quelques-unes des scènes les plus frappantes des Sutors de Cromarty. J'avais longtemps considéré Chalmers comme, dans l'ensemble, l'homme au plus grand esprit que l'Église d'Écosse ait jamais produit ; - pas plus intense ou plus pratique que Knox, mais des facultés plus larges ; ni encore apte par nature ou par accomplissement à se faire un nom plus durable dans la littérature que Robertson, mais beaucoup plus noble en sentiments et d'une plus grande compréhension de l'intellect général. Il pourrait être embarrassant de le comparer à n'importe lequel de nos autres ministres écossais ; sachant que certains des plus capables d'entre eux ne sont, comme Henderson, guère plus que de simples portraits historiques dessinés par leurs contemporains, mais dont la véritable mesure intellectuelle ne peut, faute de matériaux nécessaires sur lesquels former un jugement, être reprise aujourd'hui ; et que beaucoup d'autres employaient de belles facultés dans un travail littéraire et ministériel qui, bien qu'important par ses conséquences, n'était guère moins éphémère dans son caractère que même le travail du rédacteur en chef d'un journal. L'esprit de Chalmers était résolument multiple. Rares sont les hommes qui entrent en contact amical avec lui, qui n'y trouvent, s'ils ont vraiment quelque chose de bon, moral ou intellectuel, un côté qui leur convient ; et j'avais été frappé depuis longtemps par cette union que son intellect exhibait entre une philosophie globale et une véritable faculté poétique, d'une qualité très exquise, bien que dissociée de ce que Wordsworth appelle « l'accomplissement du vers ». Je n'ai pas eu peu de plaisir à le contempler en cette occasion sous les traits du *poète* Chalmers. La journée était calme et claire ; mais il y avait une houle considérable venant de l'océan allemand, sur laquelle notre petit navire montait et descendait, et qui envoyait les vagues haut contre les rochers. Le soleil jouait au milieu des rochers brisés au sommet et au milieu du feuillage d'un bois en surplomb ; ou attraper, à mi-chemin, quelque touffe de lierre saillante ; mais les faces des précipices les plus abrupts étaient brunes à l'ombre ; et là où la vague rugissait dans les grottes profondes, tout était sombre et froid. Plusieurs membres du groupe ont tenté d'engager la conversation avec le Docteur ; mais il n'était pas d'humeur à bavarder. Il semblerait que les mots adressés à son oreille ne parvenaient pas d'abord à attirer son attention, et que, avec une douloureuse courtoisie, il devait en recueillir le sens parmi les échos restants et y répondre d'un ton douteux et monosyllabique, à la fin. le moins de dépenses mentales possible. Son visage, quant à lui, avait un air de joie rêveuse. Il était évidemment occupé parmi les rochers et les creux boscaux, et il aurait pu s'amuser davantage s'il avait été seul. Au milieu d'un noble précipice, qui dressait à plus de cent mètres au-dessus de sa tête son haut sommet en forme de crête de pin, se trouvait une plate-forme couverte de buissons, d'une taille considérable, mais totalement inaccessible ; car le rocher tombait à pic d'en haut, puis s'enfonçait perpendiculairement depuis son bord extérieur jusqu'à la plage en contrebas ; et l'étagère isolée, dans sa solitude verte et inaccessible, avait évidemment attiré son attention. *C'était* la scène, dis-je, en prenant la direction de son regard comme antécédent , c'était la scène, dit la tradition, d'une triste tragédie au temps de la persécution de Charles. Un aumônier renégat, plutôt faible que méchant, se jeta, dans un état de désespoir sauvage, par-dessus le précipice ; et son corps, intercepté dans sa chute par cette étagère, resta sans sépulture parmi les buissons pendant des années après, jusqu'à ce qu'il soit devenu un squelette sec et blanchi. Même au cours des dernières époques, l'étagère a continué à conserver le nom de « Repaire de l'Aumônier ». J'ai découvert que ma communication, qui correspondait à sa réflexion du moment, attirait à la fois son oreille et son esprit ; et sa réponse, bien que brève, exprimait la satisfaction que son incident lui avait apporté. Tandis que notre barque filait encore quelques longueurs de rame, nous dérangeâmes un troupeau de mouettes qui s'amusaient au soleil sur un banc de sillocks ; et quelques-uns d'entre eux s'envolèrent vers un rocher en saillie qui s'élevait immédiatement à côté du plateau. J'ai vu l'œil de Chalmers briller alors qu'il les suivait. " Ne voudriez-vous pas, Monsieur, " dit-il en s'adressant à mon ministre assis à côté de lui, " Ne voudriez-vous pas être une mouette ? Je pense que *je* le ferais. Les mouettes sont libres des trois éléments... la terre, l'air et l'eau. Ces oiseaux naviguaient depuis une demi-minute sans bateau, à la fois pêchant et dînant, et maintenant ils rustiquement dans l'antre de l'aumônier, je pense que je pourrais aimer être une mouette. J'ai revu le Docteur une fois par la suite dans la même humeur. Lors d'une visite chez lui à Burnt-Island, l'année suivante, j'ai remarqué, en approchant du rivage en bateau, une silhouette solitaire stationnée sur le rocher-piège à crête herbeuse qui s'avance dans la mer immédiatement au-dessous de la ville ; et après le temps passé à atterrir et à marcher jusqu'à l'endroit, la silhouette solitaire était toujours là, immobile comme lorsqu'elle avait été vue pour la première fois. C'était Chalmers – la même expression de joie rêveuse imprimée sur ses traits que celle dont j'avais été témoin dans le petit canot, et avec ses yeux tournés vers la mer et la terre opposée. C'était une merveilleuse matinée. Une légère brise venait juste de commencer à plisser les ceintures détachées et à réparer la noirceur semblable à un miroir du calme précédent, dans lequel le large Firth dormait depuis le point du jour ; et la lumière du soleil dansait sur les vaguelettes nouvellement soulevées ; tandis qu'une longue et mince couronne de brume bleue, qui semblait enrouler sa queue comme un serpent autour du lointain Inchkeith, soulevait lentement les plis de son cou et de sa tête de dragon au-dessus de la capitale écossaise, obscure au loin, et dévoilant sa forteresse, et la tour, et la flèche, et le noble rideau de collines bleues derrière. Et Chalmers était là, visiblement appréciant la beauté de la scène, comme seul un véritable poète peut apprécier un paysage. Ces métaphores frappantes qui abondent si souvent dans ses écrits, et qui si souvent, sans effort apparent, présentent au lecteur le monde matériel, montrent à quel point il a dû s'abreuver des beautés de la nature ; les images retenues dans son esprit devenaient, comme les mots pour l'homme ordinaire, les signes par lesquels il pensait et, en tant que tels, formaient un élément important de la puissance de sa pensée. J'ai vu ses Discours astronomiques traités de manière désobligeante par un critique mince et maigre, comme s'ils n'avaient été que les chapitres d'un simple traité d'astronomie - chose que, bien sûr, n'importe quel homme ordinaire pourrait écrire - peut-être même le critique lui-même. Les Discours astronomiques, en revanche, personne n'aurait pu les écrire sauf Chalmers. Nominativement une série de sermons, ils représentent en réalité, et en constituent peut-être dans le siècle actuel les seuls dignes représentants, cette école de poésie philosophique à laquelle appartenait, dans la littérature ancienne, l'œuvre de Lucrèce et dont, dans la littérature de notre propre pays, les « Saisons » de Thomson et les « Plaisirs de l'imagination » d'Akenside, en fournissent des exemples adéquats. Il ne ferait, je suppose, pas un critique avisé s'il traitait des « Saisons » comme si elles formaient simplement le journal d'un naturaliste, ou du poème d'Akenside comme s'il s'agissait simplement d'un traité métaphysique.

L'automne de cette année m'a apporté un visiteur inattendu mais très bienvenu, chez mon vieil ami de Marcus' Cave, Finlay ; et quand je visitais tous mes anciens repaires, pour en prendre congé avant de quitter le lieu pour le théâtre de mes futurs travaux, je l'avais pour m'accompagner. Bien qu'il ait été planteur pendant de nombreuses années en Jamaïque, son affection était toujours chaleureuse et ses goûts littéraires inchangés. C'était un écrivain, comme autrefois, de doux vers simples, et un lecteur aussi assidu que jamais ; et, si le temps nous l'avait permis, nous aurions pu allumer des feux ensemble dans les grottes, comme nous l'avions fait plus de vingt ans auparavant, et parcourir les rives à la recherche de coquillages et de crabes. Il avait pourtant eu, en passant par la vie, sa part de soucis et de peines. Une jeune femme avec qui il avait été fiancé dans sa jeunesse avait péri en mer, et il était resté célibataire à cause d'elle. Il dut également lutter, dans ses relations d'affaires, avec les embarras liés au naufrage d'une colonie ; et bien que le climat antillais commençait à peser sur sa constitution, sa situation, bien que relativement facile, n'était pas de nature à lui permettre de résider de manière permanente en Écosse. Il retourna l'année suivante en Jamaïque ; et j'ai vu, quelque temps après, dans un journal de Kingston, une annonce de son élection à la Chambre coloniale des représentants, et l'esquisse d'un discours sensé et bien tonique à ses électeurs, dans lequel il insistait sur le fait que le seul espoir de la colonie réside dans l'éducation et l'élévation mentale de sa population noire au niveau des gens de son pays. On m'a informé que la dernière partie de sa vie fut, comme celle de nombreux planteurs jamaïcains dans leur nouvelle situation, une véritable lutte ; et sa santé se détériorant enfin, dans un climat peu favorable aux Européens, il mourut il y a environ trois ans – à l'exception de mon ami de la grotte de Doocot, maintenant ministre de l'Église libre de Nigg, le dernier de mes compagnons de la grotte de Marcus. Leurs restes sont dispersés sur la moitié du globe.

J'ai fermé mes relations avec la banque à la fin de son exercice ; j'ai consacré quelques semaines très assidûment à la géologie, pendant lesquelles j'ai eu le bonheur de trouver des spécimens sur lesquels Agassiz a fondé deux de ses espèces fossiles ; reçu, au moment de nous quitter, un élégant petit-déjeuner composé d'assiettes d'un cercle d'amis aimables et nombreux, de toutes les nuances politiques et des deux côtés de l'Église ; et j'ai été reçu lors d'un dîner public, au cours duquel j'ai tenté un discours, qui s'est déroulé mais indifféremment, bien qu'il paraisse assez bien dans le rapport de mon ami M. Carruthers, et qui a été, je suppose, en quelque sorte excusé par le des violoneux, qui ont entonné à la fin : "Un homme est un homme pour ça." Ce n'était, je le sentais, pas la partie la moins gratifiante du divertissement, que le vieil oncle Sandy soit présent et que sa santé soit cordialement bue par la société dans le caractère reconnu de mon meilleur et premier ami. Et puis, prenant congé de ma mère et de mon oncle, de mon respecté ministre et de mon honoré supérieur de la banque, M. Ross, je partis pour Édimbourg et, quelques jours après, j'étais assis à la rédaction - à un moment donné de ce à quoi, pour le moment, l'histoire de mon éducation doit se terminer. J'ai écrit pour mon article au cours des douze premiers mois une série de chapitres géologiques, qui ont eu la chance d'attirer l'attention des géologues de la British Association, réunis cette année-là à Glasgow, et qui, sous la forme rassemblée, composent mon petit ouvrage sur le Vieux Grès Rouge. Le journal lui-même augmenta rapidement en circulation, jusqu'à ce qu'il parvienne finalement à sa place parmi ce que l'on appelle nos journaux écossais de premier ordre ; et parmi ses abonnés, une proportion peut-être plus considérable de l'ensemble est composée d'hommes qui ont reçu une éducation universitaire, que ne peut en compter n'importe quel autre journal écossais ayant le même nombre de lecteurs. Et au cours des trois premières années, mes employeurs ont doublé mon salaire. Je suis cependant conscient que ce ne sont là que de petites réalisations. En repensant à ma jeunesse, je vois, me semble-t-il, un arbre fruitier sauvage, riche en feuilles et en fleurs ; et il est assez mortifiant de constater à quel point très peu de fleurs ont pris, et à quel point les fruits sont petits et imparfaitement formés en lesquels même les quelques productifs ont été développés. Un bon usage des possibilités d'instruction qui m'ont été offertes dans ma première jeunesse aurait fait de moi un érudit avant ma vingt-cinquième année et m'aurait épargné au moins dix des meilleures années de la vie, années qui ont été consacrées à des occupations obscures et humbles. . Mais si mon histoire doit servir à montrer les maux qui résultent de l'insouciance scolaire pendant l'enfance, et que ce qui était un sport pour le jeune garçon peut prendre la forme d'un grave malheur pour l'homme, elle peut aussi servir à montrer que beaucoup peut être fait. en s'efforçant de corriger une première erreur de ce genre, à savoir que la vie elle-même est une école et la nature une étude toujours nouvelle, et que l'homme qui garde les yeux et l'esprit ouverts trouvera toujours approprié, même si cela peut être difficile. maîtres d'école, pour l'accélérer dans son éducation permanente.

NOTES DE BAS DE PAGE :

[17] Thomas Hog de Kiltearn. Voir "Scots Worthies" ou les volumes de publications bon marché de l'Église libre pour 1846.

[18] Peter Clark et Michael Tod étaient les seuls individus qui, sur une population de trois mille âmes, ont apposé leur signature à l' *appel* de l'odieux présentateur, M. Young, dans la célèbre affaire Auchterarder.

[19] Voici le passage qui fut honoré à cette occasion par Chalmers, et qui disait, entre ses mains, avec tout l'effet du jeu d'acteur le plus puissant : « Saunders Macivor, le second de l'Elizabeth, était un homme grave et quelque peu défavorisé, puissant d'os et de muscles, même après avoir considérablement dépassé la soixantaine, et très respecté pour son intégrité inflexible et la profondeur de ses sentiments religieux. Le compagnon et sa pieuse épouse étaient particulièrement favoris. M. Porteous de Kilmuir - un ministre de la même classe que les Pedens, Renwicks et Cargils d'un autre âge et à une occasion où la Sainte-Cène était dispensée dans sa paroisse et que Saunders était absent lors d'un de ses voyages continentaux, Mme Macivor était un pensionnaire du presbytère. Une terrible tempête éclata pendant la nuit, et la pauvre femme resta éveillée, écoutant avec une totale terreur les rugissements effrayants du vent, qui hurlait dans les cheminées et secouait les fenêtres. et les portes. Enfin, quand elle ne put plus rester tranquille, elle se leva et se glissa le long du couloir jusqu'à la porte de la chambre du ministre. « Ô, M. Porteous, dit-elle, M. Porteous, n'entendez-vous pas cela ? — et le pauvre Saunders qui revient de Hollande ! Ô, levez-vous, levez-vous et demandez l'aide puissante de votre Maître ! » Le ministre se leva donc et entra dans son cabinet. À ce moment critique, l'Elizabeth avançait, à travers les embruns et l'obscurité, le long des rives nord du Moray Firth. Les effrayants skerries de Shandwick, où tant de vaillants vaisseaux ont péri, étaient à portée de main ; et le roulis croissant de la mer montrait la diminution progressive des eaux. Macivor et son ancien citadin, Robert Hossack, se tenaient ensemble devant l'habitacle. Une vague immense arrivait derrière eux, et ils eurent à peine le temps de s'accrocher à la cale la plus proche, qu'elle se brisa sur eux en berne, balayant les espars, les pavois, les cordages, tout devant elle, dans son cours. Il passa, mais le vaisseau ne s'éleva pas. Son pont restait enfoui dans une feuille de mousse, et il semblait s'installer par la tête. Il y eut une pause effrayante. Mais d'abord le bout-dehors et les crosses du guindeau commencèrent à sortir, puis le gaillard d'avant ; le navire semblait se secouer sous le chargement ; puis tout le pont est apparu, alors qu'elle s'inclinait sur la vague suivante. "Il y a encore d'autres grâces qui nous sont réservées", dit Macivor en s'adressant à son compagnon : "elle flotte toujours". "O, Saunders, Saunders !" s'écria Robert, il y avait sûrement une âme de Dieu à l'œuvre pour nous, sinon elle ne vous aurait

jamais *intimidé* .

———

- 429 -